U0175076

全新升级第3版

海蒂
育儿大百科

（0～1岁）

What to Expect the First Year

［美］海蒂·麦考夫 著
胡宝莲 译

南海出版公司

新经典文化股份有限公司
www.readinglife.com
出　品

致 献

埃里克，你是我的一切

埃玛、怀亚特、罗素，你们让我充满期待

伦诺克斯，我最最最可爱的宝宝，你是这所有的开始

（我永远的甜心宝贝！）

阿琳，你总是充满爱的能量

What to Expect 大家庭的每一位成员，全世界的爸爸、妈妈和宝宝

爱你们！

与众不同的第一年

2013年2月12日，伦诺克斯来到这个世界，我荣升为外祖母。几分钟后，我张开双臂准备迎接小外孙。这一刻改变了我的生活，让我大开眼界、心潮澎湃，兴奋到了极点。我仿佛置身于天堂，整个世界都焕然一新。当我第一次抱着这个可爱的小家伙时，一股浓烈的爱意瞬间涌上心头，一下子击中了我，让我不知所措，立刻就被迷住了。

而我，正好知道该怎么抱他。

退回29年前，情况可不大一样。人们都说，宝宝不会带着育儿指南出生（那时候还没有这本书，也就无从参考）。觉得毫无头绪？握手。当时的我同样无助。我不知道该怎么抱小艾玛，怎么给她喂奶，怎么给她换尿布，怎么轻轻地摇晃她，怎么给她拍嗝，怎么安抚她，甚至不知道怎么跟她沟通。我只知道自己很爱她，但这个粉嘟嘟的小家伙并不爱我，她大哭着，在我的乳房旁边四处闻。但这怎么能怪她呢？分娩前，我只要把她装在肚子里，就能给她营养，分娩也是小菜一碟。但现在该怎么办？我笨手笨脚地想要扶住那摇摇晃晃的小脑袋，帮她把软软的小手臂放进袖子里，把乳头塞进她那不情愿的小嘴里。我祈祷着，希望母性本能不要让我失望。

直到出院回家，我还是一点信心都没有。你可能难以想象，新手父母带着大哭的宝宝回到家里，而且突然意识到自己要对这个宝宝负责，是怎样的心情，这让我哭出了声。幸运的是，埃里克的父爱本能救了场。他冷静得让人难以置信，而我不停地翻看《斯波克育儿经》。我们共同努力，克服了各种难题：尿太多漏出了尿布；笨手笨脚也没给宝宝洗好澡；失眠；宝宝在某个下午急性腹痛。

那么，接下来我是怎么做的呢？和任何一位年轻、无知又毫无头绪的母亲一样，但母性也是发明之母，我决定写一本书，一本涵盖更多育儿知识，能够帮助其他父母更自信、快乐、轻松地度过宝宝出生第一年的书——《海蒂育儿大百科》（为帮助准父母，我写过《海蒂怀孕大百科》）。书中没有我的经历，只有经验。坦白说，我的经历没什么值得写的，更别说出版成书了。我们遇到过相似的问题，而我通过不断地探索研究，掌握了相关知识和应对方式，并总结成书。第二次经历宝宝出生后的第一年时（我们又有了一个男孩怀亚特），我有这本书作为依托，还可以参考当时一些权威的育儿知识。理论知识和实践经验是为人父母强有力的武器。

如今的父母在宝宝出生后的第一年被各种信息包围（育儿书、育儿网站和育儿 APP——我的女儿艾玛做母亲时也很幸运，拥有这些信息资源）。但是这些小人儿依旧给我们带来了巨大挑战，尤其是对新手父母。即使新的信息源越来越多，新手父母们还是要亲身实践，就像埃里克和我在 30 年前做的一样。

不管怎么说，你知道的越多，要学的就越少。第 3 版《海蒂育儿大百科》正是这样一本为新一代父母准备的全新育儿指南。

新版《海蒂育儿大百科》查阅更方便,能让你更快找到想了解的内容。它会一如既往地让你产生共鸣，感到安心（在前进的路上遇到困难时，我们需要有人伸手拉一把，有个肩膀可以依靠，有人能给予鼓励），并带来更多阅读乐趣（我们也需要开心地笑一笑）。书中有养育知识（换纸尿裤的基础知识）和新的育儿流行趋势（一体式尿布），还有如何成功地母乳喂养（如何在重返工作岗位前离乳）、如何为宝宝购物（琳琅满目的婴儿产品刺激着你和你的钱包，需要确定什么是你想要的）等内容。

书中有全新的生长曲线图来记录宝宝的重要里程碑，有为新手父母们准备的实用小窍门，还有为早产儿父母写的拓展阅读部分（医学术语表上和新生儿重症监护病房里可能看到或听到的专业名词）。每个月宝宝的饮食、睡眠和玩耍情况都一目了然，并附上了帮助宝宝健康饮食、睡眠及促进大脑发育的新策略（完全不用上什么培训课程）。当然，还有关于宝宝健康（从最新的疫苗信息、补充维生素，到婴儿替代疗法，如益生菌疗法及顺势疗法的内幕）和保护宝宝安全（如何选用最安全的产品、紧急情况下的急救）的最新信息。

我写第 1 版《海蒂育儿大百科》时，艾玛刚刚一岁，一切还历历在目，宝宝的香味（还有那些不那么芬芳的其他气味）仿佛近在咫尺。我写到第 3 版时，伦诺克斯还不到一岁，5 分钟前我还闻着他的香味。我的记忆时常苏醒，大量写作素材（从喂食困难到胃食管反流症，再到因脐部感染住院）和全新视角也随之而来。

所有这些，还有本书的新封面，都要感谢我们的宝宝——伦诺克斯。他是最让我骄傲的宝宝之一，而他的母亲艾玛是我一切灵感的源头。

Heidi

一本全新的宝贝圣经

生命的第一年绝对与众不同，它的影响贯穿一生。健康、幸福感，甚至寿命，都以初始的一年为基础。显然，宝宝的第一年非常重要。

就拿生长发育来说，宝宝在出生20周后，体重就能达到出生时的2倍；一岁时，体重可以达到出生时的3倍，身长（或者叫身高，一岁时宝宝就可以站起来了）可增加50%，头围可增大30%。

一岁宝宝的身高已经有他们成年后身高的40%，大脑几乎可以达到成年后的80%大小。除了婴儿，还有哪个成长阶段能一年长高25厘米呢？身体上的生长发育还不是最显著的变化。出生后的几小时甚至几分钟内，婴儿的生理机能就会发生显著的转变，从仅适应子宫内的生活，到离开母体和胎盘也能生存。出生前，宝宝的氧气来自母体流向胎盘的血液，而不是空气。宝宝还能从中获得营养，而不需要使用消化道。同样，他们新陈代谢的产物也通过母体排出。但是，一旦脐带被剪断，血液流动就突然从胎盘转移到肺部，呼吸系统随之建立，开始进行氧气和二氧化碳的气体交换。从宝宝吃奶开始，消化道正式启用。

幸运的是，这些都不太需要帮忙。新生儿的这些转变大都遵循自然规律，自动又完美。怀孕、阵痛和分娩已令人精疲力竭，但妈妈们（还有爸爸们）很快就会意识到即将面临更大的挑战——呵护新生儿的成长。

* * *

新生儿的大多数本领都是与生俱来的。他们的大脑和神经系统早已根据生存和生长需求预先“设定”，至少最初是这样。宝宝们生来就会哭，会吸吮，会受到惊吓，需要安抚。他们会不假思索地寻找爸爸妈妈的目光。还有，谢天谢地，他们生来就会笑。宝宝们无师自通就会倾听、欣赏爸爸妈妈说话和唱歌，而且体内的生物钟最终会让他们适应爸爸妈妈的作息时间，尽管可能没那么快。

如果说新生儿的大脑犹如机器预设的“线路”，那么在最初的几个月里，大脑的发育就像“线路重组”。这种重组发生在生命早期，持续的时间很长，现代神经科学研究将其视为学界的重大发现。婴儿或学步期幼儿大脑的神经通道可塑性非常高，无论是学习语言和运动技巧、发展社交技能，还是利用各种感官探索世界获得信息，特别是聆听人类声音，这些都有助于大脑“线路重组”。当父母给宝宝读故事，陪宝宝在客厅地板上玩耍时，改变就在发生。父母是重塑和微调神经通道的主力军。3 岁之前婴儿的大脑发育非常重要，而第一年是关键所在。在这期间，父母需要满足宝宝的物质和情感需求，确保孩子的安全与健康，并为早期学习提供便利。

这看起来责任重大到不像普通成年人的责任，而更像专家的责任。作为新手父母，你会发现很多人像你一样，经常感到准备不足、措手不及。既然宝宝的第一年如此重要，那么，没有经验的新手父母要如何承担起看护的重任呢？

幸好，就像新生儿天生就有求生技能一样，新手父母也是如此。为人父母的本能虽然不像新生儿的本能一样快速、自动地出现，但是当新手父母开始向家人、朋友、在线社群和专业人员学习育儿知识（以及获取支持和建议）时，他们的转变会非常迅速。

越了解你即将要做的工作，这种转变就越快。1989 年，第 1 版《海蒂育儿大百科》一经出版，很快成为育儿“圣经”。如今，虽然每个人只要动动手指就能在手机上查到需要的育儿知识，但我相信全新的第 3 版会得到新一代父母的认可，这一点是其他媒介无法做到的。

并不是每一位父母都有时间从头到尾翻看这么厚的一本书。幸运的是，你不需要这么做。照顾宝宝遇到困难时，可以随时翻开这本书，我们独特的版式设计清晰明了，将帮助你很快找到亟需的信息。《海蒂育儿大百科》将陪伴你迈出为人父母的第一步。书中的每一章都是一个月龄阶段，并在每章的开头“宝宝的基本情况”介绍了该阶段宝宝的睡眠、饮食和玩耍情况。希望能为你可能想了解的育儿知识搭建一个框架。然后，你可以阅读“宝宝的饮食”和“你可能疑惑的问题”这两部分的详细内容。关于父母的生活和需求的讨论贯穿全书，旨在帮助父母适应养育宝宝的第一年。这部分内容包括产后抑郁、安排二人世界的时间、是否重返工作岗位及帮助家中其他孩子适应新宝宝的到来等话题。在母乳喂养和配方奶喂养、应对宝宝受伤与急救、为宝宝选择合适的医生、养成睡眠习惯等方面，本书提供了实用的知识，但并不反对你合理利用其他各种渠道的信息来养育自己的孩子。父母们当然会通过网络（如论坛、医疗门户网站及社交媒体）来补充知识，也理应如此。但是，即便在这样一个信息化的时代，《海蒂育儿大百科》依旧是独一无二的。关于育儿和孩子健康的信息充斥网络，良莠不齐，这本书就像组织管理者，筛选其中最好的（最相关、最有用和最能引起兴趣的）信息，让你能摊开在大腿上阅读、摆在你的书架上或在餐桌上翻看。它提供的信息和指南简明可靠，令人安心。每一章都有信息的分享、解释和指导。我需要在药箱中备些什么药（参见第2章）？母乳的储存方式有哪些（参见第6章）？为不会走路和会走路的宝宝挑选鞋子，要注意什么（分别参见第11章和第16章）？我应不应该学习或教宝宝做手势（参见第13章）？为什么宝宝咬我（参见第15章）？我担心疫苗的安全性（参见19章，它会让你安心）。

书中的经验会让父母们受益匪浅。海蒂不仅是育儿专家，也是一位母亲、外祖母，还是一位很棒的沟通者，她了解父母们的需求，知道他们的阅读喜好。书中很多重要内容都以专栏（即文字框中的内容）的形式列出，突出了重点，另外还有大家熟悉的问答模式。这些形式广受读者喜爱。本书的目录非常详尽，无论你想了解哪方面的内容，都能快速找到，而这种效率（及搜索结果的可靠性）是任何搜索引擎都比不上的。重要的是，本书旨在补充，而不是替代其他渠道提供的建议和信息。这些渠道包括：亲人、朋友、医生及未经组织和管理的庞大的互联网。

《海蒂育儿大百科》之所以能取得成功，要归功于它一直以来的可靠性，更重要的是它能顺应时代的变化。它得到了一批又一批父母的信任。不论你对育儿一无所知还是经验丰富，这本全新的《海蒂育儿大百科》都会是你可靠的助手。

美国宾夕法尼亚大学赫希儿童医院
儿科学教授，医学博士、公共卫生硕士
马克·威登

无尽的感谢和拥抱

我已经写了好几版《海蒂育儿大百科》，甚至在睡梦中也能写出来，把我的手绑在身后也能写出来。但至少有一两次，为了赶上截稿日期，我不得不牺牲睡眠时间。即便如此，我还是需要很多帮助，无法独立完成现在所做的一切——也不想独挑重担。

我要感谢的人实在太多了，请允许我在此一一致谢。

埃里克，他不仅为我埋下了写书的种子（确实如此，他是艾玛的父亲，而艾玛是这本书的灵感来源），还帮助我培育、照料、滋养并保护它——我们一起养育它长大。人们常说事物变化的越多，保持不变的也越多。从我生下艾玛并在几小时内接受提议准备写《海蒂怀孕大百科》（*What to Expect When You're Expecting*）的那天起，我的生活和写作轨迹发生了翻天覆地的变化。幸运的是，有一件事没有变（而且越来越好）：埃里克依然和我一起工作、生活，我们彼此相爱。我们养育了两个孩子——艾玛和怀亚特。他们早已长得比我高，穿的鞋码也比我大，为此我经常调侃说他们的年纪比我大。他俩一直是我的快乐源泉（现在又多了一个让我快乐的人，就是我的女婿罗素）。当然，我还要感谢伦诺克斯，他让我成了外祖母，而且是最快乐的外祖母。我要感谢他对《海蒂育儿大百科》的贡献（最主要的贡献是，在我写这本书的时候，他还不到一岁）。伦诺克斯是有史以来最可爱的封面宝宝，可不是只有我这个外祖母这么说。

想要感谢的还有阿琳·艾森伯格，我的第一个写作搭档，也是我最珍惜的搭档。她的细心与关怀是我一生的珍藏，激励我写出了《海蒂育儿大百科》。我爱她，而且永远不会忘记她。还要感谢我的家人，特别是桑迪·海瑟薇，霍华德·艾森伯格、阿比·麦考夫、诺曼·麦考夫和维克托·夏盖。

莎伦·梅泽尔，感谢她毫不犹豫地接下《海蒂怀孕大百科》的任务，和我一起写了第3版。即使时间那么长，也没有离我而去。大家常说英雄所见略同，但很少有人像我们这样想法高度一致，每次想到这一点我都非常开心，也非常感激，谢谢她。也谢谢杰伊、丹妮娜、艾丽安、基拉、索菲娅。

苏珊娜·雷弗是我的朋友和编辑。从我孕育——至少是构思《海蒂怀孕大百科》开始，一直陪伴着我的人为数不多，苏珊娜是其中之一。我不知道是不是正因为如此，她成了一个不怕吃苦的人，也成了我生命中尤为重要的一个人。我已经记不清书出了多少版，但永远不会忘记她为我们的书做出了多大贡献。

彼得·沃克曼是一位出版界巨匠。从我认识他的第一天起，他的办公室越换越大，但一直不变的是他的出版信念与价值观。还有沃克曼出版公司其他陪我一路走来的各位：苏茜·博洛廷、丽萨·霍兰德、贝丝·利维、芭芭拉·帕拉金、珍妮·曼德尔和埃米莉·克拉斯纳，以及所有参与本书营销的工作人员。

马特·彼尔德是我们的摄影师。他的封面照片尽善尽美，完美捕捉到了伦诺克斯的神态。林恩·帕尔芒捷，感谢她的绗缝设计。还有卡伦·库彻，她的插图把宝贝们画得那么可爱，仿佛柔嫩的肌肤触手可及，闻得到婴儿甜香的气味。

马克·威登博士是一位教授、儿科医生,也是一位祖父。他无所不知，教我们育儿知识时那么冷静、细心、慈爱、机智，而且幽默。他对小宝贝的检查和照顾无微不至。我的感激之情无以言表，唯一能发的牢骚就是他的诊所太远了，没办法当伦诺克斯的儿科医生。所幸我们还有洛杉矶最好的医生——劳伦·克罗斯比医生，她精力充沛，充满同情心，帮助伦诺克斯（和他的父母）解决了各种问题，包括喂养、败血症、生长缓慢、胃食管反流等。

美国儿科学会（AAP）及所有的儿科医生、护士、护理工作者和医师助理，感谢他们对小宝贝们的健康如此关爱。还有美国疾病控制与预防中心（CDC）的热心医生、科学家和公共卫生倡导者们——感谢他们所做的一切，感谢他们的热情和源源不断的奉献,让我们的生活变得更加美好。感谢大家这1000个日子的努力，只为一个共同的愿景（相信只要齐心协力，就能实现！）：在宝宝们出生之前，我们已经预见了健康的母亲、健康的宝宝和一个健康的未来。

What to Expect 网站热情的、穿招牌紫色工作服的朋友们（尤其是迈克尔·罗斯、戴安·奥特、本·沃林和斯考特·沃夫，我们超棒的编辑和产品团队），感谢你们让网站和手机页面看起来就像真正的家。我喜欢和你们一起工作，非常享受——还有我美丽、可爱的朋友，也在养育孩子的公关海蒂·谢弗；以及我生命中其他重要的人，代理人艾伦·内又斯和律师马克·查姆林。

感谢了不起的美国劳军联合组织

（USO），和 What to Expect 基金会一起创办了“特殊分娩”项目，让我有机会拥抱那么多的军属妈妈和宝宝。

尤其要感谢所有深爱宝宝的爸爸妈妈们，你们牺牲睡眠、洗澡甚至吃饭时间来养育宝宝。正是你们，每一天、每一个时刻都激励着我。最后还有 What to Expect 网站大家庭，以及我推特和脸书大家庭的家人们，我爱你们！（请继续分享育儿妙招！）

给你们大大的拥抱。

Heidi

目录

第 4 章　宝宝出生第一年的时间表

第 5 章　新生儿

第 6 章　第 1 个月

第7章　第2个月

第8章　第3个月

第9章　第4个月

第10章　第5个月

第11章　第6个月

第12章　第7个月

第 13 章　第 8 个月

第 14 章　第 9 个月

第 15 章　第 10 个月

第 16 章　第 11 个月

第 17 章　第 12 个月

第 18 章　带上宝宝去旅行

第 19 章　呵护宝宝的健康

第 20 章　宝宝受伤时的应对与急救

第 21 章　出生体重低的宝宝

第1章　各就各位，预备开始

9个月以来，你无数次察看超声波照片，不停数着胎动，想象着宝宝的样子，猜想他在干什么。现在，你可能宫颈管消失，宫颈口扩张，漫长的等待即将结束，就像隧道尽头透进一线曙光。但距离分娩日还有一些时间，你准备好接受宝宝将要足月分娩了吗？你准备好迎接小家伙到来的那一重大时刻了吗？

尽管为宝宝的到来做好百分之百的准备不太可能（一定会有一些意外情况，对新手父母来说尤其如此），但现在还是可以采取一些措施、做出一些决定，更快适应即将到来的家庭新成员。从给宝宝起一个合适的名字，到挑选合适的医生；决定母乳喂养还是配方奶喂养，或两者兼有；从决定是否实施包皮环切术，到要不要请一位产后导乐或育儿保姆。

有点手忙脚乱？不要慌。首先，把它看作热身，让你足以应对宝宝出生后更忙乱的日子；其次，接着看这本书。各就各位，预备，出发！

母乳喂养还是配方奶喂养，或两者兼有

给宝宝喂奶不是一两天的事，也许你还在犹豫采用哪种喂养方式。是纯母乳喂养？还是第一年母乳，然后改为配方奶？是从第一天开始就用配方奶？还是两者兼有，既可以让宝宝吃上母乳，又可以给自己留一些时间？如果还在为这些问题发愁，不用担心。想知道最佳喂养方式，就该探究事实，了解自己的情感需求。首先，我们来了解一些事实。

母乳喂养

宝宝的最佳食物和最佳喂养方式是什么？毋庸置疑，母乳是最佳选择。

母乳是为宝宝量身定做的。母乳天然适合宝宝的需求，至少含有 100 种牛奶没有的且无法在实验室里合成的成分。另外，与配方奶不同，母乳的成分会根据宝宝的需求不断变化：早上的和傍晚的不同，喂养初期的和喂养后期的不同，第 1 个月的和第 7 个月的不同，早产儿的和足月儿的也不同。母乳的味道主要取决于妈妈最近的饮食（就像怀孕时羊水的变化一样）。母乳就是为独一无二的宝宝准备的独一无二的食物。

母乳易消化。母乳是为宝宝的消化系统设计的。和牛奶相比，母乳中的蛋白质和脂肪更容易消化，其中的重要微量元素也更容易吸收。还有一点对新生儿非常重要：母乳营养更好。

母乳温和养胃。母乳不仅容易消化吸收，还利于排便。母乳喂养的宝宝很少出现胃部不适（包括胀气或呕吐），几乎不会便秘（配方奶有时会加重肠胃负担）。他们的大便通常较软，但很少腹泻。事实上，母乳能够抑制有害微生物，促进有益微生物繁殖，从而减少胃部不适。一些配方奶粉中需要添加益生元和益生菌，而这些都是母乳中天然存在的。

母乳更安全。母乳由妈妈提供、

如果你无法母乳喂养

对一些妈妈来说，问题不在于母乳喂养有多少好处，而是她们出于各种各样的原因，无法实现母乳喂养，包括：自身的健康因素（例如肾脏疾病，或其他需要在哺乳期服用药物的疾病），乳腺体组织不足（和乳房大小无关），乳头神经受损（受伤或手术导致），激素水平失衡，或宝宝的健康因素（宝宝患有连母乳都无法消化的代谢障碍，如苯丙酮尿症和严重的乳糖不耐症，或患有影响吸吮的兔唇、腭裂）。

有时，我们可以想办法绕开母乳喂养的禁忌。比如，患有兔唇或腭裂的宝宝可以用特殊的口腔器具喂奶，或者把母乳吸出来再喂。患病的母亲可以调整服用的药物。有些母亲由于激素水平失调或过去乳房动过手术（缩乳术比丰胸术更容易导致母乳分泌问题），而无法分泌足够的乳汁来喂养宝宝。这种情况可以尽量母乳喂养，辅以配方奶粉。但如果你无法或不愿意母乳喂养，也不用担心，不要有负罪感或压力，更不需要感到遗憾。只要怀着对宝宝的爱，选择合适的配方奶同样可以让宝宝健康成长。

利用母乳库为宝宝补充母乳也是一个选择（参见第 86 页）。

随吃随有，可以保证它是安全的，不会有被污染、过期、变质等问题。

母乳不会引起过敏。宝宝几乎不会对母乳过敏（除非妈妈饮食中有某些致敏物质渗透到了母乳中）。但是有 2% ~ 3% 的宝宝对配方奶过敏。母乳的好处不止于此，一些研究表明，与配方奶喂养的宝宝相比，母乳喂养的宝宝更不容易患哮喘和湿疹。

母乳喂养的宝宝大便不臭。母乳喂养的宝宝排出的大便相对好闻一些——至少在添加辅食之前。

母乳让宝宝远离尿布疹。母乳喂养的宝宝的大便比较软，也让宝宝不容易患尿布疹。

母乳可以预防传染病。每一次吮吸母乳，宝宝都能获得有利于健康的抗体，增强免疫力（一些儿科医生喜欢把母乳喂养称为宝宝的第一次免疫接种）。总的来说，与配方奶喂养的宝宝相比，母乳喂养的宝宝更少患病，比如感冒、耳部感染、呼吸道感染、尿路感染等。即使生病了，也恢复得更快，且较少有并发症。母乳喂养还能加强宝宝对一些免疫接种的免疫反应，并在一定程度上预防婴儿猝死综合征。

母乳可以预防肥胖。母乳喂养的宝宝通常不像配方奶喂养的宝宝那样胖乎乎的。一部分原因在于，母乳的摄入量由宝宝的食欲来控制，宝宝吃饱后可能就不再吃奶了。而配方奶喂养的宝宝会被诱导不停地吸吮，直到奶瓶空了为止。另外，母乳中的热量是受控制的。前乳（每次哺乳开始时分泌的母乳）所含的热量较低，主要目的是补充水分；后乳（每次哺乳后期分泌的母乳）所含的热量较高，容易产生饱腹感，提示宝宝停止吸吮。有研究表明，母乳预防肥胖的好处可以伴随宝宝长大，直到高中。还有一些研究发现，与配方奶喂养的同龄人相比，母乳喂养的孩子在十几岁时更不容易超重。而且，小时候母乳喂养的时间越长，就越不容易超重。母乳

哺乳团队

哺乳表面上是妈妈和宝宝的事，但要想成功，你需要更多帮手。哺乳顾问可能是哺乳团队中不可或缺的一员，尤其是当你在哺乳中遇到挫折的时候，她们对你很有帮助。你可以先找一位哺乳顾问，做好准备。打电话给你待产的医院，了解是否有哺乳顾问，并询问分娩后是否会安排相应的哺乳顾问。也可以告诉你的产前医生及儿科医生，一旦分娩，你需要专业的哺乳指导，咨询他们是否有推荐的哺乳顾问。另外，朋友和网络也是寻找优秀哺乳顾问的渠道。分娩时有导乐服务？她很可能会帮你顺利开始母乳喂养。参见第 57 页，了解更多关于哺乳顾问的信息。

喂养的宝宝长大成人后，胆固醇和血压也更容易维持在正常水平。

母乳有助于大脑发育。至少在15岁之前，母乳喂养能略微提高孩子的智商，这个优点可能会持续到15岁之后。智商增长不仅和母乳中有助于大脑发育的脂肪酸（DHA）有关，而且与母乳喂养时形成的亲密关系和沟通交流密切相关。（配方奶喂养的父母也能利用这个好处，只要在喂奶时与宝宝保持亲密，甚至可以一边为宝宝做抚触一边喂奶。）

母乳可以带来更多吸吮满足感。相比吸空一个奶瓶，吸空一边乳房需要的时间更长，这能给新生儿带来更多的吸吮满足感。而且，母乳喂养的宝宝可以在吸空了乳房之后继续吸吮，但空奶瓶不行。

母乳让宝宝的小嘴更有力。妈妈的乳头和宝宝的小嘴是天生一对。即使是设计最科学的奶嘴，也不能为宝宝的下腭、牙床和上腭提供在乳房上得到的练习，而这能确保口腔发育，并为长牙奠定基础。还能降低宝宝在童年时期发生龋齿的概率。

对于妈妈（和爸爸）来说，母乳喂养也有很多好处。

关于母乳喂养的谣言

谣言：乳房小或乳头扁平不能母乳喂养。

事实：无论乳房和乳头的形状、大小、尺寸如何，都能满足饥饿的宝宝。

谣言：母乳喂养非常麻烦。

事实：如果你掌握了技巧，绝没有比母乳喂养宝宝更简单的事了。母乳和配方奶不同，宝宝想吃，随时都有。如果你打算到海边待一天，不用想着带奶瓶，也不用担心奶瓶里的奶会在火辣的阳光下变质。宝宝需要时，只要解开衣服、露出乳房，就能喂奶。

谣言：母乳喂养让妈妈脱不开身。

事实：没错，母乳喂养需要妈妈和宝宝整天待在一起。但是，只要把母乳挤出来保存在奶瓶中，或用配方奶代替一下，你还是可以随时解放出来。不论你要去上班、上学、看一场电影，还是和伴侣出去吃个晚餐，都没有问题。而带着宝宝外出时（不管是徒步旅行还是在飞机上），母乳喂养也可以让你没有后顾之忧，完全不用担心宝宝饿肚子。

谣言：母乳喂养会毁掉乳房。

事实：担心母乳喂养会让你的乳房变小？哺乳并不会改变乳房的

方便。母乳是最方便的食物，不但永不缺货，随时可用，而且始终保持完美的温度。它不需要反复购买，也不用去哪儿都带着；不需要洗奶瓶、泡奶粉，更不用加热（当你在开语音会议而宝宝饿得哇哇大哭的时候，这一切都是负担）。不论你在哪里——床上、路上、餐厅，还是沙滩，宝宝需要的所有营养都能随时准备好，不会手忙脚乱，也不会鸡飞狗跳。

成本更低。母乳喂养是免费的，而配方奶喂养可能是昂贵的选择（如果把奶粉、奶瓶、奶嘴和清洗设备都计算在内）。母乳喂养还能避免浪费，宝宝这一次没有吃完的奶，下一次吃还是新鲜的。

产后恢复得更快。选择母乳喂养对妈妈很有好处。毕竟，它是怀孕、分娩到育儿这个自然周期的最后一部分。母乳喂养能帮助子宫更快缩小到孕前的尺寸，同时促进恶露（分娩后的分泌物）排出，减少血液流失。它每天还额外燃烧500卡热量，有助于减掉孕期多余的体重。有些体重以脂肪的形态储存在妈妈身体里，就是为了帮助产奶——现在，是时候用上它们了。

有一定的避孕效果。哺乳期女性

形状或大小，也不会改变乳晕的颜色和大小，怀孕才会。怀孕期间，乳房为分泌乳汁做准备，此时发生的变化有时是永久的，即使你后来没有母乳喂养。怀孕期间体重增加过多、遗传因素、年龄偏大或乳房缺少支撑（不穿文胸）都有可能导致乳房松弛。但母乳喂养不该受到指责。

谣言：如果第一次生育时无法母乳喂养，以后也不能。

事实：研究表明，第一个宝宝没有母乳喂养的母亲，有可能在第二次分娩时分泌更多乳汁，更容易实现母乳喂养。换句话说，第一次不成功，也要接着尝试、再尝试。但是要确保这一次尽可能多地寻求帮助，尽最大努力让母乳喂养获得成功。

谣言：母乳喂养使爸爸和宝宝无法建立亲密关系。

事实：爸爸无法参与母乳喂养，但是照顾宝宝的机会有很多：给宝宝洗澡，换纸尿裤，抱宝宝，把宝宝背在身上，轻摇宝宝，和宝宝做游戏，用奶瓶喂母乳或配方奶等。添加辅食后，还可以用勺子喂宝宝。通过这些活动，爸爸们也有很多和宝宝建立亲密关系的机会。

谣言：我要让乳头不那么敏感，这样喂母乳时才不会痛。

事实：女性的乳头就是为哺乳设计的。除了极少数情况，它们都能胜任，不需要任何准备。

的排卵会受到抑制，这是不是意味着你可以不采取其他避孕措施呢？当然不是，除非你想接着怀孕。因为在产后第一次月经到来之前，你就已经排卵了，所以永远无法确切知道母乳喂养的避孕功能何时失效。

保健作用。母乳喂养的女性患子宫癌、卵巢癌和绝经前乳腺癌的可能性更低。与未哺乳的女性相比，她们患风湿性关节炎和骨质疏松症的可能性也更小。

更多休息。母乳喂养需要花很多时间来哺乳，这就意味着你有时间坐下或躺下。即使在白天，也可以获得很多短暂的休息时间，尤其是在哺乳的最初几周。母乳喂养迫使你躺下来休息，不论你是否有时间放松。

夜间哺乳更简单。凌晨两点宝宝饿了？遇到这种情况，你会感谢母乳喂养，它能让你迅速喂饱宝宝的小肚子，而不用跌跌撞撞地摸黑到厨房冲奶粉。只需要把温暖的乳房凑近宝宝的小嘴即可。

最终能轻松处理多项任务。喂奶时你需要抱着宝宝，专心哺乳。不过一旦你和宝宝配合熟练，就会发现喂奶时几乎能做任何事情——可以同时吃晚餐，也可以逗家里蹒跚学步的大孩子。

牢固的亲子关系。母乳喂养最大的好处就是能在母婴之间建立亲密关系，妈妈和宝宝之间肌肤的碰触、眼神的交流，使妈妈有机会搂抱宝宝，聆听宝宝牙牙学语，对着宝宝轻声细语。当然，配方奶喂养的父母也可以和宝宝同样亲密，但需要更多努力。

配方奶喂养

母乳喂养的好处非常多，但有些时候，配方奶喂养也有优势。

喂奶不用太频繁。牛奶制成的配方奶粉比母乳更难消化，形成的大块凝乳在宝宝的胃里停留的时间更长，宝宝的饱腹感更持久，甚至在宝宝很小的时候，喂奶的时间间隔就有 3 ～ 4 小时。而母乳喂养的妈妈喂奶频率要高得多（母乳更容易消化，宝宝很容易饿），想拥有这么长的喂奶间隔简直是做梦。这种频繁的哺乳方式有着现实意义——能刺激母乳分泌，增加奶量，但难免耗费时间和精力，尤其是需要睡眠时。

更容易了解宝宝的食量。奶瓶上的刻度可以测量宝宝吃了多少奶，而母乳喂养无法测量。选择母乳喂养的父母只能从宝宝的排泄情况（大小便次数）和体重增加情况来估计他摄取的母乳量。了解宝宝食量的优点是喂奶时不用担心宝宝吃得太少或太多。而潜在的缺点是：当奶瓶里还剩一点奶时，即使宝宝已经吃饱了，父母也会硬塞给他。

更多自由。母乳喂养需要母亲和

宝宝整天待在一起，配方奶喂养则不需要。用配方奶喂养的妈妈可以白天上班、下午去见朋友，可以出差或周末外出，而不用担心宝宝的下一顿没有着落。当然，母乳喂养的妈妈如果把母乳挤出来用奶瓶喂，或用配方奶代替一下，也能拥有这样的自由。

更多休息。刚分娩的妈妈都很累，分娩让她们精疲力竭。选择配方奶喂养的妈妈可以把宝宝交给爸爸或其他人，自己好好睡个觉，而母乳喂养的妈妈就做不到了。而且，虽然凌晨3点母乳喂养比配方奶喂养方便得多，但也消耗了更多体力。

爸爸参与更多。爸爸无法参与母乳喂养，除非把配方奶作为补充或把母乳吸出来用奶瓶喂给宝宝。如果是配方奶喂养，爸爸们就可以享受给宝宝喂奶的乐趣。

穿衣自由。选择母乳喂养的妈妈从一开始就要优先考虑衣服的实用性（便于喂奶），而不是时尚性（这意味着不能穿胸前没有纽扣的连衣裙）。如果你选择配方奶喂养，就可以随便穿喜欢的衣服。

更多避孕选择。选择配方奶喂养的妈妈可以采用大多数激素避孕方式。但母乳喂养的妈妈不行，她们可以选择仅含黄体酮的"迷你避孕丸"。

更多饮食选择。母乳喂养的妈妈在饮食上的限制比怀孕时少多了（寿司和汉堡包都可以吃），但选择配方奶喂养的妈妈饮食更加自由：可以喝两三杯咖啡；随意吃大蒜（一些宝宝会反感母乳中的刺激性气味）；不用担心正在服用的药物影响宝宝；还可以更快地减重——当然要在合理的范围内，而母乳喂养的妈妈减重应当慢一些（最终可能更容易减重，因为分泌母乳需要消耗很多热量）。

遇到的尴尬情况更少。尽管在公共场合喂奶在越来越多国家受到法律保护，但还是有人无法接受。这意味着在大庭广众之下喂奶（这是选择母乳喂养的母亲的自由）可能会招致好奇甚至不友好的目光。而选择配方奶喂养的妈妈就没有这种尴尬。不用解扣子、解文胸或重新整理好衣服，也不用担心宝宝吃到一半不吃了。当然，这种在公共场合喂奶的烦恼很快就会被抛在脑后——毕竟，宝宝饿的时候给他喂奶是天经地义的。

早日恢复正常的性生活。母乳喂养带来的激素变化会使妈妈的阴道干涩、疼痛，使产后性生活成为一种痛苦（大量的前戏和润滑液可以缓解疼痛）。而选择配方奶喂养的妈妈能更快恢复正常的性生活，只要无视被宝宝吐脏的床单和宝宝不时的哭闹。

妈妈的感觉

即便事实摆在面前，你可能还是无法决定是否选择母乳喂养。下面我们就来了解一下关于母乳喂养的常见顾虑及其克服方法。

感觉母乳喂养不现实。你想试试母乳喂养，但担心和工作有冲突？事实上很多妈妈发现，就算在宝宝出生不久就重返工作岗位，也可以坚持母乳喂养。不论最后你只坚持了几个星期，还是一年或更长时间，即便母乳量很少，纯母乳喂养或与配方奶混合喂养都能让你和宝宝受益。而且只要你多奉献、多计划一点（好吧，可能是很多），就能想出一套重返工作岗位后还能继续母乳喂养的方案（参见第 253 页）。

觉得自己会不喜欢。很难想象自己抱着宝宝喂奶——或许你就是不太喜欢母乳喂养？彻底拒绝母乳喂养之前，建议你试试看，也许会喜欢上它。如果在经历过 3 ~ 6 周的最佳哺乳期之后（这是你和宝宝建立良好哺乳关系所需的时间）仍然不喜欢，再选择放弃，至少你已经给了宝宝健康成长的开端。这样做有很多益处，如果哺乳满 6 周，母乳中的抗体会大大增强宝宝的免疫力。不论最后母乳喂养的次数是多少，每一次哺乳都有价值。

感觉伴侣会不赞成母乳喂养。研究表明，如果爸爸们支持母乳喂养，妈妈们坚持下去的可能性会更大。你的伴侣不赞成母乳喂养，可能是因为他不了解、对这件事有顾虑，或是因为要和宝宝分享你而嫉妒，那该怎么做呢？试着说服他，毕竟这些事实很有说服力。

和其他支持母乳喂养的爸爸交谈也会让他舒服些，帮助他接受母乳喂养。尝试一下母乳喂养，很可能就会改变他的想法。即便他仍然固执己见，你也要选择对自己和宝宝的健康最合适的方式。

不论是母乳喂养的实际好处、你的感受还是其他情况使你选择了母乳喂养，也不论最终坚持了多久，你都会发现这是一段很棒的经历。它除了带来情感和身体上的益处，也会向你证明母乳喂养是养育宝宝最简单、最方便的方式。和宝宝度过磨合期后，这对你来说毫不费力，你甚至可以腾出手做点别的事。

即便最后你没有选择母乳喂养，或无法进行母乳喂养，又或者你可以母乳喂养但只坚持了很短的时间，也不用怀疑、后悔或感到内疚。任何为宝宝做的事如果让你感到不舒服，也会让宝宝不舒服，包括母乳喂养。配方奶喂养和母乳喂养一样可以为宝宝提供营养，让你和宝宝亲密无间。事实上，充满爱意递上的奶瓶要好过怀着复杂的心情勉强送上的乳房。

是否实施包皮环切术

包皮环切术或许是至今还在施行

的最古老的医疗手术之一。关于包皮环切术，最广为人知的记录是《圣经》中亚伯拉罕为以撒行割礼，它的起源也许要追溯到人类使用金属工具之前。

历史上大多数时期，穆斯林和犹太人会施行割礼来履行对上帝的承诺。19 世纪晚期，割礼在美国流行开来。当时的理论认为，去掉包皮能让阴茎变得不那么敏感，从而减少手淫，其实不是那么回事。接下来的几年里，医学界提出了许多为包皮环切术辩解的理由，包括包皮环切术可以预防或治疗癫痫、梅毒、哮喘、精神错乱和肺结核，但没一个说法是真的。

那么包皮环切术有没有医疗上的好处呢？它确实可以降低阴茎感染的风险（在宝宝两岁左右包皮可以收缩之后，认真清洗包皮下的皮肤也可以做到这一点）。包皮环切术还能消除包皮过长的风险。患有这种病症的孩子随着年龄的增长，包皮依旧很紧，不能像其他同龄男孩那样正常收缩（有 5% ～ 10% 未进行包皮环切术的男性在婴儿期之后会由于阴茎感染、包皮过长或其他问题而不得不进行包皮环切术）。

而且，有研究表明，未做包皮环切术的男婴在第一年患尿道感染的风险更高（整体患病风险很低，只有大约 1%），未来患阴茎癌或艾滋病等性传播疾病的风险也可能更高。

想知道专家们对包皮环切术的态度？事实上，包括美国儿科学会在内的大多数专家并不赞成，他们认为尽管包皮环切术对健康的好处大过手术时的风险，但是否进行包皮环切术应该由父母决定。他们建议父母在了解包皮环切术的潜在风险和益处之后，充分考虑最重要的影响因素（是否要遵循宗教或文化传统、是否认为孩子的身体应该完好无损等），在没有压力的情况下做出最适合宝宝和家庭的选择。

超过一半的美国男孩做过包皮环切术，近年来这个比例已经下降了不少。父母选择给孩子做包皮环切术最常见的原因除了“觉得应该做”之外，还包括以下原因。

- 宗教习俗。伊斯兰教和犹太教教义都要求给刚出生的男孩行割礼。
- 洁净。做过手术的阴茎更容易保持洁净。在美国，洁净是包皮环切术的第二大原因，仅次于宗教习俗。
- 更衣室综合征。父母不希望儿子觉得自己和朋友、父亲或兄弟不一样，所以选择让他做手术。当然，随着做包皮环切术的男婴数量减少，这一原因已不常在考虑之列。
- 形象。有些人认为割了包皮的阴茎更有吸引力。
- 健康。有些父母出于健康考虑，希望能最大限度地降低患病风险，所以选择让儿子出生后就手术。

而父母决定不给儿子做包皮环切术的原因通常有以下几点。

- 医学上缺乏必要性。许多人认为，如果没有很有说服力的理由，割除婴儿身体的一部分没有太大必要。
- 担心出血、感染或更糟的情况。包皮环切术如果由经验丰富的外科医生或受过医学训练的宗教割礼人来进行，很少会出现并发症。但这并不意味着它绝对安全，这一点足以让一些父母犹豫是否要为宝宝做包皮环切术。
- 担心疼痛。有证据表明，通过观察未使用止痛剂做包皮环切术的新生儿的心率、血压和皮质醇水平变化，可以了解到他们的疼痛和压力水平。美国儿科学会建议手术时使用止痛剂（例如外用利丙双卡因乳膏、阴茎背神经阻滞麻醉或皮下环形组滞麻醉）。
- 更衣室综合征。一些父母选择不给宝宝做包皮环切术，是因为想让他和未做手术的父亲一样。
- 相信这是孩子的权利。有些家长希望把这个重要的决定留给孩子，等他长大后自己决定。
- 减轻尿布刺痛的风险。有人认为完好无损的包皮可以保护阴茎免患尿布疹。

随着预产期临近，如果你对是否手术还是迟疑不决，请参见第 214 页有关包皮环切术护理的内容，并和宝宝的医生讨论，可能的话还可以和亲戚、朋友或社交媒体上经历过此事的网友们讨论（但要有心理准备，在支持和反对手术的两大阵营之间，辩论可能会非常激烈）。

给宝宝起名

也许你在还是个孩子时就想好了要给未来的小宝宝起什么名字；也许你在念高中时曾在笔记本里写过以后孩子的名字，或者长大后在餐巾纸上写过；也许你在做四维彩超的时候才想好要给宝宝起什么名字；又或者，你也像很多临近分娩的父母一样，到最后阶段还在考虑宝宝的名字……

不论你想给宝宝起个经典的、有意义的、古怪的、流行的还是与众不同的名字，也不论在你想到一个名字时是否确定它就是合适的，给宝宝起名都是一个巨大的挑战。毕竟，名字不仅是几个字，也是孩子身份中不可或缺的一部分，它将跟随孩子一生——从摇篮到操场、家庭、工作岗位，再到其他所有地方。因此，给宝宝起名责任重大。一些父母（和其他有点顽固的家庭成员）还会为此争论不休，甚至上演戏剧性桥段：配偶选定的名字你可能会坚决反对；表姐比你先分娩，把你想好的名字抢走了；奶奶和外婆分别劝说你让宝宝随伴侣或你的姓；同事听到你为宝宝起的名字忍不住发笑；你最喜欢的名字生僻到老师可能不认识。

所以，做好把字典（包括宝宝起名软件、网站、图书）找出来至少看几遍的准备。在决定之前多想想，在宝宝出生前尽可能多商量，不要急着否定新的名字（你永远不知道自己最后会喜欢哪个）。还可以留意一下周围的父母给他们的宝宝起了什么样的名字。你可能会受到启发，也可能在把新名字大声念了几十遍之后，发现它也没什么特别。

下面是为宝宝起名时需要注意的几点。

起一个有意义的名字。有喜欢的电影演员或书中人物？有深爱的家人或祖先？有想要纪念的运动员或传奇人物？更愿意从诗词歌赋或你怀孕的地方寻找灵感？与随意起的名字相比，一个有意义的名字更有内涵，它会给新生命带来特别的故事和背景。

名字不能太普通。如果孩子和班上很多人重名，那就比较尴尬了。如果你想让孩子的名字与众不同，就不要选排名靠前的热门名字。

最好不要选太生僻的名字。独一无二的名字可能让孩子与众不同，也可能会让孩子受到排挤。记住，名字会跟随一辈子，现在听起来很可爱的名字，在考大学或找工作时可能就不可爱了。如果你想选一个写法非常独特的名字，也要三思而行。

不要太追随潮流。想给孩子起个和某位演员或歌星一样的名字？要知道明星难免有过气的一天，而且一旦有负面新闻就会成为娱乐新闻，名字也会被消遣。

人如其名，名如其义。了解一个名字的意思能帮助你决定是否要选择这个名字。当你不知道是否该选择这些名字时，只要了解它们的含义，就不会摇摆不定。

寻根溯源。通过追溯祖先或民族的历史，可能会找到想要的名字。如果你有意寻找，整理族谱、探访家乡、重觅宗教根源，都可能收获一个适合宝宝的名字。

考虑性别归类。其他人会不会被你选的名字弄错性别？这个名字会不会模糊性别界限？如果会，你是否在意？很多父母认为这不重要。

确保名字朗朗上口。选择宝宝名字的时候要考虑读音，有的名字很拗口，还有的姓和名连起来读有谐音或暗含其他意思，会让孩子很难堪。最好多读读再决定。

也要考虑名字的首字母缩写。想给女宝宝起名叫“艾萨诗”？要小心，最好再考虑一下（这个名字的首字母缩写是“ASS”，意思是“笨蛋”）。

选好的名字要保密。不要把选好的名字公布出来，除非你不怕别人评头论足。如果你不想经常听到别人的热心建议或评论，就不要在宝宝出生前把取好的名字告诉别人。

留些备选方案。最终确定宝宝的名字之前，确保这个名字适合你的宝宝。当你抱着可爱的“莎莎”时，可能会觉得她叫“达达”甚至“山山”更合适（这种事确实发生过）。

寻求帮助

你带着宝宝从医院回到家后，就需要各种帮助。不仅是宝宝的事（换尿布、洗澡、安抚、喂食、拍嗝），还有你自己没时间或精力做的事（比如购物、做饭、打扫、清洗成堆的衣物）。

需要帮助？首先，你要理清自己需要哪些帮助，能得到哪些帮助。如果打算花钱请人帮忙（至少是兼职帮手），考虑好多少预算不会给你带来经济负担。想想看，在最有挑战性的前几周或几个月，哪双手（或几双手）可以拉你一把？宝宝的奶奶（再加上外婆）？某位朋友？某位育儿保姆？或者你忙着照顾自己和宝宝时，请个家政人员来做家务？

育儿保姆

照顾新生儿（包括给非母乳喂养的宝宝喂奶）是她们的专长，有些育儿保姆也会做点家务。如果你的预算足够，可以请一位育儿保姆（通常费用不低）。最终决定前，你可能还需要考虑一些其他因素。下面是你需要育儿保姆提供专业帮助的一些理由。

• 有照顾婴儿的实践经验。一位优秀的育儿保姆会教你基本的育儿技巧——洗澡、拍嗝、换尿布，甚至母乳喂养。如果这正是你聘请育儿保姆的理由，也要确保育儿保姆愿意教。全权负责是一回事，教会别人是另一回事。确保你能好好休息是不错，但让你无法亲近宝宝就不对了。另外，如果育儿保姆不停地批评你照顾宝宝的方式，也会打击你的自信心。

• 不用半夜起来给宝宝喂奶。如果你选择了配方奶喂养，又希望在产后疲惫的最初几周能睡得安稳，雇佣一位全天或夜间育儿保姆能帮助你和配偶分担喂养宝宝的工作。如果你选择母乳喂养，育儿保姆也可以帮你把宝宝抱过来喂奶。

• 有时间陪伴家中的大孩子。想挤点时间陪陪家中刚升级为哥哥姐姐的大孩子？可以雇一位育儿保姆每天工作几小时，这样你就有时间了。

• 在剖宫产或艰难顺产后给自己时间恢复。如果你计划剖宫产，在条件允许的情况下，产后最好找一位育儿保姆。即使不确定分娩和恢复情况，也可以先收集一些保姆的信息以防万一。这样，在你急需帮助时，还没出院就能打电话找到帮手了。

以下情况，育儿保姆可能不是你产后的最佳帮手。

你可能需要的帮助

想请一位育儿保姆，但不知道哪里能找到合适的人选？最好的途径是其他父母的推荐，可以把你们的需要告诉那些请过满意保姆的朋友、同事或邻居，请他们推荐合适的人。其次，还可以去一些服务机构咨询，特别是身边其他父母推荐的机构，或网上客户评价较好的机构。但要记住，这些服务机构通常收费比较高。

在选择合适的人之前要考虑好她的职责。你想找的帮手是只需要负责照顾宝宝，还是要兼顾清洁、跑腿（需不需要她开车）和做饭？全职还是兼职？住家还是不住家？负责晚上、白天还是全天候照顾宝宝？是产后照顾一两周，还是一两个月，或更长时间？希望跟这位帮手学习一些照顾宝宝的基本知识，还是只想在她帮忙的时候获得更多休息时间？如果价格也是你考虑的因素，预算是多少？

最好的方式是面对面交谈，毕竟仅从资料、电话和邮件往来无法判断一个人的性格，也无法确定你们是否合得来。你要全面了解这个人的相关情况，如果是通过服务机构，要确保选择的对象证件齐全、有担保。任何护理人员都应具备最新的免疫接种知识（包括百白破加强针和每年的流感疫苗），并确保通过肺结核筛查。同时，还应该接受过心肺复苏、急救和安全方面的训练，并具有最近 3 ～ 5 年的资格认证，掌握最新的婴儿护理知识。

• 当你选择母乳喂养时。保姆不能给宝宝喂奶，她的作用就大打折扣了。在这种情况下，一位可以做饭、打扫和洗衣的家政助手可能是更好的选择，除非你能找到一位愿意帮忙做家务的育儿保姆。

• 你更愿意和家人待在一起。除非有单独的地方给育儿保姆住，不然育儿保姆住在家里，可能会打扰你的生活。如果你觉得和陌生人（即使是非常热心随和的人）分享厨房、浴室、沙发会比较拥挤，也不方便，最好找个兼职帮手。

• 你更愿意自己动手。如果你和伴侣想亲自给宝宝洗第一次澡，看到宝宝的第一次笑（即使有人说那只是在排气），安抚宝宝的第一次哭闹（即便是在凌晨 2 点），那么找育儿保姆就没有太大必要——尤其当爸爸有产假、可以全天在家帮忙的时候。可以考虑请个家政助手，或省下钱来为宝宝买心仪已久的高级婴儿车。

让宠物做好准备

家里有宠物？你可能会担心抱回一个人类幼崽时，猫或狗会有什么反应，特别是这个小小的闯入者哭闹个不停，和它们分享你的爱和拥抱，甚至进入你的房间，代替它们躺在你的床上。一开始它们可能会闷闷不乐、无精打采，但要尽量避免它们过分嫉妒，甚至出现意想不到的攻击行为。下面是你应该提前做好的准备。

• 考虑基本训练。你的家不是宠物城堡或宠物乐园，是时候在家中建立一些规则了，宠物也需要遵守。和预期一致的生活会让你更有安全感和预见性，尤其是当宝宝的行为不可控制，也无法预见时。即使是平时很温驯的宠物，如果它认为新生儿侵入了你的家，侵犯了它的领地，也可能一反常态地表现出攻击性。可以考虑给宠物报名服从性训练课程（猫也可以接受训练），如果想把宠物训练好，你也要参加训练。和宠物一起参加训练课程，认真对待作业，课程结束后也要严格执行规定和奖励（这是宠物训练能否成功的关键）。

• 带宠物做一次体检。带宠物到兽医那里做检查，确保它注射了最新的疫苗。宠物有任何行为问题（包括标记领地），要告诉兽医并讨论解决方案。为了即将到来的宝宝的安全，还要确保宠物身上没有跳蚤，也没有心理问题。在分娩之前，给宠物修剪指甲。还可以考虑给宠物绝育，这会让它们变得更温驯，降低攻击性。

• 邀请其他宝宝到家里玩。制造一些机会让宠物和其他宝宝接触（比如在公园和朋友的宝宝玩），让它们习惯有宝宝的生活。邀请有宝宝的朋友到家里玩，让它们熟悉婴儿的气味和举动，还可以当着宠物的面抱抱其他宝宝。

• 玩角色扮演游戏。用一个婴儿大小的玩偶娃娃做道具，让宠物习惯家中有宝宝的生活（抱着假扮的宝宝摇晃、给它喂食、换尿布、和它玩、把玩偶放到汽车座椅和婴儿车里）。放一些宝宝哭闹等声音的录音，如果家里准备了一些婴儿用品，还可以让玩偶坐秋千，让宠物习惯这些声音和行为。临近分娩时，可以把给宝宝准备的洗护用品用在自己身上，让宠物习惯这些气味，还可以让宠物闻闻干净的尿布。在帮助宠物适应的过程中，经常抱抱、奖励一下它们。

• 不要让宠物产生误解。有人

觉得可以让宠物坐在为宝宝准备的摇篮里或汽车安全座椅上，或者玩毛绒动物玩具，但这会让宠物以为这些东西是它们的，引起领地纷争（这是潜在的风险因素）。

• 减少和宠物在一起的时间。这听起来有点过分，但提前让你的猫或狗适应，能让它们日后减少对宝宝的敌意。如果宠物最喜欢和你待在一起，试着让它多和你的伴侣相处。

• 让宠物多亲近你的肚子。很多猫狗对婴儿有着难以解释"第六感"，如果你的宠物想贴近你的大肚子，那就让这种亲近早点开始吧。顺便说一下，你小心呵护的宝宝不会因为宠物依偎在肚子边就受到伤害，即使你的宠物是只大型犬。

• 调整食宿习惯。如果产后需要让宠物独自睡觉，分娩前就让它习惯这种安排（如果之前你是和宠物一起睡，确实应该调整）。如果有单独的儿童房，那就训练好宠物，让它知道你不在的时候不能进入儿童房。关上儿童房的门也可以避免宠物不请自来。同样，无论婴儿床放在哪个房间，都要训练宠物远离它。另外，必须把宠物食盆挪到宝宝够不着的地方，再乖顺的猫狗，在食物受到威胁时也会有攻击性。要注意不要让宝宝接近宠物的食物：狗粮可能会导致婴儿窒息（而且它们闻起来很美味）；食物和碗（包括喝水的碗）可能被沙门氏菌等有害细菌污染。猫砂也要放到婴儿够不着的地方，如果猫砂盆需要换个位置，那就尽早调整。总的来说，宠物应该有个"安全"的地方（一个房间或相对封闭的窝），这样它们也可以避开宝宝的打扰。

• 嗅一嗅，消除嫉妒。分娩后住院期间，让伴侣把新生儿穿过还没洗的衣服（比如宝宝的小帽子）带回家，让宠物闻一下。闻的时候可以给它拥抱，奖励它，这样宝宝的气味就会带给它快乐的联想。当你出院带宝宝回家时，先和宠物打招呼，再让它认识宝宝（把宝宝包在襁褓里，让宠物嗅闻宝宝）。在它闻宝宝时，表扬它、鼓励它、拍拍它。尽量保持镇定，不要责备它。

• 待宠物如家庭一员。你可以边给宝宝喂奶，边抚摸宠物；用婴儿车推着宝宝外出散步时带上狗狗；宠物在宝宝面前表现温和时好好奖励它。

• 保护宝宝，但不要在宠物面前过度保护。在有看护的情况下，允许宠物进入宝宝的房间，闻闻宝宝和他的东西。注意保护宝宝，以防宠物突然心生敌意。但是不要过度保护，以免宠物由于嫉妒出现攻击行为。

• 不要冒险。如果你的宠物对新生儿还是怀有敌意，那就把双方分开，直到宠物平静下来。

想了解更多帮宠物做好准备的内容，请登录 whattoexpect.com/pet-intro 了解相关信息。

产后导乐

导乐的专长是在孕晚期及分娩时照顾产妇和家人，但是她们也能在新生儿出生的前几周甚至之后更长的时间里提供帮助。育儿保姆的主要职责是照顾新生儿，而导乐照顾的是整个新生儿家庭，能提供一切帮助：从家务到做饭，从帮助妈妈哺乳到照顾家中的大孩子。

合格的产后导乐将会是你坚强的后盾（在婴儿护理、产后护理及哺乳方面）、可靠的臂膀（甚至在哭泣时借给你肩膀），也是你最忠诚的支持者——她可以像父母一样为你收拾烂摊子，帮助你增强自信。某种意义上，你可以把导乐看作一位专业培养母性（或父性）的人。

产后导乐的另一个优点是工作时间灵活，有些导乐每天或每晚工作几小时，有些上夜班，还有些朝九晚五。她们的雇佣期限也非常灵活，短则几天，长则几个月。当然，大多数导乐都是按小时计费，而不是按周计费，所以费用较高。

祖父母

祖父母有经验、有热情、愿意帮你照顾宝宝，虽然可能有一些守旧的观念（或守旧的育儿方式），但他们的帮助非常大。祖父母可以在宝宝哭闹的时候安抚他、帮你做饭、买东西、洗衣叠被，最重要的是，可以让你获得休息时间。如果你的父母或公婆有能力、有时间，也愿意在产后最初的几周内帮你照顾宝宝，做些家务，是否应该接受他们的帮助呢？那要看你能否应对他们出于好意的一些干预，还有当“帮忙”变成了以他们为主时（很多家庭会出现这种情况），你会有什么反应。

你觉得与老辈人生活在一起更开心？那无论如何也要邀请他们一起。觉得小家庭相处更自在，三代同堂会很有压力？那么不要迟疑，告诉双方父母，你更愿意在产后的最初几周体验三口之家及初为人母的生活。告诉他们，在大家都适应之后会邀请他们来——可以温和地提醒他们，到那时宝宝会有更多互动、更有趣、睡眠相

应对祖父母的干预

你的父母（或双方父母）还没完全接受你们即将为人父母的现实？这一点也不奇怪，毕竟你们可能也还没进入状态。但这也预示着祖父母的干预要来了（或者已经来了）。

为人父母的职责之一是，在帮助双方父母适应祖父母这一全新角色（配角，而不是主角）的同时，让他们认识到即将承担父母职责的是你们。

尽早坚定而充满爱意地告诉他们这一点。如果祖父母出于好意想要插手，告诉他们，他们在养育你和伴侣时做得很好，但现在是你们自己为人父母的时候。有时你很欢迎他们的指导（尤其是当祖母拿出屡试不爽的哄宝宝方法时），但有时你会更想向儿科医生学习，查阅育儿书籍、网站、应用软件，与同龄父母交流，或从自己的错误中吸取教训。也可以跟他们解释，现在轮到你们制定规则了，而且很多规则与他们养育孩子时不一样了（比如宝宝不再趴着睡或按时间表喂奶），所以他们的有些育儿方式也要改变。解释的时候别忘了用上你的幽默感，可以开玩笑告诉他们风水轮流转，有一天你的孩子也会成为父母，也会觉得你的育儿方式过时。

有两点要记住——尤其是当祖父母要插手而你又不太乐意时。首先，你可能会觉得他们自以为是，但他们知道的可能确实更多，而且经验中有一定的可取之处，哪怕是失败的教训。其次，如果说为人父母是一种责任，那么成为祖父母则是一种奖励。

对少一些，也更能给大家带来欢乐。

为宝宝选择医生

孕期的 9 个月里，你经常去产科医生的办公室（或经常给产科医生打电话）？这时间肯定比你在接下来的一年和宝宝的医生待在一起的时间要少。即便是非常健康的宝宝也需要很多健康护理措施，从婴儿健康体检到常规的疫苗注射，再加上不可避免的感冒流鼻涕和肚子痛，你就能理解为什么宝宝的医生在他一岁前，也就是你为人父母的第一年里会那么重要。

而且不止第一年，很可能在接下来的很多年，他们都非常重要。毕竟，你选择的医生可能在接下来的 18 年里都会是宝宝和你的医生，他看着宝宝经历流鼻涕、耳朵痛、嗓子痛、胃痛、身上出现红肿和擦伤，等等。在漫长的岁月里，你不会和宝宝的医生朝夕相处，但还是会希望他能让你感到舒服，平易近人，在你咨询一些尴尬的问题时不会觉得难为情，在耐心照顾宝宝的同时也能耐心对待紧张的父母。

还在为宝宝寻找医生？你可以从这里开始。

儿科医生还是全科医生？

要为宝宝寻找合适的医生，第一步是要确定哪科执业医生适合你。

儿科医生。婴儿、儿童，甚至青少年都是他们的治疗对象。而且，他们为此接受过良好的培训。如果要获得行医资质（必须持证上岗），他们还要通过严格的资格考试。为宝宝选择儿科医生的优势显而易见——他们只诊治儿童，而且诊治的儿童数量众多。他们非常了解孩子，非常熟悉孩子的各种疾病，在治疗上也更有经验。他们能回答父母们经常提出的问题，从“宝宝为什么不睡觉？”到“宝宝为什么总是哭？”，因为他们曾无数次回答这些问题。

好的儿科医生也熟悉整个家庭的状况，能辨别出孩子问题的根源：孩子的行为、睡眠、饮食，甚至健康问题是否由家庭的某种变化所致（比如爸爸工作调动或妈妈重返职场）。

选择儿科医生的唯一弊端是，如果全家人都染上了某种疾病（如链球菌感染），你可能还需要看其他医生。

全科医生。和儿科医生一样，全科医生通常也接受了严格的培训。但是全科医生实习的范围要比儿科医生广，除了儿科，还包括内科、精神科、产科和妇科。选择全科医生的优势在于一站式医疗——同一位医生可以为你接生，还可以给全家人看病。如果你已经有熟悉的全科医生，只需在病人名单里加上宝宝的名字，不必另外去找新的医生、去新的医生办公室、熟悉新的医疗程序，而且在宝宝出生的第一天就会有融洽的医患关系。一个潜在的劣势是，与儿科医生相比，全科医生在儿科学方面的经验要少一些，所以可能无法及时回答你提出的有关宝宝的问题，在疑难杂症的治疗方面也不太敏锐，这意味着你可能要去找其他医生。为了将这个劣势减少到最低程度，可以找一个给很多宝宝看过病、积累了更多儿科治疗经验的全科医生。

哪种就医方式最完美？

在考虑了诸多因素后，还有一点需要考虑：哪种就医方式最能满足你和宝宝的需求？

独立执业医师。喜欢一直由同一个医生看病？那么独立执业医师更适合你。独立执业医师最明显的优势在于，你和宝宝可以和一位医生建立关系（这样在检查时就不会担心和害怕）。劣势是医生不可能24小时365天随叫随到，需要预约（除非是急诊）。大部分时间，他们可以随时接诊，但即使是最尽职的医生也需要休假，偶尔也要在晚上和周末休息，因此他们有时会把工作交给代班医生。如果你非常想选择独立执业医师，又想尽量减少这种不便，就要了解清楚医生不在时由谁来代替，在孩子看病的时候，代班医生能否找到孩子的病历。

医生小组。几人一组更可能提供24小时的医疗服务，但是不太容易确保良好的医患关系，除非你能够选择固定的一两位医生做常规检查。孩子在定期健康体检和生病就诊中接触的医生越多，和每个医生和谐相处需要的时间就越长。当然，如果所有医生都热情、细心又体贴，就不必担心。同样，医生越多，不同的意见和建议也就越多，这有时是优势，有时也是潜在的问题。

找到对的医生

一旦你确定了适合的就医方式，就可以好好选择医生——合适的医生通常来自合适的推荐。下面是可以获得可靠推荐的信息源。

你的产科医生或助产士。对产前检查很满意？那么很可能对产科医生或助产士推荐的儿科医生也满意。毕竟，医生通常会推荐风格和理念跟自己相似的人。如果你不太喜欢自己的产科医生，可以从其他渠道寻求推荐。

妇科或儿科护士、导乐或哺乳顾问。这些专业人士更了解医生的情况，在办公室或医院碰到他们的时候，可以了解一下与他们共事的儿科医生。可能会获得对这些医生的准确、诚恳的评价。

其他家长。没有人比患者更能真实反馈医生的临床表现。所以问问已经为人父母的朋友——尤其是与你有共同关注的问题（如母乳喂养、替代疗法和亲密育儿法）的父母。

咨询服务机构。一些医疗机构和私立医院会成立咨询服务机构，提供有特殊专长的医生的信息。你可能无法从这些机构了解医生的性格、行医方式和理念，但可以了解备选的医生在哪家医院任职，他们的专长是什么、受过什么样的培训、拥有哪些资质证书。这些服务机构还可能会提供这位医生是否有过被控失职的信息。

很多在线名录、咨询网站都有对当地医生的用户评价。只要在搜索栏输入你所在的城市和“儿科医生”，就能得到很多结果。还可以查看网站评论，但是要注意：你不知道评论人是谁（或他出于什么目的），所以很难真正了解这个医生的专长是什么、医疗水平如何、性格怎样。而且，很多这类网站的信息并不准确（比如医生是在哪里接受的培训，医院支持哪种医疗保险），所以要通过自己的分析确定一些细节。

国际母乳会。如果你优先考虑母乳喂养，当地的国际母乳会（美国网站 lllusa.org，中国网站 muruhui.org）能提供在这方面知识渊博的儿科医生的信息，有些儿科医生本身就是哺乳顾问。

确保宝宝的医生也适合你

现在你已经拿到了一份名单，为下一步做好了准备——把名单范围缩小，可能的话，和几位最终候选人面谈。有些医生的面谈需要收费，有些不用。无论是否收费，孕晚期和这些医生面谈可以帮助你找到适合你和宝宝的医生。你要考虑以下几个方面。

归属医院。如果附近医院的儿科比较有名，而你挑选的医生又在这家医院工作，这无疑是个优势，这样当小家伙需要住院或急诊治疗时，你挑选的医生可以提供护理或协助护理。还有一个优势，如果这个医生在你计划分娩的医院工作，他还能在你出院之前给宝宝做检查。但是，不必因为归属的医院问题淘汰不错的候选人。可以让医院的儿科医生为你检查、安排出院，出院后再带宝宝到选定的医生那里做检查。

证书。无论你为宝宝选什么样的医生，儿科学或家庭医学方面的证书都是必备的。

医院位置。现在挺着大肚子到处走显得很笨拙，但是与产后外出时要带的东西相比，还是轻松的。到那时，如果你到诊所有一段距离，绝不是开车、坐公交车或坐地铁这么简单，需要提前做好很多计划。特别是在天气糟糕的时候，你要去的地方越远，出行就越复杂。如果宝宝生病或受伤了，附近的诊所不仅方便，还能更及时地护理和治疗。你中意的医生离你有点远？记住，真正合适的医生值得你走上一段长路。

就诊时间。如果你从事的是朝九晚五的工作，那么可能要选择接诊时间在清晨、傍晚或周末的医生。

就诊氛围。即使不走进医院，你也可以从各方面感知到它给你的第一印象。当你打电话预约的时候，电话那头是热情还是不耐烦的态度？记住，作为新手父母，你会经常打电话给医生，对方接电话时是否友善热情很重要。前台的服务人员也可以让你了解到更多，他们的态度是友善热情还是生硬冷淡？工作人员对小病号（和他们的父母）有耐心还是不耐烦？细心体会，你就能感受到。

装饰风格。儿科医生的候诊室需要的不仅仅是在桌子上放几本杂志、在墙上贴几幅有品位的画以表现品

产前面谈

找到了合适的医生？虽然宝宝还没出生，但你可能已经有很多关于宝宝的问题了，有些问题可以等宝宝出生后带他做第一次检查时再问医生（但第一次检查时，宝宝很可能会一直哭闹）。有些医生会很乐意在分娩前为你答疑解惑，这很有帮助，因为一些问题在你分娩时或分娩后不久就会出现。以下是一些可以和医生提前讨论的问题。

你的婚育史和家族病史。这些对新生儿的健康有什么影响？

医疗程序。对脐带血储存和延迟脐带结扎有什么建议？宝宝出生后要进行哪些常规检查和疫苗注射？怎么应对黄疸？建议住院多久？如果选择在家分娩，要注意什么？

割包皮。有哪些利弊？如果给孩子割包皮，应该由谁来做手术？在什么时候做手术？是否需要局部麻醉？

母乳喂养。第一次哺乳之后，如果喂奶仍然有困难（或想请医生帮助调整哺乳技巧），是否可以在产后 1 ～ 2 周再去医院检查一次？医院有没有哺乳顾问？是否有推荐的哺乳顾问？

配方奶喂养。不论你选择配方奶喂养、混合喂养，还是挤出母乳用奶瓶喂养，都可以问问医生推荐哪种奶瓶、奶嘴和奶粉。

婴儿用品和药品。请医生推荐一些婴儿用品和药品等，比如对乙酰氨基酚、体温计、尿布疹膏、汽车安全座椅等。

位。在你到访时，还需要找一些让你和宝宝在候诊时不那么无聊的物品：一个鱼缸，一个舒适的游戏区，一些干净、保养得好的玩具，适合各年龄段儿童的书籍、小椅子，或专为儿童设计的候诊区。颜色艳丽、图案吸引人的壁纸（用橙色的袋鼠和黄色的老虎代替淡雅的色调）和色彩鲜亮的照片也可以吸引宝宝的注意力。

候诊时间。如果你要抱着哭闹的宝宝走来走去，或试图用一本图画书来分散好动的学步期幼儿的注意力，那么 45 分钟的候诊时间太难熬了。如果你时间紧张，候诊时间长也会成为你的噩梦。但要记住，候诊时，与孕期父母的咨询相比，哭泣的婴儿和生病的儿童会被优先考虑。不妨向候诊室等候的父母们打听情况（还可以问问宝宝进去检查后通常要等多久，毕竟那段时间最难熬）。

平均候诊时间较长可能是组织不善、预约病人较多或病人数量超出医生接诊能力的信号，但也可能意味着医生花在病人身上（或回答患儿父母问题）的时间更多——等轮到你时，医生细致地问诊和检查，想必你会很感激。另一方面，这也可能是出于诊所的惯例，预约已满但有患儿前来就诊时，医生不喜欢把他们拒之门外——这一点也非常可贵，尤其是当孩子生病了而你正焦头烂额的时候。

上门看诊。一些儿科医生会提供这样的服务，只是收费较高。大多数时候，上门看诊不仅没有必要，对宝宝也不是最好的选择。在医院里，医生有设备，可以化验，而这些放不进小小的医药包里。不过在某些情况下，医生也会赞同上门看诊——比如孩子因为急性肠胃问题从幼儿园回家，宝宝发高烧、咳得厉害还有痰，以及暴风雪天里你一个人在家照顾孩子时。

电话问诊。当你有疑问或对一些事情感到担忧（在宝宝出生的第一年里会经常发生）、不想等到宝宝下一次常规检查才得到答案或安慰，这时你可以给医生打电话、发邮件或短信。不同医院处理咨询电话的方式不同，要提前了解。一种方式是约定电话问诊时间：医生每天空出特定时间来打电话或发短信、邮件——这意味着只要你在规定的时间内给医生打电话，就能得到需要的建议。也有些医院采用电话回拨的方法：医生在治疗病人的间隙或快下班时给电话问诊的父母回电话，回答他们的问题（咨询的问题通常由工作人员先筛查一遍，按重要性排序）。还有些儿科诊所是护士回答父母关心的常见问题并提出建议，只把紧急或复杂的病情转给医生处理。护士还可以分辨情况，帮助父母决定是否要尽快带宝宝来检查，这种方式通常反馈效率更高（也更能缓解父母的焦虑）。

如何处理紧急病人。紧急情况时有发生，还要了解医生会如何处理紧急情况。有时需要将宝宝直接送到当地医院的急诊室，由急诊医生来处理。有时要先给医院打电话，根据病情或受伤情况决定去哪家医院。一些医生在白天、夜间和周末都可以处理紧急病情，还有一些医生在非上班时间会让同事代班。

行医风格和个性。就像买家具一样，选择医生也取决于你的风格。你喜欢随和亲切的医生，还是规规矩矩（穿着正式）的医生？喜欢风趣幽默的医生，还是公事公办的医生？喜欢雷厉风行的医生，还是视你为伙伴一同护理孩子的医生？

不论喜欢哪种风格的医生，你都会希望自己选的儿科医生具有以下特质：善于倾听和交流；能接受各种提问并给出建议；不带偏见；耐心对待宝宝及家长；最重要的是，真心喜欢孩子。当然，大多数儿科医生都喜欢孩子。

理念。你和医生不可能在每一件事情上都意见相同，但是要预先确定（在做出最终决定前）你们在一些重大问题上是否意见一致。为了确保你的育儿理念和孩子未来的医生一致，可以问问医生对以下育儿话题的立场，比如母乳喂养、包皮环切术、亲密育儿法、母婴同床、辅助与替代疗法、注射疫苗，等等。

第 2 章　为宝宝采购

你可能早就忍不住想去婴儿用品店疯狂采购了。毕竟，那些超可爱的连体衣、让人很想抱一抱的毛绒玩具，还有音乐风铃是那么难以抗拒。还有那些日常用品，从婴儿背带、秋千、婴儿车、婴儿床、汽车安全座椅、口水巾和小毯子，到婴儿围嘴和小鞋子，让你有点应接不暇（头晕眼花），甚至会刷爆信用卡。

所以在你刷卡（或点击“立即付款”）之前，请继续往下阅读，了解哪些婴儿用品是必需品，哪些可有可无，哪些可能并不需要。

购买婴儿基本用品

有这么多东西要买，你可能想立刻塞满购物车。但是在结账之前，先了解一下购物原则。

采购前先做功课。宝宝很容易让人产生购物冲动，尤其是两眼放光、即将第一次迎来宝宝的父母。为了避免将来后悔，购物前请三思或上网先了解一下：看看网上评论；购物时多比较；向身边熟悉情况的人打听；问问其他父母。他们会告诉你那些大肆宣传、价格昂贵的产品是否物有所值。

选择合适的商家。在你删减婴儿用品清单之前，先减少备选的店家名单，要考虑退货政策、换货费用、是否支持在线购买或实体店提货，以及便利性。如果你的好友曾经买过类似的东西，他们就是你购物计划的最佳信息来源。尽管不一定能找到能一站式买齐宝宝用品的店家，还是应该尽量选择能满足大部分购买需求的店家，把店家数量缩减到两三家。

一步一步来。先满足新生儿的需求，现在不需要买很多衣服，等宝宝月份大一些再买，到那时，你会更清楚自己和宝宝的需求（不过，对于一些大件物品，即使目前不需要，也可以先列个清单，如果有亲戚朋友要送礼物，可以作为参考）。还不知道宝宝的性别？有的商家会允许你先订购全套婴儿用品，等宝宝出生后再取货或送货，如果你不喜欢中性的颜色，到时可以根据宝宝的性别指定颜色和图案。但也要记住，没有法律规定女孩不能穿蓝色背带裤，男孩不能穿粉色罩衣；也没有人说女孩的儿童房不能用星空装饰，男孩的儿童房不能用小兔子装饰。

有些婴儿用品可以从亲戚朋友处借用。宝宝的用品非常多，尽可能借用一些，能节省开支。一定要留心一些安全法规的变化，注意检查是否有产品要被召回，及哪些功能不符合当前安全标准。毫无疑问，汽车安全座椅买全新的才最安全。

购物指南

准备给宝宝买大量婴儿用品，好好布置一番？没错，你的小家伙会两手空空、一丝不挂地来到这个世界，在接下来的这一年里，他会比过去9个月更难应付。

在你为购物清单上的婴儿用品和家具感到应接不暇之前，要记住，这只是一份购物指南。你不必购买（或借）这些清单上的所有物品，也不用一次备齐。宝宝（和你）的需求是独一无二的，也是不断变化的。

宝宝的衣服

为宝宝准备东西时，最大的乐趣莫过于采购那些可爱的小衣服了。你需要有很强的意志力才能忍住不买太多。记住，要少买一些，尤其是小号衣服，因为新生儿长得很快。

贴身内衣。新生儿最好选择身前开口、侧面有按扣的贴身内衣（根据天气选择短袖或长袖）。在最初几周，这样的衣服更容易穿脱。婴儿在脐带残端掉落之前，最好不要让贴身衣物摩擦到肚脐。还有一种连体衣，脐部有特别设计的开口，可以让脐带残端透气，同时避免衣物摩擦。脐带残端掉落后，就可以换成更平整、更舒适的套头连体衣。这种连体衣下端有按扣，方便换尿布，也不会往上缩，天冷时还可以护住宝宝的小肚子。挑选时可选择领口宽松的连体衣，便于穿脱。开始注重款式后，可以挑选更像T恤的连体衣（长袖或短袖），外面穿上短裤、裙子或打底裤。这个阶段，可以考虑购买5～10件（新生儿尺寸）贴身内衣，7～10件连体衣。

连脚衣。带脚套的衣服可以让宝宝的小脚丫在不穿袜子的情况下保持温暖舒适，尤其实用（短袜和毛线鞋容易掉落）。确保裤裆处有按扣或拉链，否则每次换尿布时，都得把宝宝的衣服脱下来，再重新穿上。你会发现拉链的好处，它不需要每次大费周

宝宝的衣橱应该这样打造

为宝宝采购衣服时，最开心的一点是：这些衣服太可爱了；最糟糕的一点也是：这些衣服太可爱了。在你还没来得及反应之前，就已经把商店里的东西都买回家了，而宝宝的衣橱已经塞不下了。你精心购买的衣服中有一半甚至还没有机会拿出来，宝宝就已经穿不上了。为了避免一而再、再而三地给宝宝买衣服，确定全套婴儿用品清单、出发去商店或在购物网站下单前，请牢记以下几点。

宝宝不介意穿别人的旧衣服。宝宝们才不管衣服是否流行呢，即使你追求时尚，当宝宝吐奶、尿裤子，而洗衣机又出故障的时候，也会希望有备用的连体衣可穿，尽管它们并没有那么时尚。有点介意宝宝穿别人的旧衣服？没关系——你花了大价钱买来的新衣服，第二次穿的时候也变成旧的了。所以有人问你是否需要旧衣服时，可以考虑接受。在确定购物清单之前，别忘了把已经借到或收到的东西从清单上划掉。

洗衣频率决定衣服数量。列购物清单时，要考虑你一周洗衣服的次数。如果几乎每天都洗，清单上的物品可以按最少建议数量购买——纸尿裤也是。如果你习惯攒够一堆衣服再洗，而且只能一周或更长时间洗一次，就按最大建议数量购买。

方便、舒适第一，可爱第二。婴儿服上的小纽扣也许非常可爱，但当宝宝在床上扭来扭去，你又想系上这些纽扣时，就不可爱了。一件薄纱小礼服挂在衣架上很吸引人，但如果它会刺痛宝宝娇嫩的肌肤，就得不偿失了。一件进口的水手连体衣或许看上去很时髦，却可能没办法给宝宝换尿布。宝宝紧身牛仔裤之类的就更不用说了。

所以，抵制这难以抗拒的诱惑（不切实际、不好洗、不好穿脱），记住，宝宝只有在舒服的时候才最开心，而父母在能轻松地给宝宝穿上衣服时最开心。因此，选择那些面料柔软、容易打理的衣服。可以有按扣，但不能有纽扣（纽扣不方便，而且不安全，宝宝可能把纽扣咬掉或拽掉）；衣服的领口要足够宽松（或领口处有按扣）；底端要便于打开，方便换尿布。用手摸摸衣服的里层，看看针脚是否平整。还有，衣服不能太紧，要给宝宝生长空间：婴儿服应该有可调节背带、有弹力的松紧裤腰，这样更方便。购买时还要考虑安全性，不要买带有超过 15 厘米的长绳或丝带的衣服。

尺寸要买大一些。新生儿的体格不会维持很久，除非你觉得宝宝会比较娇小，否则小尺寸的衣服不用囤太多。在宝宝6个月之前，更实用的做法是卷起宝宝的袖子和裤腿。总的来说，衣服至少买大一码（大多数6个月大的宝宝可以穿9～12个月尺码的衣服，有些甚至能撑起18个月尺码的衣服），但购买之前要仔细检查，因为有些款式偏大或偏小，尺寸会大于或小于平均尺寸。没有把握时，买大尺码的衣服。记住，孩子会长大，而衣服（特别是纯棉的）却会缩小。

注意季节变化。如果预计宝宝在季末出生，购买少量应季的小衣服即可，多买一些适合下一季、大一个码的衣服。随着宝宝长大，还要继续考虑季节问题，提前采购时要计算好季节变化。那件适合8月穿的可爱背心现在正好半价，看起来很划算，但春天天气还没变暖时，你就会发现秋天出生的宝宝已经穿不下这件衣服了。

把标签保存好。当然，你肯定很想把战利品放入宝宝的新衣柜。但要抵制住这个诱惑，最好不要扯掉婴儿服上的标签，按原包装保存（保留好所有票据）。这样如果宝宝的体重比预计的要重或轻很多，或者性别和预想的不一样，还可以更换或送给别人。

张地对齐每一个按扣，特别是当你很困、赶时间或宝宝闹着要吃奶的时候。可以考虑买5～7件。

连体衣。这种长袖或短袖、长裤或短裤款连体衣通常从裆部到腿部都有按扣，可以考虑买3～6件。

分体式套装。这些衣服好看，但不如连体衣实用（不好穿脱），因此要少买，控制在1～2套。最好买腰部有按扣的成套衣服，这样裤子不容易往下掉，上衣也不容易往上缩。

有弹性收口的睡衣。虽然连体衣可以代替睡衣，但一些父母更愿意让宝宝穿睡衣，特别在刚出生的几周。睡衣下面更容易打开（没有按扣），半夜换尿布更方便。可以买3～6件，但不要买有细绳系住下端的睡衣（超过15厘米的细绳有安全风险）。儿童睡衣必须满足阻燃性能要求，衣服上的标签会告诉你，它是否符合睡眠安全规定。

抓绒睡衣或睡袋。抓绒睡衣可以让宝宝在没有棉被或毯子的情况下保暖（毯子有窒息或引发婴儿猝死综合征的风险，参见第261页）。睡袋空间较大，宝宝的手脚可以在里面活动，还很舒适。在寒冷的夜晚，当连体衣和睡衣不够暖和时，睡袋能防止宝宝着凉。夏天开空调时可以用轻薄的棉质睡袋；冬天可以用摇粒绒面料的，穿着睡袋时注意不要给宝宝穿太多衣服，以免过热。根据季节需要，可以考虑购买 2 ～ 3 件睡袋。

毛衣。天气暖和时出生的宝宝只需要一件薄毛衣，如果宝宝出生在冬季，则需要一两件厚毛衣。准备一些耐洗、可甩干、易穿脱的毛衣（开衫或卫衣也可以，但不要带绳子）。

帽子。夏天出生的宝宝需要至少一顶带帽檐的薄帽子防晒，冬天出生的宝宝需要 1 ～ 3 顶厚一点的帽子来保暖（人体很多热量是通过头部散失的，宝宝的头占身体的比例很大，热量更容易散失）。帽子应该舒服地盖住耳朵，但不要太紧。月份较大的宝宝出门时还可以考虑另一种配饰：质量较好的太阳镜（参见第 438 页）。

防风睡袋或带连指手套的冬季外套。这是为秋末和冬天出生的宝宝准备的。防风睡袋更容易穿脱（不需穿裤腿），但宝宝变得好动之后就不应该再用睡袋了。一些防风睡袋兼有冬季外套的功能。如果你要买防风睡袋，可以选择下端有开孔的款式，以便穿过汽车安全座椅带。

短袜。你会发现，袜子一穿上，很快就会被宝宝踢掉，所以要准备些可固定的款式。刚出生时 5 ～ 6 双袜子就够了，等宝宝长大再多买一些。

围嘴。宝宝吃辅食之前，也需要围嘴，以防衣服沾上奶或口水。至少购买 3 条围嘴——总有一条会是脏的，等着你洗。

宝宝的日用纺织品

宝宝的肌肤非常娇嫩，纺织品一定要考虑柔软性。选购时有一些实用的窍门。防撞条、婴儿毯和小被子都不应该出现在日用纺织品清单上，要避免在婴儿床或其他睡眠区域使用。

婴儿床、摇篮或婴儿车上使用的床单或床笠。不论你选择什么颜色和图案，床单最重要的是尺寸。安全起见，床单必须是带松紧带的，和床垫严丝合缝，这样才不会松动。每个尺寸的床单都需要 3 ～ 4 条，特别是宝宝吐奶厉害、要经常更换床单的阶段。你可能还会考虑在床单上再铺半条床单，系扣在婴儿床的护栏上。这样需要更换的时候，就不用大费周章地把整条床单换下来，只换下表面的半条床单即可。要确保床单系得牢固，同样为了安全，不要用其他容易松动的床上用品。

隔尿垫。需要的隔尿垫数量取决于家里有多少表面需要保护，比如婴儿床(把隔尿垫垫在床单下保护床垫)、婴儿车、家具和你的腿。你至少需要 1 ～ 2 块隔尿垫。

婴儿床垫保护垫。同样要严丝合缝。不要选表面带长毛绒的保护垫，两块就够了（一洗一换）。

婴儿车用的毯子。当宝宝被安全带绑在汽车安全座椅上、坐在婴儿车上或有人看护时，可以将毯子盖在宝宝身上。但宝宝睡觉时要避免用毯子（除非是襁褓中的婴儿），因为任何会松开的纺织品都是引发婴儿猝死综合征的风险因素。更安全的做法是用睡袋或其他暖和的睡衣给宝宝保暖。买一两条毯子就好。

毛巾和浴巾。带帽子的浴巾最好，可以在洗澡后保护宝宝的头不着凉，婴儿沐浴手套通常比普通毛巾更方便，也更可爱。要选择柔软的毛巾和浴巾，买2～3条毛巾、3～5双婴儿沐浴手套就够了。

口水巾。给宝宝拍嗝时垫在肩膀上，可以防止弄脏衣服；紧急情况下还可以用作围嘴。口水巾的用处很多，可以先买一打。如果宝宝经常吐奶，需要很多口水巾，可以多买一些。

包巾、包被、带搭扣或双头拉链的襁褓。新生儿喜欢被包在襁褓中，特别是睡觉的时候，这也是为什么医院通常把宝宝包在包巾或襁褓中。关于如何安全包裹宝宝，参见第162页。还可以自制简单的襁褓，从搭扣式包裹（襁褓有两翼保护宝宝双臂）到严密的双头拉链襁褓（有双头拉链，在不解开襁褓的情况下也能换尿布），再到混合襁褓袋（上端是襁褓，底部是袋子）。你可以尝试不同的襁褓，找到最适合自己和宝宝的那种，所以不用一次买太多。还要注意查看每个襁褓的最小和最大承重量（宝宝会长大，很快就会需要更大的襁褓）。通常4个襁褓就足够用了。

尿布

宝宝都需要尿布，而且需要很多。问题是，应该选择哪一种呢？从各种布料的尿布，到琳琅满目的一次性纸尿裤，怎么选择最适合宝宝屁股（和你的需求）的那一款呢？首先，我们了解一下有哪些选择。

一次性纸尿裤。这是目前家长们的第一选择，因为一次性纸尿裤容易购买和更换，而且方便外出（只需要扔进垃圾桶）。它超级吸水，中间有内芯可以帮宝宝娇嫩的肌肤保持干爽，也不需要像尿布一样经常更换。因为超强的吸水性和紧密的贴合感，很少发生漏尿的情况。

当然，它也有缺点。一方面，由于纸尿裤超级吸水，如果更换不及时，容易引发尿布疹。另一方面，纸尿裤吸水效率很高，导致宝宝的尿量很难估算，也就很难判断宝宝摄入的奶量是否充足。更长远的影响是，纸尿裤的超强吸水性会给宝宝的如厕训练带来很多困难。学步期幼儿不容易感到尿湿或不舒服，就没那么快摆脱纸尿裤。还有一个缺点，一次性纸尿裤要经常购买。

另一大弊端是价格。如果你选择尿布，刚开始可能要花一大笔钱，但从长远来看，尿布比一次性纸尿裤要便宜得多。另外，如果你用力过猛，一些纸尿裤很容易被撕破（难免遭遇你赶时间又只剩最后一片纸尿裤的时候）。纸尿裤还有一个缺点是并不环保——每年有340万吨纸尿裤进入垃圾填埋场，而且难以分解。（有些纸尿裤的内芯可在马桶中冲掉，也可以生物降解，但底层不能任意处置。）

想用一次性纸尿裤，又想环保？虽然没有明确研究证实，纸尿裤中包含的化学成分，如二噁英、氯、染料和胶等会对人体造成伤害，有些宝宝会对其中一些物质过敏。挑选真正环保的纸尿裤可以避免这些过敏情况，也能帮助你为环境做贡献。但是环保标准也有很大差异，在决定购买哪个品牌之前，最好多多了解。一些宣称对环境无害的纸尿裤可能含有化学胶、氯或塑料；另一些纸尿裤中可能包含谷物和麦子的成分，容易引起宝宝过敏；还有一些纸尿裤根本无法降解，或只有60%可以降解。另外，一些环保纸尿裤并不能很好地保护宝宝的屁股。在你最终找到适合自己和宝宝的纸尿裤之前，需要不断地尝试新的品牌。最后要考虑的问题是，这些"绿色"纸尿裤价格通常都比较贵。

尿布。婴儿尿布有棉布、毛巾布和法兰绒三种面料，有预先折叠、布垫式的，也有一体式的（尿布裤看起来很像一次性纸尿裤）。和纸尿裤相比，在使用时间相同的情况下，尿布更省钱一些。如果你担心纸尿裤中含有的染料和胶，或想用环保的产品，尿布是个不错的选择。不过，尿布吸水性不如纸尿裤，需要更频繁地更换。尿布的另一点好处是有助于（时机成熟时）宝宝早日完成如厕训练，因为使用尿布的学步期幼儿会更快注意到尿湿的问题，这也有助于宝宝早日穿上小内裤。

尿布的缺点在于会比较脏，尽管有些尿布有一次性衬垫，便于清洗。另外，换尿布比较麻烦，除非你用的是尿布裤（更贵，而且不容易干）。你的洗衣量也会更大——每星期要多洗2～3次衣服，这意味着水电费更高。除非你出门时给宝宝使用纸尿裤，否则可能要带着一些有宝宝大便的（臭臭的）尿布回家。另外，很多尿布由天然材料制成，起初吸水性不强，需要在热水中多洗几次（至少5～6次）才能达到最佳吸水效果。

无法做出选择？一些父母会在宝宝刚出生的几个月用尿布——这个阶段宝宝通常待在家，很少出门，然后随着出门时携带尿布越来越麻烦，逐步改用纸尿裤。另一些父母从一开始

有关尿布的重要信息

哪种尿布最适合宝宝和你的需求？以下是关于尿布的基本知识。

方形尿布。用这些棉质尿布看似简单，其实需要一定技巧：它们通常呈正方形或长方形，需要折叠成适合宝宝屁股的大小，再用单独的尿布扣或安全别针固定（小宝宝扭来扭去时，这很不容易）。或用尿布先包住宝宝的屁股，再在上面裹一层防水尿布罩，防止漏尿。

简易尿布裤。这种尿布裤已经折叠成能更好地贴合宝宝屁股的形状。和方形尿布一样，你需要用单独的按扣或安全别针固定住，再套上尿布罩来防止漏尿。

合身型尿布裤。合身型尿布裤看起来和一次性纸尿裤很像，与简易尿布裤不同的是，它有内置按扣、搭扣或魔术贴，可以很好地固定在宝宝屁股上。它的腰部和大腿部位有弹性，比方形尿布或简易尿布裤贴合性更好，更不容易漏尿。不过，外面最好再套上单独的尿布罩。

一体式尿布裤。这种尿布裤的腰部和大腿部位有弹性，有内置按扣、搭扣或魔术贴可以固定尿布，而且颜色漂亮，设计可爱。另外，它不需要单独的尿布罩，因为吸水的棉质尿布上已经缝了一层防水材料。它们用起来比较方便，不需要折叠，也不需要加上一层尿布罩，且不会发生漏尿（沿着宝宝大腿漏出来）。但方便也有代价——它们有很多层，清洗和晾干比较费时。

口袋式尿布裤。像一体式尿布裤一样，口袋式尿布裤里面有一层衬垫，外面是防水层，需要把一块单独的尿布塞进衬垫袋中。它的好处是可以根据宝宝尿湿的程度调整吸水性（多放棉质尿布即可）。

可拆洗尿布裤。和口袋式尿布裤非常相似，不同的是塞进去的尿布直接和宝宝的皮肤接触（可用按扣固定或直接放入）。这样一来，换尿布时就不用把整条尿布裤换下来，只需换掉里面的尿布，非常方便。另一个好处是，由于尿布和尿布裤是分开的，所以更容易晾干。

加厚尿布和衬垫。无论用哪种尿布裤，加厚尿布都可以提供额外的保护，它适合夜间或午睡时使用，但由于体积较大，不方便活动，不宜在宝宝醒着、扭来扭去时使用。衬垫是可生物降解、可冲洗的薄片，由布料或纸构成，适用于各种尿布裤。衬垫没有吸水性，但更易清洗，尤其是当宝宝开始添加辅食，大便更黏稠、更难从尿布上刮下来时。

就两者兼用——方便时用尿布，不方便时用纸尿裤（或晚上用纸尿裤，以获得更好的睡眠）。

有时也要随机应变。有些宝宝会对某种一次性纸尿裤过敏；而有些宝宝尿量较大，大便较多，尿布无法应对。即便你观察了宝宝好几个月的排泄情况，可能还是需要做好随时更换的准备。

如果打算用一次性纸尿裤，先买一两包新生儿的尺寸备用，等宝宝出生后（这样你就知道宝宝有多大）再多准备一些。宝宝出生时个头比预想的要小？可以马上买一些早产儿尺寸的纸尿裤。如果打算用尿布，计划每3天清洗一次，需要买20～30块尿布（如果洗尿布频率更低，需要多买一些），再加上20片一次性纸尿裤，以备出门或紧急情况下使用。

宝宝的洗护用品

刚出生的宝宝很好闻，而且身上很干净，他们的洗护程序也不麻烦。为宝宝准备的洗护用品越少越好，很多商家推销的婴儿产品都是没必要的，产品中的成分也越简单越好。

婴儿香皂或沐浴露。给宝宝洗澡时应使用成分温和的产品。有些产品有双重功效，既是洗发水，又是沐浴露。

无泪配方婴儿洗发水。无泪配方的婴儿洗发水是最好的，它的泡沫会保持固态，更好控制。

婴儿润肤油。当你需要轻轻地把结块的大便从宝宝疼痛的肛门里清理出来时，润肤油就派上用场了。宝宝头上结乳痂时，医生也会开婴儿润肤油。但不要经常用它，也不要把宝宝涂得满身都是油。

尿布疹软膏或尿布疹霜。大多尿布疹软膏或尿布疹霜都是阻隔式的，能在宝宝娇嫩的屁屁和尿液、大便中的刺激成分之间形成一道屏障。尿布疹软膏是无色的，而尿布疹霜（特别是含有氧化锌成分的）通常呈白色。尿布疹霜比软膏更厚，能更好地避免和预防尿布疹。一些品牌的产品还包含其他舒缓成分，如芦荟、绵羊油等。

囤这类产品前最好先试用一下，某些品牌可能更适合你的宝宝。

矿脂，比如凡士林。用肛门体温计给宝宝测体温时，可以用它来润滑（或者用水溶性人体润滑剂），它还可以预防尿布疹，但没有治疗功效。

婴儿湿巾。换尿布时使用，忙碌时可以用来擦手，宝宝吐奶和漏尿后可以用来清理污物，还有其他多种用途。如果你想使用环保产品，或宝宝对某个品牌的湿巾过敏，可以选择可反复使用的布来擦拭。考虑买一个配套的湿巾加热器？尽管有些父母非常推崇（尤其是寒冷的夜晚），但它不是必需品，宝宝的屁股已经足够暖和了。另外，有些加热器会让湿巾很快变干。如果你想购买加热器，还要考虑一点：温暖的湿巾会让宝宝形成习惯，而这种习惯一旦养成，他们就不愿意使用直接从盒子里拿出来的常温湿巾了。

无菌棉球。用来清洁宝宝的眼睛，也可以在宝宝出生后前几周换尿布或患尿布疹时用来擦屁股。不要使用棉签，棉签对宝宝不安全。

婴儿指甲刀或指甲钳。锋利的成人指甲刀不能给好动的宝宝使用，而宝宝的小指甲长得可比你预想的快多

绿色产品

忘掉粉红色或蓝色吧，如今流行的是“绿色”，至少对宝宝的护理产品来说是这样。从有机洗发水到纯天然润肤乳，商店的货架上（和购物网站上）随处都是为宝宝准备的绿色产品。这当然是因为很多父母担心使用含有化学添加剂或化学香精的产品会刺激宝宝柔软娇嫩的肌肤。但是你做好准备花大价钱给宝宝购买绿色产品了吗？

好消息是，如今为宝宝准备绿色产品更容易，也更便宜了——随着父母的需求增加，绿色产品的供应和选择越来越多，花费随之降低。婴儿护理产品绿色化的一个例子是，很多生产商在生产洗发水和润肤乳时不再使用邻苯二甲酸盐（这种化学成分会引发宝宝的内分泌系统和生殖系统问题）。还有些生产商在婴儿护理产品中不再使用甲醛和二噁烷（很多环保组织和关心的父母都会仔细查看这两种成分），及其他可能有害的化学成分，比如苯甲酸甲酯。

不论你是倾向于绿色产品，还是只是担心产品的某些成分有刺激性，查看产品标签都可以帮你更好地挑选适合宝宝的产品。选择不含酒精（酒精会让宝宝皮肤变干）、不含（或尽可能少含）人工色素或香精、防腐剂及其他化学添加剂的产品。可以自己查阅资料了解，登录美国环境工作组网站 ewg.org/skindeep，它会告诉你准备给宝宝使用的产品含有哪些成分。

还有一点要记住：在给宝宝囤护理产品时，需要查看的不仅是化学添加成分，如果宝宝有皮肤问题或对坚果过敏（可能有家族坚果过敏史或母乳中含有坚果成分导致过敏），还需要咨询医生是否有必要选择不含坚果成分（如杏仁油）的产品。还要注意产品中是否含有可能对宝宝不安全的精油，挑选时最好咨询儿科医生。

了。有些指甲钳内置有放大镜，能帮助你在剪指甲时看清动作。

婴儿梳。很多宝宝头发很少，所以至少前几个月内还不需要它。

婴儿浴盆。小宝宝只要身上沾了水就会很滑，更别说他们还会扭来扭去。即使是最自信的父母，在第一次给宝宝洗澡时，也希望有个浴盆。为了确保宝宝洗澡时快乐且安全，可以购买或借一个婴儿浴盆——大多数婴儿浴盆都是按照宝宝的体型设计的，可以为宝宝提供支撑，防止他滑落水中。浴盆的款式多种多样，有塑料的、配泡沫靠垫的、带悬挂浴网的，等等。有些浴盆可以随着宝宝长大调节大小，一直用到宝宝学步。

购买婴儿浴盆时，选择底部（和里外）防滑、边角圆润、注水（和宝宝进去）后不变形、易清洗、排水快、空间宽敞（宝宝刚出生到四五个月都能使用）、能支撑宝宝头部和肩膀、轻便、带防霉泡沫垫的。也可以购买一块专门设计的可在水槽或浴盆中保护宝宝的厚海绵，当宝宝的坐垫。

宝宝的药箱

药箱不是一个适合精简的地方，少一些可能确实不够。因为你永远不知道会需要哪些药，所以要备齐药品。最重要的是，要把它们存放在宝宝够不着的地方。

对乙酰氨基酚。例如婴儿用泰诺林，可在宝宝 2 个月大后使用。6 个月以上的宝宝可以用婴儿布洛芬。

抗生素软膏或乳霜。比如杆菌肽或新霉素，可以在医生建议下用它来治疗轻微划伤和擦伤。

双氧水。用来清洗伤口。清洗伤口时喷洒双氧水，不仅不会感到刺痛，反而会觉得麻木、疼痛减轻，这样清洗更容易。

炉甘石洗剂或氢化可的松乳膏(0.5%)。用来应对蚊虫叮咬和瘙痒型皮疹。

补液盐（例如电解质水）。腹泻时用来补充体液。只有在医生特别建议的情况下才能使用，医生会根据宝宝的月龄告诉你正确的剂量。

防晒霜。推荐所有月龄段宝宝使用，但不要只依靠防晒霜来保护宝宝的娇嫩肌肤，要避免阳光直晒宝宝，尤其在夏季的高温时段。

外用酒精。用来给体温计消毒。

标有刻度的勺子、滴管、喂药奶嘴或口腔注射器。喂药时使用（尽量使用药品自带的器具）。

无菌绷带和纱布垫。各种尺寸和形状的都备一些。

胶带。用来固定纱布垫。

镊子。用来拔刺。

婴儿吸鼻器。这个不可或缺的用品，你一定要知道，相信你会爱上它。传统的球形吸鼻器并不贵，能有效清理堵塞的鼻子，所以你可能并不需要电动吸鼻器。市场上还有其他类型的吸鼻器，比如口吸式吸鼻器（通过一根管子人工吸取）。

冷雾加湿器。如果你打算购买加湿器，冷雾加湿器是最好的选择（暖雾加湿器和热蒸汽加湿器可能导致灼伤）。记住，加湿器要按产品说明定期仔细清洗，以免发霉或滋生细菌。

体温计。参见第 520 页，了解如何挑选和使用体温计。

电热毯或热水袋。用来缓解急性腹痛或其他疼痛——注意不要在很烫时使用，记住在外面加一层覆盖物或用尿布包着使用。

宝宝的喂奶用具

如果选择纯母乳喂养，相当于已经配备了两个最重要的喂奶“用具”。但如果不是纯母乳喂养，或多或少会需要以下产品。

奶瓶。不含双酚 A 的婴儿奶瓶和奶嘴（美国食品药品监督管理局要求所有奶瓶和奶嘴都不含双酚 A，参见第 325 页）有各种款式：从弧形奶瓶到带一次性奶袋的奶瓶，从宽口奶瓶到防胀气奶瓶，从鸭嘴形奶嘴到仿真奶嘴和可旋转奶嘴……要为宝宝选出合适的奶瓶和奶嘴，只有不断试错，并根据朋友（和网上评论）推荐，结合自己的个人喜好来挑选。如果你最初根据外形或感觉挑选的奶瓶或奶嘴不适合宝宝，也不用担心，换一种，直到找到合适的。以下是可供挑选的奶瓶款式。

• 标准口径奶瓶，材质可以是不含双酚 A 的塑料、玻璃甚至不锈钢。有些奶瓶底部有阀门，可以减少宝宝吃奶时吞进去空气，理论上可以减少宝宝胀气。

• 宽口奶瓶，比标准口径奶瓶矮一些，口径更宽，要配合宽口奶嘴使用，对宝宝来说更像妈妈的乳房。有些宽口奶瓶配有模仿妈妈乳头的奶嘴。如果你打算混合喂养（母乳喂养加配方奶喂养），这类奶瓶是合适的选择。

• 弧形奶瓶，瓶颈部位是弯曲的，方便父母抓握，但宝宝开始自己抓着奶瓶喝奶时，可能会有点困难。瓶颈的弯曲设计有利于奶嘴处一直充满母乳或配方奶，降低宝宝吞咽空气的概率。这种奶瓶方便用半躺的姿势给宝宝喂奶，尤其当宝宝容易吐奶、胀气或发生耳部感染时。但在倒入母乳或配方奶时，要想装满并不容易（倒入液体时，你需要将奶瓶往一侧倾斜或使用漏斗）。

• 带一次性奶袋的奶瓶，外层坚固，里面可塞入一次性塑料层（或袋子）。宝宝喝奶时，内层奶袋会随着奶量减少而收缩，从而减少宝宝吸入空气。喝完奶只需把用过的奶袋扔掉

婴儿餐椅：陪伴宝宝长大

最初的6个月，母乳或配方奶就能给宝宝提供足够的营养，这也意味着小家伙最初的饮食都会在妈妈的怀抱里进行。虽然餐椅不是目前的必需品，但预先了解一下，对宝宝未来的饮食还是有帮助的。

高脚餐椅。通常宝宝在6个月左右开始添加辅食，在那之前不需要高脚餐椅。但是，除了婴儿床和汽车安全座椅外，高脚餐椅可能是你购买的婴儿用品中使用率最高的。你会发现可供选择的款式多得惊人，功能也各不相同，有些可以调节高度，有些可以倾斜（非常适合给6个月以下宝宝喂奶时使用），还有些可以折叠起来存放；有些是塑料或金属材质，有些是木质；有些椅子下有储物篮，有些可以变换为学步期幼儿使用的增高餐椅，还有些带有可用洗碗机清洗的托盘（以后你会发现这个功能太宝贵了）。很多高脚餐椅有轮子，便于在厨房、餐厅、露台等地方移动。

挑选高脚餐椅时，要满足以下条件：底座宽大、平稳牢固；托盘只用一只手就能轻松拆卸和固定；有足以支撑宝宝头部的高椅背；有舒适的坐垫；宝宝胯部和大腿间配有能固定的安全带（可以避免好动的宝宝挣脱出来）；轮子可锁定；折叠后有安全锁定装置；没有锋利的边缘。

增高餐椅。对于大一点的宝宝和学步期幼儿来说，增高餐椅是更好的选择。增高餐椅是可以被固定在普通椅子上的（或单独放在地板上的）塑料座椅。一些挂钩型增高餐椅可以直接固定在桌子上。有些可供6个月（或更小）的宝宝使用，有些则更适合大一点的宝宝或学步期幼儿使用。

当好动的宝宝开始抗拒高脚餐椅的限制，或渴望和大人坐在一样的餐椅上吃饭时，增高餐椅就变得必不可少了。当你拜访亲朋好友，或在餐厅吃饭、而餐厅无法提供适合宝宝的婴儿餐椅时，增高餐椅（特别是挂钩型）非常有用。为便于携带，可以选择轻便、配有旅行包的挂钩型餐椅。很多餐椅可以调节座椅高度，有些还附有托盘。如果你的餐椅是多功能型的，还可以根据宝宝的年龄、身高、发育阶段和桌子的高度进行调整。

即可。

• 防胀气奶瓶，瓶子中间有吸管式小口，可以防止产生容易引起宝宝胀气的气泡。缺点是喂完奶后，要洗的东西更多。不仅要洗奶瓶，还要洗里面的吸管式装置，这可能并不容易(但为了不让宝宝的肚子受罪,值得)。

准备 4 个 120 毫升的奶瓶和 10 ～ 12 个 240 毫升的奶瓶。如果你选择配方奶加母乳喂养，4 ～ 6 个 240 毫升的奶瓶就足够了。如果是纯母乳喂养，准备 1 个 240 毫升的奶瓶即可，以便紧急情况时使用。

配方奶喂养需要准备的用具。需要哪些用具取决于配方奶的类型，但通常应该购买奶瓶刷和奶嘴刷；如果是配方奶喂养，还要买标有刻度的量筒和量杯；可能还需要开罐器、长柄搅拌勺和一个洗碗机篮，以防奶嘴和垫圈在洗碗机里乱甩。

奶瓶和奶嘴架。即使大多数时候都用洗碗机洗奶瓶，一个专门用来放置、收集、晾干奶瓶和奶嘴的架子也很有用。

吸奶器。如果选择母乳喂养，但有时候需要把母乳吸出来，你就需要吸奶器。全套东西包括吸奶器（参见第 166 页，了解关于选择不同类型吸奶器的建议）、专为储存和冷冻母乳设计的储奶袋（无菌，比普通塑料袋或奶瓶用奶袋更厚）或奶瓶（塑料或玻璃材质）、携带母乳时的保温包，可能还需要热敷或冷敷袋来缓解胀奶，让吸奶更顺畅。

安抚奶嘴。严格地说，这不是喂奶用具。但在宝宝想要吮吸又不饿时，安抚奶嘴可以满足他的吮吸需要。此外,建议在宝宝睡觉时使用安抚奶嘴,因为有研究表明，它可以降低患婴儿猝死综合征的风险。安抚奶嘴有很多不同的形状和大小可供挑选——每个宝宝对安抚奶嘴都有自己的偏好，所以做好需要更换安抚奶嘴的准备，直到找到宝宝最喜欢的那一种。出于安全考虑，随着宝宝的成长，需要换成大一些的奶嘴。

有细长的标准形安抚奶嘴，顶部是圆形而底部扁平的鸭嘴形安抚奶嘴，还有吸嘴为球形的“樱桃”形奶嘴。奶嘴的材质为硅胶或乳胶。选择硅胶奶嘴的原因主要有：结实耐用、无味，可在洗碗机顶层清洗。乳胶质地更软，弹性较好，但易老化，使用寿命短，容易被宝宝的牙齿咬穿，不能用洗碗机清洗。有些宝宝会对乳胶过敏。

有些一体式奶嘴由纯乳胶制成，但大多数奶嘴有塑料嘴盾，上面有透气孔。嘴盾有各种颜色（或透明）和形状（蝴蝶形、椭圆形、圆形等）。有些嘴盾朝吸嘴弯曲,有些是扁平的。奶嘴的背面有些有拉环，有些有凸起结构。有拉环的方便把奶嘴取下来，凸起结构则方便宝宝抓住奶嘴。还有些奶嘴的手柄在黑暗中会发光，方便夜间寻找。

有些奶嘴内置在保护罩中，一旦掉落，奶嘴会自动缩回保护罩中。而有些奶嘴有按扣式奶嘴帽，能帮助奶嘴保持清洁（但是要留心，一定要把奶嘴帽放在宝宝够不着的地方，否则可能给宝宝带来窒息风险）。说到风险，要记住：无论你多么想把奶嘴系在宝宝的衣服上——尤其是当奶嘴无数次从宝宝嘴里滑出来掉在地板上时，系奶嘴的绳子或丝带不要超过15 厘米长。可以使用专为奶嘴设计的夹子或较短的拴绳。

儿童房

新生儿的需求很简单：能够拥抱、安抚他的充满爱的臂膀、乳汁充足的乳房（或奶瓶），还有能安然入睡的环境。事实上，很多商家标榜的婴儿产品、家具和装饰品都没有必要。但新手父母还是会采购很多东西，填满宝宝的儿童房——如果宝宝和父母待在一个房间，也会填满属于他的那个角落。当然，父母都希望儿童房一眼看上去非常可爱（即使儿童房的主人并不在意壁纸和窗帘是否搭配），但一定要注意儿童房的安全性。这意味着，婴儿床要符合现行安全标准（很多老式的婴儿床、婴儿摇篮和吊篮并不符合），尿布台不会坍塌，所有家具都应使用无铅油漆。

确保按照说明书来组装、使用和维护所有家具。要及时在线注册，这样在产品需要召回时,才能接到通知。

婴儿床。款式当然重要，但安全性（参见第 40 页专栏）、舒适性、实用性和持久性更重要，尤其是如果你希望婴儿床还能继续给以后出生的宝宝用（前提是安全标准没有变化）。

婴儿床有两种类型：标准婴儿床和多功能婴儿床。标准婴儿床一侧装有合页门，方便把宝宝从床里抱出来（不要把标准婴儿床和一侧围栏可调节高度的侧拉式婴儿床混淆，后者已在 2010 年被美国消费品安全委员会列为禁用产品），有些标准婴儿床底部带有储物抽屉。多功能婴儿床如果做工结实,可以一直用到孩子十来岁，可以从婴儿床变为学步期幼儿床，再变为沙发床或标准单人床，宝宝将在这张床上度过很多美好的夜晚。

婴儿床应该有金属床架支撑（这样的床比木床更能承受学步期幼儿的蹦跳）；床垫高度可调节，随着宝宝的成长，床垫可以放低；有便于移动的脚轮（带轮锁）。

大多数婴儿床都是经典的长方形，也有些是椭圆形或圆形，为宝宝提供蚕茧般的环境。只是要记住，你还需要购买配套的床垫、床垫套和床单，标准大小的床品不适合特别形状的婴儿床。

婴儿床安全事项

幸运的是，当涉及婴儿床的安全时，你和宝宝有政府的保护。美国消费品安全委员会非常重视婴儿床的安全问题，为婴儿床的生产商和零售商都设立了严格标准（中国家庭可参考标准 QB2543.1 ～ 1999《家用童床和折叠小床安全要求》）：床垫架和栏板条要牢固；硬件设施要非常耐用，并经过严格的安全测试。

以下是评估你购买（或借）的婴儿床是否安全的标准，可以参考着做决定。

- 婴儿床的栏板条及角柱之间的距离不能超过 6 厘米。距离太宽容易卡住宝宝的头。
- 角柱要齐平于横栏（或高出不超过 1.5 毫米）。
- 硬件——螺栓、螺丝、托架要牢牢固定，不能有尖角、粗糙或漏洞的地方，以免夹伤或以其他方式导致宝宝受伤。婴儿床的木头不能有刺或裂缝，也不能有剥落的油漆。
- 标准大小的婴儿床垫应该结实，尺寸至少为 130 厘米长，70 厘米宽，厚度不超过 15 厘米。椭圆形或圆形婴儿床需要有专门设计的床垫，床垫应与婴儿床紧密贴合。
- 确保床垫和婴儿床内侧严丝合缝。床垫与婴儿床之间的缝隙不要大于两根手指的宽度。
- 不要把毛绒玩具或松软的床上用品放在婴儿床上（即使是和婴儿床配套的最可爱的枕头和被子），会给宝宝带来窒息风险。美国儿科学会还强烈建议不要使用床围（即使是薄而透气的网状床围或有填充的床围垫），以免增加婴儿猝死综合征、窒息和被卡住的风险。
- 不要使用 10 年前的古董婴儿床。最好不要使用朋友给的、家族传下来的或二手商店买来的婴儿床。古董婴儿床也许很优雅、很漂亮、很有情感价值或性价比高，但不符合现行的安全标准。这些婴儿床的栏板条间距可能过大，油漆中可能含铅，木头可能有刺或裂缝，可能被召回过（特别是侧拉式婴儿床），也可能有其他你注意不到的危险，比如不安全的角柱。

婴儿床垫。因为宝宝睡在上面的时间很长，必须保证婴儿床垫不仅安全舒适，而且经久耐用。常见的婴儿床垫有两种类型：弹簧型和泡沫型。

- 内置弹簧的床垫比泡沫的重，通常寿命更长，能更好地保持形状，支撑性更好，也更贵。挑选时，一个原则是选择弹簧圈多的床垫。弹簧圈

再见，婴儿床围

毛绒被子和床围能让婴儿床看起来更可爱、更舒适。但根据美国儿科学会的指导，传统的婴儿床上用品应做出调整，只能留下贴合的床单（床笠）。专家认为，对不到一岁的宝宝来说，唯一安全的地方只能是没有毯子、被子、枕头、毛绒玩具和床围的坚实表面。因为床围和其他床上用品会增加与睡眠相关的死亡风险，包括窒息、卡住和婴儿猝死综合征。小宝宝的头很容易卡在松软的床围和婴儿床栏板条之间。另外，宝宝可能翻滚到毯子、毛绒玩具或床围上，造成窒息。大一点的宝宝或学步期幼儿可能会踩着床围爬上婴儿床的护栏。

没有床围，宝宝会不会受伤？不用担心。和使用床围（包括网状透气床围和单独系在栏板条上的床围）可能导致的生命危险相比，头上磕个小包，或手、脚被卡住只是小问题。所以，把床围、被子和枕头从婴儿床上拿走吧。如果这些床上用品和婴儿床是配套的，你可以用它们布置宝宝的房间，这样对宝宝更安全（床围可以挂在墙上、用作窗帘、装饰篮子或尿布台、保护有尖角的桌子）。

越多（通常 150 个或更多），床垫就越结实（质量越好，也越安全）。

• 泡沫床垫由聚酯或聚醚材料做成，比弹簧床垫轻（这意味着换床单时更方便搬动床垫），价格也更便宜（但可能使用寿命短）。如果你要买泡沫床垫，选一个密度高的。这样的床垫能给宝宝有力的支撑，也更安全。

挑选婴儿床垫最重要的标准是安全。要确保床垫结实、紧贴婴儿床；床和床垫之间的缝隙小于成人两根手指的宽度。

摇篮或吊篮。它们是舒适的婴儿床替代品，你当然可以从宝宝出生的第一天就开始用婴儿床，但摇篮和吊篮迟早会派上用场。首先，它们便携——不管想去家里的哪个房间，都可以带上睡着的宝宝一起去。有些摇篮和吊篮可以折叠，方便旅行时携带，无论是去爷爷奶奶家还是酒店，打开就可以让宝宝安全舒适地睡觉。其次，对新生儿来说，摇篮和吊篮提供的睡眠空间可能比婴儿床的开阔空间更舒适。摇篮和吊篮还有一个优势：高度通常和床差不多，夜间你不用起床就可以伸手去安抚（或抱起）宝宝。打算让宝宝在刚出生的几个月睡在父母的卧室（美国儿科学会这样建议，参见第 264 页）？和婴儿床相比，婴儿摇篮和吊篮更节省空间。

购买摇篮或吊篮时，选择底座宽而稳、结实的款式，并确保围栏（从垫子到顶部）的高度至少有 20 厘米。你可能喜欢带轮子的摇篮，方便来往于不同的房间，但轮子应该带锁。如果是折叠型摇篮，腿部也要可以牢牢锁住。摇篮有遮光罩的话，要确保它能向后打开，方便将熟睡的宝宝放到摇篮里。另外，手工制作的或古董摇篮、吊篮或许很珍贵，但不建议使用——它们并不安全。另外，芬兰几代人用过的宝宝箱最近备受吹捧，被认为是更安全的睡眠空间。但专家认为，宝宝箱的安全性——尤其是在能否有效防止婴儿猝死综合征方面，并没有得到充分证实。因此，考虑用宝宝箱之前应当咨询医生。

婴儿游戏床（便携式婴儿床）。婴儿游戏床（又称便携式婴儿床或旅行床）通常为长方形，有一块底板，四周是网状围栏，栏杆上有轨道锁，便于轻松（且安全）地拆装和折叠。大多数婴儿游戏床可折叠成长方形，配有方便搬运的便携箱。一些游戏床带轮子，一些顶部有可拆卸、带垫子的尿布台和供新生儿使用的内置摇篮，床边有储物空间，甚至还有遮阳篷(如果把游戏床带到室外，这东西很有用)。旅行时，游戏床还可以用作婴儿床。如果不打算购买摇篮，游戏床也可以作为宝宝最初几个月（甚至以后）的睡床。

但要记住，婴儿游戏床比较深，一旦不再使用里面的摇篮，个子不高的爸爸妈妈要把宝宝放到游戏床底部并不容易。挑选婴儿游戏床时，应满足以下条件：四周围栏网眼够细，不会钩住手指或纽扣；床垫结实，不易扯破；有包了保护材料的金属合页；有保护宝宝的防塌设计；易安装、易折叠，且便于携带；还应该有配套的可拆卸、带松紧的床单，便于清洗。

尿布台。宝宝满一周岁时，父母很可能已经为他换了将近 2500 块尿布。知道这个令人震惊的数字后，你一定想在一个舒服的地方换尿布，一个方便、安全、易打理的地方。

尿布台是个很好的选择。如果打

合睡床安全吗？

合睡床固定在成人床一侧，让父母晚上可以方便地照顾宝宝。还有一种可以放在父母床上的合睡床，能提供类似巢穴的睡眠空间，也可以让宝宝触手可及。这两种合睡床虽然都是专为更安全的亲子睡眠而设计的，但美国儿科学会并不推荐，因为没有足够的证据证实这些合睡床的安全性，以及它们是否真的可以预防婴儿猝死综合征。专家还担心，这类床可能会卡住宝宝，造成受伤或窒息的风险。他们认为，最安全的睡眠空间是放在大床旁边的摇篮或婴儿床。

算购买尿布台，有两种选择：一是独立的尿布台；二是组合式尿布台储物柜，它有一个大尺寸，或可翻转、带垫子的顶层平台。无论选择哪种款式，都要确保尿布台牢固、桌腿结实、有安全带、垫子可拆洗、尿布触手可及、各类用品存放在宝宝够不着的地方。要确保尿布台的高度让你感到舒适，方便操作。有些设计直观的尿布台可以把宝宝竖直放下，而不是水平放下，这样方便给宝宝换尿布。如果用的是顶层可翻转的尿布台，不要把宝宝放在架空的一侧，否则会使整个柜体翻倒在地。使用组合式尿布台的一大好处是节省空间，而且储物空间很大。

毫无疑问，有一个专用的尿布台很不错，但资金不充裕或家里空间不够的时候，它并非必不可少。可以把普通的梳妆台或桌子改造成尿布台，买一个有安全带的厚垫子放在台面上作为保护，让宝宝感到安全舒适。要确保尿布台的高度让给宝宝换尿布的人舒适，还要确保给好动的宝宝换尿布时，垫子不会从台子上滑下来。

尿布桶。宝宝可爱的屁股讨人喜欢，但屁股里排出来的东西就没那么可爱了。好在有尿布可以将它包住。你需要一个可以快速将脏尿布（和臭味）收走的尿布桶。如果你用的是一次性纸尿裤，可以挑选一个能将纸尿裤密封在防臭塑料内层里的尿布桶，或挑选一个使用普通垃圾袋的尿布桶。无论你用哪种尿布桶，记住要经常清空，最好选用除臭尿布桶。

如果你用尿布，可以挑选易清洗、有密封盖的尿布桶，防止宝宝或学步期幼儿把它打开。

摇椅。大多数父母如今已经不用传统摇椅了，它已被新式摇椅取代。新式摇椅的舒适度和安全性比传统摇椅好很多，不会侧翻，椅子下面也没有空间，不会卡住孩子（和宠物）。摇椅虽然不是必需品，但很有用处——不仅可以摇晃宝宝，在你喂奶、哄睡、讲故事（参见第 408 页）时都很有用。摇椅通常使用寿命较长，如果有人出售二手摇椅，可以买下来。如果打算购入新的，舒适度最重要。购买前可以抱着洋娃娃试一试——摇椅扶手应该能在你喂奶时支撑你的手臂；高度应方便你抱着宝宝时轻松站起，不会绊到你、惊吓到睡着的宝宝。许多摇椅配有脚凳，这样你在晃椅子时可以抬起疲惫的双脚休息一下。

婴儿监视器。婴儿监视器让父母不用守在床边就能看到熟睡的宝宝。如果宝宝和你不在同一个房间，或者他小睡时你在房子的另一边，婴儿监视器就非常有用。尽管你听不到宝宝的声音，但只要宝宝一醒，监视器就会提醒你。

监视器有几种类型。最简单的音频监视器只传递声音，发射装置安装在宝宝房间，接收装置可以随身携带或放在你的房间。有些监视器有两个接收装置，这样父母可以分别使用（或者，你可以把一个接收装置放在卧室，另一个放在厨房）。音频监视器的一个附加功能是声光功能。这种监视器有一个特殊的LED显示屏，可以“看到”宝宝的声波。音频－视频监视器可以通过安装在宝宝床边的小型摄像头，让你从屏幕看到并听到宝宝的活动。有些款式拥有先进的红外技术，即使房间里很暗，也能看到宝宝。一些应用软件可以让你在外出期间看到宝宝睡觉的样子。还有运动传感监视器——通过在床垫下放置一块传感垫来监测宝宝的活动，以及婴儿穿戴式监控器，可以测量宝宝的运动、心率或脉搏血氧饱和度，并将数据传输到手机或支持wifi的监控器上，还可以分析婴儿的房间环境。但要记住，研究表明，使用这些监视器并不能预防婴儿猝死综合征。

更愿意用传统的方式（听宝宝的哭声）了解宝宝的情况？那就不需要婴儿监视器了——毕竟，宝宝哭的时候，即使你在楼下也能听到。

夜间照明。当你半夜跌跌撞撞地从床上爬起来给宝宝喂奶时，房间里非常需要夜间照明装置（或一盏带遮光罩的灯）。它不仅可以让你不被地上的长颈鹿玩偶绊倒，还不用开灯——灯光在黑暗中很刺眼，会让你难以重回梦境。选择可安全打开的插入式夜灯，插到宝宝够不着的插座上。如果你希望夜灯有双重功效，既能照明，又能安抚宝宝，可以考虑购买投射灯。这种灯既有亮光，又有安抚效果，它可以在天花板上投射出缓慢旋转的图案，比如星星、水下场景、雨林。有些投射灯还带音乐（摇篮曲、平静的海洋音乐或白噪音），大多数在投射关闭后会发出柔和的光线，方便父母晚上给宝宝换尿布。记住，晚上不要在宝宝睡着后开很亮的灯，这会扰乱宝宝的自然睡眠节律。同时，要保护好宝宝娇弱的耳朵，确保投射灯音乐设置在低音量，并远离婴儿床。

外出时的装备

考虑带宝宝外出？至少要准备好一个婴儿汽车安全座椅和一辆婴儿车。和其他你要购买的婴儿用品一样，外出装备有各种风格、颜色、款式和功能可供选择，挑选时要考虑安全性和舒适性，也要考虑预算。另外，还要考虑到实用性和便利性（豪华婴儿车在散步时可能看着不错，但当你一手抱着好动的宝宝，另一只手努力想把婴儿车折叠起来就没那么容易了），以及自己的生活方式。

总的来说，要挑选符合安全标准、胯部和腰部等处有安全带的外出装备。避免挑选边缘粗糙、有锋利尖角、小部件容易松开、合页或弹簧外露、系有细绳或丝带的装备。同时，一定要在线注册，这样当产品需要召回时，你才能及时接到通知。

婴儿车。合适的婴儿车可以让你和宝宝的日常生活（从去公园散步到逛商场）更轻松、更便利。但要从商场几十种商品中挑选出最合适的一款，并不容易。婴儿车的种类多种多样，有折叠四轮车、旅行婴儿车、慢跑型婴儿车和多功能婴儿车等，你需要考虑自己的生活方式，以找到适合自己的婴儿车。你是否会带着宝宝在郊区寂静的街道（或公园）长时间悠闲地散步？是否会和其他玩耍的孩子追逐嬉戏？你会花更多时间自己开车，还是乘坐公交、地铁？你是只花很短的时间步行去附近的超市，还是经常带宝宝坐飞机或火车长途旅行？家里学步期的大孩子是否也喜欢坐在婴儿车里？你（或配偶、宝宝的看护人）个子高还是矮？你住的房子有没有电梯，或者房子前面有很多台阶？回答清楚这些问题，就有足够的信息来选择。另外，你也可以根据预算，考虑是否需要购买不止一辆婴儿车，以便满足不同需求。

常见的婴儿车主要有以下几种。

• 全尺寸四轮婴儿车。如果你希望宝宝从出生到学步期只用一辆婴儿车，当宝宝有新的玩伴（也就是弟弟妹妹）时甚至能转变为双人婴儿车，可以考虑购买全尺寸婴儿车。这种能提供全方位服务、有很多配件的高端婴儿车，不仅可以给宝宝的出行带来快乐（可以挂玩具；有奶瓶托架；有可倾斜躺下的豪华座椅；有些还配备婴儿摇篮等），也能给父母带来不少便利（想想它配备的大储物篮，甚至可以带上便携式音响）。多数款式易折叠，和轻便型婴儿车相比，它们虽然很笨重，但非常耐用，可以用很多年，毕竟它们通常价格昂贵。

这种婴儿车的缺点就是太大了，人多、进门或在较窄的走廊里推行时不太方便。而且比较重（有的重达 15 千克，再加上宝宝就更重了），上下楼梯非常不便。

• 旅行婴儿车。这种婴儿车非常适合经常外出的父母（和宝宝），既是一辆全尺寸、独立的婴儿车，方便走路时推行，又带有提篮式婴儿汽车安全座椅——这样的设计非常巧妙，因为即使车程很短，宝宝也很容易睡着，它可以让父母在不叫醒宝宝的情况下，把熟睡的宝宝从汽车里放到婴儿车上。等宝宝长大后，不适合坐婴儿汽车安全座椅了，也可以单独坐婴儿车。旅行婴儿车用处很大，但也有缺点。有些很重，体积很大，要把它从汽车后备厢里装进装出并不容易，有些甚至无法装入后备厢。另外，只能使用婴儿车自带的婴儿汽车安全座椅。所以当宝宝要乘坐其他汽车，而你又不想重新拆装婴儿车配套的基座时，只能再买一个汽车安全座椅。而如果你选择的是单独售卖的婴儿汽车安全座椅，就不存在这个问题。

• 伞车（轻便型婴儿车）。伞车很轻（通常重 2 ～ 3 千克），而且容易折叠，折叠后体积非常小，便于携带和存放。大多数伞车不可躺卧，也不能提供足够的支撑，所以不适合小宝宝使用。但对于大一点的宝宝来说，伞车是理想的选择，特别是你经常带他旅行、乘坐公共交通工具或开车的时候。可以等宝宝大一点再买伞车。

• 慢跑型婴儿车。想找到一种既能恢复身材，又方便照看宝宝的方式？如果你喜欢慢跑或散步，慢跑型婴儿车可能是不错的选择。这种婴儿车有 3 个大轮子和大大的悬架，良好的减震性使它能在各种路况下平稳前行，而且很容易操作。许多款式有刹车系统，配有腰部安全带和储物篮。大多数慢跑型婴儿车并不是为新生儿设计的，如果你希望早日开始慢跑，可以选择为小宝宝设计的款式（仔细检查并根据婴儿车建议的年龄和体重使用）。慢跑型婴儿车最大的缺点是前轮是固定的，不方便转向。还有，它体积较大，在人多的地方不方便推行，也不易折叠和存放。

• 双人婴儿车。如果孩子还小的时候又要生第二个宝宝，或即将迎来双胞胎，那就需要一辆双人婴儿车。双人婴儿车可以同时推两个孩子，像推一个孩子那样轻松方便。这类婴儿车有两种款式：并排式和前后式。如果你选择并排式，要挑选有可躺卧座位、能够通过房门和过道的款式（大多数可以，但有些过宽，无法通过狭窄的走道）。对于同时有新生儿和学步期幼儿的家庭来说，前后式婴儿车很好用，但推起来比较重。等宝宝大一些或双胞胎长大后，他们可能会争抢前面的座位。这两种款式通常都配有两个提篮式婴儿汽车安全座椅，当宝宝长大、不再使用汽车安全座椅时，也可以作为常规婴儿车使用。如果已经有了一个孩子，还可以选择有坐板或可站立踏板的单座婴儿车，这样大一点的孩子也可以搭个顺风车。

不论购买哪种类型的婴儿车，要确保它符合现行的安全标准。好的婴儿车还配有方便大人（但不是调皮的宝宝）解开和扣上的安全带。安全带应该紧贴宝宝的腰部和胯部，可调节且舒适。为了最大程度地保证安全，慢跑型婴儿车应该配有五点式安全带（还有肩带）。最好选择面料可清洗、坐垫可拆卸的，当宝宝漏尿或洒果汁时，你就会发现这个设计的优势。

不少婴儿车都有一些花哨的设计，还有很多其他功能，你应该考虑哪些是生活中不可或缺的，哪些用不着：大篮子或储物区（不要在扶手上挂太多物品，以防婴儿车和宝宝被掀翻）、可调节高度的扶手（方便个子高的父母）、防雨罩、蚊帐、孩子吃东西用的托盘、父母用的杯托、遮阳篷或遮阳伞、可调节的踏板、可单手折叠和转向等。最重要的是，在购买之前试推一下，看看是否容易操作、方便折叠和打开，以及对你和宝宝来说，它是否舒适。

汽车安全座椅。汽车安全座椅不仅让你放心，让宝宝安全，也是法律规定的必需品。即使你没有汽车，在乘坐他人车辆或租车时也需要它。与其他购物清单上的物品不同，这是你在第一次宫缩出现之前就要准备（并安装）的东西。

挑选汽车安全座椅时，要确保它符合安全标准。不要借用旧的（除了可能不符合现行的安全标准外，座椅的塑料材质容易老化变脆、易碎，并不安全）或使用出过事故的安全座椅（事故发生时的冲击力可能会让座椅受损，即使看不出明显痕迹）。有些汽车安全座椅底部标签上贴有使用截止日期，借用或购买前要仔细检查是否过期。了解如何正确安装婴儿汽车安全座椅和更多安全要点，参见第148页。

宝宝两岁前都要使用面朝后的安全座椅（而且只能放在后座，绝不能放在前座）。因为一旦出车祸，面朝后的安全座椅能比面朝前的座椅更好地保护孩子。面朝后的安全座椅可以更好地支撑宝宝的头部、颈部和脊柱，大大降低受重伤的可能性。研究表明，两岁以下宝宝如果使用面朝后的安全座椅，发生车祸时重伤的可能性会降低75%。

面朝后的汽车安全座椅有两种。

- 婴儿汽车安全座椅。大多款式都有一个留在车里的基座，方便快速安装（给宝宝系上安全带，再把安全座椅锁在基座上），到达目的地后可快速拆卸。这种座椅也可以脱离汽车使用（无论去哪儿都可以携带，让宝宝安全地坐在里面）。它最大的优点是专为小宝宝设计、可以为新生儿提供舒适的乘坐环境，也是最安全的。缺点是宝宝长得很快，一旦他的肩膀超过安全带的最高位置，或体重达到

五点式安全带有五条带子：两条在肩膀上，两条在臀部，一条在胯部。所有新款汽车安全座椅都使用了五点式安全带——能为宝宝提供全方位的保护。

座椅的最大承重量时（这取决于宝宝的个头，可能在 9 ～ 18 个月大），就需要更换了。由于宝宝在两岁前都必须使用面朝后的汽车安全座椅，就需要可转换方向的安全座椅。婴儿汽车安全座椅对你的小宝宝（或早产儿）来说太大了？购买前要确保它是为小宝宝设计的（大多数婴儿汽车安全座椅适用于出生时体重为 2 千克以上的宝宝），有些座椅可以为早产儿或很小的宝宝塞入插垫。

• 可转换方向的汽车安全座椅。这种座椅可调节，可从面朝后转为面朝前。更重要的是，就一岁以内的宝宝而言，相比婴儿汽车安全座椅，它面朝后时可以容纳更高、更重的宝宝。而且能用很长时间，最大可容纳体重达 18 ～ 27 千克的孩子。唯一的缺点是，它对新生儿来说安全性差一些。如果选择这种安全座椅，要确保适合宝宝的体形。

如果安全座椅对新生儿来说太宽

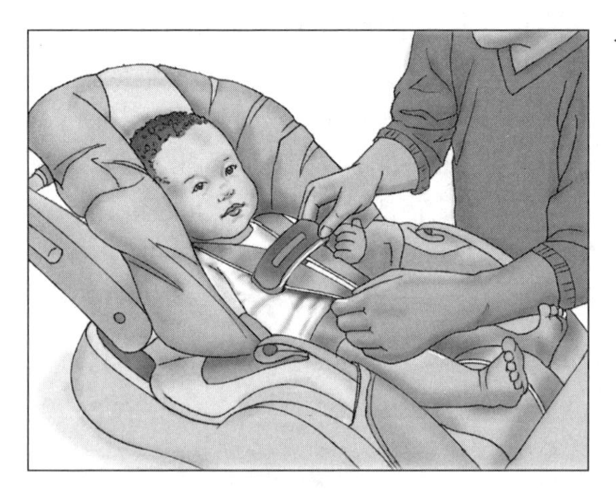

◀ 面朝后的汽车安全座椅。两岁前或体重未超过使用上限（约 16 千克）的宝宝都应使用这种座椅。安全带的槽口应该位于或低于宝宝的肩膀，胸扣应和宝宝腋窝齐平。查看说明书，看看旅途中座椅的手提把手该如何放置。这种座椅绝不能放在汽车前座上。

▶ 可转换方向的汽车安全座椅。这种座椅为婴儿和体重不超过 18 ～ 27 千克的儿童设计。婴儿使用时，座椅朝后，宝宝呈半躺的姿势。宝宝大一点（超过两岁）后，座椅可以转换成直立、面朝前。肩部安全带应移到孩子肩膀上方的槽口里，安全带胸扣应和腋窝齐平。这款座椅要放在汽车后座上。

有必要购买的安全座椅配件

天气寒冷时，你需要给宝宝穿上防寒服或厚外套。问题是，给一个穿得严严实实的宝宝系上安全带并不安全，因为安全带需要尽可能贴紧宝宝的身体才能保证安全。所以很多父母会选择厚实柔软的座椅套，让宝宝在寒冷的天气里也能保持舒适温暖——听起来很棒，但最好不要使用这些安全座椅配件，因为它们不符合安全标准，对宝宝来说并不安全。安全带的下方和宝宝的背部都不应放置任何东西，否则会使安全带变松，妨碍它发挥作用。一旦发生事故，宝宝受伤的可能性更大。

那天气寒冷时有没有更好的选择呢？可以选择底部带安全带穿孔的婴儿睡袋，将安全带穿过来扣上。还可以选择能包裹住整个安全座椅的座椅套。或者把穿得不厚的宝宝系在安全座椅上，再用一块薄毯盖住宝宝，毯子两边塞进安全座椅两侧（但不能塞在宝宝身体下面），上面再用一块暖和的毯子盖住整个安全座椅。这样，宝宝就会舒适又温暖，最重要的是安全。

你为宝宝购买的其他安全座椅配件（头枕、玩具等）也同样如此——如果不是汽车安全座椅自带的产品，就不一定符合严格的安全标准，也不能确保宝宝的安全，还可能导致安全座椅保修失效。

松，可以使用头部防撞垫，或把毯子卷好塞在宝宝身体周围（不要垫在宝宝屁股下或背后，这会影响安全带的安全性），以免宝宝在宽松的座椅中摇晃。注意，只能使用与安全座椅配套的插垫或定位垫。零配件市场的产品（为安全座椅生产的配件，但不和安全座椅一起售卖）不受监管，也不需要通过撞击等安全测试，对宝宝来说并不安全。

尿布包。有了宝宝，必定会出门旅行。你当然可以把宝宝出门需要的东西都装在一个超大的双肩包里，但尿布包绝对是个不错的随身包包。市面上的尿布包种类繁多：高端的设计师包、专为奶爸设计的尿布包、不像尿布包的尿布包和名副其实的尿布包……该怎么选呢？

首先要考虑尺寸和是否需要携带出门。你可能希望它够大，能装下郊游所需的大部分婴儿用品，但可能不想要一个没装满东西就已经很笨重的尿布包。其次，考虑需要的功能。如果你选择配方奶喂养，就需要一个能装奶瓶、有单独隔热层的尿布包（也可以用来给宝宝的食物保冷）。有多

LATCH 系统

你的汽车座椅附带 LATCH 系统吗？LATCH 系统由低位挂钩和顶部连接带组成，可以更容易地安装汽车安全座椅，你不需要用汽车安全带来保护安全座椅。

带有 LATCH 系统的汽车在座椅垫和靠背之间有低位挂钩，方便把面朝前或面朝后的安全座椅固定在挂钩上。正向的安全座椅配有顶部连接带，这会让安全座椅更加稳定，发生碰撞时还能减少孩子头部向前甩的力量。连接带的一端固定在安全座椅的椅背上部，另一端连接在车厢后部车顶的挂钩或后备厢底面上。

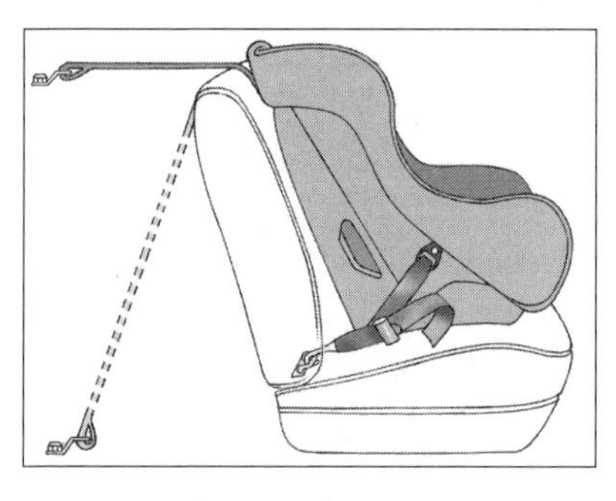

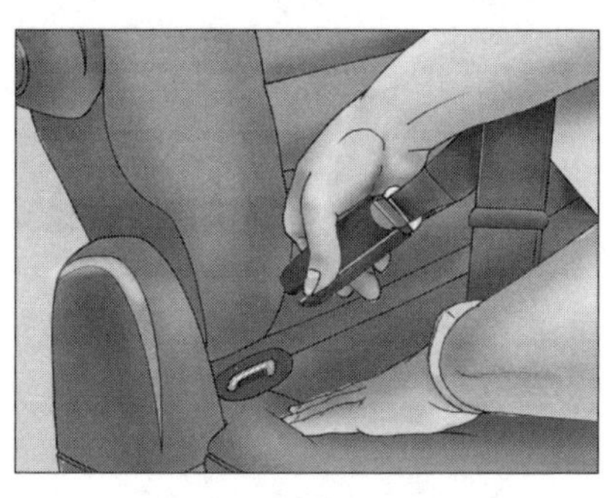

个宽大隔层的尿布包——合理分区、易拿易放——方便存放尿布，可以让脏尿布远离安抚奶嘴、勺子和食物。要挑选防水材质的，以免奶瓶、药物或尿布疹软膏渗漏。如果附带可以折叠放进尿布包的隔尿垫更好。如果你希望尿布包也可以当手提包，可以选择有很多隔层的尿布包，分别存放钱包、手机、钥匙、化妆品等平常放在手提包中的物品。最后，选择款式。单肩还是双肩？时尚精致、可当作大号手提包的尿布包，还是一目了然的母婴款式？别忘了，还可以把其他包（如运动包、普通背包或大尺寸手提包）改造成尿布包。

购物车保护垫。不是必需品，但值得拥有。它适用于超市购物车及餐厅高脚餐椅，能保护宝宝远离细菌，同时提供温馨、舒适、时尚的空间。一些款式带有便于存放安抚奶嘴的口袋，有些带有吊环可以系住玩具，以防宝宝把他喜欢的玩具扔到地上。挑选的保护垫应易于折叠、方便出行、填充饱满、足够舒适；能够安全覆盖购物车座（没有金属或塑料暴露在外）；有两条安全带，一条固定宝宝，一条把保护垫固定在购物车上（确保每次购物时都系好这两条安全带）。

宝宝的专属空间

你当然可以整天都抱着宝宝（宝宝刚出生的几天，你可能爱不释手），但有时一定也想腾出双手做些其他事，比如做饭、上传宝宝可爱的照片、洗澡。这就是为什么你需要一个安全的地方来放下宝宝——不论是让他待在胸前的婴儿背带、跳跳椅、多功能游戏桌、婴儿椅中，游戏垫上，还是婴儿秋千里。

婴儿背带或背巾。你会像大多数父母一样，喜欢上婴儿背带或背巾。它能解放你的双手，也让宝宝感觉舒适。有了它，你的双手可以从抱宝宝、摇晃宝宝的劳累中得到休息，你还可以边哄宝宝边做事情。你可以背着宝宝去散步，不用放下宝宝就能叠衣服、逛商场，还可以一边怀抱小宝宝，一边推大一点的孩子荡秋千。

把宝宝“穿在身上”的好处远不止这些。研究表明，经常被“穿在身上”的宝宝更不爱哭（在宝宝烦躁或肠痉挛时这无疑是个优点）。这并不奇怪，宝宝紧贴在你胸前时，就像躺在舒适的子宫中一样。把宝宝“穿在身上”不仅能带来身体上的亲密感，也能建立紧密的亲子关系，真的很神奇。很快你会发现，幸福就来自怀里这个温暖的宝宝。

婴儿背带和背巾的款式多种多样，用途很广，可以买或借一个。记住，其他父母的评价和推荐可能很有帮助，但不同的背带和背巾适合不同的父母（如果你在孕期购买，受孕肚影响，试背的尺寸不太有参考性）。可以考虑的选择有三种。

- 背带（前背式）。由两条肩部安全带及其撑起的布料空间组成，肩带使得重量均匀分布，让你的肩部和颈部可以共同受力。这样的设计使宝宝既能面朝里（对睡着的宝宝和不能很好控制头部的新生儿很有用），又能面朝外（大一点的宝宝可以和你有同样的视野，但是如果放置宝宝的姿势不对，面朝外可能会带来潜在风险，参见第 367 页）。大多数背带可以承受体重不超过 14 千克的婴儿，不过许多父母在宝宝 6 个月以后，更愿意使用后背式背带（有些前背式背带可以转换成后背式，甚至侧坐式）。挑选前背式背带时，要选择容易扣解、不需叫醒宝宝就能抱他们出来的背带。背带应可调节、有衬垫、不勒肩

确保宝宝随时有人看护

无论宝宝是满足地在汽车安全座椅或婴儿摇椅中睡着，坐在婴儿车中观察世界，在婴儿秋千中荡来荡去，还是在哺乳枕中小憩，都不要忘记最重要的一条原则：时刻看护。千万不要让宝宝在没人看护的情况下坐在任何椅子中，即使他系着安全带。

胯；易清洗；面料透气（这样宝宝不会太热）；有头部和肩部支撑；还有宽大的底部。

• 背巾。一块斜挂在身上、由肩部固定带支撑的宽布。婴儿可以舒适地躺在里面，也可以面朝外。大一点的宝宝可以在被背巾托住的同时分开腿靠在你的胯部上。背巾的另一个好处是让母乳喂养的母亲可以更安全、方便地哺乳。挑选时，选择面料可清洗且透气、固定带加了衬垫且舒适、外观平整（不会因布料加厚而变得臃肿）的款式。要记住，不同宝宝和父母对背巾的舒适度感受不同，这也增加了提前购买的难度。使用背巾有时也需要一定的适应时间。尤其要注意，绝不能让背巾布料盖住宝宝的脸，以免阻碍呼吸。

• 背架。由金属或塑料制成、带布质座椅的后背式背架。和由肩部、颈部共同承担宝宝重量的前背式背带不同，这种背架由背部和腰部共同承担重量。不推荐6个月以下宝宝使用，适合体重不超过22千克、3岁以内的宝宝（具体取决于款式）。挑选婴儿背架时，要选择有内置支架的款式，方便放置和背起宝宝。其应有的功能包括：防潮；面料可清洗；固定带或安全带可调节，以防宝宝爬出；肩带的衬垫厚且牢固；腰部支架可将重量向下分散到臀部；配有存放随身用品的储物袋（这样就不用额外再背一个尿布包了）。

婴儿椅。对于宝宝和忙碌的父母来说，弹弹椅、婴儿摇椅或婴儿游戏椅（专为新生儿至八九个月大的宝宝设计）十分有用。婴儿椅非常舒适，视野很好，通常带有娱乐性，能够安抚宝宝。宝宝可以安全地待在父母身边，看着父母忙碌。婴儿椅很轻便，占地小，可以随意移动，能跟着你移到厨房、浴室或卧室。

婴儿椅有几种基本类型：轻便的弹弹椅，一种在弹性框架上覆盖针织面料的座椅，可以在宝宝体重和活动的作用下来回摇晃；有硬质外壳的电动婴儿摇椅，一打开开关就能安抚性地摇晃或震动。这两种婴儿摇椅通常都带有遮阳篷（在户外非常有用）和一个可为宝宝提供娱乐和活动的移动玩具杆。一些款式还有音乐功能，可以吸引宝宝的注意力。有些多功能婴儿摇椅可对折为旅行用摇篮，还有些可以在宝宝大一点时改成儿童椅。

挑选婴儿椅时，要满足以下条件：基座宽大、牢固；底部防滑且配有系在宝宝腰部和两腿间的安全带；坐垫舒适；坐垫内芯可取出，这样既能给新生儿使用，又方便宝宝长大一些后使用。要选择轻便易携带的婴儿椅，如果是电动婴儿摇椅，应选择可调速的。安全起见，确保宝宝坐在婴儿摇椅内时系上安全带并有人看护。即使你就在宝宝旁边，也不要把婴儿摇椅放在桌边、柜台边或靠近固定物（比如墙），以防宝宝突然借力推开摇椅。宝宝坐在摇椅上时，不要搬动椅子，也不要把婴儿摇椅当成汽车安全座椅使用。

同样属于婴儿椅范畴的还有柔软的婴儿支撑枕，比如哺乳枕。这种哺乳枕形状像字母 C，用途很多：可以在喂奶时用（把它围在腰部，让宝宝斜躺在上面），或者在和宝宝趴着玩游戏时（参见第 227 页）用来支撑。等宝宝能控制头部后（约 3 个月大），哺乳枕还可以用作半躺椅。为了安全起见，确保用哺乳枕支撑宝宝时有人看护，不要让宝宝在哺乳枕中睡觉(有引起婴儿猝死综合征的风险)。

最后，还有外形像增高餐椅的软垫宝宝椅，可以放在地板上当作婴儿椅。这种宝宝椅带有可拆卸的托盘，可以放玩具、书或食物。宝宝能控制头部后可以考虑使用这种宝宝椅。

婴儿秋千。新手父母喜欢婴儿秋千是有原因的——有了它，大多数情况下，父母不用抱就能安抚烦躁不安的宝宝。秋千不是必需品。在购买或借用之前，注意查看生产商建议的适宜体重和年龄，选择有安全保障的秋千：要有安全带、基座宽大、框架牢固。还要考虑是否需要在旅行时带上它——如果需要，应该选择轻便易携带的款式，这样拜访亲人朋友时也可以带上它。

别让宝宝长时间坐着

限制宝宝坐着的时间(在弹弹椅、汽车安全座椅、婴儿秋千等里面)，以降低患局部斜颈（颈部肌肉变硬）和扁头的风险。宝宝醒着时，让他从坐姿调整为俯卧（参见第 227 页）。

只有当宝宝和你在同一个房间时才能使用秋千——不要用它代替看护。虽然宝宝经常会在秋千里睡着(有些宝宝很难改掉荡着秋千睡着的习惯)，但最好还是让他们在安全的婴儿摇篮或婴儿床里睡觉。另外，控制好宝宝荡秋千的时间，特别是在速度较快的情况下，有些宝宝长时间荡秋千会头晕。宝宝大一些后，长时间荡秋千会妨碍他锻炼肌肉，不利于运动发育。

多功能游戏桌。多功能游戏桌可以让能挺直身体的宝宝（大约 4 个月大）安全地在一个地方蹦、跳、旋转和玩耍。

挑选多功能游戏桌时，要满足以下条件：高度可调节（可以跟宝宝一起“长”高）；带衬垫；可清洗；座椅可 360 度旋转；底座牢固；有多种玩具和游戏。如果准备购买多功能游戏桌，要确保不会长时间把宝宝放在里面（原因参见第 351 页）。

跳跳椅。想在解放双手的同时让宝宝增加一点弹跳力？不论是固定式

所有学步车都不安全

不要购买或借用移动式学步车(也叫婴儿学步车)，学步车存在巨大的受伤甚至死亡风险，美国儿科学会呼吁禁止生产和销售婴儿学步车。所有学步车都不安全。

跳跳椅还是悬挂式跳跳椅——都是不错的选择。

• 固定式跳跳椅外形像多功能游戏桌和婴儿秋千的结合，还会发出弹跳声。它的外部是一圈支架，支架中间有一个由弹簧吊着的座椅，宝宝只要收缩或舒张腿部肌肉，就可以上下弹跳。大多数固定式跳跳椅都有游戏和活动功能，甚至有触控式发光或发声玩具。有些可调节高度，宝宝长大也能玩。有些可折叠，方便存储或带出门。

• 悬挂式跳跳椅的座椅是悬空的，椅子上方连接着一根类似蹦极用的弹跳绳，挂在门形框架上。有人认为悬挂式跳跳椅不如固定式跳跳椅安全，悬挂式跳跳椅的带子或插口可能会断裂（导致摔伤），宝宝剧烈弹跳时会撞到门框两侧（导致手指或脚趾严重擦伤）。

无论你打算购买哪种跳跳椅，要记住，跳得多并不会加速宝宝的运动发育，相反，跳的时间太长不利于运动发育。另外，有些宝宝上下弹跳太久会头晕。如果你决定购买或借用跳跳椅，要确保宝宝在开始弹跳前有良好的头部控制能力。当他开始爬或学步的时候，要把跳跳椅收起来。

游戏垫。宝宝不一定要在器材里面才能玩耍。通常，让宝宝自由活动就是最好、最有效的玩耍。宝宝也需要很多俯卧锻炼（参见第 227 页），这是他躺在你的臂弯里或待在婴儿椅中无法获得的。一块游戏垫对宝宝来说就是一个触手可及的微型游乐园。

游戏垫有各种各样的形状（圆形、正方形、长方形）和款式。大多数游戏垫的色彩和图案非常鲜艳（甚至有不同的纹理)，有些带声效和音乐，有些有系在塑料环或挂在拱形支架上的婴儿镜和毛绒玩具（有利于促进精细运动技能发展）。游戏垫的尺寸很重要,垫子要够大（新生儿时不是问题，但购买时要提前规划，买一个宝宝长大些也能用的游戏垫)，另外要考虑的是可清洗（等宝宝第三次吐奶或第二次漏尿在垫子上时你就会明白）。游戏垫最大的好处是易于折叠，且折叠后体积很小，方便收纳和携带。

第 3 章　母乳喂养的基本知识

如果你看到正在用母乳喂宝宝的妈妈们,可能会觉得母乳喂养很容易。不用停下聊天或放下午餐，只需要一只手解开扣子，就能轻松地让宝宝吃到奶，这仿佛是世界上最自然的事。虽然母乳是自然分泌的，但喂养技巧却不是天生的，尤其是第一次做妈妈的人。

关于最初的母乳喂养体验，可能很多新手妈妈向往的是这样：刚出生的宝宝很快就能含住乳头，熟练地吮吸起来。

但多数情况下并非如此，你的第一次母乳喂养可能并不成功。宝宝根本含不住乳头，更别提吮吸了。宝宝吃不到奶会哭闹，你会觉得很挫败、沮丧,很快你们两个都变得眼泪汪汪。

不论第一次母乳喂养是轻松搞定、艰难无比，还是介于两者之间，每一对选择母乳喂养的妈妈和宝宝都需要学习。只需要一点时间和外界的帮助，宝宝就能和妈妈的乳房完美配合，妈妈喂奶时也会越来越娴熟，看起来自然无比。

开始母乳喂养

想母乳喂养，但不知道从哪儿开始？有很多方法可以帮助你和宝宝。

充分了解母乳喂养。书籍能助你一臂之力。觉得开始母乳喂养前还需要培训？可以考虑参加母乳喂养的课程，很多医院、哺乳顾问和当地的国际母乳会都会提供这类课程。课程分享母乳喂养的基本知识，比如如何开始母乳喂养、如何刺激乳汁分泌、如何让宝宝含住乳头、如何解决母乳喂养中的问题，很多课程适合父母双方(可以一开始就让爸爸参与进来)。

早点开始。尽早开始母乳喂养的妈妈往往很快就能掌握要领，宝宝也能很快含住乳头。宝宝生来就做好吃母乳的准备，出生后两小时内就表现出吮吸的热情，出生后 30 ～ 60 分钟他们的吮吸反射最强烈。如果你和宝宝都做好了准备，尽快开始母乳喂养——在产房里最理想，最初抱过宝宝后就开始。但如果宝宝（或你）没有立刻学会，或你和宝宝需要额外照顾而无法实现第一时间母乳喂养，也不必担心，等时机成熟再尝试。

母乳喂养很早就开始了，但你和宝宝总是配合不好？不用担心，几乎每一对选择母乳喂养的妈妈和宝宝，在配合默契之前都需要练习、练习、再练习（和耐心、耐心、更多耐心）。

多和宝宝在一起。显然，母乳喂养需要妈妈和宝宝在一起，你们在医院共处的时间越长，母乳喂养的机会就越多。尽可能选择 24 小时母婴同室——这不仅更方便，也能确保没人会在育婴室误拿奶瓶或安抚奶嘴给你的宝宝。如果艰难的分娩让你感到疲惫，或者你没有信心 24 小时照顾宝宝，那么不完全的母婴同室（只有白天在一起）会更好。这样白天你能跟宝宝在一起，满足他吃奶的需求，晚上你也能好好休息一下，护士会在宝宝饿的时候把他抱到你身边哺乳。

如果你打算选择母婴同室，要尽早告知医护人员。如果母婴同室无法实现，或你没有选择母婴同室，那么宝宝饿的时候或至少每隔 2 ～ 3 小时，让护士把宝宝抱到你身边来。

只喂母乳，禁用奶瓶。医院的育婴室非常忙碌，随时都有很多哭声，护士会用奶瓶来安抚哭闹的宝宝，这并不奇怪。如果你想给母乳喂养最好的开始，就不要用奶瓶。配方奶和奶瓶会满足宝宝小小的胃口和早期的吮吸需要，破坏早期母乳喂养的努力。而且，宝宝在接触过几次奶嘴之后，就不再愿意吮吸妈妈的乳头了，因为不需太多努力就能通过奶嘴满足吮吸需要。

更糟糕的是，如果宝宝从别处获得吮吸的满足感，你的乳房就得不到足够的刺激，也就不能分泌足够的乳汁——这会形成一个恶性循环，妨碍良好供求关系的建立。

不要让医院的制度干扰你的母乳喂养计划。对于母乳喂养，你要强势一些，严肃地告诉护士你的要求（按需喂养；除非医疗需要，否则不要用奶瓶补充配方奶或水；不要给宝宝使用安抚奶嘴），如果护士不同意，找医生沟通。你还可以在宝宝的摇篮旁放一个提示牌："只喂母乳，请不要使用奶瓶。"

按需喂奶，但不要一味等待。在宝宝饿的时候（有需求时）喂奶，而不是按时间（按计划）喂奶，通常有助于母乳喂养。但在最初的几天，宝宝并不会感到饿（一般出生 3 天才会有胃口），可能没有那么多吃奶的需求，这时妈妈要主动喂奶，争取每天能喂 8 ～ 12 次，即使宝宝的需求达不到这个次数，也要坚持。这不仅会让宝宝开心，还能增加妈妈的奶量，满足宝宝日益增长的需求。而如果两次喂奶间隔超过 2 ～ 3 小时，会增加涨奶的可能性，导致乳汁分泌减少。

宝宝更喜欢睡觉而不是吃奶，或在吃奶时吮吸一会儿就想睡觉？参见第 132 页，了解让睡着的宝宝醒过来吃奶的技巧。

了解饥饿信号。理想的情况是，当宝宝第一次表现出饥饿感和对吮吸的兴趣时，比如吮吸手指、依偎在乳房边，或仅仅是非常警觉，就应当给宝宝喂奶。哭泣是宝宝饿过头的信号，所以不要等到他号啕大哭时才喂。如果宝宝已经开始哭泣，那么在喂奶前可以轻摇和安抚，或让宝宝吮吸你的手指，直到他安静下来。不能熟练吮吸的宝宝平静时寻找乳头都非常困难，更别提情绪升级到烦躁状态时了。

练习，练习，再练习。熟能生巧，但熟练并不能分泌乳汁，至少不能帮助你立刻分泌。母乳分泌通常需要 4 天。泌乳量根据宝宝的需求而定，在刚出生的那几天，宝宝的需求很少，妈妈分泌的少量初乳和练习哺乳时分泌的充满能量的前乳（参见第 67 页）刚好能满足他。所以把最初的哺乳当作排练吧，这是你刺激乳房分泌乳汁、练习哺乳技巧的好机会。

给母乳喂养一点时间。成功的哺乳关系不是一天或一个长夜就能建立起来的。刚从子宫里出来的宝宝肯定没有经验；如果妈妈是第一次分娩，那么也没有经验，你们都需要一点一点学习。所以做好心理准备，要经历很多练习和试错，妈妈和宝宝才能协调一致。即使此前你已经成功养大了一个宝宝，也要记住，每个新生儿都不同，这意味着实现成功哺乳也可能经历不同的过程。

分娩非常辛苦，妈妈和宝宝都虚弱无力？在应对哺乳挑战之前，你们可能都需要先好好睡一觉，这并不会耽误什么。

获得帮助。刚开始哺乳，如果有人能给予指导，帮助妈妈获得良好的开始、教妈妈哺乳技巧、在失败时鼓励妈妈，毫无疑问，妈妈和宝宝都会受益匪浅。大多数医院和几乎所有分娩中心都会提供常规的母乳喂养帮助，如果你所在的医院有这种服务，在哺育宝宝的最初几天，哺乳专家会参与其中，亲自给予指导和帮助。如果医院没有主动提供这种服务，可以提前询问。如果医院不提供这种服务，看看能不能帮忙找一位哺乳顾问或熟悉哺乳的护士，请她观察你的哺乳技巧，在你和宝宝配合不好时予以纠正。或者，在经济条件允许的情况下，请一位当地的哺乳顾问到医院指导。如果你在得到帮助前就离开了医院或分娩中心，确保有哺乳知识的人——宝

获得母乳喂养的方面帮助

无论是想提前了解母乳喂养，还是在母乳喂养过程中遇到了问题，都可以从以下平台获得可靠的帮助。

国际母乳会：

登录 llli.org(国际)网站，或 muruhui.org(中国)网站

国际哺乳顾问协会：

登录 ilca.org 网站

宝的医生、导乐或哺乳顾问能在几天内评估你的哺乳技巧。

也可以联系当地的国际母乳会，获得支持和建议。国际母乳会的志愿者都是有哺乳经验的妈妈,受过培训，可以指导哺乳。还可以向有哺乳经验的亲朋好友寻求帮助和支持。

保持冷静。抱着刚出生的宝宝，你可能会瞬间觉得责任重大、手足无措，甚至有点焦虑？这种情况很可能发生，但紧张会抑制母乳的分泌。如果哺乳前感到不安，可以尝试做一些放松练习或深呼吸,让自己冷静下来。也可以闭上眼睛，听几分钟轻柔的音乐，这也可以让宝宝放松下来。

母乳喂养的相关知识

知识就是力量——在和宝宝建立哺乳关系的过程中，知识的力量尤其强大。你了解得越多，对母乳喂养就越自信（和自主）。你要了解哺乳过程（母乳是如何产生及分泌的）、哺乳技巧（如何采用正确的姿势哺乳）、哺乳细节（如何分辨宝宝是在大口吞咽乳汁，还是乳汁流速过快、吃不过来）及哺乳后续工作（知道何时哺乳完毕、何时需要再次哺乳）等相关知识。在给宝宝哺乳前，学习以下关于母乳喂养的基本知识，会对母乳喂养有所帮助。

泌乳的过程

你以为身体能孕育一个宝宝就已经是最奇妙的事了，没想到泌乳也同样奇妙。泌乳是生殖周期的必然过程，也为整个周期画上了一个非凡的句点。以下是具体过程。

乳汁如何产生。当你娩出（或通过剖宫产取出）胎盘后，泌乳就自动开始了。那是身体发出的信号，妈妈的身体在孕育宝宝 9 个月后，激素发生了改变，为你在体外喂养宝宝做准备。分娩后，雌激素和黄体酮水平会显著下降，而催乳素（促进母乳分泌的一种激素）水平会迅速升高，激活乳房中生产乳汁的细胞。但是，在没有帮助的情况下，激素不能保证乳汁持续分泌，能够提供这种帮助的是宝宝的小嘴。当宝宝吃奶时，催乳素水平会升高,促进乳汁分泌。重要的是，持续分泌乳汁的循环开始了：宝宝从

乳房中吸吮乳汁（有需求），乳房受到刺激分泌更多乳汁（有供给）。需求越大，供给越大。任何阻碍宝宝吮吸母乳的情况都会抑制乳汁的供给，喂奶次数少、时间太短或宝宝吮吸不到乳汁，都会导致泌乳量减少。宝宝吮吸的乳汁越多，乳房分泌的乳汁就越多。甚至在吃第一口奶之前，宝宝对于初乳的需求已经在为泌乳提供动力。

乳汁如何流动。哺乳成功的一个重要条件是泌乳反射,有了泌乳反射，才能让乳汁流动。当宝宝吮吸时，就会出现泌乳反射，促进催产素释放，从而刺激乳汁的流动。不久以后，当乳房建立了泌乳反射机制，每当宝宝要吮吸乳头,甚至当妈妈想着宝宝时，就会有这样的刺激产生。

乳汁如何变化。身体分泌的乳汁，成分并不是固定的。喂奶时间不同，甚至是哺乳阶段不同，乳汁的成分都不同。宝宝最初吮吸的乳汁是前乳。这种乳汁是用来解渴的，很稀，脂肪含量很低。随着哺乳的推进，乳房会分泌出富含蛋白质、脂肪和热量的后乳，后乳才能让宝宝吃饱。如果缩短哺乳时间，或哺乳过程中过早地让宝宝吮吸另一侧乳房，宝宝就无法吃到后乳，容易饿，有碍体重的增加（前乳不能提供足够的脂肪和营养物质）。所以每次喂奶时，要确保他吸空一侧乳房，再换另一侧。如何分辨宝宝是否吸光了乳汁呢？乳汁被吸光时，乳房会比哺乳前柔软得多，而且乳汁的流量会大大减少，宝宝的吞咽次数也会减少。

保持舒适放松

作为母乳喂养团队的主力，喂养过程中妈妈的需求也很重要。以下是帮助妈妈做好准备、保证顺利哺乳的建议。

保持平静和安宁。在哺乳变得天性般自然之前,妈妈需要集中注意力，让自己身处一个没有噪音等干扰的地方。等妈妈适应了哺乳，可以在喂奶的同时看看手边的书和杂志，打打电话，看看电脑。但不要忘记时不时放下手中的东西，跟吃奶的宝宝互动一下，这不仅能给你带来快乐，对宝宝也大有好处。在最初的几周，电话很容易让你分心，所以尽量不要在哺乳时打电话或看电视，直到你对哺乳驾轻就熟。

姿势。找到一个你和宝宝都感到舒适的姿势。坐在客厅的沙发、躺椅或扶手椅上，或者靠在床上，甚至可以躺下来喂奶。如果坐着喂奶，可以垫一个枕头（或专门设计的哺乳枕），让宝宝的位置高一点，妈妈也能更舒适。如果你是剖宫产，枕头还能防止宝宝挤压到伤口。要确保你的胳膊撑在枕头或椅子扶手上，在没有支撑的情况下抱着宝宝会让胳膊抽筋、疼痛。如果能做到，也可以抬高腿。试着找到最适合你的喂奶姿势，最好不费力就能长时间抱着宝宝。

给自己解解渴。喂奶时，放一杯饮品——牛奶、果汁或白开水在身边，随时补充水分。避免热饮，以免洒出来。如果吃完饭很久才喂奶，可以再来一份健康的小零食，补充能量。

哺乳姿势

在哺乳过程中，妈妈和宝宝最终会摸索出很多姿势，甚至可能发明出一些姿势。但最重要的是要知道基本姿势，其他姿势大多都是从基本姿势演变而来的。比如：让宝宝侧向一边，面对着乳头；保证宝宝的整个身体都对着你的乳房，让他的耳朵、肩膀和臀部呈一条直线（宝宝的脸与喂奶一侧的乳房平行，大腿与另一侧乳房平行）。不要只让宝宝的头扭过来，一定要让头部与身体呈一条直线。想象一下，当你的头歪向一边时吞咽食物有多困难，宝宝也一样。

在最初几周，哺乳专家会推荐两种姿势：交叉式和橄榄球式(单手抱)抱法。等到你更适应哺乳时，可以用摇篮式和侧卧式抱姿。要掌握好基本的姿势，并多尝试。

交叉式。用一只手托起宝宝的头，面对着要喂奶一侧的乳房（如果用右乳房喂奶，就用左手托着宝宝的头）。将手腕放在宝宝的两个肩胛骨之间，拇指放在一只耳朵后，其他手指放在另一只耳朵后面。用右手托起右侧乳房，把拇指放在乳头和乳晕上方，即宝宝鼻子与胸部碰触的地方。食指放在宝宝的下巴与乳房接触的地方。轻轻地按压乳房，使乳房变成适合宝宝小嘴的形状。这样就为宝宝吃奶做好了准备。

交叉式

橄榄球式或单手抱

橄榄球式。如果是剖宫产（要避免宝宝顶住你的腹部），或乳房很大、而宝宝很娇小，又或者要为双胞胎哺乳，这个姿势特别有用。侧抱不需要什么经验，只要把宝宝像橄榄球一样夹在手臂下，让他靠在你身边面朝你半躺着，将他的腿夹在你的身体和手臂之间（如果用右乳房哺乳就用右手臂）。可以用枕头把宝宝垫起来，让他能够到你的乳头，然后用右手托住宝宝的头部，并用左手托起乳房，就像交叉式那样。

摇篮式。这是一种经典的哺乳姿势，让宝宝的头靠在你的肘关节处，你的手托住宝宝的大腿或臀部。把宝宝下面那只胳膊(如果用左乳房哺乳，就是宝宝的右胳膊）放在你的胳膊下面，让宝宝抱住你的腰。用你的右手托起乳房（如果用左乳房哺乳的话），就像交叉式那样。

侧卧式。夜间或需要休息时很适合用这种姿势哺乳。侧卧着，用枕头支撑住你的头。让宝宝面向你侧卧，你们腹部相对。确保宝宝的嘴巴能碰到乳头。像其他哺乳姿势那样，用手托起乳房。可以在宝宝的背部放一个小枕头，让他靠得更近一些。

不论用哪一种姿势，都是妈妈引导宝宝寻找乳房，而不是让乳房去寻找宝宝。很多喂奶问题都是因为妈妈想把乳房放进宝宝的嘴巴里。恰恰相反，要挺直后背，把宝宝的嘴巴凑到乳房前。

恰当的配合

恰当的姿势是一个好的开始。而想要成功哺乳，恰当的配合——让宝宝正确地含住乳头——是妈妈需要掌握的技巧。对于有些妈妈和宝宝来说，这不费吹灰之力，但对于另一些人来说，则要进行很多练习。

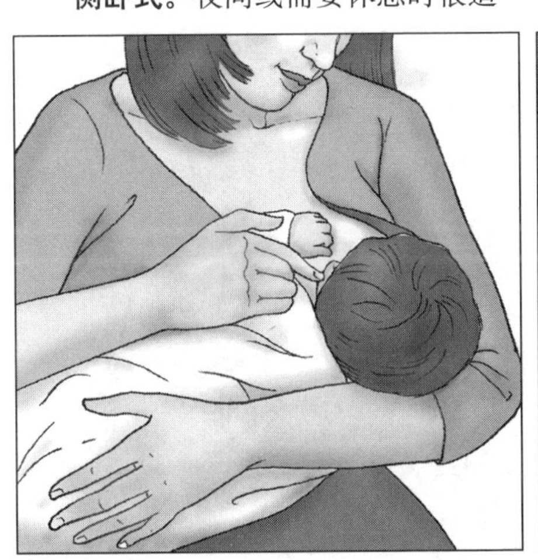
摇篮式

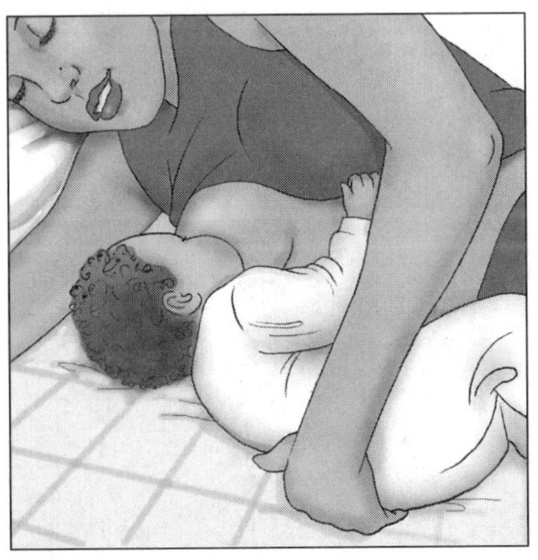
侧卧式

了解正确的衔乳方式。喂奶时应当让宝宝含住乳晕（乳头附近的深色部位），而不仅仅是乳头。宝宝的牙龈会挤压乳晕和乳晕下的乳窦，让乳汁流出。单纯地吮吸乳头不仅会让宝宝饿肚子（因为没有刺激到分泌乳汁的腺体），还会让乳头疼痛，甚至皲裂。还要确保宝宝没有吸错位置(新生儿擅于吮吸，即使没有吃到奶，也会一直吮吸）。否则，宝宝的牙龈会让敏感的乳房组织产生疼痛感——宝宝吃不到奶，当然也就不能刺激乳汁分泌。

为正确地哺乳做准备。如果妈妈和宝宝都处于舒适的姿势，可以用乳头轻轻触碰宝宝的嘴唇，直到他张大嘴，就像打哈欠那样。有些哺乳专家建议,直接将乳头放在宝宝的鼻子前，对着宝宝上嘴唇的下部，就能让他张大嘴。

这能防止宝宝吃奶时下嘴唇内缩。如果宝宝还不张嘴，可以挤一些初乳（以后就是乳汁了）滴在他的嘴唇上，鼓励衔乳。

如果宝宝把头转开，轻轻地抚摸他朝向你的脸颊，觅食反射会让他把头转向乳房（不要捏宝宝脸颊让他张嘴，宝宝会感到迷惑）。当宝宝掌握了衔乳技巧后，只要感觉到乳房，甚至只是闻到母乳的味道，就会转向妈妈的乳头。

达成共识。当宝宝张大嘴时，让他靠近乳房。不要把乳房凑向宝宝，也不要把宝宝的头推向乳房。宝宝不愿吃奶时，不要把乳头硬塞进他的嘴里——让宝宝掌握主动权。可能要经过几次尝试，宝宝才能把嘴张得足够大，正确地衔住乳头。记住，喂奶时不要移动乳房，直到宝宝牢牢地含住乳头，顺利地吮吸乳汁。

检查宝宝吃奶的情况。如果宝宝的下巴和鼻尖能碰到乳房，说明喂奶

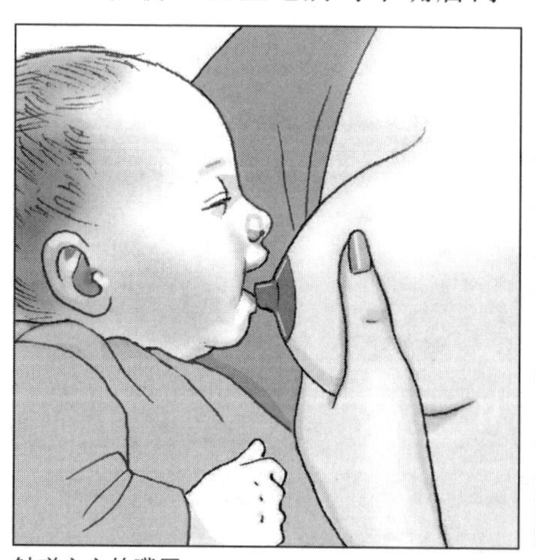

触碰宝宝的嘴唇

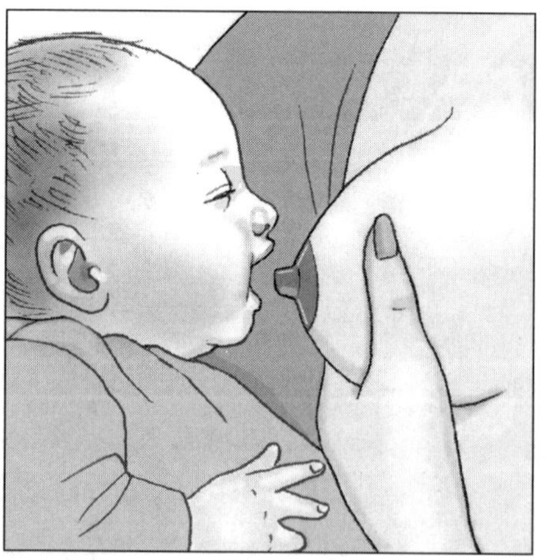

宝宝张大嘴

的姿势很正确。当宝宝吮吸乳汁时，妈妈的乳头会触碰到宝宝的喉咙处，而宝宝的牙龈会紧贴在妈妈的乳晕上。宝宝的嘴唇应当外翻，就像鱼嘴一样，而不是内收。还要确保宝宝不是在吮吸自己的下嘴唇（新生儿什么都会去吮吸）或舌头（舌头可能会盖在乳头上）。喂奶过程中，妈妈可以翻开宝宝的下嘴唇看看。如果宝宝吮吸的是自己的舌头，就用手指打断他的吮吸，将乳头取出，再来一次，确保他的舌头在乳头下面。如果宝宝吮吸的是下嘴唇，轻轻地把它拨出来。

宝宝吮吸的方式正确，喂奶时妈妈不会感到疼痛。如果乳头疼痛，那么宝宝可能是在咬乳头，而不是吮吸整个乳头和乳晕。这时应当让宝宝松开乳房，重新喂奶。

给宝宝一些呼吸空间。喂奶时，如果妈妈的乳房挡住了宝宝的鼻子，要用手指轻轻地按住乳房，或小心地将宝宝抬高，给他一些呼吸的空间。调整的过程中，不要破坏你们辛苦达成的默契，影响衔乳。

吮吸 VS 吞咽

一个微小差异就能决定哺乳成功与否。为了保证宝宝吃到母乳，而不仅仅是吮吸（用牙龈咬乳头），仔细观察他用力、持续的吮吸－吞咽－呼吸的方式。你会发现宝宝的脸颊、下巴和耳朵处正有节奏地运动。之后，当乳汁涌出时，还能听到宝宝吞咽的声音。如果有这些迹象，就能确定喂奶进行得很顺利。

小心地拿出乳头。如果宝宝已经不吮吸了，但仍然含着乳房，这时突然拔出会让乳头受伤。要先将干净的手指放在宝宝的嘴角处（放入一些空气），然后轻轻地将手指塞入他的上下牙龈之间，直到宝宝松开乳头。

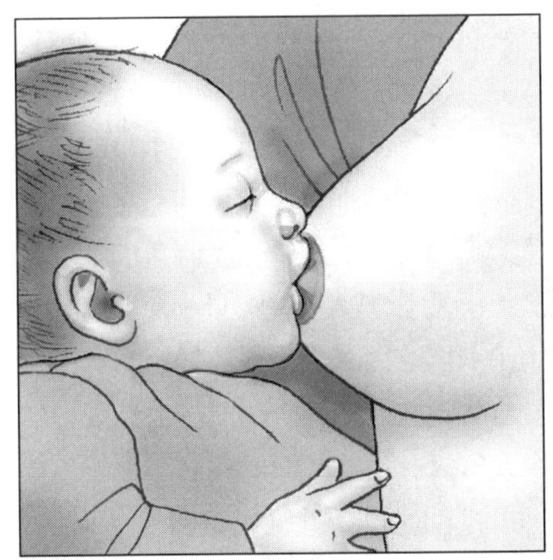

含住乳头

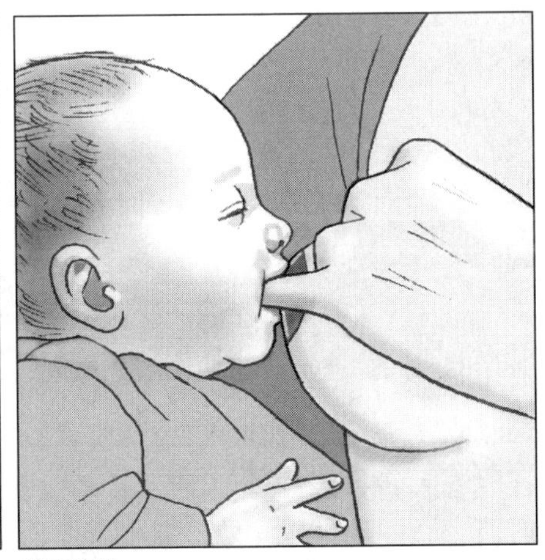

结束吮吸

了解喂奶时间

也许你听说过，刚开始喂奶要慢慢来，让乳头逐渐不那么敏感——刚开始喂奶时间要短（每侧乳房喂 5 分钟），这样可以防止乳头疼痛。但事实是，乳头疼痛是由不正确的喂奶姿势造成的，与喂奶时间的长短无关。所以不必限制宝宝吃奶的时间，让他自己控制，即使最初喂奶的时间可能很长。如果一开始喂奶费时又费力，不用奇怪——平均喂奶时间是 20 ～ 30 分钟，有些新生儿可能需要 45 分钟才能吃饱。不要在用一侧乳房喂奶的过程中随意移开宝宝，而要等到他想要停下来时再换另一侧乳房（但不要强迫宝宝）。

理想的情况是，每次喂奶至少吃光一侧乳房，这比让宝宝吃到两侧乳房的乳汁更重要。这样你就能确定宝宝吃到了后乳（脂肪多），而不只是前乳（本质上是脱脂乳）。

结束喂奶的最好时机是等到宝宝想松开乳头时。如果他不想松开（可能会渐渐入睡），那么当吮吸、吞咽的节奏慢下来时，即吮吸 4 次才吞咽 1 次，就是喂奶结束的信号。通常宝宝会在快吃完一侧乳房时睡着，在吃另一侧乳房时醒过来（打了一个饱嗝后，参见第 152 页），也可能会一直沉睡到下次喂奶。下次喂奶应从本次没有吮吸或未吸空的一侧乳房开始。

标准的喂奶时间

还记得之前怎样计算宫缩时间吗？也就是从一次宫缩开始到下一次宫缩开始的时间。记住这种计时方式，因为喂奶时间也是按同样的方式计算的——从一次喂奶开始到下一次喂奶开始的时间。这意味着两次喂奶的间隔时间可能比你预想的要短得多（就像两次宫缩之间你并没有多少休息的时间）。

喂奶的频率

最初，妈妈需要频繁喂奶，24 小时内至少需要喂 8 ～ 12 次（如果宝宝还有需求，就喂更多次）。每次喂奶时，要让宝宝至少吸空一侧乳房。算下来，平均每隔 2 ～ 3 个小时就要喂一次奶（以每次开始喂奶的时间计算）。但不要按时间来喂奶，而要按宝宝的需求喂（除非宝宝睡着，暂时不需要吃奶）。每个宝宝吃奶的方式都不尽相同，有些新生儿需要更加频繁地喂奶（间隔 1.5 ～ 2 小时），有些喂奶次数却很少（间隔 3 小时）。如果你的宝宝吃奶很频繁，两次吃奶的间隔甚至不到 1 小时，会让疲劳的乳房没有足够的时间休息。但是不要担心，这样频繁地吃奶只是暂时的，随着奶量的增加和宝宝的成长，喂奶

你的宝宝吃奶时是哪种类型？

就像宝宝都有自己的个性一样，他们也都有自己的吃奶风格。你的宝宝可能属于以下类型中的一种，或者有他自己的风格。

梭鱼型。宝宝吃奶时会紧紧吸住乳头，狼吞虎咽地吃 10 ~ 20 分钟，这种吃奶风格就像梭鱼一样。梭鱼型宝宝不会浪费时间，对他来说，吃奶是很严肃的事。有时，梭鱼型宝宝吃奶会很用力，刚开始喂奶时，乳房真的会很痛，即使喂奶姿势非常完美。不过不要担心，乳头很快就会适应（关于缓解乳头疼痛的技巧，参见第 72 页）。

紧张型。这类宝宝看到乳房会紧张，可能含不住乳头，之后会因挫败而尖叫大哭，委屈得好像是你把他弄得很紧张似的。如果宝宝是这种类型，妈妈要多一些耐心。喂奶之前必须让宝宝平静下来。当紧张型宝宝掌握了吃奶技巧后，通常就能轻松地吮吸母乳了。

拖延型。这类宝宝会拖延时间。他们要到出生后第 4 ~ 5 天、直到有母乳分泌时，才会对吮吸表现出特别的兴趣。在宝宝不愿吃奶时，强迫是没用的。相反，等待是最好的对策。当拖延型宝宝状态良好并且做好准备时，就会忙着吃奶了。

美食家型。有些宝宝喜欢含着乳头，尝一点母乳的味道，咂咂嘴，再慢慢地吸上一大口，像是在构思如何给美食写评论似的。这样的宝宝就像小美食家，对美食家来说，母乳不是快餐。催促美食家吃饭，他们会暴躁起来，还是让小美食家花点时间好好享受吃奶的过程吧。

爱休息型。爱休息的宝宝喜欢吮吸几分钟，再休息几分钟。有些宝宝甚至喜欢含着乳头休息：他们吃 15 分钟奶后，会睡 15 分钟觉，然后醒过来继续吃奶。给这样的宝宝喂奶要花很长时间，付出很多耐心，催促爱休息的宝宝加快吃奶速度就像催促美食家一样，不管用。

的间隔会变长。

宝宝们吃奶的间隔各不相同。有些“体贴”的宝宝在白天每隔 1.5 小时吃一次奶，但晚上的间隔会拉长到 3 ~ 4 小时。如果你的宝宝属于这种类型，你很幸运，但夜里一定要注意宝宝的尿布是否湿了，确保他在睡觉时也能吃到足够的母乳（参见第 174 页）。有些宝宝一整天都很规律，不论白天还是夜晚，每隔 2.5 小时就会醒过来吃奶。几个月后，这样的宝宝生活方式会更加合理，渐渐懂得区分白天和黑夜，晚上逐渐拉长吃奶的间隔，辛劳的父母们会为此感到欣慰。

虽然一开始你很想拉长两次喂奶的间隔，尤其是当你感觉全天都在给宝宝喂奶时，但要有耐心。母乳的分泌受喂奶频率、吮吸强度和喂奶时间的影响，特别是在宝宝刚出生的几周。减少宝宝对母乳的需求或缩减喂奶时间，会快速减少乳汁分泌。同样，当宝宝应该吃奶时，如果任由他睡觉，也会减少乳汁分泌。如果宝宝吃奶的间隔超过 3 小时，就要叫醒他吃奶（关于叫醒宝宝的技巧，参见第 132 页）。

你可能疑惑的问题

初乳

“我几个小时前刚分娩，感觉很累，女儿现在正在睡觉。在尝试喂奶前，我可以先好好休息一下吗？我还没有分泌乳汁呢。”

越早喂奶就会越早分泌乳汁，因为母乳的分泌取决于宝宝对它的需求。早而频繁地喂奶不只能确保接下来的几天会继续分泌乳汁，还能保证宝宝获得足够的初乳，那是他生命最初几天最理想的食物。这种黏稠的黄色（有时是透明的）液体被称为“液体黄金”，富含抗体和白细胞，这两种物质能够抵御有害细菌和病毒。专家认为，初乳能刺激新生儿自身的免疫系统产生抗体，还能覆盖宝宝的肠道，有效防止有害细菌侵入宝宝未发育完全的消化系统，并预防出现过敏和消化不良的问题。

除此之外，初乳还能促进宝宝第一次排便（有关胎便的内容，参见第 146 页），并有助于减少胆红素，降低新生儿患黄疸的可能性（参见第 144 页）。

初乳对宝宝非常有益。最初宝宝只能吸吮一小勺初乳，但令人惊奇的是，这些就能满足他的需求了。由于初乳易消化——富含蛋白质、维生素和矿物质，并且低脂低糖，它可以成为完美的开胃品。吮吸初乳能给宝宝的健康人生一个好的开始，也能促进下一阶段母乳的分泌。

如果你和宝宝都需要休息，抓紧时间小睡一觉吧，然后把宝宝抱过来开始喂奶，还要让乳房赶快分泌乳汁呢！

乳房肿胀

“今天我开始泌乳了，乳房胀到了正常 3 倍那么大，又硬又疼，让我难以忍受。这种情况该怎么给宝宝喂奶呢？”

在怀孕的 9 个月中，乳房一直都在长大——你可能以为它们不可能变得更大了，但产后一周它们确实还会变大。而且乳房非常疼痛，连穿文胸都很困难，更别说还有个饥饿的宝宝

母乳的不同阶段

今天妈妈提供什么样的母乳？实际上，这很难说。母乳是根据宝宝的生长阶段自动调节的，它是宝宝从第1天到第5天、第10天及以后的日子里最完美的食物。

初乳。乳房最初分泌的黏稠乳汁，呈黄色（有时是透明的）富含抗体和白细胞，所以又被称为“液体黄金”。

过渡乳。第二阶段的母乳是过渡乳。过渡乳出现在初乳和成熟乳之间，像混合了橙汁的牛奶（当然，对新生儿来说，过渡乳的味道比橙汁好得多）。它是你的乳房第一次“涌出”的乳汁。过渡乳中，免疫球蛋白和其他蛋白质的含量比初乳少，但含有更多乳糖、脂肪和热量。

成熟乳。成熟乳出现在产后10～14天，是稀薄的白色液体（有时呈淡蓝色）。虽然它看起来像掺水的脱脂乳，但富含宝宝生长所需的脂肪和其他营养物质。成熟乳分为两种——前乳和后乳。参见第58页了解更多内容。

要来吃奶了。更糟糕的是，乳房又硬又胀，而乳头却很扁平，宝宝难以含住。这让哺乳变成一种痛苦，而且非常具有挑战性。

几个小时后，伴随着乳房充血，乳汁分泌会突然来临。通常，这种情况出现在产后第3～4天，偶尔也会提前到第2天，或推迟到第7天。肿胀是乳房充满乳汁的信号，也是因为血液集中在了乳房才引起疼痛和肿胀，这是为了保证乳汁分泌。

在最初的哺乳缓慢进行时，乳房肿胀会让大多数女性感到不适，通常生第一胎时感觉更明显。与后面几胎相比，生第一胎时乳房的胀痛感出现较晚。有些幸运的妈妈（通常是有哺乳经验的妈妈）没有什么肿胀感就能分泌出乳汁，尤其是那些一开始就规律哺乳的妈妈。

好在乳房肿胀是短暂的。肿胀持续的时间通常不会超过24～48小时（但有些妈妈的肿胀感可能会持续一周），当良好的乳汁供求关系建立起来后，肿胀感就会逐渐消失。

乳房肿胀时，采取以下方法能够减轻不适。

- 哺乳前轻轻热敷乳房，帮助乳晕变软，有助于乳汁流出。把毛巾浸入温水中，再敷在乳晕上，或直接将乳晕浸入温水中，也可以将专门设计的可微波加热的内衣衬垫插入文胸热敷（这些衬垫在喂奶结束后还可以用来冰敷，缓解疼痛）。宝宝吃奶时，也可以轻轻按摩乳房，刺激乳汁流出。

• 喂奶完成后，可以把内衣衬垫冰镇，然后插入文胸中缓解疼痛，或使用冰袋冰敷。另外，虽然看起来有点奇怪，但冷冻的卷心菜叶也能起到让人吃惊的舒缓作用（取两片卷心菜外层的大叶子洗净晾干，在每片中心开个洞，穿过乳头覆盖在乳房上）。

• 任何时候都要穿大小合适的哺乳文胸（肩带够宽，衬里柔软）。乳房疼痛或肿胀时再被按压会很疼，确保文胸不要太紧。而且要穿宽松的衣服，避免摩擦到超级敏感的乳房。

• 记住缓解乳房肿胀的原则：喂奶越频繁，乳房的肿胀感就越轻，你就能越快摆脱喂奶时的疼痛；喂奶次数越少，乳房会越胀，你就会遭受更多疼痛。所以不要因为疼痛就减少喂奶的次数。

如果每次喂奶时宝宝吃奶不够积极，不足以减轻肿胀，那就用吸奶器将乳汁吸出，不用吸出太多，能缓解肿胀即可。否则，乳房的泌乳量会超过宝宝的需求，导致供求关系失衡，引起更严重的肿胀。

• 喂奶前，用手挤出一些乳汁来减轻肿胀感。这能促进乳汁流动，让乳头柔软一些，这样宝宝就能轻松含住它，喂奶时的疼痛也会减少。

• 每次喂奶都改变抱宝宝的姿势（这次用橄榄球式，下次就用摇篮式；参见第 60 页），这样能够确保宝宝将所有的输乳管都吸空，也有助于缓解涨奶的疼痛。

• 如果疼痛感强烈，可以服用对乙酰氨基酚、布洛芬（确认是适合哺乳期的剂型）或其他由医生开的温和止痛药（问清楚医生是否应在哺乳结束后再服用）。

“我刚刚生下第二个宝宝。乳房不像生第一个宝宝时那样肿胀了。这是否意味着我的乳汁会减少？”

肿胀减轻并不意味着乳汁分泌更少，而意味着你喂奶的疼痛和难度降低，这是好事。很多妈妈生二胎后，乳房肿胀感会减轻。这也许是因为乳房更有经验了——经历过哺乳，已经适应乳汁的大量流出。还可能是因为你更有经验了——知道如何让宝宝衔住乳头，掌握了哺乳姿势，能熟练地哺乳，不会出错，也没有压力。

即便是第一次哺乳的妈妈，也可能较快摆脱乳房肿胀的烦恼，这通常是因为她们很早就开始母乳喂养（而不是因为乳汁分泌不足），有一个良好的开端。少数情况下，乳房不够肿胀，且感觉不到乳汁流出，表明乳汁分泌不足，不过这只会出现在第一次分娩的妈妈身上。只要宝宝正常增重，不用担心乳汁分泌不足（参见第 174 页）。

泌乳反射

“每次给宝宝喂奶时，乳汁一流

出，我就有一种奇怪的针刺感，甚至有点疼，这正常吗？”

你描述的这种感受，在哺乳中被称为“泌乳反射”。它不仅是正常的，而且是哺乳过程的必需环节，是输乳管释放乳汁的信号。泌乳反射的感觉麻麻的，像针刺一样（有时会有不适的刺痛感），还会有胀满或发热的感觉。泌乳反射通常在哺乳的最初几个月比较强烈（出现在每次哺乳开始时，也可能一次哺乳中多次出现），宝宝长大一些后，这种感觉就不明显了。当宝宝吮吸一侧乳房时，另一侧乳房可能也出现泌乳反射；在想要喂奶甚至还不到喂奶时间时，也可能出现泌乳反射（参见第 68 页）。

喂奶时疼痛

这种疼痛感通常是泌乳反射引起的，是乳房为下一次喂奶做准备（再次储存乳汁）的信号。总的来说，疼痛感大多都是短暂的，且在哺乳开始几周后会得到缓解。最重要的是，它们都是正常的。

不正常的疼痛感——喂奶时有刺痛或灼痛感，可能与鹅口疮（从宝宝的嘴巴传染到母亲乳头上的一种真菌感染，参见第 143 页）有关。喂奶时的疼痛感还可能来源于不正确的喂奶姿势（了解正确的喂奶姿势，参见第 60 页）。

写给父母：三个人会让母乳喂养更成功

母乳喂养只是妈妈和宝宝的事？实际上，很多时候也要让爸爸参与进来。研究表明，如果爸爸支持母乳喂养，妈妈尝试母乳喂养的可能性更大，坚持下来的可能性也更大。换句话说，母乳喂养只需要两个人就能完成，但三个人会让母乳喂养更成功。

在哺乳的最初几周，泌乳反射可能持续几分钟（从宝宝最开始的吮吸到乳汁溢出）。当宝宝和乳房配合良好后，泌乳反射通常只持续几秒钟。之后，随着泌乳量的减少（例如，给宝宝吃配方奶和辅食后），泌乳反射的时间会再度延长。

压力、焦虑、疲劳、疾病或注意力不集中，都会抑制泌乳反射，大量摄入酒精也有抑制作用。所以，如果你发觉自己的泌乳反射不理想，或是需要很长时间才能分泌乳汁，可以先尝试一些放松技巧，再把宝宝抱到胸前，找个安静的地方喂奶，并且只能偶尔摄入含酒精的饮品。喂奶前，轻柔地按摩乳房也能促进乳汁流出。不要太担心，真正的泌乳反射问题极其罕见。

喂奶后，乳房深处的刺痛是再次开始储存乳汁的信号，通常几周之后，疼痛感就不会再出现了。

乳汁分泌过量

“我的乳房虽然不再肿胀了，但还是有很多乳汁。每次喂奶时，宝宝都会呛到。我的乳汁是不是太多了？”

看起来你的乳汁仿佛能够喂饱整个社区的孩子，但很快就只够喂饱你自己的宝宝了。

很多妈妈发现，在开始哺乳的前几周，母乳分泌太多了。宝宝跟不上乳汁的流速，他们会气喘、呛奶或噎住，因为想要吞下所有乳汁。乳汁分泌过量还会导致溢奶，让你感到不舒服和尴尬（特别是在公共场合）。

可能你现在分泌的乳汁超出宝宝的需求，或者乳汁流出的速度比宝宝吞咽的速度快。不论是哪种情况，大约一个月后，乳汁的供给和输送系统就会逐渐与宝宝的需求同步，也就不会再溢奶了。在那以前，喂奶时可以在手边备一条毛巾，用来擦干你和宝宝的身体，并且尝试以下技巧，减缓乳汁的流速。

- 如果宝宝狼吞虎咽地吃奶，并且刚吃奶就开始喘气，这时应该让他稍等一会儿。当乳汁流速减慢到宝宝能接受时，再让他含住乳头。

- 每次只用一侧乳房喂奶。这样不仅能让你彻底排空乳汁，还能避免宝宝再次被大量涌出的乳汁呛到。

- 喂奶时轻轻按压乳晕，有助于减缓乳汁的流速。

- 稍微调整一下宝宝的姿势，让他的头抬高一点。这样，过量的乳汁可以从宝宝的嘴里流出来（会弄得你们脏兮兮的,但育儿的日子难免这样）。

- 试着在喂奶时轻轻向后靠坐，减小重力作用；或者平躺着喂奶，让宝宝趴在你的胸口。

- 每次喂奶前先挤出一些乳汁，直到乳汁流速减慢,再把宝宝抱过来。这时流出的乳汁量就不会太大了。

- 不要少喝水。少喝水并不会少泌乳（就像增加水分的摄入不会增加泌乳一样）。

有些妈妈哺乳期的泌乳量一直很惊人，如果你也是这样，不要担心。随着宝宝长大、食量变大，他会吮吸更多乳汁,最终学会配合乳汁的流速。

溢奶

“我的乳房似乎总是在溢奶，这正常吗？”

说到弄湿衣服（文胸、睡袍、运动衫、毛衣，甚至床单和枕头），哺乳期妈妈绝对是赢家。在哺乳的最初几周，妈妈们几乎都是湿漉漉的：溢奶、滴奶，甚至频繁地喷奶。溢奶会发生在任何时间、任何地点，而且通常没什么先兆，总是突然之间就发生了。你根本来不及拿一个新的哺乳文胸来防止乳汁渗出,或是用毛巾盖住，低头就看到胸部又被浸湿了一大片。

乳汁分泌是个生理过程，与所思所想有密切联系。当你想起宝宝、谈论到他，或听到他的啼哭时，很可能会溢奶。想要喂奶或过了喂奶时间(特别是宝宝的吃奶时间形成了规律)时，也可能会溢奶；用一边乳房喂奶，另一边乳房也会同时分泌乳汁。有时，洗热水澡也会刺激乳汁溢出。但有时在随机的情况下，你还是会发现乳房自然溢奶，比如你根本没有想到宝宝的时候（睡觉或停车付款时），在公共场合或不太方便的时候（正在做工作报告，或正和伴侣温存）。

经常溢奶当然不方便，而且会不舒服、不愉快，甚至很尴尬。但是，这种常见的哺乳小问题是完全正常的，特别是在哺乳初期。过些时候，当宝宝对乳汁的需求量能达到供给量、吃奶变得更加规律时，溢奶就会相应减少。在此之前，可以试试以下方法。

• 使用防溢乳垫。对于溢奶的妈妈来说,这就是救命稻草。在尿布包、手提包、床头都放一些防溢乳垫。湿了就马上更换，更换频率与喂奶频率一致，甚至可以更加频繁。不要用有塑料等防水里衬的乳垫，它们不能吸收水分，会使水分积聚，刺激乳头。尝试各种乳垫，看哪种最适合你。有些妈妈喜欢一次性乳垫，有些妈妈则更青睐可水洗的棉垫。

• 避免将床弄湿。如果你发现晚上经常溢奶，睡觉前可以把防溢乳垫放入文胸中，或是睡觉时在身下铺一条大毛巾（用防水垫、防水床笠也可以）。你肯定不想每天换床单，甚至换床垫。

• 选择有图案的衣服，最好是深色图案。很快你会发现，这些衣物能很好地掩盖奶渍。此外，当你带着宝宝又溢奶时,会喜欢穿可水洗的衣服，而不是只能干洗的那些。

• 不要为了防止溢奶而将乳汁吸出来。吸出多余的乳汁不仅不会抑制溢奶，反而会促进乳汁分泌。毕竟，乳房受到的刺激越多，分泌的乳汁就越多。

• 施加压力。已经建立起良好的哺乳关系，并且泌乳量很稳定时，如果你感觉到乳汁开始溢出，可以按压乳头或用双臂紧紧抱住乳房来阻止溢奶。但最初几周不要这么做，因为这样会抑制乳汁流出,导致输乳管堵塞。

完全没有溢奶，或很少溢奶？也是正常的。如果你是二胎妈妈，溢奶情况通常会比第一次哺乳时要好，这是乳房有了经验。

密集哺乳

“两周大的宝宝一直非常有规律地吃奶，每隔 2 ～ 3 小时一次。但现在，间隔突然变成 1 小时了，这是不是意味着他没吃饱呢？”

看起来你有个很容易饿的宝宝。他可能正处于猛长期（大多出现在3周大时，6周大时还会出现一次），或只是需要更多的乳汁来填饱肚子。他需要妈妈频繁喂奶，也就是“密集哺乳”。宝宝的本能告诉他：每隔1小时吃20分钟奶比每隔2～3小时吃30分钟奶更有效。所以，宝宝把你当成了零食店，而不是餐厅。刚刚开心地吃完一餐，又要给自己找些吃的。如果再把他抱到胸前，他又会大吃起来。

这样漫长的过程会让妈妈精疲力竭，好在密集哺乳通常只持续一两天。一旦泌乳量能满足宝宝的成长需求，他就会恢复更稳定的吃奶方式。在此之前，当宝宝的肚子像个无底洞的时候，还是有求必应吧。

乳头疼痛

“我一直想用母乳喂养宝宝，但乳头非常痛，不知道还能不能继续给他喂奶。”

希望喂奶给你带来愉悦，而不是意料之外的疼痛？你可怜的、疼痛的乳头同样希望如此。幸运的是，大多数妈妈都不会遭受长时间的痛苦，因为通常在哺乳后两周内，乳头就会充满韧性。但是，有些宝宝（特别是“梭鱼型宝宝”，吮吸得非常用力）会让妈妈的乳头持续疼痛。如果你是这种情况，乳头疼痛、皲裂，甚至流血——会让你对喂奶产生恐惧，渐渐不再愿意喂奶。

在乳头适应宝宝吃奶需求的过程中，你可以通过一些方法缓解疼痛，试试以下技巧。

- 确保宝宝的姿势正确。喂奶时，宝宝应该面朝乳房，将整个乳晕（而不只是乳头）含入口中。宝宝只吮吸乳头不仅会让你感到疼痛，也会让他感到挫败，因为他吸不到乳汁。如果乳房肿胀、宝宝难以完全含住乳晕，可以在喂奶前用手挤出或用吸奶器吸出一些乳汁，来减轻肿胀，帮助宝宝顺利吮吸。
- 改变哺乳姿势，这样乳头每次被挤压的位置都不同，但一定要让宝宝面朝乳房。
- 不要因为一侧乳房疼痛感不强烈或乳头没有皲裂，就一直用这一侧乳房哺乳。每次喂奶时试着用两边乳房，但要先让宝宝吸不太疼的那一侧，因为宝宝饥饿时会用力吮吸乳头。如果两侧乳头的痛感差不多（或根本不痛），就从上次喂奶没有完全吸空的那一侧乳房开始吧。
- 每次喂奶后，可以让疼痛或皲裂的乳头稍微在空气中裸露片刻，让乳头免受衣物摩擦的刺激。如果溢出的乳汁沾湿了乳头，要经常更换防溢乳垫——确保防溢乳垫没有塑料衬里，不然水分积聚，只会增加刺激。

乳头内陷

即便你乳头内陷（当你感到寒冷或用手指按压乳晕边缘时，乳头会陷入乳房组织中，而不是突起），也不用担心。当你开始母乳喂养，内陷的乳头会和普通乳头一样“工作”得很好。喂奶前，可以用吸奶器稍微吸一点奶（不用吸太多，这只是为了把乳头吸出来）。这一招不管用的话，尝试戴乳房罩——这种塑料外壳可以给乳房无痛加压，帮助扁平或内陷的乳头突起来。缺点是，戴了乳房罩穿衣服，痕迹会比较明显，让人尴尬，还可能更容易出汗、起疹。

如果乳头非常疼，可以考虑使用乳头保护罩（不是乳盾），使乳头周围有空气缓冲。

• 如果你生活的地方气候潮湿，用热风吹吹乳头可以缓解疼痛——将吹风机设置为暖风，在乳房周围（15 ~ 20 厘米处）吹一吹，不要超过 2 ~ 3 分钟。但在气候干燥的地方，用自己的乳汁保湿反而更有效，所以哺乳后，可以让残留的乳汁自己干掉。或者在哺乳结束时挤几滴乳汁（通常是最好的药物）涂在乳头上，但要确保穿上文胸前乳头已经干了。

• 无论乳头是否疼痛，用清水清洗。不要用香皂、酒精或洗手液，你体内的微生物已经在保护宝宝了，而且乳汁本身就是洁净的。

• 哺乳后，使用天然羊毛脂膏，如兰思诺牌（Lansinoh）羊毛脂膏涂抹乳头，能够预防和缓解乳头皲裂。不过你可能只有在乳头疼痛时才需要用它，因为汗液和皮肤可以自然地保护和润滑乳头。不要用凡士林等矿物油产品及其他油类产品。

• 用冷水浸湿茶包，放在疼痛的乳头上。茶叶中的成分有助于舒缓疼痛，疗愈伤口。

• 哺乳前先放松 15 分钟。放松有助于乳汁流出（这意味着宝宝不需要用力吮吸，从而减轻妈妈的疼痛感），而紧张会妨碍乳汁流出。

• 如果痛得厉害，问问医生哪种非处方止痛药可以缓解。

有时，细菌会通过皲裂的乳头进入输乳管，如果乳头皲裂，要特别注意是否有感染迹象。真菌感染也会导致乳头疼痛。关于输乳管堵塞、乳腺炎和鹅口疮（真菌感染）的内容，参见第 79 ~ 80 页和第 143 页。

喂奶时间

“我觉得最近宝宝好像粘在了乳房上一样。我虽然喜欢给他喂奶，但感觉完全没时间做其他事了。”

喂养新生儿是份全职工作，而且是需要付出双倍时间的全职工作。虽然掌握哺乳技巧会让妈妈非常满足，

哺乳遇到问题怎么办？

分娩后，你在医院可以请哺乳专家帮助你度过第一次或前两次母乳喂养；在整个住院期间，你只需按下呼叫按钮，哺乳顾问就会随叫随到。问题是：大多哺乳问题在产后一两周才出现，而这时你已经出院回家了，没有那个呼叫按钮了。

在通往母乳喂养的道路上，新手妈妈总会遇到很多意想不到的波折，从严重的乳头疼痛到衔乳问题，等等。但只要获得一些专业帮助，大多数问题都能迎刃而解。在你怀疑自己和宝宝是不是无法实现母乳喂养之前，尽快去寻求帮助吧。即便是小问题（比如喂奶姿势）也不要等，小问题不解决，也可能会发展成大问题（比如宝宝吃不饱）。可以打电话向国际母乳会的志愿者咨询，请一位哺乳顾问到家里一两次，或到儿科医生诊所请哺乳专家给出建议，这些都能帮助你化解困难，回到正轨。

但也会消耗很多时间。

妈妈和乳房会有休息的时间吗？当然。当宝宝吃奶变得更高效，喂奶的时间就会缩短——喂奶的次数、喂奶的时长都会有规律，这样妈妈就不会再感觉 24 小时都在喂奶了。等到宝宝可以保持整晚睡眠时，喂奶次数可能会减少到每天 5 ～ 6 次，这样一天只需要花 3 ～ 4 小时喂奶。

既然现在休息的时间不多，那就利用喂奶时间休息和放松一下，享受这个与宝宝共处的时刻。等宝宝离乳后，回想这段时光，你会非常怀念。

妈妈在喂奶时睡着

“这些天我太累了，甚至给宝宝喂奶时都睁不开眼。喂奶时我可以睡一会儿吗？”

吃奶的宝宝会困，喂奶的妈妈也一样。因为哺乳时产生的激素——催产素和催乳素，不仅能让宝宝放松，也会让你放松。它们会带给妈妈一种舒服的恍惚感。而当你身心都忙于适应新手妈妈的角色时，难免会出现睡眠不足的情况，这些都会导致你在喂奶过程中昏昏欲睡。怀里抱着温暖、可爱的小宝宝，闻着他香甜的气息，也会让你放松下来。另外，如果躺着喂奶，喂奶过程中肯定会打瞌睡。

喂奶时小睡一会儿没什么问题。只要确保没有采用危险的姿势（妈妈和宝宝都被舒服地支撑着），也没有拿着热饮。打瞌睡时你会容易惊醒，这可能是天性，妈妈在保护宝宝时都很警觉。

母乳：不仅是早餐

显然，母乳是世界上神奇的食物——每个妈妈的母乳都是为宝宝的营养需求量身定制的。但你知道吗？它也是最好的药。母乳还有很多广为人知的其他用途。你已经知道了母乳可以治愈疼痛的乳头，但是母乳可能还有更多神奇的疗效。宝宝泪腺堵塞？在眼角滴几滴母乳，可能有帮助。宝宝头上有乳痂？可以把母乳滴在他的头皮上按摩一下。宝宝脸上长了丘疹？母乳也有帮助（把它当成宝宝用的第一种祛痘面霜）。由于母乳中含有抗菌成分，它还有助于缓解鼻塞（滴几滴母乳到鼻子里）、尿布疹、湿疹和其他皮疹、蚊虫叮咬等。最棒的是，母乳是免费的，而且就在手边（不用凌晨3点在药柜里翻找或急匆匆地去药店）。

哺乳期的服装

“怀孕时，我总是迫不及待地想穿回孕前的衣服。没想到，现在喂奶也会限制我的着装。”

与怀孕时相比，哺乳期的着装限制会少一些。当穿回牛仔裤的时候，你能拉上拉链，但还是有一些特别的挑战——比如，如何在公共场合不把上衣掀起来就给宝宝喂奶，如何在面试之前把刚刚渗出的乳汁藏好。

当然，为了方便哺乳，可能要在着装的时尚性方面做出让步，不过只要稍作调整，你的着装就既能满足宝宝对乳汁的渴望，又能满足你对服装风格的向往。

大小合适的文胸。哺乳时衣柜里最重要的东西只有宝宝和你的爱人能看见：一件或几件舒适的哺乳文胸。理想情况下，宝宝出生前至少要购买一件哺乳文胸，这样产后在医院时就能穿上。但有些母亲发现，泌乳后，乳房尺寸会变大，提前购买文胸可能会浪费（即便是可调节的款式）。

哺乳文胸有很多不同的款式：有无肩带、有无装饰、是否带蕾丝，罩杯是按扣式、拉链式还是挂钩式，罩杯的挂钩是在肩部、罩杯中间还是侧面，另外还有适合吸奶器的哺乳文胸。各种款式都试穿一下，优先选择舒适、方便的。毕竟，当你一只手解开文胸时，另一只手可能还抱着哭闹又饥饿的宝宝。不论选择哪种款式，确保文胸是结实透气的棉质，还有富余空间留给胀大的乳房（试穿文胸时乳房应充满乳汁，而不是刚喂过奶不久）。太紧的文胸可能引起输乳管堵塞，更别提当你乳房肿胀或乳头疼痛时，它会带来的不适了。还可以把合适的普通文胸改为哺乳文胸。

两件套。上下分开的两件套是哺乳期的时尚选择，尤其是上衣领口能拉开的，方便喂奶。纽扣和拉链在前面的衬衣或连衣裙也可以（从衣领解开衣服喂宝宝吃奶，露出的部分比你想象的要多，在公共场合最好从下往上解开扣子）。也可以买专门为哺乳设计的裙子和上衣，它们有隐藏布片，让哺乳更隐蔽，而且方便用吸奶器吸出乳汁。这样的衣服是专为哺乳妈妈较大的胸部而设计的，尺寸更大。

避免纯色衣服。纯色衣服，尤其是白色等浅色衣服，比深色衣服更容易显现出溢出的乳汁，深色衣服不仅可以遮挡溢奶，还能藏住厚厚的防溢乳垫。

穿可水洗的衣服。鉴于溢奶和宝宝吐奶，你穿的衣服最好可以直接扔进洗衣机和烘干机。当你经历了几次昂贵的真丝衬衫突然遭遇溢奶或吐奶的事件后，可能只想穿可水洗的衣服了。

在文胸中垫防溢乳垫。哺乳妈妈最重要的物品之一就是防溢乳垫。不论你穿什么，一定要在胸罩内侧垫一两片防溢乳垫。

在公共场所哺乳

“我打算至少哺乳 6 个月，但是不太了解如何在公共场合哺乳。”

电影、杂志封面、广告牌和沙滩上穿着清凉的人比比皆是，但讽刺的是，在公共场所哺乳却不受欢迎。尽管在公共场所哺乳已经被越来越多的人接受，但它还是比用奶瓶喂奶更引人关注。而且不幸（且不公平）的是，并不是“哇,太可爱了”的那种关注。

不过，你可能很快就会打消在公共场所拉起衣服给宝宝喂奶的焦虑，尤其是当你意识到饥饿的宝宝等不及要吃奶的时候。而且，只要经过一些练习，就能学会如何在人群中小心地哺乳，隐蔽到只有你和宝宝知道。这里有一些技巧可以让你在公共场所哺乳更隐秘。

- 衣着方面。穿合适的衣服就不需要在哺乳时露出太多，可以从下面解开衬衫或轻轻地将衬衫掀起来，宝宝的头部会挡住可能露出的乳房。
- 先在家中尝试。在镜子前练习一下，就能看到精心准备的姿势是如何完全遮住乳房的。最初几次在公共场所给宝宝喂奶时,让爱人（或朋友）留意观察，帮你指出每个小纰漏。
- 在肩上用毯子、披肩或哺乳巾给宝宝搭个“帐篷”。但是不能太紧，要确保这个“帐篷”通风，便于宝宝吃奶和呼吸。当你和宝宝一起外出吃饭时，也可以用大餐巾搭成“帐篷”。
- 用婴儿背巾背着宝宝去吃饭、逛街、到公园散步。这种背巾能让在

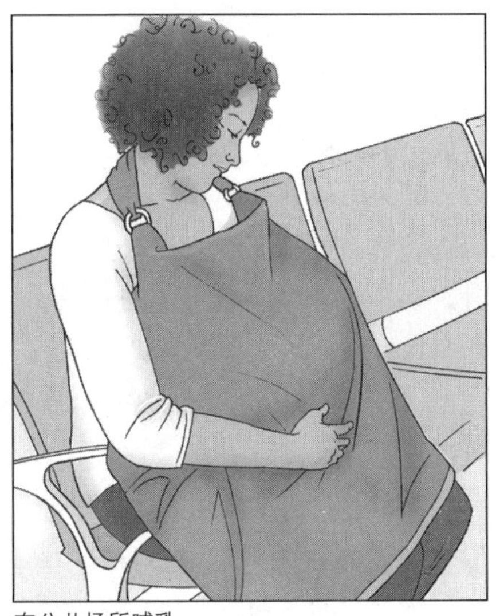

在公共场所哺乳

公共场所哺乳变得非常私密（人们会以为宝宝只是在背巾里睡觉），而且非常方便。

• 创造你的私密空间。在树下找一条长凳、在书店找一个有大椅子的角落，或坐在餐厅的小隔间里。宝宝衔乳时背对人们，等宝宝含住乳头、调整好姿势后，再转过身来。

• 找一个有特殊设施的场所。很多百货商场、购物中心、机场，甚至游乐园都有为哺乳妈妈设置的母婴室，配有舒适的摇椅和尿布台。或找个可供宝宝饭后娱乐、带有独立休息区的盥洗室。如果你去的地方没有这些设施，或者你喜欢在人少的地方哺乳，那么出发去目的地之前，如果气温适宜，可以在车里给宝宝喂奶。

• 在宝宝抓狂之前就要喂奶。不要等到宝宝饿得嗷嗷大哭才开始。当你在公共场所哺乳时，宝宝的哭声只会引来你不想要的关注。观察宝宝饥饿的信号，只要条件允许，先用乳汁填满他的小嘴。

• 了解哺乳期妈妈的相关权利，并开心地行使它。美国大多数州都有法律规定，保障女性在公共场所哺乳的权利。露出乳房哺乳并不粗俗，也不是犯罪。即使你所在的国家没有相关法律法规，但在宝宝饥饿时，哺乳是妈妈的权利，在任何地方都不会触犯法律（除非是在汽车行驶时，即便是饥饿的宝宝也要安全地固定在汽车安全座椅上）。如果你需要在工作中给宝宝哺乳，参见第 255 页，了解相关规定。

• 自然地哺乳。如果在公共场所哺乳让你感觉良好，那请继续。如果经过练习仍然感觉不好，还是选择你认为私密的地方哺乳吧。

手足哺乳

“整个孕期我都在给学步期的宝宝哺乳，不想让他离乳。等我女儿出生后，给女儿哺乳的同时还可以继续给大儿子哺乳吗？我的母乳够他们两个吃吗？”

手足哺乳，是母乳喂养中的一个术语，指的是在孕期哺乳的妈妈在分娩后同时喂养新生儿和吃奶的大宝宝。这对妈妈来说并不容易，特别是

“他吃什么，我也要吃什么”

你的大宝宝是不是很好奇（也可能有点嫉妒）是谁吃掉了另一半母乳？当早就离乳的大宝宝突然也要吃奶时,不必惊讶,大一点的宝宝（年龄仍然较小）经常会这样。也不必奇怪，就像他有时要你像哄小宝宝那样摇晃他一样，这是由相同的冲动（“他有的我也要有”）引起的。

让他尝一口，希望把他的好奇消灭在萌芽状态？那就试试吧。很可能尝过之后，他就会觉得，小宝宝并没有比他更幸福，母乳也并不美味。对这样的要求感到别扭？那就用只有大宝宝能吃的零食或只有他能玩的游戏引开他的注意力。

如果学步期的大宝宝还是对吃奶有热情，或是反对小宝宝独享母乳，那他渴望的可能并不是母乳，而是可以依偎在乳房（和妈妈）旁边，以及小宝宝在吃奶时获得的额外关注。

为了满足大宝宝的渴望，你可以在哺乳时让大宝宝也参与其中。利用哺乳时的宁静时光和他依偎在一起，给他读个故事、帮助他挑战智力游戏，或一起听音乐。也要确保在没有给小宝宝喂奶的时候，多抱抱大宝宝。

在产后最初几周,会面临很多挑战(如怎样应对两个饥饿宝宝不同的需求和吃奶风格)。但当你掌握技巧后，它会让你们三个人（妈妈、新生儿和大宝宝）都特别享受和满足。还有一个好处是，大多数进行手足哺乳的妈妈发现，这会让两个孩子变得更亲密，大宝宝会觉得和新生儿密切相连，也不会有和妈妈疏远的感觉。

但手足哺乳具体该如何进行呢？首先，妈妈不需要担心自己是否会有足够的母乳。研究表明，哺乳期的妈妈分泌的乳汁可以喂养不止一个宝宝（问问双胞胎的妈妈就知道了）。在进行手足哺乳时，很多妈妈发现，问题不是乳汁分泌不足，而是分泌过多。事实上，妈妈的乳房能很好地同时满足新生儿和大宝宝的需求（别忘了，这时候大宝宝吃奶的次数要比新生儿少得多）。不过在产后最初几天，当你的乳房分泌初乳时，一定要先喂给新生儿。毕竟，新生儿需要初乳中的抗体和白细胞帮助自身免疫系统产生抗体。等乳汁再次充满乳房时，就不一定要先给新生儿喂奶了。你会发现，甚至可以同时喂两个孩子，但是需要先尝试一些不同的姿势，直到找到能让新生儿和大宝宝都满意的姿势（如双摇篮式，新生儿的脚搭在大宝宝身上；或双橄榄球式，用枕头支撑新生儿，大宝宝坐在你身边，用你的膝盖把他们分开）。先让新生儿衔乳，再让大宝宝来（也可以让大宝宝用自己喜欢的姿势吃奶），尽量把乳汁更多的乳房给新生儿吸，毕竟小宝宝所有的营养都来自母乳，而大宝宝可以从其他食物中获得营养。要坚持下去，手足哺乳不容易（让妈妈双倍疲劳），但是当你给两个宝宝哺乳，看到两双幸福的眼睛时，会觉得这些辛苦都是值得的。当然，如果无法同时给两个宝宝哺乳，只能选择让大宝宝离乳时，也不要感到内疚（参见第 471 页，了解离乳的技巧）。

乳房中的肿块

“我突然发现乳房中有肿块，有点疼，还有点发红，我有点担心。”

发现乳房中有肿块对任何一位女性来说都是一种打击。即使你知道这可能没有什么好担心的，但还是会担心。好在你描述的情况可能只是输乳管堵塞引起的乳汁滞留。堵塞的地方通常会发红、伴有疼痛。虽然这本身并不严重，但是输乳管堵塞会引发乳房感染，所以不容忽视。

最好的解决方法就是让乳汁保持流动。

- 热敷。每次喂奶前，将热敷包或暖宝宝敷在堵塞的输乳管部位。在喂奶过程中轻轻地按摩输乳管。

- 排空。每次喂奶时要确保将有肿块的乳房排空。先用这一侧乳房喂奶，鼓励宝宝尽可能多吃。如果喂奶后还是有很多乳汁留在乳房中（挤出的乳汁呈柱状，而不是滴状），就用手或吸奶器将剩下的乳汁挤出或吸出。

- 不要挤压输乳管堵塞处。文胸不要太紧，衣服也不要太贴身。每次喂奶时改变哺乳姿势，让压力施加在不同的输乳管上。

- 让宝宝帮助按摩。如果宝宝放下巴的位置正确，喂奶时下巴就能按摩堵塞的输乳管，有助于缓解堵塞。也可以趁宝宝忙着喝奶时自己按摩。

- 悬空哺乳。试着俯身给宝宝喂奶(把宝宝放在床上,趴在宝宝上方)。这种哺乳姿势可能并不舒服，但是重力会帮助你排出聚积的乳汁。

- 有时候，留在乳头上的乳汁会变干凝结，封住乳头。这样一来，新鲜的乳汁就无法流出输乳管，导致输乳管堵塞，出现红色肿块。用温水清洗乳头有助于去除凝结物，疏通输乳管。

- 不要停止哺乳。你只需疏通堵塞的输乳管，现在还不是离乳和减少喂奶次数的时候，这样做只会使问题更严重。

有时即使尽了最大努力，感染还是会恶化。如果肿块变得更痛、更硬、更红，甚至你开始发烧，尽快咨询医生。如果想弄清肿块除了输乳管堵塞是否还有别的原因，请妇产科医生帮你检查一下。

乳腺炎

“小家伙有点爱咬人，虽然我的乳头有点皲裂和疼痛，但哺乳还挺顺利。可突然间，我的一边乳房轻轻一碰就很痛，比第一次喂奶时还要痛。我感觉浑身发冷。”

这位妈妈可能得了乳腺炎。这种乳房感染在哺乳期的任何时候都可能发生，在产后 2 ~ 6 周最常见。它很可能是你的梭鱼型宝宝吃奶时太用力引起的，当然他不是故意的。

通常乳腺炎是由细菌（一般通过宝宝的嘴巴）经皲裂的乳头进入输乳管引起的。乳头皲裂通常发生在初次哺乳的妈妈身上，因为她们的乳头从未经历过宝宝用力的吮吸，因此更容易发生乳腺炎。

乳腺炎的症状包括严重的疼痛感，乳房变硬、发红、发热，感染的输乳管上方肿胀，并伴随全身发冷，偶尔会有发烧和疲劳的症状，如果发烧通常会烧到 38℃ ~ 39℃。一旦感染，及时就医很重要。如果出现了这些症状，即使你不确定原因，也要立刻告诉医生。医生会建议你服用哺乳期适用的抗生素、卧床休息、吃一些止痛药（尤其是喂奶前服用）并热敷。明智的做法是在使用抗生素治疗的同时服用益生菌，这样可以预防真菌感染（但是在服用抗生素后两小时内不要服用益生菌）。

虽然用感染的乳房喂奶很疼，但喂奶不仅对宝宝是安全的（引起感染的细菌最初可能来自宝宝口中），而且乳汁持续流动可以避免输乳管堵塞及更多问题。每次哺乳结束后，如果宝宝没有彻底吸光乳汁，用手或吸奶器将乳房中剩余的乳汁挤出或吸出。

不及时治疗乳腺炎可能会加剧乳房脓肿，症状是难忍的搏动性疼痛、肿胀、按压疼痛，脓肿部位还会发热，温度达 37.8℃ ~ 39.4℃。治疗方法通常是抗生素治疗，往往还需要在局部麻醉下做外科手术将脓肿排出。脓肿的乳房暂时不能哺乳，但应当用吸奶器继续将乳汁吸出，直到痊愈、恢复哺乳。这期间，可以用没有感染的另一侧乳房给宝宝哺乳。

宝宝偏爱一侧乳房

“宝宝不喜欢我用右侧乳房喂奶，他好像只喜欢左侧乳房。现在我的乳房看起来完全不对称。”

有些宝宝会有偏好。这可能是因为当你用某只手臂抱着宝宝喂奶时，你和他都感觉更舒服，所以他就更喜欢在那一侧吃奶。或是因为你在哺乳初期养成了先用左侧乳房喂奶的习惯，这样就可以用右手自由地吃东西、发信息或列一个任务清单（如果你是左撇子则相反）。不论是哪种情况，不受偏爱的乳房很快就会变小、泌乳量不足，这意味着宝宝吃到的乳汁变少，而乳房会变得变小。你的乳房和宝宝可能是陷入了这种循环。

不论什么原因，如果宝宝对一侧乳房有偏好，另一侧就会奶量不足，导致两侧乳房不对称。你可以尝试一些方法让奶量不足的乳房增加泌乳量，比如使用吸奶器或每次喂奶时先从这一侧开始，但如果你的乳房和宝宝都不买账，偏好会持续下去。两侧乳房的不对称在宝宝离乳后会改善，不过一侧还是会比另一侧稍大一点。

病中哺乳

“我刚得了流感，继续哺乳会不会把病传染给他？”

宝宝不仅不会因为你的乳汁而感染，反而会因比增强抵抗力。母乳是无菌的，而且富含抗体，可以帮宝宝强化自己全新的免疫系统，抵御各种病毒和细菌。

但是，除了母乳之外，你身体的其他部分就很难说了——你可能在和宝宝的其他接触中传染他，这也是为什么在你生病时要特别注意卫生。在抱宝宝、接触他的物品，以及喂奶之前都要洗手，别忘了打喷嚏或咳嗽时用纸巾（而不是你的手）捂住嘴巴。不要亲他的小嘴，还有他总喜欢塞进嘴里的小手。如果你处处小心，但宝宝还是生病了，参见第530页，了解应对的方法。

在你感冒或得了流感时，为加速恢复，同时保存体力、保证乳汁供给，要额外补充水分，继续服用孕期维生素，尽量吃好、多休息。如果需要服药，咨询医生。无医嘱的情况下不要服用任何药物，即便是非处方药或草药。

经期哺乳

“儿子才3个月，但我的生理期已经恢复了。这么早就恢复生理期会影响母乳分泌吗？”

很多母乳喂养的妈妈不会这么快有月经，有些妈妈需要一年甚至更久才恢复。大约有1/3的妈妈在产后3个月时就会来月经，这也是正常的。

避孕和哺乳

母乳喂养的女性有很多种避孕方式，从“迷你避孕丸”（只含黄体酮）到黄体酮注射液、节育环，再到避孕套等屏障避孕法，和医生讨论合适的方式。更多关于产后和哺乳期避孕的内容，可以登录 What to Expect 网站了解。

是时候准备一些卫生棉条了？

虽然说不准你的“月经假期”什么时候会结束，但还是有些平均值可供参考。纯母乳喂养的妈妈最早会在产后 6 周恢复月经，但这么早的比较少见。30% 的妈妈会在产后 3 个月恢复月经，超过 50% 会在产后 6 个月恢复（非纯母乳喂养的妈妈月经恢复的时间会更早）。也有些妈妈在产后快 1 年才需要买卫生棉条，还有少数坚持母乳喂养的妈妈在第 2 年才会恢复月经。

平均而言，没有母乳喂养的女性生理期恢复得更快。最早可以在产后 4 周恢复（虽然也不太常见）；40% 在产后 6 周内恢复，65% 在产后 12 周内恢复，90% 在产后 24 周内恢复。

有些妈妈产后第一次月经是无排卵性月经（没有卵子排出），而产后第一次月经出现得越晚，排卵性月经的可能性就越大（如果你目前不准备再要一个宝宝，最好采取可靠的避孕措施）。

恢复月经并不意味着哺乳即将结束。在月经来潮时，你也可以正常地给宝宝喂奶。虽然乳汁可能会暂时减少，但仍要继续频繁地喂奶，特别是月经开始时，这有助于刺激乳汁分泌。当激素水平恢复正常后，泌乳量也会恢复到正常水平。

在经期，乳汁的味道会轻微变化，有些挑剔的宝宝可能不喜欢，会有几天不愿意吃奶。他们可能会降低吃奶的频率，热情减少，也许不愿吃一边乳房的乳汁，甚至两边都不愿吃，或者是只是比平时更挑剔一点，这些都不用担心。也有些宝宝可能不受影响。经期还会给哺乳妈妈带来其他影响，比如在排卵期或经期的前几天，乳头会格外娇嫩。

运动和哺乳

“宝宝 6 周大了，我想恢复常规锻炼，但听说锻炼会使母乳变酸。”

你听到的消息已经过时了。最新的消息是，中到强度的锻炼（如每周进行 4 ～ 5 次有氧运动）不会让母乳变酸，适量的锻炼也不会影响母乳的成分和乳汁分泌。

所以，开始跑步吧（或爬楼梯、游泳等）。只是要注意，不要运动过量。运动过量真的会使乳酸水平升高，让母乳发酸。保险起见，可以在喂奶后安排运动。这样一来即使母乳中的乳酸水平升高，也不会影响下一次喂奶。喂奶后运动的另一个好处是，乳房不会有不适的肿胀感。如果不能先喂奶再运动，那就提前将乳汁吸出储存起来，到了宝宝要吃奶时，再用奶瓶喂。如果运动后再喂奶，先洗个澡吧（至少先把乳房上的汗渍擦去），咸乳汁并不比酸乳汁味道好。

记住，如果经常运动过量，可能难以维持泌乳量。这可能更多是由于乳房的持续晃动和衣物对乳头的过度摩擦，导致乳汁分泌不畅等问题，而与运动本身无关。所以，运动时要穿上牢固的棉质运动文胸。

另外，剧烈的手臂运动会导致一些妈妈输乳管堵塞，所以“举铁”要慎重。

最后，运动前后要各喝一杯水（或其他饮品），补充运动时流失的水分，特别是在炎热的天气。

乳房和奶瓶配合使用

“我知道母乳有很多好处，但不确定自己是不是想纯母乳喂养。可以采用母乳和配方奶混合喂养吗？”

虽然所有人都认为，纯母乳喂养是宝宝最好的选择，但对一些妈妈来说，这并不现实。有些是客观问题（工作忙、经常出差或有其他耗时的事情）导致纯母乳喂养太具挑战性，有些是身体原因——可能是妈妈的原因（多重乳房感染、长期乳头皲裂或奶量不足），也可能是宝宝的原因（无论妈妈多么努力，宝宝的增重还是不太理想，医生认为要补充配方奶）。还有些是因为妈妈觉得纯母乳喂养不是自己想要的。

乳头混淆让你困扰？

可能你想用乳房和奶瓶交替哺乳，或者只想把奶瓶当作替补，以备不时之需。但你可能听过，过早使用奶瓶或使用方法错误会导致宝宝“乳头混淆”。虽然很多哺乳顾问都提出了警告，在宝宝掌握基本吃奶技巧之前使用奶瓶会破坏哺乳关系，但很多人认为不存在这样的风险。事实上，只要混合喂养开始的时机得当，大多数宝宝还是能毫不费力地同时吃乳房和奶瓶。

使用奶瓶的时机是关键。太早使用奶瓶，宝宝会拒绝母乳，因为吃母乳很困难。太晚使用奶瓶，宝宝会依赖妈妈的乳头而不愿尝试奶嘴。宝宝的个性也决定着他能否同时接受乳房和奶瓶。有些宝宝适应性强（只要有奶喝就行），有些宝宝则执着于自己的习惯。最重要的是妈妈和宝宝的坚持。宝宝可能会对陌生的奶瓶感到困惑，甚至拒绝最初的几次尝试，但他可能很快就会掌握“混搭”的技巧。了解使用奶瓶的更多内容，参见第 229 页。

不论是哪种情况，都有一个好消息：母乳喂养并非像很多妈妈以为的那样，是一个非此即彼的命题，想要母乳喂养的妈妈（但不能或不想纯母乳喂养）可以选择混合喂养的方式。乳房和奶瓶配合使用不仅可行，而且对于有些妈妈和宝宝来说，母乳和配方奶交替使用是最好的选择，比完全放弃母乳喂养要好得多。

但如果要“混搭”，还要记住以下要点。

不要过早使用奶瓶。等到妈妈和

当有必要补充配方奶时

你一心想要纯母乳喂养宝宝，但有些事情不如计划的那么顺利（比如激素失调导致产后难以泌乳，或宝宝不能有效吮吸）。而医生告诉你，宝宝用配方奶喂养才能获得足够的营养，但你并不情愿，毕竟很多人都说母乳是最好的。你也听说过母乳喂养并不容易，有时需要花些时间才能克服困难——所以，你当然也想给母乳喂养更多时间。你可能还听说配方奶喂养会妨碍母乳喂养。

这些想法都能理解，但有时一些原因让我们不得不权衡一下纯母乳喂养的方式（不论是暂时的还是长期的），甚至重新考虑是否该母乳喂养。事实上，只有当纯母乳喂养是为宝宝提供营养的最佳方式（能满足新生儿需求）时，它才是最好的。如果不是，那可能就需要补充配方奶或纯配方奶喂养，才能为宝宝的生长发育提供必要的营养。

如果医生告诉你，为了宝宝健康成长，有必要补充配方奶，问清原因，以及是否有其他选择（比如用吸奶器增加泌乳，或向哺乳顾问寻求帮助）。有些情况下，补充配方奶只是一种常规做法。例如，当宝宝患有低血糖症时，医生会建议补充合适的配方奶，尽管很多专家认为母乳也可以帮助调节血糖（除非情况严重）。如果你的宝宝属于这种情况，可以再问问其他医生。

但是，如果补充配方奶或改为纯配方奶喂养很有必要，那就不要犹豫，也不要等待，立刻听从医生的建议。如果宝宝身体需要而你却拒绝配方奶，会给宝宝带来不利的影响。

但也要记住，出于宝宝身体原因需要给他喂配方奶，并不意味着完全放弃母乳喂养，很可能还可以选择混合喂养（参见第 83 页）或重新开始哺乳（参见第 85 页）。记住，不论宝宝最初的营养来自哪里，没有什么能比他的健康和幸福更重要。

宝宝建立了良好的哺乳关系，再让宝宝用奶瓶吃配方奶，至少需要 2 ～ 3 周。这样一来，既能建立起乳汁供给，宝宝也能在使用奶瓶（更轻松）前先习惯吃母乳（更费力）。但如果宝宝增重不佳，医学上需要立刻补充配方奶，这时放下奶瓶并不明智。

慢慢来。不要突然改为混合喂养，过渡得慢一点。第一次喂配方奶应在喂母乳后 1 ～ 2 小时，那时宝宝有点饿，但还没有饥饿难耐。逐渐增加奶瓶的使用频率，减少喂母乳的次数。最好每增加一次配方奶就维持几天相同的喂奶模式，直到母乳都被配方奶替代（或达到你期望的哺乳频率）。用这种方式缓慢减少喂母乳的次数，可以避免输乳管堵塞和乳房感染。

注意母乳的量。开始喂配方奶后，宝宝对母乳的需求减少，会导致泌乳量迅速降低。要确保哺乳次数足够，这样乳汁供给才不会减少得太快（大多数妈妈 24 小时内喂 6 次母乳能够满足新生儿对乳汁的需求）。你可能偶尔还需要将乳汁吸出，保持乳汁供给。如果哺乳次数不足（或者没有把乳汁吸出），可能没有足够的乳汁继续母乳喂养，导致混合喂养无法实现。

挑选合适的奶嘴。母乳喂养时，妈妈的乳头大小刚好——现在，给奶瓶也挑选一个合适的奶嘴吧。选择仿照乳头形状设计的奶嘴，底部要宽，流速要慢。这样的奶嘴能让宝宝的小嘴含住奶嘴底部，而不是只吮吸奶嘴顶部。流速慢能确保宝宝安心吃奶，并尽可能多吃。记住，有些宝宝对奶嘴很挑剔，所以要多尝试，找到他能接受的奶嘴。

挑选合适的奶粉。咨询医生应该给宝宝补充哪种奶粉。奶粉的种类很多（参见第 119 页），其中有专门为补充母乳研制的奶粉。它含有叶黄素，这是母乳中发现的一种重要营养物质，还含有比其他奶粉更多的益生菌，可以帮助宝宝保持大便柔软，和母乳喂养的宝宝一样。

重新开始哺乳 / 增加泌乳量

“宝宝 10 天大时我就开始用母乳和配方奶交替喂养，现在我想只喂母乳，可以吗？”

这并不容易，因为即使短时间的配方奶喂养也会让乳汁分泌减少，但绝对可以实现。让宝宝断掉配方奶的关键是要分泌足够的乳汁来弥补缺少的奶量。下面介绍如何吸出乳汁，以及如何成功地从部分母乳喂养转换到纯母乳喂养。

排空乳汁。频繁、规律地刺激乳房对于分泌乳汁很重要（吃得越多，分泌得就越多）。所以白天至少每 2.5 小时、晚上至少每 3 ～ 4 小时将乳房中的乳汁排空（可以喂给宝宝，也可以用吸奶器吸出），如果宝宝需要，可以增加喂奶次数。

用吸奶器吸光乳汁。给宝宝喂过母乳后用吸奶器吸 5 ～ 10 分钟，以确保乳汁彻底排空，同时刺激更多乳汁分泌。可以将吸出的乳汁冷藏起来，稍后再用（参见第 171 页），或者和配方奶一起喂宝宝（混合在一起喂也没问题）。

逐步减少配方奶。不要突然停止给宝宝吃配方奶。在乳房可以充分泌乳前，宝宝都需要补充配方奶，但要在喂过母乳后再给他喂。随着泌乳量的增加，逐渐减少每次喂的配方奶量。如果你有记录，应当可以看出，随着泌乳量的增加，奶粉的用量在减少。

考虑使用辅助哺乳系统（SNS）。例如哺乳辅助器或哺乳训练器，能帮你更顺利地从混合喂养转换成纯母乳喂养，虽然它们不一定适合每一对选择母乳喂养的妈妈和宝宝（在你和宝宝适应前需要很多耐心）。这类辅助器让宝宝在吃配方奶时还能吮吸母乳（参见第 175 页）。这样一来，乳房能得到刺激，宝宝也会得到所需的美食。如果条件允许，在开始使用 SNS 系统时，请一位哺乳顾问帮助你。

计算尿布的用量。记住，要了解宝宝的排便情况，确保他得到足够的食物（参见第 174 页）。还要跟医生保持联系，确保宝宝在过渡期也摄入了充足的食物。

或许可以尝试一下药物。草药（一些哺乳顾问建议使用少量胡卢巴，或饮用催乳茶之类的花草茶）甚至一种叫作“灭吐灵”的传统药物，可能会刺激乳汁分泌（但使用灭吐灵刺激泌乳并未获得美国食品药品监督管理局批准，而且它对哺乳的妈妈和宝宝都有副作用）。记住，想用草药或其他药物刺激泌乳时，必须经过熟悉你情况的医生或哺乳顾问同意。

考虑辅助与替代疗法。针灸等辅助与替代疗法可能有助于增加乳汁分泌。咨询哺乳顾问或医生，请他们推荐一位擅长处理泌乳问题、采用过辅助与替代疗法的医生。

依靠母乳库

你下定决心要给宝宝大自然最好的食物——母乳，但如果你无论出于什么原因，就是无法实现母乳喂养呢？别人的母乳会不会是第二好的选择？

可能是。研究表明，捐赠的母乳能像自己的母乳一样给宝宝提供营养。虽然你可以从私人（家人、朋友）或在线母乳共享团体那里获得母乳，但调查证实这类母乳可能并不安全——有些情况下，母乳的收集、储存和运输过程不够规范，可能携带传染病病原和害细菌。而有资质、国家认可的母乳库会筛选捐赠者并对母乳进行巴氏灭菌，然后再将其冷冻，送往医院和家庭，确保安全。

给收养的宝宝哺乳

宝宝出生后，亲生母亲能做的事，收养的妈妈也都能做到。某种程度上，就连母乳喂养也能做到。虽然大多数收养的妈妈最终会泌乳量不足，无法实现纯母乳喂养，但有些妈妈仍然能够实现母乳喂养，至少是部分母乳喂养。

只有当你收养的宝宝是新生儿，还没有依赖配方奶喂养，同时你没有妨碍母乳分泌的疾病（如乳腺外科手术史）时，母乳喂养才有可能实现。即使所有条件都满足，还是要充分考虑：成功泌乳非常不易，即使你下定决心要面对困难，尽你所有的努力实现母乳喂养，可能也无法达到目标。

记住这个现实，但如果你下定决心要尝试母乳喂养，那当然应该尽力一试。以下措施能帮你增加成功的可能性。

熟悉母乳喂养。本章会告诉你需要了解的关于母乳喂养的一切。

拜访医生。和妇科医生讨论一下你的计划，确保你没有任何相关疾病（或服用任何药物）——它会导致母乳喂养特别困难，甚至无法实现。让医生给你的准备工作提些建议。如果他不太了解如何刺激泌乳，请他推荐合适的医生。也要同步宝宝的医生你的情况。

服用补充剂。孕期维生素或专为哺乳期设计的补充剂能快速提升你的营养水平，让身体为喂养宝宝做好准备。

获得帮助。向国际母乳会寻求建议，请他们推荐一位能给你支持的当地志愿者。还可以考虑找一位对母乳喂养有经验的针灸师，或采用过辅助和替代疗法的医生，向他们寻求帮助。

提前一步。如果你知道宝宝到来的大概时间，那就开始让乳房做好准备，迎接重要的日子吧。提前一个月用吸奶器刺激泌乳，最好用双边电动吸奶器。白天每隔 2 ～ 3 小时就用 1 次，晚上用 2 次（如果你不介意早早就被打断睡眠）。如果提前成功泌乳，就用袋子将吸出的母乳装好，冷藏备用。了解如何吸出母乳，参见第 170 页。

频繁喂奶。宝宝到来后，你需要经常喂奶，喂奶频率取决于宝宝的月龄（新生儿白天至少每 2.5 小时、晚上至少每 3 ～ 4 小时喂一次奶）。同时一定要补充配方奶，确保能满足他的营养需求。

喂奶时刺激分泌。辅助哺乳系统（参见第 175 页）可以让宝宝在吸吮刺激乳汁分泌的同时，从配方奶中获得他需要的营养。即使宝宝到来时你还没有做好准备（没有机会提前使用吸奶器帮助泌乳），这种辅助系统也能帮助你迎头赶上，同时保证宝宝的营养。如果最终奶量不足，不能完全满足宝宝的需求，也可以在母乳喂养的同时继续使用辅助哺乳系统（只要宝宝能配合，不是所有宝宝都会配合）。

刺激乳汁流出。如果你无法顺利泌出乳汁（即乳房中有乳汁，但需要激素的帮助才能分泌出来），问问医生催产素鼻喷雾剂是否有帮助。不过，使用催产素刺激泌乳还存在一定争议——研究表明它并不总是有效，有些专家认为它尚未获得安全认可，有待更多研究。

放松。多休息，多放松，多睡觉。即使是刚分娩的女性，在压力很大和疲惫不堪的情况下，也无法分泌足够的乳汁。压力会阻碍泌乳，所以在每次喂奶或刺激乳房分泌之前，好好放松一下。

不要轻易放弃。怀孕的女性通常有 9 个月的时间为泌乳做准备，所以至少给自己 2 ~ 3 个月的时间，让母乳喂养顺利开始。

当你有泌乳的感觉时，那就是身体在分泌乳汁。但要想知道奶量是否足够，就只能看宝宝是否有吃饱的迹象（比如吃奶后很满足，尿布湿了，大便次数频繁）。如果有迹象表明你无法满足宝宝的全部需求，那就继续使用辅助哺乳系统。

如果你无论如何努力，都无法成功泌乳，或分泌的乳汁不足以成为宝宝全部的营养来源，那就放弃，至少你和宝宝在尝试母乳喂养的过程中获益良多。你也可以继续喂母乳，即便不能为宝宝提供全部的营养，也可以享受哺乳的亲密时光。但与此同时，不论母乳有多少，不论是通过辅助哺乳系统还是奶瓶，一定要给宝宝补充配方奶。

要有耐心，积极寻求支持。重新开始哺乳是个花时间的过程，有赖于良好的支持和帮助。可以让家人和保姆分担家务，这样你就有更多时间和精力重新开始哺乳。咨询哺乳顾问或当地的国际母乳会志愿者，他们也可以提供你需要的支持。

重新开始哺乳需要全天候的时间，对你的影响少则几天，多则几周，但最终会有所回报。不过，即使付出了最大的努力，可能还是没有成功，仍然无法分泌足够的乳汁实现纯母乳喂养。如果出现这种情况，最终不得不补充配方奶或完全采用配方奶喂养宝宝，也不要内疚，为母乳喂养努力过，就足以自豪。要记住，任何形式的母乳喂养——即使时间很短，也能让宝宝获益良多。

父母一定要知道：确保母乳的健康、安全

厌倦了对很多食物都只能垂涎三尺？那么你会很高兴听到这样的消息：与怀孕相比，哺乳对饮食的限制不多，你可以扩大食物选择范围（如果一直很想吃凉菜、寿司，或是想喝霞多丽白葡萄酒，可以去好好庆祝一下了）。但是，只要你还在母乳喂养，就仍需留心自己吃的食物，这样才能确保宝宝吃到的母乳卫生、安全。

吃什么

俗话说，吃什么补什么，但对母乳来说，可能并不是这样。实际上，母乳中基本的脂肪、蛋白质和碳水化合物，并不直接依赖于妈妈摄入的食物。即使食物摄入不足的女性也能很好地喂养宝宝。如果妈妈没有摄入足够的营养物质，她们的身体就会调用自身的营养储备来制造乳汁，直到储存的营养耗尽。

但是，这并不意味着你可以减少食物摄入。要清楚，无论你身体储存了多少营养、体形如何，哺乳的目的都不应当是消耗这些营养物质，这对妈妈的健康来说太冒险了，不管是从短期还是长期来看。不注意摄取营养也会让妈妈精力不足，无法满足宝宝的需求。而如果摄入充足的营养食物（高蛋白的瘦肉、低脂奶制品、新鲜水果和蔬菜、全谷物、坚果和种子类食物），就能更好地为接下来的哺乳做准备。所以无论多想减肥，都要确保在这段时间吃得饱、吃得好。

多吃有营养的食物还有一个理由：妈妈现在的饮食习惯可能会影响宝宝以后的饮食。妈妈吃的食物会给乳汁“调味”，影响乳汁的味道和气味（就像在怀孕时会影响羊水一样），还能让宝宝提前熟悉妈妈的菜单，这就意味着今天吃的胡萝卜可能会让宝宝日后也喜欢上胡萝卜。同样，妈妈爱吃的咖喱、品尝过的辣番茄酱和泰国菜，都可能成为宝宝日后的食物。所以在母乳喂养时，吃各种各样的食物，可以帮助宝宝在添加辅食之前就体验各种味道，甚至可以降低日后挑食的可能性。听起来不可思议？很多研究都证实，母乳喂养时妈妈饮食的多样性对宝宝大有好处。

宝宝会对你吃的有强烈气味的食物有反应吗？每个宝宝的情况都不一样。无论妈妈吃了什么（包括辣椒），大多数宝宝都能大口大口地吃母乳，当妈妈吃了香蒜酱和海螯虾时，有些宝宝甚至会更加享受母乳。但是有些

为母乳喂养增强骨质

母乳喂养会消耗很多营养，尤其是你的骨质。研究表明，在母乳喂养期间，分泌乳汁时会从妈妈的身体储备中提取宝宝生长需要的钙，这可能会消耗妈妈3%～5%的骨质。听起来这对宝宝很好，可是对妈妈的骨头来说就不公平了。但好消息是，母乳喂养期间流失的骨质会在宝宝离乳后的6个月内恢复，而且你可以通过增加钙的摄入助骨骼一臂之力。专家推荐，哺乳期的妈妈每天在均衡饮食之外，应额外摄入至少1000毫克的钙。但这只是最小摄入量，可以每天摄入1500毫克,相当于5份含钙食物（比孕期要求的4份要多1份）。不论这些钙来自牛奶等奶制品、果汁、非奶制品（强化豆乳或杏仁乳、豆腐、杏仁、绿色蔬菜、带骨头的鲑鱼罐头）还是补充剂，都能给宝宝的骨骼发育提供一个良好的开始，同时保持自身骨骼未来的健康。为强壮骨骼，还应该补充维生素D和镁。

当你考虑如何在母乳喂养期间保持饮食均衡时，不要忘记吃一些富含DHA的食物，可以帮助宝宝大脑发育。这种奇妙的脂肪酸存在于核桃、亚麻籽油、鸡蛋等富含Omega–3的食物中，专家建议也要吃鱼，每周至少230克（参见第96页，了解哪些鱼类和其他海产品汞含量低）。不喜欢吃鱼？也可以从专为孕期和哺乳期设计的补充剂中获得这类脂肪酸。说到补充剂，应继续服用孕期或哺乳期维生素。

想计算热量？母乳喂养每天会消耗500卡甚至更多热量。记住，随着宝宝越来越大，吃得越来越多，妈妈的热量摄入也应该增加。而如果哺乳的同时给宝宝补充了配方奶或辅食，或妈妈想消耗体内过多的脂肪，则可以减少热量的摄入。

宝宝的味觉从一开始就比较挑剔，哪怕妈妈只吃了一点点大蒜或其他气味浓烈的食物，他们就会察觉，甚至拒绝这种味道。很快你就会知道自己的宝宝属于哪一类，然后可以对饮食做出相应调整。

有些妈妈认为她们吃的一些食物（尤其是会让人胀气的食物，如卷心菜、西蓝花、洋葱、菜花、抱子甘蓝）会让宝宝消化不良，虽然并不常见（实际上也没有得到科学的证实）。还有些母乳喂养的妈妈发现，她们的饮食与宝宝的肠痉挛有关，如果去除奶制品、咖啡因、洋葱、卷心菜或豆类，可以减少宝宝哭闹。妈妈的饮食中如果含有大量甜瓜、桃子和其他水果，会让某些敏感的宝宝腹泻，红辣椒会让一些宝宝起疹子。有些宝宝会对妈妈吃的食物过敏，最常见的就是牛奶、鸡蛋、柑橘类水果、坚果和小麦（关于母乳宝喂养的宝宝过敏的更多内容，参见第 192 页）。

但是，不要太早下结论，认为宝宝也会对你吃的食物有反应，要记住，有些你认为的反应（哭闹、胀气）可能就是新生儿的正常反应——胀气在宝宝出生后的前几个月中非常常见，哭闹也是。

有时，妈妈吃的食物还会改变乳汁的颜色，甚至宝宝尿液的颜色，这可能会让你非常惊讶。例如，喝了橙汁汽水后，乳汁会呈粉红或橙色，而宝宝的尿液呈浅粉色；食用片状的紫菜、海带，或其他维生素补充剂，你可能会分泌绿色的母乳，不必恐慌。

吃下某些食物 2 ~ 6 小时后，乳汁的味道和气味才会受到影响。所以，如果发现你吃完某些食物再喂奶，宝宝放很多屁、吐奶、不愿吃奶或数小时都很烦躁，那么在未来几天里，你的饮食中要减少这些食物，看宝宝的症状是否消失，是否愿意吃奶。如果症状依然存在，说明和这些食物无关，可以把它们重新加入菜单。

喝什么

喝多少水才能确保宝宝获得足够

食物能变成乳汁吗？

每个母乳喂养的妈妈都听说过至少一种植物、饮料或草药有某种作用，能增加乳汁分泌。为此她们尝尽了酸甜苦辣：从牛奶到啤酒，从所谓的催乳茶（用茴香、水飞蓟、胡卢巴、茴芹、香菜、葛缕子、荨麻和苜蓿制成的茶）到生姜炖鸡汤，从啤酒酵母到甘草精，从鹰嘴豆到土豆、橄榄、胡萝卜、芜菁……虽然有些母乳喂养的妈妈、哺乳顾问和替代医学从业者宣称这些偏方有助于增加乳汁分泌，但具体疗效还有待研究证实。大多数专家认为，这些“催乳”饮品在很大程度上只起心理作用。如果妈妈相信她吃的食物可以促进乳汁分泌，心情会更加放松；当她放松的时候，乳汁就会顺利分泌出来。如果泌乳反射良好，她就会认为这些催乳饮品效果很神奇，让自己分泌出了更多的乳汁。大多数情况下，这些草药没有危害（如果食用的是有营养的食物，如胡萝卜和其根茎类蔬菜，它们也会对宝宝的身体大有好处），但是请记住：增加泌乳量的最好方法，就是让宝宝频繁地吃奶。

的乳汁？事实上，跟日常生活摄入的水分差不多——哺乳妈妈摄入的水分和成年人每天 8 杯的标准一样。摄入过多水分反而会减少乳汁的分泌量。

话虽如此，大多数成年人每天都没有摄入充足的水分，哺乳妈妈也不例外。每次喝水时，你并不会测量水的毫升数，那怎样知道水分摄入是否达标呢？

总的来说，等到口渴想喝水时，说明你已经太长时间没有摄入水分了，所以要养成习惯，口渴前就要喝水。另一种确保水分摄入的方法是：宝宝吃奶时你就喝水，每次喂奶时喝一杯（在哺乳的最初几周，妈妈一天至少要喂 8 次奶），这样就很容易满足水分的摄入量。

要记住，泌乳量反映不出你的水分摄入是否充足（除非严重脱水，泌乳量才会减少——又一次证明妈妈的身体总是把宝宝的需求放在第一位），但是尿液会有所改变（颜色加深，尿量减少）。

无论你是否母乳喂养，获得充足的水分都非常重要，尤其是在产后恢复的过程中（分娩时水分会大量流失）。水分摄入不足会给你带来很多健康问题，比如尿路感染和便秘，轻度脱水会让人疲劳，而你肯定不希望这些问题出现。

母乳喂养时，某些饮品应当避免摄入。更多相关内容，参见第 93 页。

吃什么药

大多数药品——包括处方和非处方药，不会影响母乳分泌，也不会影响宝宝的健康。虽然身体摄入的成分通常都会进入泌乳的过程，但最终能进入宝宝口中的只是其中非常少的一部分。大多数药物在标准剂量下对宝宝根本不起作用，有些药物会有轻微的、暂时的影响，只有极少数药物会有非常明显的副作用。由于药物对宝宝的长期影响尚不明确，所以哺乳期间使用处方和非处方药物时要三思。

如何分辨要服用的药物对吃母乳的宝宝是否安全？几乎所有非处方药、处方药和补充剂都在包装或说明书上标有警示语，如果你在母乳喂养，可以在服用前咨询医生，很多药物在必要的情况下偶尔服用都是安全的，而其他药物遵医嘱服用也是安全的。最好咨询宝宝的儿科医生和你的孕期医生，他们可以提供哺乳期常用的药物清单，并对新开出的或你常规服用的药物及补充剂（比如用于治疗某些慢性病）提出建议，看宝宝离乳前是否需要调整用药。

你也可以登录 toxnet.nlm.nih.gov 网站（点击“LactMed”，即哺乳期药物），查看美国国家医学图书馆药物和哺乳数据库；或登录 motherisk.org 网站（点击“Breastfeeding and Drugs”，即哺乳与药物）。要确保给你开药的

这些食物可以重回菜单

孕期你有没有因为不能吃寿司而不开心？因为吃了9个月的蒸鸡肉而厌烦？早就想吃思念已久的奶酪？现在是时候品尝了，哺乳期的饮食限制比孕期要少得多，这意味着你可以放心地食用以下食物。

• 寿司、刺身、意式生鱼片、酸橘汁腌鱼、半壳生蚝等你一直在抵抗诱惑的海鲜生食。不过选择鱼类时要小心，注意汞含量（参见第96页）。

• 未经高温灭菌的软奶酪（羊奶酪、白干酪、墨西哥软奶酪、布里奶酪、卡蒙贝尔奶酪、蓝纹奶酪、潘尼拉奶酪）。

• 真正冰爽的冷盘切肉，而不是湿软的蒸鸡肉或加热的香肠。冷熟肉和冷熏鱼、熏肉也可以重回你的菜单了。

• 粉红色，甚至红色的肉。不喜欢煎得太熟、变成灰色的牛排？是时候按你喜欢的方式来吃了——血红的一成熟，甚至是鞑靼牛排。

• 偶尔喝点酒。干杯！参见第94页，了解更多。

任何医生或药师都知道你正处于哺乳期。

最新研究表明，大多数药物（包括对乙酰氨基酚、一定剂量的布洛芬，大多数镇静剂、抗组胺药、减充血剂，一些抗生素、降压药和抗甲状腺药，以及部分抗抑郁药物）都可以在哺乳期安全使用，但还是要咨询儿科医生，了解最新的安全用药信息。还有一些药物，包括抗癌药、含有锂和麦角碱的药物（治疗偏头痛等）肯定有害，其他研究还没有定论的药物也不宜服用。一些情况下，不太安全的药物在哺乳期需要中断服用，而有些药物能找到更安全的替代品。当需要短期使用不宜在哺乳期服用的药物时，应暂停哺乳（用吸奶器将乳汁吸出后丢弃），或在喂奶后及宝宝长时间睡觉前服药。别忘了，服药——包括草药和补充剂，必须遵照医嘱。

避免摄入的食物

准备打开瓶塞，在拿铁中加点酒？想在乖乖吃了9个月全熟鸡蛋后来一个半熟鸡蛋？完全没问题。但是要记住，在饮食和生活方式方面，虽然哺乳妈妈比怀孕时随意得多，但哺乳期间还是有一些食物要避免或少吃。幸运的是，很多食物在你备孕和怀孕过程中已经戒掉了，所以只要维持之前的饮食习惯就好。

尼古丁。烟草中的很多有害物质会进入血液，最终进入母乳中。大量吸烟（一天超过一包）会减少乳汁分泌，还会诱发呕吐、腹泻、心跳加快，宝宝也会焦躁不安。这些有害物质对宝宝的长期影响尚不明确，但肯定没有好处。除此之外，众所周知，父母吸烟产生的二手烟也会导致宝宝出现各种健康问题，包括肠痉挛、呼吸道感染，还会增加患婴儿猝死综合征的风险（参见第 261 页）。所以和医生谈谈,寻求戒烟帮助。如果戒不了烟，母乳喂养仍然比配方奶喂养更好一些，但是要减少每天吸烟的数量，且不要在喂奶前吸烟。

酒精。虽然酒精会进入母乳中，但宝宝摄入的量比想象的少很多。一周喝几杯酒没关系（每天的摄入量不要超过一杯），但在哺乳期间还是应当限制酒精的摄入。

哺乳期大量饮酒还有其他危害。摄入大量酒精后，宝宝会嗜睡、无精打采、反应迟钝，不能很好地吮吸母乳，过量摄入酒精还会影响呼吸。大量的酒精也会削弱你的身体机能（无论是否在母乳喂养），使你无力照顾、保护和喂养宝宝，也会让你更容易情绪低落、疲劳、丧失判断力。而且，这会减弱你的泌乳反射。

如果想偶尔喝一点酒，不要在喂奶前喝，可以在喂奶后喝，这样就有几小时的时间来分解酒精。当你准备再一次喂奶时，如果不确定体内的酒精是否已经分解完毕，可以用母乳酒精测试纸来检测一下：只要把配套的塑料测试条浸入吸出的乳汁中，等 2 分钟，看看测试条另一端的测试点是否变色。如果变色，说明母乳中还有酒精（那就到冰箱里拿储存的母乳喂给宝宝喝）。

咖啡因。一天喝 1 ～ 2 两杯含咖啡因的咖啡、茶或可乐不会影响妈妈和宝宝。在睡眠不足的产后几周，妈妈可能会想去咖啡店提提精神。但大量摄入咖啡因并不好，会让妈妈和宝宝紧张、易怒、失眠。一些宝宝的胃食管反流可能和咖啡因有关。记住，宝宝不像成年人那样能快速代谢掉咖啡因，咖啡因会储存在他们体内。因此哺乳期要限制咖啡因的摄入，可以用无咖啡因的饮品代替。

草药。草药虽然是天然的，但并不是绝对安全的。有些草药的药效很强，在某些情况下，毒性也强。与药物一样，草药中的化学成分会进入母乳。问题在于，很少有研究证实草药的安全性，它们对吃母乳的宝宝产生怎样的作用，我们也知之甚少。更让人迟疑的是，目前还没有关于草药疗法的规定，而且美国食品药品监督管理局也没有对草药进行监管。即使像胡卢巴（用来帮助哺乳妈妈催乳，有上百年的使用史，有时哺乳顾问会建议少量使用）这样的草药，也有副作用。所以为了安全起见（在哺乳期一切以安全为原则），服用任何草药前都要咨询医生。美国食品药品监督管理局提示，在没有充分了解前要谨慎（如果不确定，要咨询儿科医生）服用花草茶。从现在起，哺乳期间只饮用可信赖品牌的花草茶（成分包括甘菊、柑橘香料、薄荷、覆盆子、南非红叶茶和玫瑰果），认真阅读标签，确保饮品中没有添加其他草药，并根据提示适量饮用。

饮食中的化学物质。没有人会想在自己的食物中添加人工化学物质，但事实上，它们离我们很近（防腐剂、人工色素和香精，农产品上的杀虫剂残留，家禽、肉类和牛奶中的激素……简直太多了）。幸运的是，如今要想远离化学添加剂和化学残留并不难，生产商给我们提供了越来越多几乎不含或完全不含人工化学物质的产品。饮食中的化学物质会通过妈妈的身体进入宝宝体内，所以要尽量远离这些人工化学物质，妈妈应该小心一些，多看看商品包装说明。总的来说，要避免食用含有大量添加剂的加工食品，为了饮食安全，需要了解以下内容。

• 安全的糖类。如果不想控制甜食，又不想摄入太多热量，现在有了更多的选择。甜菊糖苷、赤藓糖醇、安赛蜜、三氯蔗糖和阿斯巴甜在哺乳期都可安全食用（但阿斯巴甜应适量，如果妈妈和宝宝患有苯丙酮尿症则应避免食用）。龙舌兰糖浆可在哺乳期少量食用。低乳糖乳清蛋白（英文名为 Whey-Low，是一种精制代糖，由蔗糖、果糖、乳糖等混合制成，比普通糖类热量低）在哺乳期食用比较安全，也不会出现乳糖不耐症。

• 有机食品。现在，经鉴定的有机水果和蔬菜在超市广泛出售，有机奶制品，有机家禽、肉类和鸡蛋，有机谷物产品（如麦片和面包）也很容易买到。在有选择（并能承受高昂价格）的时候选择有机食品，可以减少宝宝通过母乳接触到人工化学物质。但现实是，尽管你已经尽力了，最终仍会有一定剂量的杀虫剂和可疑的化学物质残留在食物上，不过进入母乳中的少量残留无须担心。也就是说，妈妈不必疯狂地将有机食物堆满购物车。当无法购买有机食品，或无力承担额外的费用时，将水果、蔬菜去皮或仔细清洗也可以（为了提高安全性，最好使用果蔬清洗剂）。记住，与需要长途运输的外地农产品相比，本地农产品的杀虫剂和防腐剂含量通常更少，所以最好到当地农贸市场购买，甚至可以自己种植。

• 保持低脂。和孕期一样，低脂奶制品是明智之选，精瘦肉和去皮家禽肉也是。原因有二：第一，低脂饮食更容易将怀孕时增加的体重减下去；第二，动物吃下的杀虫剂等有害化学物质会富集在它们的脂肪中（器官中也有，例如肝脏、肾脏和大脑，这就是哺乳时要少吃这类食物的原因）。选择精瘦肉意味着你可以尽量避免有害化学物质。而有机的奶制品、家禽和肉类产品则没有这些潜在风险。条件允许的话，尽量选择有机产品，尤其是当你想吃高脂肪食物时。

• 仔细挑选鱼类。美国环保署（EPA）发布的鱼类安全指南不仅适用于孕妇，也适用于哺乳期的女性。为了减少你和宝宝摄入的汞含量，要避免食用鲨鱼、鳍鱼、国王鲭和方头鱼，并且每周摄入的金枪鱼不超过 170 克。大麻哈鱼、黑鲈、比目鱼、鳎鱼、黑线鳕、大洋鲈、白鲑、青鳕、鳕鱼、金枪鱼（罐装比新鲜的更安全）、鲳鱼、鲶鱼、螃蟹、贻贝、扇贝、鱿鱼及人工饲养的鳟鱼每周总摄入量不超过 340 克。凤尾鱼、蛤蜊、罗非鱼、沙丁鱼和虾的汞含量较低，也可在哺乳期食用。不食用鱼类对你和宝宝来说会不会是更健康的选择？事实上，指南建议哺乳期女性每周至少要食用 230 克低汞鱼类，这是因为海产品（尤其是鲑鱼、沙丁鱼等富含脂肪的鱼类）中的营养物质有助于促进宝宝大脑发育。

不过，好消息是，你又可以放心地食用生鱼片和生蚝了。

第4章　宝宝出生第一年的时间表

一岁概览

要了解胚胎在子宫内的发育（从微小的受精卵到可爱的新生儿）可能并不容易，但是宝宝最初12个月的生长发育（把一个小不点养成调皮的学步儿）让人印象深刻。这一阶段会让你大开眼界，可要好好观察。小宝宝的大运动技能会以惊人的速度发展：先是头部控制，再是渐进式身体控制（翻滚、坐立、走路），感知与思考技能（脑力）也会迅速发展。最初新生儿听到声音会转头去看他人的脸，快到一岁时就会模仿声音和动作了；最初无意义的咕哝会发展为牙牙学语，再发展到真正学会说话。精细运动技能也会运用得越来越灵巧：最初会用小拳头抓住拨浪鼓，后来会灵活地用胖乎乎的拇指和小小的食指捏起一小块食物。

在大多数宝宝的第一年里，这些生长发育的里程碑基本都有相同的时间表，但发展的速度和模式却不尽相同。有些宝宝5个月大就能在没有支撑的情况下稳稳坐住，而其他同样大的宝宝可能还不会翻滚。有些宝宝10个月就走得不亦乐乎，或者叽叽呱呱地学说话，还有些能说又能走。有些宝宝在大多数阶段都会快人一步，而有些宝宝则起步较晚，最后才赶上别人甚至超过别人。有些宝宝在各个发展阶段都保持相对稳定的速度，而有些宝宝在发展过程中会出现时断时续的情况。宝宝生病或生活中遇到重大的变化也会暂时影响发育速度。但大多数宝宝基本会按照正常的发育情况成长。

既然宝宝们的发育情况因人而异，为什么还要费心概括发育时间表呢？发育标准旨在让妈妈可以参考其他普通宝宝的情况，评估自家宝宝的发育进展，确保一切顺利。或用来比

妈妈最了解自己的宝宝

你可能并没有学过儿童发展学，但是，说到自己孩子的发育，哪怕是专家也会承认妈妈才是专家。儿科医生一个月最多见你的宝宝一次，中间还要见成百上千的宝宝，而妈妈每天都会见到自己的宝宝。妈妈和宝宝互动的时间比其他任何人都多，宝宝在发育中的细微变化，别人或许会忽略，但妈妈很可能会注意到。

无论什么时候，如果你对宝宝的发育有所担心——也许是哪些方面落后，或者他似乎忘记了某个已经掌握的技巧，可能你只是感觉哪里不对，都不要憋在心里。儿童发展专家认为，父母不仅是孩子的最佳支持者，而且在早期诊断发育异常（例如孤独症）时，也能发挥关键作用。早期诊断有助于早期干预，对于患有孤独症或其他发育异常的孩子的长远发展有很大帮助。

为了让父母更好地帮助孩子，医生明确指出了一些发育中的危险信号，在宝宝9个月大时可以注意观察，儿科医生在宝宝的健康检查中也会筛查这些信号。但是如果你发现宝宝快一岁时还不会和你有声音上的交流；不会对你笑或打手势；不会和你建立或保持眼神交流；不会用手指出或用其手势来满足需求；不喜欢玩捉迷藏、拍手等社交游戏；叫他的名字时没有反应；不会看你指着的东西，要让医生知道。可能这并不是什么问题，但进一步的检查或咨询专家，可以帮你确定自己的担心是不是多余的。

较宝宝这个月与下一个月的发育速度，了解他是在稳步发展、稍微落后还是领先一步。医生每次给宝宝做健康检查时也会了解宝宝重要的发育时间点，以确保他的发育情况符合该年龄段的正常范围。

你的宝宝和其他宝宝都是独一无二的，真的很难比较。非要将你的宝宝和其他宝宝或他的兄弟姐妹比较，可能会产生误导，有时甚至会带来不必要的压力。同样，也不用太执着于发育时间表。只要宝宝能按时达到大多数重要发育里程碑，就说明他的发育进展顺利，意味着妈妈可以安心地坐在一边，欣赏他们不可思议的进步，而不用再去研究。但是，如果你发现宝宝总是在重要的阶段跟不上，或似乎在发育中突然出现了明显的落差，又或者你直觉感到有什么不对，要询问医生。很可能这不是什么问题（有些宝宝的发育就是比较慢），这样你也会安心。如果确定宝宝发育迟缓，恰当的干预可以帮助宝宝激发他的发育潜能。

没有兴趣了解宝宝在哪方面跟不上发育时间表？时间表不是必需的，尤其是在宝宝每次健康检查都正常的情况下。你当然可以让宝宝以自己的方式成长，把检查留给医生。

要了解更多关于发育时间表的信息，可以登录 What to Expect 网站。

第一年的发育里程碑

新生儿

大多数新生儿很可能会：

- 趴着时短暂地抬头（要在大人的监督下才可以趴着）
- 可以同时移动身体两侧的胳膊和腿
- 注视距离 20 ～ 40 厘米的物体（尤其是妈妈的脸）

0 ～ 1 个月

大多数宝宝很可能会：

- 趴着时短暂地抬头
- 专注地看别人的脸
- 把手放到脸旁
- 吮吮良好

一半的宝宝会：

- 用某种方式对响亮的声音做出反应，如受惊、哭闹、保持安静

有些宝宝会：

- 趴着时把头抬起 45 度（假如宝宝趴着练习的时间足够）
- 用哭泣以外的方式发出声音（如可爱的咕哝声）
- 用微笑回应别人的笑容（“社交式”微笑）

少数宝宝会：

- 趴着时把头抬起 90 度
- 直立时头部保持稳定
- 两手握在一起
- 自发地笑

1 ～ 2 个月

大多数宝宝很可能会：

- 用微笑回应别人的笑容
- 注意到自己的手
- 用某种方式对响亮的声音做出回应，如受惊、哭闹、保持安静
- 抓握并摇晃小玩具

> **不断累积技能**
>
> 宝宝每个月都会学会新的技能，但通常会保留上个月（及上上个月和更久前）已经学会的技能。所以宝宝学会的技能包括前几个月列出的“可能会”一栏的技能，再加上这个月掌握的新技能。

一半的宝宝会：

- 用哭泣以外的方式发出声音（如咕哝声）
- 趴着时把头抬起 45 度

有些宝宝会：

- 直立时头部保持稳定
- 趴着时，用手臂支撑抬起胸部
- 翻身（通常先从趴着翻身成躺着）
- 注意到葡萄干大小的物体（但要确保宝宝够不到这种小东西）
- 伸手去抓悬挂的物品

少数宝宝会：

- 趴着时把头抬起 90 度
- 两手握在一起
- 自发地笑
- 笑出声
- 高兴地尖叫
- 在脸部上方 15 厘米处放置物体并 180 度移动（从一侧到另一侧），头部会随着转动，眼睛一直追视

2～3 个月

大多数宝宝很可能会：

- 趴着时把头抬起 45 度
- 仰卧时用力踢腿和伸直腿
- 吃手

一半的宝宝会：

- 趴着时把头抬起 90 度
- 自发地笑
- 笑出声
- 在脸部上方 15 厘米处放置物体并 180 度移动（从一侧到另一侧），头部会随着转动，眼睛一直追视
- 直立时头部保持稳定
- 趴着时，用手臂支撑抬起胸部
- 伸手去抓悬挂的物品
- 注意到葡萄干大小的物体（但要确保宝宝够不到这种小东西）

有些宝宝会：

- 翻身（通常先从趴着翻身成躺着）
- 高兴地尖叫
- 两手握在一起
- 伸手抓东西
- 头转到发出声音的方向，特别是爸爸妈妈的声音

少数宝宝会：

- 被扶着站立时，腿部能承受一定重量
- 被扶着坐起来时，头部不后仰

早产儿的技能时间表

与同月龄的宝宝相比，早产儿达到发育里程碑的时间通常更晚。他们获得相应技能的时间更接近于校正后的月龄（按足月出生的月龄计算），甚至更晚。

- 咂舌（发出湿答答的咂舌声）
- 发出“啊呜”或类似的组合音

3 ~ 4 个月

大多数宝宝很可能会：

- 趴着时把头抬起 90 度，从一侧转向另一侧（假如宝宝趴着练习的时间足够）
- 在被抱着靠在你肩膀上时抬头
- 希望被人抱起来
- 笑出声
- 在脸部上方 15 厘米处放置物体并 180 度移动（从一侧到另一侧），头部会随着转动，眼睛一直追视

一半的宝宝会：

- 在听到安抚的声音或被抱起时安静下来
- 趴着时，用手臂支撑抬起胸部
- 被扶着坐起来时头部不后仰
- 翻身（通常先从趴着翻身成躺着）
- 注意到葡萄干大小的物体（但要确保宝宝够不到这种小东西）
- 伸手抓东西
- 高兴地尖叫
- 头转向发出声音的方向，特别是爸爸妈妈的声音

有些宝宝会：

- 发出“啊呜”或类似的组合音
- 咂舌（发出湿答答的咂舌声）

少数宝宝会：

- 被扶着站立时，腿部能承受一定重量
- 在没有支撑的情况下坐着
- 在你想把玩具拿走时表示反对

4 ~ 5 个月

大多数宝宝很可能会：

- 直立时头部保持稳定
- 趴着时，用手臂支撑抬起胸部
- 被扶着坐起来时，头部不后仰
- 翻身（通常先从趴着翻身成躺着）。很少趴着玩耍的宝宝到达这个里程碑的时间会晚一些，无须担心
- 注意到葡萄干大小的物体（但要确保宝宝够不到这种小东西）
- 高兴地尖叫
- 自发地笑
- 伸手抓东西
- 看到房间对面

一半的宝宝会：

- 竖抱时，腿部能承受一定重量
- 发出“啊呜”或类似的组合音
- 咂舌（发出湿答答的咂舌声）
- 仰卧时玩脚指头

有些宝宝会：

- 把一个立方体或其他物品从一只手换到另一只手

少数宝宝会：

- 在没有支撑的情况下坐着
- 坐着时扶着东西站起来
- 抓住身边的人站立
- 在你想把玩具拿走时表示反对
- 想办法去拿够不到的玩具
- 寻找掉落的物品
- 用手指扒细小的物品，并把它攥在小拳头里（要确保所有危险物品远离宝宝）
- 牙牙学语，发出声母和韵母的组合音，如嘎嘎嘎，叭叭叭，嘛嘛嘛，嗒嗒嗒

5 ~ 6 个月

大多数宝宝很可能会：

- 玩脚指头
- 翻身
- 喂奶时帮忙抓住奶瓶
- 发出“啊呜”或类似的组合音

一半的宝宝会：

- 被扶着站立时，腿部能承受一定重量
- 在没有支撑的情况下坐着
- 高兴时发出咕咕声或牙牙学语
- 咂舌（发出湿答答的咂舌声）

有些宝宝会：

- 扶着身边的人或物体站立
- 在你想把玩具拿走时表示反对
- 想办法去拿够不到的玩具
- 把玩具或其他物品从一只手换到另一只手
- 寻找掉落的物品
- 用手指扒细小的物品，并把它攥在小拳头里（要确保所有危险物品远离宝宝）
- 牙牙学语，发出声母和韵母的组合音，如嘎嘎嘎，叭叭叭，嘛嘛嘛，嗒嗒嗒
- 知道书的存在，听出书中文字押韵

少数宝宝会：

- 匍匐或爬（如果宝宝趴着的时间足够多，很有可能，但爬不是个“一定要会”的里程碑）
- 坐着时扶着东西站起来
- 趴着时能坐起来
- 用大拇指和其他手指拿起细小的物品（让所有危险物品远离宝宝）
- 无意识地叫“妈妈”或“爸爸”

6 ~ 7 个月

大多数宝宝很可能会：

- 坐在婴儿餐椅里
- 用勺子喂他时，张嘴吃东西
- 咂舌（发出湿答答的咂舌声）
- 高兴时发出咕咕声或牙牙学语
- 互动时经常笑
- 通过啃咬物品来探索

• 朝发出声音的方向转身

• 被扶着站立时腿部能承受一定重量（并可能蹬跳）

一半的宝宝会：

• 在没有支撑的情况下坐着

• 在你想把玩具拿走时表示反对

• 想办法去拿够不到的玩具

• 寻找掉落的物品

• 用手指扒细小的物品并把它攥在小拳头里（要确保所有危险物品远离宝宝）

• 把玩具或其他物品从一只手换到另一只手

• 牙牙学语，发出声母和韵母的组合音，如嘎嘎嘎，叭叭叭，嘛嘛嘛，嗒嗒嗒

• 和你一起玩“躲猫猫”游戏

• 知道书的存在，听出书中文字押韵

有些宝宝会：

• 匍匐或爬（很少趴着玩耍的宝宝到达这个里程碑的时间会晚一些，或直接跳到走路，这点无须担心）

• 坐着时扶着东西站起来

• 趴着时能坐起来

• 抓着身边的人或物体站立

少数宝宝会：

• 拍手或挥手再见

• 用大拇指和其他手指捡起细小的物品（让所有危险物品远离宝宝）

• 把饼干或其他小零食塞到自己嘴里

• 扶着家具慢慢走

• 无意识地叫“妈妈”或“爸爸”

7～8个月

大多数宝宝很可能会：

• 被扶着站立时腿部用力（并可能蹬跳）

• 来回翻滚

• 喂食时伸手去抓餐具

• 把饼干和其他小零食塞到自己嘴里

• 找到被遮住一部分的物品

• 用手指扒细小的物品并攥在小拳头里（让所有危险物品远离宝宝）

• 寻找掉落的物品

一半的宝宝会：

• 扶着身边的人或物体站立

• 趴着时能坐起来

• 把一个立方体或其他物品从一只手换到另一只手

• 在你想把玩具拿走时表示反对

• 想办法去拿够不到的玩具

• 和你一起玩“躲猫猫”游戏

有些宝宝会：

• 匍匐或爬（很少趴着玩耍的宝宝到达这个里程碑的时间会晚一些，

或直接跳到走路，这点无须担心）

- 坐着时扶着东西站起来
- 用大拇指和其他手指捡起细小的物品（让所有危险物品远离宝宝）
- 无意识地叫“妈妈”或“爸爸”

少数宝宝会：

- 拍手或挥手再见
- 扶着家具慢慢走
- 独自站立片刻
- 理解“不可以”的含义（但并不总会遵守）

8～9个月

大多数宝宝很可能会：

- 趴着时能坐起来
- 想办法去拿够不到的玩具
- 有人叫自己的名字时有反应
- 对着镜子里的自己笑（虽然不知道里面的人是自己）
- 跟着你的视线看向别处

一半的宝宝会：

- 坐着时扶着东西站起来
- 匍匐或爬（很少趴着玩耍的宝宝到达这个里程碑的时间会晚一些，或直接跳到走路，这点无须担心）
- 抓着身边的人或物体站立
- 在你想把玩具拿走时表示反对
- 用大拇指和其他手指捡起细小的物品（让所有危险物品远离宝宝）
- 无意识地叫“妈妈”或“爸爸”
- 和你一起玩“躲猫猫”游戏

有些宝宝会：

- 扶着家具慢慢走
- 独自站立片刻
- 拍手或挥手再见
- 理解“不可以”的含义（但并不总会遵守）

少数宝宝会：

- 自己站稳
- 玩球（把球滚回给你）
- 自己用水杯喝水
- 有意识地叫“妈妈”或“爸爸”
- 会说一个“妈妈”“爸爸”以外的词
- 对带手势的单步骤指命令（一边说“把那个给我”，一边伸出手）做出回应

9～10个月

大多数宝宝很可能会：

- 扶着身边的人或物体站立
- 坐着时扶着东西站起来
- 在你想把玩具拿走时表示反对
- 无意识地叫“妈妈”或“爸爸”
- 和你一起玩“躲猫猫”及其他预期游戏
- 用手势、声音和你互动

一半的宝宝会：

- 扶着家具走路
- 拍手或挥手再见
- 用大拇指和其他手指捡起细小的物品（让所有危险物品远离宝宝）
- 理解“不可以”的含义（但并不总会遵守）

有些宝宝会：

- 独自站立片刻
- 自己站稳
- 有意识地叫“妈妈”或“爸爸”
- 会说一个“妈妈”“爸爸”以外的词
- 指着东西让别人满足需求

少数宝宝会：

- 除了哭以外，会用其他方式表达需求
- 自己用水杯喝水
- 玩球（把球滚回给你）
- 用大拇指和食指的指尖灵巧地捡起细小的物品（让所有危险物品远离宝宝）
- 使用不成熟的“宝宝语”（胡言乱语，听起来像自创的外语）
- 对带手势的单步骤指令（一边对他说“把那个给我”，一边伸出手）做出回应
- 行走自如

10～11个月

大多数宝宝很可能会：

- 用大拇指和其他手指捡起细小的物品（让所有危险物品远离宝宝）
- 理解“不可以”的含义（但并不总会遵守）
- 看向你指的东西，并回头看你，和你互动

一半的宝宝会：

- 扶着家具慢慢走
- 指着东西或做手势让别人满足自己的需求
- 拍手或挥手再见
- 自己用水杯喝水

有些宝宝会：

- 独自站立片刻
- 有意识地叫“妈妈”或“爸爸”
- 除了“妈妈”“爸爸”，还会说一个词
- 对带手势的单步骤指令（一边对他说“把那个给我”，一边伸出手）做出回应

少数宝宝会：

- 自己站稳
- 行走自如
- 玩球（把球滚回给你）
- 使用不成熟的“宝宝语”（胡言乱语，听起来像自创的外语）

• 除了“妈妈”“爸爸”，还会说3个以上的词

11～12个月

大多数宝宝很可能会：

• 扶着家具慢慢走

• 用一些手势让别人满足需求，比如用手去指、用动作比画、伸手去拿、挥手

• 有人叫自己的名字时有反应

• 在别人的帮助下用杯子喝水

• 拿着两块积木或玩具互相敲击

• 穿衣时伸出手脚配合

• 伸手要人抱

一半的宝宝会：

• 拍手或挥手再见（大多数宝宝到13个月大时才能完成这些举动）

• 自己用水杯喝水（假如练习过）

• 用大拇指和食指的指尖灵巧地捡起细小的物品（很多宝宝到快15个月大时才能做到，仍然要确保所有危险物品远离宝宝）

• 独自站立片刻（很多宝宝到13个月大时才能做到）

• 有意识地叫“妈妈”或“爸爸”（大多数宝宝到14个月大时至少会叫其中一个）

• 除了“妈妈”“爸爸”，还会说一个词（很多宝宝到14个月或更大时才会说）

• 模仿你的声音和手势

有些宝宝会：

• 玩球（把球滚回给你，很多宝宝到16个月时才能完成这一举动）

• 自己站稳（很多宝宝到14个月大时才能做到这一点）

• 使用不成熟的“宝宝语”——胡言乱语，听起来像自创的外语（一半的宝宝一周岁后才会这样，很多宝宝要到15个月时才能做到）

• 行走自如（3/4的宝宝到13个半月后才能走稳，很多宝宝要过很久才能走稳。擅长爬的宝宝学走路会更慢，如果其他方面发育都正常，走得晚也不用担心）

• 听到音乐时身体会做出动作

少数宝宝会：

• 除了“妈妈”“爸爸”，会说3个以上的词（有一半的宝宝要到13个月才能达到这一阶段，很多宝宝16个月才能做到）

• 对不带手势的单步骤指令做出回应（你只说“把那个给我”，而不用手指；大多数孩子要到一周岁才能达到这个阶段，很多宝宝16个月才能达到）

• 当别人不高兴时，也会不高兴（共情的开端）

• 表达喜爱，尤其是对妈妈爸爸

• 认生或表现出分离焦虑（有些

孩子永远不会）

生长曲线图

怎么衡量宝宝的生长情况呢？每次健康体检时，医生会把测量到的宝宝的身高（身长）、体重和头围数据绘制成曲线图，这样就能看出你的宝宝和其他同月龄、同性别的宝宝相比的百分比情况。

更重要的是，记录生长情况让医生可以对比宝宝两段时间内的情况，掌握他的生长趋势，这比某个时间点宝宝处于某个百分位更重要。举个例子，如果宝宝每个月的生长情况稳定在第 15 百分位左右，他可能未来的体形比较小，或是在童年后期有一个快速生长期。而如果宝宝的生长情况之前每个月都在第 60 百分位，而后突然下降到第 15 百分位，这种生长模式的突然偏离可能就会让人产生疑问：宝宝是不是生病了？是不是没吃饱？突然生长缓慢是不是有潜在的疾病？

评估宝宝的生长情况并不只是简单的数字游戏。要获得清晰的生长曲线图，医生还会考虑体重和身高的关系。虽然身高和体重的百分位不一定要完全吻合，但它们的差值应该在 10% ～ 20%。如果身长在第 85 百分位，而体重在第 15 百分位，那宝宝可能体重偏轻。反过来则表示宝宝可能吃得太多了。只要在大多数儿科医生都使用的身高－体重表上绘制出宝宝的生长进程，就很容易了解宝宝的体重是超标、不达标还是正常。第 108 ～ 111 页的图表来自世界卫生组织（WTO），是根据近 1.9 万名母乳喂养的宝宝（来自不同国家的 5 个城市）的生长情况绘制的。美国疾病控制与预防中心和美国儿科学会建议医生给 2 岁以下宝宝使用世界卫生组织的生长曲线图表。

如今，越来越多的宝宝测量值不是高于就是低于标准的身高和体重范围。换句话说，他们超出了正常范围，或徘徊在边缘数值附近。专家认为，由于肥胖率增加，巨大儿的数量也在增加（超重或肥胖孕妇生出超重宝宝的可能性更大），而由于低体重早产儿存活率增加，身材娇小的宝宝数量也在增加。配方奶喂养的宝宝相对更可能出现体重超标的情况。

你可以在这些图表上绘制出宝宝的生长进程。注意，下面的图表中有一组用于计算体重与身高的关系（再加上记录头围），另一组分别记录体重与身高。男孩和女孩有不同的图表，因为即使在这个年龄，男孩通常也更高、更重，比女孩长得更快。

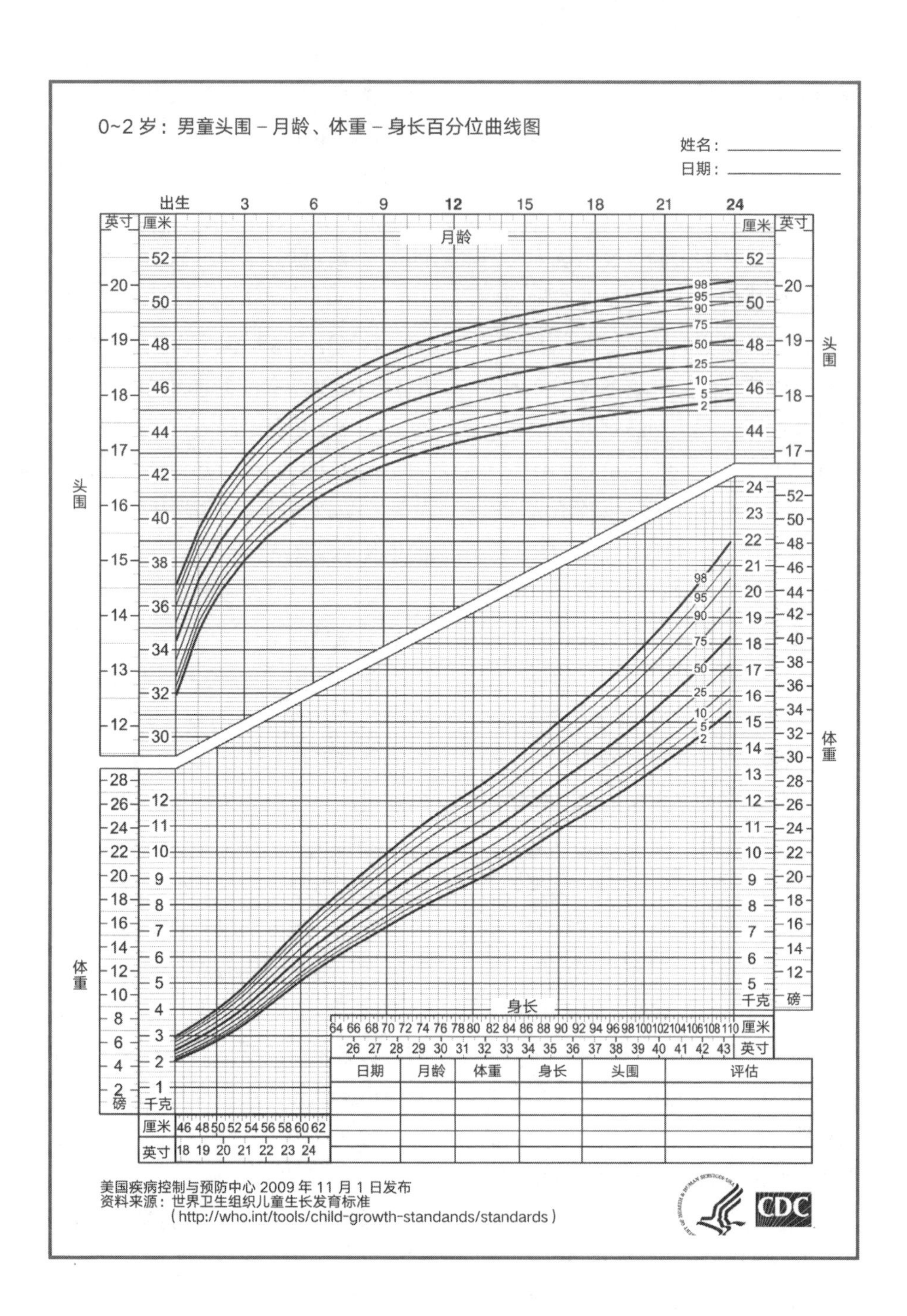
0~2 岁：男童头围－月龄、体重－身长百分位曲线图
姓名：
日期：
出生 3 6 9 12 15 18 21 24
月龄
英寸 厘米
头围
体重
身长
千克
磅
日期 月龄 体重 身长 头围 评估
美国疾病控制与预防中心 2009 年 11 月 1 日发布
资料来源：世界卫生组织儿童生长发育标准
（http://who.int/tools/child-growth-standands/standards）
CDC

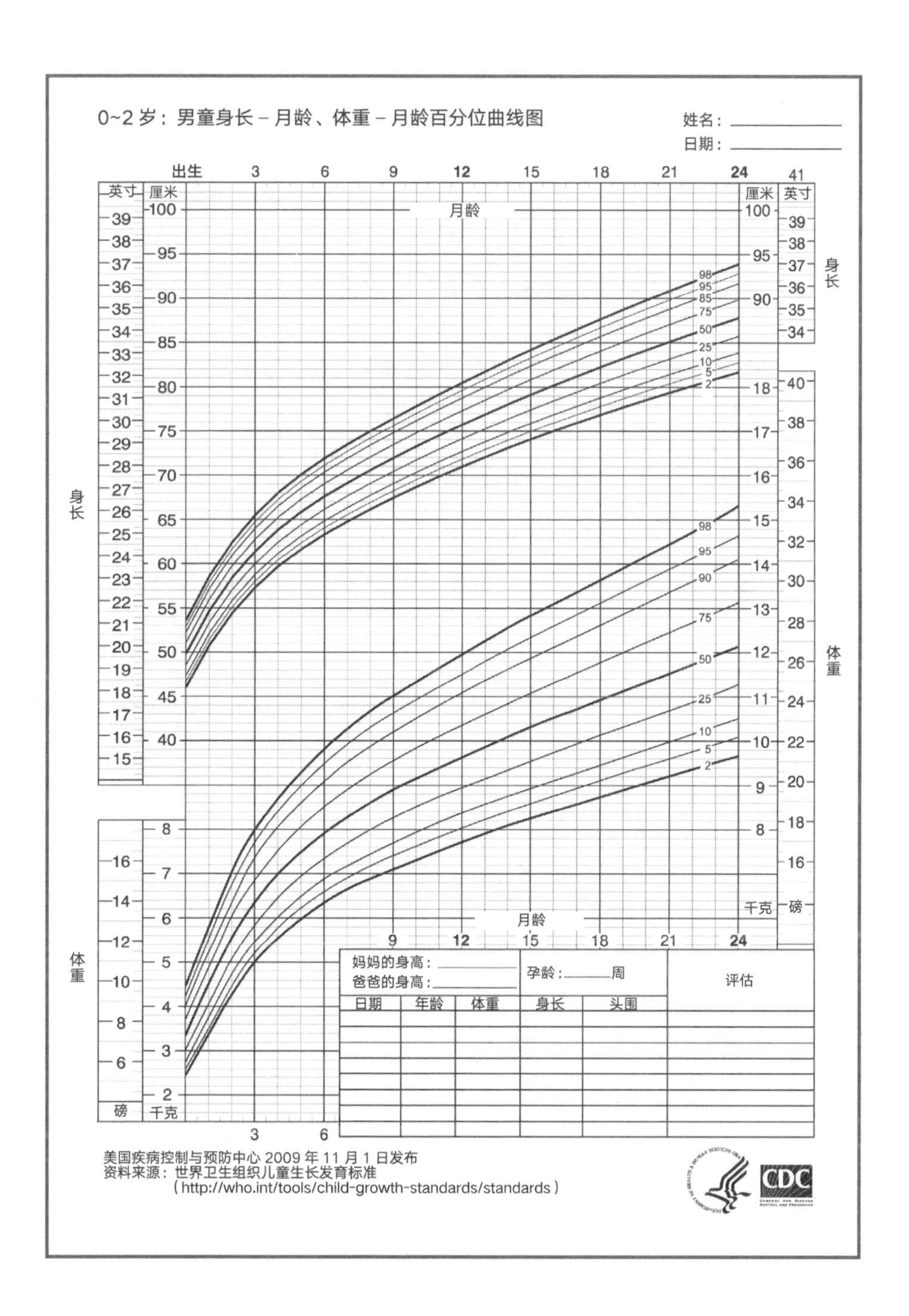

0~2 岁：男童身长 – 月龄、体重 – 月龄百分位曲线图
姓名：
日期：
出生
月龄
厘米
英寸
身长
体重
千克
磅
妈妈的身高：
爸爸的身高：
孕龄：周
评估
日期
年龄
体重
身长
头围
美国疾病控制与预防中心 2009 年 11 月 1 日发布
资料来源：世界卫生组织儿童生长发育标准
（http://who.int/tools/child-growth-standards/standards）
CDC

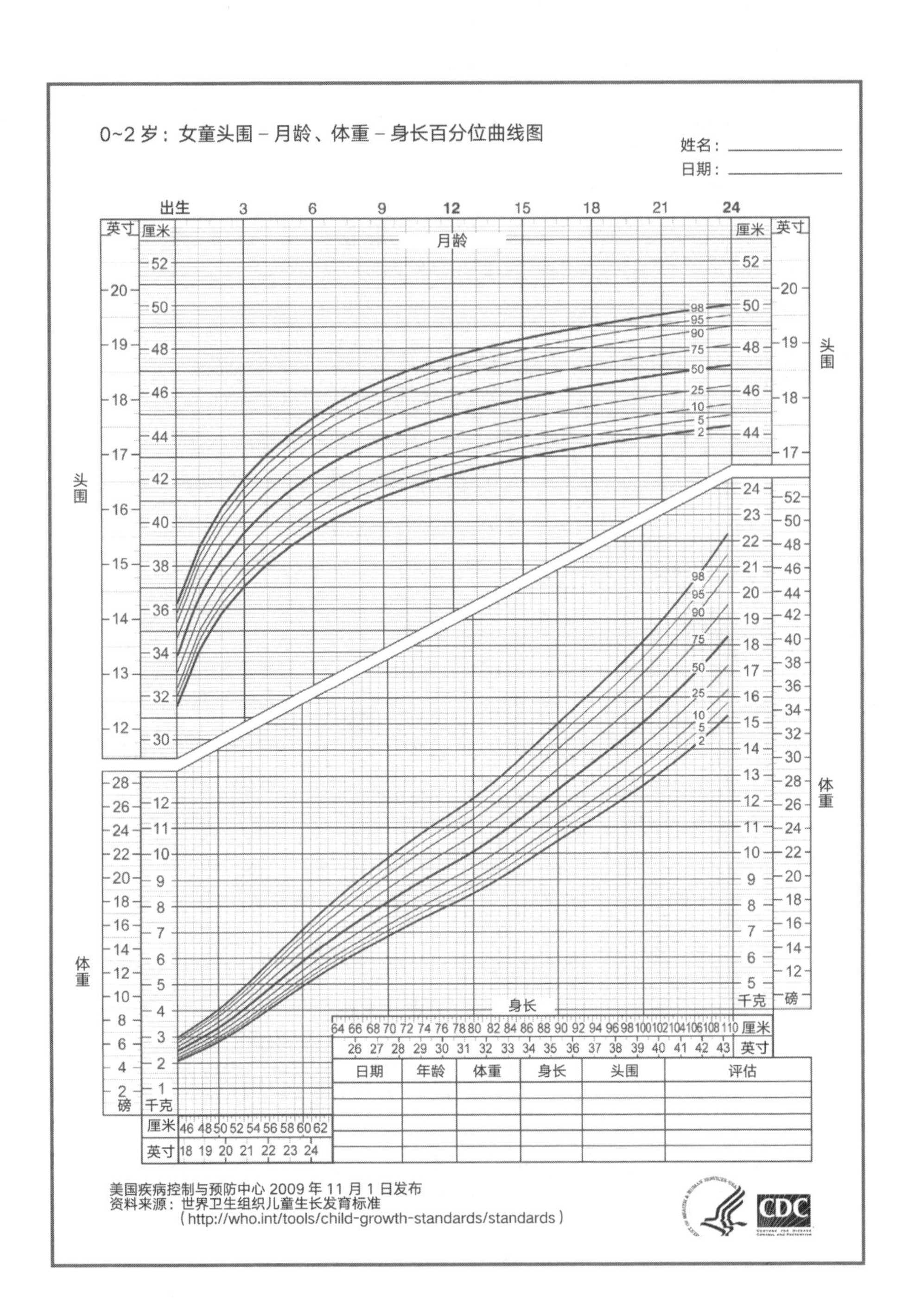

0~2 岁：女童头围－月龄、体重－身长百分位曲线图
姓名：
日期：
出生
月龄
头围
体重
身长
英寸
厘米
千克
磅
日期
年龄
体重
身长
头围
评估
美国疾病控制与预防中心 2009 年 11 月 1 日发布
资料来源：世界卫生组织儿童生长发育标准
（http://who.int/tools/child-growth-standards/standards）
CDC

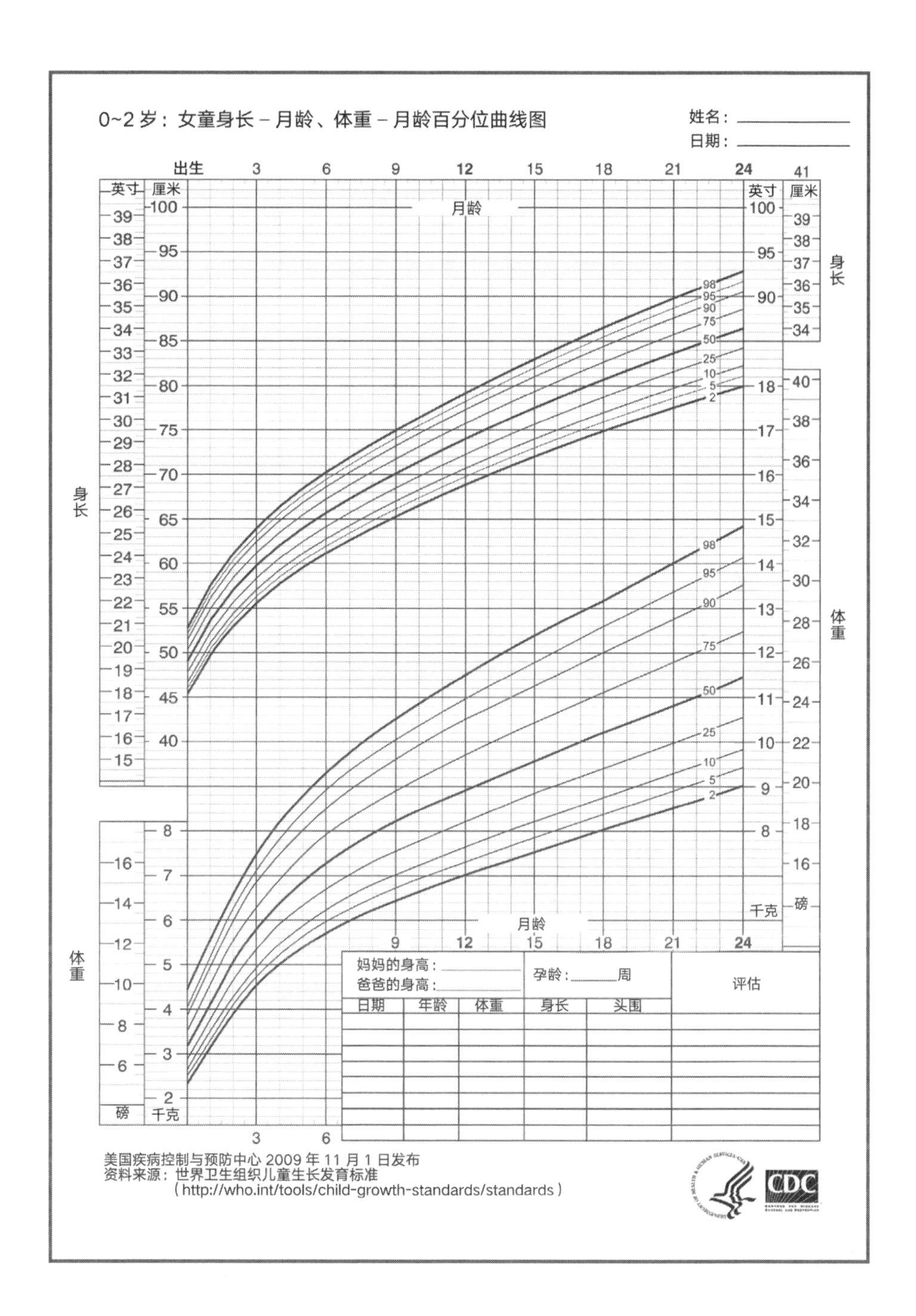
0~2 岁：女童身长 – 月龄、体重 – 月龄百分位曲线图
姓名：
日期：
出生
月龄
英寸
厘米
身长
体重
千克
磅
妈妈的身高：
爸爸的身高：
孕龄：______周
评估
日期
年龄
体重
身长
头围
美国疾病控制与预防中心 2009 年 11 月 1 日发布
资料来源：世界卫生组织儿童生长发育标准
（http://who.int/tools/child-growth-standards/standards）
CDC

第 5 章　新生儿

漫长的等待结束了。你热切盼望了 9 个月的小家伙终于出生了。第一次抱着这个暖乎乎、软嘟嘟、香喷喷的小家伙时，你一定会沉浸在千万种情感中，从难以名状的兴奋到过度的忧虑。

初为人母（父），你可能会有数不清的问题。他的头型怎么这么有趣？他怎么长粉刺了？为什么不能让他醒的时间长一些，好让我喂奶？为什么他总是哭个不停？

在你查找育儿指南时，必须要知道：你要学习很多东西（没有人一出生就知道如何给滑溜溜的宝宝洗澡，或按摩堵塞的泪腺），但给自己一个机会，你就会吃惊地发现喂养宝宝是多么自然而然的事（最重要的方法就是爱你的宝宝）。接下来的内容可以帮你找到问题的答案，但在这个过程中，不要忘记挖掘最有价值的资源：你的直觉。

宝宝出生的第一刻

经历了阵痛与分娩，你和心爱的小家伙终于见面了。初次见面后，医生、助产士或护士会为宝宝做个体检。

- 抽吸宝宝的鼻子，帮他清理呼吸道（分娩时宝宝的头一露出来就要完成这项工作，或是宝宝的身体全部出来后马上进行）。
- 用脐带夹固定住脐带两端，从中剪断——爸爸可能会有幸来剪脐带（脐带切口处会使用抗生素和杀菌剂，夹子通常保留至少 24 小时）。
- 给宝宝进行阿普加（Apgar）评分（对宝宝出生后 1 ～ 5 分钟的情况评分，参见第 115 页）。
- 在宝宝的眼周涂抹抗生素眼药膏（参见第 128 页），预防感染。
- 给宝宝称重（平均体重是 3.4 千克；95% 的足月宝宝体重为 2.5 ～ 4.5 千克）。

延迟脐带结扎

剪断脐带对新手父母们来说是个非常重要的时刻，不过别着急，最好稍等片刻。研究表明，结扎脐带、然后剪断的最佳时刻是脐带停止搏动时，大约在出生后 1 ~ 3 分钟，而不是按以前的惯例立即结扎并剪断。目前看来，延迟脐带结扎没有坏处，反而有很多潜在的好处，所以你可以考虑把延迟脐带结扎加入到分娩计划中。

想收藏宝宝的脐带血？脐带血采集可以在脐带停止搏动后进行，这意味着它不一定会干扰脐带延迟结扎。但是要确保和医生达成共识，在宝宝出生前就要和医生好好讨论这一计划。

• 测量宝宝的身高（平均身高为 51 厘米；95% 的新生儿身高为 46 ~ 56 厘米）。

• 测量头围（平均头围是 35 厘米；正常范围是 32.8 ~ 37.3 厘米）。

• 数宝宝的手指和脚趾，检查宝宝身体的各部分和外观是否正常。

• 把宝宝放在你的肚子上，肌肤相贴（也叫“袋鼠式育儿法”，参见第 124 页），好好认识一下他。

• 带宝宝离开分娩室前，把身份识别手足圈或胸牌戴在宝宝、妈妈身上。还会采集宝宝的足印和妈妈的指纹，便于日后鉴定（宝宝脚底的墨水可以洗去，不必担心，你发现的任何污渍都是暂时的）。

在之后的 24 小时内，医生会对宝宝进行一次更加全面的检查。检查时尽量守在旁边——这是个好机会，可以咨询医生你想了解的各种问题。

• 体重（出生后可能已经减少了，之后几天还会再减少一点）、头围（可能会变大一点，因为头型变圆了）、身高（可能没什么变化，但看起来会有变化，因为很难给扭动的宝宝测量出准确的数据）；

• 心音和呼吸；

• 内脏，如肾、肝、脾，从外部触摸检测；

• 新生儿反射（参见第 138 页）；

• 髋部旋转情况；

• 手、脚、胳膊、腿和生殖器；

• 脐带残端。

住院期间，护士和医生会给宝宝：

• 记录第一次小便和大便情况，排除排泄方面的问题；

• 注射维生素 K，增强血液凝固能力；

• 在脚踝处采血（快速地刺一下），检查是否患有苯丙酮尿症（PKU）和其他代谢紊乱疾病（美国有些州仅授权检测 21 种紊乱疾病，有些州筛查的疾病种类更多(我国检测的疾病数量大约有 40 多种)。但你可以自己安排私人检测，检测 30 ~ 40 种代谢紊乱疾病，参见本页专栏）；

- 可能会通过脉搏血氧测定法筛查先天性心脏病（取决于你所在的地区和分娩的医院，参见本页专栏）；
- 出生 24 小时内给宝宝接种第一针乙肝疫苗(参见第 514 ~ 515 页，了解完整的免疫程序表）。出生至少 8 ~ 24 小时后给宝宝洗澡；
- 做听力筛查（参见第 116 页）。

阿普加评分

这是很多宝宝做的第一个测试，

给宝宝做检查

只需要采几滴血就够了。通常是在宝宝出院前从脚踝处采集血液，用于检测 21 种严重的遗传、代谢、激素和功能紊乱疾病，包括苯丙酮尿症、甲状腺机能减退症、先天性肾上腺增生症、生物素酶缺乏症、枫糖尿病、半乳糖血症、同型半胱氨酸尿症、中链酰基辅酶 A 脱氢酶缺乏症，以及镰状细胞性贫血等。其中大部分病症都很罕见，但万一没有及时获知并采取治疗，这些疾病会危及生命。检测这些疾病和其他代谢紊乱疾病的费用并不昂贵，万一检测结果显示宝宝患有其中任何一种疾病，医生会进一步检查，一旦确诊便立刻开始治疗——这将对之后的治疗及康复产生重大影响。

自 2009 年以来，美国的 50 个州和哥伦比亚特区都要求对新生儿进行 21 种疾病筛查，超过一半的州会按照美国医学遗传学与基因组学学会（ACMG）的建议，对新生儿进行 29 种疾病筛查。和你的医生或当地卫生局联系，了解所在地区会检测哪些项目。如果你所在的医院不自动提供所有 29 种检测，可以请医生安排。

根据美国疾病控制与预防中心的推荐，一些州要求在宝宝出生不久后进行先天性心脏病（CHD）筛查。这种疾病患病率为百分之一，如果没有在早期发现并治疗，会导致残疾或死亡（幸好，早期治疗可以大大降低这些风险）。先天性心脏病的筛查非常简单，并且无痛：将一个传感器放置在宝宝皮肤上，测量宝宝的脉搏和血液中的氧含量。如果筛查结果看起来有问题，医生就会做进一步检查（例如超声心动图，一种心脏超声波检查），确定是否有问题。如果你所在的医院没有这些常规检测，问问医生是否能给宝宝增加这项检测。

而且大多数得分都比较高。医生在宝宝出生后 1 分钟和 5 分钟时分别记录分数，以此反映新生儿大体的健康情况，它的分数基于对 5 类评估指标的观察。得分在 7 ~ 10 分的宝宝处于良好到优秀的范围，通常只需要进行常规的产后护理；得分在 4 ~ 6 分的宝宝情况尚可，可能需要某些复苏措

阿普加量表			
项目	得分		
	0	1	2
外观（肤色）	苍白或青紫	身体粉红，四肢青紫	全身粉红
脉搏（心跳）	未检测到	每分钟100次以下	每分钟100次以上
对刺激的反应	对刺激无回应	有面部表情	大声啼哭
活力（肌张力）	四肢松弛（柔弱或不活跃）	四肢有活动	非常活跃
呼吸	无	缓慢，不规则	良好（哭声响亮）

新生儿听力筛查

宝宝通过感官来了解周围：从爸爸微笑的脸庞，到被拥入怀中时感受到的温暖；从妈妈身上熟悉的香气，再到妈妈的柔声细语……但在全世界范围内，每 1000 个新生儿中,大约有 1 ~ 3 个宝宝的听力受损，而听力是语言技能开发必不可少的组成部分。听力缺损会影响多方面的发育，因此早期诊断和治疗非常关键。这也是美国儿科学会建议对婴儿进行普遍听力筛查，以及美国近 3/4 的州都规定要在医院对新生儿进行听力缺陷测试的原因（如果你所在地区不要求对新生儿进行听力筛查，确保宝宝在出院之前请医生做这项筛查）。

新生儿听力筛查测试简单高效。其中一种测试叫耳声发射（OAE）测试，是将很小的探针插入宝宝的耳道中，来检测对声音的回应。听力正常的宝宝，探针内的麦克风会记录到模糊的噪音，这个噪音是耳朵对听力刺激的回应。这种测试可以在宝宝睡觉时进行，几分钟即可测试完毕，并且没有疼痛和不适感。第二种筛查方法叫听性脑干反应（ABR），将电极固定在宝宝的头皮上，监测脑干听力区对耳边“咔嚓”声的反应。ABR 筛查需要在宝宝处于清醒、安静的状态下进行，很快速且无痛。如果宝宝第一次测试没有通过，可以重复测试。

施。而低于 4 分的宝宝情况不好，需要紧急抢救。这个测试能较好地反映出宝宝出生 5 分钟内的身体状况，但并不能反映太多长远的健康状况。事实上，即使在 5 分钟时得分较低的宝宝，大多数后来也成长得很健康。

在家分娩的注意事项

在家分娩意味着你可以控制更多的分娩程序、选择舒适的环境、吃到更可口的食物、决定和你一起迎接小宝宝的亲友人数，并且不需要打包衣物，但也意味着你有更多后续的功课要做。一些医院的例行程序你可能觉得有些烦琐、不太必要，在家分娩可以让你和宝宝跳过这些步骤。但对宝宝的健康和未来生活是必需的，还有些程序则是法律规定的。以下几项，在医院里分娩时会有人安排，在家里分娩时你必须要注意。

• 考虑用眼药膏。有些助产士会给父母提供知情同意书，不给刚出生的宝宝使用抗生素眼药膏（用来预防感染）。眼药膏虽然不会刺激宝宝的眼睛，但会让他的视力短暂模糊，使他与爸爸妈妈的第一次眼神交流不那么清晰（参见第 128 页）。话虽如此，如果不使用药膏，不小心感染又没及时发现，可能会导致宝宝失明，分娩前你可以和医生讨论一下这个问题。

• 计划进行常规注射和检查。在医院里出生的宝宝出生后不久都会注射第一针乙肝疫苗及维生素 K（预防严重出血）。还会从脚踝处采血筛查苯丙酮尿症、甲状腺机能减退等疾病（参见第 115 页专栏）。咨询医生应该什么时候给宝宝做这些检查。还可以请医生安排一次听力测试（参见第 116 页专栏），并进行先天性心脏病筛查，这项筛查一般会在宝宝出院之前进行（参见第 115 页）。先天性心脏病筛查在出生后第 1 ～ 2 天进行最有价值，因为一旦患有这种病，到第 3 ～ 4 天就会非常危急。

• 其他工作。通常，填写出生证明都是医务人员的工作。如果打算在家分娩，你或照顾你的人员就要负责填写这个证明。联系你所在的社区或相关机构，了解如何填写出生证明。

• 安排宝宝和医生的第一次会

不要忘记为宝宝投保

这里说的是健康保险。宝宝出生后你要打很多个电话（祖父母们可能是想最先听到这个好消息的人），其中一个就要打给你的健康保险公司，这样才能把宝宝添加到保单中（有些承保公司要求在宝宝出生 30 天内被告知）。把宝宝添加到保单中可以确保医生为宝宝做的健康检查从一开始就在承保范围内。因此，把它加入你的待办清单吧。

面。宝宝出生后一定要立即联系医生，尽快给宝宝预约检查。

宝宝的饮食：开始喂配方奶

用奶瓶喂养宝宝不需要太多学习——宝宝也不需要太多学习（新生儿学习吸吮奶嘴没什么困难）。但母乳是现成的，而奶粉必须挑选、购买，通常要提前准备——这意味着你在第一次给宝宝冲奶粉之前，要知道该怎么做。无论是完全用配方奶喂养，还是仅仅将它作为母乳喂养的补充，都必须知道该如何开始（关于为宝宝选择奶嘴和奶瓶的内容，参见第 36 页）。

挑选奶粉

虽然奶粉无法复制母乳的天然成分（比如不含抗体），但已经很接近母乳了。如今有各种奶粉，其中的蛋白质、脂肪、碳水化合物、钠、维生素、矿物质、水和其他营养物质的比例与母乳很接近，并且必须满足国家食品药品监督管理局设定的标准。所以你挑选的任何含铁奶粉都很有营养。但货架上琳琅满目的奶粉还是会让你眼花缭乱，甚至不知所措。所以在挑选之前，先来了解一下配方奶。

• 宝宝的医生通常对奶粉比较了解。在你研究哪种奶粉对宝宝最好之前，不妨给医生打个电话——无论你是打算把它作为母乳的补充，还是纯配方奶喂养，都可以请医生推荐。为了达到最佳营养效果，还要考虑宝宝的情况。不同的奶粉可以满足宝宝在不同阶段的需求。听取儿科医生的建议，观察宝宝对所喝配方奶的反应，能帮你确定最适合宝宝的奶粉。

• 牛奶奶粉适合绝大多数宝宝，主要成分来自改良的牛奶，能满足宝宝的营养和消化需求（宝宝一岁前不能喝常规的牛奶）。市面上还有一些有机奶粉，由不含生长激素、抗生素和杀虫剂的奶类制成，是更优的选择，只是价格比较昂贵。

• 富含铁的奶粉更好。如果奶粉的铁含量较低，就不是健康的选择。美国儿科学会和大多数儿科医生都建议，宝宝一岁前最好食用富含铁的奶粉，可以预防贫血（参见第 349 页）。

• 有些宝宝最好选择特殊配方的奶粉。素食主义的父母可以为宝宝选择豆奶奶粉。早产、对常规奶粉消化不良、天生对牛奶和豆奶过敏、乳糖不耐受的宝宝，以及患有代谢障碍，如苯丙酮尿症的宝宝，也都可以买到专用的奶粉。这些奶粉比标准奶粉更容易消化，当然也更贵。想了解更多，参见第 119 页专栏。

• 较大婴儿的奶粉并不一定是最佳选择。这种奶粉是为 6 个月以上、已经添加了辅食的婴儿设计的。大多数医生一般不建议这时候的宝宝吃这

各种奶粉

市面上的奶粉种类繁多，无论你是完全用配方奶喂养还是把配方奶作为母乳的补充，要为你的宝宝挑选合适的奶粉都不容易。以下是在超市货架或购物网站上常见的种类概要，如果你考虑尝试特殊奶粉（如豆奶），囤货前记得咨询医生。

以牛奶为基础的奶粉。绝大多数宝宝都能适应标准的以牛奶为基础的奶粉，即便是挑剔（大多数宝宝都挑剔）或有肠痉挛症状的宝宝。很多时候，这些症状并非牛奶奶粉所致。不过，一些有轻微肠胃问题的宝宝，或许更适合专为乳糖敏感宝宝设计、以牛奶为基础的奶粉，这类奶粉中的蛋白质更易于消化。如果你的宝宝喝了标准牛奶奶粉后似乎更容易胀气，问问医生是否要换为这种类型的奶粉，不过高昂的价格可能会让你难以接受。

以大豆为基础的奶粉。由大豆蛋白制成，是植物性奶粉，不含乳糖（存在于哺乳动物的乳汁中）。这是供素食主义家庭选择的奶粉，也可以推荐给患有某些代谢紊乱疾病，如半乳糖血症或先天性乳糖酶缺乏症的宝宝。如果你的宝宝确实对牛奶奶粉过敏，医生也不太可能会推荐以大豆为基础的奶粉，因为很多对牛奶过敏的宝宝也会对大豆过敏。水解蛋白奶粉是更好的选择。

以水解蛋白为基础的奶粉。这奶粉中的蛋白质被分解为小分子蛋白，更易于宝宝消化（这就是为什么它们经常被叫作“易消化奶粉”）。这种低敏奶粉推荐给对牛奶蛋白过敏的宝宝食用，因过敏引起皮疹（如湿疹）或气喘的宝宝也可以食用。吸收营养物质有困难的早产儿可能也需要水解蛋白奶粉（如果医生没有推荐专门的早产儿奶粉）。务必咨询医生的建议，不要随便把宝宝的奶粉更换为水解蛋白奶粉。这类奶粉比标准奶粉价格更高。味道和气味与标准奶粉相比有很大不同，很多宝宝（和他们的父母）都不喜欢，因此非常挑剔的宝宝更换起来并不容易，但有些宝宝可以不受影响地大口喝下。

无乳糖奶粉。如果你的宝宝乳糖不耐受，或者患有半乳糖血症或先天性乳糖酶缺乏症，医生可能会推荐无乳糖奶粉，而不是大豆奶粉、标准牛奶奶粉或水解蛋白奶粉。这种奶粉虽然是以牛奶为基础，但完全不含乳糖。

防反流奶粉。防反流奶粉是用大米淀粉增稠的奶粉，通常只推荐给体重无增加，且有胃食管反流的宝宝。如果宝宝因反流导致非常不适的症状（不仅仅是普通的吐奶），有些医生也会推荐用防反流奶粉。

早产儿奶粉。早产或低体重婴儿有时需要更多热量、蛋白质和矿物质，普通奶粉无法满足这些需要。医生可能会推荐特殊的早产儿奶粉，这类奶粉大多含有一种更易吸收的脂肪，叫作中链甘油三酯（MCT），便于小宝宝吸收。

补充配方奶粉。你打算混合喂养（母乳加配方奶）吗？有专为此设计的奶粉。这种奶粉含有叶黄素，一种在母乳中发现的重要营养物质，益生元含量也比其他奶粉更高，可以使宝宝大便柔软、呈糊状或凝乳状——和母乳喂养宝宝的大便一样。

还有其他专为患有某些疾病的宝宝研发的奶粉，如患有心脏病、肠吸收不良综合征的宝宝，以及有脂肪消化、某些氨基酸代谢等问题的宝宝。

种奶粉，因为常规奶粉加上健康饮食就能满足宝宝一岁前的营养需求。而宝宝在一岁后，可以改喝牛奶（没必要喝较大婴儿配方奶）。所以在用这种奶粉之前，和医生确认一下。

把选择范围缩小到常规奶粉后，还是要面对不同的类型。

单份即食液态奶。配制好的即食奶每瓶容量为60、120、180或240毫升，只需简单地换上奶嘴就可以给宝宝吃。这种奶非常方便，未开封时甚至无须冷藏，但它是最昂贵的选择。

即食液态奶。外包装为各种容量的罐子和塑料容器，这种液态配方奶只需倒入奶瓶中即可。它比单次食用的即食奶便宜一些，但容器中剩余的奶必须妥善保存，并在48小时内食用完毕。与需要冲调的奶粉相比，这种即食液态奶比较方便，但花费较高。

浓缩液态奶。比即食液态奶便宜一些，准备工作更多，要按比例加水稀释后才能给宝宝食用。

奶粉。最经济的选择，但很耗时间，奶粉需要用定量的水冲泡。有罐装、塑料容器装、独立包装等。除了价格便宜，奶粉还有一个吸引人的优点（至少在你和宝宝一起外出时），就是使用前不必冷藏。选好奶瓶，分别保存好水和奶粉，需要时冲泡即可。

安全地用奶瓶喂奶

为了让宝宝安全地吃上配方奶，要注意以下事项。

• 经常查看奶粉的保质期，不仅购买时要看，冲泡前也要看。不要购

需要多少配方奶？

宝宝需要多少配方奶？慢慢来吧。第一周，宝宝每次可能需要30～60毫升配方奶（每3～4小时喂一次，或按需求来喂）。慢慢地随着宝宝的需求增加配方奶量，但不要超过宝宝的需求量。喂奶过量可能导致宝宝吐奶，最终体重超标。毕竟，宝宝的胃只有他的小拳头那么大（而不是你的拳头），胃里装得太多，一定会吐出来。要了解宝宝在成长的各阶段需要多少配方奶，参见每月的相关章节和第289页。

买或使用任何过期奶粉。如果奶粉罐等包装上有压痕、渗漏或其他损坏，也不要购买和使用。

- 准备配方奶前要把手洗干净。
- 如果是液态奶罐，必要的话可以用干净的打孔型开瓶器，在罐顶相对的方向上打两个孔，便于倾倒。开瓶器每次使用后都要清洗干净。大多数奶粉的罐子是提拉式开启的，不必使用开瓶器。如果用的是单份瓶装配方奶，打开时听到顶部发出“砰”的声音，就说明瓶子密封良好。
- 将冲泡奶粉的水烧开。如果对自来水的饮用安全不放心，或所用的井水没有进经过净化，需要对水进行检测，必要的话还要进行净化过滤，或用纯净水冲泡奶粉。也可以问问宝宝的医生，你所在区域的自来水氟化物含量是否适合宝宝。
- 这个步骤你可以省去：奶瓶和奶嘴不需要用特殊设备消毒。用洗碗机洗（或在水槽里用清洁剂和热水清洗）就足够干净了。如果医生建议给奶瓶和奶嘴消毒，也很简单，只要把奶瓶和奶嘴放入沸水中浸泡5分钟，再自然晾干即可。
- 但这个步骤不能省略：调配奶粉时，要严格按照厂商和罐子上的说明操作，注意看看是否需要稀释——稀释了不应稀释的配方奶，或者没有稀释应当稀释的配方奶，都不安全。乳汁太稀不利于宝宝生长，太浓会导致宝宝电解质失衡（也就是盐中毒）。
- 奶瓶的温度会影响宝宝尝到的奶的味道。喂奶前加热配方奶并不会更健康，但有些宝宝喜欢这样的食用方法，特别是养成习惯之后。因此，你可以考虑在刚开始给宝宝调配奶粉时，使用室温的水或冷藏的水，这样宝宝会习惯这种温度，你就能节省时间，省略加热奶瓶这样的麻烦事——特别是在午夜或是宝宝着急想吃奶时。如果想给宝宝喝热的奶，可以把奶瓶放在热水壶或一碗热水中，也可以把热水浇在奶瓶上。检查配方奶的温度时，要摇匀奶瓶中的奶，滴几滴在手腕内侧——如果感觉不凉，就可以喂宝宝了（不必太热，接近体温即可）。奶热了之后要立刻食用，因为

要选择添加成分的奶粉吗？

越来越多的奶粉中添加了更多母乳所含的天然成分。其中，DHA和ARA、Omega-3这些脂肪酸能促进婴儿脑力和视力发育，益生菌和益生元可以帮助宝宝吸收，还能增强免疫力。向医生咨询，根据宝宝体质，选择有相应添加成分的奶粉。

细菌在微温的环境下会快速繁殖。不要用微波炉热奶，液体可能会冷热不均，也可能已经热到会烫伤宝宝的嘴和咽喉了，而容器还是冷的。

• 从喂奶开始，奶瓶中剩下的奶超过1小时就要倒掉。即使冷藏，细菌也很容易在宝宝喝过的奶瓶中滋生。因此，喝剩的奶绝不能留到下次。

• 已经打开的罐装或瓶装液态奶，盖子要盖紧，并放入冰箱冷藏，不要超过标签上规定的时间，通常是48小时（可在打开时标记好日期和时间，以免遗忘）。奶粉开启后应当盖好，存放在阴凉干燥的地方，在一个月内用完。

• 未开封的罐装或瓶装液态奶要存放在13℃～24℃的环境中。如果长期存放在0℃以下，或直接加热到35℃以上，都不能食用。冷冻过的奶粉不能食用。如果冲好的奶摇匀后还有白色斑点或条丝状沉淀物，也不能食用。

• 将调配好的奶冷藏起来待用。如果要外出旅行，可以将奶瓶放在隔热包中，或放在有小冰袋或小冰块的密封塑料袋中（只要大多数冰块没有融化，配方奶就能保持新鲜）。不要食用摸起来不够凉的奶（这样的奶必须丢弃）。外出时更方便的选择是：带上单份瓶装的即食液态奶，或者带上瓶装水和独立包装的奶粉，也可以带上有独立分区、可分开存放奶粉和水的奶瓶，在宝宝需要时现冲现喂。

奶瓶喂养的基本知识

想好好学习一下奶瓶喂养？无论你是纯配方奶喂养、与母乳混合喂养，还是用奶瓶喂吸出来的母乳，以下内容都会对你有所帮助。

给出信号。用你的手指或奶嘴轻触宝宝的脸颊，让他知道“吃奶的时间到了”，这会鼓励宝宝记住这个信号，把头转向轻抚的方向。然后把奶嘴轻轻放在宝宝的嘴唇之间，顺利的话他会自己开始吮吸。如果宝宝还是不吃，可以在他的嘴唇上滴几滴奶，引导他吃。

绝不能喂入空气。将奶瓶适当倾斜，让乳汁充满奶嘴。否则会有空气留在奶嘴处，宝宝喝奶时就会吸入空气——这会让他胀气，让你和宝宝都很抓狂。防胀气功能不是必需的，但如果用的是带一次性奶袋的奶瓶，它会自动将空气排出（奶袋会随着奶量减少收缩），而如果用特殊设计的奶瓶，它能让奶自动聚集到奶嘴处，就无须再去除空气。喂奶时不要让宝宝平躺，把他斜抱在怀里，也可以防止空气进入奶瓶。

慢慢开始。刚出生的几天里，新生儿的营养需求很少，他们的胃口也很小（通常不太愿意吃而更愿意睡）。这就是为什么天然的哺乳系统刚好合适（在妈妈正式分泌乳汁之前，宝宝每次只能吃下 3 ～ 5 毫升初乳），也是为什么当你第一次用奶瓶喂宝宝时，他只会吃很少量。护士也许会给你一个 60 毫升的奶瓶，但宝宝初期可能根本吃不完。

停一下，让宝宝打嗝。宝宝如果只吃了 15 毫升的奶就睡着了，可能是说“我已经吃饱了”。而如果宝宝没睡着，只吸了几分钟就推开奶瓶，则很可能是因为奶瓶中有空气，而不是吃饱了。这种情况下，一定要停下来让宝宝打嗝（参见第 152 页）。如果打嗝后宝宝还是不愿意吃奶，那就把奶瓶拿走吧，这是吃完的信号（关于喂宝宝多少奶的更多内容，参见第 289 页）。

检查乳汁流出的速度。确保奶嘴的出奶速度恰到好处。宝宝的月龄、个头不同，适合的奶嘴大小也不同。新生儿用的奶嘴，乳汁流出的速度更慢，特别适合刚刚学会吸吮的宝宝（他们的胃口还很小）。模仿母乳喂养设计的奶嘴也是如此，乳汁流出的速度很慢。可以测试一下奶嘴的出奶速度，将奶瓶倒过来，快速摇几下。如果乳汁涌出或喷出，说明流速太快了；如果只流出一两滴，就太慢了；如果先喷出一些，稍后呈滴状流出，则流速刚好。

测试流速的最佳方法就是观察乳汁流入宝宝嘴巴的情况。如果宝宝狼吞虎咽而且溅出很多，或者奶总是从宝宝的嘴角流出，说明流速太快了。如果宝宝很用力地吸吮了一会儿，然后看起来很挫败（可能将奶嘴置之不理，以示抱怨），就说明流速太慢了。乳汁流速有问题，有时不一定是奶嘴的大小不合适，也可能是奶嘴的松紧造成的。拧得过紧的奶嘴创造了一个局部真空的环境，会阻碍乳汁流出。将奶嘴调松一点，乳汁就会流出得快一些。

让宝宝决定停止的时间。说到吃奶，宝宝才是老板，拥有决定权。如果通常要吃 60 毫升，而这次只吃了 30 毫升，也不用再让他吃了。健康的宝宝知道什么时候吃饱了，什么时候该继续吃。强迫宝宝多吃，会让配方奶喂养的宝宝变胖——比母乳喂养的宝宝胖得多，母乳喂养的宝宝会按自己的胃口吃奶。

减少半夜的麻烦事。如果你能承

受高昂的费用，可以考虑晚上喂即食奶，只要把它和干净的奶嘴放在床边，你就能省去半夜冲泡奶粉的麻烦。或者用能分别存放水和奶粉的奶瓶，也可以购买一个床边奶瓶存放器，它能保证奶瓶在待用时处于低温中，需要时几分钟内即可加热到室温。

用奶瓶喂奶时充满爱意

不论你选择纯配方奶喂养，还是和母乳混合喂养，在任何哺乳阶段，最重要的就是满怀爱意。肌肤的接触、眼神的交流，都有益于促进宝宝的大脑发育和他对你的依恋，这是母乳喂养的特点。用奶瓶喂养也可以做到这一点。为了确保用奶瓶喂奶时与宝宝保持亲密接触，需要做到以下几点。

不要托着奶瓶。用东西托着奶瓶可能很方便，这样你就可以处理账单或者刷刷手机，但是这样不好。托着奶瓶不仅意味着你会错过与宝宝互相依偎的宝贵时间，还会增加宝宝窒息的可能（即使他坐在高脚椅或婴儿椅上），尤其是宝宝躺下时，液体容易进入耳部，增加耳部感染的风险。如果奶粉残留在嘴里，还会导致龋齿。

尽可能多和宝宝肌肤接触。很多研究表明，经常和新生儿亲密接触益处很多，还有事实证明，所谓的“袋鼠式育儿法”能提高催产素（也叫爱的激素）水平，这对维系父母与宝宝的亲密关系起着很重要的作用。

实际上，当你和宝宝第一次亲密接触时，不需要科学家证明，就会发现这种感觉很温暖、很舒适，对你和宝宝来说都棒极了。所以无论什么时候，只要能这样做，就尽量去做吧——用奶瓶给宝宝喂奶时，解开衬衫让宝宝紧紧地依偎在你身边；平时也用衬衫或运动衫紧紧地包住宝宝的身体（甚至有专门为袋鼠式育儿——亲密接触设计的上衣）；爸爸也可以和宝宝亲密接触——宝宝喜欢把脸颊贴在爸爸的胸膛上（即使是贴在爸爸的胸毛上）。

左右交换着喂奶。这也是母乳喂养的特点之一（交换乳房意味着要交换胳膊）。用奶瓶喂奶时，一定要记住两侧交替。喂奶过程中两侧交替有两个作用：一是让宝宝有机会从不同

快乐宝宝的配方奶

无论你是纯配方奶喂养还是和母乳混合喂养，无论你从一开始就选择配方奶喂养，还是在母乳喂养进展不顺利（无论是你还是宝宝的原因）后改为配方奶喂养，不要为配方奶喂养而感到沮丧。记住：母乳是最好的，但是，如果选择了合适的奶粉和正确的喂养方式，奶瓶也会给宝宝带来好的营养和很多的爱——这绝对是快乐、健康宝宝的配方奶。

角度看世界，二是可以缓解长时间保持一个姿势造成的酸痛。

不要着急。当乳房中的乳汁被吸空时，允许宝宝继续吸吮乳房，他只是为了舒适和吸吮时的满足感。吃配方奶的宝宝不能对着空奶瓶这样吮吸，但还是能让他们获得同样的满足感。如果宝宝吃完奶瓶中的乳汁时还没有睡着，可以和他聊聊天、唱唱歌，或者逗他说话，增添吃奶的快乐。你的声音对宝宝来说就像音乐一样动听，这会使整个喂奶过程变得更加特别。如果每次喂奶时宝宝对吸吮的时长并不满足，可以用小一点（或流速更慢）的奶嘴，这样同样多的乳汁可以吸吮更长的时间。或是喂宝宝吃完奶后，让他吸吮一会儿安抚奶嘴。如果喂奶快结束时，宝宝看起来还在四处搜寻，那就要考虑一下喂奶量是否充足。可以再加 30 ～ 60 毫升继续喂，看看宝宝是否是因为没吃饱才不满足。

用奶瓶喂挤出的母乳或配方奶，可以让爸爸和其他家庭成员都有机会和宝宝亲密接触，享受珍贵的依偎时光。

你可能疑惑的问题

出生时体重较低

“我所有朋友的孩子出生时，体重都在 3.6 ～ 4 千克。我的宝宝足月出生，但体重才 3 千克。她很健康，但看起来太小了。”

就像健康的成年人外表各有不同，健康的宝宝出生时也各不一样，瘦长的、大块头的、娇小苗条的……这往往是父母的恩赐。遗传学表明：高大的父母通常会有大个子的宝宝，长大后也会较高；矮小的父母通常会有娇小的宝宝，长大后也会较矮。如果爸爸高，妈妈矮（或情况相反），他们的宝宝可能矮小，也可能高大，或介于两者之间。

妈妈自己出生时的重量对后代的体重也有影响（如果你出生时体重较轻，你的宝宝出生时也可能体重较轻）。另一个影响因素就是宝宝的性别：女孩通常会比男孩轻一些、矮一些。还有很多因素会影响宝宝出生时的个头，例如妈妈在怀孕时增重多少，但唯一重要的是，宝宝健康，而且和每个胖乎乎的宝宝一样健康。

要记住，有些出生时娇小的宝宝很快会在生长曲线上赶上同龄人，那时宝宝才开始表现出他的遗传基因。在宝宝还相对较小时，多多珍惜这个小家伙吧。用不了多久，听到健壮的幼儿园宝贝冲你大喊“背我！”，你就会有腰酸背痛的感觉了。

你的宝宝是因为出生时胎龄较小而体形偏小吗？关于低体重儿的内容，参见第 21 章。

体重减轻

“我知道宝宝在医院期间体重会减轻一些，但是他从 3.5 千克变成了 3.1 千克，是不是减得太多了？”

不用担心。几乎所有新生儿出院时都比他们出生时要轻不少。事实上，由于正常的产后水分流失，新生儿在出生 5 天内，体重平均会减轻 5% ～ 10%。减轻的体重（本质上是水分的重量）不会立即恢复，因为宝宝在这段时间需要的食物少，摄入也少。母乳喂养的宝宝最初几天吃奶不多，通常要比吃配方奶的宝宝更轻一些，体重恢复也更慢一些（不必担心）。好消息是，大多数新生儿从第 5 天开始体重就不再减轻了，到 10 ～ 14 天，他们的体重就会增加，甚至超过出生时的体重——到那时，你又可以开心地分享宝宝的体重增长数据了。

宝宝的外貌

“别人问我宝宝长得像我还是像我丈夫，我不知道该怎么回答。我们俩都不像这样尖脑袋、眼睛浮肿、一只耳朵向前，还塌鼻梁。”

好奇为什么电视剧里的新生儿总是 2 ～ 3 个月大的宝宝扮演的？现在你应该知道答案了：大多数新生儿不上镜。新生儿在父母眼里当然很可爱，但远不足以给他们特写。相反，大多数新生儿——尤其是经阴道分娩的宝宝（剖腹产的宝宝在外表上有一定优势）——皮肤皱皱的，还有些浮肿。

说到这里你可能猜到了，你描述的宝宝的外貌不是遗传了某个尖脑袋、肿眼睛、大耳朵的远房亲戚，而是因为宝宝待在狭窄、充满羊水的子宫中，出生时经历了挤出骨盆的激烈过程，又通过狭窄的产道才分娩出来。

接下来，我们一项一项讨论，先从宝宝出人意料的尖尖的头部开始。宝宝的颅骨还未完全定形，这样在从子宫下降到产道娩出时，才能适应推力和挤压、自然变形，然后在大多数情况下经阴道分娩。

而如果他们的颅骨很坚硬，则不可能完成这一过程，这是胎儿头部的优点。暂时的缺点是宝宝的头会在几天内保持圆锥形，之后就会恢复为可爱的圆形。宝宝出生后会戴上婴儿帽，所以不大看得出来。

写给父母：见面、问候与亲近

刚出生的宝宝不仅拥有所有的感觉，还会运用这些感觉：凝视父母的眼睛；听早已熟悉的妈妈的声音并辨别妈妈独有的香味；感受爱的依偎；品尝第一口母乳或配方奶。宝宝在出生后的一小时非常警觉，这一个小时是宝宝正式和父母在一起的绝好时机——第一次拥抱、第一次喂奶、第一次亲密接触和眼神交流。而父母经历了 9 个月的等待，对和宝宝的第一次见面期盼已久，这是认识宝宝的重要机会，从此将怀着丰沛的感情和这位新家庭成员开始建立关系。

如果宝宝刚出生的那些时刻只是一片模糊，该怎么办？可能是因为经历了长时间的阵痛、艰难的分娩，或宝宝立刻被抱走进行特别护理，抑或只是没有达到你预期的感觉。错过这些时刻、没有充分利用这些时刻、没有像想象中那样珍惜这些时刻，很严重吗？

当然不是。要记住，和宝宝的初次见面与问候——不论是在刚出生时还是几小时后——可能是非常重要的时刻，但也只是你们开始彼此了解的一个时刻。是的，它很重要，但不会比未来几小时、几天、几周、几年更重要。这当然是一个新的开始，但也只是个开始。

宝宝眼睛肿胀，一部分也是因为分娩，还有一个原因可能是出生时给宝宝的眼睛涂抹了抗生素眼药膏。另外，一些专家认为，宝宝从黑暗的子宫来到外界，这样的肿胀是天然的屏障，可以减小强光的照射。

不论是什么原因所致，这样的肿胀都是暂时的，只会持续几天。同时，也不用担心眼睛肿胀会妨碍宝宝看爸爸妈妈。虽然宝宝不能分辨出谁是爸爸，谁是妈妈，但他们在出生时能够分辨出模糊的面容——即使透过肿胀的眼皮。

弯折的耳朵可能也是由舒适但拥挤的子宫环境造成的。当宝宝待在妈妈的羊膜囊中时，如果耳朵碰巧受到挤压、向前生长，出生后会继续保持这样的形状。但这也是暂时的，并不影响他听到（或辨认）父母的声音。

宝宝的塌鼻梁很可能是分娩时产道过紧造成的，也会自然地恢复正常。但是，即便他的鼻子恢复到婴儿正常的样子，鼻梁可能还是很宽，甚至基本没有，通常也没什么形状。不过请记住，这和他们长大后的鼻子完全不同，宝宝的鼻子还会变。需要很长时间，你才能看出他有什么样的鼻子。

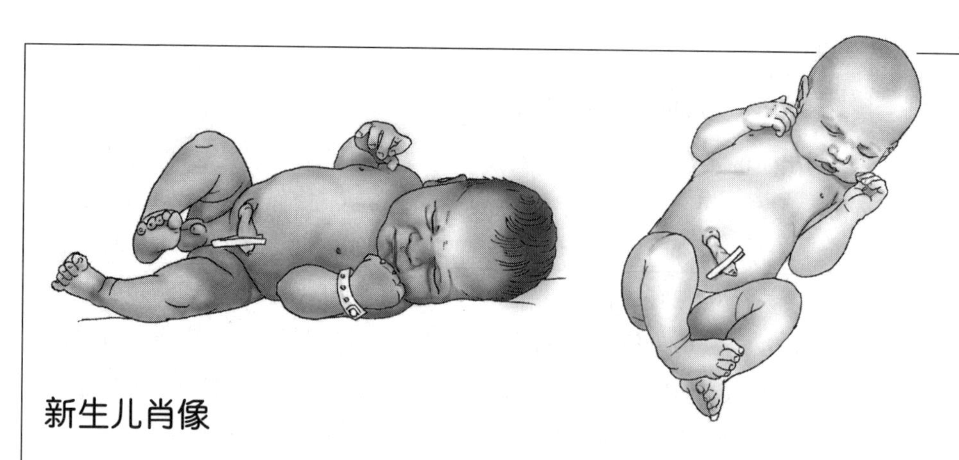

新生儿肖像

尽管宝宝周围的亲人朋友会为他赞叹、感到快乐，但大多数刚出生的宝宝不会一脸笑容、胖嘟嘟、有着圆圆的鼻子，也不会像大多数父母期望的那样可爱。

比如他们的头，宝宝刚出生时头重脚轻，头一般看起来比身体大(头长大约占整个身长的 1/4)。如果产道特别狭窄，那么头部可能会有点变形——有时头尖尖的，甚至像圆锥形。分娩过程还可能造成头皮淤青。

有些新生儿的头发是稀稀的绒毛，有些则茂盛得好像需要修剪；有些可能平平地贴在脑袋上，有些可能笔直地立着。如果头发比较稀疏，可以看到宝宝的血管就像蓝色的路线图一样分布在头皮上。在头皮柔软处或头顶囟门，还可以看到跳动的脉搏。

很多新生儿从阴道分娩后，身体就像经历了几轮拳击。眼睛可能

眼药膏

“为什么刚出生的宝宝要涂眼药膏？这会让宝宝的视力模糊多久？”

很多因素影响宝宝视力的清晰度：宝宝出生后眼睛是肿胀的；在漆黑的子宫中待了 9 个月，到了外界需要适应光线；他们天生就是近视；还有就是你注意到的，宝宝的眼睛会粘上眼药膏。眼药膏虽然会让视线有些模糊，但却有重要的作用，它能预防淋球菌或衣原体感染。这些感染曾是导致失明的主要原因，而这样的预防性治疗可以显著减少感染。抗生素眼药膏通常是红霉素眼膏，比较温和，相比过去用的硝酸银眼药水，对眼睛的刺激要小得多。

宝宝眼睛的轻微肿胀和视力模糊只会持续一两天。之后产生的疼痛、肿胀和感染，可能是泪腺堵塞引起的

会出现斜视，因为分娩造成的肿胀使内眼角折叠在了一起，或是因为保护眼睛的药膏粘住了眼角。分娩时的压力还会让他们的眼睛充血。他们的鼻子可能有点扁，下巴不对称，或经过骨盆时受到挤压而后缩，看起来更像个拳击手。通过剖腹产降生的宝宝由于没有经历分娩挤压，通常会有更明显的轮廓。

新生儿的皮肤很薄，通常呈粉红色（即使是非白种人宝宝），这是皮下血管透出的颜色。刚出生时，宝宝身上覆盖着一层胎脂，这是一种乳质覆盖物，当胎儿浸泡在羊水中时，可以保护他们（分娩越快，宝宝皮肤上残留的胎脂就越多）。分娩时间过长会让宝宝的皮肤出现褶皱或剥落（因为没有胎脂或只有很少量的胎脂保护皮肤）。与分娩较快的宝宝相比，分娩慢的宝宝胎毛较少。胎毛是产前生长在宝宝肩膀、后背、前额和脸颊上的绒毛，出生几周后会消失。

宝宝的大腿和手臂这个时候尚不粗壮，甚至有点干瘦，还不是胖嘟嘟的。

最后，因为出生前会通过胎盘摄入雌激素，很多宝宝——无论男女——都有肿胀的胸部或生殖器，可能还会有像乳汁一样的液体从胸部流出，女孩会有分泌物从阴道流出（有时会带血）。

多用镜头抓拍宝宝的样子、记录他的成长吧，因为宝宝一天一个样。大多数宝宝的模样会在几天内发生变化，有些宝宝几周后就会变得完全不一样，不变的是留在照片中那可爱的面容。

(参见第 224 页)。

眼睛充血

“为什么宝宝的眼睛看起来有些充血？”

眼睛充血并不是因为宝宝睡得晚（这会是你在接下来几个月眼睛充血的原因），而是一种无害的自然情况，通常是分娩过程中毛细血管破裂造成的。就像皮肤淤青一样，几天后就会消失，并不意味着宝宝的眼睛受伤了。

由于分娩时间过长，很多妈妈眼睛或眼周的毛细血管也会暂时破裂，出现眼睛充血的情况。

眼睛的颜色

“我希望宝宝能像她爸爸一样有一

双绿色的眼睛，但她的眼睛看起来是深灰色的。眼睛的颜色可能改变吗？”

宝宝的眼睛是蓝色的、棕色的、绿色的，还是淡褐色的？现在讨论这些言之过早。大多数白种人宝宝出生时眼睛都是深蓝或暗灰色的，大多数深肤色宝宝的眼睛都是深色的，通常是棕色。深肤色宝宝的眼睛始终都是深色,而白种人宝宝长到 3 ~ 6 个月，甚至到一岁前，眼睛的颜色会随着色素沉淀经历很多变化。

在整个第一年，虹膜的颜色会不断加深，所以要到宝宝一岁生日时，才能确定眼睛的颜色。

宝宝的睡眠

“宝宝刚出生就非常警觉，即使这样，他睡起觉来仍然很沉，吃奶都叫不醒，更别提和他玩了。”

等了 9 个月才见到宝宝，现在他就在你身边，但只会睡觉？很多渴望与宝宝交流的新手父母都会感到灰心，但嗜睡对新生儿来说非常正常，这不是你和宝宝的交流有问题，只是宝宝的自然行为。宝宝出生后的 1 小时是清醒警觉的，之后很长时间都会昏昏欲睡（长达 24 小时，但不是一直睡），这再正常不过——这样可以让宝宝和

写给父母：母婴同室

大多数医院和分娩中心提供全天候母婴同室，以便新手父母有机会了解刚出生的宝宝，并在带小家伙回家之前获得一些亲手照顾婴儿的宝贵经验（回到家后不会有护士随时帮助解决问题或提供指导）。对很多父母来说，母婴同室是一个很好的选择。

但如果在选择母婴同室后，才发现你更想让自己睡个好觉，那该怎么办？如果听起来的美梦（宝宝满足地在你怀里依偎几个小时）最后更像是个噩梦（宝宝不停地哭，而你已经筋疲力尽），怎么办？

如果你已经 48 小时没有睡觉了，或者你的身体在艰难的阵痛和分娩后变得虚弱无力，抑或比起照顾一个大哭的婴儿你更想睡觉，不要因为是自己选择的（或那好像是大多数妈妈的做法），就强迫自己坚持 24 小时母婴同室。取消母婴同室并不丢人，至少你可以好好小睡一会儿或晚上睡一觉。在喂奶的间隙让护士把宝宝抱走，这样就可以得到你迫切需要的休息。在你获得了足够的睡眠后或是第二天早晨，再重新评估是否需要母婴同室。别忘了，回家后就要开始全天候母婴同室的生活。

妈妈都能从疲惫的分娩过程中恢复过来。(但是，必须在宝宝睡觉的间隙适时喂奶。关于叫醒宝宝的技巧，参见第132页)。

经过长达24小时的睡眠后，也不要期待宝宝会积极主动地配合。事实可能会是这样：在最初几周，宝宝的睡眠周期是2～4小时，他会以突然啼哭的方式告诉你他醒了。宝宝可能会在半醒时吃东西，吃着吃着打一会儿盹（当他吃了一半就不吃时，可以在他嘴边晃动乳头，他会继续吸吮）。吃饱后，他又会再次进入梦乡，甜甜地睡一觉。

最初，宝宝白天平均每小时真正清醒的时间大约只有3分钟，晚上清醒的时间更短（这是你希望的），这样算下来一天能够用来活动交流的时间大约为1小时。你可能觉得不够（毕竟，你等了很久想要试试躲猫猫游戏），但这是宝宝的天性。在还没有能力清醒更长时间时，他需要长时间的睡眠——特别是快速眼动睡眠（或睡梦状态）——来帮助他发育成长。

慢慢地，宝宝清醒的时间会越来越长。到第一个月底，他每天清醒的时间是2～3小时，通常下午晚些时候清醒时间较长。宝宝的睡眠不再是从早睡到晚，而是更多集中在晚上的小睡中，小睡持续的时间就不是2～3小时了，可能会持续6～6.5小时。

这期间，不要守在宝宝的小床边等他醒来跟你玩，不如自己也补补觉——接下来的日子里你更需要这样做，因为那时他醒着的时间会比你希望的还要长。

呕吐

“宝宝刚刚呕吐了，吐出来一些液体——我还没有开始喂奶，这些液体是什么？从哪儿来的呢？”

宝宝大约有9个月的时间都生活在液态的环境里。在那里，他不能呼吸空气，但吸入了很多液体。虽然出生时护士和医生已经为他清理过气道，但最终可能还是有一些黏液和液体留在他的肺里（尤其是剖腹产的宝宝，没有经过产道的挤压帮助他们排出黏液）。所以呕吐是宝宝清理残留液体的一种方法。也就是说，这很正常，无须担心。

乳房里没有乳汁？

“我生下女儿已经两天了，可当我挤压乳房时，一滴奶也没有。我担心她会饿肚子。”

宝宝不会饿肚子，他甚至不会感到饥饿。宝宝刚出生时没什么胃口，他并不需要立刻补充营养。等他感觉到饿、想要吃母乳时，通常已经是第3或第4天，那时你肯定已经有奶了。

这并不代表现在你的乳房里没有乳汁。它们在分泌初乳，一种为新生儿量身定做的神奇乳汁。初乳不仅能给宝宝提供目前所需的全部营养，还能提供他自身尚不能产生的重要抗体，同时帮助消化系统排出大便和多余的黏液。

初乳的神奇之处在于它以极高的浓度、非常少的量为宝宝提供惊人的益处。第一次哺乳的量一般不超过5毫升。到了第3天，每次哺乳不超过15毫升。用手挤出初乳并不容易——事实上，即便是只有一天大、没有任何经验的宝宝，吸出初乳也比你用手挤要容易。

只顾着睡觉，错过了吃饭

“儿科医生说，我应该每2～3个小时给宝宝喂一次奶，但有时他一睡就5～6个小时。我应该把他叫醒喂奶吗？”

新生儿的意识状态

在漫不经心的观察者或新手父母看来，宝宝只会做3件事：吃、睡和哭（排序不分先后）。但研究人员表示，婴儿的行为实际上比这至少要复杂2倍，并且可以归纳为6种意识状态。仔细观察，你就会明白宝宝在想什么。

安静觉醒。这种状态是宝宝的“间谍”模式。当宝宝处于安静的觉醒状态，行动能力会受到限制，所以他们基本上不会动。相对地，他们会把所有精力都用来观察和聆听（双眼睁大，通常直勾勾地盯着某个人）。这样静悄悄醒着的时候是一对一交流的最佳时机。到第一个月末，新生儿每天一般会有2.5小时保持这样的状态。

活动觉醒。这时的宝宝就像开动的小车，他们会双手挥舞，双脚乱踢，还会制造出一些小声响。在这种状态下，他们会到处看看，但更加注意物体，而不是人——你会发现这时宝宝对大画像更感兴趣，而不喜欢任何交流。宝宝在吃奶前和即将哭闹时，通常会处于这样的状态。这种状态快结束时，可以通过喂奶或一些安抚性的轻摇提前控制宝宝想要哭闹的情绪。

哭闹。这是大家最熟悉的新生儿状态。当宝宝饿了、胀气、不舒服、烦躁（没有得到足够的关注），或仅仅是不太高兴时，他就会大哭。大哭时，宝宝的脸会扭曲，用力挥舞双手双脚，并且紧闭双眼。

瞌睡。不必惊讶，宝宝也会打瞌睡，当他正要醒来或即将入睡时，有些宝宝会只顾睡觉而错过吃奶，特别是在刚出生的几天，他们更想睡觉，不想吃奶。

但是，错过吃奶就意味着宝宝得不到足够的食物，而且如果你选择母乳喂养，乳汁没有宝宝的刺激，也不会自行供给。如果你的宝宝是个爱睡觉的小家伙，那么在吃奶时可以试试下面这些唤醒技巧。

- 选择合适的时间叫醒宝宝。如果宝宝处于活动睡眠期或快速眼动睡眠期（REM），会更容易被叫醒。如果这时宝宝开始活动四肢、改变面部表情，并颤动眼皮，说明正处于浅睡眠周期中（约占睡眠时间的50%）。

- 让他舒展开。有时，仅仅让宝宝的身体舒展开，就能将他唤醒。如果没醒，可以将他的衣服脱到只剩尿布（室温允许的条件下），做一些肌肤抚触。

- 换尿布。即使尿布没那么湿，换尿布时，身体的晃动也足以将宝宝

就处于这样的状态。瞌睡状态的宝宝会有一些动作（例如刚醒的时候会伸展身体），还会做一些可爱却不太协调的面部表情（从皱眉到惊讶到兴高采烈），但眼皮已经下垂，眼睛无神，目光迷离。

安静睡眠。在安静睡眠（每30分钟与活动睡眠交替）的状态下，宝宝的脸部是放松的，双眼闭合不动。身体很少移动，只会偶尔呓语或动动嘴巴，呼吸很有规律。

活动睡眠。宝宝睡觉时一半时间处于活动睡眠状态。在这种状态中（对于宝宝来说，这种状态更适合休息），通常可以看见他们的双眼在眼皮下活动——因此活动睡眠也被称为快速眼动睡眠。活动睡眠状态下，宝宝的双手和双脚可能会大幅度活动，嘴巴也会动——做吸吮或咀嚼的动作，甚至微笑。活动睡眠中宝宝的呼吸并不规律。这时大脑正在快速发育——神经蛋白和神经通路正在不断生成，专家认为，大脑利用这段时间来处理清醒时获得的信息。有趣的是，早产儿的睡眠中快速眼动睡眠占比更高，可能是因为他们的大脑比足月儿更需要发育。想知道你的宝宝是不是正在做美梦？不是不可能，但我们很难确定。有些专家认为，宝宝没有什么经历，大脑也不成熟，所以不太可能会做梦。而另一些专家认为，宝宝可能做着与他们目前的经历有关的梦：品尝妈妈的母乳、触摸爸爸的双手、听见狗的叫声、看见别人的脸庞等。

唤醒吃奶。

• 调弱灯光。似乎调亮灯光才是让宝宝醒过来的好方法，但这也会起到反作用。新生宝宝的眼睛对灯光很敏感，如果房间太明亮，紧闭双眼可能会让他更加舒适。但是不要把灯全部熄灭，房间太昏暗只会让宝宝再度进入梦乡。

• 尝试“娃娃眼”技巧。竖直抱着宝宝，他通常会睁开眼睛（就像玩具娃娃的眼睛一样）。轻轻地扶起宝宝，让他的身体处于直立或坐着的姿势，然后轻拍他的背，小心不要让他趴下去（向前弯腰）。

• 跟他交流。唱一首动听的歌，或跟宝宝说话。当他睁开眼睛时，进行眼神交流，这可以鼓励宝宝醒过来。

• 用正确的方式抚摸他。轻抚宝宝的手心和脚心，按摩他的胳膊、后背和肩膀，或是做宝宝健身操：移动他的胳膊，像骑自行车那样活动他的腿（这也是个缓解胀气的小窍门）。

• 如果贪睡的小家伙还是没有醒过来，将一块凉（而不至于冰冷的）毛巾放在他的额头上，或用毛巾轻轻擦擦他的脸。

当然，让宝宝醒过来，并不意味着能够让他保持清醒——尤其是在宝宝吃了有助眠作用的乳汁后。昏昏欲睡的宝宝会含住乳头，短暂吸吮乳汁，还没吃完奶又迅速睡着。遇到这种情

写给父母：面对纷繁的信息这样做

你为人父母还不到48小时，却已经听到了很多相互矛盾的建议（从脐带护理到喂奶），让你不知所措。医护人员告诉你一件事（如果白天和晚上是不同的护士，也可能是两件事），你的朋友（有两个宝贝的育儿老手）有不同的观点，而两者又和你隐约记得儿科医生告诉你的，以及你刚在网上看到的不同——更别提你妈妈和婆婆的观点了。当新手父母面对应接不暇的信息时，该怎么做，该相信什么？

照顾宝宝的方法，尤其是最新方法，不容易分辨对错，特别是每个人告诉你的方法都不一样的时候。当这些相互矛盾的建议让你对照顾宝宝产生疑惑时（或当你需要有个可靠的人帮你做出决定时），最佳选择是相信医生。

当然，在听别人（甚至是儿科医生）的建议时，不要忘记你有一个可以相信的、有价值的信息来源——自己的直觉。通常，即使是没有经验的父母，也知道什么对宝宝最好，而且这种直觉比他们自己以为的要强大得多。

况时，可以尝试以下方法。

• 拍嗝——无论宝宝是否需要打嗝，轻拍都会让他再次醒来。

• 换姿势——这时，要改变喂奶的姿势。不论是喂母乳还是配方奶，不要用摇篮式抱法，改用橄榄球式（这种抱姿宝宝不太可能睡着）。

• 滴少量乳汁——在宝宝的嘴唇上滴少量乳汁或配方奶，可能会再次激起宝宝的胃口。

• 轻摇——将宝宝含着的乳房或奶瓶轻轻摇动，或轻抚他的脸颊，这可能会让他再次做出吸吮的动作，即使他是在睡梦中吸吮（宝宝经常这样）。

• 重复——有些宝宝从开始吃奶到结束，会交替吸吮和睡觉。如果你的宝宝是这样，你会发现必须至少将拍嗝、换姿势、滴乳汁和轻摇重复几遍才能完成一次完整的喂奶过程。

如果宝宝只是简单吃了几口就又进入梦乡，尝试了很多方法也没能让他醒来吃奶，那么偶尔让他睡觉也是可以的。新生儿如果吃母乳，一般 3 小时左右喂一次，如果吃配方奶，一般 4 小时左右喂一次。如果宝宝一整天都是吃 15 分钟奶，小睡 30 分钟，就需要调整了，在他吃奶打瞌睡时，必须将他唤醒。

如果宝宝长时间嗜睡影响了吃奶，导致生长发育情况不佳（更多迹象，参见第 174 页），就要咨询医生了。

不停地哺乳

“我担心宝宝会变成小胖墩。我刚把他放下，他就又大哭着要吃奶了。”

如果宝宝一哭就给他喂奶，他一定会变胖。除了肚子饿，宝宝哭泣还有很多其他原因。你可能理解错了宝宝发出的信号，才会他一哭就给他喂奶（参见第 137 页）。有时，哭泣是宝宝睡觉前的一种放松方式，这时再给宝宝喂母乳或配方奶，不仅会过度喂养，还会打扰他的小睡。有时，吃奶后的哭泣可能表示想要陪伴——是想要交流的一种信号，而不是想再吃一顿。有时，哭泣表示宝宝的吸吮需求在吃奶时没有得到满足，安抚奶嘴可以满足他。或者他只是无法平静下来，这种情况下，他需要的是轻摇并唱几首温柔的催眠曲。又或者，他可能只是想放屁（吃太多会导致这样的结果），让宝宝打嗝也可能让他满足。

如果以上情况都排除了，宝宝也没有大便或尿湿，却还在大哭，就要考虑他可能真的没吃饱。或许他养成了吃点零食再睡觉的习惯，如果没吃饱前就慢慢睡着了，一醒来就会想立刻再吃一顿，这种情况的解决办法是：在他没吃饱前让他保持清醒。还有一种情况是，正在长身体的宝宝可能会暂时食欲大开，他在告诉你他的需求（健康的宝宝通常都知道自己需要吃

帮助你成功喂养宝宝的建议

母乳和配方奶都能让宝宝吃饱，以下指导能让哺乳更加顺利。

尽可能减少干扰。如果你和宝宝都在学习过程中，就需要专注于哺乳，周围的干扰越少越好。宝宝吃奶时关掉电视（可以放轻音乐），开启电话的语音信箱功能，将短信和其他信息提示音调成静音。如果家里还有其他孩子，你可能已经很熟悉哺乳了，但同时让大宝和小宝都开心是个难题。试着将大宝宝的注意力转移到安静的活动上，比如让他在你身边玩涂色，或是借这个机会给他读一个故事。

换尿布。可以在宝宝相对平静的时间给他换尿布。一块干净的尿布能让宝宝用餐时更加舒适，并减少吃奶后换尿布的次数——尤其当宝宝已经快要进入梦乡时。如果宝宝只是尿湿了（湿透了另说），半夜喂奶之前就不要换尿布了，这样会打断他的睡眠，让他更难入睡，特别是昼夜不分的宝宝。小家伙是个瞌睡虫，很难醒着吃完奶？不妨在吃奶过程中给他换块尿布，这能让他清醒一会儿，把奶吃完。

清洗一下。给宝宝喂奶前，要用香皂和水洗净自己的双手，因为你的手要接触乳房。

舒适一些。全身疼痛是新手父母的“职业病”，因为照顾宝宝用到的肌肉并不常用。以不舒服的姿势给宝宝喂奶，后面只会更麻烦。所以在让宝宝含住乳头或奶嘴时，确保自己也舒适，后背和胳膊有足够的支撑。

放松一些。如果把宝宝包裹得太紧了，将他松开一些，这样喂奶时你就能抱着他了（肌肤与肌肤亲密接触）。

让烦躁的宝宝平静下来。情绪不好的宝宝很难平静下来吃奶，甚至会影响消化。喂奶前，试试先唱一首轻柔的歌曲或轻摇宝宝。

起床号。有些宝宝到了吃奶的时间还在睡觉，特别是最初几天。如果你的宝宝习惯这样，可以尝试第 139 页的唤醒技巧。

停一下，打嗝。每次喂奶过程中，养成停一下的习惯，让宝宝打嗝。每当看到宝宝吃奶中想停下来或是在乳头前很慌乱时，要让他打嗝，可能有空气填满了宝宝的小胃。宝宝打嗝后，再继续喂奶。

相互接触。用你的手、眼神和声音来安抚宝宝。记住，喂奶应当满足宝宝的每日需求，不仅营养要充足，还要满怀爱与关心。

破解哭泣的密码

哭是宝宝唯一的交流方式，你不是总能确切了解宝宝哭泣的含义。不要担心，这份备忘录会帮助你分辨呜咽、痛哭和尖叫都代表什。

“我饿啦。”又短又低沉的哭声有节奏地起伏，并且带点恳求的意味（好像在说“请给我喂奶！”），通常表明宝宝想吃东西了。这样饥饿的大哭是有预兆的，比如咂嘴、觅食反射、吸吮手指。观察这样的预兆，一般就能避免宝宝大哭了。

“我疼。”这样的哭是突发的，通常是对突然的疼痛做出的回应，例如打针时针头刺入。哭声很大很刺耳，宝宝情绪不稳定，持续时间长（每次大哭持续好几秒）。这种哭会让宝宝上气不接下气，随后会有一个较长的停顿（宝宝在换气，准备再哭），之后是重复的、长长的高声大哭。

“我无聊了。”这样的哭从咕咕哝哝开始（宝宝试图获得互动），随后会变得烦躁（当他没有得到渴望的关注），之后是爆发性的愤怒（“你们为什么都不理我？”），接着哭泣和呜咽交替（宝宝只想要个拥抱，他还能怎么做？）。只要把宝宝抱起来，和他玩，这种烦躁的啼哭就会停止。

“我太累了（或不舒服了）。”烦躁、带有鼻音、持续不断的强烈哭声，通常表明他受够了，好像在说“请不要这样！”“给我换块干净的尿布，快点！”或“难道你没看出我受够这个婴儿椅了吗？”。

“我生病了。”这样的哭泣通常很微弱，并伴有低沉的鼻音，而不是疼痛或疲劳式的大哭——宝宝已经没有力气大声哭泣了。通常还伴有其他生病的迹象，而且宝宝的行为也会发生变化（例如，精神萎靡不振、不愿吃东西、发烧或腹泻）。宝宝的所有哭声中，没有哪种比生病的哭声更让父母纠心了。

多少奶，即使父母不一定知道）。

母乳喂养的宝宝喂奶次数可能会更多，这样可以刺激母乳分泌——几天内就会见效。如果你的宝宝是母乳喂养，但看起来长期处于饥饿状态，生长发育状况不佳（体重增加不够快或大小便次数不够），那么很有可能是你没有分泌足够的乳汁（参见第174页）。

颤抖的下巴

“有时，宝宝的下巴会颤抖，特别在他哭泣时。”

新生儿的反射

大自然使出浑身解数，为新生宝宝提供了一套天生的反应能力，来保护这些弱小的生命，并确保他们能得到照顾（即使这时父母的本能还没发挥作用）。

在这些原始行为中，一些是自发的，另一些则是对某些行为的反应。有些似乎是为了保护宝宝远离危险（例如宝宝会挥开挡在脸上的物体，防止窒息），有些则是确保宝宝能够吃饱（比如饥饿的宝宝会寻找乳头）。许多反射在作为生存机制方面具有明显的意义，而大自然似乎还有更多微妙的用意。以防御反射为例，其实很少有新生儿会面临决斗的挑战，但理论认为，他们平躺时会摆出这种姿势，以防自己从妈妈身边滚开。

常见的新生儿反射如下。

觅食反射。轻抚新生儿的脸颊，他会转向受到刺激的方向，张开嘴巴准备吸吮。这个反射可以帮宝宝找到乳房或奶瓶的位置，确保能吃到奶，有点像吃奶定位。出生后的3～4个月里，宝宝都会有这种反射。长大一些以后，觅食反射可能只会出现在睡梦中了。

吸吮反射。当有东西（比如乳头）碰触宝宝的上唇时，他会反射性地吸吮。这种反射从宝宝出生就有，到2～4个月时，宝宝开始自主吸吮。同样，这是大自然确保宝宝获得乳汁的方式。

惊跳反射（莫罗反射）。突然被巨大的声音吓到，或有坠落感时，莫罗反射会让宝宝伸展四肢和手指，背部拱起，头部后仰，然后双臂收回、互抱，拳头攥紧，放于胸前。惊跳反射会持续到4～6个月。

抓握反射。触摸宝宝的手掌，他会将手指蜷曲起来，握住你的手指（或其他物体）。一个有趣的小知识是：新生儿攥住物体的力量足以支撑起他身体的重量（但不要做这样的尝试）。当你触碰宝宝的脚掌时，也会出现脚趾蜷起来的反射。

宝宝下巴颤抖可能会让你紧张，但事实上，就像其他新生儿一样，这是他的神经系统没有发育完全的信号。随着神经系统的发育，下巴颤抖的情况就会消失。

惊吓

“我担心宝宝的神经系统出了什么问题。即便睡觉时，他也会突然像被吓到一样。”

这对父母来说是惊吓，但这种“惊

这种反射会持续到宝宝3～6个月大。

巴宾斯基反射（足底反射）。在宝宝脚底板上，从脚跟轻划到脚趾，宝宝的脚趾会缓缓上翘，脚向内弯曲。这种反射会持续到6个月至2岁，之后脚趾会向下蜷曲。

行走反射（踏步反射）。双手扶住宝宝，让他站在桌子或其他平整的台面上，他就会交替抬起双腿，就像在踏步。这种“练习走路”的反射在出生4天后表现较好，通常持续到2个月左右。这种天赋或许会让你想夸耀，但要记住，这个反射并不意味宝宝会较早学会走路。

防御反射（强直性颈部反射）。让宝宝平躺，他就会采取“防御姿势”：头转向一边，同侧手脚都会伸展开，另一侧手脚则会弯曲（如图）。这种预备反射（或许是宝宝平躺时的“警戒”方式）可能从出生就有，也可能2个月后才出现，通常到4～6个月时消失。

你可以试着检查宝宝是否有这些反射——作为一种乐趣，或满足好奇心。但要记住，结果或许会有不同，可能并不像医生和专家测试的那样可靠。如果宝宝饿了或累了，反射可能不那么明显，可以改天再试。如果还是观察不到反射，要告诉医生，他可能已经成功检测过宝宝的所有新生儿反射，想必很乐意在下次健康检查时向你演示。

防御反射

吓”是宝宝的天性——一种新生儿天生就有、非常正常的反射（虽然看起来很奇怪），这种反射也叫莫罗反射（参见第138页专栏），在有些宝宝身上发生得更频繁。有时没什么原因就会发作，但大多数情况是对大的声音、震动或降落感觉的一种回应——比如在没有足够支撑的情况下，将宝宝抱起或放下。就像其他条件反射一样，莫罗反射可能是一种生存机制，用于保护易受伤害的新生儿——就像是一种试图恢复失去的平衡感的原始性尝试。莫罗反射发生时，宝宝通常会挺直身体，对称地将手臂向上向外伸出，攥紧的拳头会向外张开，双膝向上，最后收回双臂，重新攥紧拳头，身体恢复拥抱的姿势——整个过程只有几秒钟。宝宝还可能会大哭。

发生莫罗反射的宝宝通常会让父母受到惊吓，但如果宝宝没有表现出这样的条件反射，反而会让医生担忧。按照惯例，新生儿要进行莫罗反射测试，出现莫罗反射才是神经系统运转良好的信号。你会发现，宝宝的莫罗反射频率会越来越低，幅度也越来越小，到 4 ～ 6 个月时，莫罗反射不知不觉就消失了（当然，宝宝偶尔还是会受到惊吓，这在任何年纪都会发生——成年人也会，但不是同一类型的反射）。

胎记

“我刚注意到女儿的肚子上出现了一块鲜红的斑。这是胎记吗？它会消失吗？”

胎记有各种形状、大小、颜色和纹理，也不总是在刚出生时出现（有时会在出生后的几周内出现），胎记在新生儿中很常见——80% 以上的婴儿身上都会有至少一个胎记。有些胎记会跟随一生，有些会很快消失，还有些会慢慢消失。有时，胎记在消褪前还会长大一点。

胎记会存在多久？它什么时候会消褪或变小？这些都难以预料。但有一点可以肯定：即使是将来会消失的胎记，也不会突然消失。事实上，它很可能会以非常慢的速度消褪或变小，这种细微变化你可能根本就不会注意到。鉴于此，很多医生会定期拍照、测量来记录它。如果医生没有这样做，你可以这样做（求个安心，或仅仅作为纪念）。

胎记通常有以下几类。

草莓状血管瘤。这些草莓状红色胎记柔软、突出，小到像雀斑，大到接近杯垫，是胚胎发育时，从循环系统中脱离的未成熟静脉和毛细血管构成的，可能在出生时就能看到，但通常在出生几周后才突然出现。草莓状血管瘤很常见，10 个孩子中就有 1 个出现这种情况。它会生长一段时间，但最终会褪色变成珍珠灰，并在孩子 5 ～ 10 岁时几乎完全消失。偶尔草莓胎记会流血，这可能是自发的，也可能是抓挠或碰撞引起的。如果出现这种情况，按压能止血。

草莓状血管瘤通常最好不要治疗（即使你很想让它消失），除非它们继续生长、反复出血、发生感染，或干扰器官的功能，比如影响视力。有时，与保守的“置之不理任其消失”相比，其他治疗方法（从按压按摩到使用类固醇激素、外科手术、激光治疗、冷冻疗法、注射或口服药物）会产生更

宝宝的重要事务

很难相信一个新生宝宝会有什么事情需要处理（除了吃饭、睡觉、哭泣和成长）。但有两类非常重要的证件，你的宝宝几乎一生都会需要，而且都应该现尽快办妥。

出生证明。这将是宝宝出生的证据和公民身份的先决条件。将来入学注册、申请护照或社会保障福利等时候都需要用到（一切会比你想象的来得要早）。通常，出生证明由医院或当地卫生部门开具，务必仔细核查相关信息，确保它准确无误——偶尔难免会出现错误。如果有错，或者出院前你还没有为宝宝选好名字，联系卫生部门，了解如何进行必要的修改或添加。拿到后，一定要妥善保管，尽快办理户口注册。

各类社会保险和医疗证书。宝宝出生后可能立刻就需要相关的服务了，所以不要忘了及时办理和保存，以免事到临头手足无措。

多并发症。

另一种更少见的是海绵状（或静脉）血管瘤，每 100 个孩子中只有 1 ~ 2 个会有这种胎记。常伴有草莓状血管瘤，这样的胎记会更深、更大，在灯下呈深蓝色。它们比草莓状血管瘤消褪得更慢、更不彻底，可能需要治疗（通常等孩子大一些再治疗）。

新生儿红斑（单纯血管痣）。也叫毛细血管扩张斑，这种浅橙红色的斑会出现在前额、上眼睑和鼻子、嘴巴附近，在后颈（传说鹳会咬住宝宝这个部位，将他交给父母，所以也叫“鹳咬斑”）最常见。在最初 2 年里，它们会变浅，当宝宝大哭或用力时才能注意到。这种斑 95% 都会完全褪去，所以无须太过关注。那些位于颈部的色斑即便没有消褪，随着头发的生长，最终也会被遮住。

毛细血管畸形（鲜红斑痣）。这些紫红色胎记可能会出现在全身任何部位，由过度发育的毛细血管扩张形成。它们在宝宝出生时出现，通常呈扁平状或略凸出于皮肤，颜色呈粉红或紫红色。随着时间推移，颜色会变淡一点，但不会完全消失，甚至可能伴随终生。从婴儿期到成人，都可以采用脉冲染料激光治疗改善。

咖啡牛奶斑。这些出现在皮肤上的扁平斑点，颜色从黄褐色（就像加入大量牛奶的咖啡）到浅棕色（像只加一点牛奶的咖啡），会出现在身体的任何部位。它们很常见，会在宝宝刚出生或最初的几年里出现，并且不会消失。如果宝宝有很多这样的斑(6 个或以上)，要及时告知医生。

蒙古斑。蒙古斑呈蓝色至灰蓝色，类似淤青，一般出现在臀部或背部，有时会出现在腿部和肩膀，可能会很大。非洲、亚洲或印度裔人群中，每 10 个孩子有 9 个会有这样的斑点。在地中海血统的宝宝中也相当常见，但在金发蓝眼的宝宝中则很少见。虽然大多数蒙古斑一出生就有，第一年内会褪去，但是偶尔也有很晚才出现，或持续到成年的蒙古斑。

先天性色痣。这种痣的颜色从浅棕色到黑色，可能带毛。小的痣很常见，较大的如"先天性巨大色素痣"很少见，但变成恶性的风险很高。如果可以完全祛除，通常建议祛除大的色痣以及可疑的较小色痣（宝宝 6 个月大以后进行），不能祛除时，要请皮肤科医生仔细检查。

皮肤上的斑点

"宝宝的脸上和身上有红色的斑点，斑点中间还有白点。这需要担心吗？"

这些斑点可能不漂亮，但也无须担心——这只是宝宝身上很多让人意想不到的皮疹中的一种（可能让宝宝的皮肤不那么光滑了）。这些斑点非常常见，虽然它们的名字很可怕（比如毒性红斑），外表也难看（不规则的红色斑点，中间是白点，就像被一群愤怒的昆虫叮咬过），但这些斑点都是无害的，也只是暂时的。它们会在几周内消失，无须治疗。要忍住，不要去擦洗。

宝宝身上还长了其他让你担心的斑点、白头或痘痘？关于这些皮肤问题，参见第 219 页。

嘴巴里的囊肿和斑点

"宝宝大哭时，我注意到她的牙龈上有一些白色肿块。她是长牙了吗？"

先不要大惊小怪，6 个月大时，大部分宝宝还没有长出门牙，牙龈上的白色小肿块很可能是充满液体的丘疹或囊肿。这些囊肿是无害的，在新生儿中很常见，并且会很快消失，不会在牙龈上留下什么。宝宝下一次咧嘴笑时，你就能看见干净的牙龈了。

有些宝宝出生时口腔上腭会长出白色的斑点。就像囊肿一样，这很常见而且无害。它叫作"爱泼斯坦小结"，无须治疗就会消失。

早期的牙齿

"我发现宝宝一出生就有两颗门牙，这让我很震惊。医生说必须将它们拔掉，为什么呢？"

偶尔，新生儿会有一两颗牙。这些小巧的珍珠白牙可能很可爱，但如果没有牢牢地长在牙龈上，可能需要拔掉，以防宝宝窒息或吞下。这种提前长出来的牙齿可能是乳牙或多余的牙齿。拔出后，恰当的时候自然会长出乳牙。但如果这就是乳牙，拔出后可能要装上暂时性义齿（在其余乳牙长出后装），直到第二次长牙。

鹅口疮

“宝宝口腔内侧有厚厚的白色斑块。我以为那是吐出的奶，但我擦拭它时，宝宝的小嘴就开始流血了。”

很可能是你和宝宝之间有真菌传染。真菌感染是引起宝宝口腔疾病的原因，起源可能是产道感染了白色念珠菌，这是一种存在于口腔和阴道中的真菌，通常在体内其他微生物的作用下，不会引起病症。但如果你生病了、使用抗生素，或激素发生变化（例如怀孕），这种平衡会被打破，白色念珠菌就会大量繁殖，引起感染。

由于宝宝通常是在出生时患上鹅口疮的，这种病症在新生儿和 2 个月以下的宝宝中最常见。较大的宝宝如果长期服用抗生素、免疫力低下，或在母乳喂养中与妈妈发生了交叉感染，也可能会患上。

怎么辨别宝宝是否患有鹅口疮呢？鹅口疮会以凸起的白斑形式出现，看起来就像松软的干酪或凝乳，附着在宝宝脸颊内侧，有时还会出现在牙龈、舌头、上腭，甚至喉咙后部。可用纱布裹住手指轻轻擦拭，如果是鹅口疮，白色的斑块就不容易脱落；而如果斑块脱落，你会发现下面还有新的红色斑块。宝宝在吃奶或吸吮安抚奶嘴时哭闹（吸吮一阵后痛苦地将头转开），可能是宝宝患有鹅口疮的另一个信号，尽管有些宝宝看似没有不舒服的症状。

如果你怀疑宝宝患了鹅口疮，联系医生，医生可能会开抗真菌药物(如制霉菌素)。将它局部涂抹在宝宝口腔内部和舌头上（确保涂在嘴里所有的斑块上），连续涂抹 10 天，遵医嘱每天多次涂抹。

情况严重的话，医生可能会开氟康唑，一种口服药物，通过滴管喂服。有些患有鹅口疮的宝宝尿布区会出现真菌感染症状，表现为发炎的红疹。这时，医生会开另一种专门治疗尿布区感染的抗真菌药物。

奶白色舌头

为什么宝宝吃完奶后舌头是白的？担心可能是鹅口疮？如果白色的舌头是宝宝唯一的症状，这可能是因为他现在只吃奶。宝宝吃奶后，乳汁会残留在舌头上，但通常在一小时内会溶解。还想再确定一下？很简单，用柔软的湿布把那层白色擦掉。如果擦完后舌头恢复粉红、看起来很健康，那就是乳汁。如果还是不能确定、怀疑是鹅口疮，咨询医生。

你是母乳喂养妈妈吗？那么很可能宝宝不是唯一感染这讨厌真菌的人。真菌感染会通过宝宝的嘴巴传染妈妈的乳头（如果妈妈和宝宝都没有治疗，会交叉感染）。乳头感染鹅口疮的症状是乳头疼痛、有灼烧感，乳头外表粉红、发亮、瘙痒、脱皮或干燥。喂奶时或喂奶结束后还可能出现乳房刺痛的现象。

如果你怀疑乳头感染了鹅口疮（无论是否看见宝宝嘴里有鹅口疮），及时和医生联系。如果你和宝宝中有人确诊，无须中止哺乳，但是哺乳过程中你会非常疼，这也是你和宝宝需要立刻治疗的另一个原因。医生可能会给你开抗真菌软膏，涂抹在乳头上。如果条件允许（你有足够的私密空间而且天气允许），每天把乳头暴露在阳光下几分钟，真菌害怕阳光。益生菌也有助于加速恢复，帮你远离真菌感染，在哺乳期间服用益生菌是安全的。医生也可能会让宝宝服用一些婴儿益生菌。

为了避免可能的感染（也预防再次感染），要定期清洗安抚奶嘴、奶瓶和吸奶器接触乳头的部位，并给它们消毒。不喂奶时让乳头保持干爽，喂奶后换上干净的乳垫，穿透气的棉质文胸并每天用热水清洗（在太阳下晒干可提供更多保护）。抗生素会引发真菌感染，你和宝宝只能在必要时使用。

黄疸

“医生说宝宝患有黄疸，必须在蓝灯下照射一段时间才能回家。他说情况并不严重，但让宝宝留在医院，这听起来就觉得很严重。”

一半以上的宝宝从出生第 2 ~ 3 天开始皮肤会变黄——这是血液中的胆红素过量引起的新生儿黄疸。变黄先从头部开始，然后向下延伸到脚趾，浅肤色宝宝的皮肤，甚至眼白也会变色。黑色和棕色皮肤的宝宝这个过程是一样的，不过只能在手掌、脚心、眼白处看出变黄。黄疸在东亚和地中海裔宝宝中更常见，但由于他们的皮肤为黑色、黄褐色或浅黄色，往往不容易被发现。

胆红素是红细胞正常分解过程中产生的化学物质，血液中的胆红素一般可通过肝脏清除。但新生儿产生的胆红素通常会超出未发育完全的肝脏的处理能力。结果就是血液中的胆红素含量过高，引起身体变黄，这就是我们所说的生理性（正常）黄疸。

在生理性黄疸中，变黄通常从出生后第 2 ~ 3 天开始，第 5 天最严重，到 7 ~ 10 天基本消退。在早产儿中，黄疸可能会出现得稍晚(第3～4天)，并且持续的时间较长（14 天或更长），因为他们的肝脏发育更不完全。出生后一段时间体重大减，母亲患有糖尿病，或通过引产降生的宝宝，更可能患黄疸。

轻到中度的生理性黄疸一般不需要治疗。医生通常会将患有严重生理性黄疸的宝宝留院观察几天，并在荧光灯下光疗，这种荧光灯就叫作蓝灯。光线会改变胆红素的结构，使宝宝的肝脏更容易将它排出。在治疗期间，宝宝要全裸、只穿尿布，眼睛要遮盖起来，防止光线照射。还要给宝宝额外补充水分，弥补皮肤中流失的水分。除了喂奶，宝宝都要待在育婴室中。使用独立的仪器或用光纤毯包裹住宝宝，能让治疗更灵活——宝宝可以随妈妈出院，在家光疗。

大多数情况下，经过治疗，胆红素水平（由血液测试确定）会逐渐降低，回到家里时宝宝已恢复健康。

少数情况下，胆红素比预计的水平更高或增加得更快，这样的黄疸可能不是生理性的。与生理性黄疸相比，这类黄疸发病期会提前或晚一些，胆红素水平更高，叫核黄疸。通过治疗降低异常高的胆红素水平，对于预防胆红素在宝宝大脑中积聚很重要。核黄疸的症状是宝宝的哭声很微弱，新生儿的反射迟缓，吸吮能力差（在灯光下治疗的宝宝也可能会显得迟缓，不过是因为环境温暖舒适、受到的刺激不够，并不是因为核黄疸）。核黄疸如果不予治疗，会造成大脑的永久性损伤，甚至死亡。

有些医院会通过血液测试，或用胆红素测定仪来检测宝宝血液中的胆红素水平，并通过后续的健康检查，确保这些非常少见的核黄疸病例没有错过治疗。儿科医生第一次给宝宝做健康检查时，也要检查宝宝的肤色，排查非生理性黄疸（对较早出院的宝宝和在家分娩的宝宝尤其重要）。非生理性黄疸的治疗手段取决于病因，通常也会采用光线疗法、输血或手术等。到宝宝 3 周大时，如果还有可见性黄疸，要请儿科医生检查。

“我听说母乳喂养会引起黄疸。我的宝宝有一点黄疸，我应该停止哺乳吗？”

一般来说，母乳喂养的宝宝血液中的胆红素水平要比吃配方奶的宝宝高，并且这样的高水平胆红素持续时间也较长（约 6 周）。这种生理性（正常）黄疸看起来有点夸张，但你既不需要担心，也不应该把它作为离乳的理由。

事实上，中断母乳并不会降低胆红素水平，还会妨碍哺乳期母婴关系的建立。恰恰相反，建议在宝宝出生后 1 小时内就喂母乳，这样能降低宝宝的胆红素水平。

如果宝宝在出生后 1 周里胆红素水平快速升高，并且排除了非生理性黄疸的情况，这时就要怀疑是母乳性黄疸。有观点认为，有些女性母乳中的某种物质会干扰胆红素的分解，引起母乳性黄疸。据估计，母乳喂养的宝宝中约有 2% 会出现这种情况。多数情况下无须治疗，也无须终止母乳喂养，几周内症状会自然消失。如果到宝宝 3 周大时黄疸还未消失，请咨询医生并检查。

大便的颜色

“我第一次给宝宝换尿布时，他的大便是黑绿色的，这正常吗？”

在未来一年里，你会在宝宝的尿布上有各种各样的发现，这只是第一次。大多数情况下，这些发现虽然偶尔会让你感到不安，但是完全正常。黏黏的黑绿色胎便，是宝宝未出生时直肠中逐渐累积的。这些胎便排泄出来是个好信号——说明宝宝的直肠是通畅的。

有时，经过第一个 24 小时，当所有胎便都排出后，就可以看到深黄绿色的过渡期大便，而且很松软，有时呈颗粒状（特别容易出现在母乳喂养的婴儿中），偶尔还会带有黏液，甚至会带有血迹，那可能是宝宝在分娩过程中吞下了母亲的血液（以防万一，你可以将带有血迹的尿布给护士和医生看）。

新生儿的大便情况

看到一个脏兮兮的尿布，就了解宝宝排便的全部情况了？还差得远呢！虽然目前宝宝吃的东西不是母乳就是配方奶，但排泄物的情况要复杂得多。事实上，宝宝大便的颜色和质地每天都不一样，每次排便也不一样，即使是有经验的父母也会担心。

黏黏的，像焦油一样；黑色或深绿色。这是胎便——新生儿最初的几次排泄。

颗粒状；黄绿色或棕色。过渡期大便，一般出现在出生后第 3 天或第 4 天。

粗粒状、凝乳状、奶油状或块状；从淡黄色到暗黄色或浅绿色。吃母乳的宝宝排出的正常大便。

有点成形；从浅棕色到鲜黄色再到深绿色。吃配方奶的宝宝排出的正常大便。

排便频繁，稀的；比平时更绿一些。这是腹泻的表现。

坚硬，像小球一样；黏黏的或带血。宝宝便秘了。

黑色。宝宝需要补铁。

有红色条纹。这是乳汁过敏或直肠裂伤（直肠撕裂，通常由便秘引起）的表现。

黏稠的；绿色或浅黄色。宝宝受到病毒感染了，比如感冒或胃炎。

回家前后的注意事项

20 世纪 30 年代，美国的新生儿和母亲需住院 10 天才能回家，50 年代时，需要住院 4 天后回家，80 年代时，2 天就能回家。到了 90 年代，保险公司为了削减成本，将住院时间限制在几个小时。为遏制这种“快餐式分娩”，美国联邦政府在 1996 年通过了《新生儿和母亲健康保护法案》。法案要求保险公司支付顺产后 48 小时、剖腹产后 96 小时的住院费用，但在宝宝和母亲都健康的情况下，有些母亲会选择尽快出院回家。

想早点睡在自己的床上，吃上可口的食物？是否能尽快出院，最好根据检查结果做决定。如果宝宝足月分娩、体重适当，并且已经开始正常喝奶，父母了解新生儿护理的基本知识，能够很好地照顾宝宝，就可以早点出院。

如果你和宝宝提前出院（或你是在家分娩的），应在出院后 48 小时内安排一次检查。同时，要留心观察宝宝是否有急需医学护理的情况，比如：不愿吃东西、脱水（24 小时内排尿少于 6 次或尿液呈深黄色）、一直哭、不哭但呻吟、完全不哭、发烧、皮肤上有红点或紫点。还要注意宝宝是否有黄疸的症状——浅肤色宝宝的眼睛和皮肤是否发黄，深肤色宝宝的眼睛、手掌和脚跟是否发黄。要检查新生儿是否患有黄疸，可以用你的大拇指按压宝宝的大腿或手臂，如果皮肤不是变白，而是变黄，那么宝宝可能患有黄疸。深肤色宝宝或亚洲宝宝，可在其脸颊内侧、嘴唇，或手掌、脚底按压，看看皮肤是否会变白。

过渡期大便持续 3 ～ 4 天，之后宝宝会排出什么，取决于你喂他什么。如果吃母乳，那么大便就呈芥末绿色，并且带有黏性，有时是松软的，甚至呈水状，有时则呈颗粒状、糊状或凝乳状。

如果吃配方奶，大便通常比较松软，但比吃母乳的宝宝的大便更易成形，颜色从浅黄色到黄棕、浅棕或棕绿色。宝宝饮食中的铁（无论是来自于配方奶还是维生素滴剂）会让排泄出的大便呈黑色或深绿色。

无论你做什么，都不要将宝宝的尿布与其他宝宝比较。就像指纹一样，没有两种大便是完全一样的。与指纹不同的是，不仅不同宝宝的大便不同，同一个宝宝每天（甚至每次）的大便也不同。当宝宝开始吃辅食，随着摄入食物的变化，大便的变化会更明显。

安全地坐车回家

第一次坐车回家，以及之后每次坐车，宝宝都必须被安全地固定在正确安装的汽车安全座椅上。安全座椅和安全带一样，都是法律要求必须使用的，没有安全座椅固定的宝宝就不安全。车祸是导致儿童伤亡的主要原因。即使车程只有几个街区（大多数意外都发生在离家40公里内的地方，而不是高速公路上），即使是慢速驾驶（如果以50公里/小时的速度发生碰撞，受到的冲击力与从3楼落下的冲击力相同），即使你系着安全带并紧紧抱着宝宝（撞车时，宝宝可能会被大人的身体压到，或被从大人的胳膊里甩出去），即使你非常小心地驾驶（没有发生撞车也可能造成严重后果——很多意外都发生在短暂停车，或为了避免意外而突然转向时），即使你只是在同一个停车场、从一个停车位开到另一个停车位，都必须将宝宝的安全带系牢。

从第一次坐车起，就要让宝宝熟悉汽车安全座椅，这样他会自然而然地接受它。习惯了使用安全座椅的宝宝不仅更加安全，而且表现更好——等你以后和学步期宝宝一起乘车时，就会知道它的好处。

检查安全座椅是否符合安全标准，还要确保安全座椅适合宝宝的年龄和体重，并正确安装和使用。

- 按照厂商的指导安装安全座椅，为宝宝提供保护。每次使用前检查安全座椅和安全带是否正确固定，或通过LATCH系统（参见第50页）将宝宝舒适、牢牢地锁住。安全座椅不应摇晃、转动、左右滑动、翻倒，前后左右推拉时移动位置不超过2.5厘米——座椅只要正确安装就非常稳定（当你抓住安全座椅顶部的边缘用力往下拉时，椅背稳定在原来角度不变，这样反向安装的婴儿安全座椅就够牢固了）。为确保你已经正确安装安全座椅，可以请专业人士检查。但要记住，只有专业的汽车安全座椅技术人员才掌握最新的建议信息。为了放心，你可以在当地寻找一位经过认证的技术人员，请他帮你安装或检查汽车安全座椅。
- 宝宝2周岁前，或体重超过座椅上限之前（通常是27千克），应该坐在面朝后的安全座椅上（倾斜45度角）。专家认为，汽车在发生撞击时，面朝后的安全座椅能更好地保护幼儿（2岁以下幼儿在使用面朝后的安全座椅时，在撞击中重伤或死亡的可能性会降低75%）。

这是因为在面朝后的安全座椅上，幼儿的头、颈和脊椎能受到更好的保护，重伤的风险要小得多。大多数幼儿在超过 2 岁时，还未超过安全座椅的体重要求，但有些学步期幼儿个头较大，不到 2 岁时就可换为正向座椅。当宝宝长到不能再使用婴儿汽车安全座椅后，建议改用可转换方向的安全座椅，能提供更大空间，容纳较大的宝宝面朝后乘坐。

• 将婴儿安全座椅固定在后排中间座位（中间座位要有 LATCH 系统；如果没有，就安装在带有 LATCH 系统的靠窗一侧座位）。不要把面朝后的安全座椅固定在装有安全气囊的副驾驶座上——如果安全气囊弹出（即使是低速下的小事故也会弹出），冲击力会重伤宝宝或造成致命危险。事实上，对所有 13 岁以下儿童来说，最安全的地方都是后排座位。更大一些的孩子才可以坐在前排，而且要确保有安全保障，并且坐得尽可能远离副驾驶座上的安全气囊。

• 将肩带调整到适合宝宝的长度。面朝后的安全座椅的肩带槽口应当位于或低于宝宝肩膀，肩带在胸前的锁扣应当和腋窝齐平。肩带应当平整，没有卷曲，并系得够紧，与宝宝锁骨的间隙小于两根手指宽。查看使用说明，了解在行驶过程中如何安置好手提把手。

• 给宝宝穿能够将安全带系在两腿之间的衣服。寒冷的天气给宝宝系好安全带后再盖上毯子（调整好背带，保证舒适后）。不要给宝宝穿防寒服，厚厚的防寒服会导致安全带系不紧，参见第 49 页。

• 很多婴儿安全座椅附带特殊的插垫，能防止宝宝头部上下左右摇晃。如果没有，可在安全座椅侧边，以及头部和颈部周围用卷起来的毯子支撑宝宝的小脑袋，但不能垫在宝宝身体下方。不要使用与汽车安全座椅不配套的垫子，这样做不仅会让保修失效，宝宝也不安全（参见第 49 页）。

• 大一点的宝宝可以用尼龙搭扣或塑料绳（长度不超过 15 厘米）将柔软的玩具系在座位上，否则宝宝不玩的玩具会在车里乱飞或掉在地上。这样宝宝会不开心，还会分散司机的注意力。也可以买专门为婴儿安全座椅设计的玩具。

• 在商场购物时，很多婴儿汽车安全座椅可以锁在购物车里——这样肯定很方便，但也有潜在危险。宝宝和安全座椅的重量会让商场购物车头重脚轻，更容易翻车。所以把宝宝的安全座椅放在购物车里时，要格外小心。或者按照美国儿科学会的建议，购物时最安全的方式是使用婴儿背巾、背带或婴儿车。

• 美国联邦航空局（FAA）建议，坐飞机时，不满 4 岁的宝宝应当使用儿童安全座椅（用飞机上的安全带固定好）。大多数经过认证的婴儿安全座椅、可转换方向的座椅和正向座椅都可以在飞机上使用（参见第 500 页）。

• 关于婴儿安全座椅的选择、安全带的类型等信息，参见第 2 章。

• 汽车安全座椅最重要的原则是：绝对没有例外——无论何时，只要汽车在行驶，车内的每个人都要确保安全、正确地系好安全带。

使用安抚奶嘴

“如果我女儿在育婴室就含着安抚奶嘴，她会上瘾吗？”

宝宝天生就会吸吮，这使得安抚奶嘴在医院的育婴室非常流行，不论是小宝宝还是那些照顾他们的人，都很喜欢。宝宝在育婴室的那一两天使用安抚奶嘴并不会让他上瘾，只要宝宝能吃饱，在喂完奶后用安抚奶嘴享受一下没问题。事实上，使用安抚奶嘴还有一些好处——美国儿科学会提出，在宝宝睡觉时给他安抚奶嘴，可以预防婴儿猝死综合征，所以，让宝宝早点使用安抚奶嘴吧（等太久再给宝宝用安抚奶嘴的话，他可能会拒绝）。选择母乳喂养的妈妈也可以给宝宝用安抚奶嘴，不用担心会混淆乳头或干扰母乳喂养，这两种说法都没有依据。

如果你担心安抚奶嘴会过度满足宝宝的吸吮需求（尤其是当你在母乳喂养，宝宝的吃奶情况又不太好的时候），可以要求医护人员在育婴室不要给他使用安抚奶嘴。要让护士知道：宝宝哭的时候你更愿意让他吃奶，如果他刚刚吃完奶，可以用一些其他安抚措施代替安抚奶嘴。回到家后，如果宝宝两餐之间看起来还有吸吮需求，再考虑给他安抚奶嘴（参见第 211 页）。

父母一定要知道：育儿入门

尿布穿反了？花了 5 分钟才让宝宝打嗝？给宝宝洗澡时忘了清洗腋下？不要担心，这些照顾婴儿的小问题，宝宝会原谅，甚至根本注意不到。和每个新手父母一样，你想尽可能地照顾好宝宝——即使远远达不到完美的标准。接下来的内容能帮助你完成这个目标。但要记住，这些只是建议，你可能会跌跌撞撞(有时确实会跌倒)地摸索出适合你和宝宝的最佳方式。只要安全，就尽管去做。

给宝宝换尿布

最初几个月里，换尿布的频率很高——宝宝醒着的时候有时每隔 1 小时就要换一次，甚至更加频繁（尤其是母乳喂养的新生儿）。虽然这并不是你的新工作中最好的部分（温暖地和宝宝依偎在一起），但却是必要的部分。勤换尿布（至少在每次喂奶前后，宝宝尿湿后，以及大便后）是避免宝宝臀部敏感区域受到刺激、出现尿布疹的最好方法。

不需要费力观察什么时候该换尿布。大便的声音会告诉你宝宝排便了，如果你没听到，很快就会闻到臭味。分辨宝宝是否尿了也很容易，摸尿布可以感觉到湿了，带有液体感应变色条的一次性纸尿裤会出现标记，如果用的是普通一次性纸尿裤，看一眼(并闻一下）也能知道。

不必为了换尿布而唤醒睡着的宝宝，除非尿布湿透了让他不舒服，或是宝宝排便了。夜里喂奶时也不必换尿布，因为换尿布的动作和灯光会干扰宝宝，让他难以入睡。

换尿布时，以下要点能帮你更好地照顾宝宝。

1. 换尿布前确保需要的物品都放在手边，也可以放在尿布台上；如果出门，要放在尿布包里。否则，你会发现拿走脏尿布后，没有可以用来清理的物品。可能需要的物品有：

- 干净的尿布；
- 不到一个月的宝宝（或有尿布疹的宝宝）需要用棉球蘸温水擦拭，用干毛巾吸干；其他宝宝只需用湿巾擦拭；
- 如果尿布把衣服弄湿了，需要换衣服；如果用布尿布，要清洗尿布罩或防水裤等；
- 如果长尿布疹，需要用药膏和霜剂；不必准备润肤乳、润肤油或爽身粉。

2. 在换尿布前，清洗双手并擦干，或用湿巾擦拭一下。

3. 让宝宝玩耍，转移他的注意力。宝宝最喜欢你的表演(轻声说话、做鬼脸、唱歌)，还可以用很多东西转移宝宝的注意力：转动挂在尿布台上的玩具、在宝宝的视野里（以后，可以放在宝宝能拿到的地方）摆放一两个毛绒玩具、音乐盒、机械玩具——不论是什么，只要能吸引宝宝的注意力，让你有足够的时间换下脏尿布，再换上干净的尿布即可。

4. 如果不在尿布台上换尿布，要铺一块隔尿垫。不论在哪儿更换尿布，都要注意看着宝宝，哪怕只离开一会儿，哪怕宝宝还不会翻身。即使在尿布台上换，你和宝宝的距离也应

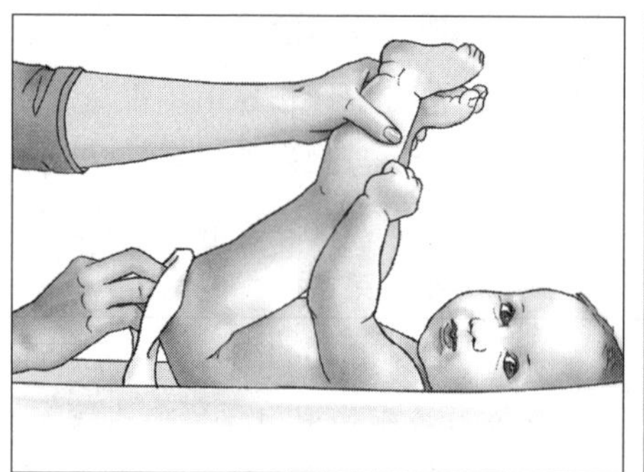

彻底清洁宝宝的屁股，确保所有的褶皱处都清洁干净了。

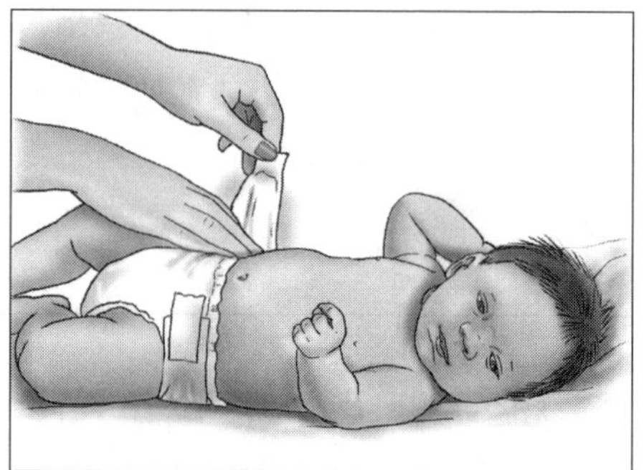

当宝宝柔软的屁股完全干爽后，把干净的纸尿裤穿好系紧，以减少渗漏。

当在一臂之内。

5. 解开尿布，但不要脱掉，先观察一下。如果屁屁上有大便，可以用尿布将大部分大便擦掉，再折叠起来垫在宝宝屁股下，用没弄脏的一面充当防护，再用温水或湿巾彻底擦洗，确保清洁了所有褶皱处。然后抬起宝宝的双腿擦洗臀部，再将脏尿布拿开，铺好干净的尿布后放下宝宝的双腿。确保宝宝的臀部完全干爽后，再换上干净的尿布（或按需要涂抹药膏）。如果发现任何刺激的迹象或皮疹，参见第 271 页的处理方法。如果脐带残端还未脱落，把尿布往下折一些，让伤口透气、防止沾水，或用有特殊设计的新生儿尿布。确保将干净的尿布穿好系紧，以减少渗漏，但也不能太紧（如果宝宝的屁股出现印痕，说明尿布太紧了）。

给男孩换尿布时，用尿布盖住宝宝的阴茎作为保护，宝宝的阴茎会勃起——换尿布的时候经常会这样，很正常。清洗宝宝的阴囊和阴茎下方及四周时轻柔一点就可以。穿尿布时，阴茎应向下，这样尿湿的部分就不会向上蔓延，弄湿衣服。

6. 丢弃尿布时要注意卫生，用过的一次性纸尿裤要折好扎紧，丢入垃圾桶。用过的布尿布应当保存在盖紧的尿布桶中，等待清洗或清洁公司上门收取。但在这之前，方便的话可以先把尿布上的大便清理掉。如果出门在外，可以将用过的尿布放在塑料袋中带回。

7. 根据需要更换宝宝的衣服及床单。

8. 用香皂和水清洗双手，或用消毒湿巾、消毒洗手液彻底清洁双手。

让宝宝打嗝

吃奶时宝宝吞下的不完全是奶，空气会随着那些营养丰富的液体一起被吞下去，让宝宝还没吃饱就有腹胀的不适感。这时就要让宝宝打嗝，将空气排出来，比如用奶瓶喂奶时每喝

趴在肩上的姿势可以让很多宝宝打出嗝来，但别忘记保护好你的衣服。

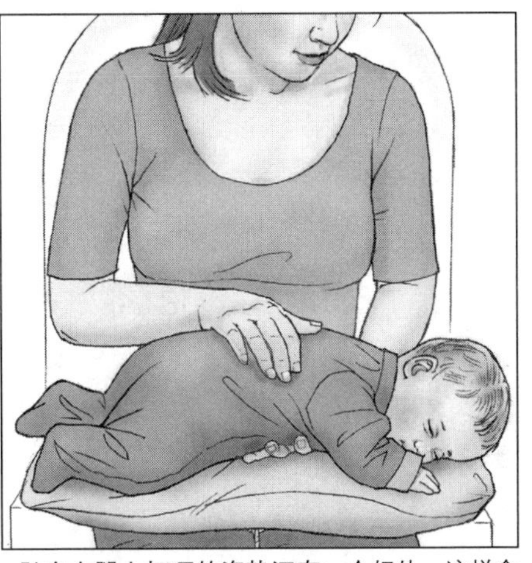
趴在大腿上打嗝的姿势还有一个好处：这样会让肠痉挛的宝宝感觉很舒适。

60 毫升奶，母乳喂养时每吸空一侧乳房（如果你的宝宝很小，一次只能吸空一侧乳房，就在这一侧乳房吸到一半时）。

轻拍或轻抚可以帮助大部分宝宝打嗝，但有些宝宝需要稍微用力一些。常用的让宝宝打嗝的方法有：让宝宝趴在你肩上；面朝下趴在你的大腿上；或是坐着——最好 3 种方法都尝试一下，看看哪种方法对你的宝宝最有效。

趴在肩上。让宝宝趴在你的肩膀上，抱紧宝宝，一只手稳稳地支撑宝宝的臀部，另一只手轻拍或轻抚宝宝的背部（重点放在宝宝身体的左侧，也就是胃部附近）。

趴在腿上。让宝宝面朝下趴在你的腿上，腹部靠在一条腿上，头部在另一条腿上。用一只手稳稳地扶住宝宝，另一只手轻拍或轻抚。

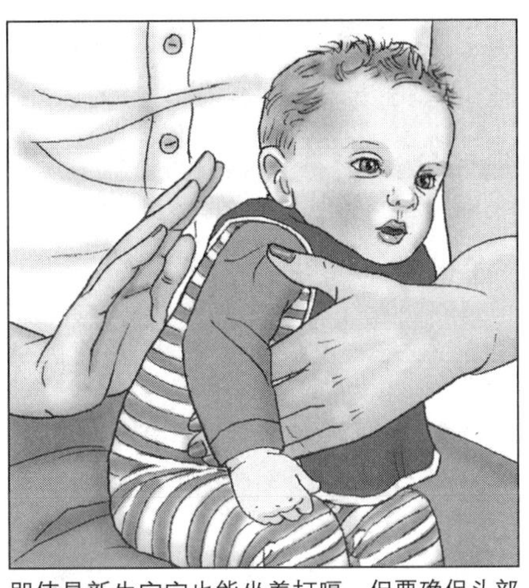
即使是新生宝宝也能坐着打嗝，但要确保头部有足够的支撑。

坐着。让宝宝坐在你的腿上，头部向前倾，将你的胳膊放在宝宝的下巴下方，支撑他的胸部。轻拍或轻抚，确保不要让宝宝向后仰。

给宝宝洗澡

宝宝还不会在地上爬来爬去、弄

得全身脏兮兮，所以现在还不需要每天都洗澡。只要在换尿布和喂奶后，适当清洗局部就可以了。宝宝还不会爬之前，每周洗 2 ～ 3 次即可，这样宝宝就能保持干净，身上闻起来香香的。如果宝宝正好不喜欢泡在浴缸里，这个频率正合适。需要的话，2 次洗澡中间可以用海绵帮他擦洗身体。宝宝喜欢泡在浴缸里？那也没什么坏处，只是皮肤容易干燥。

一天中的任何时候都可以给宝宝洗澡，但睡觉前洗澡最好——温水有助于放松，可以安抚宝宝更好地进入睡眠。另外，宝宝积累了几天污垢，晚上洗澡对身体内外都有好处，还能成为睡前仪式中珍贵的一部分。避免在吃奶前后洗澡，因为饱腹的情况下洗澡会让宝宝吐奶，而饿着肚子洗澡，宝宝会不配合。时间充裕的时候洗澡，这样既不会太着急，也不用因为处理其他事情，而没有人照顾宝宝，哪怕只有一秒钟。

尿布台、你的床或是宝宝的小床（如果床垫够高的话），任何可以用隔尿垫或厚毛巾覆盖的平面，都是适合擦洗的地方。等宝宝可以从擦洗改为泡澡后，可以用厨房或浴室的水槽，或是放在浴缸中的便携式浴盆（但在浴盆上方弯腰、伸手可能不太方便）。放浴盆的平台应当便于活动，并有足够的空间摆放各种洗浴用品。

在最初几个月里，为了让宝宝舒适，洗澡时要保持温暖、无风。确保房间温度保持在 24℃ ～ 27℃（用喷头淋出热水，浴室会很快变暖），关闭风扇和空调，直到洗完澡。

给宝宝脱光衣服之前，准备好以下物品：

- 温水，如果不在水龙头附近洗澡的话；
- 婴儿香皂和洗发水，如果用到的话；
- 两条小毛巾（如果用手来打泡沫，一条就够了）；
- 无菌棉球，用来清洁眼睛；
- 浴巾，最好是连帽式的；
- 干净的尿布、治疗尿布疹的药膏（如果需要的话）和衣服。

用擦洗的方法沐浴。直到脐带和包皮环切术（如果做了的话）的伤口愈合才能盆浴，这差不多要几周时间，在此之前只能用小毛巾给宝宝擦洗。怎样彻底擦洗干净？可以参考以下步骤。

1. 让宝宝做好准备。如果房间很温暖，洗澡前可以将宝宝的衣服都脱掉，盖上一条柔软的毛巾（大多数宝宝都不喜欢被脱光）。如果房间很凉爽，一边擦洗一边给宝宝脱衣服。无论房间温度如何，都不要脱掉宝宝的尿布，直到清洗臀部——没穿尿布的宝宝（特别是男孩）是不定时“尿弹”，随时可能小便。

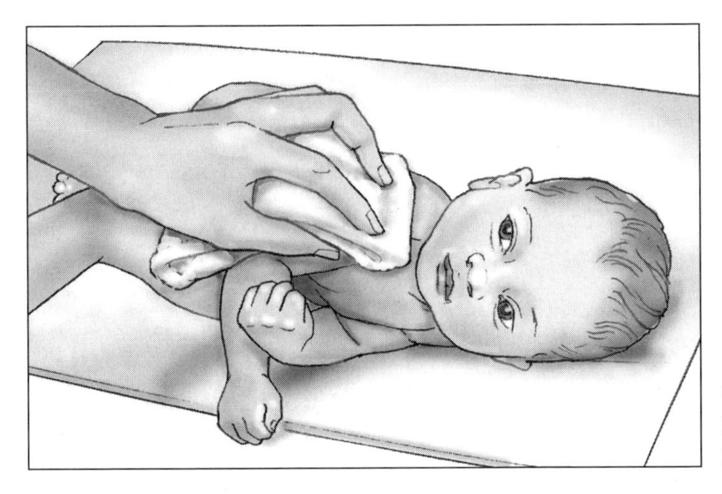

在脐带残端脱落之前，擦洗能帮助宝宝保持清洁。

2. 从最干净的部位开始擦洗，逐渐擦洗到最脏的地方，这样毛巾和水都可以保持相对干净。用手或毛巾打泡沫，但最后要用干净的毛巾擦干。通常可以按照下面的顺序。

• 头部。一周洗 1 ~ 2 次，用婴儿香皂或婴儿洗发水，彻底冲洗干净。其余时间洗澡只用清水清洗头部。小心地撑住宝宝的头（参见第 157 页），让宝宝仰面是最容易且最舒适的清洗姿势。轻轻用毛巾擦干宝宝的头发(一般只需几秒钟)，再进行下一步。

• 脸部。首先，用温水沾湿无菌棉球，清洁宝宝的眼睛，轻轻地从内眼角擦拭到外眼角，每只眼睛用一个干净的棉球。脸部无须使用香皂。擦拭耳郭，但不要擦到耳朵内部。一点点将脸上所有部位擦干。

• 颈部、胸部和腹部。不必用香皂，除非宝宝出了很多汗或很脏。宝宝皮肤的褶皱处一定要擦到位，那里容易积存污垢。脐带四周要小心擦拭，可轻轻擦掉残端上积累的结痂，然后擦干。

• 胳膊。将宝宝的胳膊伸直，清洁肘弯处，轻轻按压他的掌心，让宝宝张开拳头。要打上足够的香皂清洁双手，并在宝宝将双手放进嘴里前冲洗干净、擦干。

• 背部。让宝宝趴着，头偏向一侧，清洗背部，一定不要遗漏颈部的褶皱处，然后擦干。背部没什么污垢，不必用香皂。如果房间温度不高，先给宝宝穿好上衣，再继续洗下半身。

• 腿。将宝宝的腿拉直，清洁膝盖里侧，宝宝可能会抵触，擦干。

• 尿布区。男宝宝要按照割除包皮或未割除包皮的指导（参见第 158 页）小心清洗。要用婴儿沐浴露和清水清洁皮肤的所有褶皱和缝隙处，但不要试图缩回未割除的包皮。擦干尿布区，如果有需要，再涂抹些尿布疹软膏或尿布疹霜。女宝宝要从前往后洗，展开阴唇，用沐浴露和清水清洗。阴道有白色分泌物是正常的，不要刻意清洗。用干净的布和一杯清水冲洗外阴。

3. 给宝宝穿上尿布和衣服。

在浴盆里洗澡。当肚脐和包皮愈合后，宝宝就可以在浴盆中洗澡了。如果宝宝不喜欢待在水里，先擦洗几天再尝试。

1. 把宝宝抱进浴盆之前，放上足够的水，以便把宝宝放入盆中后，他的胸部以下都被温水包围。用你的胳膊肘测试水温，确保温暖舒适。宝宝在浴盆中时不要注水，这可能会导致水温突然改变。不要在水中添加婴儿香皂或沐浴露，这样会让宝宝的皮肤干燥，也会增加尿路感染和过敏的可能性。

2. 给宝宝脱光衣服。

3. 将宝宝慢慢放入水中，用安心的声音和语调安抚宝宝，稳稳地抱住他，防止出现惊跳反射。如果浴盆中没有支撑物，或是宝宝更喜欢靠在你的胳膊上，可以用一只手支撑住宝宝的颈部和头部，直到宝宝能够支撑自己的头部。牢牢抱住宝宝，保持半卧的姿势，如果突然滑入水中，会让宝宝产生恐惧感。

4. 用另一只手清洗宝宝的身体，从最干净的部位逐渐清洗到最脏的部位。首先，用温水沾湿无菌棉球，清洁宝宝的眼睛，轻轻地从内眼角擦拭到外眼角。每只眼睛用一个干净的棉球。然后清洗面部、耳郭和颈部。不必全身都用香皂（除非宝宝的大便弄脏了身体），不过宝宝的双手和尿布区每天都要用香皂清洗。如果宝宝的皮肤不干燥，可以每隔几天用香皂清洗双臂、颈部、双腿和腹部；如果皮肤干燥，可以减少使用频率。用你的手或毛巾涂抹香皂。正面洗干净后，让宝宝趴在你的胳膊上，清洗他的背

要牢牢抱住浴盆中的宝宝，水中的宝宝很湿滑。

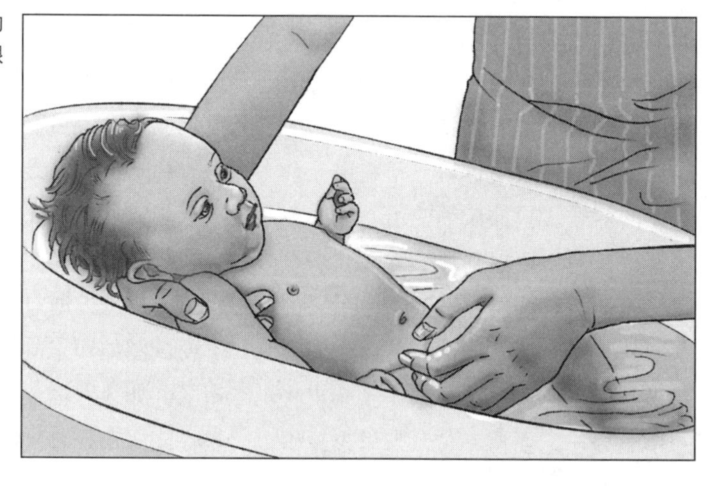

部和臀部。

5. 用干净的毛巾彻底擦洗或用水轻轻冲洗宝宝的身体。

6. 用温和的婴儿香皂或婴儿洗发水（或二合一沐浴露）清洁头皮，一周 1 ～ 2 次。清洗干净后，用毛巾轻柔地擦干。

7. 用毛巾将宝宝裹起来，轻轻拍干，穿上衣服。

给宝宝洗头

给宝宝洗头的过程并不痛苦。但是为了避免日后宝宝对洗头产生恐惧，要避免洗发水进入宝宝的眼睛，即便是无泪配方的洗发水。一周只能用 1 ～ 2 次洗发水，除非宝宝有乳痂或头皮特别油，否则不需要频繁地洗头。当宝宝还很小且还在用擦洗的方法沐浴时，可以在水槽上方给他洗头。

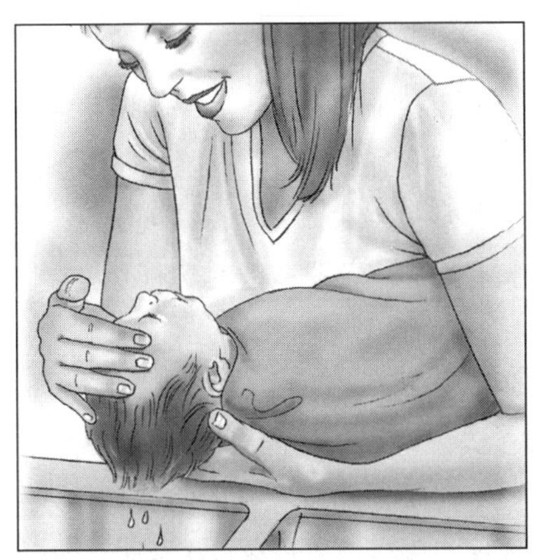

如果宝宝还不会用浴盆洗澡，在水槽边小心地抱着他洗头更方便。

等宝宝能用浴盆洗澡了，可以趁洗澡结束、他还在浴盆里时给他洗头。

1. 轻柔地打湿或用杯子舀水淋湿宝宝的头发。涂抹一点婴儿洗发水或二合一沐浴露（不需要太多，否则难以清洗干净），轻轻地揉搓打泡。使用泡沫丰富的产品可能更容易涂抹均匀。

2. 稳稳地扶住宝宝的头，用喷头或 2 ～ 3 杯清水轻轻冲洗干净。确保宝宝的头微微后仰，这样水会往后流，不会流到脸上。

耳朵护理

宝宝的耳朵基本上不需要护理。不仅不需要清洗，也不应该清洗——无论是用你的手、棉球还是毛巾。给宝宝洗脸的时候，可以用毛巾清理耳郭，但不要试图清洗耳朵内部。不需要担心耳垢，耳垢虽然不美观，但有保护作用——可以防止灰尘和碎屑进入耳道。看到宝宝有耳垢，也不要去掏。如果担心耳垢积累过多，必要时可以请医生清理。

鼻子护理

就像耳朵内部一样，鼻子内部也会自我清洁，无须特别护理。如果有可见的分泌物，轻轻地擦拭外面即可，但不要试图用棉签或指甲掏宝宝的鼻腔，这样只会将分泌物推得更深，甚至划伤脆弱的黏膜。如果宝宝因感冒分泌了很多黏液，可以用婴儿吸鼻器来清理（参见第 530 页）。

修剪指甲

大多数新手父母都觉得给新生宝宝修剪小指甲很难，但宝宝的指甲必须要剪。宝宝缺乏对手的控制，而且指甲太长风险很大，可能会划伤宝宝的脸。

宝宝出生时通常指甲很长（尤其是晚于预产期出生的宝宝），而且很软，剪掉它们就像剪纸一样容易。但让宝宝在剪指甲时不乱动，就没那么容易了。如果宝宝已经睡熟、你不介意吵醒他，可以在睡觉时给他剪指甲。要用婴儿专用指甲刀，这些工具的前端是圆的（就算剪指甲时宝宝被惊醒，动来动去也不会伤着他），或使用有同样设计的指甲钳——有些甚至带有内置放大镜，帮助你看得更清楚。还是有点担心？可以试试婴儿指甲锉，或找个帮手——一个人握住宝宝的手（唱首歌分散宝宝的注意力），另一人给宝宝剪指甲。想让修剪指甲更容易？试试在沐浴后剪指甲，这时指甲最柔软，也最容易剪。但宝宝身上湿滑的时候不要去剪。

剪指甲时，握住宝宝的手指，把指尖往下压。轻轻地沿着指甲的曲线快速剪下，小心不要剪得太多，以免剪到指尖。剪脚指甲时，沿“一”字线剪下指甲。记住，脚指甲生长得更慢，需要修剪的频率更低。

如果不小心剪破宝宝的皮肤，不要自责，也不要担心，每个出于善意的妈妈或爸爸在修剪时都可能发生这种情况。用干净的纱布轻轻按压伤口，很快就能止血。

脐带残端护理

宝宝在子宫里与妈妈亲密联系的最后纪念品就是脐带残端。宝宝出生几天后，它会变黑，1 ～ 4 周后就会脱落。保持干燥透气的环境可以加速它愈合，把尿布往下折一些，避免摩擦结痂处，也可以用裹身式内衣代替连体衣（或者给宝宝穿为脐带残端特别设计的连体衣）。不要用酒精擦拭脐带残端（这会刺激宝宝娇嫩的肌肤，并不会加速愈合），在残端脱落之前，只能用擦洗的方式沐浴。如果发现脐带残端有感染的迹象（肚脐周围渗出液体或变红，参见第 213 页），或宝宝有触痛感，联系医生。

阴茎护理

如果你的宝宝做了包皮环切术，要保持创口清洁，在每次换尿布时轻轻涂抹凡士林，以防尿布摩擦创口。

创口愈合后，洗澡时用沐浴露或水清洗即可。恢复期的更多护理方法，参见第 214 页。

未做包皮环切术的阴茎无须特别护理。换句话说，不用强行缩回包皮清洗里面。几年以后，包皮会与阴茎完全分离，那时孩子就能学会如何缩回包皮并清洗了。

给宝宝穿衣服

宝宝耷拉着小胳膊，两条小腿倔强地弯曲着，这些都表明他非常不喜欢光着身体，而且，他们的头看起来总是比婴儿服的领口大一些。给婴儿穿衣服和脱衣服都是一种挑战，以下建议能够帮助你顺利地给宝宝穿脱衣服。

1. 选择易穿脱的衣服。最好是颈部宽松有开口，且可以快速闭合的衣服。裤裆处有按扣或拉链能让穿衣服和换尿片容易一些。袖子应当宽松(特别是拉链在背部的衣服)。柔软、有弹性的衣服通常更容易穿脱。

2. 避免弄脏衣服。在宝宝吃奶时及吃奶后使用围嘴，可以减少衣物更换的次数。已经来不及了？不用给宝宝换衣服，试试用湿巾在吐脏的地方轻轻吸拭。

3. 在平整的台面上给宝宝穿衣服，比如尿布台或床上。

4. 把换衣服的时间当作交流的时间。告诉宝宝你在做什么，时不时给宝宝一个响亮的亲吻（宝宝的小手和小脚从袖子或裤脚中伸出来的时候亲一亲）。

5. 给宝宝穿衣服之前，用手把领口撑开，轻轻地套在他的头上拉下来，不要太用力。在这个过程中保持领口尽可能张大，避免摩擦到宝宝的耳朵和鼻子（如果不小心碰到了也没关系）。盖住的那一瞬间会让宝宝感

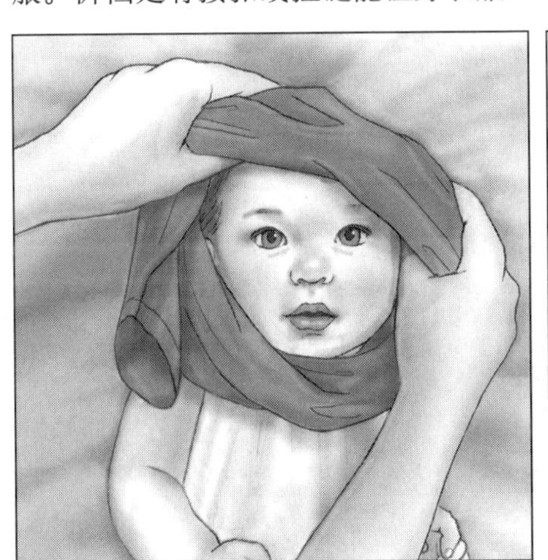

先把领子撑开再把衣服套在宝宝头上。

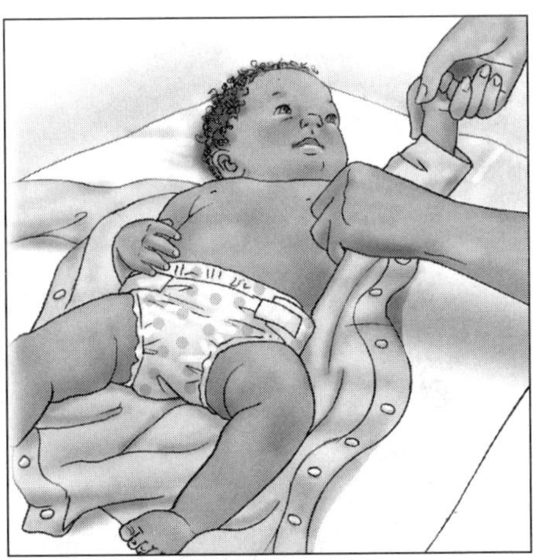

把你的手伸进袖口，帮宝宝的小手从袖子里伸出来。

到恐惧和不适，这时可以和他玩躲猫猫游戏（“妈妈在哪里？在这里！”）。

6. 不要将宝宝的小胳膊硬塞进袖子里，试试把宝宝的手穿到袖口（如果袖子长，把它撸在一起），抓住他的手，轻轻拉出来。在宝宝的小手穿过袖子时，有必要的话也可以展开撸在一起的袖子。还可以和宝宝玩个游戏增添乐趣（“宝宝的小手在哪里？在这里！”）。

7. 拉拉链时，让衣服远离宝宝的身体，以免夹住宝宝娇嫩的肌肤。

举起和抱着宝宝

在过去的9个月里，宝宝一直待在舒适安全的子宫里，时不时轻轻移动。暴露在空气中被人抱起来，又被突然放下，会让宝宝感到很不安，尤其是他的头部和颈部还没有足够的支撑时。因此，好的怀抱技巧不仅要安全地抱着宝宝，还要让他感到安全。抱起新生宝宝时总是忍不住想：“会不会弄伤宝宝？”不用担心。在你还没有意识到这个问题之前，就能自然地抱起你的宝宝了。

把宝宝抱起来。在你触摸宝宝之前，可以通过眼神与他交流或说一些安抚的话语（不要偷偷靠近宝宝），让他知道你来了。然后，将手放在宝宝身下，一只手放在头部和颈部，另一只手放在臀部，抱起宝宝前，保持这个动作一小会儿，让宝宝先适应一下。最后，将放在头部的手滑向背部，用胳膊支撑宝宝的背部和颈部，同时用这只手支撑臀部，另一只手托住宝宝的腿，抱向着你的身体，轻柔地托着宝宝，用你的方式去安抚他。弯下腰，让宝宝离你更近一些——与宝宝离得太远，会让他产生不适感。

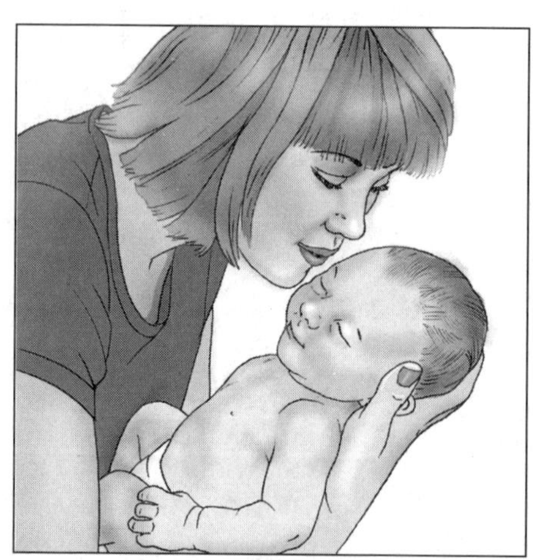

抱起宝宝时，要小心地用胳膊支撑宝宝的颈部和背部。

当宝宝依偎在肩膀上时，确保一只手支撑住宝宝的头部。

舒服地抱着宝宝。仅用一只胳膊就可以非常稳当地抱住小宝宝（手放在宝宝的臀部，前臂支撑宝宝的背部、颈部和头部）。

抱大一点的宝宝时，用一只手托住他的大腿和臀部，另一只手支撑背部、颈部和头部（手托着宝宝的胳膊，手腕支撑他的头部），这种姿势会让你和宝宝都更舒服。

有些宝宝喜欢靠在肩膀上。你可以用一只手托住宝宝的臀部，另一只手支撑他的头部和颈部，让他靠在你的肩上。在宝宝能自己支撑头部之前，你必须给他足够的支撑。一只手就可以做到：将你的手肘放在宝宝的臀部，胳膊支撑他的背部，手托着头部和颈部。

即使是很小的宝宝，也喜欢被人面朝前抱着，这样他们可以看看这个世界，很多大一点的宝宝更喜欢这样。宝宝面朝前时，将一只手放在他的胸前，揽向你的身体，另一只手托着宝宝的臀部。

抱大一点的宝宝时，可以用一只手托住宝宝的臀部，这样另一只手就可以空出来做其他事情。用一只胳膊抱着宝宝，将他紧紧贴向你的身体，臀部靠在你的髋部。如果你的背部不适，要避免这种抱法。

把宝宝放下来。放下宝宝时，先弯下腰，让宝宝贴紧你的身体（不要让宝宝悬在空中太久），一只手放在宝宝的臀部，另一只手支撑他的背部、颈部和头部。保持手部姿势，让宝宝知道你要把他放在一个很舒适、安全的平面上，再将他放下，将手抽出。如果宝宝醒着，用手轻拍一两下，说些让他安心的话（放下睡着的宝宝，而不把他吵醒的窍门，参见第200页）。

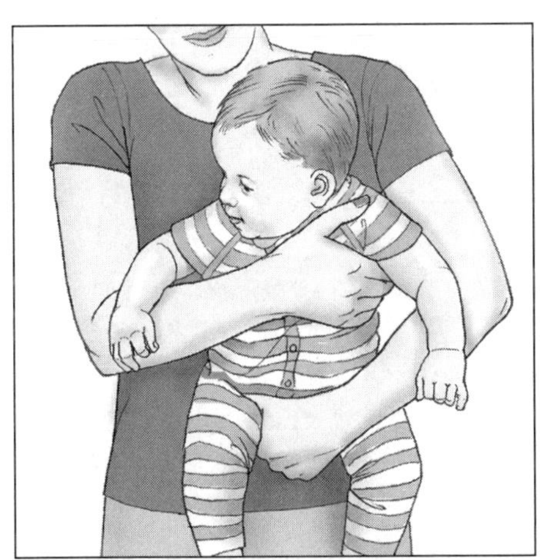

宝宝很喜欢被面朝前抱着，这样他可以看看这个世界。

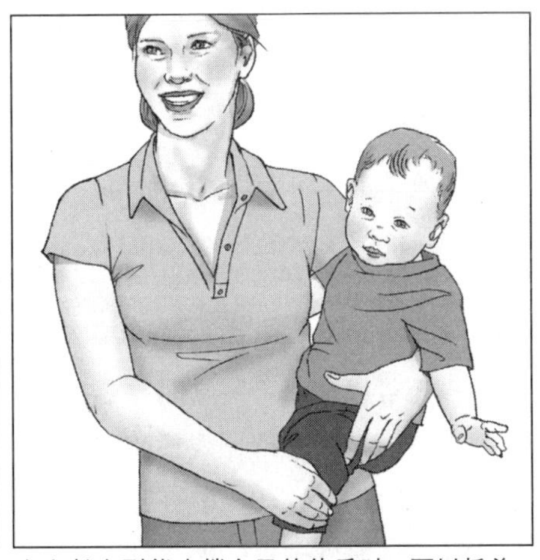

宝宝长大到能支撑自己的体重时，可以托着他的臀部抱着，这样爸爸妈妈能腾出一只手。

给宝宝包襁褓

还记得宝宝第一次从育婴室被抱出来的样子吗？他可能被整齐地包裹着，只露出小脑袋，有点像个墨西哥卷饼。那是因为护士知道让宝宝开心，并安静下来的秘诀：给宝宝包襁褓。这种古老的方法有很多好处。一个好处是，当宝宝从子宫内过渡到子宫外生活，想舒服地躺着睡觉时，襁褓会让他觉得安全。襁褓还能预防宝宝被自己的惊跳反射惊醒，并在身体还不能自动调节温度前保持温暖舒适。

如何像专业人士一样给宝宝包襁褓？首先，将毯子铺开，将最上方的角向里折约 15 厘米呈钻石菱形，将宝宝的头放在那里，脖子位于折痕直线上，身体伸直，对准最下方的角。拿起靠近宝宝右手边的角，将它拉过右手，盖过宝宝的身体。抬起宝宝的左臂，将这个角压在宝宝的左侧背部

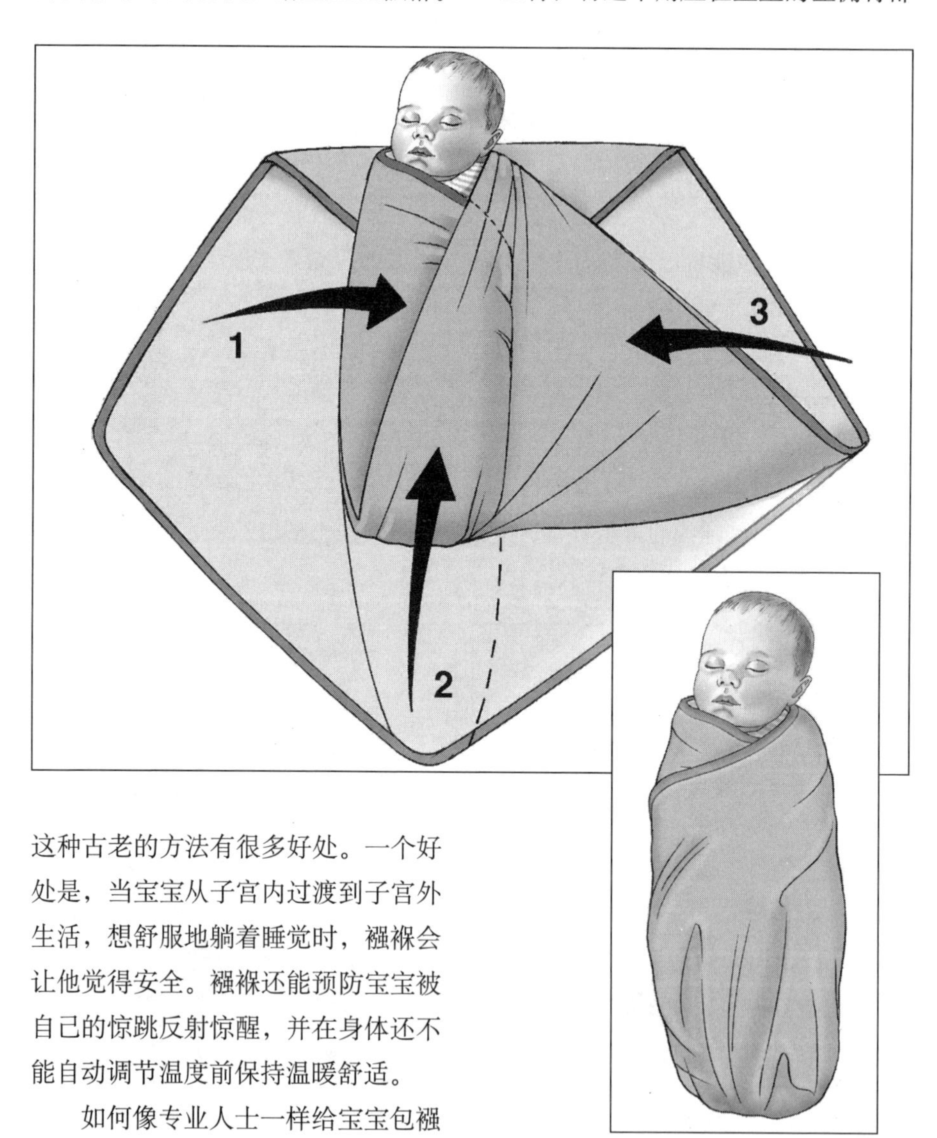

下方。然后，折起底角，将其盖过宝宝的身体，并塞入之前折起部分的下方。再折起最后一个角，盖过宝宝的左臂，塞入右侧背后。宝宝牌墨西哥卷饼就做好啦！总是包不好或没有耐心包出完美的襁褓？可以选择带有尼龙搭扣或拉链式的茧形襁褓。

如果宝宝的手喜欢活动，把毯子包在手臂下方，让手自由活动。手部自由的另一个好处是：宝宝可以吸吮手指，自我安抚。襁褓中的宝宝唯一安全的姿势是仰躺，不要让他侧卧或趴着，这样太危险了。随着宝宝的成长，襁褓可能会影响宝宝的发育，如果宝宝踢开毯子，可能构成安全隐患，所以当宝宝变得更加活跃时（3 ~ 4个月大），应不再使用襁褓。还要确保襁褓不能太紧，宝宝的膝盖、手肘和髋部都能自然放松，这样有利于关节发育（包襁褓前不要拉直这些关节）。最后，一定要遵循让宝宝仰睡的原则（参见第 194 页）。

宝宝不喜欢包着襁褓睡觉？试试睡袋或混合式襁褓（或睡袋）。

第6章　第1个月

现在你已经带宝宝回家并为他准备好了一切。但你仍然会怀疑：这些东西够吗？毕竟，你的日常生活将会被颠覆，你还在摸索怎么给宝宝喂奶，也不记得上次洗澡的时间，甚至很少有2小时以上的睡眠。

宝宝从可爱懵懂的新生儿成长为胖乎乎的小家伙的过程充满了乐趣，但那些忙碌的白天和不眠的夜晚将令你疲惫不堪，更别说还伴随着新的问题和担心：宝宝是否吃饱了？为什么他会吐那么多奶？他不停哭闹是不是因为肠痉挛？他（和我们）是否可以一觉到天亮？我一天可以给儿科医生打几次电话？不用担心，到第一个月末，你将会适应照顾宝宝的生活，虽然还是会筋疲力尽，但会从容许多。你甚至会觉得自己像"照顾婴儿大赛"的专业选手（至少和今天的状态相比），给宝宝喂奶、帮他打嗝、给他洗澡等都会变得更顺手。

宝宝的饮食：吸出母乳

在这个月，你的乳房和宝宝可能不会分开太久，也应该如此。肯定会有一天(或某晚),会短暂地离开宝宝，不论是上班、上课、旅行还是夜间外出，你的乳房显然会一起离开。该如何在乳房获得短暂休息的同时，确保宝宝喝上母乳？方法很简单——吸出乳汁。

为什么要吸奶？

这是忙碌的妈妈必须面对的问题。不能指望宝宝和你的乳房总能同时同地。即使你和宝宝不在一起，也可以通过吸奶来喂养宝宝、保持奶量。

什么时候需要吸奶？

- 乳汁过多时，可以缓解肿胀
- 工作间歇吸奶，上班时喂宝宝

宝宝的基本情况：第1个月

睡眠。新生儿的睡眠没有太多规律可循，一天24小时，他们有14～18小时在睡觉。

饮食。宝宝现在只吃母乳或配方奶。

• 母乳。每24小时喂奶8～12次，母乳总量为360～960毫升。两次喂奶间隔2～3小时。按需喂奶，而不是按时间喂奶。

• 配方奶。第一周，从每次30毫升开始，每天喂8～12次（共360毫升左右）。第一个月底，宝宝可能每2～4小时吃60～90毫升配方奶，或每天一共吃480～960毫升。配方奶的消化时间比母乳长，可以把喂奶间隔拉长到3～4小时。即使是用配方奶喂养，也最好按需喂奶，而不是按时间喂奶。

玩耍。新生儿不需要任何玩具（你的拥抱和爱抚就是最好的玩具），宝宝只能看到20～30厘米远的物体（正是当你抱着宝宝时，他与你面庞的距离），当你忙不过来的时候，旋转的床铃或游戏毯可以陪伴他。宝宝喜欢看醒目的图案和面孔，如果你能找到一款能将两者结合的旋转玩具就更好了。

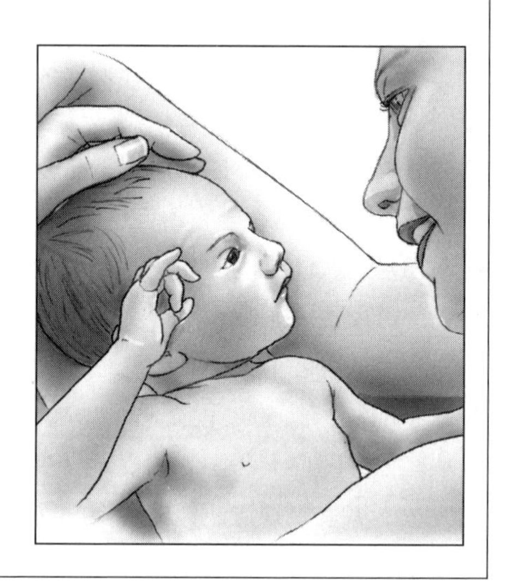

• 有事外出时喂宝宝

• 增加或保持泌乳量

• 乳汁分泌缓慢时，快速刺激母乳分泌

• 冷藏起来，应急时喂宝宝

• 生病（妈妈或宝宝）或因服用哺乳期不宜服用的药物而暂停喂奶时，防止乳房肿胀并维持泌乳

• 为住院的患病或早产宝宝提供母乳

• 当你改变主意，不想给宝宝吃配方奶时，重新刺激泌乳

• 如果你的宝宝是收养的，可以诱导泌乳

选择吸奶器

你可以用手挤奶——如果你有很多时间、不需要很多乳汁，并且不怕疼的话。吸奶器让挤奶变得更简单、

舒适、高效，为什么还要用手挤奶呢？

市面上有各种吸奶器，从简单的只需几美元的手动吸奶器，到价格昂贵的可买可租的电动吸奶器，总有一款能满足你的需求，让宝宝的奶瓶装满世界上最好的食物。

在确定哪类吸奶器更适合自己之前，你需要做一些功课。

• 考虑自己的需求。是否由于工作或上学而需要经常吸奶？还是偶尔用来缓解肿胀的乳房？是否每次都用吸奶器为住院几周或几个月的生病、早产宝宝提供营养？

• 权衡选择。如果要在很长一段时间内每天多次吸奶（例如全职工作或喂养早产儿），那么双边电动吸奶器可能是最好的选择。如果只是偶尔需要吸奶，那么单边电动或手动吸奶器都可以满足你的需要。如果只是打算在乳房肿胀或偶尔用奶瓶喂奶时吸奶，物美价廉的手动吸奶器就足够了。

• 调查。即便是同一类型的吸奶器，也不尽相同。有些电动吸奶器用起来不舒服，而有些手动吸奶器在大量吸出乳汁时，用起来又疼又慢。可以上网了解，或去售卖吸奶器的商店看看，综合考虑产品的功能和自己的预算。还可以问问朋友、参考网上的评论，看看其他妈妈在用哪种吸奶器，哪些使用效果不理想，也可以咨询哺乳顾问或医生。

所有吸奶器都要使用胸杯或护乳罩，以乳头和乳晕为中心放置。吸奶器一启动，便会模仿宝宝的吸吮抽吸（甚至比宝宝更有效）。根据吸奶器以及乳汁流速，两侧乳房需要吸 10 ~ 45 分钟——当然，价格高的吸奶器吸得更快。市面上主要有以下几种吸奶器。

电动吸奶器。全自动吸奶器通常功能强大，可以很好地模仿宝宝的吸吮动作，又快又好用。许多电动吸奶器都是双泵的，如果经常吸奶，这一功能就很实用。它不仅可以同时给两侧乳房吸奶，节省一半的吸奶时间，还能刺激催乳素的分泌，从而更快地生产更多母乳。

电动吸奶器通常比较贵，要几百美元，但如果经常吸奶，还是值得的（和奶粉的成本相比，这种吸奶器还更划算一些）。

大多数电动吸奶器为便携式（配有黑色的提包，看起来就像背包或单

双边电动吸奶器可以节省一半的吸奶时间。

肩包）。有些还带有汽车电源适配器或电池组（有些电池可充电），这样使用时就不需要连接电源了。有些款式带有记忆功能，可以学习并记住你的吸奶节奏，方便下次使用。另一个好处是，这种可穿戴的吸奶器可以解放双手，吸奶的同时可以做其他事情，如工作、逗宝宝玩、写博客等（还有特别为这种吸奶器设计的文胸）。

需要经常使用吸奶器（例如，要频繁地为早产儿吸奶或想要重新哺乳）？你可以购买或租借（大大节约成本）一个医用级电动吸奶器——通常，分娩的医院或哺乳中心可以租借。哺乳顾问、国际母乳会、在线搜索都能找到信誉良好的租赁公司。

手动吸奶器。手动吸奶器操作简单、价格适中、易清洗，且便于携带。最流行的款式是按压式吸奶器，每次按压手柄都会产生吸力。

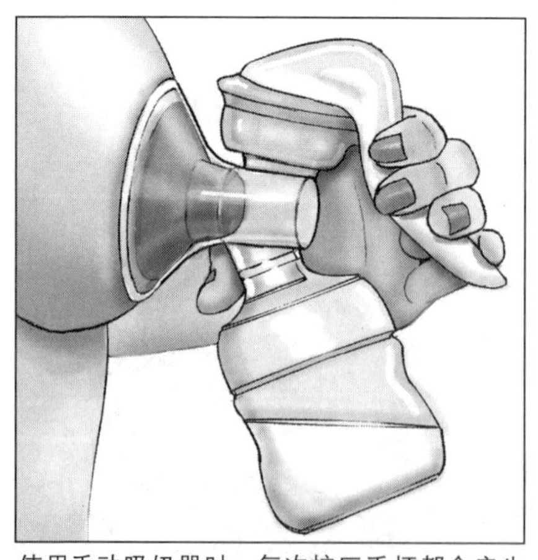

使用手动吸奶器时，每次按压手柄都会产生吸力。

准备吸奶

无论什么时候吸奶，用的是哪种吸奶器，都需要遵循一些基本准备步骤，确保吸奶过程的便利与安全。

• 选好时间。应选择一天中乳汁最多的时候吸奶。如果要离开宝宝不能哺乳，要在平时喂奶的时间吸奶，两次吸奶大约间隔 3 小时。如果你在家，想在冰箱里保存些母乳以备急用或缓解乳房肿胀，可以在早上给宝宝喂奶后 1 小时吸奶，因为这个时候你的乳汁较多（午后或傍晚分泌的乳汁较少，因为这时体力消耗较大，不适合吸奶）。或者一边喂奶，一边吸奶——宝宝吸吮一侧乳房有助于刺激另一侧乳房泌乳。（但要等到你能熟练地喂奶和吸奶，对新手妈妈来说，这样同时操作不太容易。）哺乳后还有多余的乳汁？无论乳房中还剩多少乳汁，都要把它吸出来保存，以备不时之需。

• 清洁。把手洗干净，并确保所有的吸奶设备都是干净的。每次使用后立刻洗净吸奶器，可以用热水洗，这样更容易洗干净，也可以用洗碗机。如果需要带吸奶器出门，随身带上瓶刷、清洁剂和纸巾。

• 保持安静。选择一个安静、舒适的环境吸奶，确保你不会被电话或门铃打断，而且可以保护个人隐私。舒适地靠在椅子上，有助于放松。如

吸奶不应让你感觉疼痛

如果吸奶有疼痛感，确保你的吸奶姿势正确、没有超过推荐的吸奶时限，也没有任何乳房疼痛或皲裂的迹象（或其他可能造成疼痛的原因，比如感染）。

对照上述注意事项检查再检查，然而吸奶时还是会疼痛？那问题可能出在吸奶器上（在这种情况下，可能需要更换吸奶器），但更可能是因为吸奶器外缘太小（也有可能是因为它太大，但这种可能性不大），这很容易解决。如果吸奶器外缘合适，吸奶时你的乳头可以在罩杯中自由活动，且大部分乳晕不会和乳头一起被拉进吸管。下次吸奶时检查吸奶器外缘，如果觉得不合适，试试其他尺码，看疼痛是否会缓解。

使用吸奶器：熟能生巧

无论你选择哪种吸奶器，都会发现前几次很难用吸奶器吸出乳汁。把最初的吸奶过程当作练习吧，你的目的是了解如何使用吸奶器，而不一定要吸出很多乳汁。刚开始时不会吸出很多乳汁，一是如果宝宝只有一两个月大，妈妈还无法分泌大量乳汁；二是吸奶器吸奶的效率要远低于宝宝吸奶（尤其对于使用吸奶器的新手来说）。但是随着不断坚持（加上练习、练习，再练习），很快你就可以熟练掌握使用吸奶器的技巧了。

果工作间隙需要吸奶，可以将私人办公室、没人的会议室或母婴室作为吸奶的场所。公司的洗手间不是吸奶的理想场所，事实上，美国联邦法律要求员工超过 50 人的公司要提供一个除洗手间以外的私密场所，给哺乳期女性吸奶。如果在家里，等宝宝睡着后，或有其他事做时，你可以在婴儿秋千或婴儿椅中专注地吸奶（除非你一边喂奶一边吸奶）。

- 放轻松。你越放松，吸出的奶就会越多。所以，先好好放松几分钟——用想象、冥想等放松技巧，听音乐或白噪音,做一些让你放松的事。
- 补水。吸奶之前，喝些水。
- 刺激泌乳。想想宝宝，看看宝宝的照片或你喂奶时的照片，帮助刺激泌乳。如果你在家里，开始吸奶前给宝宝一个短暂的拥抱，或吸奶时让宝宝坐在你旁边的婴儿椅或秋千中。如果用的是可穿戴吸奶器，你甚至可以在吸奶时抱着宝宝，但是很多宝宝并不会很高兴——离乳房那么近却不能吃奶。热敷乳头和乳房 5 ～ 10 分钟（工作时很难做到）、洗个热水澡（同样很难做到）、给乳房按摩，或倾斜身体、晃动乳房都可以刺激泌乳。有一种无论在家还是工作中都很方便的热（冷）敷包，如果你想冷敷，将冷敷包提前放入冰箱；如果你想热敷（刺激泌乳时），用微波炉加热几秒钟。

如何吸出乳汁

吸奶的基本原则与宝宝吸吮类似（通过刺激和压迫乳晕，将母乳吸出来），但技巧与吸奶还是有细微差别。

用手挤奶。首先，将手放在一边乳房上，拇指和食指分别位于乳晕两侧。将手压向胸前，拇指和食指按压的同时略微向前拉（手指不要在乳头上滑动）。有节奏地重复，直到有乳汁流出。移动手的位置，按压所有输乳管。一侧乳房排空后另一侧乳房重复同样的步骤。

可以在正吸奶的乳房下放一个干净的宽口杯收集乳汁，也可以将乳头保护罩放在文胸内，收集另一个乳房渗出的乳汁。收集的乳汁要倒入瓶中或保鲜袋中冷藏储存(参见第171页)。

注意没吸奶的那侧乳房

如果你用的不是双边吸奶器，那么没吸奶的那侧乳房会提前产生反应，很可能会溢奶，为避免这种情况，可以用防溢乳垫将未吸奶的乳房保护好（尤其是当你吸奶后还要回到办公桌前时），或将溢出的乳汁装入干净的瓶子、杯子或乳头保护罩中。

用手动吸奶器吸奶。按照吸奶器的说明书操作。你会发现用水或乳汁润湿吸奶器外缘，抽吸效果更好，但这不是必要步骤。吸奶器外缘应覆盖乳头和乳晕，乳头完全在里面，乳晕一部分在里面。开始时快速、短促地抽吸，模仿宝宝的吸吮动作。乳汁流出后，可以切换为较长、稳定的抽吸。如果你给宝宝喂奶的同时在另一侧乳房上使用手动吸奶器，要用枕头来支撑吃奶的宝宝（确保他不会从你的大腿上滑下去）。你还可以在用电动吸奶器前先用手动吸奶器，让乳房做好准备，但这也意味着你需要准备两种吸奶器，工作量更大，除非你开始用电动吸奶器时很难顺利吸出母乳，否则无须这样做。

哪些容器可以储存母乳？

许多带有容器的吸奶器都可以作为奶瓶，用来储存母乳，另一些只能用你正在用的其他标准奶瓶来收集。想把吸出的母乳放进冰箱储存？专用的母乳保鲜袋更便于冷藏乳汁，一次性奶瓶内袋比母乳保鲜袋薄，而且容易破。有些吸奶器可以将吸出的乳汁直接收集到保鲜袋中，保存时不需要再将乳汁从奶瓶转移到保鲜袋中，也没有倒洒的风险。收集母乳的容器和瓶子，一定要用热水或洗碗机洗干净，才能再次装入乳汁。

用电动吸奶器吸奶。按照吸奶器的说明书操作，双边吸奶器最理想，既可以节省时间，又能增加收集量。可以用水或母乳润湿吸奶器外缘，以确保良好的抽吸效果。需要的话，从最小的吸力开始，乳汁流出后再加大吸力。如果乳头疼痛，就保持较小的吸力。你可能会发现一侧乳房的乳汁比另一侧乳房多。这很正常，因为每侧乳房都是独立的。

母乳的状态

母乳泛蓝或泛黄都是正常的，有时甚至看起来很清——那可能是因为吸出来的是前乳（后乳通常更浓、含乳脂更多）。如果你吸出来的母乳看起来比较稀，可能是因为你吸奶的时间不够长，也可能是收集母乳的袋子或瓶子不够大，还没有吸出后乳。吸出来的母乳有时可能会分离成乳清和乳脂，这也是正常的。喂奶前轻轻摇晃混合均匀即可（不要大力摇晃，可能会破坏母乳中的一些宝贵成分）。

储存母乳

以下几点可以保证母乳新鲜安全。

• 尽快将吸出的母乳放入冰箱。母乳在室温下（远离散热器、阳光或其他热源）只能保存 6 小时，在带有冰袋的隔热包中可保存 24 小时。

• 母乳可以在冰箱冷藏室后部温度最低的区域保存 4 天（96 小时，但最理想的情况是在 2 ～ 3 天内用完）。如果你打算冷冻母乳，先冷藏 30 分钟再冷冻。

• 在单门冰箱冷冻室中，母乳可以保鲜 1 ～ 2 周，在双门冰箱无霜模式下，母乳完全被冻结，可以保存 3 个月。如果冷冻室温度维持在零下 18℃，那么母乳可以保存 6 个月。

小窍门

将乳汁装入容器或保鲜袋中放入冰箱时，只装四分之三，以免膨胀，一定要注明日期（先用日期较早的）。

• 少量冷冻，每次不超过 90 ～ 120 毫升，既减少浪费，又容易解冻。

• 解冻时，可在温水中摇动奶瓶或保鲜袋，然后在 30 分钟内使用。或在冰箱冷藏室内解冻，在 24 小时内使用。不要用微波炉、烤箱或在室温下解冻，也不要解冻后重新冷冻。

• 如果宝宝已经吃饱，应倒掉瓶中剩下的母乳。此外，如果母乳保存时间超过以上的建议时间，最好丢弃。

你可能疑惑的问题

伤到宝宝

“我知道这听起来很多余，但我

用吸奶器吸出母乳喂宝宝

下定决心要给宝宝喂母乳，但是一些原因（如衔乳问题）使母乳喂养变得困难，甚至不太可行？还有一种方法可以给宝宝最好的母乳：用吸奶器吸出母乳喂宝宝。这绝对比直接喂奶更困难（婴儿直接吸吮母乳的效率通常更高），但是你能坚持的话，这种方法是可行的。如果你决定这样喂奶，这里有些小贴士请记住。

• 准备一个双边电动吸奶器。你会花很多时间在吸奶上，所以需要一个高效的吸奶器，可以二对二地工作。双边电动吸奶器可以减少吸奶时间，并增加泌乳量。

• 经常吸奶。尽可能频繁地吸奶，就像宝宝吃奶的频率一样（在最初几个月里，每 2 ～ 3 小时吸一次奶），以确保奶量充足。夜间也至少吸奶 1 ～ 2 次。

• 吸奶时间要足够。为了让乳房得到充分刺激、可以持续泌乳甚至增加奶量，一次吸奶要持续 15 ～ 20 分钟（如果不是双边吸奶器，这是每侧乳房持续吸奶的时间），或吸到两侧乳房都不再滴落乳汁（一些妈妈可能要超过 20 分钟）。不要为了获得更多乳汁而超过建议的吸奶时长，这样可能会弄疼乳头。

• 在你的奶量增加之前，不要中断吸奶。这可能需要 6 ～ 12 周，直到奶量充足。之后，可以逐渐减少吸奶次数，但如果发现奶量减少，应再次增加吸奶频率，直到恢复至你希望的水平。

• 记录还是不记录？一些专家建议妈妈们记录下每次吸奶的量。而另一些专家认为坚持记录很费时，而且会增加焦虑。如果你正在努力解决奶量不足的问题，那么记录吸奶量只会让你压力更大，很可能会使奶量减少。所以，按自己的方式来吧。

• 如果需要，可以补充配方奶。虽然你的目标是纯母乳喂养，但如果奶量太少，或是你太累了，无法吸出足够的母乳，又或者出于其他原因，你觉得不能单纯用吸奶器吸出母乳喂宝宝，不要内疚。给宝宝尽可能多的母乳，并根据需要补充配方奶（你甚至可以在同一个奶瓶里混合母乳和配方奶）。记住，每一滴母乳都有作用。

真的很害怕伤到宝宝——他太小，太脆弱了。”

新生儿在新手爸妈的眼里都像瓷娃娃一样脆弱，其实不然，他们很结实。实际上，你只要抱宝宝前不因为紧张而手抖，就不会伤到宝宝。看起来娇小脆弱的宝宝实际上很有弹性，适应力惊人——这样的一个小人儿可以承受新手父母最笨拙的照顾。

还有一个让你开心的事实：宝宝长到 3 个月时，体重会明显增加，可以控制头部和四肢，看起来不再那么柔软和脆弱，那时你也有了经验，能自信地抱着他、照顾他了。

囟门

“宝宝头上有个‘软点’看起来好软好软。有时，它会有规律地颤动，这真的让我很紧张。”

那个“软点”实际上有两个，我们称之为囟门，它们比看起来要坚固得多。覆盖在囟门上的头皮可以保护宝宝，免于被哥哥姐姐好奇的手指触碰（但是千万不能鼓励这种行为）或日常护理不当。

宝宝的头骨还没有完全闭合，囟门就是缝隙所在。父母照顾宝宝时不必太担心。这个开口有两个很重要的作用：分娩时，囟门使胎儿的头部可以通过产道，头骨如果闭合了则无法通过；另外，囟门能为大脑在第一年里的快速生长提供空间。

宝宝的头顶有两个开口，较大的称为前囟门，呈菱形，位于新生儿头顶上方，宽度可达 5 厘米。宝宝 6 个月大时开始闭合，通常到 18 个月完全闭合。

这个囟门通常是平的，但宝宝哭泣时可能会有点突出。如果宝宝头发稀少，可以透过囟门看到脑部的脉搏（这很正常，不用担心）。前囟门明显凹陷可能是脱水的迹象，说明宝宝需要立即补充水分（及时向医生报告这一症状）。囟门持续凸起（而不是在哭泣时凸起）可能意味着宝宝头部压力增加，也需要立即就医。

后囟门开口更小，呈三角形，位于脑后，宽度不足 1.5 厘米，不是很明显，你可能很难发现。它一般在第 3 个月完全闭合，但也可能在出生时或出生后很快闭合。囟门过早闭合（较少出现）可能会导致头部畸形，须立即就医。

足够的母乳

“我的乳房溢出了很多乳汁。现在乳房肿胀消失了，我也不再溢奶了，这是不是意味着我的母乳不足？”

乳房无法单独称重，仅凭肉眼来观察母乳是否充足并不可行。但可以通过宝宝来判断。如果宝宝看起来很快乐，很健康，而且增重正常，说明母乳充足——绝大多数妈妈都是这种情况。乳汁像喷泉那样喷涌只出现在哺乳早期，当母乳供大于求时才会出现(有些妈妈经常溢奶,也是正常的)。现在宝宝的需求已经赶上了你的奶量，重要的是他喝下去多少。

母乳不足的问题的确会发生，但很少见。如果宝宝看起来没有喝到足够的母乳，可以增加喂奶次数，并参见第 71 页的方法，帮助你增加泌乳。如果还是没有改善，请咨询医生。

“我每隔 2 ~ 3 小时喂宝宝一次，似乎一切都很好。但现在，他突然每隔 1 小时就要我喂他一次。是不是我的母乳出了问题？”

妈妈的乳房不是水井，实际情况可能恰恰相反——只要定期使用，母乳就不会枯竭。你喂得越多，分泌的母乳也越多。现在，这些母乳就是你饥饿的宝宝所依赖的，他可能正在快速生长,食欲迅速增加。快速生长(猛长期）通常发生在 3 周、6 周和 3 个月时，但其他发育阶段也可能会出现这种情况，每个宝宝都不一样。在快速生长阶段，有时即使是已经能睡整夜的宝宝，也会半夜醒来吃奶。宝宝食量大增很自然，这可能是为了确保母乳可以满足自己生长需要的一种方式。(参见第 71 页,了解“密集哺乳”的内容。)

在宝宝快速生长的阶段，你只需放松，顺其自然。不要给宝宝补充配方奶来满足她的胃口(也不要考虑添加辅食)，因为减少喂奶的频率可能会减少你的母乳，这与宝宝的需求背道而驰。宝宝想要吃更多母乳，导致妈妈担心母乳是否充足并增加其他食物，进而造成泌乳量下降——这种情况是妈妈们很早放弃母乳喂养的重要原因。

宝宝开始睡整夜后，有时白天要吃更多次奶，但随着时间推移，这种情况会逐渐消失。如果宝宝还是每隔 1 小时就吃一次，且这种情况持续一周以上，就应检查他的增重情况，这可能说明他没有获得足够的营养。

宝宝获得足够的乳汁

“我是母乳喂养，要如何确定我的儿子是否吃饱了？”

如果是配方奶喂养，奶瓶空了就说明宝宝吃饱了。如果是母乳喂养，确定宝宝是否吃饱了可能麻烦一些——要通过尿布判断。有几个迹象能够帮你确定母乳喂养的宝宝获得了足够的营养。

每天排便至少 5 次，量很大，呈条状、芥末色。在最初几周，如果宝宝每天排便少于 5 次，可能意味着食物摄入不足（约 6 周到 3 个月大时，大便次数会减少到每 1 ~ 3 天一次）。

每次喂奶之前给他换尿布时，尿布都是湿的。每天小便次数不少于

8～10次，说明宝宝摄入了足量液体。

宝宝的尿是无色的。如果宝宝没有摄入足够的液体，尿液会呈黄色，可能带有腥味，或含有尿酸盐结晶(这些晶体呈粉末状，会将尿布染成粉红色，在正常哺乳之前这都是正常的，但之后出现则不正常)。

哺乳时，你听到频繁的吞咽声。如果没听到，可能是他咽下的乳汁不多。但不必担心，如果宝宝增重正常，很安静地吃奶也没什么问题。

多数情况下，宝宝吃奶后看起来很快乐、很满足。如果喂奶后，宝宝又哭又闹，还不停吸吮手指，说明可能还没吃饱。当然，并非所有哭闹都与饥饿有关。喂奶后，宝宝也可能会由于放屁、想排便、想睡觉或渴望你的关注而哭闹，也可能是因为肠痉挛（参见第202页）。但是要记住，新生儿不哭（或很少哭）也许是危险的信号——这可能意味着宝宝生长缓慢，参见第201页，了解更多内容。

早晨你感觉乳房肿胀，充满乳汁。乳房肿胀是个好的信号，说明你的泌乳正常。早上起床时和喂奶之后3～4小时，乳房比刚刚喂奶后更胀，说明乳汁可以定期充满乳房，也说明宝宝可以吃奶了。如果宝宝增重正常，即

辅助哺乳系统（SNS）

辅助哺乳系统是这样工作的：将一个装满母乳或配方奶的瓶子（袋子）挂在你的脖子上，从瓶子里引出细而柔软的导管，轻轻地贴在你的乳房上，延伸到乳头。宝宝吃奶时，既可以通过导管获得配方奶，也可以从你的乳房中获得乳汁。一举两得，宝宝得到了营养，你的乳房也得到了刺激。

当然，这是理想的结果。有些妈妈发现，自己的宝宝在吸吮挂着一根小管子的乳房时会烦躁，甚至会拒绝吸吮（这可能会造成一些宝宝衔乳不适或困难）。如果发现宝宝用辅助哺乳系统吸吮时有挣扎的情况，可以请哺乳顾问来看一下，并提供一些建议，让辅助哺乳系统的使用效果更好。

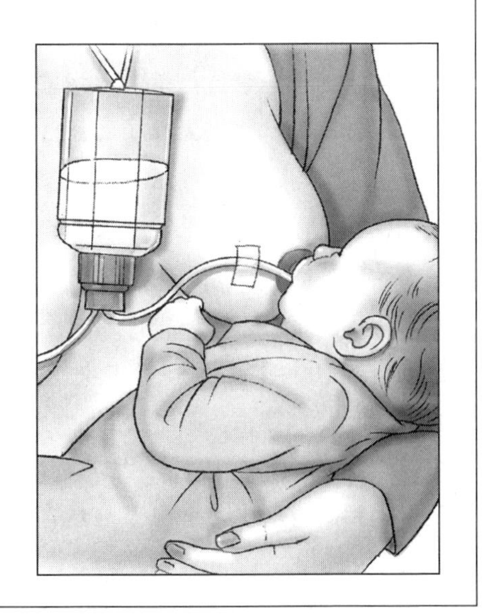

使乳房不胀，也无须担心。

你注意到有泌乳或溢奶的感觉。不同女性的泌乳反射也不同（参见第68页），开始喂奶时有泌乳的感觉，表明乳汁正从输乳管流到乳头，准备让宝宝享用。并不是每个女性都会注意到这种感觉，但如果泌乳不足，且宝宝有生长缓慢的迹象，就应该警觉了。

产后3个月内没有月经。如果是纯母乳喂养，你不太可能来月经，尤其在前3个月。如果月经来潮，可能说明你的泌乳不足。

变得圆润

大多数宝宝会在3周大时开始变得圆润，看起来不再像瘦弱的小鸡，而且是长成为软乎乎、圆嘟嘟的小家伙。通常，母乳喂养的宝宝会在2周时恢复到出生体重，然后在接下来的几个月内，每周体重增加180～240克。配方奶喂养的宝宝在开始时体重一般会增加得更快。

担心宝宝体重增长得不够快？记住，你的眼睛不一定是衡量宝宝体重的可靠尺标，毕竟你每天都能看到自己的小宝宝，与那些不经常看到宝宝的人相比，更不容易注意到宝宝的成长。还是有疑问？打电话问医生，看看能否把宝宝带过去称一下体重。不要试图用家用秤给宝宝称重，即使你先和宝宝一起称体重，然后再自己称体重，也不准确。家用秤不够灵敏，不足以识别出对新生儿来说很重要的那二三十克。

“我觉得我的母乳喂养一切正常，但医生说宝宝增重速度不够快。这可能是什么原因呢？”

母乳喂养的宝宝体重增加的速度通常不如配方奶喂养的宝宝，这无须担心。正因如此，现在已经很少以配方奶喂养的宝宝体重为标准绘制生长曲线图了。确认儿科医生用来衡量宝宝体重增加的标准是母乳喂养婴儿的标准（世界卫生组织的生长曲线图就是）。但是，偶尔也有宝宝在纯母乳喂养的情况下出现发育迟滞的情况，至少一开始是这样，造成这种情况的原因有以下几个，辨别是什么原因导致宝宝体重增长缓慢，你就能找到解决问题的方法，然后继续给宝宝喂奶，宝宝的体重也会很快增加。

可能的原因：喂奶次数不够。

解决方法：每天的喂奶次数增加到8～10次，白天不超过3小时喂一次，晚上4小时喂一次。这意味着要唤醒睡着的宝宝，以免错过喂奶时间，即使慢性子的宝宝1小时前才吃完。如果宝宝“喜欢饿着”（有些新生儿最开始会这样），从不要求喂奶，你应该化被动为主动，为他设定一个较密集的喂奶时间表。频繁地喂奶不仅能喂饱他（有助于骨骼的发育），还能增加你的奶量。

可能的原因：每次喂奶时，至少有一边乳房宝宝没吸空，或喂奶过程中乳房换得过早。结果导致宝宝没有吃上能够填饱肚子、营养丰富、高热量的后乳，增重不理想。

解决方法：让宝宝吸另一侧乳房前，确保先吃的乳房已经吸空（至少要吸 10 ～ 15 分钟）。这样他既能获得止渴的前乳，也能获得高热量的后乳。吸另一侧乳房时让宝宝决定时间。记住，每次先喂的乳房要交替。

可能的原因：宝宝吸吮缓慢或效率不高（称为“懒惰型”宝宝）。这可能是因为他是早产儿、生病了或口腔发育有问题（比如腭裂、舌系带或唇系带过短，参见第2页和第180页）。宝宝的吸吮效率越低，妈妈的奶量就越少，这会妨碍宝宝茁壮成长。

解决方法：在宝宝能够有力地吸吮之前，需要借助外力来刺激乳房泌乳。可以用吸奶器帮忙，每次喂奶之后，用吸奶器吸空乳房（将吸出的乳汁保存在奶瓶中备用）。医生可能会建议补充配方奶（每次喂母乳后补充）或采用辅助哺乳系统，直到母乳充足。辅助哺乳系统的优点是既能满足宝宝的营养需求，又能刺激妈妈泌乳。

如果宝宝很容易疲劳，就缩短他吸吮每侧乳房的时间（确保用吸奶器吸出剩余的后乳，保持母乳量），然后用奶瓶或辅助哺乳系统喂宝宝吸出的母乳（营养丰富的后乳）或配方奶，这样宝宝就不用费太多力气。

可能的原因：宝宝还没学会如何协调下巴的肌肉来吸吮。

解决方法：如果宝宝还没掌握吸吮技巧，妈妈也需要用吸奶器刺激乳房，从而分泌更多乳汁。此外，宝宝还需要学习吸吮技巧。医生可能会建议你向哺乳顾问寻求帮助，甚至可以向儿童职能治疗师或儿童言语治疗师求助（以免宝宝发展为口腔反感或口腔运动协调障碍）。宝宝正在学习吸吮时，可能需要辅助哺乳系统。

可能的原因：乳头有些疼，或乳房感染了。疼痛不仅会影响哺乳、减少喂奶的频率和奶量，还会抑制泌乳，尤其在你焦虑的时候。

解决方法：治疗乳头疼痛或乳腺炎（参见第 72 页和第 80 页）。

可能的原因：你的乳头很平，甚至有些凹陷，宝宝很难衔住。这会造成恶性循环——吸吮不足导致母乳不足，又导致吸吮更难、泌乳量更少。

解决方法：喂奶过程中，为帮助宝宝更好地吸吮，用拇指和食指夹住乳晕外部，挤压整个乳晕，方便宝宝衔乳。在两次喂奶之间用乳头保护罩，帮助乳头凸起。

可能的原因：其他因素影响泌乳。泌乳是身体的一项机能，受情绪状态的影响。如果你对母乳喂养感到焦虑，不仅会抑制泌乳，还会影响奶量及其所含的热量。

解决方法：喂奶前或喂奶过程中，尽量放松，可以播放一些柔和的音乐，调暗灯光，运用冥想等放松技巧。按摩乳房或热敷也有帮助，也可以敞开衣衫，与宝宝亲密接触。

可能的原因：由于宝宝或你的问题，他对吸吮感到挫败。挫败感会导致烦躁，让你紧张，进而使宝宝更加挫败、烦躁，这就造成恶性循环，有时甚至会导致母乳喂养失败。

解决方法：可以向哺乳顾问寻求帮助，解决所有可能的衔乳、喂奶姿势及其他问题，让宝宝和你都保持平静，顺利喂奶。喂奶前尽可能让自己和宝宝都放松，看到宝宝有饥饿的迹象（变得渴望乳房）再开始喂奶。

可能的原因：宝宝通过安抚奶嘴获得了吸吮满足。宝宝天生就喜欢吸吮，但是吸吮安抚奶嘴太频繁，可能会让宝宝对乳房不感兴趣。

解决方法：只在宝宝想睡觉时才给他安抚奶嘴，在他想要吸吮的时候喂奶。

可能的原因：补充水分会抑制宝宝的食欲。

解决方法：母乳喂养的宝宝在6个月前不需要补充水分，补充水分不仅会增加无营养的吸吮，还会抑制宝宝的食欲，过量补水甚至会影响宝宝血液中的钠含量（参见第185页，了解更多关于补充水分的内容）。

可能的原因：换一侧乳房喂宝宝时，没有拍嗝。吞咽了空气的宝宝会停止进食，因为他感觉到饱了而且不舒服。

解决方法：给宝宝拍嗝，帮助他的小肚子腾出空间容纳更多乳汁。无论宝宝看起来是否需要，一定要在换一侧乳房喂奶时(如果喂奶时间较长，喂到一半时）给他拍嗝——通常是他在吃奶过程中哭闹的时候。

可能的原因：宝宝睡了一整夜。对你来说，夜间睡眠不受打扰很好，但对母乳喂养却不一定是好事。如果宝宝晚上连续7～8小时没有吃奶，你的奶量可能会减少，而且最终可能需要补充配方奶。

解决方法：为了避免这种情况，应该在半夜至少唤醒宝宝(和你自己)一次。在第一个月，宝宝晚上吃奶的间隔最好不要超过4小时。

可能的原因：你会趴着睡。是的，

把握喂奶时机

一个小提示：和子宫收缩一样，喂奶的间隔是指从这一次喂奶开始到下一次喂奶开始。如果从早上10点开始给宝宝喂奶，持续40分钟，然后睡上1小时20分钟后再喂奶，间隔为2小时，而不是1小时20分钟。

在侧睡几个月后，你当然可以趴着睡。但是，趴着睡会压迫乳房，从而减少奶量。

解决方法：仰睡，至少中途要翻身，以减少对乳腺的压迫。

可能的原因：你重返工作岗位，白天连续工作 8 ～ 10 小时，而没有给宝宝喂奶或吸奶，也会减少奶量。

解决方法：工作日离开宝宝后，至少每 4 小时就吸一次奶（即使吸出的乳汁没有用来喂宝宝）。

可能的原因：母乳吸得太多、太快。分泌母乳需要大量能量，如果你还要为其他事情忙碌，又不能获得足够的休息，那么泌乳量可能会减少。

解决方法：尝试好好休息一天，之后的 3 ～ 4 天你都会很轻松。看宝宝是否会更满足（你也会感觉更好）。

可能的原因：胎盘碎片残留在子宫中，身体不会认为你已经分娩，也就不会产生足够的催乳素——除非清除子宫中所有的孕期残留物，包括整个胎盘。

解决方法：如果有异常出血或出现胎盘残留的迹象，应立即与医生联系。刮宫术能帮你回到正常哺乳的轨道，并避免胎盘残片威胁你的健康。

可能的原因：激素失调。有些妈妈催乳素过少，无法分泌足够的母乳；有些妈妈甲状腺激素水平失调，导致乳汁分泌不足；还有些妈妈有胰岛素抵抗，也可能导致泌乳不足。

解决方法：咨询医生或内分泌专家。一些检测可以确定问题根源，通过服药和其他治疗调节激素，让它恢复到正常水平，从而刺激并恢复正常泌乳。但治疗需要时间，至少在短期内需要给宝宝补充配方奶。

有时，即便尽了最大的努力，有最好的条件，获得了足够的支持和专家建议，少数哺乳的妈妈还是无法提供足够的母乳，无法实现纯母乳喂养，还有极少数根本不能哺乳。这可能与身体有关，比如催乳素不足、乳腺组织功能不全、乳房明显不对称或乳房做过手术（通常不是隆胸术，更可能是缩乳术）造成了神经损伤。压力过大也会抑制泌乳。少数情况下，不能哺乳的原因难以探明。

如果宝宝生长状况不理想，并且几天也没有找到问题所在，应联系医生，探讨如何应对(参见第 84 页)——很可能要补充配方奶。不要有太大压力，最重要的是宝宝能获得足够的营养，而不是这些营养来自母乳还是奶粉。如果补充配方奶，那么在宝宝喝完配方奶后，可以让宝宝吸吮乳房，享受亲密接触的乐趣。通常在经历过一段时间的补充喂养后，就可以恢复纯母乳喂养（或混合喂养，参见第 83 页）——这绝对值得尝试。

母乳喂养情况不理想的宝宝只要摄入足够的配方奶，几乎都能茁壮成

“舌头打结”

听说过“舌头打结”吗？它经常被用来指某个人由于太害羞、太激动或太尴尬而说不出话来。实际上，舌头打结是一种非常真实的遗传性疾病，会影响2%～4%的宝宝，在某些情况下，还会影响他们是否能成功进行母乳喂养。

医生把它称为失语症，这种难以发音的失语症意味着舌系带——舌头底部连接口腔底部的那片组织太短、太紧。结果是舌头的运动受到限制，宝宝就可能在吃母乳时遇到困难。

怎样判断宝宝是不是“舌头打结”？如果宝宝无法完全伸出舌头，或舌头看起来像心形，有可能它是“打结”的。另一种情况是：当宝宝吮吸你的手指时，他的舌头无法像正常宝宝那样伸到牙龈线上。

大多数“舌头打结”的宝宝——通常是那些舌系带位于口腔更后部的宝宝——可以进行母乳喂养。但如果宝宝不能用舌头有效、有力地吸吮乳头和乳晕，可能无法获得足够的乳汁，这会导致增重缓慢，他会表现得越来越烦躁。更重要的是，如果舌系带太短、舌头不能伸到下牙龈上，宝宝可能最终会用自己的牙龈，而不是舌头来按压你的乳头，这会造成乳头疼痛、输乳管堵塞等多种问题。当宝宝由于舌系带问题无法顺利吸吮母乳时，喂奶时你会听到“咔嗒”声，或宝宝总是衔不住乳头，因为他的舌头无法正常拉伸，也就无法牢牢吸住乳头。

如果你觉得舌系带短可能是母乳喂养不顺利的原因——即使你不确定，只是怀疑——也要请儿科医生给宝宝检查一下。如果真的是宝宝的舌系带导致了母乳喂养问题，医生可以修剪舌系带，让它变松，舌头就可以自由活动了。这被称为“舌系带矫正术”，是一种快速的门诊手术，不会引起疼痛，但不是所有的儿科医生都会做，也可能需要去看专科医生。

宝宝的舌系带没有造成母乳喂养方面的问题？那就无须担心。大多数情况下，在宝宝一岁前，舌系带会自行后缩，不会影响未来的进食或语言能力。

与舌系带问题相似的还有唇系带问题，它连接在嘴唇与牙龈之间，这种问题更少见。上嘴唇也有一个叫作上唇系带的连接组织（把舌头放在上唇和牙龈顶部之间，可以感觉到它），如果这个组织短而紧，或如果它附着在牙龈下部，甚至延伸到门牙长出的地方，也可能导致母乳喂养问题。这是因为在某些情况下，唇系带可能会限制上唇的运动，使宝宝无法正确衔乳。可以翻开宝宝的上唇，观察它的连接位置，判断宝宝是否有唇系带问题。如果连接位置很高，那是正常的。如果它连接在牙龈下部，而你又正好遇到喂奶困难，可以联系哺乳顾问，请她向你展示特定的姿势，帮助你顺利地进行母乳喂养。还是不行的话，要去看医生，他可能会建议给宝宝做手术，修正上唇系带。

长。极少数情况下，宝宝的生长仍不理想，就需要再去看医生，查看是什么原因影响了体重增加。

吸吮性水疱

“为什么宝宝的上嘴唇有个水疱？是他吸得太用力了吗？”

只要宝宝想吃东西，没什么能妨碍他吸吮。无论母乳喂养还是配方奶喂养，很多新生宝宝的上嘴唇中间都会出现吸吮性水疱，这是宝宝用力吸吮所致，无须担心。它没什么医学意义，也不会造成宝宝的不适，几周到几个月内就会消失，甚至下一次喂奶时它们就会消失。

喂奶时间表

“我好像一直在喂奶。我是不是应该考虑给宝宝制定一个喂奶时间表？”

将来有一天，你的宝宝会按时吃奶。但现在，唯一重要的时间表是由他的胃口决定的。“我饿了，你喂我。我又饿了，你又该喂我了。”这个时间表是按需制定，而不是按时间制定的，对母乳喂养的宝宝才是最好的方式。配方奶喂养的宝宝每隔 3 ～ 4 小时喂一次就可以（配方奶更容易填饱肚子），而母乳喂养的宝宝需要更频繁地喂奶。因为母乳的消化速度比配方奶更快，宝宝很快就会再次感到饥饿。按需喂奶还可以确保妈妈的母乳量与宝宝的食欲保持一致，这样才能满足生长的需求——这是母乳喂养成功的基础。

在最初几周，最好按宝宝的需要喂奶。但要记住 3 点：1. 新生儿在吃饱前容易睡着。在宝宝吃饱前，尽量让他保持清醒，他吃饱了才不会刚睡 1 小时就饿醒。2. 宝宝的哭声并不总是饥饿的信号。了解宝宝的哭声才能弄清楚他是饿了、想要抱、需要人摇一摇还是想睡觉（参见第 137 页），以减少不必要的喂奶。3. 有时，宝宝

双胞胎：双倍的麻烦，双倍的快乐

准备好用你的双臂拥抱双胞胎了吗？你可能花了好几个月准备迎接双胞胎到来后的新生活，但有两个宝宝的现实——比如成堆的脏尿布，可能还是会让你喘不过气来。除非你知道如何梳理琐碎事务、应对（并享受）这双倍挑战的时光。

一起。尽可能同时安排两个宝宝的作息。同时叫醒他们，这样可以同时给他们喂奶，把他们同时背在婴儿背带或放在婴儿车里散步；让他们都趴在大腿上拍嗝，或者一个趴在大腿上，一个趴在肩膀上。如果无法一起安排，就轮流进行。宝宝还小的时候，无须每天洗澡，可以今天给这个洗，明天给另一个洗。或者每隔 2 ~ 3 天给宝宝洗一次澡，两次洗澡之间擦洗就可以。前几周时，让他们脚对脚睡在一张婴儿床上，或用襁褓包好并排放在一起睡，这可以让他们睡得更好，但应先询问医生，一些专家认为，双胞胎会翻身后，一起睡可能增加婴儿猝死综合征的风险。

分工。父母分工合作。当父母都在家时，可以一起分担家务（做饭、打扫、洗衣、购物等），照顾宝宝（你照顾一个宝宝，你的伴侣照顾另一个）。最好经常交换着照顾宝宝，这样宝宝可以亲近父母双方。如果还有家人愿意帮忙，接受所有能得到的帮助。

尝试同时给两个宝宝喂母乳。给双胞胎喂奶是生理上的挑战，但可以省去很多奶瓶和配方奶的麻烦，还可以节省一些你需要双倍支出的费用（用配方奶喂养两个宝宝，花费不少）。如果一次给一个宝宝喂奶，那么给双胞胎喂奶就会像全天马拉松一样劳累，试试同时给双胞胎喂奶（幸好乳房也是一对！）。你可以用哺乳枕支撑着宝宝们，采用橄榄球式抱姿，将他们的双脚放在你身后（参见第 60 页），或者让他们的身体在你胸前交叉。每次喂奶时给两个宝宝交换乳房，以免造成宝宝对一侧乳房的偏爱，也可以避免其中一侧乳房泌乳量下降时，那个宝宝得不到足够的乳汁。如果你觉得纯母乳喂养双胞胎很困难，可以在给其中一个宝宝喂奶时，用奶瓶喂另一个宝宝——同样要交替进行。

如果用奶瓶喂养，要多找些帮手。用奶瓶喂养双胞胎，要么需要帮手，要么需要有聪明才智和足够的精力。如果自己喂两个宝宝，可以坐在沙发上，位于两个宝宝中间

（用枕头或哺乳枕支撑他们），将他们的脚朝后，用奶瓶分别喂。或者把他们抱在怀中，用支架将奶瓶保持在合适的高度。还可以偶尔将一个宝宝放在婴儿椅中（不要躺下），用支架支起奶瓶喂奶，同时用传统方式喂另一个宝宝，或把两个宝宝并排放在婴儿椅中，同时用支架支起奶瓶喂奶。一个接一个喂也可以，但这会占用你很多时间，让你无法做其他事情。而且如果宝宝吃完后需要睡觉，这个方法可能会干扰宝宝的睡眠时间表，但如果想和每个宝宝单独待一会儿，这个方法很不错。如果你想趁他们都在睡觉，自己也休息一下或做点事，这个方法就不太可行了。

尽量保证你的睡眠。前几个月免不了会缺乏睡眠，但如果宝宝晚上在不同的时间醒来，那么在很长一段时间里，你会更缺乏睡眠。一个宝宝哭闹时，应叫醒另一个宝宝（如果他还没醒），一起喂他们。白天宝宝睡觉时，你也抓紧时间小憩一会儿，至少躺着放松一下。

增加装备。如果没有帮手，可以借助婴儿背带（将宝宝放在一个大背带里，或分别放在两个背带里，也可能一个宝宝坐在婴儿车里，另一个宝宝抱在怀里）、婴儿秋千和婴儿椅等装备。随着宝宝的成长，游戏床也是让宝宝安心的场所，因为他们可以在这里一起玩，相比一个宝宝自己待着，双胞胎更愿意频繁、长时间地待在那里。选择一辆双人婴儿车来满足你的日常出行需要，不要忘了还需要两个汽车安全座椅，将它们都安装在后座上。

做两份记录。谁吃过饭，吃了什么，谁昨天洗澡了，谁今天洗澡，用笔或软件记录下来，否则一定会忘记。另外还应该在日历上记下免疫接种、健康检查等时间。虽然他们各方面的情况差不多，但偶尔有些事情只发生在一个宝宝身上，而你可能会忘记是哪个宝宝。

一对一照料。这很不容易（至少在开始时），但白天还是有办法找到一对一的时间。当你休息好时，可以将两个宝宝的小睡时间错开，让一个宝宝先睡 15 分钟，这样你就可以将一些个性化的关注留给另一个宝宝。或是你带着一个宝宝，让育儿保姆或伴侣照顾另一个宝宝。即使是日常琐事，比如换尿布或穿衣服，也可以成为特殊的一对一时间。

双胞胎会移动之后，要加倍关注。宝宝会爬后，你会发现其中一个宝宝可能并不想挑战，而另一个则非常想去挑战，需要加倍关注。

寻求支持。其他双胞胎家长可以为你提供很好的建议和支持，应当认真倾听。不认识其他有双胞胎的家庭？到双胞胎在线留言区逛逛（登录 What to Expect 网站查找）。

期待情况会加倍变好。双胞胎前 4 个月的挑战最大。一旦你把握要点，会发现情况变得简单许多。也要记住，双胞胎是彼此最好的伙伴。他们可以一起玩，随着宝宝年龄的增长，你会越来越自由，这也许是单胎宝宝的父母最羡慕的地方。

频繁吃奶可能意味着他没有吃饱，尤其是他好像总不满足、体重没有增加，或表现出其他生长迟缓的迹象时（参见第 174 页）。如果担心宝宝属于这种情况，请联系医生。

通常到 3 周前后，你们会逐渐建立起母乳喂养关系，这时可以开始延长喂奶间隔。当宝宝在睡着 1 小时后大哭着醒过来，不要急着喂他。如果宝宝似乎很困，就让他再睡一会儿；如果他看起来很警觉，可以和他说说话，或给他按摩一下，改变一下姿势，让他看看别的风景；如果他很烦躁，试试背着他，摇一摇，带他出去散散步，或给他一个安抚奶嘴。如果很明显他是饿了，给他喂奶——同样，确保他吃饱，而不是只当作睡前点心。

慢慢地，昼夜不停地喂奶、睡眠不足将会成为过去，喂奶间隔会变得合理——2 ~ 3 小时一次，最后变成 4 小时一次。虽然还是按宝宝的需求喂奶，但你已经轻松多了。

改变对母乳喂养的看法

“母乳喂养 3 周了，但我并不喜欢这种方式。我想换配方奶喂养，但又感到很内疚。”

还没有享受到母乳喂养的乐趣？这很正常，很多新手妈妈最初喂奶时都不太顺利（乳头疼痛、衔乳问题等）。通常，即使开始时再不顺利，第 2 个月过半后，情况都会稳定下来。这时，母乳喂养就像去公园散步一样容易，你也会变得更享受。所以，在宝宝 6 周后，最好 2 个月大时再决定是否放弃母乳喂养。如果那时你仍然没能享受到母乳喂养的乐趣，就可以考虑放弃或采用混合喂养。这样，宝宝能从母乳中获得很多益处，你也尝试了母乳喂养。到最后离乳时，也实现了双赢。很多妈妈还喜欢吸出母乳用奶瓶喂给宝宝，或许你也可以尝试。

已经决定放弃母乳喂养，也不想再等？那就拿起泡好奶粉的奶瓶，开始喂宝宝吧。想了解带着爱意用奶瓶喂奶的内容，参见第 124 页。

配方奶吃太多

“我家宝宝很喜欢奶瓶。由着他能喝一整天。怎么才能知道什么时候该给他喝，什么时候该停下呢？”

宝宝喝奶的量由他的食欲和巧妙的供求系统调节，母乳喂养的宝宝很少会吃得太多或太少。吃配方奶的宝宝，父母可以控制喂奶量，有时把握不好，确实会让他吃太多。只要宝宝健康、快乐，小便次数正常，体重正常增加，就说明他摄入了足够的配方奶。换句话说，只要宝宝是按胃口吃奶（即使胃口很大），就无须担心。但如果让他的奶瓶像自助餐厅的饮料杯一样，吃饱了就再把奶瓶装满，那他就很容易吃得太多。

宝宝吃太多配方奶，可能会变得胖乎乎的（研究表明，这还可能导致宝宝将来变成小胖墩，长大后也容易肥胖），还会带来其他问题。如果宝宝体重增加过快，或吐奶过多（超出正常量，参见第 189 页），就说明他可能吃得太多了。向儿科医生咨询宝宝体重的正常增长速度，以及他每顿应该摄入的大致奶量(参见第 289 页)。如果宝宝似乎吃得太多，试试减少奶量，并在他看起来吃饱后拿走奶瓶，不要强迫他继续吃。如果宝宝喝奶后变得烦躁，可能只是需要打嗝，而不是再吃一顿；或者安抚一下他（宝宝哭并不都是因为饿，参见第 137 页，了解宝宝哭的原因）。也要记住，宝宝可能只是想要吸吮（而不是想喝奶）。有些宝宝比其他宝宝需要更多的吸吮，可以考虑在他吃饱后给他安抚奶嘴，或者帮助他吸吮自己的手指或拳头。

补充水分

“我想知道可不可以用奶瓶给儿子装点水喝。”

说到吃奶，新生儿只有两个选择，父母喂他时也只有两个选择——母乳或配方奶。在最初的 6 个月里，母乳或配方奶（或两者的混合）能提供宝宝需要的所有食物和液体，没必要喝水。事实上，宝宝的饮食都是液体，额外喝水不仅不必要，过量补充还会造成危险——可能会稀释宝宝的血液，造成体内化学物质失衡（就像冲奶粉时倒入太多水一样）。如果宝宝是母乳喂养，水会满足他的胃口和吸吮需求，破坏母乳喂养的供需平衡，影响增重。

当宝宝开始添加辅食后，可以用水杯给宝宝喂几口水——长大后宝宝只能用水杯喝水，而不是从乳房或奶瓶中获得水分，所以这也是一种锻炼。如果天气非常热，有些儿科医生也会视情况，允许配方奶喂养的宝宝在吃辅食前喝点水，但一定要先问问医生。

补充维生素

“大家对宝宝补充维生素有不同意见。我应该给宝宝补充维生素吗？要补充哪种维生素呢？”

在决定是否给宝宝补充维生素（补充哪种维生素）时，儿科医生的意见最重要。因为医生不仅会参考关于补充维生素的最新研究和推荐，还会考虑宝宝独一无二的需求。

如果宝宝是纯母乳喂养或混合喂养，他能从母乳中获得大部分所需的维生素和矿物质（如果你饮食良好，产前或哺乳期每天服用维生素）。但宝宝肯定缺乏维生素 D，这就是为什么儿科医生建议，母乳喂养的宝宝应从最初几天开始，每天补充 400 IU（国际单位）的维生素 D，这可以从补充剂中获得（比如维生素 ACD 混合补充剂，同时含有三种维生素）。另外，虽然宝宝在最初 4 个月里能从母乳中获得足够的铁，但 4 个月之后母乳中的铁含量会减少。因此，医生通常会建议，至少在添加富含铁元素的辅食（如强化谷物、肉类和绿色蔬菜）之前，要增加含铁补充剂（按体重每天 1 毫克 / 千克，可能是含铁的维生素 ACD 补充剂）。还可能会建议宝宝一岁前都要补铁，以防缺铁。在补铁的同时补充维生素 C（无论是服用补充剂还是从食物中摄取）还有一个好处：可以促进铁的吸收。

如果宝宝完全用配方奶喂养，他可以从配方奶中获得大多数营养物质。但在他可以持续稳定地每天摄入足够的配方奶（至少喝 960 毫升奶，目前他还无法做到）之前，可能还是会缺乏维生素 D。医生会建议至少在短期内给宝宝补充维生素 D（比如维生素 ACD 滴剂）。在宝宝开始吃辅食并减少配方奶后，医生可能还会建议服用含铁的维生素 ACD 补充剂，用来补铁。

请医生推荐宝宝需要的补充剂（如果需要的话），问问他何时开始补充。大多数婴儿维生素滴剂口感不错，很多宝宝都能接受。维生素滴剂可以在宝宝吃奶前喂他，这时他喜欢吃（因为饥饿），也有些宝宝更喜欢吃奶后再吃滴剂。如果宝宝用奶瓶喝奶，可用无味粉末状补充剂代替滴剂（把它混合在配方奶或母乳中，只要宝宝吃光了奶瓶里的奶，就能摄入足够剂量）。宝宝开始吃辅食后，粉末状补充剂也可以混在辅食中（同样，要确保宝宝能吃完这些食物）。

如果宝宝患病或是早产儿，又或者虽然是母乳喂养，但你觉得自己的饮食中可能缺乏一些重要的维生素和矿物质（例如，你是个素食主义者，母乳中没有足够的维生素 B_{12}、锌、钙），医生可能会建议额外给宝宝服

写给父母：打理好一切

第一次承担起照顾新生儿的责任可不容易。白天和夜晚的界线变得模糊，像喂奶一样无休无止；再加上过多的来访者、妈妈产后激素的剧变（有时爸爸也会），以及在住院期间或怀孕最后几天里堆积的各种杂物——那时候的你行动不便，更不用说打扫了；何况房间里还有堆成小山的礼物、盒子、包装纸、卡片等着你一一处理——你自然会产生这种感觉：随着宝宝的到来和新生活的开始，从前整洁有序的生活正在土崩瓦解。

尽管在前几周或前几个月内你很难同时兼顾宝宝和家务，但这并不意味着你将来不能成为好（父）母。随着睡眠时间的恢复，你照顾孩子会越来越得心应手，也学会了灵活变通，情况会越来越好。下面这些方法可以帮到你。

寻求帮助。如果你还没有找家务帮手，无论是付费的还是免费的，那么是时候这样做了。另外，如果夫妻两人都有空，要确保彼此之间合理分工（包括照顾宝宝和家务活）。

明确优先事项。趁着宝宝打盹的时候，更需要打扫一下房间，还是跷个腿放松一下？清理冰箱真的有必要吗？还是利用这个时间带宝宝一起散步？记住，着急做太多事，会快速消耗你的精力，让你什么事都无法做好。房子总有一天会被打扫干净，而宝宝不会停留在 2 天、2 周或 2 个月大。简单地说：放下打扫，好好闻闻宝宝的味道。

列出清单。在你睡眠不足的脑子里，是不是有一百万件事要做？把它们写下来。从每天早上要做的第一件事到晚上崩溃之前的最后一件事，逐一列成清单。把这些事分为三类：必须尽快处理的，可以等到当天晚些时候处理的，可以推迟到明天、下周，甚至很久以后的。为每一项活动安排大概的时间，要考虑你的生物钟（清晨效率最低还是最高？）和宝宝的生物钟。

用清单来安排你的一天，并不意味着一切都会按计划完成（新手父母的这些计划很少能按时完成），但它会给你一种感觉：你能掌控那些现在看来完全不可控的情况。一旦列好清单，你会发现实际上要做的并没有想象中那么多。不要忘记画掉已完成的事项，来增加成就感。也不要在意没有画掉的事项，只需将它们移到第二天的清单上即可。

新手父母的另一个小技巧：收到礼物时，列一份礼物和送礼人清单。你以为自己会记得表妹杰西卡送的是那套可爱的蓝黄相间的连衣裙，但在收到第17套衣服后，关于那套裙子的记忆可能就模糊了。发送感谢信息时，仔细核对清单，发一条就画掉一样礼物，这样你就不会给卡伦阿姨或马文叔叔发两条信息，而忘记感谢你的老板了。

简化。尽量走近路，去最近的超市、便利店买菜或者让外卖员送过来，杂物和尿布可以网购。

今日事今日毕。每天晚上把宝宝哄睡后，赶在你崩溃之前，一鼓作气把琐事处理好，这样第二天早上你就有个轻松的开始。把尿布包重新装满，整理洗好的衣服，准备好自己和孩子要穿的衣服，10分钟左右你就能完成这些事情，而在宝宝醒着的情况下，你至少要花三倍时间。如果第二天早上没什么要紧的事，你也会睡得更好（在宝宝不闹的情况下）。

出门。每天带你的宝宝外出一次，即使只是去商场溜达。节奏和空间的变化会让你在返回混乱的家时，重新充满活力。

迎接意外。再好的计划也会出错。出门前宝宝的衣服都穿好了，尿布包准备好了，你的外套也穿好了，突然有爆炸似的排便声在宝宝层叠的衣服下响起。你只好脱掉外套和宝宝的衣服，换新尿布。时间本来就很紧张，这又浪费了10分钟——为了应对意外的发生，试着在做每件事时多留出一些时间。

保持幽默感。如果你能笑，就不太容易哭。面对一团乱麻的时候，幽默感能帮助你保持理智。

习惯就好。和宝宝一起生活，意味着大部分时间都处于一定程度的混乱中。随着宝宝长大，保持整洁将变得越来越难。你刚把积木放回罐子里，他就倒出来了；你刚把高脚餐椅后面墙上的豌豆泥擦干净，宝宝就把软软的桃子重新糊到了墙上；你刚把安全栓装在厨房的橱柜上，宝宝就像拆除能手一样，三下五除二地打开了它，然后把锅碗瓶罐都丢在了地板上。

当你终于把最小的孩子送去上大学时，你的生活将再一次井然有序，却又如此空虚和安静，你甚至开始期待他们从学校放假归来时带来的混乱（甚至是脏衣服）。

用补充剂。从第1个月开始，母乳喂养的早产儿可能需要补铁，剂量按体重为一天2毫克/千克，直到宝宝能够摄入富含铁的食物，补足他对这种重要矿物质的需求。

那么氟呢？宝宝在前6个月无须补充。大一点的宝宝，只有在饮用水中的氟含量不足或不饮用自来水的情况下（瓶装水不含氟），才需要补充。问问宝宝的医生，请他给出具体建议。记住，氟和大多数有好处的东西一样，过量可能有害。当宝宝的牙齿还在牙龈中发育时，让他喝含氟水的同时额外补充氟（无论是单独饮用还是和配方奶混合饮用），可能会导致摄入过量，造成氟斑牙（牙齿上出现白色条纹）或氟中毒。过量使用含氟牙膏也可能造成氟摄入过量（参见第347页，了解更多内容）。

吐奶

“宝宝经常吐奶，我担心他没有吃饱。”

尽管看起来你的宝宝好像没吃饱，但这种可能性很小。宝宝看起来好像吐了很多，但实际上不超过一两勺，还有一些唾液和黏液混在其中，这不会影响宝宝的营养摄入。如果宝宝生长发育良好，大小便正常，并且茁壮成长，那么就没有必要为吐奶感到担心或害怕。

医生通常认为，吐奶并不是什么健康问题，只是会弄脏衣服。它虽然脏兮兮又有异味，但非常普遍。大多数宝宝偶尔吐奶，一些宝宝则会每次

选择适合宝宝的洗衣剂

厌倦了洗衣时要单独洗宝宝的衣服？这里有个让你开心的小贴士：大多数宝宝的衣服并不需要和家人的分开洗，也不需要用婴儿洗衣液。即便是那些强效去污去味洗衣剂，只要充分漂洗，对大多数婴儿都不会产生刺激（液体洗衣剂除渍效果最佳，也最容易冲干净）。

要测试宝宝是否对你最喜欢的洗衣剂敏感，可以在下一次洗衣时，放一件宝宝的贴身衣服，小心洗衣剂不要加过量，还要充分漂洗。如果宝宝娇嫩的皮肤上没有出现皮疹等刺激反应，那就把宝宝的衣服和你的衣服放在一起洗吧。如果出现皮疹，试试别的洗衣剂，最好是无色无味的。在找到合适的洗衣剂之前，要坚持用婴儿洗衣液。

喜欢婴儿洗衣液的味道？那就用它吧，让你和全家人的衣服闻起来都有宝宝的香味。

喝奶都出现吐奶的情况。是什么导致这种困扰的呢？新生儿食道和胃之间的括约肌发育不完全，无法收缩，造成食物倒流，更直接的原因是，他们大部分时间都平躺或半躺着。宝宝也需要清除多余的黏液和唾液，清除这些黏糊糊的东西最有效的方式，就是从嘴里吐出来。通常，吐奶是因为吃得太多（尤其是用奶瓶喂养的宝宝，父母总是让他们多吃一些，而小小的胃却消化不了），或者喝奶时吸进去的空气太多（尤其是吃奶前大哭过或吃奶时没有打嗝的宝宝）。长牙的宝宝也会呕吐或吐奶，这是因为他们会把分泌的过多唾液吞下去。

大多数宝宝能坐后，通常在大约 6 个月时，会停止吐奶。添加辅食（也在大约 6 个月时）也有助于减少吐奶——毕竟，液体食物更容易吐出来。在那之前，没有什么有效的方法可以防止吐奶（使用围嘴或口水巾可以减少脏乱），但你可以采取一些措施，减少吐奶的频率。

小窍门

随身携带一瓶混有小苏打的水，方便清理宝宝的呕吐物。用布沾一点苏打水再擦洗污渍，可以消除大部分异味，防止留下印记。或者带一瓶去渍剂，也可以用湿巾擦拭。另外，养成在洗衣服前预处理污渍的习惯。

- 喂奶时减少空气吸入（宝宝大哭时不要喂奶，先安抚一下，让他安静下来）。
- 让宝宝半靠着吃奶（保持舒适的姿势，尽可能坐直），通过重力作用减少乳汁倒流。
- 喂奶时倾斜奶瓶，让乳汁充满奶嘴，使用空气无法进入奶嘴。
- 宝宝喝奶时或喝完奶后不要晃动，让他保持相对平静。
- 喂奶时停一停，让宝宝打嗝，喂奶中途至少让宝宝打嗝一次（如果等到喂奶结束，一个大大的嗝就可能让宝宝把奶都吐出来）。如果宝宝吃奶较慢，或者比平时更加烦躁，多停几次，让他打嗝。
- 喂奶后尽量让宝宝直立着待一会儿。

大部分宝宝都“乐于”吐奶，换句话说，吐奶并不妨碍什么（尽管对父母来说不是），它不会影响宝宝的体重增加或生长发育。有些宝宝在吐奶时会有不适感，比如胀气；也有的宝宝不吐奶，但有其他反流的迹象，请医生诊断，可能是胃食管反流或胃食管反流症（参见第 544 页）。

如果宝宝吐奶时伴有长时间胀气和咳嗽，或增重迟缓，抑或看起来有严重的症状，比如呕吐物呈棕色或绿色，呕吐时喷出 60 厘米甚至 90 厘米远（喷射性呕吐），要立刻看医生。这可能意味着宝宝有健康问题，如肠梗阻或幽门狭窄(参见第 545 页专栏)。

呕吐物中带血

“今天我给两周大的宝宝喂奶后，他吐奶了，呕吐物中还夹杂着一些红血丝。我很担心。”

新生儿出血，尤其是在他的呕吐物中发现有血，确实很令人担心。但是先别慌，先确定这血是不是他的。如果你的乳头破了，即使伤口很小，这血也可能是你的，吃奶时宝宝会将它和乳汁一起吸入，然后吐出来。

如果明显不是乳头的原因，或者你没有采用母乳喂养，让医生检查一下宝宝呕吐物中血的来源。

牛奶过敏

“宝宝哭得很厉害，他是不是对奶粉过敏，怎么才能确定呢？”

虽然你迫切想了解宝宝哭闹的原因和简单的应对方法，但问题可能不是出在牛奶上。牛奶过敏虽然是婴幼儿中最常见的食物过敏，但却没有大多数人想的那么普遍(只有 2% ~ 3% 的宝宝会出现牛奶过敏)。如果宝宝对牛奶过敏，除了哭闹，还会出现一些其他症状。

对牛奶严重过敏的宝宝会经常呕吐、腹泻，甚至大便中带有血丝。不太严重的反应包括偶尔呕吐和拉稀。还有一些对牛奶过敏的宝宝在接触到牛奶蛋白时，会出现湿疹、荨麻疹、气喘或流鼻涕、鼻塞的症状。

不幸的是，除了反复试验，还没有什么方法可以测试宝宝是否对牛奶过敏。如果没有医生的建议，不要尝试其他措施（包括换奶粉）。如果没有家族过敏史，并且除了哭闹之外，宝宝没有其他症状，医生可能会建议按普通肠痉挛(参见第 202 页)来处理。

如果有家族过敏史，宝宝除了哭闹还有其他症状，医生或许会建议试着将普通牛奶奶粉改为水解蛋白奶粉。如果症状消失，说明可能是牛奶过敏（但也可能是巧合），医生也许会让宝宝继续吃水解蛋白奶粉。不过，随着宝宝长大，牛奶过敏最终会消失，有一天医生会建议恢复牛奶奶粉，或宝宝一岁后可以喝牛奶。如果恢复牛奶奶粉后，过敏的症状不再出现，说明宝宝最初并不是真的对牛奶过敏，或已经不再过敏了（这时，你可以放心地给宝宝喝牛奶）。

通常，当宝宝有牛奶过敏的可能时，医生不建议给宝宝改用大豆奶，因为对牛奶过敏的宝宝大多也会对大豆奶过敏。

还有一种非常罕见的情况，这可能是一种酶缺乏症——天生乳糖不耐受。患此症的宝宝天生无法分泌乳糖酶，不能消化牛奶中的乳糖。症状包括放屁、腹泻、胃胀、体重不增加。

通常可以用低乳糖或无乳糖奶粉来解决这个问题。

如果问题与牛奶过敏或乳糖不耐受无关，那么最好继续吃牛奶奶粉，它才是更好的母乳替代品（医生应该会给肠胃敏感的宝宝推荐一种奶粉）。

母乳喂养的宝宝的过敏症状

“我家纯母乳喂养，今天给宝宝换尿布时，发现他的便便中带有血丝。会不会是他对我的乳汁过敏呢？”

宝宝从来不会对母乳过敏，但在极少数情况下，宝宝可能会对妈妈摄入的食物过敏，因为这些食物最后都会进入母乳中——通常是牛奶蛋白。你的宝宝可能是这种情况。

这种过敏症状通常称为过敏性结肠炎，症状包括大便里出现血丝、烦躁、体重不增加（或增加得很缓慢）、呕吐或腹泻。宝宝可能会出现其中一种或所有症状。研究人员猜测，宝宝还在子宫里时，可能就对妈妈吃的某些食物过敏了，导致出生后也会过敏。

牛奶和其他奶制品虽然是这些症状的诱因，但并不是唯一的诱因。其他可能的诱因还包括大豆、坚果、小麦和花生。让医生检查后再采取措施，以确定你的饮食中是什么导致了宝宝过敏，试着停止食用具有潜在过敏诱因的食物 2 ~ 3 周。在你停止食用这种食物后，一周内宝宝过敏的症状可能会有所缓解，但要等 2 ~ 3 周才能真正确定它是不是宝宝过敏的原因。

有时，食物和过敏症状之间可能没有明显的相关性，那有可能是肠胃病毒使宝宝的大便中出现血丝，或是宝宝的肛门裂伤出血。另一种可能是：你的乳头皲裂，宝宝吞下了乳头上的血，这样血就会出现在宝宝的呕吐物或大便中（有时血液会让宝宝的大便带点黑色）。请医生检查，即可解开疑问。

排便

“我是母乳喂养，我希望宝宝每天能排便一两次。但每次换尿布他似乎都排便了，有时甚至一天多达 10 次。而且便便很稀，他是腹泻了吗？”

大多数母乳喂养的婴儿都会每天排便很多次，像是要打破世界纪录一样。但这对于母乳喂养的宝宝来说并不是糟糕的信号，反而是个好信号。因为宝宝排便的次数与摄入食物的多少有关。如果母乳喂养的宝宝在最初 6 周每天都要排便很多次，说明宝宝从母乳中获得了足够的营养。

出生的头几天，母乳喂养的宝宝平均每天排便增加一次。换句话说，他出生第 1 天会排便一次，第 2 天会排便两次。到第 5 天左右通常就不会再继续增加，之后，宝宝每天一般会排便 5 次左右。什么样的排便应列入计数呢？比1元硬币大的便便就可以计算在内。有些宝宝排便次数更多(甚至每次哺乳后都会排便)，有些排便次数更少（注意，在最初几周内，持续排便次数不够可能意味着喂奶量不足）。母乳喂养的宝宝到6周时，排便模式可能会发生变化，或许你会发现宝宝有1天（或2天，甚至3天）没有排便。但并非所有宝宝都会这样。有些宝宝在一岁以内，会继续每天排便多次，便便的量也较多。宝宝6周大后，只要继续快乐成长，体重增加正常，就没必要再计算大便次数了，每天排便次数不同也正常。

母乳喂养的宝宝便便很软，甚至呈水状，这也很正常。腹泻在母乳宝宝中很少见，腹泻是指大便频繁，通常呈液态，很臭，还可能带有黏液，有时还会伴随发烧或体重下降。如果母乳喂养的宝宝腹泻，他们的大便会比配方奶喂养的宝宝少，而且恢复得更快，这可能是因为母乳有抗菌功效。

排便声音大

“我儿子排便时声音很大，我开始担心是不是我的母乳有问题。”

母乳喂养的宝宝排便时通常很豪放。他们排便的声音整个房间都能听到，但这是完全正常的。这种声音有时会把人逗得咯咯笑（对父母来说），偶尔还有点尴尬（在公众场合）。这些爆炸似的排便声和断断续续的放屁声，只是因为宝宝消化系统还不成熟，在强行排除气体而已。一两个月后，情况就会好转。

放屁

“宝宝整天都在很大声地放屁。他是不是肠胃出问题了？”

新生儿消化时肠道里排出气体的声音很大，这和排便声音大一样，是完全正常的，就像新的管道需要排气疏通一样。宝宝的消化系统成熟后，即使臭味没有变淡，放屁声也会小很多，也不会那么频繁。

便秘

“我的宝宝是用配方奶喂养的，我担心他便秘。平均下来，他每隔两三天才排便一次。”

说到便秘，排便次数不重要，重要的是大便的黏稠度。配方奶喂养的宝宝如果大便很硬，排出的是硬颗粒，或引起疼痛、出血（排便太用力造成肛门撕裂），才属于便秘。如果宝宝大便柔软，排便不费力，即使每3～4天排一次便，也不是便秘。如果宝宝排便时发出哼哼声、呻吟声或表现出用力的姿势，也不必着急以为宝宝便秘了，这是宝宝排便的正常行为。有时排出的大便很软，这可能是因为宝宝肛门处的肌肉不够强壮，还不能配合好排便过程，而且宝宝通常是躺着排便的，没有重力的帮助。

如果宝宝看起来确实便秘了，请医生检查，并给予治疗建议。未经医生同意,不要擅自给宝宝用任何药物。

母乳喂养的宝宝很少便秘。如果在最初几周排便次数不足，可能意味着宝宝没有摄入足够的食物（参见第174页）。

睡觉姿势

“我知道宝宝应该躺着睡觉，但他仰睡时看起来很不舒服。让他趴着睡觉会不会好一些？或者至少让他侧着睡？”

关于睡觉姿势,为了宝宝的安全，必须让他仰睡，没有商量的余地。研究表明，与趴着睡相比，仰睡的宝宝很少发烧、鼻塞或耳部感染，也不会比趴着睡的宝宝更容易吐奶，或是被吐出的奶水噎住。目前，仰睡更安全最重要的原因是：会显著降低睡眠死亡的风险（婴儿猝死综合征）。

现在就让宝宝（包括早产儿）仰睡吧(不要塞上东西固定宝宝的姿势，这样不安全)，从一开始他就会习惯这个姿势，并且感觉舒适。有些宝宝刚开始仰睡时表现得很烦躁，因为无法趴在床垫上让他们感到不舒适又不安全，因此睡觉时会更频繁地出现惊跳反射（参见第138页），导致他们频繁醒过来。睡觉时给宝宝包上襁褓（或让他睡在睡袋里）可以帮助缓解

仰睡：最好的睡眠方式

仰睡对宝宝的健康和安全都大有益处，但也有两个小缺点：一是新生儿仰睡不太舒适，这一点可以通过给宝宝包襁褓来减少不适感，襁褓可以让宝宝仰睡时感觉更舒适和安全。另一个是仰睡时，宝宝总是面朝同一侧，容易造成头部扁平或斑秃，因为他总是专注于房间里的同一个地方（如窗户）。不过这很容易预防，改变宝宝睡觉的位置即可（第一天晚上让宝宝睡在小床的这一边，第二天晚上睡在另一边）。改变睡觉位置可以避免一侧头部持续受力，也就减少一侧头部扁平或变秃的可能性。如果你已经尽力了，但宝宝的头还是变平或出现斑秃，那也不要担心——随着宝宝的成长，这些问题会逐渐消失。情况特别严重时，可以用专门的束发带或头盔来矫正。

当宝宝醒过来时，让他趴着玩耍（大人要看着），这样可以降低头部扁平的可能性，同时锻炼他的肌肉，并练习粗大运动技能。

睡眠安全

毫无疑问，宝宝最安全的睡眠姿势是仰睡。趴着或侧着睡觉出现婴儿猝死综合征的风险更大。睡眠安全不仅与睡觉姿势有关，还与睡觉的环境有关。让宝宝睡在硬床垫上，床上不要放任何枕头、被子或毛毯、床围、毛绒玩具，以免发生窒息。睡觉地点也很重要，最安全的地方是摇篮或婴儿床，就放在你的房间、挨着你的床。不要让宝宝睡在摇椅、弹弹椅或婴儿秋千里，它们不符合婴儿睡眠安全标准，半躺的姿势还可能导致宝宝呼吸不畅、斜颈（颈部肌肉僵硬），增加扁头的概率。更多信息参见第 197 页。

惊跳反射，更舒适地仰睡。

在最初 6 个月，出现婴儿猝死综合征的概率最大，一岁以内的宝宝最好都仰睡。但是宝宝学会翻身后，可能会发现自己更喜欢趴着睡，这时还是要让他继续仰睡，一岁后再自己决定是否需要翻身。

同时，也不要忘记让宝宝趴着玩。参见第 227 页，了解更多内容。

没有睡眠模式

“宝宝一晚上要醒来吃好几次奶，我很累。他现在不应该养成有规律的睡眠模式吗？”

虽然你和你疼痛的身体（和黑眼圈）很希望能睡个整觉，但还要再等一段时间才可能做到。宝宝在第 1 个月不会整晚睡觉，有两个原因。一是宝宝需要生长，可他的胃很小，需要不停地补充能量，大多数宝宝一夜至少要醒来吃一次奶。母乳喂养的宝宝尤其如此，他们在晚上需要吃更多次奶，所以在宝宝 3 个月之前，睡一整晚对你来说是个不可能实现的梦。吃奶次数和宝宝的体重也有关系，体重较轻的宝宝需要比体重较重的宝宝吃更多次奶，而且在体重达标前需要持续的夜间喂奶。太早尝试建立规律的睡眠模式，不仅会妨碍妈妈泌乳，还会妨碍宝宝的成长。无论是母乳喂养还是配方奶喂养，也无论宝宝体重较轻还是较重，只要宝宝在夜间醒来，你便应该做出回应。另一个原因是，他才刚开始了解这个世界，这个对他来说是全新的、有点可怕的世界。现在最重要的不是训练他按计划睡觉，而是在他大哭时，在身边安慰他，即使是三更半夜、累得不想动，甚至在他 6 小时内第 4 次醒来的时。

要相信，总有一天，你的宝宝会睡一整晚，而你也会。

不得安宁的睡眠

“宝宝睡觉时看起来很不安，经常哭闹。有没有什么方法能让他睡得香一点？”

睡得“像个婴儿”听起来很平静，但其实宝宝的睡眠根本不平静。新生儿睡眠时间很长（平均一天睡16小时），但会醒来很多次。那是因为他们的睡眠大多是快速眼动睡眠，这是一种轻浅、活跃的睡眠状态，伴有做梦和不安的活动，有时还出现惊跳反射，宝宝就会表现为哭闹。当你在晚上听到宝宝哭闹或呜咽时，可能是他刚结束了一段快速眼动睡眠期。

随着宝宝的成长，他的睡眠模式也会成熟起来。快速眼动睡眠减少，更健康的安静睡眠会延长，这时宝宝睡得就熟了。虽然还会周期性地哭闹和呜咽，但不会很频繁。

如果你跟宝宝在同一房间睡觉（为了预防婴儿猝死综合征，美国儿科学会建议这样做），不要每次听到宝宝的呜咽声就把他抱起来，这样会打扰他的睡眠。等确定宝宝醒了，这时他会发出稳定、持续的哭声，想要喝奶或安抚——再把他抱起来。

昼夜颠倒

“我的宝宝3周大，白天大部分时间都在睡觉，但整个晚上都醒着。怎么才能把他的作息调整过来，让我

宝宝睡觉时，周围一定要保持安静吗？

宝宝睡觉时，家人要“沉默是金”吗？当他在睡觉或者小睡时，你走路需要踮着脚吗？手机调成振动？让访客敲门，不要按门铃？像图书管理员一样，让想大声说话的人小点声，不让狗叫？

也许不用。这种让宝宝继续睡觉的传统观念也许在短期内有用，但长远来看，会适得其反——你会发现宝宝无法在真实的环境中入睡，真实的世界中有电话响、门铃声，也有狗叫。而且，保持安静可能也并不必要，甚至没什么效果。

噪音有多大，什么样的噪音不会把宝宝吵醒，一部分取决于他出生前熟悉的声音（比如狗叫声），另一部分要看个人情况。有些宝宝对刺激更敏感，而有些宝宝周围没有噪音反而睡不着（毕竟他以前待过的子宫可是个吵闹的地方）。所以，父母要根据宝宝表现出的迹象来决定噪音要控制在什么范围内。如果宝宝对噪音特别敏感，可以将手机调成静音，门铃换成不太刺耳的铃声，电视的音量调低。但如果宝宝在什么环境下都能酣然入睡，就没必要这么做了。

们都休息一下呢？”

宝宝像个小恶魔，晚上很兴奋，白天总睡觉？这很正常，毕竟3周以前，他还生活在无止境的黑暗中。也正是在你的子宫中，他习惯了白天睡觉（当你活动的时候，不停的晃动会让他想睡觉），晚上当你躺下想要休息的时候,他会踢踢小腿。幸运的是，这种夜间活动的习惯只是暂时的，随着逐渐适应子宫外的生活，他不会再昼夜颠倒——他很可能会自己做到这一点，可能就在接下来的几周内。

如果你想帮助宝宝更快意识到晚上才是睡觉时间，可以温柔地安抚他。试着减少白天小睡的时间，每天不超过3～4小时。虽然唤醒睡着的宝宝是件棘手的事情，但还是可以做到。试着给他换尿布，竖抱他，给他拍嗝，摸摸他的小下巴或按摩他的小脚。当宝宝快醒过来时，试着跟他互动，进一步唤醒他：跟他说话，对他唱一首歌，在他的视力范围内（20～35厘米处）摇晃玩具（关于唤醒宝宝的小窍门，参见第132页）。但是，不要试图一整天都打扰宝宝小睡，而希望他晚上好好睡觉——过度疲劳和过度刺激都会让他难以在夜间安睡。

让宝宝能够明确区分白天和黑夜也有帮助。宝宝白天小睡的房间，光线不要太暗，也不要刻意保持安静。当宝宝醒来时，跟他玩一些刺激性的游戏。晚上则反过来，把宝宝放在床上后，将房间光线调暗，保持相对安静。当宝宝夜间醒来时，不论你多想跟他玩或说话，都不要这样做。不要在喂奶时开灯或开电视，非必要不给他换尿布，要轻声细语地跟宝宝说话，或是唱一首轻柔的催眠曲。

宝宝的呼吸

“每次我看刚出生的宝宝睡觉，他的呼吸都没什么规律，胸膛的起伏也很奇怪。说实话，这让我很害怕。宝宝的呼吸是不是有什么问题？”

宝宝睡觉时的这种呼吸非常正常，你的担心也很正常（新手父母都会这样）。

新生儿醒着时，正常呼吸频率是每分钟40次，睡着时会降低到每分钟20次。宝宝睡觉时的呼吸不规律，这也是正常的。熟睡时呼吸可能很快，这种又快又浅的呼吸会持续15～20秒，然后暂停（这才是真正让人害怕的地方），暂停时间通常不到10秒钟(虽然在你看来真的很久)，经过短暂的调整后，再次开始呼吸(通常这时你才会松一口气)。这样的呼吸模式称为周期性呼吸，是正常的，这是宝宝大脑中尚未成熟的呼吸控制系统（属于正常发育阶段）造成的。

宝宝睡觉时，你可能会注意到他胸膛的起伏。宝宝通常会用膈肌（肺

让宝宝拥有更好的睡眠

以下睡眠安抚技巧能帮助宝宝提高睡眠质量（以及你的睡眠质量），其中很多方法能帮助重建子宫般的舒适感。

舒适的睡眠空间。婴儿床开阔的空间会让宝宝感到不安、被孤立、脆弱，远不如妈妈的子宫舒适。所以，可以考虑把宝宝放在和子宫环境差不多的空间里睡觉——婴儿吊篮、摇篮，或带有摇篮的婴儿游戏床。为了舒适，可以把宝宝包裹起来，或使用婴儿睡袋。

控制温度。宝宝在温度适宜的子宫中待了 9 个月，现在，太热或太冷都会妨碍他睡觉（过热也有导致婴儿猝死综合征的风险）。所以，要保持室温适宜，可以摸摸宝宝脖颈处的温度，看他是否感觉舒适。

摇晃宝宝。在子宫中时，妈妈休息的时候宝宝最活跃，当你起身忙碌的时候，他就会安静下来，妈妈的动作能安抚宝宝。

出生后，一些动作还是能起到安抚作用。轻轻摇摆以及轻拍，都能帮助宝宝入睡。可以在婴儿床垫下放一块震动垫，在宝宝睡着后，也能继续摇晃。

安抚的声音。子宫里比你想象的要吵闹。那几个月宝宝都是听着你的心跳声、肚子的咕咕声、说话声入睡的，现在没有这些背景音，可能会难以入睡。试试打开嗡嗡响的电扇，播放轻柔的音乐，打开八音盒，用能模仿子宫内声音或心跳声的玩具也可以。

等待宝宝的呜咽声。研究表明，宝宝睡觉时，父母在附近能减少婴儿猝死综合征的风险。专家建议，

部下的大块肌肉）呼吸，只要没有出现呼吸费力的情况，嘴唇周围没有发蓝，并且不需要父母干预就能恢复正常的浅呼吸，就不必担心。

新生儿一半的睡眠时间都属于快速眼动睡眠，那时他的呼吸不规律，会发出哼哼声和鼻息声，还时不时抽动一下，你甚至能看到他的眼球在眼皮下转动。其余的睡眠时间都在安静睡眠，呼吸又深又安静，除了偶尔的吸吮动作或惊跳反射，看起来非常安宁。宝宝长大一些后，快速眼动睡眠时间会减少，安静睡眠时会更像成年人的非快速眼动睡眠。

但如果宝宝每分钟呼吸超过 60 次，鼻孔大张，发出咕噜噜的声音，脸色发蓝，或是每次吸气时两肋间的肌肉内陷、肋骨高高突出，要立刻看医生。

宝宝在 6 ～ 12 个月时，最好和父母睡在同一个房间。这种安排的唯一不足是：只要宝宝稍有响动，你就会不由得把他抱起来。为了让宝宝睡得更好，等宝宝发出呜咽声，确定他醒了、想要吃奶或希望得到关注后，再把他抱起来。

建立规律的睡眠。喂奶时，新生儿大多会睡着，似乎没有必要培养规律睡眠的习惯。但早点开始培养也无妨，小睡也是如此。养成睡眠习惯的方式有很多（比如晚上洗澡），但现在，可以简单地采取一些步骤让宝宝放松下来：调暗灯光，轻声说话，播放一些柔和的音乐，静静地抱着宝宝、轻轻地给他按摩一下，甚至可以读个故事。对于吃奶才能睡着的宝宝，可以在临睡前喂奶，那些已经能够自己入睡的宝宝，可以早一点喂奶。

不要阻止宝宝小睡。有些父母在解决晚上睡觉问题时，采用的方法是白天让宝宝醒着，即使他很想睡觉。殊不知过度疲劳的宝宝比休息良好的宝宝更易被吵醒。如果宝宝还分不清白天黑夜，可以缩短白天小睡的时间，但是不要取消他非常需要的小睡。

晒晒太阳。让宝宝晒晒午后的太阳，晚上会睡得更好，所以午后去散散步吧。

知道什么时候该让宝宝自己入睡。随着宝宝慢慢适应外部世界，可以通过安抚的动作、播放白噪音或音乐帮助宝宝更好地入睡。但要做好准备，在宝宝月份较大后（通常到 6 个月左右），要让他摆脱这些安抚性的帮助，学会自己入睡。

“偷偷走进宝宝的房间，看看他是否在呼吸，我之前也觉得这种行为挺好笑。但现在我发现自己也会这样做，甚至是在午夜时分。”

新手父母神经质地查看宝宝的呼吸，真像是搞笑的桥段，直到你成为父母，才明白这并不是件可笑的事。有时将宝宝放在小床上后，你会突然惊出一身冷汗，因为发现他整整 5 个小时没有一点声音。出了什么问题吗？宝宝为什么没醒呢？有时你走到小床边，发现宝宝看起来太平静了，不得不小心地戳戳他，确保一切正常。有时宝宝看起来呼吸得很费力，你就猜测他有呼吸问题。所有新手父母都会这样。

你的担心是正常的，宝宝睡觉时千奇百怪的呼吸方式也是正常的，你可能需要一些时间来习惯。但最终，你不会再对宝宝没有在清晨醒来感到太恐慌——一夜无梦地睡上 8 小时会让你和宝宝都更舒适。

不过，只有到宝宝长大、离家上学时，你才会真正戒掉检查宝宝呼吸的习惯——即使眼睛看不见，心里还是会想。

呼吸监测器或许能让你安心，将它别在宝宝的尿布上或塞在床垫下，一旦监测到宝宝 20 秒内没有呼吸就会发出警报。这样的睡眠呼吸监测能让你获得安全感，睡得更好。但是在你花大价钱购买这类监测器前，要记住，它们有时会发出错误警报，而这些错误警报可能会让你更焦虑。很多父母因为受不了反复的错误警报，最后干脆把呼吸监测器关掉。而且，没有证据表明，这类监测器能预防婴儿猝死综合征。

把睡着的宝宝抱上小床

“每当我试着把睡熟的宝宝放到小床上时，他都会醒。”

喂了好几个小时奶，乳房都痛了，抱着宝宝摇来摇去，胳膊也酸了，摇篮曲唱到嗓子嘶哑，宝宝终于睡着了。你小心地靠近床，屏住呼吸，不敢有多余动作。随后默默地祈祷着，把宝宝抱过小床边缘，冒险将他放在床垫上。但是这一瞬间太快了，一放下宝宝他就醒了。他左右摇晃着小脑袋，轻轻地抽泣、呜咽着，之后开始大声痛哭。这时的你也想放声大哭，但还是无奈地抱起宝宝，重新开始。

如果你很难将宝宝放下，那就等上 10 分钟，让他睡熟了，再试试：

高床垫。尽可能垫高床垫（但距床栏顶部至少 10 厘米），就很容易将宝宝放下。但别忘了等宝宝大一些，能够坐起来的时候，把床垫放低。或者使用摇篮、吊篮、带有摇篮的游戏床等，方便放下和抱起宝宝。

近距离。宝宝睡着后，他的小床离你越远，他在半路醒过来的可能性就越大。所以，尽可能在靠近摇篮或小床的地方喂奶或哄宝宝睡觉。

容易起身的座椅。坐在容易起身的椅子或沙发上喂奶、哄宝宝睡觉，这样站起来时就不会打扰到他。

待在小床的右侧或左侧。喂奶或哄睡时，用方便将宝宝放在小床上的那只胳膊抱他。如果宝宝总是在另一只胳膊上睡着，就轻轻将他换回来，轻拍或喂奶时间长一些，再试着将他放下。

跟宝宝保持接触。宝宝在你胳膊上觉得很舒服、很安全，突然被放到宽敞的床垫上时，会受到惊吓，导致他猛然惊醒。放下宝宝时要环抱着他，先让他的背部落下，托着臀部的手接触到床垫时才可以松开。把手放在宝宝身上几分钟，如果他快要醒来，可以温柔地拍拍他。

发出让宝宝平静的声音。用传统

的催眠曲，或用简单的节奏现编一首曲子，或来回唱着“嘘嘘嘘”，哄宝宝睡觉。当你将宝宝放到床上后，要继续哼曲子。如果宝宝开始翻身、快要醒来，就多哼一会儿，直到他完全平静下来。

轻摇，直到宝宝进入梦乡。用吊篮或摇篮的一大好处是：把宝宝放下后，还可以继续通过摇晃安抚他。还有一种专门设计的震动垫，可以塞在宝宝摇篮的床垫下，持续震动半小时左右——希望这半小时的时间足以让你的宝宝睡熟。

大哭

“我知道宝宝天生就会哭，但自从我们带他出院回家，他就一直在哭。”

大多数父母在医院时会很庆幸，他们觉得自己有一个很少哭闹的宝宝。但这是因为很少有宝宝刚出生几个小时就经常哭闹——这时他们还在休息，还没从出生的劳累中恢复过来。父母带宝宝回到家中时，他们就变样了，这并不奇怪。毕竟，哭是宝宝表达需求和情感的唯一方法，也是他们最早发出的“婴言婴语”。宝宝不可能告诉你，他觉得孤独、饿了、累了、不舒服、太热、太冷，尿湿了或在哪里受挫了。虽然现在看起来还不可能，但你很快就能破解宝宝不同哭声的意思，并了解他想要什么（参见第 137 页）。

但有些新生儿的哭泣，似乎与基本需求完全无关。其实，80% ~ 90% 的宝宝每天有 15 分钟 ~ 1 小时的哭泣是难以解释的。这些周期性的哭闹通常发生在傍晚，会引发更严重、持久的哭闹，就像肠痉挛的宝宝一样。可能那是一天中家里最忙乱的时候——每个人都很累、很饿（妈妈的泌乳量也可能是一天中最少的时候），每个人都难以忍受了，宝宝也是。或许忙碌了一天，处理了很多视觉、听觉、味觉和其他环境刺激后，宝宝需要好好哭一下来放松。哭几分钟甚至可以帮助他睡着。

宝宝天生就会哭

所有新生儿都会哭，他们天生如此，这是宝宝们确保自己的需求得到满足的一种方式。如果宝宝不太爱哭，而且无论他的需求是否得到满足，看起来都很安逸，这可能是在告诉你一个相反的事实：他不够强壮，不够健康，无力大哭。如果你的宝宝在出生几天后很少哭，尤其是他不会对基本的需求、规律的喂食提出需求，不要迟疑，立刻去看医生。也许你只是有个很会自得其乐的宝宝(如果是这样，即使宝宝没有提出需求，你也必须满足他)，但也可能是宝宝生长迟缓，这样的话，要立即就医。

等一等再应对宝宝的哭闹

新生儿大哭时的信条是：一听到哭声，你就赶快跑过去。但如果宝宝大哭时，你正在冲掉头上的洗发水，或正在倒出煮面的开水，你是否需要扔下手头的一切，跑过去抱他？当然不需要。时不时让宝宝哭个一两分钟甚至5分钟，没什么坏处，只要他在哭着等你时不会出什么意外就没关系，如果你平时反应都很迅速，那就更不用担心了。

在宝宝长时间的哭闹中，即使你休息10～15分钟也没关系。反而可能帮助你和宝宝度过这充满挑战的婴儿期。如果宝宝出现急性腹痛，特别难哄，有专家建议可以试试这种间歇性安抚方法：让宝宝在安全的地方，比如他的小床里，自己哭一会儿，再将他抱起来安抚15分钟左右，然后再放回小床，反复几次。但如果这种方法好像让宝宝的腹痛更严重了，或者让你担心，就不要尝试。

不要着急。随着宝宝能更好地交流，也随着你更能理解他哭的含义，他会哭得更少、时间更短，大哭时也更容易安抚。另外，即使宝宝的哭闹看起来不像肠痉挛，用于缓解肠痉挛的技巧也有助于宝宝恢复平静——可参考接下来的内容。

新生儿不会被宠坏

担心总是太快回应宝宝的哭闹，会宠坏他？不用担心。在最初的6个月里，这不会宠坏宝宝。宝宝大哭时，爸爸妈妈立刻做出回应，不会让他的需求变得更多。事实正好相反，新生儿的需求越快得到满足，他就越可能会成长为一个更有安全感、需求更少的孩子。

肠痉挛

“我很害怕宝宝肠痉挛，但看他那样大哭，我不知道还有什么别的可能。我要怎么确认他是不是肠痉挛？”

肠痉挛伴随着宝宝的哭闹，带来很大痛苦。它是非常普遍的，很多父母都有类似的苦恼。据估计，每5个宝宝中就有1个会过度哭闹，通常始于傍晚，有时持续到晚上睡觉，这种情况可判断为肠痉挛。肠痉挛引发的哭泣与普通的大哭不同，肠痉挛的宝宝似乎非常痛苦，哭声从大哭转成尖叫，并且这种痛苦会持续3小时以上，偶尔还会夜以继日地哭闹。大多数时候，肠痉挛都发生在白天，但是有些宝宝偶尔会在夜晚发作。

医生通常按照“三原则”来诊断：

每天至少哭闹3小时，每周至少哭闹3天，持续至少3周。但是有些宝宝肠痉挛发作时会出现更严重的症状，大哭时间更长，持续的天数和周数也更多。宝宝肠痉挛发作的典型反应是双膝屈起、紧攥拳头，一般还会更加好动；他会紧闭或张大眼睛、皱眉，甚至会短时间屏住呼吸；排便次数增加，还会放屁。宝宝的饮食和睡眠都会被大哭打断，他会疯狂地寻找乳头，但开始吸吮时，又会拒绝吃奶，或只睡一会儿就大叫着醒来。但极少数宝宝会与上述典型反应一模一样，不同宝宝肠痉挛发作时的表现各有不同，有时同一个宝宝在不同时间也会有不同的表现。

肠痉挛一般出现在宝宝第2～3周时（早产儿会晚一点），到第6周最严重。有段时间肠痉挛看起来似乎没完没了，到第10～12周时通常会开始减少。到第3个月时（早产儿会晚一点），大多数宝宝的肠痉挛都会神奇地消失，只有少数宝宝会持续到第4～5个月之后。肠痉挛可能会突然消失，也可能会逐渐好转或时好时坏，但最终都会好起来。

这些每天哭泣的过程，有些是马拉松式的，有些是短跑冲刺式的，它们通常都叫肠痉挛，但这只是对哭闹问题的一种笼统称呼，问题出现后，除了等待一段时间让它好起来，没有别的办法。还没有明确的方法将它和

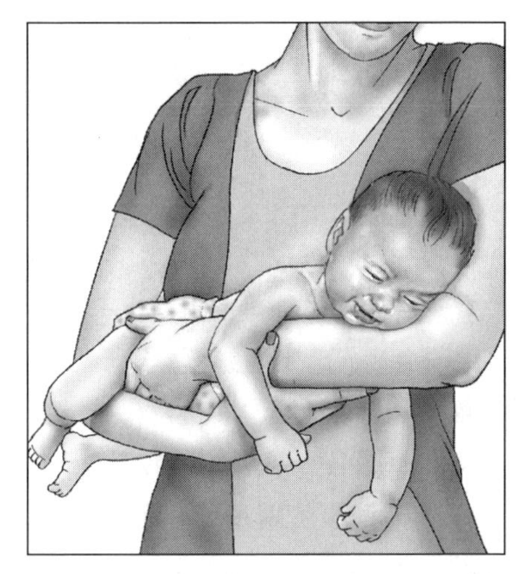

肠痉挛时的抱法：让压力均匀作用在宝宝胀气的肚子上，他会舒服一些。

其他原因造成的过度哭闹区分开。不过，当宝宝大哭好几个小时，而你束手无策、无法安抚他时，这种区别可能并不重要。

引起肠痉挛的原因仍然是个谜。但专家确定它不是由遗传因素、母亲怀孕或分娩时出现的问题引起的，也不是因为父母照顾得不够好。一些理论指出，宝宝出现肠痉挛有许多潜在原因。

感官刺激过度。新生儿有一种内在机制，能够阻挡外界环境的刺激，这样才能安心睡觉和吃东西。在第1个月末，这种内在机制渐渐消失了，宝宝就很容易受到外部环境的刺激。由于受到了各种感官刺激，有些婴儿通常在一天快要结束的时候，会承受不住。为了释放这种压力，他们就会不停地大哭。当宝宝学会有选择地过滤一些外部刺激、避免感官负担过重

写给父母：应对肠痉挛

肠痉挛引起宝宝大哭会让父母感觉很糟糕。虽然宝宝每天大哭几小时并不会对自己有什么伤害，但是肯定会给父母留下阴影。宝宝的哭闹会让人产生焦虑感。研究表明，面对婴儿的持续大哭，人会血压升高，心跳加速，面部血液循环加快，身心俱疲。要应对持续不断的大哭，可以尝试以下方法。

分工合作。如果宝宝的哭闹时间都是你在应对，压力肯定会将你击垮，不仅会影响你的健康，还会影响你和宝宝以及与他人的关系。所以，如果夫妻二人都在家里，照顾哭闹宝宝的任务可以由两人轮流承担。

有时，不同的胳膊、不同的摇晃节奏和不同的歌声也能让哭闹的宝宝平静下来，这样交替照顾可能是个好方法。

另外，确保你们能偶尔一起休息一下。可以找一位既有耐心，又有经验，能照顾大哭的宝宝的亲友或育儿保姆，这样你们就可以一起外出用餐、健身，哪怕仅仅是一次安静的散步。

如果家中经常只有你一人育儿，你需要多多寻求帮助。每天照顾大哭几小时的婴儿，一个人是应付不过来的。如果找不到合适的帮手，你和宝宝需要做出适当的调整。

休息一下。回应哭闹的宝宝确实很重要，这是他唯一的交流方式。但是，偶尔放下宝宝休息一下并没什么坏处，宝宝也可以离开你休息一会儿。试试第 209 页专栏中的技巧，利用那 10 ～ 15 分钟做一些让自己放松的事：做做瑜伽，看看电视，听听音乐。希望当你再次抱起宝宝时，不再那么疲惫，这对你和宝宝都有好处。

置之不理。为了减少宝宝的哭

时，肠痉挛就会消失。如果这是你的宝宝肠痉挛的原因，尝试一些方法（轻拍、轻摇、荡秋千、唱歌）可能会让事情更糟。要观察宝宝对某种刺激的反应，避免让他接触讨厌的事物。

消化系统未发育成熟。宝宝的消化系统还比较娇弱，消化食物有些费力。食物进入胃肠道时可能还没有完全分解，这时如果有气体进入就会引起疼痛。如果是气体引发的肠痉挛，可以服用药物缓解（参见第 207 页专栏）。如果是奶粉引起的，咨询医生后换一种宝宝更耐受或更易吸收的奶粉可能会有帮助。少数情况下，肠痉挛可能由妈妈饮食中的某种食物引起。想确定是不是这种情况，可以尝试减少饮食声对你的影响，可以使用耳塞或降噪耳机，它们并不能完全隔绝声音，只会让声音模糊，变得更容易接受。听听音乐也可以，音乐不仅能安抚你，还能帮你找回正常的节奏。

锻炼身体。大哭的宝宝会带给你很大的压力，而锻炼是减压的好方法。清晨可以在家里跟宝宝一起运动，或者在提供保育服务的健身房健身。当宝宝哭闹时，可以把他放在婴儿车里，出去散步放松一下，这可能会让你和宝宝都平静下来。另外，还可以在身边放一个压力球，当你需要释放压力时捏一捏。

释放出来。有时你也可以靠在爱人、医生，或亲朋好友的肩上大哭一场，或到网上宣泄一下。

释放出来并不能治疗宝宝的肠痉挛，但向人倾诉、卸下压力后，你会觉得好受一点，尤其是与其他有类似经历的父母交流后。当你发现不少人都经历过这样的情况，安抚宝宝时就不会觉得孤单。

察觉自己有暴力倾向，要寻求帮助。宝宝不停地大哭，很多人都难以承受，有时父母甚至感觉不爱宝宝了，这完全正常。但对于有些父母来说，宝宝无止境地大哭已经超过了他们的承受能力，这时，他们可能会虐待宝宝。如果患有产后抑郁症却不治疗（或根本就没有发现），就很有可能越过那条边界。倘若伤害宝宝的念头并非一闪而过，你有冲动要打他、用力摇晃他，或以任何其他方式去伤害他，要立刻寻求帮助。

可以先把宝宝放在安全的地方，然后打电话给爱人、亲戚朋友、医生，或任何能帮助你的人，也可以把宝宝抱到邻居家寻求帮助。即使你没有虐待宝宝，但强烈的想法也会侵蚀你和他之间的关系，动摇你为人父母的信心，必须尽快咨询医生，不要等待。

中易引起刺激的成分（咖啡因、奶制品、卷心菜、西蓝花），看看接下来的两周宝宝的肠痉挛是否有所改善。

胃食管反流。研究发现，胃食管反流有时也会引起肠痉挛。反流会刺激食管，导致宝宝不适和哭闹。如果宝宝的肠痉挛是由胃食管反流引起的，第571页的治疗方法可能会有所帮助。

接触吸烟环境。大量研究表明，如果妈妈在孕期或分娩后吸烟，宝宝会更容易出现肠痉挛。二手烟也可能是诱发因素。虽然两者之间确有关系，但目前尚不明确多大吸烟量会导致宝宝肠痉挛。出于健康方面的多种考虑，不要吸烟，至少应做到在宝宝周围时不吸烟，也不要让别人吸烟。

关于肠痉挛，要肯定的是，大哭特哭的宝宝身体还不错。他们会茁壮成长，体重的增长相比不太爱哭的宝宝毫不逊色甚至更出色，将来可能出现的行为问题也不比其他孩子多。他们在婴儿时期通常更警觉（可能也因此导致了肠痉挛），在学步期进步更快。想寻找解决肠痉挛的方法？除了等待这段时间过去，真的没有办法。

应对号啕大哭

“宝宝就是哭得停不下来……我需要帮助，帮帮他和我自己。”

没有什么比安慰一个无法安慰的宝宝更让人沮丧的了，尤其是当你尝试了很多方法，宝宝却还在哭个不停的时候。并非所有安抚技巧都适用于每个宝宝，只有极少数技巧屡试不爽。下面是一些应对技巧，可能有几种对你的宝宝有效。在放弃一种方法前，一定要充分尝试。

回应。在宝宝哭闹时给以回应非常重要，设身处地想一想，你就会明白。哭闹是宝宝表达需求的唯一方式，也是他试图掌控这个巨大、陌生的新环境的唯一方法：他一大哭，你就会跑过来，当你完全无力抵抗时，这就会成为他有力的武器。有时你的回应看似徒劳，但研究表明，长期来看，快速回应能减少宝宝大哭。如果父母在宝宝的婴儿期经常快速回应他，那么到幼儿期，他大哭的次数会减少。如果对宝宝的大哭置之不理，几分钟后，宝宝会变得非常沮丧，即使他不记得为什么开始哭闹。而且宝宝大哭的时间越长，哄他的时间也就越长。

推测原因。即使是肠痉挛的宝宝，大哭也是有原因的。所以要查看宝宝大哭的原因，看是否可以解决。常见的原因有：饿了、累了、烦躁、尿湿或大便了、太热或太冷，或需要小睡、轻摇、得到关注、换个姿势、想被包裹起来。

检查饮食。确保宝宝不是因为饥饿而经常大哭，体重增加不足或发育迟缓都是信号。增加宝宝的奶量能减少大哭的次数，母乳喂养的妈妈可以借助吸奶器增加泌乳。

如果用配方奶喂养，需要咨询医生宝宝的哭闹是否源于配方奶过敏，这种情况下的大哭还伴随着其他过敏信号。如果是母乳喂养，就要检查妈妈自己的饮食了，因为还有一种可能就是宝宝对妈妈吃的某种食物敏感而哭闹。检查常见的易过敏食物，比如奶制品、咖啡因，以及容易引起胀气的蔬菜，比如卷心菜，每次从饮食中去除一项，看看宝宝大哭的症状是否有所缓解。过两周再将这些可能引起过敏的食物加进你的饮食中，一次只加一种，看哪种会让宝宝过敏，即可确定。

肠痉挛的治疗

你数着日子，希望大哭的宝宝赶紧跨过 3 个月这个门槛，告别肠痉挛。希望在等待的过程中能找到治疗的方法？不幸的是，没有什么方法能让宝宝不再大哭。但确实有一些医生会给出建议，对于绝望的父母来说，任何建议都会有所帮助。尽管在大多数情况下，没有证据证明这些建议是有效的。如果父母们觉得有用，很可能是因为患肠痉挛的宝宝在经过几个月之后，情况逐渐改善。一些治疗方法据说很有效果，虽然从科学角度来看作用不大，不过可以作为备用方案。

排气滴剂。患肠痉挛的宝宝通常很容易胀气。研究表明，减少胀气或许可以缓解宝宝的不适。西甲硅油滴剂含有很多防胀气成分，可以用来缓解肠痉挛。但是，相关实验对比了不同宝宝大哭的持续时长，并没有发现使用西甲硅油滴剂的宝宝和未使用的宝宝有所不同。问问医生这些滴剂能不能缓解宝宝的症状。

益生菌。还可以向医生咨询益生菌滴剂，它们可能可以缓解宝宝肚子不舒服的症状，从而减少肠痉挛宝宝的大哭。但同样，目前还没有得到研究证实。

宝宝水。宝宝水属于"疗效未经证实，但口碑很好"的类型，它是一种由草本提取物和碳酸氢钠制成的饮品，被吹捧说是对宝宝有安抚作用。很多父母对宝宝水推崇备至，但没有可靠的研究证实它能有效减轻肠痉挛症状。联系医生，请他给予建议。

指压法。这种疗法背后的理论是，当宝宝的脊椎发生偏移时，会导致消化问题和肠胃不适。轻柔地按摩脊椎可以改善这种情况，但这个理论并未得到临床证实。另外，有医生认为，指压法对婴儿并不安全。所以，在实施这种治疗方法前，一定要先听医生的建议。

草药疗法。用滴管给宝宝喂些茴香提取物或草本茶（洋甘菊、甘草、茴香、香蜂草等），也许可以减轻肠痉挛的症状。但研究表明，它们的疗效并不明显。使用草药疗法前，应咨询儿科医生。

要记住，无论你多么想要找到能安抚宝宝的灵丹妙药，在没有向医生咨询之前，都不要擅自使用。而且，宝宝出现肠痉挛时，最需要得到治疗的不是他，而是父母——你需要寻找一些方式，缓解因宝宝大哭而产生的焦虑（参见第 204 页专栏），并提醒自己，肠痉挛对宝宝并没有伤害，它终会消失。

亲密接触。有些宝宝经常被父母用背巾背着或抱在身上，他们很少出现大哭大闹的现象。研究表明，每天至少背着或抱着宝宝 3 小时，能减少宝宝哭闹的时间。这不仅能让他感受到与你亲密接触的愉悦感，还能满足宝宝多方面的需求。

襁褓。严严实实的襁褓会让一些宝宝感到非常舒适，尤其是在哭闹的时候，因为它带来的温暖、紧密的安全感和宝宝们在子宫中习惯的感觉一样。但是，有少数宝宝完全不喜欢被包裹。弄清楚宝宝是否喜欢襁褓的一种方法，就是在下次大哭开始时，试着把他裹起来（参见第 162 页）。

怀抱宝宝。怀抱就像襁褓一样，将宝宝像茧一样包在你的衬衫下紧紧抱着，或在有拉链的运动衫内抱紧他，能给宝宝一种舒适的安全感。但要记住，就像不喜欢被包裹一样，有些宝宝更喜欢自由活动，可能会抗拒被抱得太紧。

有节奏地轻摇。大多数宝宝在被轻摇时会感觉舒适和平静，不论是在你的怀抱、婴儿车、婴儿摇椅、婴儿秋千里，还是在你散步时的背上。有些宝宝更喜欢快速的轻摇，但不要用力过猛，这会让颈部过度屈伸，造成损伤。一些宝宝不喜欢左右摇晃，前后摇晃会让他们平静下来。你可以试试宝宝对不同摇晃动作的反应。

热水澡。洗澡可以安抚一些宝宝，但有些宝宝不喜欢洗澡，一接触到水，就会大声尖叫。

安抚的声音。或许有些人可能不喜欢你的歌声，但宝宝会喜欢，并因此放松下来。试一试，看宝宝喜欢轻柔的催眠曲、活泼的咏叹调，还是摇滚乐或流行音乐，是高亢的声音还是低沉有力的声音更容易让他开心。不是只有唱歌可以安抚宝宝，很多宝宝在听到其他声音时，也会平静下来，比如电扇、吸尘器或烘干机的嗡嗡声（可以一边背着宝宝，一边按节奏吸尘、清理地板；或靠在烘干机上，让机器产生美妙的振动），还有重复的“嘘”声或“啊啊”声，以及白噪音或软件播放的大自然的声音，比如风穿过树丛、海浪拍打海岸的声音。

按摩。有些宝宝喜欢被轻抚，按摩能够让他们平静下来，尤其是当你平躺着，让宝宝趴在你胸口时。试试不同的按摩力道，找到让宝宝舒适的方式。宝宝不喜欢按摩？那就不要给他按摩，有些小家伙哭闹时不喜欢被人触摸。

施加一点压力。按压宝宝的腹部，肠痉挛时的抱法（参见第 203 页图）或任何能在宝宝腹部轻轻施加压力的姿势（比如让他趴在你的大腿上），或许能缓解不适，止住宝宝的哭闹。有些宝宝更喜欢趴在你的肩膀上，但同样要在他腹部施压，同时轻拍或轻抚背部。试试这样帮助宝宝放松：轻轻推起他的膝盖，顶住腹部，保持10秒钟，然后放开，轻轻拉直双腿，重复几次。你也可以轻轻地交替活动宝宝的腿，像踩自行车那样，帮助他缓解胀气带来的疼痛。

满足吸吮的欲望。宝宝不是只有吃奶时才会吸吮，新生儿的吸吮有时仅仅是为了满足吸吮的需求。当你用乳房或奶瓶来满足宝宝额外的吸吮需求时，会导致他吃得过多，吸进更多空气，因而哭闹更多。当宝宝烦躁但不饿时，可以试试安抚奶嘴、你的小手指，或帮他找到自己的小拳头，享受吸吮的乐趣。

保持一致的安抚方式。即使是还不能建立规律作息的宝宝，也会因为一致性而平静下来——唱同一首歌、用同样的方式包裹、朝同一方向以同一速度轻摇、播放相同的白噪音。在保持一致性的同时，加上一些安抚技巧会更有效。一旦你发现某种方法奏效就坚持，在宝宝下次哭闹时，不要随意换方法。

出门。有时，到户外能改变宝宝的心情，再加上移动，你好像拥有了神奇的安抚力。所以，用婴儿车、背巾或背架带着宝宝去散步吧，或者把他固定在婴儿汽车安全座椅里，来一次旅行。

控制空气的吸入量。吃奶时吞咽的空气会让很多新生儿感到不适，因而大哭，这样一来，吞咽的空气更多，你绝对想打破这样的循环。如果宝宝吃奶时能正确地衔乳，或用奶瓶喂奶时身体稍微直立一点，吞咽的空气量就会减少。吸孔合适的奶嘴也可以减少吞入的空气。确保奶嘴孔既不大也不小，将奶瓶倾斜倒置，不要让空气进入奶嘴（或选择防止空气进入的奶瓶），喂奶时多次停下来让宝宝打嗝，这样能将空气排出。有时更换奶嘴或奶瓶也能明显减少宝宝哭闹。

重新开始。宝宝刚刚来到这个世界，但他很聪明，了解你的感受。如果你艰难地花好几个小时来安抚宝宝，导致自己焦虑不安，他会感觉到你的情绪，并且因此而焦虑，结果哭得更厉害。如果可以的话，定期让其他疼爱宝宝的人照顾他，这样可以缓解一下你的压力，然后重新开始。没有人可以帮忙？那就试试让宝宝在安全的地方待几分钟（参见第198页专栏）。

减少刺激。带着新生宝宝炫耀一下可能很有趣——每个人都想看看宝宝，你也想让周围的人都看看。还能让宝宝体验新环境。这样对有些宝宝很好，但对另一些宝宝就有点刺激过头了。如果宝宝肠痉挛，可以试试减少刺激源和访客，特别是在午后和傍晚。

让医生检查。宝宝每天的哭闹可能是正常的或肠痉挛引起的，可以咨询一下医生，确保他没有健康问题，并学习一些安抚技巧。向医生描述宝宝哭闹的情况（持续的时间、强度、

写给父母：帮助哥哥姐姐和肠痉挛的宝宝共处

现在，我们来总结一下，过去的几个星期对你家中的大孩子来说是什么状态。一开始，妈妈消失了好几天，回到家的时候，怀里抱着一个陌生的小宝宝。他那么小，还不能一起玩，可是却得到了每个人的拥抱和关注，还有源源不断的玩具和礼物。小宝宝经常哭，没有谁比他更会哭了，可是最近这个小脸通红的家伙开始哭得越来越大声了。他能连续几个小时尖叫、号哭，尤其是在大孩子最喜欢的那几个小时——和爸爸妈妈一起吃晚餐的时间、洗澡和讲故事时间、亲密拥抱的时间，所有这些好像突然都被抛到了窗外。以前的傍晚是吃饭、讲故事和快乐的游戏时间，而现在不仅吃饭会被打断，生活的节奏也变得混乱，爸爸妈妈总要抱着小宝宝轻摇，无法集中注意力，而且很容易被激怒。

父母都不能轻松应对宝宝的肠痉挛，更别提家中的大孩子了。但通过下面的方法，可以减轻肠痉挛的小宝宝带给大孩子的影响。

解释。用大孩子能理解的方式，解释肠痉挛是什么：它是小宝宝逐渐适应这个全新又陌生、起初会让人害怕的世界的一种方式。向他保证，一旦小宝宝了解这个世界，并找到其他方式来表达“我饿了”“我累了”“我肚子疼”“我想让人抱抱”“我害怕”，大部分哭闹就会消失。给刚当上哥哥或姐姐的大孩子看看他自己还是新生儿时大哭的照片，再看看长大一点后和学步时带着笑容的照片，他们就会明白小宝宝以后不会经常哭了。

告诉大孩子，这不怪他。当家中出现问题时，有些孩子会把问题归咎到自己身上，不论是爸爸妈妈吵架，还是小宝宝大哭。要和大孩子解释清楚，宝宝大哭不是谁的错，所有宝宝在很小的时候都会大哭。

充满爱。在本就忙碌的日子里，应对肠痉挛宝宝会占据父母很多精力，因此，你可能会忘记为大孩子做一些特别的小事，让他知道你仍

方式、与正常哭闹不同的地方，以及伴随的症状），以便医生排查可能的潜在医学问题（如胃食管反流或牛奶过敏）。

等待。有时，肠痉挛不可缓解，只能随着时间慢慢好转。如果宝宝肠痉挛的每一天对你来说都是个挑战，等待的时间会让你感觉非常漫长。但你要提醒自己，等到宝宝 3 个月大时，这些都会过去。

然关心和爱着他。即使是最忙乱的时候，也要偶尔从混乱中抽身，给大儿子或大女儿一个拥抱，让他安心。如果外出散步有安抚作用，用背巾背上爱哭的小宝宝，带着大孩子一起散个步，或去游乐场。这样，小宝宝可以得到安抚，大孩子也能感觉到你的爱。

把孩子们分开。夫妻俩都在家时，可以试着在小宝宝大哭时轮流抱着他走动，这样大孩子就可以得到至少一位父母的关注。或者父母一方用婴儿车或汽车带小宝宝出门（这种移动通常有助于缓解哭闹），另一方在家陪大儿子或大女儿度过宝贵的安静时光。也可以由父母一方带大孩子出去吃饭，另一方留在家中，应对哭闹的宝宝。

让小宝宝“静音”。你不可能让哭闹的宝宝静音，但可以帮助减小宝宝的哭声，这样哥哥姐姐就能从持续的哭声背景音中休息一下。不妨送大孩子一副隔音耳罩，让他看看书、用蜡笔涂涂画画、玩陶土，或者让他用低音量耳机听有声读物，这样小宝宝的哭声会变得模糊。也可以让大孩子戴着耳机在另一个房间听音乐（音量不能太大，以免损伤听力），这也有助于盖过宝宝的号哭声。

保持常规生活。规律的日常生活对孩子具有安抚性，当常规被打破时，他们会很不安，尤其是生活发生巨大变化的时候。尽你所能，确保大儿子或大女儿宝贵的日常生活不会被小宝宝的肠痉挛破坏。如果一直以来，大孩子在睡前可以放松地洗个澡、得到拥抱、听两个故事，那就努力做到让他每天晚上还能保持这些习惯，即使肠痉挛的小宝宝正在号啕大哭。应对小宝宝哭闹时，父母最好分工合作，这有助于保持大孩子的生活规律。

一对一活动。趁小宝宝小睡或还没开始哭闹时，哪怕只有半小时，也要尽量安排一些和大孩子的一对一活动，比如玩野餐游戏、烤松饼、画一幅画、玩拼图，或将食品包装盒做成小花园。你还有其他事情要做？没什么事比陪伴大孩子更重要。

安抚奶嘴

“一到下午，宝宝就会大哭。我应该给他一个安抚奶嘴，让他安静一下吗？”

这很容易操作，能迅速止住哭闹。安抚奶嘴能让很多宝宝舒适起来，停止哭闹，比你声嘶力竭地唱十几遍“小宝宝，睡觉觉”更有效。不可否认，安抚奶嘴在安抚宝宝、减少哭闹方面具有非常神奇的作用（尤其是宝宝还不会吃手时）。但是否要在宝宝刚开始大哭时，就立刻把奶嘴塞进他的嘴里呢？让我们来了解一下安抚奶嘴有哪些优点和缺点。

优点

• 安抚奶嘴有一个非常大的优点——研究认为，使用它可以减少宝宝患婴儿猝死综合征的风险。与不使用安抚奶嘴的宝宝相比，睡觉时使用它的宝宝睡眠更浅，更容易醒来，因而发生婴儿猝死综合征的风险更低。还有理论认为，吸吮安抚奶嘴有助于扩大宝宝嘴巴和鼻子的呼吸空间，确保他获得充足的氧气。美国儿科学会建议，不满一岁的宝宝在小睡和晚上睡觉时可以使用安抚奶嘴。

• 安抚奶嘴由父母控制。当其他安抚都不奏效，只要把安抚奶嘴塞进宝宝嘴巴,就能让他安静下来。而且，它不像宝宝的大拇指由他自己控制，当你认为宝宝不应该再含着安抚奶嘴时，可以从宝宝嘴里拔出来。

缺点

• 如果宝宝习惯了安抚奶嘴，会很难改变，尤其是当他长大一点后。而幼儿长时间使用安抚奶嘴，会引发耳部反复感染,也可能导致牙齿错位。

• 父母可能会依赖安抚奶嘴。宝宝哭闹时，要想弄清原因或尝试其他方式让他安静下来并不容易，而把安抚奶嘴塞进宝宝嘴里却非常简单。结果可能导致宝宝只有在含着安抚奶嘴时才高兴,不能以其他方式获得安慰。

• 依赖安抚奶嘴会让每个人都睡不好。宝宝睡觉时习惯用安抚奶嘴，会妨碍他学习自己入睡，如果他半夜找不到安抚奶嘴，可能就会哭闹，这就导致宝宝每次醒来时，疲劳的妈妈或爸爸都要起来把安抚奶嘴再塞回他嘴里。从这一点来说，使用安抚奶嘴并不方便，但对于新生儿，它在安全睡眠方面的优点远远超过这个缺点。

使用安抚奶嘴会导致与乳头混淆或影响母乳喂养吗？与普遍的看法相反，几乎没有证据表明安抚奶嘴会导致乳头混淆。而安抚奶嘴会影响长期的母乳喂养这一说法，也没有得到研究证实。只是一些研究表明，新生儿使用安抚奶嘴确实会减小纯母乳喂养的比例。我们已经知道，母乳的供应是由宝宝的吸吮决定的，长时间含着安抚奶嘴的宝宝没什么时间含着乳房，导致妈妈的乳房缺乏足够的刺激。

使用安抚奶嘴的原则是一定要适度。在宝宝睡觉和烦躁时可以用安抚奶嘴。如果宝宝的吸吮需求非常强烈，把你的乳头当成了天然奶嘴，或者他不含着奶嘴就不高兴，导致喝下的配方奶过多，可以试试安抚奶嘴。但不要过度使用，不要让安抚奶嘴占据给宝宝喂奶的时间和跟他交流的时间，因为吸吮时宝宝无法咿呀说话或露出笑容。另外，不要用安抚奶嘴代替父母的关注和其他安抚。

最重要的是，使用安抚奶嘴要确保安全。不要把它系在婴儿床、婴儿车、游戏床围栏上，也不要用丝带、细绳或粗线将它挂在宝宝脖子或手腕上，这样可能会勒住宝宝。随着宝宝长大，要逐步换大一些的安抚奶嘴（别用柔软的医用级奶嘴），以免他吞下奶嘴造成窒息。记住，在宝宝快一岁时，要着手帮他摆脱安抚奶嘴，到那时，使用安抚奶嘴的缺点会多于优点，而宝宝也要学会用其他方式安抚自己。

肚脐愈合

“宝宝的脐带残端还没从肚脐上脱离，很难看，这样会不会感染？”

脐带残端是充满血管的脐带残余部分，在过去的几个月里为宝宝提供营养，但现在看起来又恶心又让人讨厌，它迟迟不脱落，妨碍了宝宝的肚脐变成令人期待的可爱模样。

宝宝出生时脐带残端是光滑、湿润的，然后由黄绿色变成黑色，在1～2周内干瘪脱落，也可能会提前或延后。脐带残端脱落之前，要保持肚脐干燥、透气。脱落后，可能会有一小块伤口或有血液状的液体流出，这是正常的，无须在意，除非过了几天还没有完全干燥。

脐带残端尽管难看，但只要保持干爽，感染的可能性不大。如果宝宝是早产儿或低体重儿，要特别注意它的愈合情况。脐带残端过早脱落也要注意，有研究表明，这可能会增加脐部感染的风险。

脐部感染的可能性很小，但如果你确实在脐带残端附近发现了脓液或脓肿，而且脐带根部发红，要让医生检查，排除感染的可能性。脐部感染的症状包括腹部肿胀、感染区恶臭、发烧、脐带残端出血，宝宝易怒、嗜睡、缺乏活力。如果感染，可能需要使用抗生素抑菌。

脐疝

“每当女儿大哭时，她的肚脐都会凸出来，这是怎么回事？”

这说明你的宝宝可能患了脐疝，但无须担心。

出生前，胎儿的腹壁都呈开放状态，血管会通过开口延伸进入脐带。在某些情况下，出生时开放的腹壁并没有完全闭合。这些宝宝大哭、咳嗽或用力时，肠管会顶起肚脐及其周边部位，隆起从指尖到柠檬大小的肿块。这样的肿块看起来可能有点可怕，但它最终会自动消失，无须干预。很小的脐疝会在几个月内自愈，甚至根本不会引起注意，大的脐疝要到宝宝2岁左右消失。治疗脐疝的最佳方法就是无须治疗。所以，不要向下按压疝气肿块或把它包扎起来，这是无效的。

包皮环切术的护理

“我儿子昨天做了包皮环切术，今天做手术的地方有些液体流出，这正常吗？”

流出一些液体是正常的，这表明身体中有治疗作用的液体正在发挥作用，疗愈伤口。术后出现疼痛和少量出血很常见，无须担心。

术后第一天可以使用两层尿布，这对阴茎有缓冲作用，还能防止宝宝的大腿压到伤口，通常一天后就不必这样做了。医生一般会用纱布包裹宝宝的阴茎。后续护理要向医生咨询，有些医生建议换尿布时也要换上干净的纱布，并在阴茎上涂抹一点凡士林或其他矿物油，但有些医生认为不必这样做，只需保持清洁即可。洗澡时要避免弄湿阴茎，直到伤口完全愈合。宝宝尿尿时一定会弄湿阴茎，但只要及时更换尿布和纱布，这也不是问题。

阴囊肿胀

“我儿子的阴囊看起来很大，这正常吗？”

无须担心。阴囊包裹着睾丸，具有保护作用，其内充满液体，能起到缓冲作用。胎儿在子宫中接触了妈妈分泌的激素，加上出生时有一点正常的生殖器肿胀，所以新生儿的睾丸看起来可能很大，尤其在小阴茎的衬托下显得更大。有些宝宝出生几天后肿胀也不消退，可能是由于阴囊中的液体过多，这叫阴囊水肿。这种情况不必担心，无须治疗，一年内囊肿就会逐渐消失。

在宝宝下次检查时告知医生肿胀的情况，确保不是腹股沟疝（参见第245页），这种情况与阴囊水肿很相似，还会与囊肿同时出现。医生检查一下很快就能确定肿胀是阴囊液体过多所致，还是与疝气有关，或两者兼有，抑或只是普通的阴囊问题。如果你发现宝宝的肿胀看起来会疼痛、发红或变色，立刻与医生联系。

尿道下裂

“宝宝的尿液是从阴茎中间流出，而不是末端。这是怎么回事？”

尿道和阴茎在产前发育的过程中会出现轻微差错。你儿子的尿道——即尿液通过的地方（青春期后也是精液通过的地方）——没有抵达阴茎末端，而是从其他地方出来，这种情况叫尿道下裂。据估计，美国每1000个男婴中就有1～3例这种情况。如果尿道出口在阴茎末端，但不在准确的位置，被认为是轻微缺陷，无须治疗。如果尿道出口位于阴茎下面，甚至靠近阴囊，可能需要通过外科整形手术矫正。

需要手术矫正尿道下裂的宝宝，

不能进行包皮环切术。

有时女婴也会出现尿道下裂，尿道的出口在阴道内，同样也要通过手术矫正。

襁褓

“我试着包紧宝宝，就像在医院里护士给我演示的那样，但宝宝不停地踢毯子，根本行不通。我应该停止尝试吗？”

宝宝在医院时都是包着的，但并不意味着宝宝在家里也都需要被包裹起来，尤其是如果你的宝宝并不喜欢被包裹。大多数宝宝都喜欢像茧一样被包在襁褓中。被包裹时，平躺会睡得更好，因为这种姿势可以减少惊跳反射（绝不能让襁褓中的宝宝趴着睡觉）。襁褓还能帮助很多宝宝缓解肠痉挛。尽管襁褓有这么多好处，但有些宝宝就是不喜欢。对他们来说，襁褓限制了自由，所以每次都会反抗。一个很好的原则是：如果襁褓让宝宝感觉不错，那就包裹起来。如果宝宝感觉不好，那就不要裹着他。不过，在你放弃包裹宝宝前，不妨试试搭扣式襁褓，看能否避免被宝宝踢落，或选择有拉链的睡袋。也可以试试不把宝宝的手臂包起来，看看能否满足他自由活动的需求，这样也能在他仰睡时提供额外的稳定性。

宝宝变得更活跃后，会开始踢开毯子，或以各种姿势扭动来摆脱襁褓。这是停止包裹宝宝的信号，尤其是在睡觉时，踢开的毯子可能会引起宝宝窒息。襁褓也会妨碍宝宝运动，所以当他开始翻身(大约 3 ～ 4 个月)时，最好把他解放出来。

让宝宝保持合适的温度

“我不确定带宝宝外出时，该给他穿多少衣服。”

当宝宝自身的调温功能开始正常运作（出生后几天），就没必要让他穿太多。所以，为宝宝挑选衣服时，只要选择比你的衣服更小、更可爱的即可，不用选择更厚的。如果你穿着 T 恤时感觉舒适，宝宝同样如此。如果你觉得比较冷，需要穿一件毛衣，那么宝宝也需要一件毛衣。你需要穿一件外套？那么宝宝也需要一件。

还是不确定宝宝穿的衣服是否合适？不要通过宝宝的手温来做决定。因为宝宝的手脚通常都比身体其他部位凉，他们的循环系统尚未发育完全。你可以用手背检查他的颈部、胳膊和身体，看看体温如何。太凉了？那就加一件衣服。太暖了？脱掉一件。如果你触摸宝宝时，感觉他很冷或很烫，参见第 561 页。

不要认为宝宝打了几个喷嚏就说明他着凉了，打喷嚏也可能是对阳光的反应，抑或是因为他需要清理一下

宝宝外出的装备

带着宝宝，你再也无法空手出门了。下面这些物品，虽然不是每次带宝宝出门时都需要，但最好把它们装在出门时的尿布包中。

便携式隔尿垫。如果没有，带一个普通防水垫。紧急情况下，还可以用毛巾作为隔尿垫。但如果没有尿布台，给宝宝换尿布时，毛巾不能很好地保护地毯、床或家具。

尿布。带多少块尿布取决于要出门多久。在你计算好需要多少块尿布后，再多带一块以防万一。

婴儿湿巾。小包装比大包装更容易携带，可补充装以后会更方便。湿巾不仅可以在换尿布时用来擦拭宝宝，还可以给大人在喂奶前及换尿布前后擦手，宝宝吐奶时也可用湿巾擦拭，吃东西弄脏了衣服、家具时，也可以用。

塑料袋。塑料袋可以用来装宝宝换下的纸尿裤，特别是附近没有垃圾桶时。也可以把宝宝弄湿或弄脏的衣服装起来带回家。

配方奶。如果宝宝是配方奶喂养，而外出时间可能超过下一次给宝宝喂奶的时间，就需要带上一顿配方奶。如果你用的是未开封的独立小包装即食奶粉，无须冷藏，只需要带一杯泡奶粉的水，或一个可分别存储奶粉和水的奶瓶即可，在给宝宝喂奶前混合摇匀。但是，如果你带的是在家准备好的配方奶，那就需要把它存放在带有冰袋或冰块的保温容器中。

口水巾。任何有经验的父母都知道，一块口水巾可以防止你的肩部出现异味。

宝宝的换洗衣服。宝宝穿了一件图案非常漂亮的外套，你正要带他去一个特殊的场合。到达目的

鼻腔。但要注意听宝宝的声音。如果他恼怒或大哭，通常说明他太冷了。当你接收到这个信息，要立刻检查他的体温，并根据需要调整宝宝身上的衣物。

宝宝需要额外保护的身体部位是头部，因为大大的头部没有遮盖，会散失大量热量，而且很多宝宝还没有足量的头发来保护头部。微凉的日子，给一岁以下的宝宝戴上一顶帽子，是不错的选择。在炎热或阳光明媚的天气，有帽檐的帽子能保护宝宝的头部、面部和眼睛，但即便有这样的保护(加上涂抹防晒霜)，在阳光下暴露的时间也不应太长。

宝宝睡觉时也需要额外的保护，防止热量散失过多。深度睡眠时，宝宝的产热机能会减弱。所以在凉爽的

地后，你把可爱的宝宝从婴儿椅中抱出来，却发现一团黏糊糊、芥末色的大便成了外套的“点睛之笔”。为防止这种情况，明智的做法是带上一两套备用衣服。此外，还可以带上一顶遮阳帽，太阳太大或天气凉时都用得上。

备用的毯子或毛衣。当气温出现波动，难以预测时，带上这些会很方便。

安抚奶嘴。把它装在干净的塑料袋中，或选择带盖子的款式。可以考虑多带一个备用，还要带上消毒湿巾，当奶嘴掉落时，可以用它擦干净。

玩具。很小的宝宝可以带一些能放在婴儿安全座椅或婴儿车中盯着看的玩具。大一点的宝宝可以带一些较轻的玩具，让他们拍一拍、戳一戳、咬一咬。

防晒霜。无论什么季节，只要去没有遮阳的地方，都要给宝宝涂婴儿防晒霜，脸上、手上、身上露出的部位都要涂（6个月以下的宝宝也建议用）。即便是冬天，雪的反光和阳光也可能导致宝宝严重晒伤。

零食。宝宝添加辅食后，如果在吃饭时间外出，要带一些零食。带上一把勺子装在塑料袋里（留着塑料袋把脏勺子带回家）、一个围嘴、很多纸巾。宝宝再大一些后，你可以带上一些手指食物，如泡芙或米饼，有需要时拿给他吃。准备食物时，记得给自己也带一点零食，尤其当你是母乳喂养时。

其他必需品。根据宝宝的需求，你可能还需要带上尿布疹软膏、创可贴（尤其是宝宝会爬会走之后），以及外出时宝宝需要服用的药物(如需冷藏，把药物装在带有冰袋的保温容器中)。

天气，宝宝白天在婴儿车中小睡时，要给他盖上毯子。如果宝宝晚上在凉爽的房间里睡觉，给他穿上温暖的棉绒睡衣或睡袋，有助于保暖（对于熟睡的宝宝来说，被子不安全）。但是，在温度正常的室内睡觉时不要给他戴帽子，也不要给他穿得太多，否则会过热。

在寒冷的天气给宝宝穿衣时，可以多穿几层，既时尚又实用。几层轻薄的衣物比一层厚实的衣物更能有效地聚集热量。当你们到暖气充足的商场、上公交车，或是天气突然转暖时，可以根据需要将外层的衣物脱掉。

接触陌生人

“每个人都想摸摸我儿子——药店

带宝宝外出要注意

在家待腻了，但因为担心新生儿还没做好出远门(或去大型商超)的准备，只在家附近活动？假如你要去野外旅行，不要担心，好好计划你们的第一次外出吧。健康、足月的宝宝已经足够结实，可以短途旅行了——无论是去公园漫步，还是到超市逛逛。

带宝宝外出时要给他穿上适当的衣物，以防天气变化。如果天气可能转凉，还要多带一件用来遮盖的衣物。如果刮风或下雨，打开婴儿车上的防雨罩。如果非常寒冷或特别炎热潮湿，要控制宝宝外出的时间。即使在温和的天气里，也要避免短时间在阳光下直接暴晒。最重要的是，如果开车外出，确保宝宝正确地坐在面朝后的婴儿汽车安全座椅里。

在最初 6 ~ 8 周，不要带宝宝到人多的地方去，特别是流感季节。尽量不要参加大型室内聚会——即使是家庭聚会，亲友们可能会轮流抱抱宝宝，而这会增加他感染病毒和细菌的可能性。

收银员、电梯里的陌生人、自动取款机前排队的人……我很担心有细菌。”

大家都喜欢捏一捏新生儿。他们的小脸蛋、小手指、小下巴、小脚趾，总是让人无法抗拒。然而大多数父母最不想让外人做的事，就是触摸宝宝。

对于这些不请自来的触摸，你会感到担心，怕这样会让宝宝沾染病毒和细菌也合乎情理。毕竟，宝宝对感染更敏感，因为他的免疫系统还没有发育成熟。所以，要礼貌地告诉陌生人，只能看，不能摸，尤其是宝宝的手，因为他经常会把手放进嘴里。也可以把责任“推给”医生：“医生说，除了家人，别人不能摸宝宝。”而对于朋友和家人，让他们在抱宝宝前先洗手，至少第 1 个月要这样做（你可以准备好消毒洗手液，方便他们使用）。任何流涕或咳嗽的人都应远离宝宝，绝对禁止出疹或有疮口的人跟宝宝有皮肤接触。

无论说什么、做什么，宝宝偶尔还是会与陌生人有身体接触。如果友好的邻居想要用他的手指试试宝宝的握力，而你来不及阻止，只能拿出一片婴儿湿巾，之后小心地擦拭宝宝的双手。当你外出回家后，抱起宝宝前，也要清洗双手。从外面带来的细菌很容易通过你的双手传染给宝宝。

宝宝长大一些后，就不需要也不应该继续生活在过度清洁的环境中。他必须接触各种各样的细菌，才能建立起与你一样的免疫系统。所以放松一点，等宝宝6～8周后，就不用太担心细菌了。

婴儿皮疹

“宝宝脸上有小小的丘疹，我能不能把它们擦洗掉？”

你可能会有一点沮丧，当你希望宝宝拥有完美的皮肤时，却看到他可爱的脸上冒出了一些小丘疹。这些斑点叫作粟丘疹，非常常见，大约一半新生儿的脸上都会出现。它是暂时的，并不会引起粉刺。当宝宝脱落的皮屑堆积在脸上时，就会出现粟丘疹。粟丘疹多出现在宝宝的鼻子两侧和下巴处，偶尔也会出现在躯干、手臂和大腿上，有时甚至会出现在阴茎上。粟丘疹无须治疗，虽然你会很想去挤或擦一下，但不要这样做。它们通常会在几周内自行消失，但有时要几个月或更长时间。粟丘疹消失后，你儿子的脸就会恢复干净光滑了。到那时，他脸上可能又会出现另一种常见的皮肤问题——婴儿痤疮。

“我以为婴儿都拥有完美的皮肤，但是我两周大的女儿皮肤上冒出了可怕的痤疮。”

宝宝脸上的丘疹比八年级小孩脸上的还要多？他的头型长漂亮了，眼睛不再肿胀，也不总是眯着了，就在准备拍特写时，却又长了婴儿痤疮。这种青春期的皮肤状况，会出现在大约20%的新生儿身上，通常在2～3周时出现，有时会持续到宝宝4～6个月大时。或许你很难相信，就像青春期痤疮一样，婴儿痤疮的起因也是激素。

不过，引起这种情况的并不是新生儿自己的激素，而是妈妈的激素，这些激素还在参与宝宝的身体循环。妈妈的雌激素会刺激宝宝不够发达的汗腺，使粉刺隆起。造成婴儿痤疮的另一个原因是，新生儿皮肤上的毛孔没有完全发育，灰尘很容易渗入，就形成了痤疮。

婴儿痤疮不同于新生儿粟丘疹，婴儿痤疮由红色丘疹构成，而粟丘疹为小小的白色丘疹。但是，两者都无须治疗，只要耐心等待它们消失即可（有人认为，在长有丘疹的部位涂上

婴儿热疹（痱子）

每年夏天，许多宝宝都会出热疹，也叫痱子。这些出现在宝宝脸上、脖子上、腋下和上半身的红色斑点是由汗腺管堵塞引起的。这类皮疹通常会在一周内自动消失，你可以给宝宝洗个温水澡，但不要给他涂抹爽身粉或润肤乳，否则会进一步阻碍汗液排出。如果出现脓疱、肿胀加剧或发红，请联系医生。

母乳，可以帮助愈合，如果你是母乳喂养，可以试试）。不要挤捏，也不要用其他方式治疗。只要每天用水清洗 2 ~ 3 次，轻轻拍干，它最终会消失，不留痕迹。这些婴儿痤疮也不代表宝宝未来会有皮肤问题。

皮肤颜色的变化

“宝宝的皮肤突然出现了两种颜色——腰部以下偏红，腰部以上偏白，这是怎么回事？”

看到宝宝皮肤的颜色发生变化，会让人很不安。但新生儿身上的皮肤突然呈现两种颜色，可能是左右不同，也可能是上下不同，都不用担心。这是因为他们的循环系统尚未发育完全，导致血液积累在身体的局部。轻轻地将宝宝头朝下倒置（如果是左右颜色不同，就轻轻翻转宝宝的身体），短暂地停留一下，皮肤的颜色就会恢复正常。

你还会发现，即使宝宝身体其他部位都是粉红色的，双手和双脚也会出现浅蓝色。这也是循环系统不健全引起的，通常第 1 周后期就会好转。

“给宝宝换尿布时，我注意到他的身体有时有斑点。这是为什么？”

宝宝感觉寒冷、大哭，甚至很平静时，皮肤上出现略带紫色的小斑点。这种暂时的变化是循环系统发育不完全的另一种信号，你能看到宝宝薄皮肤下的情况。几个月后，这种斑斑点点的情况就会过去。皮肤出现斑点时，应检查宝宝的颈部或上腹部，看看他是否很冷。如果很冷，要给他添加衣物或将室温调高。如果不冷，就不必太担心，可能等几分钟，这些斑点就会消失。

宝宝的肤色

想知道宝宝什么时候会变成长大后的肤色？可能要几周或几个月后，甚至几年后，宝宝才会长成他真正的肤色。想找到某一部位参考，看看他最终的肤色？有些父母认为宝宝的耳朵会提供线索——检查一下宝宝的耳朵尖，你会发现这个部位比其他部位的肤色更深。很有可能他以后的肤色最接近这个部位。

听力

“宝宝似乎对噪音没有太多反应。小狗大叫、大儿子大哭时，他也能安然入睡。他是有听力缺陷吗？”

可能不是宝宝听不到狗叫或哥哥的哭声，而是他习惯了这些声音。虽然这是他出生后初次看到这个世界，但却并不是第一次听到这些声音。很多声音都会穿过你的子宫，抵达胎儿宁静的住所，他很熟悉这些声音，比

多大声音是有害的?

大多数宝宝都喜欢音乐，但这并不意味着你就应该放大音量，尤其当你们处于封闭的环境中时。音乐声太大，宝宝可能会大哭，但不要等他抗议了，才把音量调小。事实上，宝宝的耳朵可能在还没被“打扰”前就受到了伤害。

美国职业安全与健康管理局规定，成年人每天暴露在音量为 100 分贝的环境中不应超过 15 分钟。对成年人有危害的噪音对宝宝更危险，因为他们的颅骨更薄，耳道更小，声音进入耳朵带来的压力更大。判断音量的原则是：如果对话必须大喊，就说明背景音太大了，应该把音量降低，或立刻将宝宝带到安静一些的地方。

播放背景音乐来安抚宝宝，如果音量太大，或设备的位置离他太近，也会伤害他的小耳朵。为了安全起见，让音乐设备远离宝宝的小床，并调低音量。

如你播放的音乐、汽车的喇叭声、大街上刺耳的警笛声，甚至你怀孕时做饭的各种声音。

大多数宝宝会对很大的噪音有反应，在婴儿初期，他们的反应是很惊慌，大约 3 个月时，会忽视这种声音，到 4 个月时，会转向发声处。但如果这些声音已经成为宝宝生活背景音的一部分，他们可能就不会做出反应，或做出你可能会忽略的轻微反应，比如改变姿势或是活动一下。

还是很担心宝宝的听力？可以做这样的测试：在宝宝身后拍手，看看他是否受到惊吓。如果受到惊吓，说明他能够听到声音。如果没有反应，稍后再尝试一下。儿童（甚至是新生儿）会按照自己的意愿忽略或屏蔽环境音，他可能正在这么做。如果仍然没有回应，试着留意宝宝对声音的反应：当你发出安抚的声音，宝宝是否会平静下来，或是有其他反应，只是他并没有直接看着你？宝宝是否会回应歌声或音乐声？当宝宝置于不熟悉的嘈杂环境中时，他是否会受到惊吓？如果宝宝对声音从来都没有回应过，要尽快跟医生讨论。

按照惯例，大多数新生儿在出院前都会进行听力测试，筛查听力问题(参见第 116 页)，所以你的宝宝大概率已经筛查过并且没有问题，但最好还是确认一下他是否接受过听力筛查、结果如何。听力缺陷越早诊治，预后越好。

视力

“我在宝宝的小床上挂了一个风铃，希望鲜艳的颜色可以刺激他的视力。但是，他似乎并没有注意到风铃。宝宝的视力有问题吗？”

保证宝宝的安全

宝宝外表娇弱，其实很结实。当你抱起时，他们不会“碎掉”，当你忘记支撑头部时，他们的脖子也不会“断掉”，摔倒一般也不会造成严重伤害。

但是，宝宝也容易受伤，有些伤害父母可能不一定想得到。即使是还无法移动的新生儿，也可能从尿布台或床上滚下来。为了避免宝宝遭受意外，父母必须遵守以下要点。

- 不论去多远的地方，也不论驾驶速度快或慢，在车内永远都要将宝宝固定在面朝后的婴儿汽车安全座椅中，即使宝宝哭得再厉害，也绝不能让步。你自己和驾驶员也要系好安全带。绝不能酒后驾车(或疲劳驾驶)、边驾车边发短信，或驾驶时一手接打电话，也不要乘坐有上述行为的人驾驶的车（关于汽车座椅的安全问题,参见第148页）。
- 洗澡过程中要用一只手扶住宝宝，另一只手给宝宝涂香皂并冲洗干净。如果在较大的浴盆中洗澡，要在盆底铺一条毛巾或一块布，防止滑倒。
- 绝不能在没人看管的情况下把宝宝放在尿布台上、床上、椅子或沙发上，一秒也不行。即使是还不会翻身的宝宝，也可能突然探出身体摔下来。如果尿布台上没有安全带，一只手要始终扶着宝宝。
- 绝不能把宝宝坐着的婴儿椅放在桌子、柜台、烘干机或其他有高度的地方。绝不能让宝宝在没人看管的情况下，独自坐在椅子中、地面或任何台面上，即使是柔软的床铺或沙发中央（宝宝翻倒后会有窒息的危险）。
- 绝不能让宝宝单独和宠物在一起，即使它再温驯。
- 绝不能让宝宝和5岁以下的哥哥姐姐单独待在一个房间。躲猫猫对学龄前儿童是很有趣的游戏，但对婴儿可能会造成窒息的惨剧。一个充满爱意，却过度热情的熊抱，就可能导致宝宝肋骨断裂。
- 不要让宝宝和不相熟、不了解的人单独相处。所有育儿保姆都应当接受过婴儿安全和心肺复苏术培训（所有可能照顾宝宝的家庭成

可能是风铃出了问题——至少是悬挂的地方有问题。新生儿的最佳聚焦范围是距眼睛20～35厘米处，这个范围是天生的，而非随机形成的——这正是宝宝吃奶时能看到妈妈的脸的范围。宝宝躺在小床里，在他看来过远或过近的物体都是模糊一片，如果视力范围内没什么值得看的

员，包括你也同样如此）。

• 不要用力摇晃宝宝（即使是闹着玩）或将他抛到空中。

• 不要将宝宝独自留在家中，即使只是去一下车库。几秒钟就可能发生意外。

• 不要将宝宝或孩子独自留在汽车内，一刻也不行。在炎热的（甚至温和的）天气里，即使摇下窗户，也难以防止宝宝中暑。在寒冷的冬天，大雪可能会堵住汽车的排气管道，车内的暖气可能会导致一氧化碳积聚。宝宝独自留在车内还可能有体温过低的风险。此外，无论天气如何，拐卖儿童的人会趁机将车内无人看管的宝宝迅速偷走。

• 购物、散步或坐在公园的长椅上时，绝不能将注意力从宝宝身上移开。坐在婴儿车或购物车内的宝宝很容易成为拐卖的目标。

• 宝宝罩衣、连帽衫和其他衣物上的细绳、粗线或丝带，只要超过 15 厘米长，都要拿掉。

• 不要把任何细绳系在宝宝身上、玩具上，或其他物品上。也就是说，不要给宝宝佩戴项链，也不要把安抚奶嘴或玩具系起来，婴儿床、摇篮或其他地方系的丝带都不要超过 15 厘米。还要确保宝宝的小床、游戏床和尿布台远离电线、电话线以及百叶窗的线绳和布帘。所有这些都可能引起意外窒息。

• 不要将塑料膜或其他塑料袋铺在床垫上、地板上，或其他宝宝够得到的地方。

• 不要在宝宝无人照看时，将枕头、填充玩具或其他毛绒物品放在宝宝够得到的地方。也不要让宝宝睡在毛绒的床垫上、水床上，或靠着墙的床上。哄宝宝睡觉前，要拿掉围嘴、发带和发卡。

• 宝宝睡觉时可以开着电扇。研究表明流通的空气可以减少婴儿猝死综合征的风险。

• 当宝宝能够用手或膝盖支撑着站起来时（4 ～ 6 个月），要拿掉婴儿床上的玩具和可移动物体。

• 不要将宝宝放在没有防护的窗户旁边，即使只是一秒，即使宝宝在睡觉。

• 在家中安装烟雾探测器和一氧化碳探测器，经常维护。

东西，他就会注视远处颜色鲜亮或移动的物体。此外，在最初几个月里，宝宝大多时候会左右看，很少会直视前方或垂直向上看。所以，将风铃挂在小床上方，可能并不会吸引宝宝，但挂在侧面就可以吸引到他。即使悬挂的地方合适，宝宝也可能不会注意到。大多数宝宝要到快三四周或更大时，才会对风铃感兴趣，而有些宝宝更喜欢注视其他物体。

虽然宝宝的视力还处于发育阶段（双眼聚焦要好几个月才能成熟，要到9个月大时才能感知深度），但他还是很喜欢看事物。看世界是宝宝重要的学习方法，那么除了让宝宝看你之外，应该让他看些什么呢？大多数小宝宝喜欢研究人脸——即便是粗糙憔悴的脸庞，还有镜子中自己的小脸（他们要到一周岁后才会意识到镜子里的小家伙就是自己）。

他们喜欢盯着反差强烈的事物看，黑与白、红与黄的鲜明图案，比色彩差别细微的图案更能引起他们的注意，简单物体比复杂物体更能引起关注。他们还喜欢看亮的地方——吊灯、台灯、窗户（特别是有光线射入的窗户）。

视力检查是宝宝常规体检的一项。但是，如果你发现宝宝的视线不能在物体或脸部聚焦，或者不会转向灯光，在下次检查时要告知医生。

内斜视

“宝宝眼睛周围的浮肿消了，但现在看起来像内斜视。”

有些疑似内斜视的情况可能只是宝宝内眼角的皮肤折叠在了一起。这种情况在新生儿中非常普遍，随着宝宝的生长，褶皱处会展开，双眼最终会很对称。在最初几个月里，你还会发现宝宝的双眼有时配合得不太好。眼球随意地转动意味着宝宝还在学习如何使用双眼，并且在强化眼部的肌肉。到了3个月时，双眼就会配合得很好了。

如果情况并没有改善，或者宝宝的双眼总是不协调，就要跟医生讨论了。如果有可能是内斜视（宝宝仅一只眼睛聚焦在物体上，另一只眼睛注视其他地方），那就要向小儿眼科医生咨询。早期的治疗很重要，因为运用双眼观察是儿童学习的重要途径，忽视内斜视还可能会导致一只眼睛因长期“闲置”而发展成弱视。

流眼泪

“最初，宝宝干哭不流眼泪。现在即使不哭，他的双眼也充满泪水。有时眼泪还会流出来。”

宝宝要到1个月大时，才会流眼泪。那时，泪腺就能分泌出足量的液体（眼泪）来浸润眼球了。通常，眼泪从每只眼睛内眼角的泪道涌出，流向鼻子（这就是大哭时会流鼻涕的原因）。婴儿的泪道特别小，大约20%的宝宝在出生时会有一只或两只眼睛发生泪道堵塞。

由于堵塞的泪道不能完全排干眼泪，眼泪会充满双眼，还常常涌出来，使眼睛总是湿漉漉的，就算宝宝高兴时也会这样。大多数泪道堵塞都无须治疗，宝宝一岁左右时会自愈。不过医生可能会教你如何轻柔地按摩泪腺，或建议你在宝宝眼中滴几滴母乳，有助于泪道畅通（按摩前一定要彻底洗净双手，如果宝宝双眼变得肿胀或泛红，要停止按摩，通知医生）。

有时，泪道堵塞的内眼角会有少量黄白色黏液。宝宝早上醒来时，上下眼睑会粘在一起。可用清水和无菌棉球清洁黏液和内眼角。

但是，如果出现黏稠的深黄色分泌物或白眼球泛红，说明可能感染了，需要用药物治疗。医生会开抗生素眼药膏或眼药水，如果泪腺长期感染，要请小儿眼科医生检查。如果流泪的眼睛对光线敏感，或一只流泪的眼睛形状、大小看起来与另一只眼睛不同，要立刻联系医生。

打喷嚏

“宝宝一直打喷嚏。他看起来没有生病，但我担心他感冒。”

新生宝宝没有感冒时，也会经常打喷嚏。打喷嚏是宝宝的一种保护性反射，可以清理呼吸道中的羊水和多余黏液。频繁地打喷嚏（及咳嗽）能帮助宝宝清除从外部环境进入鼻腔的异物，就像成年人闻到胡椒味会打喷嚏一样。当宝宝暴露在光线中，特别是阳光下时，也会打喷嚏。

第一次微笑

“每个人都说，宝宝的微笑并没有具体意义，但他看起来那么开心。他们说的是真的吗？”

没有新手父母愿意相信宝宝的微笑不是特别为妈妈爸爸送出的爱意。但科学却似乎证实了这一令人扫兴的说法：4 ～ 6 周之前，大多数宝宝并不会表现出社交意义上的微笑。这并不是说微笑没有具体意义，这是舒适和满足的表现——很多宝宝在睡着、小便或被轻抚脸颊时，都会微笑。

当宝宝第一次展现真正的微笑时，你会立刻察觉到（他的整张小脸都会洋溢着笑容，而不是只有小嘴在笑），感觉被融化。不论宝宝为什么微笑，他的微笑都很讨人喜欢，享受那些瞬间吧。

打嗝

“宝宝总是不停地打嗝。他会和我一样对此感到困扰吗？”

有些宝宝不仅出生后会打嗝，甚至出生前就开始打嗝了。如果宝宝未出生时就很会打嗝，那么很可能他出生后几个月也会经常打嗝。是什么导致宝宝打嗝的呢？一种理论认为，打嗝是宝宝的一种反射。另一种理论认为，宝宝吃奶时狼吞虎咽，使空气进入胃中，导致打嗝。长大一些后，宝宝咯咯笑也可能引起打嗝。不论是什么原因，宝宝并不会觉得困扰。如果这让你很困扰，试试给宝宝喂奶或让他吸吮安抚奶嘴，这样可能会使打嗝平息下来。

父母一定要知道：每个宝宝的发育都不一样

第一次微笑、第一次发出咕咕声、第一次翻身、第一次自己坐起来、第一次尝试爬和走路……宝宝的第一年里，会实现许多里程碑。而宝宝什么时候才能实现这些里程碑呢？宝宝的第一次微笑会在第 4 周还是第 7 周出现？宝宝会提前学会翻身吗？该学爬的时候还只会坐着？其他同龄宝宝刚学会拉着东西站起来时，你的宝宝就会围着他们跑了？有没有什么你能做的事，可以帮助宝宝在发育的道路上更快取得进步？

虽然每个宝宝出生时都是小小的，但每个宝宝的发育速度都不同，很多不同源于先天，而不是后天。每个个体天生就设定好了发育时间，确定了很多重要技能和成就的实现时间。父母只能为宝宝提供发育所需的营养，但他们的发育时间表大部分在出生前就已经确定了。

婴儿的发育通常分为 4 个方面。

社交。宝宝出生时有点懒懒的，但这样的时间并不长。到 6 周时，大多数宝宝都会展现出第一项真正的社交技能——微笑。但在那之前，他们就做好和其他人接触和交流的准备了：眼神交流、研究人们的面部、转向发声方向。有些宝宝天生就喜欢社交，而有些则更严肃和内向，这种个性特征源自基因。即便如此，宝宝接收到的社交刺激越多，他们的社交技能发展就越快。排除个性差异，如果社交发展严重落后，可能说明宝宝有视力、听力或其他需要注意的发育问题。这可能是由宝宝所在的环境引起的——他可能没有获得发展社交技能所需的足够的眼神交流、微笑、对话，或亲密的拥抱。

语言。如果宝宝很早就拥有较大

发育的模式

宝宝会如何生长发育？只有基因知道，而它无法告诉我们。但在等待的过程中，至少有些东西可以确定。排除环境和其他身体因素的影响，虽然每个宝宝发育的速度不同，但他们发育的基本模式相同。首先，宝宝的发育是从上而下、从头到脚的。宝宝先学会支撑自己的头部，然后学会支撑腰部坐起来，之后才会用双腿站立。其次，他们的发育是从躯干到四肢的。宝宝先会使用胳膊，然后才会用手，之后才会用手指。生理发育的过程是从简单到复杂。

的词汇量，或比同龄宝宝更早会说短句，可能他在语言方面有特长。如果到了第二年，宝宝还是用手势或哼哼声来表达要求，他的语言发育也没什么问题，可以在后期赶上，并和其他宝宝发育得一样好，甚至更好。接受性语言发展（理解语言的能力）比表达性语言发展（语言表达的能力）能更好地衡量语言能力的进步，有的宝宝虽然说得很少，但懂得很多，并不一定是发育迟缓。同样，语言发育缓慢也可能是视力或听力问题，应当及时检查。

粗大运动技能。有些宝宝第一次在子宫里踢腿时就表现得很有活力；出生后，他们继续保持较高的运动能力——很快就能支撑起头部，6 个月会爬，9 个月会走。而有些宝宝运动技能发展起步较晚，但也会迎头赶上，甚至超过这些运动技能领先的宝宝。但是，发展非常缓慢的宝宝应当及时检查，确保没有身体或健康障碍（早期干预通常很快见效）。

精细运动技能。所有手眼配合的动作，比如伸手拿、抓握和控制物体，都属于精细运动技能，但这可不是容易做到的事。早期手眼动作协调对宝宝来说很难，他们要盯着拨浪鼓看很久才能用小手抓住它。早早实现手眼配合可能表明宝宝会成长为一个动手能力强的人。但需要较长时间才能掌握这种技巧的宝宝，以后也不一定就笨手笨脚。

宝宝聪明吗？不要在宝宝这么小的时候就想这么多。大多数智力发育的指标，如创造力、幽默感和解决问题的能力，通常到一岁后才会表现出来。把它们当作等待打开的礼物吧。虽然基因赋予了宝宝一些特点，但各方面的发展还需要你帮助他激发内在的潜能。培养宝宝智力发育最简单、最直接的方式就是：和宝宝进行眼神交流；和他说话，对他唱歌；及早开始经常给宝宝读书（从出生开始就把它当作一种宝贵的日常仪式）。

让宝宝趴着（俯卧）玩

为了宝宝的安全，要让他仰睡。但是，要让宝宝跟上发育时间表，别忘了让他趴着玩（在有看护的情况下）。美国儿科学会建议，每天让宝宝趴着玩 2 ~ 3 次，每次 3 ~ 5 分钟（刚开始时间可以短一些，然后慢慢延长）。有专为宝宝趴着玩而设计的垫子，你也可以让他趴在毯子上，或将一条柔软的毛巾卷好垫在宝宝胸部。最开始让宝宝趴着玩的最佳位置是你的肚子或胸前。宝宝不喜欢趴着玩？参见第 240 页。

要记住，各方面的发育速度通常是不均衡的。就像成年人有的擅长交际、有的身体健壮一样，不同的宝宝

现在的宝宝发育要慢些

如果你忍不住用以前的经验比较宝宝的发育情况，一定要记住：现在的宝宝与过去相比，一些主要的粗大运动技能发展得较晚。这并不是因为他们缺少天分，而是因为趴着的机会少了。让宝宝仰睡虽然显著降低了婴儿猝死综合征的风险，但也会暂时减缓运动技能的发展。以前的宝宝经常趴着练习的技能（比如爬行），今天的婴儿很少有机会练习。越来越多的宝宝较晚才能掌握这些技能。许多宝宝甚至会完全跳过爬行阶段（这没什么问题，因为它并不是发育过程中一项必须做到的事情）。

也有不同的特长，可能在一个领域领先（6 周就会笑，一岁就能说会道），而在其他领域滞后（6 个月才会抓玩具，一岁半才会走路）。

宝宝倾向于一次学习一种技能，而学习某项技能时，他们会高度专注，这意味着他们可能会暂时忘记那些已经掌握的技巧。练习拉着东西站立的宝宝可能就没有兴趣牙牙学语了；当他全神贯注地爬行时，就对坐着不感兴趣了。当掌握了一项技能时，新的一项就会占据宝宝的注意力。最终，宝宝会将各种技能融会贯通，并能自然又恰到好处地运用。不过即使到那个时候，有些技能也会被抛在脑后，因为宝宝又继续前进了。

不论宝宝的发育速度和顺序如何，第一年里学会的技能都是不寻常的，他们绝不会再如此快地学会如此多的技能了。

在宝宝的发育中，“快”很重要，因为第一年会比你想象的要快得多。要关注宝宝的发育，但不要过于在意发育时间表，充分享受宝宝成长道路上每一个不可思议的时刻。记住，你的宝宝是独一无二的。要了解宝宝生长发育的时间表，参见第 99 页。

第7章　第2个月

在过去的一个月里，你的家庭发生了很大变化，宝宝也发生了变化，从可爱但反应迟缓的新生儿，变成了日益活跃、聪明伶俐的小家伙，睡眠更少了，交流更多了。你也发生了变化，从笨手笨脚的新手变成了经验丰富的老手。为人父母才几个星期，你可能已经能够熟练地用一只手给小家伙换尿布，可以很专业地为宝宝拍嗝，还练就了一边睡觉一边喂宝宝吃母乳的本领。

虽然和宝宝一起的生活更加得心应手了，但还是有很多拿不准的事情需要频繁地联系医生，比如宝宝大哭时、发现乳痂或尿布上的东西和平时不太一样时。照顾新生儿的挑战还在继续，你也会不断收获为人父母的幸福。这个月，你抱着宝宝来回走动的那些不眠之夜，将会得到一份奖赏：宝宝第一次真正社交意义上的微笑！

宝宝的饮食：用奶瓶

母乳喂养是最理想的喂养方式。它简单实用，但有局限性，最重要的一点是，妈妈只有和宝宝在一起时才能喂奶。这就是需要奶瓶的原因。

有些纯母乳喂养的妈妈确实不想用奶瓶，还可以省去离乳过程中最艰难的一步：摆脱奶瓶。但是，完全不用奶瓶的话，需要妈妈在哺乳的第一年中随时待在宝宝身边，这是很多妈妈做不到的。在第一年里，至少有几次喂奶时间，你没办法和宝宝待在一起——不论是因为一周要工作40小时，还是每两个月一次的外出用餐，或仅仅是想让自己可以灵活安排。如果还没有用奶瓶，那就试试吧。

奶瓶可以装什么？

母乳。一旦掌握了吸奶器的使用

宝宝的基本情况：第 2 个月

睡眠。宝宝开始慢慢懂得白天与黑夜的区别，这意味着他们会更多地在天黑后睡觉。但是，宝宝每天白天小睡的时间还是很长，他们总的睡眠时长与上一个月相比，没有太大变化。宝宝每天要睡 14 ~ 18 小时，晚上睡 8 ~ 9 小时，白天睡 6 ~ 9 小时（大约分为 3 ~ 5 次）。

饮食。宝宝只喝母乳或配方奶。

• 母乳。每天吃奶 8 ~ 12 次，母乳总量为 360 ~ 1080 毫升。吃奶间隔开始拉长，每 3 ~ 4 小时一次，但还是要按需喂奶，特别是纯母乳喂养的宝宝。

• 配方奶。每天吃奶 6 ~ 8 次，每次吃 90 ~ 180 毫升，总量为 540 ~ 960 毫升。宝宝的体重（以千克计算）乘以 150 是每天大概需要的配方奶量（以毫升计算）。

玩耍。这个月宝宝开始会笑了，并且有人在旁边时会表现出兴奋。风铃和游戏垫仍然是宝宝最喜欢的玩具，也可以准备一些填充玩具和拨浪鼓。让宝宝的小手握着拨浪鼓，他至少可以抓一分钟左右。轻轻摇晃宝宝的小手，让拨浪鼓发出声音。这个月宝宝的另一个新玩具是安全的婴儿镜。宝宝现在还不知道在镜子里看到的是什么，但他会为镜子里同样盯着自己看的可爱小脸而着迷。

方法，就可以将吸出的母乳装在奶瓶里，这样即使你和宝宝不在一起，宝宝也能吃到母乳。

配方奶。显然，补充配方奶就像打开一个瓶子一样容易，而且很多妈妈发现，她们能成功地把母乳喂养和配方奶喂养结合起来（有些配方奶甚至专为补充母乳而设计）。但是，如果在建立良好的哺乳关系前（大约 6 周前后）过早地使用配方奶，会影响你的泌乳量。所以，除非有医学必要，应该在建立稳定的哺乳关系后，再补充配方奶。有些妈妈选择不补充配方奶有其他原因，比如想纯母乳喂养一年甚至更长时间（补充配方奶容易造成过早离乳），或因为家族有牛奶过敏史而想避免用牛奶奶粉。

赢得宝宝的支持

准备好用奶瓶给宝宝喂奶了吗？如果够幸运，宝宝会像见到老朋友一样吸吮奶瓶，喝光所有的奶。更常见的情况是，他可能会花点时间熟悉一下这个不熟悉的朋友。记住下列要点，你就会赢得宝宝的支持。

- 合适的时间。第一次用奶瓶时，要等到宝宝饿了，但不至于饥肠辘辘，并且情绪不错的时候。

- 让别人给宝宝喂奶。每次用奶瓶，如果不是妈妈喂，他可能更容易接受，最好不要让宝宝闻到妈妈或母乳的味道。

- 将乳房遮起来。如果只能由妈妈来使用奶瓶，将乳房遮挡起来会有帮助。如果妈妈没有穿文胸、穿的T恤很薄或领口很低，宝宝很容易闻到母乳的味道。

- 使用合适的奶嘴。有些母乳喂养的宝宝可以接受各种形状的奶嘴，但有些宝宝会拒绝和妈妈的乳头不同、形状及质地陌生的奶嘴。如果尝试好几次后，宝宝还是拒绝用某一种奶嘴，就试试不同类型的奶嘴。用安抚奶嘴的宝宝，选择和安抚奶嘴形状相似的奶嘴会很有帮助。无论选择哪种形状的奶嘴，都要先从流速慢的开始，并在喂奶时保持瓶身稍微倾斜，只让少量奶聚集到奶嘴处。

- 让奶嘴沾上一些奶。给宝宝喂奶前，可以摇晃一下奶瓶，让里面的奶滴在奶嘴上，这样宝宝就知道奶瓶里有什么。

- 让奶嘴温暖一些。你的乳头是温暖的，但奶嘴不是。试试把奶嘴放在温水里泡一泡，消除奶嘴的凉意，再给宝宝用。或把奶瓶中的奶加热一下。但如果宝宝喜欢常温奶，甚至从冰箱里拿出的奶，就没必要这样做。

- 悄悄喂奶。如果宝宝很抵触用奶瓶，可以在宝宝快要睡醒的时候抱起他，趁他还没有完全清醒时，用奶瓶喂奶。当宝宝迷糊时能够接受奶瓶后，再在他清醒的时候试一试。

不用奶瓶

不考虑用奶瓶？只要在第一年能够安排好生活，就没必要用奶瓶（如果宝宝不喜欢奶瓶，也不用硬塞给他）。但做好两手准备总不会错，可以为紧急情况准备一些母乳（比如你突然要出差，或暂时要服用药物，无法马上哺乳）。可以考虑吸出一些母乳冷冻，以防万一（参见第171页，了解冷冻母乳的保质期限）。

奶瓶喂养入门

什么时候开始。有些宝宝一开始就可以适应从母乳换成奶瓶再换回母乳。通常最早到2～3周时开始用奶瓶，大多数宝宝才可以很好地转换。早于这个时间，奶瓶喂养会妨碍建立良好的哺乳关系，一方面可能会让宝宝产生乳头混淆，另一方面乳房得不到充分的刺激，会导致泌乳不足。而晚于这个时间太久，很多宝宝会抵触奶嘴，更喜欢妈妈柔软、温暖、熟悉的乳头。

母乳和配方奶的量。母乳喂养可以自主控制摄入量——宝宝可以按照自己的食欲吃奶，而不是别人强迫他吃下一定的量。而开始用奶瓶后，很容易就会开始定量喂奶。不要这样做，只给宝宝想吃的量，不要让他多吃。每次应该给宝宝吃多少母乳或配方奶，并没有一定的量。体重 4 千克的宝宝一次最多可以吃 180 毫升奶，最少只吃不到 60 毫升。一个很简单的估算方法，就是用宝宝的体重（以千克计算）乘以 150——那就是你一天要喂宝宝的总奶量（以毫升计算）。参见第 289 页，了解更多内容。

让宝宝习惯奶瓶。如果你每天的日程安排会错过两次喂奶时间，那从返回工作岗位前至少两周开始，每天的喂奶中至少有一次要用奶瓶。

用一周的时间让宝宝习惯后，再增加到两次——如果你打算上班时让

关于补充喂养的谣言

谣言：补充配方奶（或在奶瓶中添加米粉）有助于宝宝睡一整夜。

事实：当宝宝发育健全后，就能睡一整夜。喝配方奶或过早添加米粉，并不能让这一天提前到来。

谣言：宝宝只吃母乳不够。

事实：采用母乳喂养，到宝宝 6 个月大之前都能提供所需的营养。6 个月后，将母乳和辅食搭配起来就能给宝宝提供良好的营养，无须添加配方奶。

谣言：给宝宝吃配方奶，不会影响泌乳量。

事实：如果你希望纯母乳喂养，记住重要的一点：任何时候给宝宝吃母乳以外的食物（包括配方奶和辅食），都会减少泌乳量。供求关系非常简单：宝宝吃的母乳越少，你分泌的乳汁就越少。但是，建立良好的哺乳关系后，补充配方奶的影响会降低。

谣言：母乳喂养和配方奶喂养只能二选一。

事实：你想母乳喂养，但是不确定是否要纯母乳喂养（或者你可能做不到）。母乳与配方奶混合喂养对一些妈妈和宝宝是最好的选择，这无疑比完全放弃母乳喂养要好得多。所以，安心地采用混合喂养吧。但要确保喂奶次数够多，这样你的泌乳量才不会减少得太快。同时要记住，只要宝宝能喝到母乳，无论多少，对他都很有好处。

混合母乳和配方奶

吸出的母乳装不满奶瓶怎么办？不必将辛苦吸出的乳汁倒掉。可以将配方奶和母乳混合装入奶瓶。这样宝宝能从母乳中获取酶，更好地消化配方奶。

宝宝吃配方奶而不是用奶瓶喂吸出的母乳，这样做不仅能帮助宝宝适应，也能让你的乳房有时间调整。完美的供求机制能调节泌乳，根据需求减少供给，这样当你恢复工作时，会感到更舒适。

让自己舒适。如果你只打算偶尔用奶瓶，那么在外出之前给宝宝喂奶或吸出母乳，把乳房排空，就能解决溢奶的问题。确保宝宝吃奶的时间与你回来的时间不要太接近（多于两小时），这样你回家后可以立刻喂奶。

即使你选择用配方奶作为补充，如果你和宝宝要分开超过5～6小时，也需要吸出一些母乳，以防输乳管堵塞、溢奶，或泌乳量减少。这些乳汁可以保存起来备用，也可以倒掉。

你可能疑惑的问题

微笑

“我儿子已经5周了，我以为他现在会真正地微笑了，但似乎不是这样。”

即使是非常开心的宝宝，也要到6～7周时才会展现出真正的微笑，有些宝宝天生就比其他宝宝更爱笑。你要如何辨别真正社交意义上的微笑和无意识的微笑呢？很简单，宝宝真正微笑时，整张小脸都洋溢着笑容，而不是只有嘴巴在笑，这种灿烂的微笑会融化你的心，让你无法自拔。

第一次真正的微笑值得等待。但要记住，虽然宝宝要准备一段时间才

宝宝没能茁壮成长时，这样补充

大多数时候，母乳就能满足宝宝生长发育的所有营养需求。但偶尔，无论妈妈如何努力刺激泌乳，奶量还是无法满足宝宝的需求。如果纯母乳喂养时宝宝生长缓慢，就听医生的建议，补充配方奶，之后宝宝通常很快就会茁壮成长。但是，要如何在给宝宝补充配方奶的同时增加妈妈的奶量，最终实现仅用母乳就能满足宝宝的需求呢？最好的解决方法就是用辅助哺乳系统（参见第175页），它不仅能给宝宝提供生长所需的营养，还能刺激妈妈的乳房分泌更多乳汁。辅助哺乳系统不适合你？参见第85页，了解其他帮助增加奶量的技巧。

会展现微笑，但你对他说话、和他玩耍、亲吻和拥抱他，都会加快他微笑的到来。你对宝宝微笑得越多，宝宝就会越快展露出自己的笑容。

牙牙学语

“我的宝宝6周大，能发出许多带呼吸声的元音，但不会发辅音。他有语言天赋吗？”

小宝宝发出“啊啊”（以及咿咿、哦哦、呜呜）声就是在牙牙学语。这是他们从最初几周到第2个月末时会发出的元音（类似汉语中的韵母）。一开始是带呼吸声、有节奏的咕咕声，这似乎完全是随意发出的，但之后你会注意到，当你对他说话时，他也会对着你说，或是对着填充玩具、汽车或婴儿镜中的自己说话。这些元音练习，不仅是你的乐趣，也是宝宝的乐趣——他很喜欢聆听自己的声音。在这个过程中，宝宝还会进行很多发音尝试，看看将喉咙、舌头和嘴巴联合起来运动能发出什么声音。

对父母来说，宝宝交流时的咕咕声比哭闹声更动听，而这只是开始。在3～4个月时，宝宝会开始大笑、尖叫，还会说一些辅音（类似声母）。辅音的发音非常多，有些宝宝到第3个月就会发出类似辅音的声音，有些宝宝要等到5～6个月，平均4个月左右。

“宝宝发出的咕咕声跟他哥哥6周时不同。我们要为此担心吗？”

宝宝的生长发育无法比较，每个宝宝的生长发育时间表都不同，即便是兄弟姐妹，即使只是简单的牙牙学语。大约10%的宝宝第1个月末就开始发出咕咕声，10%的宝宝要到第3个月时才会发声，其他宝宝则介于这两种情况之间。无论是以上哪种情况，宝宝的发育都属于正常范围。

两兄弟的语言发育差异，可能是因为你太忙碌了，没有真正注意宝宝的语言发育情况；或许你没有像第一次当妈妈那样，用心引导他发出咕咕声；也可能家里人发出的声音很大，淹没了宝宝的咕咕声。多花一些时间和宝宝说话，可能就会听到你期待的咕咕声。

如果经过几个月，不论你如何鼓励，宝宝每个月都达不到应该达到的发育里程碑（参见第99页），就要跟医生说说你的担忧了。医生可能会安排听力评估等测试，排除发育迟缓的可能。

外语

“我的妻子想对宝宝说西班牙语（她的母语），这样宝宝能早点学会。我也很希望他学会一门外语，但同时学两种语言，会不会混淆呢？”

如果说宝宝学习语言时就像海绵

如何与宝宝说话？

宝宝学爸爸妈妈说话就像海绵吸水一样，能把听到的每一个音节都吸收进去。如果你细心培养，宝宝的语言发展会更快更好。下面的方法可以帮助宝宝学习说话。

不停讲解。你每做一个动作时，都给宝宝解释一下。比如讲穿衣服的过程："现在，我在给你换尿布；把T恤套在头上；现在，穿上裤子。"在厨房搅拌沙拉时，不要忘记和宝宝分享。洗澡时可以解释一下香皂的用法和清洗顺序，还有洗发水会让头发柔顺干净等。宝宝当然听不懂，但这不重要。详细的讲解可以让宝宝聆听你说话，并最终开始理解。

多提问。不要等宝宝可以回答才开始提问。问题可以是一天中所有的事情："你想穿红裤子还是绿裤子？""今天天空是不是很蓝很漂亮？""晚饭想吃青豆还是西蓝花？"你可以暂停一下，等等宝宝的反应（总有一天，他会给你一个惊喜），然后自己大声说出一个答案："我们吃西蓝花吧！"

给宝宝一个说话的机会。研究表明，与单方面听父母说的宝宝相比，和父母有交流的宝宝更早学会说话。在你讲解时，留一些机会给宝宝牙牙说话。

适当使用简单的短语。如果你愿意，可以背古诗词给宝宝听（宝宝喜欢听你说的一切），但简单的词语对宝宝的语言发展更有帮助。所以，可以有意识地说一些简单的句子和短语，如"看灯""再见""宝宝的手指，宝宝的脚趾""乖狗狗"。

不要使用代词。要让宝宝明白不同人说的"我"或"你"有时指妈妈，有时指爸爸，有时指奶奶，甚至他自己，这很困难。提到自己时，最好说"妈妈"或"爸爸"，提到宝宝时，要说他的名字，比如"现在，爸爸要给阳阳换尿布了"。

提高音调。大多数宝宝都喜欢高音调，这也是大多数爸爸妈妈在跟新生儿说话时，声音不自觉地会提高一两个八度的原因。对宝宝说话时，试着提高音调，注意他的反应（少数宝宝更喜欢低音调）。

学宝宝说话。如果你可以很自然地说出一些"甜言蜜语"（"谁是我的小可爱？"），就尽情模仿宝宝的语气吧，毕竟他们更容易理解。如果你更愿意用简洁的话来表达也可以。即使你很喜欢像宝宝一样说话，也不要一直模仿。和他交流时，别忘了说几句成年人的（而且很简单的）语言，这样宝宝长大后，就不会以为所有词语都是叠词了。

描述正在发生的事。随着宝宝的理解力增强，多说一些现场正在发生的，宝宝这一刻能够看到或经历的事情。宝宝没有过去或未来的概念，在接下来的几个月，他们都还无法理解时态的变化。

模仿。宝宝容易被模仿逗乐，所以做一个喜欢模仿的爸爸妈妈吧。宝宝咕咕哝哝时，你也咕咕哝哝；他张着小嘴"啊啊"叫时，你也"啊啊"叫。很快，模仿就会成为你们都很喜欢的游戏，还会为宝宝模仿你说话打下基础，有助于语言能力的发展。

来点音乐。对音乐不在行？不用担心，宝宝不懂高音低音，也不在乎。宝宝喜欢听你唱歌，不论是不是跑调，不论是摇滚还是饶舌，不论是电子音乐还是布鲁斯。还记得小时候听过的儿歌吗？宝宝很喜欢像《小星星》这样的儿歌。列一个歌单——很快，你就会知道宝宝最喜欢哪首曲子。然后，就一遍一遍反复吟唱吧。

大声读出来。大声给宝宝朗读简单的绘本或纸板书，越早越好。事实上，美国儿科学会建议，从宝宝出生开始就可以每天给他读书。想看一些成年人感兴趣的书？可以和宝宝分享你最爱的文学作品、菜谱或新闻，大声朗读你喜欢的文章。这些词语会萦绕在宝宝周围，飞进他们的耳朵和大脑中。

领会宝宝的意思。每个人都需要一些安静的时间，新生儿也是。当宝宝表现出漫不经心、注意力分散或哭闹时，意味着他的语言接受到了饱和状态，这时候就应该让你的嗓子和宝宝的耳朵休息一下。

一样，那么生长在双语家庭的宝宝就像一块超级海绵。所以，让宝宝接触第二种语言吧。大多数专家都赞同一开始就对宝宝说两种语言，这样外语就可以和母语一样是"先天的"，而不是"后天的"。这两种区别很大，一种是宝宝掌握两种母语，而另一种是外语流利。而且，现在教宝宝西班牙语还可以充分发挥他在子宫中的优势（从怀孕第 6 个月起，你的儿子就开始听妈妈说西班牙语了）。

有些专家认为，同时学习两种语言会导致宝宝掌握两种语言都较慢，但即便真的影响，这也只是暂时的问题。相比起来，宝宝能掌握两种语言，而且对学习语言的兴趣可能会持续一生的优势更大。

无论哪种方式，没有必要规规矩

理解宝宝的“话”

可能要用近一年时间，宝宝才能说出第一个真正的词语，要两年或更长时间，才能将词连成短语和句子，再过更长一段时间，这些句子才会被大家理解。但早在宝宝用语言交流之前，他就会用其他各种方式交流了。事实上，仔细地观察和倾听，你会发现宝宝已经在尝试和你说话了——不是用词语，而是用一些行为、手势和面部表情。

没有哪本辞典可以翻译宝宝的话。为了真正理解宝宝的意思，你需要坐下来好好观察。观察胜过对话，在宝宝说出第一个词之前的几个月里，观察会告诉你宝宝的个性、喜好、需求和愿望。

洗澡前你给宝宝脱下衣服时，他会不会不安地扭动？可能是裸露的身体感受到了冷空气，也可能只是裸体的感觉让他不安。把宝宝放进浴缸之前，尽可能多给他一些遮盖，能帮他缓解不适。

宝宝在小睡前的一段时间里，总是哭闹，或者不停地揉眼、抓耳、打哈欠？可能是宝宝在提前告诉你他困了，这是一个疲惫化为暴躁之前的提醒。

到了该喂奶时，宝宝在饿哭之前会疯狂地把拳头伸进嘴里？这可能是他在向你传达饥饿的第一个信号（第二个就是大哭了，这时再喂奶会变得困难）。通过观察宝宝的行为和肢体语言，你会注意到他的有些行为是有意义的，可以帮助你弄清楚宝宝想表达什么。

花时间观察、倾听和辨别宝宝的非语言信号，不仅会让你照顾宝宝更轻松，也会让宝宝更容易接受这个世界。宝宝知道他说的“话”很重要，不仅会促进语言发展，还会增强他的自信心、安全感，促进情感成熟，让他受益一生。

矩地教宝宝学外语。有很多简单的方法，可以让你的宝宝在其他宝宝学习一种语言时的时间里，同时学习两种语言。这种方法可能最有效：你只跟宝宝说英语，而妈妈只跟他说西班牙语。效果稍差的方法：姥姥、姥爷说西班牙语，而你和妻子说英语。还有一种效率很低的方法：你和妻子说西班牙语（假设你的西班牙语也很流利），而宝宝在幼儿园或其他地方学习英语。

至于课程，要顺其自然。像教母语一样教宝宝外语，通过说话、背诵童谣和唱歌；读书、玩游戏和看电影；拜访同样说这门语言的亲戚朋友；可能的话，到说这门语言的国家旅行（如果这是你妻子的祖国，除了学习语言技巧外，还能给宝宝一种传承感）。以后，你可以考虑让宝宝上双语幼儿园或和其他双语宝宝一起玩，巩固学到的语言。

最初，宝宝可能会混淆两种语言（两者对他来说都是新的语言），但你不用担心，那会非常可爱，而且最终他会学会这两种语言，不再混淆。

宝宝不愿仰睡

“我知道应该让宝宝仰睡，防止婴儿猝死综合征。但这个姿势，宝宝总是睡不好。有一次，我让他趴着玩，他睡着了，并且那次睡的时间很长。

重视最初的3年

最初3年的事情宝宝记不住多少，但研究表明，这3年会以多种方式对宝宝的一生产生很大影响。从某些方面来说，这种影响比将来任何阶段都要大。

是什么让这最初的3年——主要是吃饭、睡觉、哭泣和玩耍的3年——对宝宝未来的学业、事业和人际关系产生重大影响？这只是一段时期，宝宝还没有定型，它是如何深刻影响宝未来完整人格发展的呢？答案很吸引人，也很复杂，虽然还没有定论，但绝对值得新手父母们深思。

研究表明，儿童的脑容量会在最初3年里发育到成年人的90%——对于一个还不会系鞋带的孩子来说，这很了不起。在这非凡的3年里，大脑会形成神经网络，将大脑细胞联系起来。到宝宝的第3个生日时，他的大脑中差不多会有一千万亿个神经元链接。

不仅如此，儿童的大脑到3岁后还在快速发育。到了10～11岁会形成更多神经元链接，但这时，大脑开始专注于更高效的运作，很少用到的神经元链接会逐渐消失（这种模式会持续终生，人们衰老死亡时，神经元链接只有3岁儿童的一半）。青春期后，变化仍在继续，一些重点脑区的变化甚至会贯穿一生。

虽然宝宝的未来和他的大脑一样在3岁时还未定型，但很多塑造正在进行——很大一部分来源于你对他的培养。研究表明，这时宝宝获得了怎样的照顾，很大程度上影响着神经元链接和大脑发育的情况，甚至影响宝宝将来面对挑战时的意志力、自信心和处理能力。在这段重要的时期里，最大的影响因素就是父母。

让他趴着睡安全吗？”

通常，宝宝知道什么对自己最好。但宝宝并不知道什么睡觉姿势最好。大多数宝宝天生更喜欢趴着睡觉——这个姿势让他们更舒适、更惬意，并且能减少惊跳反射，因此保证了较长的睡眠时间，醒来的次数也更少。

但趴着睡对宝宝并不好。趴着睡会增加婴儿猝死综合征的风险——特别是那些不习惯趴着的宝宝。大多数宝宝很快就能习惯仰睡，有些宝宝仰睡会哭闹一会儿，少数宝宝像你的宝宝一样，仰睡就睡不好。几乎所有的宝宝趴着时都睡得更熟，这也是科学家相信趴着睡的宝宝更容易患婴儿猝死综合征的原因之一。婴儿趴着时会

抱着干净、可爱的小家伙，觉得身上的责任重于泰山？大可不必。充满爱心的父母跟随直觉所做的大部分事正是宝宝以及激发他的大脑潜力——所需要的。换句话说，如果希望宝宝未来成为火箭专家（或科学家、医生、企业家）也不是不可能。

• 你对宝宝的每一份关怀都有助于开发宝宝的大脑，所有的触摸、拥抱和回应，你给他读书、对他说话、唱歌、眼神交流、用宝宝语沟通，都有助于开发宝宝的智力，发展他的社交和情感技能。而对绝大多数父母来说，养育子女是一种天性。

• 如果你能满足宝宝的基本需求（饥饿时喂他、尿湿时更换尿布、害怕时抱抱他），将有助于他发展对他人的信任、产生共情及自信——这些都是健康情感和社交技能的重要组成部分。获得足够关爱的宝宝将来具有行为问题的可能性较小，并且更有能力发展积极的社交关系。

• 宝宝越健康，就越快乐、越聪明。定期医疗检查能帮宝宝筛查出医学或发育问题，这些问题可能会减缓智力、社交能力或情感的发育，早期干预非常有效。常规锻炼也可以刺激宝宝的智力发育，获得充足的睡眠同样如此（很多脑力发育都是在睡眠中完成的）。规律健康的饮食也有助于宝宝早期的生长发育。

• 你是在帮助宝宝大脑发育，而不是控制宝宝发育。鼓励智力发育很容易变成强迫——当你不确定时，观察宝宝的表现。多少刺激足够以及多少就过度了都应该是宝宝说了算（在他开口说话之前也是如此）。领会宝宝的意图——要了解宝宝需要什么，这只有宝宝最清楚。认真观察和聆听，你会明白什么对宝宝最好。

睡得更沉，更不容易被唤醒，如果他们在睡眠中出现呼吸暂停，可能不会醒过来，也就无法再重新进入正常的呼吸模式。这就是为什么宝宝一定要仰睡。

首先，你可以与儿科医生讨论，找出宝宝不喜欢仰睡的原因。虽然这种情况很少见，但偶尔宝宝可能由于身体原因，仰睡会很不舒服。更多的情况是，宝宝只是不喜欢平躺的感觉。如果是这样，试试以下技巧，让他平躺时也能感到很快乐。

- 睡觉前把宝宝包裹起来。研究表明，婴儿被包起来后再躺下，大哭的次数会减少，也会睡得更好。宝宝被包裹好后，出现惊跳反射的可能性更少，也不太容易被自己那些正常、突然的身体抽动吓醒。但如果宝宝很活跃，经常挣脱出来，或开始尝试翻身时，就不要裹着他了（松松垮垮的襁褓会带来窒息的危险）。有些宝宝在第2个月就能挣脱襁褓，但如果你的宝宝还很安静，就可以继续裹着他。睡袋不会被宝宝踢开，可以安全使用更长时间。同时，要确保宝宝被包裹起来时房间里足够凉爽，并且没有穿得太多，过热是引起婴儿猝死综合征的另一个因素。
- 垫高床垫。稍稍垫起床垫上部（将枕头或卷好的毯子放在床垫下），这样宝宝躺着时有一点倾斜，可能会睡得更久。但不要直接用枕头或其他柔软的床上用品垫起宝宝的头部。
- 不要固定宝宝。如果你想用一些物品将宝宝固定在一个姿势，让他平躺或侧躺，要三思。专家认为，任何给宝宝固定姿势的物品都不安全。这些物品不仅无法预防婴儿猝死综合征，反而会带来窒息的危险。
- 用你的动作帮助宝宝。慢慢训练宝宝，让他更舒适地仰睡。如果仰睡让宝宝很难受，可以试着抱着他轻拍，哄他入睡，再平放到小床上。
- 要坚持。坚持总会有回报，最终他会习惯仰睡。

宝宝会翻身后，即使你让他仰着睡，他也会自己翻过来，调整到自己喜欢的姿势（参见第343页）。

宝宝不愿意趴着

“我的宝宝不喜欢趴着玩。我怎样才能让他喜欢趴着呢？”

你可以让宝宝趴着玩，但通常很难保证他喜欢。对很多小宝宝来说，趴着就像一种折磨，特别是在他们颈部肌肉还未发育，无法抬起头部，难以摆脱尴尬的脸朝下的姿势之前。但是，哪怕每天只让宝宝趴几次，每次只有几分钟，也可以锻炼他平躺时无法锻炼到的肌肉，他最终需要运用这些肌肉来掌握很多技能，比如坐立。为了让宝宝趴着时少一些折磨，多一些乐趣，可以尝试以下技巧（宝宝趴着时应有人看护）。

• 你做仰卧起坐时，让宝宝趴在你的胸口。每做一次，做些鬼脸，发出滑稽的声音。每隔一会儿，把他举起来，像飞机一样盘旋一圈，再放回胸口。

• 找个舒适的平面，和宝宝并排或面对面趴着，但表面不能太软，宝宝无法在太软的表面撑起身体。然后用一个特别的玩具逗他玩，和他说话。

• 用一个专为宝宝趴着设计的枕头或圆柱形物体抬高宝宝。一块婴儿水垫也会让宝宝更感兴趣。

• 给宝宝照镜子。一面婴儿适用的落地镜可以让宝宝从镜子中看到自己，分散注意力。可以改变镜子的位置——放在宝宝前方，再挪到旁边。

• 变换场所和趴着的视野。上午在客厅趴一两分钟，下午到卧室趴着。

• 如果宝宝喜欢按摩，试试在他趴着时给他按摩。这样，他放松的时间会足够长，形成稳定的趴卧时间。

• 让其他人和他一起趴着。信不信由你，他已经能感觉到来自别人的挑战，会好好表现。

• 如果他就是不吃这一套，那就暂时不要让他趴着，以后再试。在他尖叫着挣扎的时候强迫他趴着没有什么好处，下一次他只会更抗拒。刚开始趴着时，1 ～ 2 分钟（或看起来到达他的极限）就足够了，然后每次延长几秒，直到趴着的时间稳定在 5 分钟左右。

• 在两次趴着玩的间隔时间，确保宝宝有很多其他机会锻炼肌肉。在婴儿车、汽车安全座椅或婴儿摇椅中坐得太久不利于宝宝锻炼肌肉。

宝宝按摩

“我听说按摩对宝宝很有好处，但我不知道怎么给他按摩。”

每个人都渴望时不时有人给自己按摩、放松一下，大多数宝宝也不例外。轻柔的按摩不仅会让新生儿很舒服，对他们的身体也有好处。人的感觉中，触觉是出生时最发达的。研究表明，按摩对刺激触觉有很大帮助。

有哪些好处呢？接受定期按摩的早产儿生长速度更快，睡眠和呼吸更好，也更有精神。按摩也能帮助足月出生的宝宝茁壮成长——可以增强免疫力，促进肌肉发育，刺激生长，缓解肠痉挛、腹部不适与出牙痛，促进形成更好的睡眠模式，刺激循环与呼吸系统发育，减少应激激素。而且，就像拥抱一样，按摩也可以促进亲子关系。按摩不仅对宝宝有放松作用，也能帮助父母的内心平静下来。

挑选一个你放松的时间。如果你的电话在响、晚餐还在炉灶上，还有两桶衣服要洗，那么这样的按摩无法让人放松。挑选一个你不着急、不太可能被打扰的时间给宝宝按摩。

挑选一个宝宝放松的时间。不要在宝宝很饿或吃得太饱时给他按摩。洗澡后是不错的时间，这时宝宝已经开始放松了（除非洗澡对他来说很有压力）。玩耍前也是个不错的机会，研究表明，按摩后的宝宝专注力更好。

设置一个放松的场景。你选择按摩的房间应该安静、温暖，室温不低于 24℃（因为宝宝要脱掉衣服）。将光线调暗可以减少刺激，让宝宝更放松，如果你愿意，可以放点轻音乐。你可以坐在地板上或床上，让宝宝躺在你的大腿上或双腿之间，在宝宝身下垫一块毛巾、毯子，或一个枕头。按摩时，可以轻声和宝宝说话，或给他唱歌。

用婴儿按摩油。你不需要掌握用按摩油给宝宝按摩的专业方法，但如果你的双手能很轻松地滑过宝宝的肌肤，会给你们带来更多乐趣。可以用天然婴儿按摩油，或纯椰子油、菜籽油、玉米油、橄榄油、葡萄籽油、杏仁油、牛油果油、红花油。这些油很容易被宝宝的皮肤吸收，在宝宝吸吮他的小手时也很容易消化。只用一点点就够了，不要用婴儿润肤油或矿物油，它们会堵塞毛孔。也不要用坚果油，可能导致过敏。开始给宝宝按摩之前，把按摩油倒在你的手心里搓热。

尝试不同技巧。总的来说，宝宝喜欢轻柔的抚摸，但不要太轻，否则会像挠痒痒一样。按摩时，不要同时拿开双手。开始时，你可以：

• 轻轻地把双手放在宝宝头部两侧，保持几秒钟。然后轻轻抚过他的脸庞，沿着身体两侧抚摸到脚趾。

• 用手指在宝宝头上画些小圈。双手轻轻施压，从前额正中向外抚摸。

• 轻轻地从宝宝胸口向外抚摸。

• 用一只手的手掌外侧边缘由上到下轻抚宝宝的肚子，再换一只手，做圆周运动。然后，用你的手指在宝宝肚子上模仿行走的动作。

• 双手握住宝宝的手臂和腿，轻轻转动，或稍微用力地抚摸，展开宝宝的四肢。打开宝宝握着的小手，给那些小手指按摩一下。

写给父母：爸爸的抚触

只有妈妈才有特权触摸宝宝？并不是。研究表明，爸爸的抚触对宝宝的健康、幸福和发育同样有积极作用，按摩可以给宝宝带来很多身体和情感上的益处，比如更少出现睡眠问题、消化更好。爸爸的抚触不仅让宝宝受益，学会安抚宝宝的爸爸在按摩时，也能缓解自己的压力，增强为人父母的信心，增进和新生儿的感情，这种感情可以持续到儿童时期。体内的激素可以证明这一点：爸爸也会像妈妈一样，在触摸、亲近宝宝时，分泌出同样多的催产素。

• 双手交替从上到下按摩宝宝的腿，到脚部时，轻轻抚平宝宝的脚趾。

• 让宝宝换为趴着的姿势，由一侧到另一侧轻抚宝宝的背部，再从上到下轻抚。

婴儿按摩书中还提到一个技巧：由中心向外轻抚（例如，从肩膀到手腕），会让宝宝放松下来，睡前用这种方式按摩更合适；由外向中心轻抚（从手腕到肩膀）更具有刺激性，当宝宝清醒或活跃时更适用。也可以把两者结合起来。

领会宝宝的意图。不要在宝宝没有心情时给他按摩。如果你把手放在宝宝身上时，他转向别处或大哭，就稍后再按摩。而且你不用每次都给宝宝按摩全身。如果你只给宝宝按摩了双腿和双脚，他就觉得足够了，那也没关系，不用继续按摩了。

乳痂

“我每天都给女儿洗头发，但还是去不掉她的头皮屑。”

乳痂的确不可爱，但它不会永远存在。乳痂是婴儿常见的发生在头皮的脂溢性皮炎，通常在前3个月出现，有些可以持续1年（大多到6个月时会脱落），但它并不意味着将来就有头皮屑。轻微的乳痂表现为宝宝头皮上出现油性的鳞屑，用矿物油或凡士林轻柔地按摩，通常就能使鳞屑松脱，再用洗发水清洗，鳞屑就会与涂上的油脂一起脱落下来。可以用专为婴儿乳痂设计的天然洗发水和护理产品——不同的产品适合不同的宝宝。还有一种神奇的天然产品，也可以缓解乳痂，那就是母乳。如果用以上方法都没有见效（乳痂形成了厚片或褐色斑块，出现黄色的硬皮），请与医生联系，医生可能会建议每天使用含有二硫化硒或水杨酸的抗脂溢洗发水（有些是无泪配方）。头皮出汗时，乳痂通常会更严重，保持头皮凉爽和干燥会有帮助，除非在烈日下或室外寒冷，否则不要给宝宝戴帽子，在室内或较热的车内也要摘掉帽子。

有时乳痂消失一段时间后会再次出现。遇到这样的情况，用同样的治疗方法可以减轻症状。乳痂严重时，脂溢性皮炎可能会蔓延到面部、颈部或臀部。如果发生这种情况，医生可能会开局部使用的氢化可的松乳膏或其他药膏。

弯曲的小脚

“我儿子的双脚有点向内拐。他能自己矫正回来吗？”

你家宝宝双脚的情况不是特例。大多数宝宝都会出现膝内翻和内八字的情况，因为胎儿挤在狭小的子宫中，通常会受到压迫使一只脚或双脚形成奇怪的姿势，导致腿部扭转。宝宝出生几个月后，仍然会保持这个姿势，双脚弯曲或向内拐。再过几个月，当宝宝的双脚喜欢上子宫外的自由，并学会踢腿、爬和走路后，他的双脚就会变正常了。

医生可能已经检查过宝宝的双脚，一切正常，但为了缓解你的担忧，再检查一次也无妨。医生会定期查看宝宝的脚部情况，以确保随着宝宝的成长它们逐渐变得正常，双腿也是这样，无须治疗就会变直。

隐睾

"我儿子天生隐睾。医生说到宝宝 1 ～ 2 个月大时，睾丸会从腹中降下来，但它们到现在还没有下来。"

你可能觉得睾丸出现在腹部很奇怪，其实并不尽然。男性的睾丸和女性的卵巢都是在腹中由同一胚胎组织发育而来，卵巢保留在原位不动，而睾丸会在妊娠的第 8 个月通过腹股沟管进入阴囊。但 3% ～ 4% 的足月男婴及约 1/3 的早产男婴在出生前不能完成这个过程，就造成了隐睾。

睾丸具有游走性，确定它是否降了下来并不容易。通常当体温过高时，睾丸会悬吊在身体之外（保护生产精子的过程不受高温影响）。但是当天气寒冷（保护生产精子的过程不受低温影响）或被握住时（保护它不受伤害），睾丸就会收回身体内。一些男孩的睾丸特别敏感，会长时间缩在体内。在大多数情况下，左边的睾丸比右边的略低，可能会让右边的睾丸看起来有些像隐睾。如果你从来没有摸到阴囊中的一个或两个睾丸，甚至在宝宝洗热水澡时也难以看到，才需要检查。

隐睾并不会疼痛或导致难以排尿，并且睾丸通常会自己降下来。一周岁时，1000 个孩子中仅有 7 ～ 8 个还存在隐睾问题。这时进行睾丸固定（一种小手术）即可让隐睾回到正确的位置。

包皮粘连

"我儿子出生后就割除了包皮，可现在医生说出现了包皮粘连，这是怎么回事？"

身体组织被切除后，愈合时创口的边缘会粘住周围的组织。所以，完成包皮环切术后，伤口愈合时，环形的边缘会粘住阴茎。如果手术后还有大量包皮残留，在愈合阶段还是会粘连到阴茎上，再次引起包皮粘连。只要经常将包皮轻轻拉回，防止变成永久性粘连，就不会成为问题。询问医生应如何处理，是否需要治疗。男孩或男婴正常勃起时也会拉起粘连的皮肤，有助于将它们分开，因此无须任何干预。

极少数情况下，如果皮肤长久粘

连，需要由泌尿科医生将皮肤分开，并切除残留的包皮，防止复发。

腹股沟疝

“医生说我的双胞胎儿子可能患有腹股沟疝，需要做手术。这种情况严重吗？”

疝在新生儿中很常见，特别是早产儿和双胞胎，患儿主要是男婴。发生腹股沟疝时，肠的一部分经腹股沟管（睾丸经过同一通道降入阴囊中）滑入腹股沟，形成肿胀。通常最先被发现的症状是，当宝宝大哭或剧烈活动时，在大腿与腹部的连接处隆起肿块(宝宝安静下来后,肿块就消失了)。当肠的一部分滑入阴囊中时，就像是阴囊扩大或肿胀，这种情况称为阴囊疝。如果你发现宝宝腹股沟处有肿块，要立即通知医生。

疝通常不会引起不适，但也必须治疗，如果不是很严重，也不用太紧张。当疝被确诊后，如果宝宝的身体情况适合，医生通常会建议通过手术修复。手术很简单,而且成功率很高，只需短期住院（有时一天即可）。只有少数腹股沟疝会在手术后复发，有些孩子会在另一侧出疝。

如果确诊后没有及时治疗，那么患有疝的部分可能会被腹股沟管的肌肉层夹住，妨碍血液流动和肠的消化功能。如果宝宝出现痛苦地大哭、呕吐、不排便甚至昏厥等症状，应当立刻通知医生，并带宝宝去最近的医院急诊室。在路上可以将宝宝的臀部轻轻托起，敷上冰袋，这样有助于肠缩回，但不要用手将其推回。

父母一定要知道：刺激宝宝的感官

宝贝，欢迎来到这个世界，这里有各种景观、声音、气味、味道和质地，既让人感到舒适，也让人迷惑。这一切都在刺激着婴儿全新的感官。你要如何帮助小家伙认识这些感觉，和他周围这个繁华的世界？你可能正在从很多方面帮助着他，甚至自己都没有意识到。大多数养育都是自然发生的，这意味着依靠直觉，你就能锻炼宝宝的感官，开发他们的潜力。只是要记住，这是一个过程——一个刚刚开始的过程，在这个过程中，你不应该着急，也不能强迫。以下是一些可以刺激宝宝感官的方法（也可以参见第 238 页专栏）。

味觉。不必特意去刺激这种感觉。每次喝母乳或配方奶时，都会刺激宝宝的味蕾。但是随着宝宝不断成长，“品尝”将成为一种探索方式，他会将所有够得到的东西（有些能吃，有些不能吃）都放进嘴里。不要限制宝宝这样做——除非放进宝宝嘴里的东西有毒、很尖或很小，会伤害到他。

嗅觉。宝宝生来就有敏锐的嗅觉，在大多数环境中可以得到足够的锻炼。母乳和配方奶、爸爸的剃须泡沫、附近蹦蹦跳跳玩耍的孩子、公园里的花儿、烤箱中的面包都在散发着气味。尽量多给宝宝机会去适应环境，除非他对气味表现出过分敏感。

视觉。尽管有点模糊，宝宝从出生起就可以看到东西，并开始学习视野内的东西。通过视觉，宝宝很快就能区分不同的物体和不同的人，理解面部表情、肢体语言和其他非语言暗示，每天都在一点一点了解他们周围的世界。

除了你的脸，还有什么东西能从视觉上刺激新生儿呢？总的来说，宝宝喜欢强烈的对比，喜欢大胆明亮，而不是柔和、细腻的设计。6 周左右的宝宝更喜欢黑白或其他对比强烈的颜色，稍大一些的宝宝则更喜欢彩色。

包括玩具在内的许多物品，都可以刺激宝宝的视觉。但要记住，不是越多越好——如果眼前有太多玩具，宝宝可能会应接不暇或被刺激过度。

- 风铃。把风铃挂在宝宝面部上方 30 厘米内（这是宝宝视线最好的范围）。要挂在宝宝视线的两旁，而不是正上方（大多数宝宝喜欢将目光聚焦在右侧，注意观察你的宝宝是否有偏好）。能击发音乐的风铃虽然比较古早，却是宝宝喜欢的玩具，可以同时刺激两种感官。
- 其他移动的东西。你可以将拨浪鼓、毛绒玩具、手指玩偶或其他引人注目的玩具移过宝宝的视线，鼓励他观察移动的物体。也可以把宝宝放在鱼缸前，或给他吹泡泡。
- 固定的物体。宝宝会花很多时间看周围的事物——这是学习的时间。黑白、手绘的几何图案或简单的脸谱，都是宝宝的最爱。宝宝也会被一些你忽略的日常物体吸引，比如阳光下闪闪发光的镂空玻璃花瓶。
- 镜子。镜子可以给宝宝不断变化的视野，他们通常都喜欢看镜中的自己，并与镜中的宝宝交流，即使不知道他是谁。一定要用打不碎、安全的婴儿镜，可以挂在婴儿床、婴儿车、尿布台旁或汽车里。或者在宝宝趴着玩时，把镜子放在他面前或旁边。
- 人。宝宝很喜欢看近处的人脸（特别是 20 ～ 30 厘米范围内），所以要多在宝宝面前露面。还可以给宝宝看看家庭成员的照片，让他认人。
- 书籍。让宝宝看一些简单的物体、动物或玩具的图片，并且学会识别。这些图片应该清晰明了，没有太多细节，绘本就非常合适。
- 我们的世界。很快，宝宝就会对我们的世界感兴趣。应该提供大量机会，让他看看世界——从婴儿车到汽车安全座椅，或在宝宝能够控制头部后，将他面朝前抱着。指给宝宝看汽车、树木、人等，还可以评论几句。

宝宝对你说的不感兴趣？那就该结束这次旅程了。

听觉。通过听，宝宝可以学习语言、韵律、情感（包括共鸣）、危险，以及周围其他事物。以下声音都可以刺激宝宝的听觉。

• 人类的声音。对新生儿来说，这是最重要的声音，你要多多发出声音——说话、唱歌、用简单的哼声哄宝宝。尝试哼唱催眠曲、童谣或自创的小调。你也可以模仿动物的声音，尤其是宝宝经常听到的声音，例如小狗或猫咪的叫声。最重要的是，通过模仿宝宝发出的声音来鼓励他们练习发声，还可以尽早读书给宝宝听。

• 家中的各种声音。这些你习以为常的声音会让小宝宝入迷：吸尘器或烘干机的声音、茶壶中水烧开的声音或水流声、折纸张的声音或时钟的嘀嗒声、风铃的叮当声。但有一种声音最好不要让宝宝听到：电视的声音。宝宝醒着的时候尽量不要开电视。

• 拨浪鼓和其他能发出柔和声音的玩具。不必等到宝宝会摇拨浪鼓再尝试。头几个月，你可以摇动拨浪鼓，让宝宝看一看，听一听，也可以把拨浪鼓放到宝宝手中，握住他的手轻轻摇晃，或将拨浪鼓系在宝宝手腕上。当宝宝学习寻找声音出处时，视觉和听觉的协调也就得到了发展。还有多功能游戏桌，可以通过拍打、踢不同部位发出各种声音，宝宝也喜欢听这些声音。

• 音乐玩具。音乐对宝宝来说都是动听的，无论它来自哪里——音乐盒、唱歌的泰迪熊、带音乐功能的小床、会发出音乐的游戏垫。有些玩具可以一举多得，如被挤压或按压时能发出声音的色彩鲜艳的玩具，可以给宝宝带来视觉、听觉、精细运动技能练习的三重乐趣，虽然宝宝目前还需要你的帮助才能挤压或按压玩具。不要玩噪音很大的玩具，有损听力，也不要让宝宝近距离听嘈杂的声音。确保玩具是安全的（没有细绳系着，电池不会从玩具中掉落后被塞进嘴里）。

• 背景音乐。生活中的声音对宝宝的耳朵来说，就像一个音轨，为什么不给这个音轨增添一些背景音乐呢？在家里播放各种音乐——从古典、摇滚到乡村音乐，从节奏布鲁斯到雷鬼，从探戈舞曲到数码音乐，注意观察宝宝对哪种音乐反应最好。试试儿歌，旋律越简单越好。在刺激宝宝听觉的同时，也要保护他的听力，音量不能太大。

触觉。人们往往重点关注视觉和听觉，但触觉也是宝宝不可或缺的感觉之一，它是宝宝探索和学习世界的最有价值的一种工具。通过触摸，宝宝会知道妈妈的皮肤很柔软，爸爸的粗糙一些，狗的耳朵和泰迪熊的肚子是毛茸茸的，电扇吹出来的风让人痒痒，水是湿湿的，被人拥抱的感觉最

让早期学习变得简单

在宝宝的生活中，那些简单的事情恰恰是最重要的，对成长发育影响最大。要帮助宝宝认识世界，你需要了解以下几点（比你想象的简单得多）。

爱宝宝。没什么比无条件的爱更能帮助宝宝茁壮成长。你可能不一定喜欢宝宝所有的行为，当他因为肠痉挛大哭了 4 小时，当你经历了很多个不眠之夜，当他不肯吃奶，都会让你崩溃，但不管怎样，你会一直爱着你的宝宝，正是这种爱让他感到安全和安心。

与宝宝相处。宝宝是个婴儿，而你是个成年人，但这并不意味着你们不能好好相处。在你给宝宝换尿布、洗澡，带他去商场购物或开车时，抓住每一个机会对他说话、唱歌，或简单地回应他。这些轻松但有刺激性的交流不是为了教育宝宝（宝宝现在还太小了），而是要和他互动。和宝宝一起唱几遍《小星星》，比玩益智玩具更能激发他的潜能。说到玩具，宝宝最喜欢的玩具——那个能最大程度激发宝宝成长发育的玩乐对象，就是你。

了解你的宝宝。知道什么能让宝宝快乐、痛苦、兴奋、无聊、平静或感到刺激（过度刺激），多关注宝宝的反应，而不是书籍、网站、应用软件或专家的建议，只有宝宝才最清楚自己需要什么）。你的宝宝独一无二，你给他的刺激也要量身定做。如果大声喧哗或吵闹让宝宝不舒服，应采用柔和的声音。如果游戏太简单，宝宝昏昏欲睡，那就进行一些更适合他的活动，让他活跃起来。

给宝宝空间。宝宝当然需要关注，但不要关注过多。当刺激性关注过多，你一直徘徊在他身边时，就剥夺了他摆脱父母、从周围环境中观察和聆听一些有趣事物的机会——那可爱的玩具毛毛虫、阳光

好，照顾他的人很爱他（这是你每次温柔地触摸他时传递的信息）。

父母可以通过以下方式让宝宝体验多样化的触感。

• 充满爱的手。了解宝宝喜欢怎样的触摸——有力的还是轻柔的，快速的还是缓慢的。大多数宝宝喜欢被爱抚和亲吻，喜欢大人用嘴唇亲他们的肚子，喜欢被轻吹手指或脚趾。喜欢妈妈和爸爸不同的触摸、哥哥姐姐抱他们的方式，以及奶奶轻摇他们的感觉，也喜欢肌肤的亲密接触。

• 按摩。如果每天给早产儿按摩至少 20 分钟，他们体重增加的速度

透过窗户形成的各种形状、他自己的手指和脚趾、飞机的声音、街上的消防车、隔壁的小狗等。你可以通过各种方式和宝宝一起玩耍，但不要一直在一起。有时，可以改变一下宝宝的节奏，让他自己和玩具玩，看着他和它们互相熟悉。

尊重宝宝的意见。让宝宝主导，而不是你。如果他盯着风铃看，就没有必要晃动小床上的婴儿镜。如果他正在拍动游戏桌，就不要给他拨浪鼓。宝宝最多能自己玩一小会儿，这意味着你要来引导大多数活动，但是不要忘记谁才是游戏和学习时间的决定者。

让宝宝自己决定何时结束游戏。他会通过转身或哭闹来告诉你：“我已经玩够了。”接收到这个信号，就应该停止刺激性的活动。

选择好时间。宝宝总是处于6种意识状态中的一种：深度（或安静）睡眠；轻度（或活跃）睡眠；瞌睡；安静觉醒；活动觉醒；烦躁和哭闹。在宝宝活动觉醒时，可以最有效地刺激身体发育；在安静觉醒时，可以促进其他类型的学习（参见第250～251页）。请记住，宝宝的注意力只能保持很短的时间——所以，当你学牛叫时，只过了一会儿，他似乎就失去了兴趣，这只是因为他集中注意力的时间结束了。

鼓励宝宝。没有什么比积极的鼓励更能给人动力。所以，当宝宝练习或学会了一项新的技能时，不要犹豫，给宝宝掌声、欢呼、拥抱和微笑吧。没必要大声喝彩，只要让宝宝知道：“我觉得你很棒！”

不要施加压力。不要在早期学习阶段施加压力，不要太看重发育里程碑。沉浸在宝宝甜甜的笑容和咕咕哝哝的话语中，放松下来，享受一切，把你养育宝宝所花费的时间看作一种乐趣，最初的、最重要的乐趣。

会更快，其他方面也会发育得更好。即使宝宝不是早产儿，也能从充满爱意的按摩中获益。探索宝宝最喜欢的按摩方式，避免他不喜欢的方式（参见第241页）。

- 不同材料的乐趣。尝试用不同材质的面料摩擦宝宝的皮肤（如丝绸、毛巾、天鹅绒、羊毛、环保皮革、棉布），这样他可以体验不同的感觉。让宝宝趴在不同的材质上（需要有人监督）：客厅的地毯、浴巾、爸爸的羊毛衫、妈妈的衬衫、木地板，以及其他各种材料。

- 不同材质的玩具。为宝宝提供

用有趣的方式帮助宝宝成长

你会情不自禁地想帮助宝宝成长，这是为人父母的本能。接下来的内容是如何用有趣的方式帮助宝宝成长。

社交发展。即使宝宝还很小，还不能去广场和其他宝宝一起玩耍，但他已经是个社会人了——这要归功于你，你是宝宝第一个、最重要的，也是最喜爱的玩伴。正是通过和你的交流，及观察你和他人的交流，宝宝才开始学会给予和获得、关爱与分享、用同理心对待他人，学习所有的社交原则。不相信宝宝现在就在观察你的行为？再过几年，你可以在宝宝与朋友玩耍或与他人交谈时，从他的小嘴里听到自己曾经说过的话。

可以帮助宝宝开发社交潜力的玩具有毛绒玩具、动物风铃和洋娃娃，观察宝宝和游戏垫上大摇大摆走动的玩具咕咕地说话，或转动风铃，你就会明白这些玩具如何帮助宝宝发展社交能力。

精细运动技能发展。现在宝宝的手部动作完全是随机的，但一两个月后，他的手部动作将更有目的性，更受控制。不要总是将宝宝的手紧紧包裹在毯子、襁褓或手套下，给手部足够的自由，可以帮助他发展那些有目的的运动。给宝宝提供各种方便抓握、操作简单的物品，比如手腕摇铃或游戏桌。最终，宝宝会学会用手指抓起这些物体（放在他身旁，小宝宝通常不会伸手去拿正前方的物品）。以下物品可以为宝宝提供足够的“动手”机会。

- 适合小手的摇铃玩具。先从手腕摇铃开始，再选择带有两个把手或可抓握面的摇铃，让宝宝可以在两手之间传递，这是一项很重要的技能。宝宝出牙时，磨牙玩具有助于缓解不适。

- 带有可抓握、旋转、拉出或压入配件的游戏垫或玩具杆（可以横向安装在摇篮、游戏床或婴儿床上）。但要避免那些带有超过15厘米长细绳的玩具，并且在宝宝可以坐时拆除这些玩具。

- 需要用到各种手部动作的多功能游戏桌。宝宝暂时还不会有意识地操纵玩具，但即使很小的宝宝偶尔也会启动它。这些玩具除了能锻炼宝宝旋转、拨动、拔出和压入的技能之外，还能教会宝宝因果关系。玩具发出的光、声音和会动的部件都会让宝宝着迷。

粗大运动技能发展。对宝宝来说，身体发育是否良好取决于运动的自由度——毕竟，如果总是被困在秋千、婴儿椅、跳跳椅或婴儿车里，或是被毯子、睡袋包裹住，就没有什么机会使用肌肉，锻炼那些粗大运动技能。

在白天变换一下宝宝的姿势(从扶着坐的姿势到趴着或躺着)，尽可能增加活动身体的机会。当宝宝的运动技能和头部控制能力变得更发达后，增加互动性运动：轻轻地拉着他坐起来，然后亲吻他一下；用手臂抱起宝宝“飞行”，鼓励他扭动手臂和腿部；让宝宝趴在你背上“骑马”。当宝宝快会翻身时（大约 3 ～ 4 个月），可以将他喜欢的一件玩具或有趣的物品放在旁边，让宝宝有翻身的动力。宝宝会转向那一侧，然后你可以轻推宝宝，帮他翻过去。

智力发育。宝宝的各种感官发育都在帮助大脑发育，但他从你身上学到的最多，尤其是从自然的互动中学习。多和宝宝说说话。告诉宝宝他看到的物品、动物和人的名称。指出你身体的各个部位，如你的眼睛、鼻子和嘴巴，以及宝宝的手、手指、脚和脚趾。详细告诉宝宝你购买的商品的名称。给宝宝读一些童谣和简单的故事，给他看看书中的插图。带宝宝去商店、公园、博物馆等各种不同的场所。即使在家里，也可以变换宝宝的视角：抱宝宝站在窗前或镜子前；让宝宝躺在客厅地毯中间，以便观察你的活动；或放在床中间（在监护下），让他看你叠衣服；或是在你给自己做餐点时，让他坐在厨房的婴儿椅里看着。

各种有趣材质的玩具：毛茸茸的泰迪熊和毛发粗硬的玩具狗；硬积木和柔软的填充玩具；粗糙的木质碗和光滑的金属碗；羽绒枕和荞麦枕。

第8章　第3个月

这个月，除了吃奶、睡觉和哭闹，宝宝终于学会做别的事了。这并不是说到了这个月，宝宝的哭闹就会减少（肠痉挛的宝宝通常还会在傍晚哭闹，一直到这个月末），而是宝宝会将注意力扩大到许多感兴趣的事情上。比如自己的双手——对2～3个月的宝宝来说，这是最吸引他们的“玩具”。比如白天醒着的时间会更长，以延长游戏时间（晚上睡眠时间也可能更长）。比如用可爱的微笑、咯咯的笑声、咕咕的说话声和尖叫声来逗父母开心，回应他们的照顾。所以，享受这一切吧！

宝宝的饮食：哺乳和工作

你准备好重返工作岗位了，但可能还没做好离乳的准备。毕竟，从身体到情感，哺乳的好处都值得你付出努力兼顾哺乳与工作。幸运的是，很多妈妈发现，当吸奶熟练后，成为一位母乳喂养的职业女性并不难。

复工之前，需要准备的一定有很多，以下是要兼顾哺乳与工作时，妈妈需要了解的。

用奶瓶。如果还没开始用奶瓶，那就用起来吧——即使目前还不着急重返岗位。宝宝越大越聪明，就越不愿意接受奶瓶。开始给宝宝用奶瓶时，为了让他养成习惯，每天至少用奶瓶喂一次奶——最好在你未来的工作时间喂。

开始吸奶。返岗第一天，你肯定会充满压力，更别提还要学习使用吸奶器了。所以，在复工的前几周就要开始用吸奶器。这样，到复工时，你不仅操作起来更加自如，还能攒下很多母乳。没有像预期的那样有个顺利的开始？不要紧，可以更加频繁地吸奶，追上进度。

多次尝试。当其他人照顾宝宝时，

宝宝的基本情况：第3个月

睡眠。现在宝宝更加警觉了，但睡觉还是最主要的任务。小睡还是会占据白天的大部分时间——总时长4～8小时，通常要小睡3～4次。加上夜晚的8～10小时睡眠（不一定是单次时长），宝宝每天要睡14～16小时。有些宝宝的睡眠时间更长，有些则更短。

饮食。宝宝还是只吃母乳或配方奶。体重大一些的宝宝比小一些的宝宝奶量更大，小一些的宝宝吃奶频率更高。

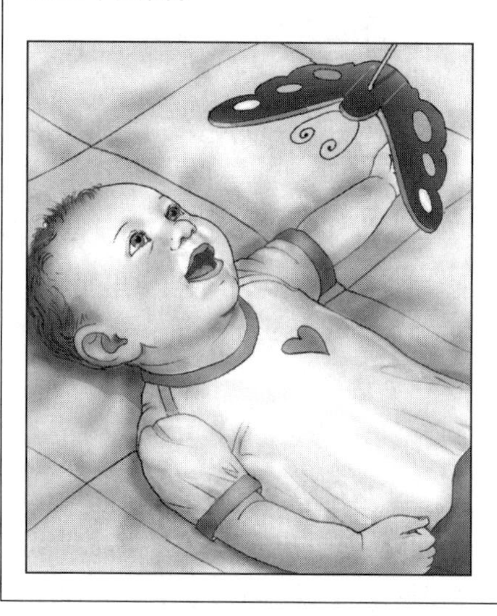

- 母乳。每24小时内要给宝宝喂奶8～10次，有些宝宝吃奶的次数更多，这完全没问题。无论白天还是夜晚，都要按需喂奶。虽然无法衡量宝宝吃进去的母乳量（除非每次都把母乳吸出来喂），但宝宝每天吃的母乳总量约为450～960毫升。
- 配方奶。宝宝每次吃奶120～180毫升，一天大概6次，总奶量为720～1080毫升。

玩耍。3个月大时，宝宝还是对对比强烈的图案和鲜艳的色彩着迷。所以，准备一些色彩艳丽的玩具、游戏垫、风铃，以及任何宝宝能够拍打的玩具。柔软的脚踝或手腕摇铃可以让宝宝体验自己发出声音。还可以在宝宝玩耍的地方放一面婴儿镜，这个月龄的宝宝还意识不到从镜子里看到的是自己，却会为镜中的人着迷，甚至会对着镜子中可爱的宝宝微笑。

先彩排一下工作日照顾宝宝的模式，做工作时会做的每件事（包括吸奶），第一次可以只离开家几小时，逐渐延长时间。和复工的那天早上才发现问题相比，现在发现，你有更多时间找到解决办法。

慢慢开始。如果你打算全职工作，不妨选在周四或周五复工，临近周末时复工要比一下子就工作5天的压力小得多。这样，既可以给自己一个好的开始，看看复工是否顺利，又能在周末时评估一下目前的状况，做一些调整。

兼职。如果能兼职——至少在刚开始复工时，你就有更多时间喂奶和吸奶。工作4～5个半天，比工作2～3个整天更能兼顾哺乳和工作。因为工作半天，你可能不会错过任何一次哺乳——就算错过肯定也不会超过一次。不会有太多溢奶的问题，并且无须在工作时使用吸奶器。最好的一点是，每天会有很多时间和宝宝在一起。也可以选择晚上工作，这样不会妨碍哺乳，特别是宝宝整晚都熟睡的时候。但这会严重影响两件非常重要的事：你的睡眠和你与爱人之间的浪漫。

勘查工作环境。一旦重返工作岗位，找到适合的时间和地点使用吸奶器是个大问题，这取决于你的工作场所。如果你在大公司工作会比较容易，因为这些公司通常会为工作的哺乳妈妈提供吸奶的场所。如果你在小公司工作，但公司主动提供了哺乳场所，那也会比较轻松。参见本页专栏，了解更多相关信息。

以下贴心建议也能帮助你成功兼顾工作与哺乳。

• 穿方便吸奶的衣服。穿吸奶时方便，或专为哺乳妈妈设计的衣服。确保衣服可以拉起或轻易解开，方便工作期间吸奶，同时衣服不会因为拉起或解开而变形或褶皱。不论穿什么，要在哺乳文胸里垫上防溢乳垫。包里也多放一些防溢乳垫，用来替换。

• 寻找隐秘的地方。如果你有独立办公室，能关上门吸奶，那就解决了隐私问题。如果没有，去空闲的办公室或会议室，卫生间里隐蔽干净的角落也可以。

• 保持规律。时间允许的话，可以每天在相同的时间吸奶——尽量接近在家时给宝宝喂奶的时间。这样，你的乳房就会提前为泌乳做好准备(就像它们期待哺乳一样)，按时蓄满乳汁。

• 存储乳汁。将吸出的新鲜母乳存放在冰箱中，清楚地标注你的名字。或从家里带一个带有冰袋的冷藏箱。更多关于储存母乳的内容，参见第171页。

• 及时喝掉。回到家后，要将吸

工作时有关哺乳的规定

你也许要偷偷跑到洗手间吸奶并将乳汁藏起来，防止别人不经意倒入咖啡中。但有些公司已经认识到，让职场父母更方便的政策通常也会让他们工作时效率更高。实行合理哺乳规定的公司会为员工设置专门的母婴室，并配有舒适的椅子、冰箱，甚至有哺乳顾问，使得兼顾工作和哺乳越来越轻松。这些规定不仅有利于妈妈（减少压力）和宝宝（享受母乳），对公司也有好处：快乐的妈妈加上健康的宝宝等于更高效的工作，这对大家都好。

出的母乳冷藏起来，并让照顾宝宝的人第二天喂给他喝。这样一来，冰箱里总有宝宝一天吃奶的量。

• 按时喂奶。按时喂奶有助于保持奶量，还能保证和宝宝在一起的时间。早上上班前、下午一下班就给宝宝喂奶。告诉照顾宝宝的人，在你回家前的一小时不要喂宝宝，或是只给他吃一点，不饿就好。

• 周末不要用奶瓶。为了保持奶量充足，周末和放假时最好是纯母乳喂养。也就是说，你在家时，尽量不用奶瓶。

• 合理安排时间。安排好时间，尽可能增加吸奶的次数。如果可以，上班前吸出两次喂奶的量，傍晚时吸出 2 ～ 3 次的量。如果工作地点离家很近，可以在午休时间回家喂宝宝，或让照顾的人将宝宝带到可以喂奶的地方。

• 尽量不出远门。如果需要出差，最好避免出差时间超过一天，特别是最初几个月。如果必须出差，需要提前吸出并冷藏出差期间宝宝需要的奶量，并额外准备一些，或者出差前让宝宝习惯吃配方奶。妈妈为了自己舒适（你不会希望乳房肿胀，在机场或见客户时出现溢奶的情况）并保持奶量，要带上吸奶器，每隔 3 ～ 4 小时吸一次奶。回到家后，你会发现母乳稍微减少了一些，但吸奶的次数比平时更频繁，休息一阵子之后，奶量会重新恢复。

• 如果条件允许，可以在家办公。如果你足够幸运，工作时间灵活，就可以把工作带回家做，有一个热心的上司，一个可依赖的育儿保姆（或宝宝很乖，你可以轻松地做很多事），就可以在家工作，按需要给宝宝喂奶。

• 保证自己的权益。你不必每件事都亲力亲为，也不必做得尽善尽美。要将宝宝、你与爱人和其他孩子的关系放在第一位。也许从金钱、情感，或职业发展来看，你的工作对你意义重大，可能也要排在前面，但要毫不犹豫地减少其他耗费精力的事情。

• 保持灵活性。与纯母乳喂养相比，妈妈保持平静和快乐的心情，更能让宝宝感到幸福。虽然你完全可以做到纯母乳喂养（就像很多职场母亲一样），但也有可能做不到。有时，工作和哺乳会对身体和情感造成压力，导致奶量减少。如果宝宝依靠纯母乳喂养，但没有茁壮成长，你在家时可以试着更频繁地给宝宝喂奶，工作时增加吸奶的次数。如果还是无法兼顾工作与哺乳，或者这样你感到压力很大，最好用配方奶作为补充（可以选择专为补充母乳设计的奶粉）。

你可能疑惑的问题

如何建立规律的时间表

“我不知道该如何制订一天的计

划，因为无法预测宝宝什么时候要吃什么时候要睡。我应该为他建立一个时间表吗？”

仔细观察一下宝宝的一天——它可能比你认为的要好预测一些。很多2个月大的宝宝的一天可能是这样的：每天早上差不多在同一时间醒来（可能会早或晚15分钟），吃奶，然后清醒一段时间，小睡一会儿，醒来吃奶，紧接着是午睡、吃奶，而后在下午保持较长时间的清醒，再吃一次奶，傍晚时再小睡一次。宝宝最后一次小睡睡过了父母的入睡时间？那么在11点前（或在妈妈睡觉之前）把宝宝唤醒，喂一次奶。接着，宝宝会再次睡着，直到早上醒来。有些宝宝可以一口气睡上6小时，甚至更久。

可能你的宝宝作息时间不太规律，

不喜欢制订时间表？

不想制订时间表？没有时间表，宝宝依然可以茁壮成长（白天更满足、活跃，晚上睡得更好），你也更舒服（你不介意把宝宝的需求放在第一位，即使这意味着生活中的其他事务要让步），就不需要时间表，按宝宝的需求照顾他即可。亲密育儿法（参见第260页）的支持者们表示，回应宝宝的每一个需求，可以让你更好地了解宝宝，并培养彼此的信任，为良好的亲子沟通打下基础。在宝宝哭着要吃奶时喂他（即使他刚吃完），在他想睡觉时让他睡觉，不想睡时就不睡，白天尽量把宝宝背着或抱在身上，可以让他感到安全，也可以减少哭闹的次数。所以，如果一套规律或灵活的时间表和你想要的养育方式不相符，就不需要制订时间表。记住，不适合你的，就是不合适的。用你认为对宝宝和家庭最好的方式来养育他（只要是安全和健康的），就是最好的。

如果你打算按宝宝的需求，不制订时间表，还要记住以下几点：第一，有些宝宝从一开始就渴望规律的生活。如果喂奶稍微晚些，或稍微推迟小睡、就寝的时间，他们就会变得十分烦躁。如果宝宝对没有规律的生活表现得不高兴，可能是他需要有规律的生活。第二，每个孩子都是不同的，有些宝宝和他们的父母也很不一样。成长中缺乏规律的宝宝也可能成长为有规律的人，以满足自己的需求，而有规律的宝宝也可能成长为自由随性的人。最后，如果你决定按宝宝的需求来养育他，要确保父母双方都认可这种方式，享受一家人自由安排的生活。

但仍然会保持相对一致。例如，宝宝可能早上6点醒来，吃完早餐后睡一两个小时。醒来后，他可能会在吃奶前玩一会儿，但是吃过奶后，他会在随后3小时中不断要求吃奶。在小睡20分钟后，他又会醒好几个小时，其间只需吃一次奶，再小睡5分钟。大约晚上6点时，可能要再吃一次，然后7点左右又睡着，直到妈妈睡前把他唤醒喂奶。他并不遵循每次清醒3～4小时这种一般的时间表，但仍保持“睡觉——醒来——吃饭”模式。

你家宝宝的作息看起来比这还要随意？信不信由你，他可能遵守的是个更有规律和一致性的内在生物钟，你需要更仔细观察才能发现。写日志或在育儿应用软件里记录作息都能帮助你发现线索。

不论你的宝宝属于哪种模式，他都有自己的节奏和作息。尽可能按宝宝的节奏来，你就能创建出大致的作息时间表。想给自己和宝宝制订一个更精细的时间表？即使宝宝这么小，也可以改变内在的生物钟，从而在日常生活的框架中满足他的需求。一个灵活的时间表应当基于新生儿自然的饮食和睡眠模式，以及他的个性（有些宝宝需要更精心的安排，有些则需求较少），当然，也要适合妈妈。这样对你们都有好处（你可以计划好一天，可预测的生活也会让宝宝舒心）。

不确定如何给宝宝建立大致的时间表？从安排睡眠时间开始吧。一个规律的睡眠时间表很容易建立，你和宝宝都能得到放松，最重要的是，可以帮助宝宝最终会学会按时间表睡觉。（更多关于睡前规律的内容，参见第340页。）除睡前规律外，还可以在生活的其他方面保持一致的模式：每次宝宝醒来后，在床上抱抱他，接着在哺乳椅上喂奶，然后用婴儿车推他去散步。上午让宝宝趴在垫子上玩一会儿，下午在摇椅上和他聊聊天，傍晚给他按摩，一起听音乐，再温柔地读《晚安，月亮》给宝宝听。每次换尿布时给宝宝听儿歌《小兔子乖乖》，每次洗澡时，给宝宝听《数鸭子》。

不论你怎么安排时间表，作息规律都在变化，并且会一直变，要根据宝宝的成长来满足他的需求。还要记住，时间表应当灵活并符合实际。毕竟，有宝宝的生活是难以预测的，即使他有规律的作息。

宝宝吃奶时睡着

“我知道应该趁宝宝还醒着的时候把他放下，这样他才能学会自己入睡，但他总是在吃奶时睡着，我该怎么做？”

理论上，这是个好想法：在宝宝还没有睡着时就把他放到床上，这样他就会从一开始养成自己入睡的习惯。但是，这种想法对一些宝宝并不现实。如果宝宝在吃奶时想睡觉，你很难让他清醒过来。即使能唤醒他，你真的会这样做吗？

更实际的做法是等宝宝大一些，到 6 ～ 9 个月时，吃奶的次数减少了，再引导他不依赖乳房（或奶瓶）入睡。即使继续依赖吃奶入睡，宝宝离乳后，也可以很快改掉。

如果宝宝吃奶时已经昏昏欲睡了，但还没有睡着，可以趁他还醒着时把他放下——当然是在宝宝睡眼蒙眬，而不是还很清醒时，那样会难以入睡。你只要轻摇一会儿、喂一会儿奶或唱几首摇篮曲，宝宝就很容易达到这种状态，只是要适时停止这些安抚动作，以免宝宝还没被放下就进入了梦乡。

半夜哺乳

“很多网友的宝宝从 6 周大时就能睡整晚，但我的宝宝像刚出生时一样，总是要半夜醒来吃奶。”

这些网友们可能很幸运，但这种情况并不常见。虽然有些宝宝到第 3 个月（有时更早）就不再需要半夜喂奶，但大多数 2 ～ 3 个月大的宝宝，尤其是母乳喂养的宝宝，夜间还是需要喂一两次。

但是，每晚喂 3 ～ 4 次对这么大的宝宝来说次数偏多，而且对大多数宝宝也完全没有必要。逐渐减少宝宝晚上吃奶的次数，不仅可以让妈妈得到更多休息，也能帮助宝宝做好将来不再半夜吃奶的准备。以下内容可以帮助你逐步减少晚上喂奶的次数。

- 增加睡前的喂奶量。很多宝宝在晚上填饱肚子前，就已经睡着了。如果可以，用拍嗝、说话或其他交流方法唤醒宝宝，继续喂奶，直到他吃饱了。在宝宝的睡眠模式发育成熟之前，不要添加辅食。这样没有效果（对这么大的宝宝来说，没什么食物比母乳或配方奶更有营养），而且在 6 个月之前，都不建议添加辅食。

- 在你睡觉前，唤醒宝宝喂奶。晚上最后一顿一定要让宝宝吃饱，让他在随后的 6 ～ 8 小时不饿，这样你就可以好好休息了。即使宝宝打瞌睡，吃不了完整的一餐，和什么都没吃相比，这些奶也可以让他多坚持一两个小时。当然，如果你这么做之后，宝宝开始在夜里更频繁地醒来，应立即停止。这可能是你唤醒宝宝影响了他的睡眠，造成他更容易醒来。

- 确保宝宝白天能吃饱。否则，他晚上可能需要补充热量——毕竟，他正处在迅速生长的阶段。如果你觉得宝宝是这种情况，要考虑增加白天喂奶的次数，刺激母乳分泌（参见第 85 页）。如果宝宝喝的是配方奶，可以增加每次的奶量。但要注意，白天每两小时就喂一次的进食模式可能会持续一段时间。如果宝宝似乎已经适

关于亲密育儿法

你是不是白天总是抱着宝宝，晚上和他依偎在一起睡觉？相信无论你和宝宝有多亲近，他都不会感到任何不适，而且越亲近他越舒适？打算在睡眠安排上遵循宝宝的需求，母乳喂养直到宝宝自然离乳（即使这意味着宝宝上幼儿园时你还在哺乳）？认为无论出于什么原因都不应该让宝宝大哭，或产生烦躁情绪？你认同父母的任务就是立刻满足宝宝的需求？那么，亲密育儿法可能就是你想要的完美育儿方式，它提倡尽可能在妈妈、爸爸和宝宝之间建立最牢固的亲密关系，为以后的亲子关系打下基础。

也可能你只认同亲密育儿法中的某些方面，或许亲密育儿法的一些原则并不适合你的生活方式、个性和工作，以及你的宝宝。幸好，亲密育儿法的理念本质比较直观（宝宝受到持续良好的照顾会促进他们的情感发育），也适用于任何家庭。换句话说，只要父母付出无条件的爱，无论他们采用哪种养育方式，宝宝都会和父母建立起亲密关系。在这样的前提下，无论你怎么做，影响都不大，不论你是抱着还是用婴儿车推着宝宝，母乳喂养还是配方奶喂养，一起睡还是分开睡——让宝宝睡在父母旁边的小床里或他自己房间的小床里，也不论你从一开始就采用亲密育儿法，还是从各种育儿方法中挑选并改造，创造出自己独特的育儿方法——对你、宝宝和你的家庭最有效的方式，就是最好的方式。

应了这样的时间表，在不影响生长发育的情况下，可以适当延长喂奶间隔，降低喂奶频率。

• 两次喂奶的间隔时间长一些。如果宝宝醒来后需要每 2 ～ 3 小时进食一次（这对于新生儿是必需的，但对 3 个月大的宝宝就不必了），可以试着延长两次喂奶的间隔，每晚或每隔一晚延长半小时。不要宝宝刚一哭闹就起来喂他，试着让他自己再睡着，他的表现可能会让你大吃一惊。如果他没有睡着，而是不停地哭闹，试着安抚他，但不要喂他——拍拍或摸摸他，唱一首柔和、简单的催眠曲，播放音乐或白噪音。如果一段时间后，宝宝还是没有停止哭闹，就把他放在怀里，通过舒缓的摇摆、拥抱或唱歌，让他平静下来。如果是母乳喂养，让爸爸来安抚，可能更容易成功。因为母乳喂养的宝宝看到或闻到食物时，很难将注意力从食物上转移开。保持房间黑暗，避免聊天太多话或其他刺

预防婴儿猝死综合征（SIDS）

婴儿猝死综合征是婴儿死亡的主要原因，宝宝死于婴儿猝死综合征的风险非常低（约 1/2000）。越来越多的父母采取了预防性措施，这种风险也日益降低。

婴儿猝死综合征通常出现在 1 ～ 4 个月的宝宝中，大多数死亡都发生在 6 个月前。过去人们认为“非常健康”的宝宝也会无缘无故地死于婴儿猝死综合征，但现在研究发现，死于婴儿猝死综合征的宝宝只是看起来健康，实际上可能存在某些很容易突然死亡的缺陷。有一种假设是：这些宝宝大脑中控制“呼吸困难时醒来”的功能没有发育好。另一种假设认为，婴儿猝死综合征可能是心脏中某种未被发现的缺陷，或管理呼吸和心率的基因的缺陷造成的。呕吐、窒息或其他疾病不会引起婴儿猝死综合征，免疫接种也不会。

早产儿或低体重儿，或产前身体情况不好、怀孕时吸烟的妈妈生下的宝宝患婴儿猝死综合征的风险更高。也有很多环境因素会增加婴儿猝死综合征的风险，包括趴着睡、侧着睡，睡在松软的床、枕头或玩具上，睡觉时穿得太多，或接触二手烟。好消息是，这些都可以避免。事实上，从 1994 年美国儿科学会和其他机构开展“仰睡”运动以来，婴儿猝死综合征的死亡率已经下降了 50%。

采取下列措施，可以显著降低婴儿猝死综合征的风险。

• 使用偏硬的、与婴儿床密合的床垫，以及紧密包裹的床单，不要在床上放其他东西。不要用松软的被褥、枕头、毯子、防撞条、蓬松的被子、羊皮毛或柔软的玩具。不要给宝宝用保持睡眠姿势的器具（如楔形枕）或减少他重复呼吸自己吐出的废气的设备——很多这样的设备都没有经过充分测试，也没有研究证明哪一种设备（包括运动监测器）可以有效降低婴儿猝死综合征的风险。

• 每次都要让宝仰睡。确保所有照顾宝宝的人，包括育儿保姆和祖父母都要这样做。

• 如果宝宝在汽车安全座椅、婴儿车、婴儿秋千、摇椅或背带中睡着，应尽快将他放在坚实稳固的床面睡觉。

• 不要让宝宝太热。睡觉时，不要给宝宝穿太多——不要戴帽子，不要穿额外的衣物或盖多余的毯子，使用厚度适宜的睡袋或襁褓，也不要让房间太热。可以摸摸宝宝的后颈或肚子来检查他是否过热，这些部位不应太热（宝宝的手和脚摸起来通常比较凉，不能准确估计体温）。

- 可以在宝宝的房间打开电风扇。流通的空气可以减少婴儿猝死综合征的风险。

- 即使宝宝白天不用安抚奶嘴，也可以在睡觉时让他用安抚奶嘴（如果宝宝半夜把安抚奶嘴吐出来或不愿意含着，也没关系）。

- 不要让任何人在家里或靠近宝宝的地方吸烟。

- 继续用母乳喂养宝宝。研究人员认为，母乳喂养的宝宝患婴儿猝死综合征的风险更低。

- 可以和宝宝睡在同一个房间。研究表明，和父母睡在同一个房间的宝宝患婴儿猝死综合征的风险更低。但是，和父母睡同一张床的宝宝出现婴儿猝死综合征、窒息、因空气流通不畅而死亡的风险更高，因此，如果你选择和宝宝一起睡，需要确定床上的睡眠条件非常安全，参见第 274 页。

- 及时接受免疫接种。有证据表明，免疫接种可以将婴儿猝死综合征的风险降低 50%。

如果采取了所有这些预防措施，但还是担心婴儿猝死综合征，你可以去学习婴儿急救和心肺复苏术。

同时，确保照顾宝宝的人——包括育儿保姆和祖父母——都了解这些急救方法。这样，宝宝无论出于什么原因出现呼吸停止的情况，都可以立即接受心肺复苏术（参见第 570 页）。

激性活动。

如果宝宝无法重新入睡，仍然要你喂他，那就满足他——但到这时，应该已经将喂奶的间隔延长了至少半小时。这样，宝宝可能在未来的几个晚上达到一个新的水平，在两次吃奶之间多睡半小时。逐步延长吃奶的间隔，直到宝宝不再需要半夜吃奶，这可能需要几个月，尤其是母乳喂养的宝宝和生长稍缓慢的宝宝。

- 如果你不想半夜喂奶，就减少半夜的喂奶量。逐渐减少宝宝吃奶的时间或奶瓶中配方奶的量。每晚或每隔一晚减少一点。

- 增加你最有可能保持的那次夜间喂奶量。如果宝宝在半夜 12 点、2 点和 4 点醒来，而你想取消 12 点和 4 点的喂奶，那么增加 2 点的奶量更容易实现，无论宝宝吃母乳还是配方奶。只让宝宝咬一咬乳房或喝一点配方奶不会让他清醒很长时间。有关唤醒宝宝喂奶的内容，参见第 132 页。

• 夜晚不要给宝宝换尿布，除非宝宝大便了或尿布已湿透。

• 在冲到宝宝身边之前先听一听。和宝宝睡在同一个房间可以为他提供更安全的睡眠,但不一定更香甜。父母越靠近宝宝，越容易在没有必要的情况下冲到他身边，抱起他，喂他。为了宝宝的安全着想，你可以和宝宝睡在同一个房间，但是要记住，宝宝烦躁并不意味着他就是饿了。

从新陈代谢的角度看，宝宝的体重长到5千克后，通常可以一晚上都不吃东西，虽然现实中很多宝宝并非如此——尤其是很小体重就超过这个标准的宝宝。但是到4个月时，你的宝宝就真的不再需要晚上吃东西了。如果到第5～6个月，宝宝还是经常在夜间醒来，可能不是饿了，而是因为他习惯晚上吃东西。关于让大一点的宝宝睡整夜的内容，参见第335页。

呼吸暂停

"我的宝宝是早产儿，在最初几周，她偶尔会出现呼吸暂停的情况。我担心她有婴儿猝死综合征的风险。"

呼吸暂停在早产儿中很常见——在妊娠32周之前出生的宝宝中约有一半都会出现这种情况（参见第600页）。但是，如果早产儿的呼吸暂停发生在足月出生日之前，那么这与婴儿猝死综合征完全无关，而且也不会增加未来患婴儿猝死综合征或呼吸暂停的风险。除非宝宝到足月出生日之后还有严重的呼吸暂停现象，否则无须过分关注、监测或密切注意。即使是足月宝宝，如果呼吸短暂停止，而脸色没有变青、身体没有松弛，也不需要进行心肺复苏，通常都是正常的，大多数专家认为这不能用来预测婴儿猝死综合征的风险。

"昨天下午，宝宝睡了很长时间。他躺在床上一动不动，脸色发青。我赶紧抱起他，他又开始重新呼吸，但我很怕这种情况再次出现。"

你的宝宝可能经历了一场"快速缓解的不明原因事件"(BRUE)，实际上，这并不意味着他的生命处于危险之中。虽然呼吸暂停的时间较长(超过20秒）可能会略微增加宝宝患婴儿猝死综合征的风险，但99%的情况下，这种风险不会成为现实。

但还是要告诉医生宝宝的情况。医生可能会让你带宝宝到医院进行评估、检查和监测。通常，评估后会发现造成这种情况的确切原因，通常是生理性胃食管反流或胃食管反流症、传染病、突发疾病、癫痫或气道阻塞等，这些疾病都可治疗的，可以消除未来出现问题的风险，想必也可以消除你的担心。

如果原因不确定，或似乎有潜在的心肺问题，医生可能会建议在家里

呼吸紧急情况

短时间呼吸暂停（20 秒以内）是正常的，但暂停时间太长，或者时间不长，但宝宝肤色发白、发青或毫无血色，心跳非常缓慢，则需要立刻治疗。如果必须采取措施让宝宝恢复，应立即拨打 120。如果轻轻地摇晃无法让他恢复呼吸，尝试急救措施（参见第 570 页），并请人拨打 120。试着向医生说明以下几点：

- 呼吸暂停是出现在宝宝睡着时还是清醒时？
- 情况发生时，宝宝在睡觉、进食、哭闹、咳痰、呕吐还是咳嗽？
- 宝宝的脸色是否出现了变化，是否苍白、发青或变红？
- 宝宝是否需要心肺复苏？你是如何让宝宝恢复呼吸的，花了多长时间？
- 出现呼吸暂停前，宝宝的哭闹声是否有变化（比如音调更高）？
- 宝宝的动作是无力、僵硬，还是正常？
- 宝宝的呼吸是否经常伴有杂音？睡觉是否打鼾？

为宝宝安装监测呼吸和心跳的设备。这种监测器通过电极与宝宝接触，或是嵌入婴儿床、摇篮中。你和其他照顾宝宝的人都要学习如何使用监测设备，以及如何用心肺复苏术应对紧急情况。监测设备无法为宝宝提供绝对的保护，但它可以帮助医生了解宝宝的情况，并让你感到自己为宝宝做了什么，而不是束手无策。

和宝宝同睡一张床

“我听说宝宝和父母同睡一张床有很多好处。从宝宝晚上醒来的情况看，和他同睡一张床可以给我们带来更多睡眠。”

在一些家庭中，一起睡是一件非常快乐的事情。而对于另一些家庭，这样做只是图个方便（只要能让你们睡整觉）。还有一些家庭，根本就不会考虑一起睡（宝宝睡婴儿床，大人睡大床）。

不赞同和宝宝同睡一张床的人，主要有几方面的考虑。最重要的一点是宝宝的安全，因为父母的床上有松软的枕头、羽绒被、床头靠垫和其他可能引起窒息的东西。他们认为睡一张床也容易导致睡眠习惯问题（习惯睡在爸爸妈妈中间的宝宝，以后可能很难独自睡觉）、睡眠质量不佳（父母和宝宝都是）并影响夫妻在床上的亲密相处（如果宝宝总要躺在父母中间）。

而支持和宝宝同睡一张床的人则认为这是维系亲子关系的一个重要部分。他们认为这样可以培养感情，增强宝宝的安全感，方便母乳喂养，也更容易照看和安慰宝宝。他们还认为与宝宝同睡能保证他的安全（虽然美国儿科学会和其他专家的研究结论与此相反）。

关于这个问题的理论研究和建议很多，但就像为人父母要做的很多决定一样，让宝宝和你一起睡，还是让他独自睡在小床上，只能由你们自己决定。在你做出选择时，还应好好考虑下列问题。

宝宝的安全。成年人的床通常很大，宝宝睡在父母床上时要采取一些额外的安全预防措施。美国消费品安全委员会的一份报告指出，成人床与众多婴儿死亡事件有关，美国儿科学会也不建议父母和宝宝同睡一张床，因为即使出现婴儿猝死综合征风险很低的宝宝，和父母同睡时，风险也会增加 2 ~ 3 倍。但是，支持和宝宝同睡的人认为，妈妈和宝宝一起睡是一种天生的连接，这可能是因为妈妈靠近宝宝时会启动激素反应。这种反应可能会使妈妈更敏锐地感受到宝宝整晚的呼吸和温度，使她可以对任何明显的变化迅速做出反应。激素反应也会让和宝宝同睡的妈妈睡眠较浅。

如果你选择和宝宝一起睡，确保你的床和被褥符合婴儿床的安全标准。必须睡硬床垫（没有软垫层，而且床单紧紧套在床垫上）。不要用床中床和

从摇篮到婴儿床

宝宝最初的睡眠时间可能是在摇篮中度过的，摇篮正好能为他小小的身体提供紧密的空间。而且与婴儿床相比，摇篮的体积更小，放在卧室非常方便——按照美国儿科学会的推荐，摇篮也是新生儿最安全的睡眠场所。但是，宝宝什么时候不再需要睡在摇篮中呢？

关于宝宝应该什么时候从摇篮过渡到婴儿床，没有固定的原则，事实上，只要宝宝在摇篮中睡得好，就没有必要改变他睡眠的场所，除非摇篮已经睡不下了。检查摇篮的体重限制——有些摇篮只适合体重不超过 4.5 千克的宝宝，但大多数摇篮可供 9 千克以内的宝宝使用。摇篮是别人送的，没有使用说明？为了保险起见，在宝宝大约 7 千克时，让他睡到婴儿床上吧。除了考虑体重，大多数宝宝在 3 ~ 4 个月，或在他们开始会翻身时就不适合睡摇篮了。到那时，摇篮会限制宝宝的移动和翻身。更不用说宝宝的移动（翻身或用小手、膝盖撑起身体）会让摇篮变得不安全。而且摇篮很浅，能坐起来的宝宝睡摇篮很危险。

在你第一次轻轻地把宝宝放在婴儿床上时，他可能会有点迷惑，但随着宝宝长大，他很快就会喜欢上婴儿床。

写给父母：上不上班？

许多新手父母别无选择——无论是由于经济压力还是职业生涯的发展需要，回到工作岗位是理所当然的。但即使有选择余地，这也不一定是个明确的选择，因为没有明确的研究表明，父母都在外工作的孩子比至少有一个父母在家的孩子有着实质性的长期优势或风险，反之亦然。你应该待在家里还是回去工作？可以从下列问题中找到答案。

你的首要任务是什么？思考你生命中最重要的事情。很明显，你的宝宝和家人是最重要的，但经济保障呢？你的职业生涯呢？房屋产权、假期和双收入家庭的其他潜在好处呢？现在你的生活中有没有足够的时间来处理这些首要任务呢？你最先考虑放弃的是什么？

哪种全职角色最适合你的个性？如果整天和宝宝待在家里，你会是个开心的妈妈或爸爸吗？每天24小时不停地照顾宝宝会让你安心还是坐立不安？你想念工作，渴望与成年人交谈，需要比一遍一遍唱《两只老虎》更多的刺激吗？当你工作的时候，能不担心家中的宝宝吗？当你在家带宝宝时，能做到不想办公室的工作吗？或者，你无法将照顾宝宝和工作划分清楚，无论哪一方面都无法做到最好？

你对其他照顾宝宝的人满意吗？当然，没人能取代你，但当你工作时，能找到一个可以代替你的人吗？如何选择适合照顾宝宝的人，参见第277页。

你是否能够两者兼顾？每天早上你需要充足的精力和体力来照顾宝宝，为工作做好准备，然后投入一整天的工作，回到家后再次满足宝宝和家庭的需要（做一个全职父母也需要充足的精力）。另一方面，许多新手父母——特别是那些真正热爱工作的人，在办公室找到了恢复活力的时间，这样的喘息机会能让他们每晚都精力充沛，准备好应对照顾宝宝时各种各样的挑战。别忘了把你和伴侣的关系也考虑在内（宝宝和工作是否占据了你们相处的时间？你能将三者都安排好吗？）。

工作和宝宝给你的压力大吗？如果你的工作压力不大，而宝宝又很容易照顾，兼顾两者相对比较容易。如果你的工作压力很大，而宝宝也需要细心照顾，你能兼顾两者吗？

你能获得足够的帮助吗？你的伴侣会和你分担家务，一起照顾宝宝、购物、烹饪、清洁和洗衣吗？

你们能负担请外援帮忙的费用吗？或者你有信心在工作需求和家庭需求之间取得平衡吗？

你的财务状况如何？工作或不工作对你的家庭经济状况影响有多大？有没有办法削减开支，这样收入的减少就不会影响太大？如果回去工作，你的支出中会有多少与工作相关的费用（服装、上下班交通和请育儿保姆）？如果你不工作，会失去必要的基本保障吗？

你的工作有多灵活？如果宝宝或育儿保姆生病了，你能请假吗？家里有紧急情况，是否可以迟到或早退？你的工作时间很长，周末需要上班，经常出差吗？如果需要延长离开宝宝的时间，你的感受如何？

不回去工作对你的职业生涯影响有多大？当你回到工作岗位时，你的职业生涯会因为暂时的搁置而被延误吗？如果是，你愿意冒险吗？有没有什么方法可以不全职工作，但在家的几年里继续从事专业工作？夫妻双方有没有一个人可以在家工作，并对职业发展影响较小呢？

有折中的方案吗？全职工作不适合你，全职在家也不适合？也许你可以找到一个创造性的折中方案。根据你的办公场所、经验和技能，申请休假、兼职、轮流工作、自由职业、项目或咨询工作、远程办公、压缩工作周，或弹性工作制。另一种方案是：父母双方都兼职工作，这样宝宝一直有人照顾。

在任何选择中你都需要做一些妥协，甚至还会有一些遗憾。毕竟，无论你待在家里的决心有多大，当你和那些还在工作的朋友交谈时，多多少少会感到失落。或者，无论你返回工作岗位的决心有多大，当你上班路上，遇到带宝宝去公园的父母时，内心都会有所触动。为人父母有所顾虑是正常的，很少有人能例外。与那些和你一样，想要在工作和生活中取得平衡或内心忐忑地待在家中的朋友交流一下，你就会明白。

话虽如此，如果顾虑不断增加，你严重怀疑是否做了正确的决定，那就重新考虑。没有什么决定不能改变，适合你的决定才是正确的。

羽绒垫，避免使用长绒毛被套，确保毯子不会盖住宝宝，将枕头放在宝宝爬不到或够不到的地方，确保宝宝靠近你的胸部和腹部，而不是头部，检查潜在的危险（床头栏板条的间距不超过 6 厘米，床垫和床架之间没有空隙）。不要将宝宝放在靠墙的一侧（可能会滑入床和墙的空隙中，陷在里面），或是将他留在可能会翻身下床的地方（即使宝宝还没学会翻身也可能出现这种情况），也不要让宝宝和喝酒、抽烟、受药物影响，比如服用安眠药或睡得很沉的大人一起睡。不要让学步期幼儿或学龄前儿童睡在宝宝身边。不要吸烟，也不要让其他人在卧室里吸烟，因为这会增加婴儿猝死综合征的风险（也会增加火灾风险）。

夫妻共识。确保夫妻达成共识的情况下，让宝宝与你们同睡，要考虑双方的感受。主要考虑以下几点：宝宝睡在中间会不会妨碍夫妻关系？夫妻相拥的时间会不会被拥抱宝宝取代？性生活会不会受影响？

父母和宝宝的睡眠。不用半夜起床喂奶或安抚哭闹的宝宝足以让一些父母选择和宝宝一起睡。对母乳喂养的妈妈来说，还有一个好处：无须完全醒来就能给宝宝喂奶。但一起睡也有缺点：晚上可能不用起床，但一起睡觉会让父母的睡眠变得断断续续，虽然情感上得到了满足，但生理上得不到满足（宝宝和父母都很难拥有深度睡眠和长时间睡眠）。此外，宝宝醒来的次数会更频繁，可能更难学会自己入睡，而他们迟早要学会。

未来的睡眠安排。在决定睡眠安排时，应该考虑一下这种安排能维持多长时间。有时，一起睡的时间越长，宝宝就越难过渡到自己睡。6个月时，让宝宝开始学着单独睡觉通常比较容易。快一岁时再开始训练，可能要多做一些尝试，让学步期幼儿或学龄前儿童从你的床上离开，挑战会更多。有些宝宝在大约3岁时会自己离开或只需要哄一下，有些宝宝在上小学时才会做好离开的准备。想随机应变？就像我们一直说的，最适合你家的方式，就是最好的方式。

无论是否晚上和宝宝一起睡，白天你都可以在床上喂宝宝、拥抱他。随着宝宝长大，周末早上一家人可以待在床上，一起玩枕头大战。

早期离乳

“这个月底我就要开始全职工作了，我想在开始工作前给女儿离乳。这对她来说会不会很难？”

通常，3个月大的宝宝很乖，已经具备适应能力。即使他已经有了一点自己的个性，但离发展成一个固执的大宝宝还远得很。他还不太可能有偏好，也还没有形成记忆——今天发生的事明天可能就会忘记，不会惦记太久，即使是妈妈的乳房。他虽然很享受母乳喂养，但可能不会像一年以后那样不愿意放手。

也就是说，现在离乳可能比较容易。但是，在你决定完全停止母乳喂养之前要知道，重返工作岗位后继续母乳喂养并没有想象的那么难，至少可以再继续几个月，甚至宝宝一岁前

母乳喂养，越久越好

母乳对宝宝最好，这已经不是什么新闻了，为了给宝宝一个健康的开始，即使是少量母乳对宝宝也大有好处。6 周的母乳就可以带来很多好处。而且研究显示，母乳喂养的时间越长越好，在宝宝一岁前，母乳喂养的时间长，好处会大大增加。这就是为什么美国儿科学会建议母乳喂养最好持续到第一年年底，长时间母乳喂养有很多好处。

降低肥胖的概率。宝宝吃母乳的时间越长，儿童、少年和成年阶段肥胖的概率就越低。

减少肠胃问题。大家都知道，母乳比配方奶更容易消化。研究表明，前 6 个月只喂母乳的宝宝比从 3 ～ 4 个月开始补充配方奶的宝宝更少出现胃肠道感染。母乳对大一些的宝宝的消化也有好处：母乳喂养持续到引入辅食后，宝宝很少出现乳糜泻等消化系统疾病，而这些疾病都会干扰正常吸收营养。

减少耳朵的问题。研究已经发现，纯母乳喂养超过 4 个月的宝宝患耳部感染的概率只有配方奶喂养的宝宝的一半。

减少打喷嚏的次数。母乳喂养 6 个月的宝宝很少出现打喷嚏等过敏问题。

提高智商。许多研究都指出，持续母乳喂养和较高的智商之间存在某种联系，持续母乳喂养的宝宝在语言和非语言的智力测试中得分更高。除了母乳本身的作用，这种联系可能与母乳喂养时妈妈和宝宝的互动有很大关系。因此，如果你的宝宝是配方奶喂养，在喂奶的过程中最好和他保持密切互动。

降低婴儿猝死综合征的风险。母乳喂养的时间越长，宝宝患婴儿猝死综合征的概率就越低。

尽管坚持母乳喂养的好处有很多，但并不是每个妈妈都会选择，或能够像建议的一样长时间坚持。所以要记住，母乳喂养持续的时间越长越好，母乳喂养一段时间肯定比完全没有母乳喂养要好。

都可以母乳喂养。另一种选择是混合喂养。参见第 253 页，了解工作后坚持母乳喂养的内容。

确定要把母乳喂养改为配方奶喂养？首先要确保宝宝适应奶瓶。这个时候，最好给奶瓶装满配方奶，这样你的母乳就会逐渐减少。要坚持给宝宝用奶瓶，但不要强迫他。在每次给宝宝喂奶之前，尝试用奶瓶，如果第一次他拒绝了，那么下一次喂奶时再尝试（有关引入奶瓶的更多内容，参见第229页）。

不断尝试，直到宝宝可以用奶瓶喝上30～60毫升配方奶。之后，可以在中午那次喂奶时用配方奶代替母乳。几天后，再用配方奶代替另一次白天的母乳，增加配方奶的总量。要逐步实现这种转变，每减少一次母乳，乳房就有调整的机会，而且不会出现不舒服的肿胀。取消早上和晚上的母乳应放在最后一步，这样你可以将母乳喂养维持到任意时间，即使已经开始工作——假设母乳充足且宝宝仍对母乳感兴趣。毕竟，这两次喂奶通常是情感上最满足时刻。

被母乳喂养束缚

“决定不给宝宝用奶瓶时，我很开心。后来我意识到自己没有一个晚上可以离开他独自外出。现在他根本不肯用奶瓶，甚至不肯用奶瓶吃吸出来的母乳。”

母乳喂养是喂养宝宝最简单的方式，但你必须和宝宝在一起。要想晚上出门，这个过程就有点复杂了。如果离开宝宝的时间超过两顿奶的间隔，中途宝宝要吃奶，你想出去吃晚餐、顺便看个电影就不容易了。

可以反复尝试给宝宝用奶瓶（当妈妈不在身边时，他可能更容易接受替代品）。如果还是没有成功，只能看电影和吃晚餐二选一，或订一份晚餐，在家看电影。

当宝宝晚上吃奶间隔拉长，并开始添加辅食、用水杯喝水后（通常在6个月），晚上外出就不再是无法实现的梦想——但你要找到可靠的人照顾宝宝。与此同时，如果你有一场特别想参加的活动，需要离开家几小时，可以试试以下方法。

• 如果有合适的场所可以让宝宝和照看人在等待的时候走一走，就带上他们。这样在你参加活动时，宝宝可以在婴儿车里小睡一下，需要的时候你也可以出来喂奶。

• 如果有事要外出几天，最好全家一起去。可以带上照看人或在住的地方请一位育儿保姆。如果你住的地方离活动场所不远，可以抽空回来喂宝宝。

• 如果可以，调整宝宝的睡眠时间。如果宝宝通常要9点后才睡觉，而你需要7点离开，可以试着缩短他下午小睡的时间，晚上提前两小时让他睡觉。你离开前让他吃饱，如果有必要，回来后再喂他一次。

• 给宝宝准备一瓶吸出来的母乳，以备不时之需。如果宝宝醒来后饿了，他可能会接受奶瓶。如果他不肯接受，那么，这就是请一位育儿保姆的原因了——确保她可以应对哭闹的宝宝，你一到家就可以喂宝宝。保持手机畅通，做好随时离开的准备，即使晚餐还没结束，你也要返回家中给宝宝喂奶。

大便较少

“我担心母乳喂养的宝宝可能会便秘。我女儿是纯母乳喂养，她以前一天排便 6 ～ 8 次，而现在一天只排便一次，有时一天都不排便。”

不要太担心——应该高兴才对。宝宝排便次数减少十分正常，还可以减少换尿布的次数。这绝对是一个不错的变化。

许多母乳喂养的宝宝在 1 ～ 3 个月时排便次数开始减少。有时甚至要几天才排一次便。因为随着宝宝越来越大，他们的肠道也会变大变长，体内废弃物在排出之前能停留更长时间。而且，身体吸收液体的能力更强，也导致大便次数更少，排便量更大。而有些宝宝会继续保持他们惊人的排便次数，直到哺乳期结束，这也很正常。对宝宝来说，有规律的大便就是正常的。

母乳喂养的宝宝便秘，通常不是问题——排便次数少也不意味着就是便秘。大便很硬且较难排出，才是便秘（参见第 539 页）。

尿布疹

“我经常给宝宝换尿布，但她还是出现了尿布疹。我不知道怎么才能治好。”

尿布疹通常是由于水分太多、空气太少、摩擦和刺激物（尿液、大便、纸尿裤、湿巾、洗浴用品及洗衣剂的残留）引起的。这也是宝宝的屁股几乎每天都要接触的环境，这就是大约 1/3 穿尿布的宝宝不爱坐着的原因。只要宝宝还穿尿布，就可能会出现尿布疹。但如果情况变得更糟，也不要吃惊。通常，随着宝宝的饮食变得更加多样，他们的排泄物会对柔嫩的肌肤产生更大的刺激，出现发红和尿布疹。尿布疹加剧会导致皮肤发炎，需要经常清洗容易弄脏的尿布区。尿布疹往往是从尿液集中的地方开始，如果是女孩，这个位置在尿布的底部，如果是男孩，则位于前方。

尿布疹的类型有很多，从普通的摩擦性皮炎（摩擦厉害的地方皮肤发红）到念珠菌性皮炎（腹部和大腿之间的折痕处出现鲜红色丘疹）、脂溢性皮炎（带有黄色鳞状物的深红色皮疹），再到脓疱疮（大疱或流脓的痂，在结痂之前会渗出黄色液体）和间擦疹（皮肤发红的区域有时会渗出白色或淡黄色黏液）。

治疗尿布疹的最佳方法就是预防（参见第 151 页）。已经太晚了？下列措施有助于消除轻微的尿布疹，并预防复发。

减少水分。为减少皮肤接触水分，要经常给宝宝换尿布——最好在宝宝尿尿或大便后立即更换。

多透透气。给宝宝清洗干净后，在换上尿布之前，让他的屁股露在外面透透气（但要让他趴在铺有防水垫或毛巾的地方，防止突然小便）。没有时间让宝宝的屁股透透气？轻轻吹干他的屁股，或用干净的纸巾轻轻给他的屁股扇风。

另外，宝宝穿着尿布时，可以留出一些缝隙方便透气。给宝宝穿尿布时，需要贴合身体以防渗漏，但是也不能穿得太紧，以防摩擦。可以使用透气型纸尿裤。

减少刺激。除了频繁更换尿布之外，你无法减少尿液和大便的刺激，但可以减少其他人为造成的刺激。确保接触宝宝臀部的产品温和、没有香味(包括湿巾)。当宝宝出现尿布疹时，不要用湿巾，用温水和棉球，或一块柔软的毛巾擦洗臀部。

不同的尿布。如果宝宝经常出现尿布疹，可以考虑用其他类型的尿布(比如从尿布到一次性纸尿裤)，或换一个湿巾品牌，看看是否会有变化。

护臀霜。换尿布时给宝宝清洗屁股后，涂一层防护的护臀霜（或医生建议的护肤产品)，预防尿液沾染并进一步刺激尿布疹。但要确保涂护臀霜之前，宝宝的屁股完全擦干了，如果护臀霜下还有水分，会更容易引发尿布疹，或导致尿布疹更加严重。

如果宝宝的尿布疹在一两天内没有消除或改善，或是出现了水疱或脓疱，应请医生检查。医生可能会开局部抗真菌药膏、类固醇药膏，少数情况下，需要口服抗生素。

阴茎疼痛

“我儿子的龟头上出现了一些红色的斑，我很担心。”

尿布疹只会出现在宝宝的屁股上？并不总是如此。宝宝阴茎上的红斑可能就是一种局部的尿布疹，这也很常见，但你不能忽视它。如果不加治疗，这样的皮疹有时会引起肿胀，在极少数情况下，甚至还会妨碍宝宝排尿。应该尽快消除这样的皮疹，按照上述方法治疗。可以将尿布换为一次性纸尿裤,直到宝宝的尿布疹消失。如果在家治疗了两三天皮疹还不见好转，应求助医生。

仍然不受控的动作

“宝宝试着伸手够东西时，总是胡乱拍打。他的动作很随意，不太协调。这正常吗？”

虽然宝宝已经出生很长时间，但他的神经系统还缺乏经验，无法处理所有动作。如果宝宝的手臂指向一个玩具的方向，但手并没有接近目标，看起来像胡乱伸出的，这是婴儿动作发育中非常正常的阶段。不久，他的控制能力会更强，动作也更有目的性，越来越熟练和协调，不再是笨拙地碰来碰去。一旦达到这个阶段，凡是宝宝不能接触的东西，都要放到他够不到的地方。这个时候，你就会怀念宝宝还够不到东西的阶段了。

将宝宝留给育儿保姆

“我们很想在晚上单独外出，但担心宝宝太小了，留给育儿保姆不太好。”

尽情去玩吧。在未来的几年里，如果你想花点时间单独和伴侣在一起或独处，让宝宝习惯父母以外的照顾人非常重要，而且越早调整越好。两三个月大的婴儿已经认识自己的父母了，但看不到时他通常想不起来。只要宝宝的需求得到满足，他们会和任何细心照顾的人愉快相处。

宝宝 9 个月时（有些可能更早），可能会出现所谓的分离焦虑或陌生人焦虑——离开父母时，他们不仅会感到不高兴，还会对陌生人非常警惕。所以，现在就是让育儿保姆进入宝宝生活的最佳时刻，也能让你享受更多私人时光。

一开始，你可能只想短暂外出，尤其是如果还在哺乳，可以将你的晚

带宝宝一起慢跑

想带着宝宝一起回到跑道上？穿好运动鞋，把宝宝放在婴儿背带里之前，最好三思。跑步对你的身体很有好处，但对小宝宝的身体并不好。任何使宝宝弹跳过猛的活动，比如把宝宝放在面朝前或面朝后的婴儿背带里，带着他一起慢跑，或把宝宝抛到空中，都可能造成严重的伤害。一种可能出现的危险是颈部过度屈伸损伤（类似于车祸造成的伤害）。因为宝宝的头重占体重的比例较高，颈部肌肉发育不全，头部的自我支撑能力差。当受到剧烈的震动或猛烈的上下弹动时，头部的来回摆动会导致大脑一次又一次撞击颅骨。脑挫伤可导致肿胀、出血、压迫，并可能导致永久性神经损伤，出现精神问题或身体残疾。另一种可能出现的伤害是眼部创伤。如果视网膜脱落或受伤留下瘢痕、视神经受损，可能导致长期视觉问题，甚至失明。这些伤害很罕见，但可能造成的后果非常严重，完全不值得去冒险。

所以，在你跑步时，把宝宝放在婴儿车里吧。有专门设计的带有减震器的慢跑型婴儿车，可以缓冲宝宝受到的震动（只需检查婴儿车对宝宝年龄和体重的要求，确保他可以安全地享受跑步的过程）。

写给父母：全职爸爸

如果你像现在大多数爸爸一样，闭着眼睛就可以换尿布（这种情况通常发生在凌晨2点），而且是个拍嗝专家，还可以边用一只胳膊抱着哭闹的宝宝，边用另一只手在手机上查看昨晚的球赛比分或今天的股市行情，说明你对为人父母轻车熟路，而且乐此不疲。你可能非常享受，甚至想知道是否可以把全职爸爸作为新工作——特别是当你怀疑重返工作岗位是否会带来想要的经济收益或具有实际意义时。

也许你的伴侣薪水更高，工作更稳定，也许维持一个双收入家庭需要花费更多钱请人照顾宝宝，或者你更愿意在家照顾宝宝。或者你就是无法想象整天坐在办公桌前，而心里却一直想着家中的宝宝。

全职爸爸的队伍正在不断壮大，现在美国有大约200万爸爸是宝宝的主要照顾者，无论是"全职"还是"兼职"。如今，爸爸一只手用婴儿车推着宝宝、另一只手推着装满杂货的购物车的场景已经越来越常见，社会也越来越接受甚至欢迎这个新变化。不过，这种传统角色的转换并非没有挑战，你肯定要面对全职父母道路上的一些坎坷——有些类似于妈妈们的感受，有些是全职爸爸们才会面对的。

以下策略可以帮助你应对这些挑战，充分实现全职爸爸的价值。

找到其他全职爸爸。全职父母——无论是妈妈还是爸爸——都会经常感到孤独。毕竟，从整天用完整的句子与成年人交流，到和一个沟通技巧仅限于带着气音的咕咕声或高亢哭声的新生儿交流，是很困难的。可能有人听你说话，但没有人和你交谈。这种与世隔绝的感觉可能延伸到游乐场和陪宝宝的游戏小组中，这些小组的成员往往是妈妈（甚至全部是妈妈），使得希望融入这个群体的全职爸爸感觉自己是个圈外人。与其远远看着全职父母的社交圈，不如试着更积极主动地接触和联系。找找你所在地区的全职爸爸群（或者自己创建一个）。在线向爸爸们寻求建议、帮助，找个地方和那些以前提着公文包、现在提着尿布包的人倾诉。但是，也不要忽视全职妈妈们。和全职妈妈们打交道也会收获很多帮助，她们和你一样，面临着很多相同的挑战。

相信你自己。如果你是在妻子休完产假后接替她，可能会发现自己在想，她在某些情况下会怎么做，她会如何处理这种喂奶问题或哭闹。

当然，你可以利用她照顾宝宝的经验，并尽可能少地改变计划和育儿方式（宝宝通常不喜欢改变）。但同样重要的是，你要接纳自己照顾宝宝的身份，而不是试图变成她。妈妈在给宝宝按摩时可能会带来特殊的感觉，但你的肠痉挛抱法是你的独特方式，而且效果非常好，你可能可以考虑申请专利。要记住，父母对孩子的养育并不都是自然而然的。学习照顾宝宝的技巧需要时间，花费时间的多少与父母的性别无关。这是一份最适合在实践中学习的工作。听听你内心的那个声音，就会发现所有你需要了解的东西，并获得信心。

确保你和爱人意见一致。事先设定预期，会减少冲突和潜在的埋怨（比如父母一方觉得自己的负担更重）。所以，好好谈谈，一起决定哪些家务是哪一方的责任，甚至可以列个清单，确保公平分担。是不是一方负责买东西，另一方负责做饭？是不是你负责洗衣服，她负责把洗好的衣服晾好？早餐是双方一起准备，给宝宝洗澡也是两人共同的任务？谁负责晚上照顾宝宝，谁周末做什么？分工要具体，但也要灵活，根据宝宝的需求、时间表和角色的变化而变化。坦诚的交流和适当的妥协都是成功建立育儿伙伴关系的关键，特别是当角色被重新定义时。如果妈妈事事都喜欢插手，甚至你独自在家照顾宝宝时也是如此，就要大胆说出来。你要温柔地提醒她，你会听取她的意见，但不必插手太多，要更多地信任你，允许你自己做决定，并可能会犯错（像任何父母一样）。但不要一味地承担责任，觉得照顾宝宝都是你的事。毕竟，这是一种合作关系。

找到属于自己的时间。每个人偶尔都需要一些自我时间来防止精疲力竭，全职爸爸也不例外。想办法在照顾宝宝的同时让自己休息一下，比如养成和宝宝的共同爱好，或者带上宝宝一起做自己喜欢的同事。

展望未来。作为爸爸，你现在的工作可能是全职的，但并不意味着不用考虑将来。继续与同事保持联系，并跟上你专业领域的变化，保持知识更新。现在（趁着宝宝小睡）也许是上一两门在线课程、拓展未来的职业视野、保持你的技术能力的好时机。

接纳这个角色。即使全职爸爸的人数在增加，你还是会接受很多好奇的眼光，并听到一些毫无根据的评论。但是，不要让这些过时的观点影响你。不管是什么原因让你成为一个全职爸爸，你做的决定是适合你和你的家庭的，你应该为自己是一位全职爸爸而自豪。

餐安排在宝宝的两餐之间。但为了确保宝宝能被好好照顾，有些事情不能随意，比如挑选育儿保姆。第一次外出前，让育儿保姆早来至少半个小时，有足够的时间适应和熟悉宝宝（喜欢什么样的轻摇方式，烦躁时怎么做能让他安静下来），这样你也会更安心（关于如何选择育儿保姆，参见第277页）。

没有做好不带宝宝外出的准备？有些父母晚上外出时很乐意带上宝宝，如果你的宝宝也十分合作，那也没有问题。

“外出时，我们都会带着宝宝——我们很愿意这样。但是有人说这样不好，我们想知道这样会不会让他太依赖我们。”

新生儿不存在什么太依赖，爸爸和妈妈是他在世界上最值得依赖的人。当爱他的父母在身边，并经常拥抱他时，宝宝才会感觉到爱。

如果无论去你哪里，都想带上宝宝一起，那就带上吧。至于别人的评论，你可以左耳朵进，右耳朵出（别忘了礼貌性地微笑并点头）。但是也要记住，宝宝不是在任何场合、任何情况下都受欢迎（一些高级餐厅、电影院、特别注明“不许带小孩”的婚宴）。出于各种原因，你可以偶尔让宝宝习惯一下和育儿保姆待在一起——特别是在宝宝6个月左右，开始出现陌生人焦虑之前。

“我们总是在晚上宝宝睡觉后，再请育儿保姆过来，这样更方便出门。但现在我们想重新安排一下——特别是当我们想早点出门的时候。”

新生儿刚出生不久时，父母们要溜出去很容易。在宝宝睡觉时出门，不仅不容易被发现，而且即使他醒来后发现了，一个拥抱或一个奶瓶就可以让他安静下来。但很快，你就会发现事情发生了变化。你还是很容易在宝宝睡着的时候溜出去，但是当他醒来后发现你不在，而身边有个陌生人时，要想安抚他就没那么容易了。他可能会开始对你的离开感到缺乏安全感。随着记忆力的增强，他可能会担心你随时会消失不见（即产生依恋）。他不再信任想要代替你的人，无论是白天还是晚上。

不要摇晃宝宝

有些家长认为，当他们很不高兴、生气（比如被宝宝无休止的大哭折磨），或管教宝宝（如被宝宝不肯睡觉）时，摇晃宝宝比打宝宝更安全，这是极其危险的想法。首先，宝宝还太小，管教不一定有效。其次，任何形式的体罚（包括打屁股）都是不恰当的（参见第446页专栏）。但最重要的是，摇晃、推搡，或让宝宝猛烈弹跳（无论是生气还是玩笑）都可能造成严重的伤害，甚至死亡。永远不要摇晃宝宝。

所以，现在就重新考虑你的策略吧，这是个明智的选择，你可以偶尔提前开始晚上的活动，把还没睡着的宝宝留给精心挑选的保姆照顾。

父母一定要知道：给宝宝选择合适的保育方式

一想到要把那么甜美可爱，还那么小的宝宝交给别人照顾，你就犹豫是否应该离开他？毕竟，你比这个世界上的任何人都更爱宝宝，你可能花费了好几周（也许好几个月）才弄清楚宝宝的需求：哪种大哭意味着什么，哪些安抚技巧有效、哪种无效，哪些声音有安抚作用、哪些声音会给宝宝带来压力，最好的拍嗝方法是什么。其他人怎么会像你一样敏感和具有能掌握宝宝信号的直觉呢？怎么会像你一样专注于宝宝？怎么像你一样提供足够的照顾，帮助宝宝激发大脑潜能、锻炼运动技能？其他人能认同即使他们经验丰富，但爸爸妈妈才是最懂宝宝的人吗？他们能够在育儿理念上做出让步（即使那些理念和他们的完全矛盾）或至少接受这样的观点：对于宝宝的睡眠、喂养、管教等所有问题，爸爸妈妈才有最终的决定权？

不论是因为朝九晚五的工作还是周六晚上外出吃饭和看电影，与宝宝分开从来都不容易，尤其是最初几次把宝宝留在家里的时候。但是，知道把可爱的小宝宝留给了自己放心的人，会让你放轻松，不再担心，并缓解不可避免的内疚感。

家庭保育

没有人能取代你的位置，爸爸妈妈给宝宝的照顾永远是最好的。但是，大多数专家认为，如果父母一方无法一直待在家中照顾宝宝，最好由其他人代替父母（祖父母、育儿保姆等）在家照顾宝宝。

家庭保育的好处很多。宝宝熟悉周围的环境（他的小床、高脚椅和玩具都可以安抚他），不会接触到其他宝宝携带的病菌，也无须接送宝宝。宝宝不必与其他宝宝竞争，可以获得照顾者的全部关注，还有可能和育儿保姆建立深厚的关系。

但也有一些潜在的缺点，主要是费用。家庭保育通常是照顾婴儿的方式中最昂贵的一种，尤其是如果你选择一位受过专业训练的育儿保姆。如果选择一位经验较少的人，花费可能会少一些。如果育儿保姆生病了，或由于其他原因无法工作，将没有其他备选方案。如果保姆突然离开或父母开始嫉妒保姆与宝宝的关系，那么保姆与宝宝之间的依恋可能会造成一场危机。还有一点，有些父母觉得家里有个外人会影响生活，侵害他们的隐私——尤其当育儿保姆住在家中时。

开始搜索

要找到理想的照顾人非常耗时，可能要花两个月来寻找，可以采用以下几种方法。

在线搜索。从育儿机构到招聘网站,很多在线资源是很好的搜索起点。注册前听听朋友或同事的推荐，特别是使用过某种在线资源的朋友。

宝宝的医生。你认识的人中没有谁像医生那样见过那么多宝宝和父母。可以征询他的建议，也可以问问候诊室里的其他人。

其他家长。在广场、产后健身班、商务会议、排队买咖啡时，问问他们有没有听过或请到过较好的育儿保姆。

社区活动中心、图书馆、幼儿园。可以在这些地方的公告栏或在线公告中查看相关信息。

幼儿园教师。幼儿园老师有时可以在晚上和周末照顾你的宝宝，也可能认识经验丰富的育儿保姆。

保姆中介。可以通过中介找到训练有素且有从业资格证（通常也很昂贵）的育儿保姆，用这种方式选择育儿保姆可以省掉很多麻烦，但需要充分了解育儿保姆的履历和背景。通过中介找保姆时,需要支付一定的费用。

幼儿托管机构。通过这类机构，你可以找到经过筛选的育儿保姆，很多保姆可以全职、兼职或做小时工。

学院就业办公室。通过当地一些学院，可以找到全职或兼职、全年或暑期服务。儿童早教或护理专业的学生可能是理想的人选。

老年人组织。活泼的老人可以成为好育儿保姆——同时代替祖父母的角色。但要确保他们受过新式宝宝护理、急救和安全方面的培训。

准确描述工作需求

如果你知道要找的是什么样的保姆，会容易一些。在开始挑选合适的人选之前，尽可能细化工作职责。照顾宝宝当然是一方面，但是否需要增加其他家务，比如洗衣和简单打扫?注意不要让育儿保姆做太多事，以免分散她照顾宝宝的精力。还要确定一周需要她工作多长时间，工作时间是否灵活，你支付的费用是多少，要明确基本工资和加班费。还要考虑，你是否需要她会开车或拥有其他专业技能。

筛选可能的人选

如果你不想无休止地和不理想的候选人面谈，可以通过邮件或电话交流。如果面试者没有简历，询问对方的姓名、地址、电话、年龄、教育程度和经验（这点可能不如其他素质重要，比如热情和天赋）。还要问问每位申请人对工资和待遇的要求（事先了解一下育儿保姆的基本待遇）。解释一下具体的工作内容，问问她为什么想做这份工作。如果电话面试满意，可以再约定面谈。

给育儿保姆的清单

即使是最训练有素、最有经验的育儿保姆也需要一些指导（毕竟，每个宝宝和每个家庭的需要都不一样）。在你将宝宝交给保姆前，先让她熟悉以下内容：

• 如何让宝宝尽快平静下来（轻摇、唱一首特定的歌曲、用最喜欢的风铃、放在背带里走动）

• 宝宝最喜欢的玩具

• 宝宝必须仰睡，不能用枕头、定位器具、毯子、柔软的玩具、防撞条或被子

• 如何在喂奶后和喂奶期间给宝宝拍嗝（放在肩上、大腿上）

• 如何给宝宝换尿布和擦拭清洗（是否使用湿巾或棉球，是否使用护臀霜），以及尿布和其他宝宝用品的存放地点

• 宝宝的换洗衣服、床单和毛巾放在哪里

• 如果宝宝需要用奶瓶补充一次配方奶或吸出的母乳，如何给宝宝使用奶瓶

• 宝宝可以和不可以吃或喝的东西（写清楚未经你或医生的许可不得让宝宝食用食物、饮料或药品）

• 厨房、儿童房、家中其他地方的布置，以及房子或公寓的其他信息（比如防盗系统如何使用、消防通道在哪儿）

• 育儿保姆可能不知道的宝宝的习惯或特点（爱吐东西，大便很多，尿湿了会哭，在有光或轻摇时才睡觉）

• 如果有宠物，要告知一些需要注意的宠物习惯以及有关宝宝和宠物的规则

• 宝宝安全守则(参见第222页)

• 你不在家时，谁可能来看宝宝，怎样招待访客

• 急救包（或个别急救用品）放在哪里

• 如果出现火警、发现冒烟或突然有人来访，应该怎么做

还要将下列信息告诉育儿保姆：

• 重要的电话号码（你的手机、可能会帮忙的邻居、当地的家人、医院急诊室、社区工作人员、水管工）

• 附近医院急诊室的地址，以及去医院的最佳方式

• 在无法联系到你的情况下，提供特定治疗的授权许可（这一条应该事先与宝宝的医生确定）

为了照顾宝宝，要把以上信息记下来（比如记在记事本上）给保姆。

面试最终人选

即使是最详细的简历，也不会告诉你所有想了解的，电话或邮件面试也一样不能。为了更深入地了解你的育儿候选人，你需要和她面谈，最好在家中面谈。可以询问一些无法用简单的“是”或“不是”就能回答的问题。例如：

• 你为什么想得到这份工作？

• 你的上一份工作是什么，为什么辞职了？

• 你觉得宝宝这个年龄段最需要什么？

• 要一整天和这个年龄的宝宝待在一起，你感觉如何？

• 如何看待你在宝宝生活中起到的作用？

• 你会全力支持妈妈继续母乳喂养吗（用奶瓶给宝宝喂吸出来的母乳，按时喂奶，这样不会干扰下班后哺乳）？如果你正在母乳喂养并打算继续下去，这一点很重要。

• 当宝宝开始变得活泼、喜欢搞恶作剧时，你将如何处理？如果需要的话，你觉得应该如何管教宝宝？

• 你每天怎么上班？天气不好的时候呢？

• 你有没有驾照，驾驶记录怎么样？你有车吗？

• 这份工作你打算做多久？

• 你有孩子吗？他们是否会影响你的工作？例如在他们生病或放学时，你是否可以来工作？允许育儿保姆带自己的孩子来工作有好处也有坏处。一方面，这可以让你的宝宝每天都有机会接触其他孩子。但另一方面，也可能会让你的宝宝接触更多细菌。保姆同时照顾其他孩子，可能会分散照顾宝宝的注意力，还可能造成摩擦和关系紧张。

• 你会做饭、做家务吗？如果她能帮忙做家务，你就能多一些时间陪宝宝了。但如果保姆花很多时间做家务，宝宝可能得不到重视和照顾。

• 你身体是否健康？要求对方提供完整的体检报告、最新的免疫接种证明。询问对方是否有吸烟的习惯、是否饮酒和吸毒。吸毒或酗酒的人可能不会坦白告知，但是可以通过一些线索了解信息，如烦躁、焦虑、瞳孔放大、颤抖、害怕、出汗、说话含混不清、无法集中注意力、眼睛充血。当然，很多这类症状也可能是生病的迹象，而非吸毒所致。无论是哪种情况，只要在育儿保姆身上出现，你都要注意。还应该避免雇佣身体不好的保姆，因为这会影响正常的出勤。

• 你最近是否参加过或是否愿意参加心肺复苏术和婴儿急救培训？

你可以问这些问题，但不能只听候选人的回答。根据你对每位候选人的观察，诚实地回答以下问题。

• 候选人来面试时，是否穿戴整

齐、干净？虽然不需要穿新衣服，但候选人的衣服很脏、头发油乎乎、指甲很脏，这些都是不讲卫生的迹象。

• 她有口音吗？显然，你需要一个能和你及宝宝交流的人。

• 她对整洁的看法是否和你一致？如果她在手提包里翻了 5 分钟都没有找到个人简历，而你又是一个做事井井有条的人，你们之间的冲突就在所难免了。反过来，如果她看起来很整洁而你有点乱糟糟，你们也会很难相处。

• 她是否靠谱？如果对方面试迟到，你要小心了。她可能会在将来任何一次工作时迟到，可以和她之前的雇主求证。

• 她的身体是否足以应对工作？现在她需要足够的体力整天抱着宝宝，而宝宝大一些后，她要能跟得上宝宝的脚步。

• 她对孩子是否友好？想知道这一点，仅凭面试还不够，还需要让候选人和宝宝待上一会儿，以便观察他们之间的互动是否有欠缺的地方。她是否投入（和宝宝眼神接触、对宝宝说话），是否有耐心、善良、有兴趣、细心并对宝宝的需求敏感？可以从她之前的雇主那里了解更多情况。

• 她是否聪慧？你需要的育儿保姆最好能以你的方式教育宝宝、陪他玩耍，并且对不同的情况有良好的判断力。

• 你觉得和她相处融洽吗？候选人和你相处融洽与和宝宝相处融洽一样重要。为了宝宝好，你和育儿保姆之间应保持一致、开放和舒适的沟通。确保你们之间可以顺畅地沟通。

• 她的言论和问题中是否有危险信号？如果她问："宝宝经常哭吗？"这可能反映出她对宝宝的正常行为缺乏耐心。沉默也很能说明问题，比如从来不说喜欢你的宝宝，也不对宝宝做出任何评论。

越来越熟悉

如果要你和一个完全陌生的人共度一天，你会开心吗？可能开心不起来，宝宝也一样（开始的几个月可能没事，等宝宝更依恋父母时就会不开心了）。为了让宝宝更好地接受新来的育儿保姆，要让宝宝觉得她不是陌生人。第一次把宝宝留给育儿保姆时，要介绍他们认识，让他们互相熟悉。

你挑选的育儿保姆至少应该与你和宝宝试着待一天，这不仅会让她熟悉你的宝宝，还会让她熟悉你的家庭、你的照顾方式以及生活习惯。这也让你有提供建议的机会，育儿保姆也有问问题的机会。同时，你也能观察保姆的行动——如果你不喜欢她的行为，还有机会改变主意。但要注意，不要根据宝宝的最初反应来判断保姆，因为宝宝目前的发育阶段，更喜欢你很正常（尤其当你在身边时）。

男保姆能否承担这份工作

如果无论什么事情爸爸都能做得和妈妈一样好，那么在育儿方面，男保姆也可以做得和女保姆一样好。所以现在男保姆越来越多，而且越来越多的家长会雇佣男保姆。虽然在育儿行业中男保姆还是少数，但增加的速度很快。谁说很难找到好的男保姆？

要根据保姆如何应对宝宝来判断。当她试图赢得宝宝欢心时，是否有耐心、冷静、会哄小孩，或她看起来有点焦虑或容易受惊？还可以在第一天让宝宝和保姆单独待一会儿，如果你的时间比较灵活，下一次让他们单独待半天或至少在你复工前让他们待上一天。

宝宝6个月前，可能会比较容易适应新保姆，很多宝宝在出现陌生人焦虑后（通常在第6～9个月，参见第424页），适应的时间会更长。

试用期

最好在试用后再聘用育儿保姆，这样在决定长期聘用之前，你可以评估她的表现，而且应预先说明。如果你预先说明这个工作有两周或一个月（或任何指定时长）的试用期，这对你和保姆都更公平。在试用期内观察宝宝的表现，当你回到家时，他是否快乐、干净？是否比平常更累、更暴躁？是否及时更换了尿布？重要的是保姆在结束一天工作之后的状态。她是否轻松、舒适？还是很紧张或急躁，在结束工作后明显更高兴？她会及时告诉你她和宝宝的一天，报告宝宝的最新成就以及她注意到的问题吗？还是只是例行告诉你宝宝睡了多久，喝了多少奶，或更糟的是，哭了多久？她是否明白她是在照顾你的宝宝，尊重你的决定，并接受你的意见？或是她认为现在应由她来负责？她有没有违反基本的安全原则（你回家后发现宝宝两侧放着卷好的毯子和一个毛绒玩具）？

如果你和新保姆无法愉快相处，或她工作时显然不快乐，可以重新挑选。如果你不放心，可以试着在育儿保姆不知情时早点回家，看看你不在家时的真实情况。或是问问邻居，他们也许会在公园、超市或街上看到你的保姆是怎么做的。如果邻居告诉你，本来快乐的宝宝在你离开时经常哭个不停，你就应该注意了。另一种选择是，考虑用摄像头来监督保姆（参见第284页专栏）。

如果每一个人、每一件事都不错，但你还是觉得不对劲（每次离开时你都很担心、焦虑，总想看看保姆有什么过错，即使她已经做得不错了），那么可能是育儿安排的问题，而不是保姆的问题。也许你不应选择离家的全职工作或学习，全天或半天在家的工作或学习方式更适合你。

日托

好的日托有很多优点。最好的一点是，训练有素的人员提供专门针对宝宝发育和成长的系统方案，让宝宝有机会和其他宝宝一起游戏、学习。这种机构不依赖于某一个人，如果老师生病或离职了，虽然宝宝也需要调整适应新老师，但不会带来太大的问题。在有日托服务许可的机构中，宝宝是安全、健康的，有时还能监测宝宝的教育情况。通常日托更实惠，所以它也是许多父母的优先选择。

日托的缺点也相当明显。首先，并非所有日托都好。即使日托很好，但相比家中接受的照顾，还是缺少一些个性化看护，老师要照顾多个宝宝，任务很繁重。而且日托中心的日常安排灵活性更低，如果日托机构遵循公立学校的校历，那么你工作时，它有可能会因放假而关闭一段时间。虽然它的成本比请育儿保姆便宜很多，但也不低，除非该机构获得政府或私人的资助（比如企业的日托）。最大的缺点可能是在日托中心宝宝感染疾病的概率通常很高。由于许多上班的家长在宝宝感冒或患有其他轻微疾病时别无选择，只能照常送他们到日托中心，所以日托宝宝出现耳部感染和其他疾病的概率比较高。但早期接触一些细菌也有意想不到的好处：这些宝宝的免疫力更强，日后患感冒和感染其他疾病的次数更少。

当然，也有一些确实不错的日托机构，选择日托时，要兼顾自己的经济实力和宝宝的需要。

在哪里找日托

你可以听听和自己育儿方式相似的朋友和当地网站留言板上网友的建议，上网搜索日托中心或日托服务，致电所在地区的相关管理机构，或问问同事，以获得当地日托中心的信息，也可以问问医生的建议。在获得一些日托中心的信息后，需要先评估。

如何评估

日托中心的水平参差不齐，有的很不错，有的很糟糕，但大多数介于两者之间。其他家长的评价可以帮助你了解特定机构的服务质量，但还需要进一步调查。为全面评估你考虑的日托中心，需要检查以下几方面。

许可证。大多数地区都会根据日托中心的卫生和安全情况颁发许可证，但这种许可不考虑看护质量。尽管如此，许可证还是可以提供一些保障，应优先考虑有许可证的日托机构。

训练有素且经验丰富的工作人员。至少主要的教师应具备儿童早期教育的知识，所有员工都应有婴幼儿看护的经验，并受过急救训练，掌握急救技能（例如心肺复苏术）。工作人员的更换率不应太高，如果每年都

监督育儿保姆

你是否想知道你不在家时到底发生了什么？保姆是否整天都充满爱心地照顾宝宝，有没有总是看手机和电视？保姆是很温柔地和宝宝说话、抱宝宝，还是任由宝宝在座椅或小床上哭闹？她是遵从你的要求，还是等你一出门就把这些抛在脑后？她的表现是否令你满意？

越来越多的家长开始使用一种隐藏摄像机——“保姆摄像头”来监督照顾宝宝的保姆，确认保姆是合格的，或了解他们是否有让自己不能接受的行为（尤其是触及了你的底线）。如果你也考虑安装这样一个摄像机，要先考虑下列问题。

设备。可以购买或租用摄像机，或请专业人员到家里安装监控系统。花费最少的选择是将摄像机安装在宝宝和保姆经常待的房间里，它可以提供局部的图像，但无法提供整个房子的图像（虐待行为可能会发生在其他房间）。隐藏在毛绒玩具中的无线摄像头更贵，但也更隐蔽，而且可以把它从一个房间移动到其他房间，你可以看到不同的房间。监控整个房子的系统可以显示照顾宝宝最完整的画面，但也昂贵得多。

监控能发挥多大作用取决于你如何使用它。每周都应录上几天（每

更换好几个新老师，就要小心了。

健康安全的工作人员。询问是否所有保育工作人员都接受了最新免疫接种及完整的医疗检查（或查看证明），包括肺结核检测，以及彻底的健康背景调查。

良好的师生比例。每个工作人员最多负责3个宝宝。如果高于这个比例，那么当宝宝哭闹时，必须等工作人员有空了才能满足宝宝的需求。

规模适中。大型日托的监督和运行可能会比小一些的日托更差，当然也有例外。此外，宝宝越多，疾病传播的概率就越高。无论日托的规模如何，每个宝宝都应拥有足够的空间，不能太拥挤。

不同年龄段的宝宝应分开看护。出于安全、健康、关心和发育问题的考虑，一岁以下的宝宝不应和其他幼儿或大一些的宝宝在一起。

充满爱心的氛围。工作人员要真心喜欢宝宝并充满爱心地看护宝宝。宝宝应该很开心，很机灵，而且很干净。可以在中午或下午快结束时临时访问日托中心，这时你可以看到比早上更真实的日托情况。如果日托中心不让家长临时来访，就要注意了。

充满激励的氛围。即使是两个月

天都录最好）并定期观看，或工作时用电脑或手机软件实时监控。否则如果保姆虐待或忽视宝宝，你发现时已经是几天之后了。

你的权利和保姆的权利。各国有关摄录的法律不尽相同，但大多数情况下，在自己家里，即使保姆不知情，录制保姆的工作情况也是合法的。另一个问题是伦理问题——这常常引发争论。一些家长觉得，监控保姆可以确保宝宝的安全，这比伦理问题更重要；而另一些家长认为，监控保姆会侵犯她的隐私，而且给保姆不信任的感觉，当然，你可以把摄像当成工作的一部分，提前告知保姆，家中的安保系统会全天候拍摄，所以她的行为也会被拍摄下来。这样的话，如果她接受这份工作，也就接受了拍摄。

你的动机。如果你想让自己放心，可以买一台摄像机。但如果你觉得对保姆不太放心，自己要像间谍一样监视她，就不应该雇佣她。在这种情况下，相信自己的直觉可能更明智，不仅省钱，还能为宝宝找到一个更值得信任的保姆。

如果你决定安装摄像机，不要用它来筛选保姆候选人。一定要先筛选，再让保姆和宝宝单独待在家里。

的宝宝也会受益于激励的氛围，在这种环境中，宝宝可以与照顾者进行大量语言和身体上的互动，还应有许多适合他们的婴儿玩具。随着宝宝的成长和发育，除了玩具外，还可以接触到一些书籍、音乐，并到户外玩耍。最佳的方案包括偶尔的出游：带宝宝去公园、超市、消防站、博物馆或父母可能会带宝宝去的其他地方。

家长的参与。是否邀请父母参加日托课程，是否让家长委员会参与制定一些规则？会不会需要你的参与，如果需要，你的时间是否合适？

舒服的理念。日托中心的理念——教育、宗教、意识形态等是否让你感到舒服？查看日托中心的宗旨。

有足够的休息时间。无论在日托中心还是家里，大多数宝宝都需要小睡。日托中心应有安静的地方，可以让宝宝在各自的小床上小睡，并且可以按照自己的规律，而不是日托中心安排的时间小睡。

安全性。在运营期间，日托中心的大门应是关闭的，并且有其他安保措施（家长和访客需要登记才能进入，有人看守，如有必要还需出示身份证）。日托中心应有接送宝宝保护系统，只有那些在预先批准名单上的人才能接走宝宝。

严格的健康和卫生规范。在自己家里，你不用担心宝宝把什么东西都塞进嘴巴里，但在日托中心要和其他宝宝待在一起，每个宝宝都带有自己的细菌，所以要注意。日托中心是许多肠道疾病和上呼吸道疾病传播的风险场所。为了尽量减少病菌的传播，并保护宝宝的健康，管理良好的日托中心都会有医疗顾问，并且制定相关的规则，其中应包括：

• 护理人员在换尿布之后必须仔细清洁双手。在帮助宝宝如厕、擦鼻涕或护理患流感的宝宝后，在喂奶之前都要洗手。

• 换尿布区和食物准备区必须完全分开，每次换下来的尿布都要清洗。

• 喂奶用具应用洗碗机清洗，或使用一次性用具，奶瓶要贴上宝宝的名字，以免混淆。

日托中心怎么样？宝宝的反应是晴雨表

无论为宝宝选择哪种保育方式，都要注意宝宝是否有不满的迹象：饮食和睡眠出现新问题、个性或心情的突然变化、依恋、烦躁等。而这些问题不是由于出牙、生病或其他明显的原因导致的。如果宝宝似乎不高兴或身体发育不佳，要检查宝宝的看护状况——可能需要改变。

• 必须在卫生合格的条件下为宝宝准备食物。

• 尿布应丢弃到有盖子的容器中，放在宝宝够不到的地方。

• 玩具应经常冲洗、消毒或使用单独的盒子为每个宝宝保存玩具。

• 毛绒玩具和其他可机洗的玩具应经常清洗。

• 磨牙圈、奶嘴、浴巾、毛巾、刷子和梳子不能共用。

• 必须定期为所有宝宝及护理人员接种免疫疫苗（包括季节性流感疫苗和加强针）。

• 患有中度到重度疾病的宝宝，尤其是出现腹泻、呕吐、高烧和某些皮疹的宝宝必须留在家中或日托中心的治疗室中（但感冒时不一定非要留在家里，因为感冒在出现症状之前就具有传染性了）。如果有宝宝患有严重的传染病，日托中心应通知所有宝宝的家长。

• 对于吃药的宝宝，应有相应的措施。

还要到当地的卫生部门查询，确保没有针对日托中心的投诉。

严格的安全规则。在日托中心，意外受伤和大多数轻微受伤很常见（在家中也可能发生这种情况）。但是，日托中心越安全，宝宝就越安全。日托中心应符合你在家里贯彻的安全要求（参见第 375 页）。确保玩具适合宝宝的年龄，并按不同年龄分别放置，日托中心要随时注意并根据召回要求处理玩具、家具及婴儿用品。

注意营养。所有餐点和零食都应包装完好、健康安全，并且适合宝宝的年龄。日托中心应遵循家长要求的配方奶（或母乳）、食物和喂奶的时间安排。必须用手拿着奶瓶给宝宝喂奶。

家庭日托

许多家长觉得将宝宝留在只有少数几个宝宝的私人日托里，比将宝宝放在日托中心更放心。对无法负担请保姆在家照顾宝宝费用的家庭来说，家庭日托往往是个好选择。

这种照顾方式有不少优点。家庭日托往往可以提供温暖的、像家一样的环境，而且价格也比其他保育方式便宜，也是不错的选择。家庭日托的宝宝比日托中心少，所以感染疾病的概率要低一些，宝宝可能受到更多的激励和个性化保育（尽管不一定能实现）。日程安排也更加灵活，在需要时可以早些送宝宝去，也可以晚点接宝宝回来。

缺点是家庭日托的情况各不相同。这类机构大多没有获得正式许可，健康和安全的保护措施很少。一些家庭日托保育人员没有接受过安全及心肺复苏训练，缺乏专业的育儿经验。如果保育人员或她的孩子生病了，可能没有额外的应对措施。虽然被感染的风险低于日托中心，但仍存在细菌传播的可能性，尤其在卫生条件较差的情况下。参见第283页，了解有关如何寻找日托中心，以及寻找日托中心时应注意的问题。

公司日托

在一些发达国家，公司日托已成为一项常见的选择。在美国，这种距离父母所在公司较近的日托方式刚刚兴起，越来越多为员工家庭考虑的公司认识到公司日托的好处，并开始提供这项服务。如果有条件，这也将会是很多父母的选择。

这种日托方式非常有吸引力。如果出现紧急情况，宝宝就在你附近，你可以在午休时去看他，还可以和宝宝一起上下班，你和宝宝有更多时间在一起。这种机构通常由专业人员组成，而且设备比较好。最好的一点在于，知道自己的宝宝就在附近，并且

让照顾人遵循安全睡眠原则

如果你将宝宝留给别人照顾，无论是育儿保姆、爷爷奶奶、朋友还是日托的保育人员，都要确保他知道安全睡眠的原则，包括“仰睡，趴着玩”：你的宝宝应该在安全的地方、安全的情况下仰睡，并且在有人持续监督的情况下，他清醒时有趴着玩的时间。

工作日宝宝生病

没有父母想看到自己的宝宝生病，工作的父母特别害怕宝宝发烧或出现肚子疼的症状。毕竟，在你需要全职工作的同时照顾生病的宝宝，会带来很多挑战，最主要的问题是：谁来照顾宝宝，在哪里照顾？

最理想的情况是，宝宝生病时，不论你还是伴侣，都可以腾出时间在家照顾宝宝，在身边握着他烫烫的小手，擦擦高烧的额头，并给予他独有的爱和关注，情况会完全不同。第二理想的情况是，让你信赖的育儿保姆或其他家人在家陪伴宝宝。有些日托中心有患儿医务室，宝宝可以置身于熟悉的环境中，有熟悉的人陪伴。还有专门的患儿护理，有上门服务的，也有较大的护理中心——当然，这种情况下，宝宝必须适应在陌生环境里由陌生人照顾，但生病是宝宝最脆弱的时候。为了保证父母能正常工作，有些公司会支付照顾患儿的费用，例如出钱让宝宝待在日托中心的患儿医务室，或雇专业人员上门陪伴宝宝。

获得较好的照顾，可以让你更专心地工作。公司日托的价格通常较为低廉，有些甚至免费。

公司日托也有一些缺点。如果你上下班通勤很困难，那么带上宝宝就更困难了，不仅要挤公交车和地铁，还要带上尿布包和婴儿车；如果开车上班，宝宝可能一直在后座上大哭。如果宝宝能在白天看到你，形成规律后每次离别都会让他很难受，尤其在面对压力时。某些情况下，去看宝宝还可能会分散你工作时的注意力。

当然，公司日托也应和其他日托中心一样，满足所有教育卫生和安全标准。如果所在的公司没有设立这样的标准，可以建议相关部门建立标准，使公司日托更完善、更安全。联合身边其他家长有助于解决这一问题。

“工作中”的宝宝

每天都带上宝宝去工作吗？这不常见也不实际，但对于少数家长来说，这也是一种选择。如果你的工作比较灵活，获得了老板和同事的支持，有地方放便携式婴儿床和其他婴儿用品，并且宝宝比较安静，那么这种方式再好不过。理想情况下，至少要有人有部分时间或可以随时照顾宝宝，或你能同时应对几件事情，否则，宝宝可能会比日托中心的其他宝宝更缺少关注和激励。如果工作氛围很轻松，那么带宝宝去上班没问题，如果工作压力很大，对宝宝成长就不好了。

第9章　第4个月

很多宝宝在这个月都会微笑了，所以，你也会经常微笑。宝宝刚刚步入所谓的婴儿黄金期，这几个月中，宝宝白天会有更多欢乐，晚上睡觉的时间会更长；他还无法独自移动，这意味着你把他放在哪里，他就会待在哪里，几乎不会有因淘气造成的伤害，好好享受这段时光吧。宝宝会对社交感兴趣，开始热衷于咕咕哝哝地交流，喜欢看周围的世界，并且能被3米内的事物吸引。毫无疑问，这个月龄的宝宝是大家的开心果。

宝宝的饮食：配方奶量

如果是母乳喂养，很容易知道宝宝是否吃下了足够的母乳：宝宝大便多，意味着他吃得也多。如果是奶瓶喂养，就要好好算一下。虽然没有神奇的公式告诉你每次奶瓶中应该装多少配方奶，宝宝能喝多少奶，每周应该给宝宝喝多少奶，但你可以参考一下总的指导原则。很多原则都依据宝宝的体重、月龄给出了参考，另外，添加辅食后，也要考虑宝宝的辅食量。

- 6个月以下的婴儿（还未添加辅食）每24小时的配方奶量和体重的关系为每千克130～170毫升。如果你的宝宝体重为4.5千克，也就是每天应喝的配方奶量约为600～750毫升。24小时内，应该每4小时给宝宝喂90～120毫升配方奶。
- 不满6个月的宝宝通常一天的配方奶量不超过960毫升。添加辅食后，配方奶量可以稍微减少一些。
- 大多数宝宝在第一个月开始时，每次只能喝60～120毫升奶，然后每个月增加30毫升，直到每次能喝180～240毫升。随着宝宝的胃容量越来越大，一次能吃更多奶，他吃奶的次数会减少，但奶量会增加。例如，6个月大的宝宝平均每天吃奶4～5

宝宝的基本情况：第 4 个月

睡眠。宝宝是不是很快就能睡一整晚？有些宝宝到了第 4 个月时，夜间的睡眠时间更长，一次可能睡 6 ～ 8 小时。整晚的睡眠时间为 9 ～ 10 小时。白天要小睡 2 ～ 3 次，每次睡 1.5 ～ 2 小时。每天的睡眠总时间为 14 ～ 16 小时。

饮食。宝宝的饮食与上个月相比没有太大变化，还是只喝液体。

- 母乳。宝宝每 24 小时内要吃奶 6 ～ 8 次，半夜吃奶的次数更少了，每天喝的母乳为 720 ～ 1080 毫升。
- 配方奶。宝宝每天吃奶 4 ～ 6 次，每次 150 ～ 210 毫升，平均一天吃奶量为 720 ～ 960 毫升。

玩耍。宝宝现在玩些什么呢？游戏垫和游戏床仍然是他们的最爱，但从这个月开始，他们也喜欢一些感官玩具——按压或摇晃时会发出颤音、啾啾声或咔嗒声。你会看到宝宝有多么喜欢游戏垫带给他们的欢乐。宝宝现在会伸手去抓玩具了，所以要小心他能抓住的玩具。他们也喜欢图案和颜色对比强烈的软布书。读给宝宝听，翻页时你会发现宝宝对书上的图画有多么着迷。同样让他们着迷的还有能看见自己模样的婴儿镜。最后，宝宝很喜欢会发出音乐的玩具（尤其是会根据宝宝动作发出音乐的玩具），可以准备一些这类玩具。

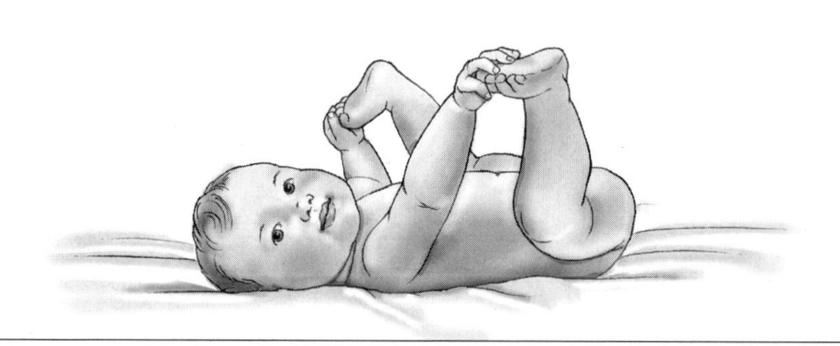

次，每次 180 ～ 240 毫升。

但这只是一个大概的指导原则，每个宝宝都是不同的，即使是同一个宝宝每天的需求也不同，不应该严格按照这个标准给宝宝准备配方奶。宝宝每天、每顿需要多少配方奶都不一样，可能和同样大的宝宝也有明显差异。宝宝的消耗不仅取决于他的体重，还有月龄。例如，6 周大的宝宝，可能喝不了 3 个月大宝宝的奶量，即使他们体重相当。

最重要的是，和母乳喂养的宝宝

一样，奶瓶喂养的宝宝知道他们什么时候吃饱了。所以，不要根据特定的量喂奶，要注意观察宝宝饥饿的信号，根据胃口喂奶。只要宝宝体重增长正常，大小便情况正常，快乐又健康，一切就进展顺利。为了确保安心，你也可以向儿科医生咨询宝宝的配方奶摄入量是否合适。

你可能疑惑的问题

宝宝拒绝吃母乳

“我的宝宝母乳喂养一直很顺利，但过去的 8 小时她拒绝吃母乳。我的乳汁有什么问题吗？”

可能出了问题——但不是乳汁的问题。暂时拒绝吃母乳，也称作罢奶。这很常见，通常是由特定原因引起的，最常见的原因可能有以下几个。

妈妈的饮食。你是否钟爱大蒜？是否喜欢吃剁椒鱼头？如果你经常吃这些食物，其中辛辣或刺激的成分会进入母乳，引起宝宝的抗议。如果你知道是什么导致宝宝拒食，离乳前要避免吃这些食物。但是，很多宝宝并不介意母乳中香料的味道，特别是在妈妈子宫的羊水中就很熟悉这种气味的宝宝。有些宝宝还特别享受这种有刺激味道的乳汁。

感冒。鼻子不通气的宝宝无法同时吃母乳和呼吸，这样他们选择呼吸就合乎情理了。如果宝宝鼻塞，可以轻轻地用吸鼻器抽吸他的鼻孔。鼻涕干了？可以用生理盐水喷雾软化一下。

出牙。大多数宝宝到 5 ～ 6 个月才开始出牙，但少数宝宝出牙较早，极少数情况下，宝宝会在 4 个月时长出 1 ～ 2 颗牙齿。吃奶会对肿胀的牙龈造成压力，吮吸时会疼。如果出牙的宝宝拒绝吃母乳，通常一开始会热切地吃奶，然后因为疼痛推开乳房。

耳朵疼痛。耳朵疼会影响下颌，使得吃奶时的吸吮动作非常不舒服。关于耳朵疼痛的内容，参见第 532 页。

鹅口疮。如果宝宝的口腔感染了白色念珠菌，吃奶时就会疼。一定要治疗，以防这种真菌通过皲裂的乳头传染给你，或传染到宝宝身体的其他地方（参见第 143 页）。

泌乳太慢。乳汁不能立刻流出（有些妈妈需要 5 分钟）会使非常饥饿的宝宝失去耐心，在乳汁还没流出之前就生气地推开乳房。为避免这样的问题，抱起宝宝前先挤出一点乳汁，这样宝宝开始吸吮就会有乳汁流出。

激素水平发生变化。再次怀孕（如果是纯母乳喂养，这种可能性不大，配方奶喂养更有可能）会分泌激素，改变母乳的味道，使宝宝拒绝母乳。月经来潮也可能造成激素水平变化。

妈妈的压力。也许你刚刚返回工作岗位，所以有些压力，也可能是因为到了还信用卡的时间，或因为洗碗机又坏了，也可能只是今天过得很糟糕。不论什么原因，如果你感到担忧或沮丧，会将这些压力传递给宝宝，使他太焦虑而不愿吃奶。喂奶前试着先让自己放松一下。

宝宝的注意力分散。随着宝宝越来越机灵，可能开始意识到生活中不只有妈妈的乳房。他很容易被周围的世界吸引，即使在你努力喂奶时，他也可能想要挣扎着去看看这个世界。如果你的宝宝是这种情况，试试在一个安静的、昏暗的、没有其他干扰的场所喂奶。

有时候，宝宝拒绝母乳并没有明确的原因。就像成年人会有一两餐“厌食”一样。幸运的是，这样的情况通常是暂时的。关于罢奶，你还可以参考以下建议。

- 不要使用替代品。当宝宝拒绝母乳时给他一瓶配方奶，会影响泌乳量，让情况更糟糕。即使是时间比较长的罢奶，也只会持续 1 ～ 2 天。
- 试着将母乳装入奶瓶喂宝宝。如果宝宝一直拒绝乳房，就将母乳吸出用奶瓶喂他（如果宝宝不喜欢母乳本身，这样做就不见效了）。
- 尝试、再尝试。即使宝宝拒绝好几次，但很可能最后他会给你惊喜，继续吃奶。
- 减少辅食。如果已经开始给宝宝吃辅食，他可能会吃得太多，影响吃母乳的胃口。在这个年龄，母乳还是比辅食更重要（事实上，不建议给 6 个月以下的宝宝添加辅食），应该把母乳放在第一位。

如果宝宝拒绝母乳超过了 1 ～ 2 天，你担心他没吃饱，或他出现某些生病的迹象，应该咨询医生。

换尿布时扭来扭去

“我给女儿换尿布时，她不会安静地躺着，总想翻身。怎么做才能让她配合我呢？”

现实情况是，在这个越来越好动的月龄，不能指望宝宝换尿布时配合你，而且随着宝宝的成长，换尿布时会越来越不配合。毕竟，宝宝不喜欢像只小乌龟一样被固定在尿布台上，也讨厌换尿布，这使得每次换尿布都会引发一场战争。技巧就是：速度要快（提前准备好换尿布需要的所有物品，放在尿布台旁），并且要有吸引宝宝注意力的东西（可以在尿布台上悬挂风铃或让宝宝拿着玩具）。给宝宝唱歌或跟他说话，也可以吸引宝宝的注意力。或者换个地方给宝宝换尿布，比如在客厅地板垫着的毛巾上，或你卧室里的大床上（一刻也不要离开他）。

支撑着宝宝

“宝宝在婴儿车中时，我想让他

看看周围的世界，但他还不能坐起来。我可以把他撑起来吗？”

没有必要再让宝宝躺着欣赏这个世界了。只要宝宝能很好地支撑头部，并且不会瘫倒，或撑起后不会滑倒，他就做好了准备，而且很渴望被支撑起来。宝宝喜欢改变姿势，坐着能扩大他的视野。宝宝坐起来后能看到路人、商店、房屋、大树、小狗、其他婴儿车中的宝宝、大一些的小朋友、公交车、小汽车，以及其他一切让他惊奇的事物，不只是天空或婴儿车的内饰。

和躺着相比，这样的外出会让他更开心，也让你们更加愉悦。可以用特别设计的头部支撑物，保持宝宝头部直立。你购物时，可以用购物车婴儿座位保护垫，把宝宝支撑起来（但要确保适合宝宝的月龄和体重）。

宝宝在家时也喜欢被支撑起来。

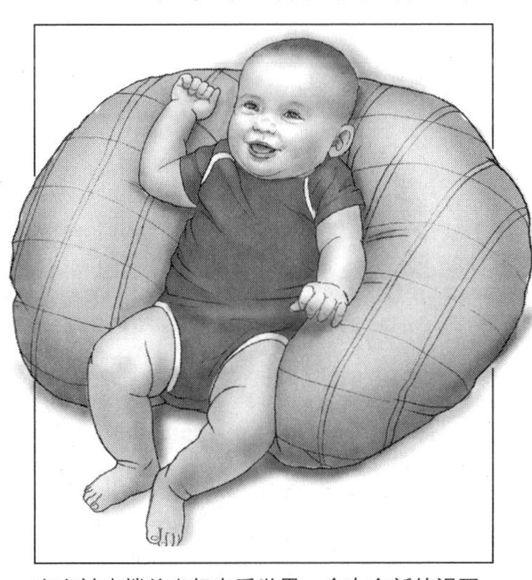

宝宝被支撑着坐起来看世界，会有全新的视野。

可以用专门设计的支撑枕，让他用不同的姿势玩耍。当宝宝坐的时间过长时，他通常会发出信号，开始抱怨、扭动或滑向一边，毕竟，坐着也是一件辛苦的事。

宝宝在婴儿椅上很焦躁

“我真的很想让宝宝在婴儿椅里待一会儿，这样我就能做些别的事。但是我刚把她放进去，她就很焦躁。”

有些宝宝坐在婴儿椅里看看周围的世界就感到很满足。而另一些宝宝天生就比别的宝宝更好动，被限制在婴儿椅里，他们会感到无聊和挫败。你的宝宝可能对这种限制感到不满和抗拒，在这种情况下，让宝宝乖乖坐在婴儿椅里非常具有挑战性。你可以采取以下方法来缓解宝宝的不满。

• 减少使用。只有在需要宝宝绝对安全地待在你身边时才用它（例如你要洗澡的时候）。

• 尝试改变风景。让宝宝坐在婴儿椅中看风景，他很少会反抗。可以将婴儿椅放在镜子前（宝宝可能会喜欢与自己交流）或你旁边安全的地方（没什么比忙碌的父母更有吸引力）。

• 增加一些娱乐活动。一个玩具会将平常的婴儿椅变成宝宝的游戏中心，如果玩具会旋转，就能不断引起宝宝的兴趣，让烦恼远去。如果玩具让宝宝更烦躁，可能是因为他太疲劳或受到过度刺激，在这种情况下，拿走玩具宝宝就会平静下来。

• 运动起来。宝宝坐在座椅里时，打开轻摇模式能让他更舒适（但有些宝宝会紧张）。或把他放在跳跳椅中，他可以自己运动。

• 随他去。较小的婴儿通常坐着就很满足了，而较大的宝宝渴望自由活动。所以不要将宝宝限制在婴儿椅里，可以把他放在地板中央的毯子或游戏垫上，让他趴着。这样不仅能让宝宝平静下来，还能让他有机会锻炼一些技能，例如翻身和爬行。但是在他学会爬以后，为了安全起见，你必须时刻都在宝宝身边。

• 考虑其他限制宝宝活动的方法。在身体和发育上，宝宝可能已经超过婴儿椅提供的安全范畴。如果需要将宝宝放在其他地方，可以考虑游戏垫或游戏床。

宝宝坐在汽车安全座椅里不开心

“每次我把儿子固定在汽车安全座椅里，他都会哭——所以我和他一样害怕坐车。”

汽车引擎的嗡嗡声和汽车的移动能安抚宝宝，让很多宝宝入睡（有些宝宝车一开动，就会睡着），但并不是所有宝宝都喜欢，特别是要被固定在婴儿汽车安全座椅上时，外出就显得不那么有乐趣了，你的宝宝并不是特例。宝宝因为被固定在汽车安全座椅上而发脾气很常见，当他更大更灵活时，坐在面朝后的安全座椅中可能会感到孤单、无聊。试试以下方法，可以让宝宝在路途中更开心一点。

• 转移宝宝的注意力。如果宝宝一看到安全座椅就大哭，系安全带时要转移他的注意力。可以唱一首他最喜欢的歌或高举一个他喜欢的玩具，让他向上看。幸运的话，当你系好安全带时，宝宝才会注意到你做了什么。

• 让宝宝感到舒适。系紧安全带可以保证安全（宝宝的身体和安全带之间的缝隙不超过两根手指的宽度），但安全带太紧会夹住或陷入宝宝的皮肤，太松则不安全，宝宝会来回滑动，更加不舒服。如果宝宝太小，还不能坐满整个安全座椅，可以用安全座椅自带的为婴儿特别设计的插垫，让宝宝更舒适，避免从一边滑向另一边。还要检查后座的温度，不要太热，也不要太冷，而且不要让空调风对着宝宝直吹。

• 挡住阳光。阳光刺眼的刹那，大多数宝宝都会觉得不舒服，所以要让宝宝待在阴凉的地方。可以拉下安全座椅的遮光罩或装一个遮光帘，挡住阳光。

• 开车时吸引宝宝的注意力。播放一些舒缓的音乐或轻快的儿童歌曲，跟随音乐一起唱，也可以播放宝宝最喜欢的大自然声音。带上可以在车上安全玩耍的玩具，确保玩具不会掉落（将玩具固定在安全座椅上或用有魔术贴的玩具），经常转动这些玩具，宝宝就不会感到无聊了。坐在面朝后的安全座椅里，宝宝能看到的风景有限，可能会无聊得大哭，在座椅靠背上装一块特制的婴儿镜，面对着宝宝。镜子中的影像不仅能分散宝宝的注意力，如果镜子的位置合适，你还能在后视镜中看到宝宝的脸。

• 让宝宝知道你在他身边。坐在后排很孤单，所以要多说话，多唱唱歌（甚至要盖过宝宝的哭声）。你的声音最终会让宝宝平静下来。

• 陪伴。当车内有两个成年人时，一个人可以坐在宝宝旁边，和他进行一些娱乐活动，让宝宝安心。大一点的孩子也能做到这点（13 岁以下的儿童都应当坐在后排）。

• 多花点时间，不要放弃。宝宝最终会接受安全座椅。但是，对宝宝的抗议做出让步很危险，即使只是一次，即使只是很短的路途（碰撞就发生在一刹那，没系安全带的儿童可能受伤甚至死亡），而且让步一次就有可能再次妥协。

吃手

“我女儿开始吃手了。起初我很高兴，因为这有助于她的睡眠，但现在我担心这会变成一种习惯，以后改不掉。”

做个婴儿也不容易。每次好不容易找到让自己舒适和满足的事物，就有人想把这些东西拿走。

事实上，所有宝宝在第一年都会吃手，有些宝宝甚至在妈妈肚子里时就有了这个习惯。这并不奇怪，婴儿的嘴巴是个很重要的器官，不仅用来吃东西，还用来探索和体会乐趣（宝宝拿到任何东西都会放进嘴巴里）。在宝宝能够到其他物品之前，他首先发现了自己的双手。最初，宝宝可能只是偶然把手放进嘴巴里，但他很快就发现，将手放进嘴巴里有一种愉快的感觉。于是，他就会频繁地这么做。最终，很多宝宝都认为，拇指是吮吸起来最有效、最舒服的手指（可能是拇指最容易与其他手指分开吧），并且从吃手变成吮吸拇指。有些宝宝会对某一两根手指很执着，有些宝宝喜欢整个拳头（尤其是出牙的时候），甚至是两个拳头。

刚开始，你会觉得这个习惯很可爱，甚至会高兴地认为宝宝发现了一个安抚自己的方法，不需要你的帮助。但接着就会开始担心这会不会成为一种很难改掉的习惯？会不会导致宝宝以后牙齿畸形？

不要担心，让宝宝自我沉迷一下吧。如果在 5 岁前停止，没有证据表明吃手会对恒牙的排列造成影响。近 80% 的儿童会在 5 岁前不再吃手（95%

会在6岁时改掉），自己改掉这个习惯。与仅仅贪图嘴巴上的舒适感相比，有些宝宝利用吃手让自己入睡，或是在有压力时让自己舒适放松，这些宝宝改掉这个习惯的时间会更长一些。

另外，还是应该让宝宝自己改掉这个习惯。但是，如果宝宝是母乳喂养，要确保他吮吸拇指不是因为要弥补乳汁吮吸不足。如果每次吃奶时，宝宝想要多吮吸一会儿乳房，随他吧。

这个能吮吸吗？

宝宝的嘴巴不论靠近什么，都可能会吮吸——乳头、他们的大拇指、你的手指、你的肩膀……你可能对宝宝非常有吸引力，但是你的皮肤宝宝吮吸起来是否安全？毕竟你洗澡之后涂上了润肤乳，出门之前涂抹了防晒霜。宝宝会不会吸吮到不该摄入的物质呢？很有可能。虽然润肤乳和防晒霜在使用一段时间后会因为皮肤和衣物的摩擦、挥发而消散很多，但很可能还有一些残留在你的皮肤上。这就意味着宝宝可能会吸吮到这些残留物（如果他是在你刚涂抹这些产品之后吸吮，进入他嘴里的残留就更多了）。如果可以，把这些更换为婴儿适用的产品，成分越简单越好（可以和宝宝共用护肤品，节约空间和成本）。或者在你抱起宝宝之前，把润肤乳或防晒霜洗掉。

如果吮吸手指让他的双手无法进行其他活动，就要移开手指，让宝宝不再长时间吮吸它，可以和他玩需要用到手指的游戏（例如“眼睛、鼻子、嘴巴在哪里？”），或抓着他的小手摇响拨浪鼓。

胖墩墩的宝宝

“每个人都很喜欢我胖墩墩的女儿。但是我怕她太胖了，圆滚滚的，移动一下都很难。”

宝宝膝盖和肘部的小肉窝，圆润的小肚子，肉嘟嘟的小下巴，胖乎乎的脸颊十分讨人喜欢，他从头到脚都是图片中可爱至极的宝宝。然而，胖墩墩的宝宝健康吗？宝宝是不是正在向肥胖儿童发展，以后会成为一个肥胖的成年人？

这个问题问得好，已经有很多相关的研究表明，在最初6个月内体重快速增长的宝宝，3岁时出现肥胖的可能性更大。但是，即使没有这些研究结果，早期过胖也不好。如果宝宝太胖而不能活动，会形成因为超重而不愿活动，而后加剧超重的恶性循环。活动越少，积累的脂肪就越多，脂肪越多，活动就越少。活动费力会让宝宝挫败、发脾气，爸爸妈妈会多喂奶来让他快乐起来。如果宝宝在4岁之前都超重，他成年后超重的可能性会很大。

但是——这里有个大大的转折，在你下任何结论之前，要确定宝宝确实是超重，而不只是长得有点圆润。因为宝宝的肌肉还没有发育好，即使苗条的宝宝也可能有一定程度的婴儿肥——宝宝本来就是这样。为了更准确地评估宝宝的体重，看看他的身高与体重的关系(参见第108～111页)。如果两者都上升得很快,但曲线相似，可能你的宝宝只是比一般的宝宝体格大一些。如果体重看起来比身高上升得快，要和医生讨论一下，他可能体重增加太快了。

胖嘟嘟的宝宝需要节食吗？当然不用。这个年龄的宝宝不用减肥，如果宝宝超重，只需要让体重增加的速度慢下来。之后，随着不断长高，大多数宝宝都苗条起来，因为他们的活动会越来越多。

以下是如何让宝宝在一岁前保持健康的建议。

• 让宝宝的胃口决定食量。宝宝天生就知道如何调节食量：他们饿了就会吃，吃饱了就会停。但是，当父母催着他们喝掉最后几十毫升奶、吃掉最后几口米糊时，这样的自然调节系统就很容易被破坏。所以，让宝宝来决定什么时候结束用餐吧。

• 只在饿的时候喂他。如果宝宝不仅在饥饿时，在受伤或不高兴时，在父母太忙碌而无暇陪伴时，或在婴儿车中百无聊赖时，都被喂奶，那么他会继续因为其他原因而要求喂奶，长大后也会为了同样错误的原因吃东西。不要在他每次大哭时都喂奶，先试着找出原因。

可以给他一个拥抱安抚他，不要额外喂奶，如果宝宝在两餐之间或喂奶后有吮吸需求，就给他一个安抚奶嘴。当你太忙碌不能和宝宝做游戏时，把他支撑起来，把风铃或婴儿车挂玩具放在他面前，而不是给他奶瓶。在超市，不要给他食物，可以给他一个玩具或唱歌给他听。

• 不要过早添加辅食。过早给宝宝添加辅食，特别是配方奶喂养的宝宝，容易超重。在得到医生许可给宝宝添加辅食后，用勺子给宝宝喂饭，不要用奶瓶，在奶瓶中加入麦片很容易导致宝宝摄入的热量过多。同时，随着辅食的增加，母乳或配方奶量要相应减少。

• 不要给宝宝喝果汁。果汁很甜，很好喝，喝果汁的宝宝会很快摄入很多热量。12个月以下的宝宝不应该喝果汁，如果要喝，应用水稀释，并限制饮用次数。另一条重要的原则是：不要用奶瓶给宝宝喂果汁，等他大一点后用杯子给他喝。

• 确保配方奶充分稀释。冲奶粉前，一定要查看标签，确保添加到奶瓶中的水量充足，水量过少会导致配方奶中的热量过多，也会导致配方奶过咸。

少喝果汁

果汁对宝宝的健康有益，是真的吗？事实恰恰相反。研究表明，饮用过多果汁的宝宝可能营养不良。因为果汁并不比糖水更有营养，果汁中含有热量，但不含宝宝所需的脂肪、蛋白质、钙、锌、维生素D、膳食纤维，会降低宝宝饮用母乳或配方奶的食欲，而母乳和配方奶是宝宝第一年中主要的食物来源。喝太多果汁还会引起腹泻和其他慢性肠胃问题，以及蛀牙（入睡时或整天都拿着奶瓶、杯子喝果汁的宝宝，经常有这个问题）。而且，果汁提供的过多热量会让宝宝超重。

美国儿科学会建议不要给12个月以下的婴儿喝果汁。即使一岁后，父母也不应当在睡觉前给宝宝喝果汁，只能在白天喝少量果汁（1~3岁每天摄入总量不超过120~180毫升）。用一倍的水来稀释果汁，能减少果汁摄入量，同时还能减少肠胃和牙齿问题，也能减少宝宝对甜味饮料的喜爱。或者不要给宝宝喝果汁——它绝对不是必需品。最终，你的宝宝可以不喝果汁，直接吃水果。

选择什么样的果汁也很重要。研究表明，与苹果汁相比，白葡萄汁不太会引起肠胃不适，在患肠痉挛的婴儿身上特别明显。此外，要选择能提供热量以外营养的果汁，例如添加了钙和维生素C的果汁。

• 让宝宝活动。换尿布时，让宝宝的右膝接触左肘几次，然后左右交替运动。让宝宝握住你的拇指，你的其他手指抓住他的前臂，让宝宝用力拉着坐起来。如果宝宝喜欢的话，让他“站”在你的大腿上跳动起来（了解更多关于宝宝运动的内容，参见第300页专栏）。

• 考虑给宝宝喂水，减缓体重增长速度？虽然给超重的宝宝喂水有助于控制额外的热量摄入，但是，在宝宝6个月前喂水要咨询医生。

苗条的宝宝

“我看到其他宝宝都圆嘟嘟的，我的宝宝又高又瘦。医生说宝宝长得很好，无须担心，但我还是担心。”

虽然纸尿裤广告总是选择胖墩墩的宝宝做模特，但较瘦的宝宝通常也是健康的，甚至更加健康。只要宝宝很满足、机灵活跃，即使体重在平均线以下，但与身高保持同样速度稳定地增加着，那么宝宝就在按照遗传因素生长，像爸爸妈妈一样瘦。

如果你觉得宝宝体重增长缓慢的

原因是他没有吃饱，而且宝宝的医生也证实了你的猜想，就要让宝宝多吃一点，加快体重增长。如果你是母乳喂养，试试第 182 页的技巧。如果是奶瓶喂养，医生可能会建议降低配方奶的稀释程度，或在配方奶中添加米粉（未经医生同意不要尝试，并确保严格按照医生说明的量添加）。可以添加辅食后，多给宝宝准备一些热量较高、营养丰富的食物（如牛油果），也可以帮助瘦宝宝长胖一些。

还要确保宝宝吃奶次数够多——每天至少吃 5 顿（如果是母乳喂养，次数更多）。有些宝宝太活跃或太嗜睡，会因此错过进餐时间，还有些会减少进食次数，因为他们满足于吸吮安抚奶嘴。如果宝宝总是在进食时偷懒，那么你要采取行动，让他停下来吃奶——即使需要缩减白天小睡的时间，打断宝宝在婴儿床上的运动，拿掉他嘴里的安抚奶嘴。如果宝宝很容易受到惊扰，试试在昏暗、安静的地方喂奶。

心脏杂音

“医生说我的宝宝心脏有杂音，但没什么要紧的。可我仍然很害怕。”

听到“心脏杂音”这样的字眼，新手父母肯定会担心——这完全能理解，但是这样的担心没有必要。绝大多数的心脏杂音完全无害，而且没有临床意义。

什么是心脏杂音，为什么它不需要担心？它是血管中的血液流入心脏时，心脏发出的异常声音。医生经常可以通过声音的大小（从几乎听不见到大到盖过正常的心跳声）、位置及声音的类型（怦怦声或隆隆声，鸣响或震动声）来判断是否是异常引起的杂音。

因为宝宝在发育过程中，心脏形状还不规则，血液流动会造成心脏杂音。这种心脏杂音称作“无害性心脏杂音”或“功能性心脏杂音”，通常是医生在办公室里用简单的听诊器诊断出来的。不需要进一步的检查、治疗或限制活动。超过一半的宝宝都有过无害性心脏杂音，在儿童期反复出现和消失。但是，应将心脏杂音记录在宝宝的病历上，这样之后给宝宝检查的医生就会知道，他曾经有心脏杂音。大多数情况下，当心脏发育完全后（有时稍早一些），心脏杂音就会消失。

偶尔，儿科医生会请儿科心脏专家一起诊断宝宝的心脏杂音是否正常，大多数情况下，一切正常。

黑色的便便

“我女儿尿布上全是黑色的便便。她是消化不好吗？”

很可能她最近在补铁。有些宝宝胃肠道的正常细菌会和补充的铁元素

宝宝的锻炼

宝宝还不会爬、走、跳。但即使宝宝还没有学会这些技能，也并不意味着开始锻炼为时过早。采取以下步骤，让宝宝开始健身之路吧。

安排健身时间。最舒缓的运动也有帮助，所以只要有机会，就让宝宝开始锻炼吧。游戏时，拉着宝宝让他坐着（或在他准备好时站起来），轻轻地拉起他的手，举过头顶再向下落到圆圆的肚子，或用你的双手抱住宝宝，使他腰部悬空，让他自己活动四肢。

给宝宝换尿布时，也可以让他活动起来，抓住宝宝胖乎乎的小腿，有节奏地模拟骑自行车的动作。说到节奏，在给宝宝锻炼时，你可以哼唱有节奏感的曲调，加上一点自己的节拍。

不要把宝宝限制住。宝宝是不是总被安全地固定在婴儿车、婴儿椅或背带中？很少有机会动起来的宝宝可能会成为小电视迷，而且一旦习惯养成，长大后甚至可能是终生的电视迷。

给成长中的宝宝足够的运动空间，可以在地板上铺游戏垫或在大床的中间活动（有大人监督的情况下）。看他向周围挪动，用手和嘴来探索，把小屁股高高翘起来，抬起头和肩膀，伸展小胳膊小腿，踢腿试着翻身（可以轻轻地把宝宝翻过来再翻过去，帮助他练习）。

不要太正式。宝宝不需要报名参加课程就可以运动起来。只要给

发生反应，使大便呈深棕色、绿色或黑色。母乳喂养的宝宝在开始吃补铁奶粉时，大便颜色也会发生变化（通常变为深绿色）。这样的变化没有医学意义，无须担忧。如果宝宝没有补铁，也没有从母乳喂养换为配方奶喂养，却排出黑色大便，就要检查一下。

父母一定要知道：宝宝的玩具

走进玩具店或在网上浏览玩具，就像走进了热闹的嘉年华。每个过道或页面上，都摆满了各种吸引眼球的商品，让你无从下手。要如何保证不被漂亮的包装和生产商的噱头诱惑，在大量的玩具中为宝宝选出对的呢？在决定买下前，可以思考下列问题。

它适合宝宝的年龄吗？合适的玩具有助于强化宝宝已经学会的技能，或是有助于开发接下来要学习的技能。如何分辨玩具是否适合宝宝呢？看看玩具的包装，包装上会标注玩具适合的年龄范围。这样做主要有两个原因：第一，满足宝宝的发育需求；

宝宝一些机会，他们天生就能学会必备的运动技巧。如果你选择带宝宝参加课程（想让宝宝有机会尝试在家无法尝试的运动），要先按照以下几点检查一下课程：

• 培训师有资格证书吗？

• 课程中的运动安全吗？仅为婴儿设置，还是不同年龄儿童混合教学？只为婴儿设计的课程更好。

• 宝宝看起来高兴吗？看看宝宝是否乐于参加课程，是否开心。

• 有很多适合宝宝年龄玩耍的器械吗？比如是否有色彩鲜艳的垫子、爬行的斜坡、滚动的球和可摇晃的玩具。

• 宝宝有足够的机会自由玩耍吗？集体活动很有趣，但宝宝也应该有充裕的自由玩耍时间。

• 音乐也是课程的一部分吗？没有什么比跟着节奏和节拍运动更有趣的了，对宝宝也一样。

• 上课的场所（及换尿布的区域）干净吗？

让宝宝自己控制进度。当宝宝觉得应该停止锻炼时，就该停止（当宝宝表现出冷漠或发脾气时，说明他不想再锻炼了）。

保持宝宝的体能。添加辅食后，要给宝宝补充合适的食物，这样能让他获得玩乐和锻炼所需的能量。

自己也运动起来。有其父必有其子，是否会成为电视迷也同样如此。告诉宝宝锻炼重要性的最佳方式，就是自己也坚持锻炼。做个好榜样，很可能你会发现宝宝正在向你学习。

第二，保证宝宝的安全。因此，在你被可爱漂亮的玩具屋吸引前，最好先等一等，确认那些小家具等零件不会给宝宝带来吞咽、窒息的风险（而且宝宝的双手已经足够灵巧，可以玩这些玩具），再考虑购买。在宝宝还没有准备好之前就给他玩具还有一个缺点：到了宝宝适合玩这些玩具时，他已经厌倦了。

它能激励宝宝吗？玩具的意义不是让宝宝离大学录取通知书更进一步——毕竟，婴儿期和儿童期的时光用于游戏就够了。但是，如果玩具能够刺激宝宝的感官，如视觉（婴儿镜或风铃）、听觉（音乐盒、拨浪鼓或肚子里有铃铛的小熊）、触觉（婴儿健身架、忙碌板）或味觉（磨牙圈或任何可以放进嘴巴里的物品），那么，宝宝玩玩具时会更有乐趣。随着宝宝的成长，你会希望玩具能帮助他练习手眼协调、锻炼粗大运动技能和精细运动技能、建立因果概念、练习颜色和形状的识别及匹配、认识空间关系、发展社交和语言能力、锻炼想象力和创造力。

它安全吗？玩具每年造成超过 10 万起伤害事件，所以在挑选玩具时，要把安全放在首位。总的来说，挑选玩具应选择值得信赖的商店和网站，挑选值得信赖的玩具品牌近期制造的玩具。不要选择“古董”玩具（跳蚤市场上买来的，或从奶奶家阁楼里翻出来的）和非商品性玩具（手艺人自制的玩具或在农贸市场购买的玩具），或把它们放在宝宝够不到的地方，等宝宝长大一些，不会再把玩具塞进嘴里或拆开的时候，再拿出来。不正规的商店也可能出售不安全的玩具。在给宝宝挑选玩具时，要注意以下事项。

• 年龄建议。按照玩具生产商建议的适合年龄使用。这些建议并非硬性规定，而是为了宝宝的安全而标注的。如果你购买的二手玩具（或接手他人的玩具）没有包装，那就到玩具生产公司的网站上查询使用年龄建议。如果玩具非常古早，已经不再销售，为了安全起见，不要让宝宝玩这类玩具。

• 结实。远离容易损坏或摔得粉碎的玩具，它们很容易让宝宝受伤。

• 上色安全。确保颜料不含铅且无毒。留意最新的玩具召回信息（参考网站：cpsc.gov/recalls），确保家中没有不安全的玩具。

• 结构安全。边缘锋利或易碎的玩具不安全。

• 可水洗。不能清洗的玩具会成为细菌的滋生地，这对宝宝是个大问

适合抱着的玩具

毛绒玩具都很可爱，让人想去拥抱一下。如何确定这些泰迪熊、长颈鹿、小兔子和小狗不仅可爱，而且安全呢？可以参考以下标准。

• 毛绒玩具的眼睛和鼻子不要由扣子或其他小部件做成，这些物品容易脱落、被拔掉或咬掉，有引起窒息的危险。也要检查其他地方的扣子（如泰迪熊的背带裤）。

• 各部分不应以线绳相连。即使有布料包裹线绳，也会被咬开或破损，让宝宝有被勒住而窒息的风险。

• 不应系有超过 15 厘米的线绳——例如兔子脖子上的领带、小狗的项圈、牵拉玩具的细绳等。

• 选择结构坚固的玩具——接缝和连接处要紧密贴合。定期检查填充物是否露出，露出的填充物有引起窒息的危险。

• 所有填充玩具应是可清洗的，并且要定期清洗，防止细菌滋生。

• 绝不能将填充玩具放在宝宝的摇篮或婴儿床上，有引起窒息的危险。

题，他们会把任何东西放进嘴里，包括沾满细菌的玩具。所以，选择可水洗、可消毒的玩具很重要。

- 大小合适。能穿过卫生纸卷轴的玩具或带有可拆卸小部件、部件易损坏的玩具，都有引起窒息的风险。宝宝出牙后，上述玩具部件可能会被他咬下来。

- 重量合适。让很重的玩具远离宝宝。如果玩具掉在宝宝身上，会让宝宝受伤。

- 不带绳索。如果玩具（或其他物品）上的线绳或带子长度超过15厘米，宝宝就有被勒住而窒息的风险。用塑料链将玩具系在婴儿床、游戏床或其他地方，不仅安全，还能锻炼宝宝自己拿取喜欢的玩具。或者购买有魔术贴的玩具。

- 声音安全。声音太大会损伤宝宝的听力，要挑选发声柔和的玩具，避免声音尖厉、吵闹或刺耳的，还可以选择声音可调节或关闭的玩具。

了解如何为宝宝挑选玩具的更多信息，可以登录What to Expect网站。

第10章　第5个月

小宝贝最近成了聚会中的主角，你会惊喜地关注他的每一个动作。到5个月大时，宝贝会给大家带来无尽的欢乐。他每天都学会讨人喜欢的新技巧，与他最喜欢的伙伴——你互动、交流，似乎永远不知疲倦。更棒的是他关注的范围更大了，与几周之前相比，更加有活力。宝宝的个性一点点展露，非常有吸引力，而宝宝在成长过程中，也会受到周围世界的吸引。宝宝现在不只是看着这个世界，他会去触摸它，探索双手可及的地方，以及任何可以（还有很多不可以）放进嘴巴的物品——很可能包括他的小脚丫，这对身体特别柔软的宝宝们来说是常规动作。

宝宝的饮食：考虑添加辅食

关于什么时候给宝宝加辅食，你可能听到很多不同的声音："第4个月就开始吃！""绝对不能在半岁之前开始！""你还没有开始吗？难怪宝宝还不能一觉睡到天亮！"这些截然不同的信息让你更加茫然。

想知道给宝宝吃辅食的正确时间？首先，听专家建议。美国儿科学会建议等宝宝半岁时再开始，如果你觉得有必要早一点，至少要等到4个月之后。

其次，要根据宝宝的实际情况来定。虽然很多广受认可的指南认为大部分宝宝在4～6个月时已经准备好吃辅食了，但在决定开始给宝宝吃多样化的食物时，必须要考虑他的生长情况。

虽然你很想随大流，想更早给宝宝吃辅食，但也有很多因素提醒你，过早给宝宝吃辅食并非明智的决定。第一，较早引入辅食可能会引发过敏。第二，小宝宝的消化系统尚未做好接受辅食的准备，他们的舌头会将嘴里的外来物顶出，肠道中也缺少消化

宝宝的基本情况：第 5 个月

睡眠。宝宝仍然平均每天要睡 15 小时。这 15 小时包括白天小睡 2 ~ 3 次，共 3 ~ 4 小时，还有晚上 10 ~ 11 小时的睡眠（中间可能醒来 1 ~ 2 次）。

饮食。宝宝仍以液体食物为主（尽管有些父母选择在第 5 个月开始给宝宝加辅食，但大多数医生建议要等到半岁后）。

- 母乳。宝宝平均每天吃奶 5 ~ 6 次，有些需要更多。一天喝的母乳总量为 720 ~ 1080 毫升。
- 配方奶。宝宝平均每天喝奶 5 次，每次喝 180 ~ 240 毫升，一天喝的总量为 720 ~ 1080 毫升。
- 辅食。大多数医生建议从第 6 个月开始添加辅食。如果你想早一点添加，切记，宝宝每天只需要 1 大勺（15 毫升）的婴儿米粉或等量的水果、蔬菜（前提是孩子已经开始吃这些），混合 20 ~ 25 毫升的母乳或配方奶。目前还是以母乳和配方奶为主。

玩。宝宝已经发现了双手的乐趣，手不仅可以用来玩耍，还可以抓玩具等物品。所以，可以给宝宝能抓、能放进嘴里的玩具，他最终会学会将玩具从一只手换到另一只手。如果宝宝这时还是平躺（不能坐）的状态，婴儿健身架仍然很有趣，但为了保持新鲜感，可以换掉一些悬挂的玩具。婴儿椅、玩具杆上挂着的玩具也能带给宝宝不少乐趣。还有可以发出吱吱响的橡皮玩具，可以用手捏，使劲扔到地上，或放进嘴里咬（特别是当宝宝开始出牙时）。毛绒玩具也是这个月龄的宝宝的最爱，所以一定要给自己的小可爱准备一些柔软的玩具。另外，宝宝开始花更多时间玩自己的肚皮，这可是让他乐此不疲的趣事。

酶。第三，婴儿早期还不需要吃辅食，因为最初的 6 个月内，宝宝通过吃母乳或配方奶就可以满足身体所有的营养需要，过早吃辅食反而会影响未来的饮食习惯（宝宝一开始会因为不习惯而抗拒用勺子喂的食物，到后面继续拒绝是因为之前被强迫过)。第四，过早添加辅食容易导致儿童时期甚至青少年时期肥胖，特别是配方奶喂养的宝宝。

另一方面，开始吃辅食的时间太晚，也会引发其他潜在问题，例如到8 ~ 9个月，这时大一点的宝宝会拒绝学习咀嚼和吞咽辅食的技巧，而依赖自己已经适应而且更简单的饱腹方法——吃母乳或者配方奶。就像习惯一样,宝宝的口味这时候也很难调整。小宝宝对口味的适应力更强，而大一点的宝宝因为长期吃液体食物，可能不愿意接受多样化的食物。

在决定让你的宝宝迈出重要一步——开始添加辅食前，不妨参考下面的判断依据，然后咨询医生。

• 在把宝宝扶起来坐的时候，他能很好地抬起头部。一定要到这个时候才可以喂宝宝吃辅食泥。等到宝宝能自己坐好，一般是7个月以后，才可以吃块状的食物。

• 挺舌反射消失。这种反射会让宝宝将异物从口中吐出（一种先天机能，保护自己早期不会被噎住)。测试方法是用母乳或配方奶浸泡婴儿能吃的食物，用婴儿专用的小勺或指尖送入宝宝口中。如果宝宝马上用舌头把食物顶出来，并且尝试了数次都是这样，就说明挺舌反射还存在，宝宝还未准备好用勺子吃东西。

• 宝宝对餐桌上的食物表现出兴趣。宝宝从你手中抢过餐叉，或者眼馋盘子里的面包，当你咀嚼食物的时候，他专注地看，非常兴奋，这些都说明宝宝想品尝大人的食物。

• 宝宝的舌头可以做上下、前后的动作。可以通过观察发现这一点。

• 宝宝可以张开嘴巴从勺子上吃到食物。

关于什么时候开始添加辅食的更多内容，参见第329页。

你可能疑惑的问题

出牙

“我该如何分辨宝宝是不是在出牙呢？他总是流口水、咬自己的手，但我在牙龈上什么也看不到。”

你无法准确预测宝宝的第一颗牙，以及以后每颗牙的萌出时间，但有一系列迹象表明他即将出牙。这些迹象以及出牙的痛苦，在每个宝宝身上都各不相同。有的宝宝出牙很不舒服，甚至会大哭，但有的宝宝却顺顺利利，轻松长出一口牙，没有半点不适。尽管如此你还可以观察到下列迹象(有些迹象在出牙之前就表现出来，时间会长达2 ~ 3个月)。

流口水。宝宝经常流口水？出牙会刺激流口水（从10周开始持续到3 ~ 4个月),就像打开了水龙头一样。有些宝宝这段时期会流很多口水。

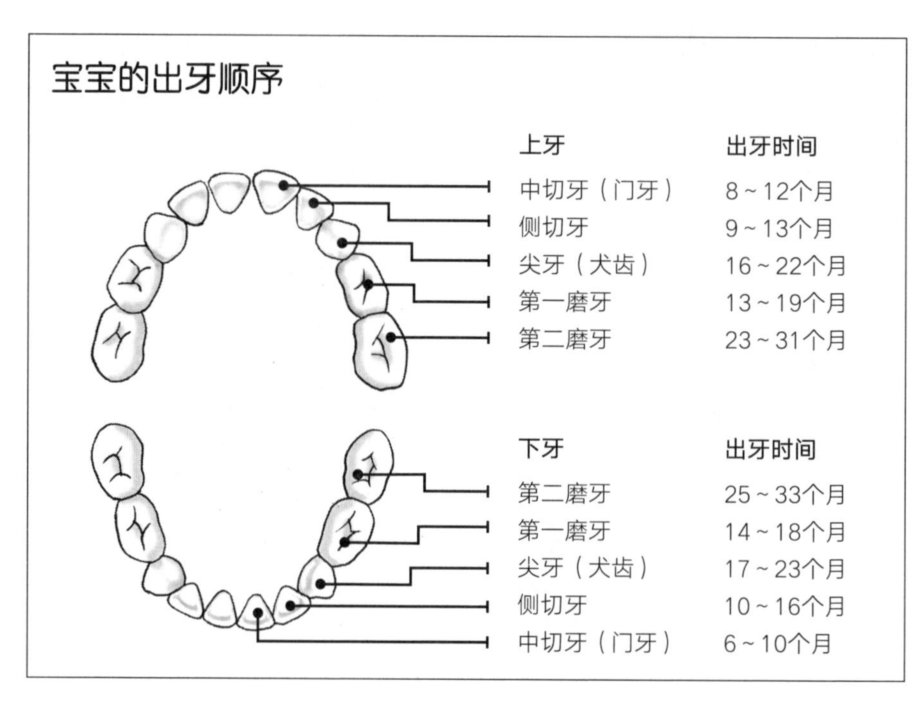

下巴或面部出疹。如果口水很多，流到宝宝娇嫩的脸颊和下巴，那么嘴巴、脖子甚至胸部会出现刺痛、发炎、干燥、发红以及出疹现象。要尽量保证这些部位干爽，及时轻轻擦去口水、更换被口水弄湿的衣服，用凡士林或者保湿软膏防止皮肤濡湿，也可以用温和的面霜保湿。手边经常备着保湿霜，对保护宝宝幼嫩的肌肤很有帮助。

有点咳嗽。过多地流口水，会让宝宝偶尔噎住或咳嗽。只要宝宝没有患流行性感冒或出现过敏症状，就无须担心。

咬人。从柔软的牙龈萌出的珍珠般的白色牙冠可能非常小，但带来的不适或疼痛却不轻。咬人有助于缓解这种不适感。宝宝的小嘴能咬住的任何东西——从自己的小拳头和手指，磨牙圈和拨浪鼓，到妈妈的乳房、肩膀、手指甚至脸颊，都会被他们使劲咬上一口。

疼痛。牙龈肿胀会给一些宝宝带来巨大疼痛，而有些宝宝几乎没有痛感。长门牙和臼齿时最不舒服（因为它们更大），但大多数宝宝都会习惯出牙的感觉，后面就不会那么难受了。

易怒。准备接受宝宝的坏脾气。当牙冠挤压牙床、几近萌出时，宝宝的嘴巴会越来越疼，通常这会让他的脾气变得古怪。坏脾气在有些宝宝身上持续几个小时，但在另一些宝宝身上会持续几天甚至几周。

不爱进食。出牙时，宝宝感觉不适、易怒，他们希望吃母乳和吃配方奶获得舒适感。可当他吮吸时，吮吸的动作会增加不适感，牙龈更加疼。这样，宝宝进食会更加挑剔，也更容易沮丧。开始添加辅食的宝宝也会对吃饭失去兴趣。如果宝宝连续多次拒绝进食，要向儿科医生寻求建议。

腹泻。医生一般不认为出牙和腹泻有联系，但很多父母说宝宝出牙时大便会稀薄，可能是因为吞咽了过多的口水。这种情况不一定会发生在你家宝宝身上，但当宝宝腹泻（出现水样稀便，而不是固体的深黄色便便）超过两次时，就应当告诉医生。

低烧。这是勉强与出牙联系在一起的另一个症状。因为第一颗牙萌出的同时，宝宝正失去从母亲那里获得的免疫力，这让他们更容易发烧和受到感染。正如身体其他部位出现炎症一样，牙龈发炎也会伴随低烧（直肠温度不超过 38.3 ℃）。和其他低烧的处理方式一样，如果发烧持续 3 天，就要去看医生。如果出现其他让人不安的症状，要及早就医。

失眠。不仅是白天，出牙在夜晚也给宝宝带来一些痛苦。和其他疼痛一样，出牙的疼痛在夜晚更加折磨人，会让宝宝半夜突然醒来（即使之前睡得很沉）。醒来的时间可能很短，再次哄睡之前，先看看宝宝能否自己快速平静下来再次入睡。如果他还是焦躁不安，那就轻拍或用轻柔的摇篮曲让他平静下来。尽量不要恢复半夜给宝宝喂奶的习惯，否则这个习惯在出牙痛消失后还会持续很长时间。

牙龈充血。出牙会引发牙龈充血，看上去像青色的肿块。这种情况通过冷敷就可以快速恢复，也会舒服许多（用一块冷冻过的毛巾很快就能见效，但不要将冰块直接放到牙龈上）。

拉耳朵，挠脸颊。正出牙的宝宝可能会用力地拉自己的耳朵或者挠脸颊和下巴。因为牙龈、耳朵和脸颊处的神经相通，所以牙龈处的疼痛会传递到其他部位（特别是磨牙萌出时）。宝宝耳朵发炎时也会拉耳朵、挠脸颊，如果你觉得这些症状不只是出牙导致的（比如发烧），要让医生检查。

“我的宝宝出牙时很痛苦，我可以帮他做点什么？”

如果可以的话，你肯定愿意替孩子承受痛苦。尝试一些被证明有效的办法来减缓宝宝的疼痛吧。

嚼点东西。出牙时宝宝会把能拿到的任何东西放到牙龈上咬，以此来缓解牙龈的疼痛。但不是所有宝宝都喜欢磨牙圈之类的东西。有些宝宝喜欢柔软的玩具，有些喜欢坚硬的玩具；有些青睐或软或硬的塑料，有些则爱木头或布质玩具。表面粗糙且凹凸不平的玩具比光滑的玩具更让牙龈舒适，尺寸适合嘴巴大小的玩具比大块头的玩具更受欢迎，发出嘎吱声的玩具能适当转移孩子的注意力。总之，让宝宝去挑选自己的最爱。

摩擦牙龈。最好的磨牙工具就是宝宝的手指。不过大人大而有力的手指更能舒缓疼痛。把一个手指洗干净，将锋利的指甲修剪一下，用它来按摩宝宝疼痛的位置。如果宝宝像一条梭鱼一样直接咬过来也不要吃惊。

来点冷的。冷却牙龈会使它变麻木，也能缓解炎症和肿胀。随时在冰箱里冻一些磨牙圈，或者将一块湿毛巾冷冻（也可以一次冷冻几条毛巾，将它们一层层分开）。如果宝宝已经吃辅食了，可以在咬咬袋中放入冷冻的香蕉、苹果酱、桃子、牛油果。如果宝宝6个多月了，也可以给他一点冰水。如果宝宝还在吃母乳或配方奶，可以冷冻起来用咬咬袋吃，增加磨牙的乐趣。

缓解疼痛。要缓解疼痛，也可以偶尔使用婴儿专用的对乙酰氨基酚(如果宝宝6个多月，还可以选择婴儿布洛芬)。美国食品药品监督管理局警告不要使用含对氨基苯甲酸乙酯（一种局部麻醉剂）的出牙舒缓凝胶来缓解疼痛。一定要在医生指导下才能使用上述或同类型的口服和外用药物。想寻求更安全和天然的方法，可以把一块毛巾放入菊花茶（用于消炎）中浸泡。之后拧干、冷冻，让宝宝吮吸。宝宝不喜欢冷的？那就直接将常温下挤干的湿毛巾给他。还可以把温热的菊花茶涂抹在牙龈的疼痛部位。

慢性咳嗽

“3周前，我的宝宝就开始有点咳嗽。他看起来没有生病，睡觉时也不咳嗽，像是故意的。是这样吗？”

早在第5周，很多宝宝就发现，世界是一个舞台，能吸引观众是最棒的。当他发现轻微咳嗽会得到很多关注——一开始可能是口水过多引起的，也可能是发声练习出现了错误——他通常会继续装模作样，纯粹为了达到吸引人的效果。只要宝宝健康，就忽略它吧。他对这种表演厌烦时，就会放弃。

拉耳朵

“我女儿拉自己的耳朵很长时间了。她似乎不觉得疼，但我担心她耳朵感染。”

宝宝会探索很多地方，包括自己的身体。手指和手掌、脚趾和脚掌、阴茎或阴道，以及其他让他们好奇的器官，例如耳朵，这些都会在同一时间或不同时间成为宝宝探索的对象。如果宝宝拉扯耳朵时，没有伴随大哭或明显的不适、发烧、不肯进食等症状(如果有这种情况，参见第532页)，那么宝宝很可能只是好奇，并不是耳朵发炎。有些宝宝出牙（导致靠近耳朵处的牙龈疼痛）或疲劳时，也会拿自己的耳朵出气。耳朵外廓发红并不是感染的信号，只是长期摩擦的结果。如果怀疑宝宝生病，或者扯耳朵原因不明，就让医生检查一下。

小睡

“我的宝宝现在白天醒着的时候很多，我不确定——我想他自己也不清楚——他一天要小睡几次，每次睡多久？”

还记得把小宝宝从医院带回家时吗？你整天站在婴儿床边看孩子睡得香甜，想着宝宝何时醒来可以逗他玩耍。几个月过去了，现在你非常期待自己能够小睡片刻，而且想知道宝宝什么时候也能小睡一会儿，能睡多久。

一般5个月大的宝宝，一天有3～4次1小时左右的小睡，但有些宝宝喜欢20分钟的小睡，每天睡5～6次，还有些宝宝会有2次时间较长的小睡，每次1.5～2小时。但是，与总的睡眠时间（第5个月时平均一天约为14.5小时，个体差异很大）和睡眠质量相比，宝宝小睡的次数和每次的时间长短并不重要。当然，时间较长的小睡对父母来说更方便，这样就有更长的时间可以做其他事。白天长时间小睡的另一个好处是，如果宝宝在白天像猫咪打盹儿一样小睡，这种情况也会在晚上发生，他会频繁醒来。宝宝适应白天较长时间的小睡也能让父母晚上睡得更好。

可以用下列方法尝试延长宝宝小睡的时间。

让宝宝在舒适的地方小睡。舒适是长时间小睡的关键。要确保宝宝能在一个舒适的地方（婴儿床，而不是你的肩膀）踏实地睡一觉。当然，宝宝偶尔会在婴儿车或汽车安全座椅上小睡，这不可避免，但不要经常用这些地方代替婴儿床。

选择合适的小睡时间。宝宝小睡的最佳时间就是当他开始有睡意时。但不要让他立刻就睡，也不要等到他极度困倦。观察宝宝想睡的一些迹象，一般通过他的身体状态即可判断。

提前准备。早点准备可以延长宝宝小睡的时间，要避免影响宝宝小睡的因素：饿着肚子睡觉（他会很快醒来并发脾气）、没换尿布（尽可能让宝宝换上干净尿布后躺下）、入睡环境太热或太冷（外套太厚或太薄）。

逐步进入小睡模式。如果把玩具拿走，直接把宝宝放到婴儿床上，他很难立即进入梦乡。要给宝宝一点缓冲时间，这样他可以放松下来、平复心情，开始产生睡意。同样，需要给宝宝创造一个睡眠状态：调暗灯光、播放舒缓的音乐，还可以给他按摩放松。宝宝越清醒和兴奋，入睡前的过渡时间就会越长。

适时干预。如果宝宝睡了20分钟就醒来（或哭泣），不要把他抱起来，而是轻柔地抚摸或轻声哄他，让他尽

写给父母：营造二人世界

你现在肯定喜欢拥抱小宝贝，但你是否想过何时有机会拥抱一下那个跟你身高相仿的人？这也在情理之中：你经常抱着宝宝、夜以继日地喂奶，几分钟的休息比几分钟的浪漫来得更实际，在这样的情况下，生活中很难有片刻二人时光。但正如宝宝需要精心照料一样，你们的关系也需要悉心维护。在宝宝“插足”后，该如何将被忽略的二人世界重新放到眼前甚至当作生活的中心，并保持性趣不减？重要的是浪漫的品质，而不是次数。

每天找几分钟在一起。面对现实吧，从前的二人世界已经一去不返。可以从“清晨拥抱”做起，哪怕是起床时匆匆拥抱一下。可以制订“晚间约会”：喂好宝宝后，一起吃餐餐、零食或者窝在沙发里。以拥抱或晚安吻结束每一天。谁说只有宝宝能享受睡前的爱意？

多一些身体接触。没有比身体接触更能让两人亲密的方式了。所以伸出手，多触碰你的伴侣，哪怕是很短暂的触碰，也非常有效。他给孩子换尿布时，拍拍他的屁股；她换衣服时，偷偷捏捏她。亲吻、拥抱，把手放到对方膝盖上，这么做不需要理由。记住：性不是最终目的，保持亲密关系才是。

定期安排二人时光。重新开始定期约会，选一个晚上约会——哪怕是一周一次或者一个月一次，定下时间不要轻易改变。

找不到临时保姆？跟其他父母轮换照顾宝宝或者找愿意照顾宝宝的亲友帮忙。至少做到即使不离开家也可以获得一些亲密时光：下载一部电影、点外卖或者在沙发上亲热一番。

别忘记伴侣。毫无疑问，宝宝的需要此刻应放在第一位，但这并不意味着要让伴侣感觉自己无足轻重。可以的话，给对方足够的关注吧，可以在抱起宝宝之前先抱抱他（她）。别忘记，三口之家也很温馨，试试三人拥抱在一起，你就能感受到这样的美好了。

量睡久一点。如果轻音乐最能帮助他召唤睡眠精灵，那就打开音乐（或白噪音）让他再次睡着。一旦他明白现在还没到玩的时间，就能重回梦乡。

增加宝宝清醒的时间。宝宝4～5个月的时候，你会发现他能连续2～3个小时保持清醒。两次小睡之间清醒的时间越长，睡着的时间也会延长。在第225页和第369页可以找到更多让宝宝保持清醒的方法，尝试延长宝宝清醒的时间，并将小睡时间固定下来。

说到睡眠时间，大部分宝宝能够很好地调节，但不是每个宝宝都能得到足够的睡眠。如何判断宝宝的睡眠是否充足？注意观察他的情绪——大多数时间开心愉快的宝宝小睡充足，而经常烦躁不安的宝宝小睡不足。如果你的宝宝睡眠时间很少，但很开心、有活力又机敏，说明他属于不需要很长睡眠时间的宝宝。

湿疹

“我女儿脸上开始长湿疹了。肯定很痒，因为她总想挠脸。”

曾经光滑、细嫩、柔软的皮肤，现在变得干燥、脱皮、发红，这就是宝宝湿疹的典型症状。湿疹在 2 ～ 4 个月时出现，开始只有一小块，长在比较明显的部位，例如脸颊、耳后和头皮处。然后会四处扩散，从口腔周边到肘窝、膝窝，甚至尿布区。脱皮的部位更加鲜红，长出很小的丘疹或脓疱，里面充满液体，之后会破裂溢出。长湿疹不仅难看，而且宝宝很痒。幸运的是，湿疹不危险也没有传染性，并且能够自愈。

湿疹是医生用来描述特异性皮炎（一种典型的遗传性慢性病，在有过敏、哮喘和湿疹等家族病史的婴儿中更常见）和接触性皮炎（皮肤接触刺激性物质而发炎）的术语。出现接触性皮炎时，将刺激性物质清除后丘疹就会消失（特别顽固的需要外用氢化可的松乳膏）。不能自行消失的特异性皮炎需要适量用药，如氢化可的松乳膏等，也可以用抗组胺药来止痒。

要对付湿疹，以下几点很重要：

• 剪短宝宝的指甲，避免抓伤。在宝宝睡觉时用一双袜子或手套将他的双手包起来。

• 看见宝宝流口水要及时擦拭，流太多口水容易让湿疹蔓延。

• 洗澡时间不要超过 10 ～ 15 分钟，必要时使用特别温和的非皂基沐浴露给宝宝洗澡。偶尔可以在洗澡水中加一点小苏打，一把生燕麦片（不是即食麦片），或者洗澡专用的胶体燕麦（把它装进袜子或细网袋中）。这些都是应对湿疹的自然疗法。

• 尽量不要把宝宝放进含氯的泳池或含盐的水槽中。

• 洗澡后，用毛巾将宝宝的肌肤轻轻吸干，不要用力擦。趁皮肤还保持湿润时，涂抹低过敏性的润肤霜。

• 尽量减少带宝宝到气温极端的环境中，不论是室内还是室外。在给宝宝穿衣服时要考虑分层，这样当室内太热时就可以脱掉一件或几件（出汗会让湿疹反复发作）。

• 使用加湿器（要经常清洗避免滋生细菌或发霉），保持空气湿度。但湿度不要太高，否则容易滋生霉菌，成为湿疹的过敏原。

• 给宝宝穿柔软的棉质衣服，不要穿羊毛或人工合成材质的衣服，避免穿会引发瘙痒的衣服。新买的衣服要先下水清洗，变柔软后再给宝宝穿。

• 宝宝在地毯上玩耍时，地毯也会对皮肤产生刺激，所以要在宝宝身体下铺一块棉布。

• 使用不含香料，能呵护宝宝敏感肌肤的洗衣剂。

• 远离任何会引发或加重湿疹的食物，有时候宝宝稍微接触到一点刺激性食物（比如番茄酱蹭到了脸上）就会引发皮肤的反应。

• 向医生咨询是否可以服用益生菌。一些研究表明，益生菌能降低湿疹的发病率、缓解湿疹。

食物过敏

“怎么能知道我儿子对哪些食物过敏？看起来现在每个宝宝都是过敏宝宝。”

18 岁以下人群中有 8% ～ 10% 的孩子对食物过敏，最常见的过敏原有牛奶、鸡蛋、坚果、大豆和小麦。有家族过敏史的宝宝更容易出现过敏问题。如果你或伴侣有过敏、哮喘和湿疹，宝宝过敏的概率就会更高。

如果宝宝的免疫系统对某种物质敏感，并产生抗体，就是过敏现象。过敏可能在宝宝第 1 次接触某种物质时发生，也可能在第 100 次接触时发生。一旦出现这种情况，抗体就会发挥作用，引起各种各样的生理反应，包括流鼻涕、流眼泪、头疼、气喘、湿疹、荨麻疹、腹泻、腹痛，甚至呕吐，严重的话还会出现过敏性休克。

对食物或其他物质的不适反应并不都属于过敏。有时看起来类似过敏的情况其实是缺乏某种酶引发的不耐受。例如，乳糖酶不足的宝宝无法消化牛奶中的乳糖，所以对奶和奶制品有不良反应。另外，患乳糜泻的宝宝无法消化谷物中的麸质，看起来就像对谷物过敏。宝宝消化系统还不成熟，经常出现肠痉挛，也都容易被误诊为过敏。如果你怀疑宝宝对食物过敏，向医生或儿科过敏专家咨询吧。他们会通过检查判断宝宝是食物过敏还是有其他问题（例如乳糖不耐受）。

尽管有研究表明，母乳喂养至少 6 个月、最好 1 年以上有助于预防宝宝过敏，但如果宝宝确实有过敏的迹象，也别无他法。容易过敏又吃配方奶的宝宝要吃水解蛋白奶粉而不是普通奶粉（包括豆奶粉）。至于辅食，以前的做法是暂停给宝宝吃奶制品、鸡蛋、海鲜和坚果，希望可以阻断过敏原。但美国儿科学会并不建议这么做，因为有数据表明暂停食用一些食物并不能预防过敏。儿科医生会强调等宝宝满 6 个月再开始吃辅食，而不是 4 个月，这样食物过敏的风险会有所降低。如果不清楚哪种做法对宝宝最有利，那就咨询医生。

如果宝宝确实过敏，就要让宝宝远离过敏食物（有时触摸或者闻到气味都有风险）。要仔细阅读各种标签上的说明，严格筛选宝宝能吃的食物，并做好宝宝意外接触到过敏食物的应急方案。一定要将方案告知照顾宝宝的人，包括定期照顾宝宝的人、临时照顾的育儿保姆以及其他家庭成员，让他们也知道如何应对紧急情况。

好消息是食物过敏会随着孩子长大而缓解或消失。专家表示，到宝宝5岁时，80% ~ 90%的鸡蛋、牛奶、小麦和大豆过敏问题都会消失。

婴儿秋千

“我的宝宝很喜欢婴儿秋千，她能在里面待好几个小时。要控制宝宝玩秋千的时间吗？”

秋千让宝宝得到快乐、获得安抚，让忙碌的你暂时休息一下，但也有缺点。荡秋千太久会妨碍宝宝重要的运动技能，例如爬行、匍匐、牵拉和走路，还会导致颈部肌肉僵硬（斜颈）。此外，荡秋千也让宝宝和你身体接触的时间和社交时间变少了。

可以荡秋千，但要加以限制。首先，荡秋千的时间一次不能超过30分钟，每天不超过2次。其次，将秋千装在你待着的房间，并在宝宝荡秋千时与他交流，比如在你准备晚餐时，用纸巾和宝宝玩躲猫猫；上网购物时，唱歌给宝宝听；打电话时，俯下身给他一个短暂的拥抱。如果宝宝在秋千上打瞌睡了，要在他睡着前将他从秋千抱到婴儿床上，这样不仅能让他学会在不运动的状态下睡觉，更是出于安全的考虑。最后，不论何时，宝宝荡秋千都要记住以下安全要点。

- 一定要给宝宝系上安全带，防止摔落。
- 绝不能在无人看管的情况下让他独自待在秋千上。
- 不要让宝宝在秋千上睡觉，长时间待在秋千上可能导致宝宝扁头、斜颈等。更危险的是，如果宝宝头部长时间朝前下垂，可能导致气道阻塞，甚至窒息。
- 秋千距离其他物体保持一臂以上的距离，否则宝宝可以从秋千攀爬上去——例如窗帘、落地灯，并且要让宝宝远离危险物品（如烤箱或炉子，尖利的厨房器具）。还要让秋千远离墙壁、橱柜或其他宝宝能用双脚踢到的地方。
- 当宝宝的体重达到了秋千的限制体重（通常为7 ~ 9千克）时，要拆除秋千。

跳跳椅

“我们收到了一个可以挂在门框

上的跳跳椅，是给宝宝的礼物。他很喜欢，但我们不确定这个跳跳椅是否安全。”

跳跳椅有悬挂在门框上的类型，也有可以独立安装的固定式跳跳椅（像多功能游戏桌，但装有弹簧吊座，座位底部敞开，可以蹬地跳跃）。大多数宝宝在能够独立活动之前就已经热衷于运动，这就是他们都喜欢在跳跳椅上“表演杂技”的原因。让宝宝享受蹦跳的乐趣，也要注意潜在的问题。有些儿童骨科专家警告，过度跳跃会对骨头和关节造成伤害。另外，跳跳椅给予的自由会让宝宝雀跃一阵，但很快会转变成挫败感，因为他们会发现不论胳膊和双腿如何运动，自己始终待在跳跳椅里。

如果想用跳跳椅，要保证门框够宽。不论是跳跳椅、多功能游戏桌还是秋千，一定要是为了满足宝宝的需要，而不是你的需要；如果宝宝玩得不高兴，就把他抱出来。即便宝宝喜欢玩，每次在跳跳椅上玩的时间也不要超过 30 分钟，一天最多玩 2 次。无人看管时，不要让宝宝玩跳跳椅——哪怕只有一小会儿。

难哄的宝宝

“我们的女儿很可爱，但一点小问题她就会大哭，比如噪音略大、光线偏亮，甚至尿布湿了一点点。这让我们很抓狂，是我们做错了什么吗？”

怀孕时，憧憬自己的宝宝会像那些海报上的婴儿，咕哝着说些什么，对你微笑，安静地睡觉，只有饿了才哭，是一个乖巧、听话的孩子。那些哭闹、大叫的孩子一定是别人的，他们的父母教养方法出错了，才会付出代价。

很多和你一样的父母都被现实击碎了这种幻想。突然间，宝宝的行为变得很难预测——他总是在大哭、不睡觉，似乎不论你做什么，他总是不高兴、不满足，即使已经长大了，不会再出现肠痉挛等新生儿问题。这让你忍不住反思：“我做错了什么？”

你并没有做错什么，除了遗传给宝宝的基因。遗传对宝宝性情的影响比环境的作用大得多。跟你一样有个难哄宝宝的父母很多，达到了 25%。这会让你放心——你可以跟其他有同感的父母互相吐槽、安慰、交换经验。

可以根据宝宝的性情调整他所处的环境，这样做更有效。关键是要弄清楚宝宝的压力来自哪里。难哄的宝宝有以下几类（有些分类可能有重叠），可以参考相应的解决技巧。

对感官刺激敏感的宝宝。潮湿的尿布、紧身的衣物、高领衫、扎人的毛衣、强光、冰冷的婴儿床——这些都会让这类宝宝产生压力，他们对这些感官刺激异常敏感。有些宝宝的听觉、视觉、味觉、触觉和嗅觉都很容易超负荷，有些宝宝只有一两种感官会如此。照顾敏感宝宝要减少不必要的感官刺激，避开你认为会让宝宝烦躁的事物。

- 听觉敏感。降低家中各种声音的音量。将电视机和其他发声设备的音量调小，将电话铃声调小或设置成振动模式，并且在需要的地方铺上地毯或挂上吸音帘。轻柔地对宝宝说话、唱歌，试着调高音量，看宝宝敏感的听觉能接受到哪种程度。观察他对音乐和发声玩具的反应。如果是室外噪音引起的，可以试试在宝宝房间内播放白噪音或开启空气净化器，以盖过外界噪音。

- 光线或视觉敏感。室内使用遮光窗帘，光线就不会影响宝宝睡眠。宝宝待在婴儿车里时，打开遮光罩。无论在哪儿，都要避免强光刺激他。也不要让他一次接触太多的视觉刺激物——每次只给他一个玩具玩，尽可能简单。玩具要柔软、设计简洁，颜色不要鲜亮、繁杂。

- 味觉敏感。如果你吃过大蒜或洋葱后给宝宝喂奶，而他接下来一天都表现得很糟，就要思考一下，是不是不适应乳汁味道引起的；如果用配方奶喂养而宝宝表现得很烦躁，那就试试换另一种口味的配方奶（可咨询医生）。开始添加辅食后，让宝宝自己来决定，如果他完全拒绝重口味的辅食，要尊重他的意见。

- 触觉敏感。有些宝宝就像豌豆公主：一尿湿就会很不安，衣服的面料粗糙了些就烦躁，如果他们洗澡呛到水，或被放到太冷的床垫上，就会大叫，如果穿鞋前袜子没有拉平，就会扭个不停。所以，要保持衣服舒适（穿棉质衣物，接缝处要平整，扣子、拉锁、标签和领子的大小、形状、位置要合理，以免产生刺激），洗澡水和房间的温度要控制在宝宝喜欢的范围，还要勤换尿布，或把现在用的尿布换成更柔软、吸水性更强的。

少数宝宝触觉过度敏感，在睡袋里也不踏实，会挣脱育儿袋式的约束，甚至抵触拥抱，特别是皮肤接触。如果你的宝宝表现出这些特征，要用亲切的语言和眼神交流来代替身体接触。抱着宝宝时，试试看哪种方式让他烦躁不安（比如紧一些还是松一些）。仔细观察什么方式让宝宝感觉舒服，什么让他感觉不适。最重要的是，不要把宝宝的不舒服归咎到自己身上，这是天性问题，不是养育问题。

- 嗅觉敏感。奇怪的气味不会让很小的宝宝烦躁，但有些宝宝会在一岁左右对某些气味表现出不适反应。煎鸡蛋的香味、尿布疹药膏的气味、衣物柔顺剂和润肤乳的芳香等都会让他们感到不安。如果宝宝对气味敏感，要少去有强烈气味的环境，如果条件允许，尽可能不用有香味的物品。

- 对刺激敏感。对一些宝宝来说，

任何类型的过度刺激都会让他们烦恼。这些宝宝需要你温柔、耐心地对待。大声说话，匆忙行动，玩具过多（特别是一些刺激的玩具），周围人太多，一天安排的活动太多，都会让这类宝宝感到压力。密切观察宝宝的反应，在他超负荷之前，减少感官刺激。为了帮助这样的宝宝更好地睡觉，要避免在睡前做游戏，可以在睡前洗个热水澡，然后温柔地讲故事或唱催眠曲。轻柔的音乐也能帮宝宝安静下来。

活跃的宝宝。通常宝宝还在妈妈肚子里的时候，就会表现出自己活跃的一面，出生后他的表现就能证实：他会把小毯子踢开；换尿布和穿衣服的过程会变成摔跤比赛；小睡之后，他总是出现在床的另一头。活跃的宝宝总是很难搞定，他们睡眠较少，吃奶时哭闹不安，会因无法完全独立行动而充满挫败感，并且总有弄伤自己的危险。但也充满了乐趣，通常他们都很警觉，对事物充满好奇，受人喜爱，能很快掌握一个又一个技能。不要抑制活跃宝宝展露的热情和探索的天性，你应该采取特殊的保护措施，并摸索让宝宝安静下来吃东西和睡觉的方法。

- 要特别小心，绝不要将活跃的宝宝留在床上、尿布台或其他有高度的地方，哪怕只有一秒钟——他可能很早就学会了翻身，而你毫无察觉。带有安全带的尿布台很有用，但是也不能离开特别活跃的小宝贝一步。

- 如果活跃的宝宝能够自己坐起来，哪怕只有几秒钟，也要将婴儿床的高度调到最低，因为他很快就会站起来并靠近床边。

- 不要将活跃的宝宝留在婴儿椅上，除非婴儿椅放在地板上——他完全有可能将座椅翻倒，应当给宝宝系上安全带。

- 了解可以让活跃宝宝安静下来的方法，比如按摩、轻音乐和热水澡。让宝宝习惯在吃奶和睡前做一些安静的活动。

没有规律的宝宝。6 ~ 12 周时，当其他宝宝发育正常，并且行为更容易预测时，这些没有规律的宝宝似乎还很不稳定。他们不仅发育跟不上进度，对父母的互动也不感兴趣。

你的宝宝也这样？不要任由宝宝混乱的行为继续下去，也不要由你来支配、设定一套跟宝宝天性相反的严格方案，最好找一个折中的方案。让他和你的生活产生一点规律，并尽可能按他自发的行为制订一个时间表(要仔细去观察)。可以写日记，发掘宝宝每天会重复的事情，例如大约上午 11 点肚子饿了，晚上 7 点后会开始哭闹。

试着用可控的事情来应对不可预测的事情。每天尽可能在同一时间、用同一方法做事情。可能的话，在同一张椅子上喂奶，在同一时间洗澡，用同一种方法安抚宝宝（轻摇、唱歌或其他有效的办法)。试着每天都在同一时间喂奶，即使宝宝似乎不饿。如果宝宝在两餐之间饿了也要保持这个习惯,必要的话可以给他一些零食。逐渐让宝宝适应更有规律的生活，但不要强迫他。不要期望做到完全有规律，只要不混乱就可以了。

晚上和不规律的宝宝在一起是一种折磨，因为宝宝通常区分不出白天和黑夜。可参考处理昼夜不分问题的相关内容（参见第196页），但这些内容很可能对你的宝宝无效，他也许想要一整夜都醒着，至少一开始不会轻易入睡。要保存体力，晚上你可能需要和伴侣轮流照顾宝宝,只要坚持，并且保持冷静，最终事情会变得有条理起来。

适应性差或一开始会退缩的宝宝(慢热型)。这样的宝宝总是拒绝不熟悉的事物——新物品、陌生人、新食物。有些宝宝对任何变化都会感到不安，甚至是已经熟悉的变化，例如从家里被抱到汽车上。如果你的宝宝也是这样，试着制定一些常规的事项，不要总有变化。吃奶、洗澡和小睡等每天安排在相同时间、相同地点，尽可能不要破例。要逐渐向宝宝介绍新玩具、陌生人、新食物（如果宝宝能接受的话)。例如，在婴儿床上悬挂一个汽车玩具，一开始只挂一两分钟，然后拿走；第二天再拿出来，多挂几分钟。持续增加悬挂的时间，直到宝宝能够接受，并喜欢上这个玩具。介绍陌生人时,一开始要多给他些时间，只是和宝宝共处一室，然后保持一定距离和他说话，之后离近一点交流，最后试着有身体接触。当宝宝开始吃辅食后，逐渐添加新食物，开始少量添加,将添加食物的周期延长到1～2周。不要在宝宝还没有完全接受一种食物前添加另一种食物。购物时，避免不必要的改变，如不同形状或颜色的新奶瓶、婴儿车上的新挂饰、新的安抚奶嘴。

大嗓门宝宝。一开始你可能就注意到了——在医院的育婴室中，自己宝宝的哭声特别大。就算情绪最稳定的人，面对大声哭闹和尖叫也会感到疲惫，而当你带宝宝回家后，这样的噪音还会持续循环播放。你可能无法降低宝宝的音量，但是减少环境中的噪音有助于降低他的音量。同时要采取一些措施，防止宝宝的哭声打扰到家人和邻居。如果条件允许，给宝宝的房间装上隔音板或隔音垫，铺上地毯、挂上窗帘或其他可以吸收声音的物品。可以用耳塞、白噪音、电风扇减轻哭声对耳朵和神经的损害，但不要完全隔绝宝宝的哭声，要能听到他的动静。在未来几个月内，你的宝宝大哭的次数会减少，噪音问题也会减轻一些，但可能还是会比别的孩子哭声更大，声音也更大。

消极或不开心的宝宝。有些宝宝

“智能”宝宝

你的智能手机是否成了宝宝的新宠？他喜欢对着视频网站或电视里说话的人咿咿呀呀，咕咕哝哝？当你滑动平板电脑，出现人物或图标闪动时，宝宝是否咯咯笑个不停，开心不已？现在，掌上设备近在咫尺，很难不让宝宝接触。但让这么小的宝宝暴露在电子媒介中，是否有害处？相关内容参见第 489 页。

整天笑容灿烂，开心雀跃，跟你咿咿呀呀个不停，但有些宝宝却表现得很严肃，甚至脾气暴躁。这不是父母的遗传或照顾得不好，却会影响父母。他们很难和这些不开心的宝宝建立亲密的联系，有时甚至会放弃尝试。

如果什么都不能让宝宝开心起来，要让医生检查，排除一些医学问题。然后爱护他、照顾他、细心呵护，在宝宝身边保持开心，要明白他的“郁郁寡欢”只是性情使然。总有一天，宝宝会学会其他表达方法（除了大哭之外），也会开心一点，但他可能还是严肃型宝宝。

其他父母可能也会有长期不开心的宝宝，可以向他们寻求帮助和应对方法。另外，向儿科医生求助（最好咨询小儿发展科医生或幼儿早期行为专家）。

在确定你的宝宝是不是真的“不好哄”之前，要考虑宝宝一些特别古怪的行为是否由他身体潜在的问题引起，如肠痉挛、对配方奶或母乳中的某些成分过敏。睡眠不足和出牙也会让宝宝特别烦躁。告诉医生这些情况，排除一些需要治疗的身体问题（如胃食管反流）。

如果宝宝天生就是难搞定的类型，为了让他更平静和开心一点，父母需要多付出很多努力，这并不容易，但努力不会白费。但要记住，不需要总是把宝宝的特殊需求放在第一位（他对强光和噪音敏感，但还是可以带他去参加家庭聚会）。这没什么——哪怕多了一个难搞定的宝宝，生活仍要继续。当然，聚会结束，你不得不处理宝宝大哭带来的麻烦。

要记住，宝宝的性情是天生的，但并没有定型。那些难搞定的性格，会随着时间改善，变得柔和，甚至慢慢消失，父母在这个过程中可以学习一些方法来帮助孩子适应。另外，那些具有挑战性的特质，也可能会从负担变成宝贵的财富。

需要一些帮助来应对难哄的宝宝？向有经验的人寻求帮助吧——特别是跟你有相同情况的父母（社交网站上可以找到不少）。宝宝的儿科医生也可以给你建议，或者咨询小儿发展科医生、幼儿早期行为专家，得到更专业的指导。

父母一定要知道：给宝宝创造一个安全的环境

宝宝面临的是一个美丽、精彩的大世界。新生儿从子宫来到父母的怀抱，一直备受呵护、非常安全。但当宝宝的世界慢慢扩大，他开始尝试大量食物，双手好奇地摸索，到处乱爬，最后能站立起来时，他所处环境的安全性是我们难以掌控的。宝宝呼吸的空气、吃的食物、玩的玩具、可能会咬的青草，大多都是安全的（特别是在有人照护的情况下）——但是，宝宝的探索范围越大，就越容易暴露在危险之中。

一些其他因素也会增加宝宝陷入危险的概率。第一，宝宝的身体很小，这意味着一丁点的有害物质都会对他造成危害。第二，宝宝几乎会触摸所有物品，大多数他们接触过的物品最终会进入嘴巴。第三，他们喜欢在地上玩耍，更容易接触到地毯上的洗衣剂和草丛中的杀虫剂残留。最后，他们还在长大，还有很长的成长过程，所以有足够长的时间让有毒物质积累，造成潜在的危害。

一个关注环境的父母该怎么做？别紧张，继续阅读，了解一下如何为

更环保的清洁方法

擦拭尿布台、浴室或厨房桌面时，如果使用含有化学添加成分的清洁剂，上面一定会残留一些化学物质。想要更安全、环保，就要考虑更天然的清洁方式和无毒清洁剂——既能清洁到位，也能呵护宝宝。想要找到这种环保产品，看商标上有没有下列术语：可生物降解、植物性、低过敏性，不含染料和香精成分，不易燃，不含氯、磷酸盐、石油、氨、酸、碱性溶剂、硝酸盐或硼酸盐。

还可以自己动手制作纯天然清洁剂。将植物油皂液和几滴薰衣草精油混合，就是多用途的家用清洁剂。将小苏打和水混合成糊状，可以去除瓷砖、厨房台面和衣物上的污渍。将 2 杯（1 杯约 240 毫升）水、3 大勺皂液和 20 ~ 30 滴茶树油混合，可以代替刺激性很强的漂白剂来清除物体表面的细菌。用 2 大勺白醋和 4 升水混合，装入一个喷壶，可以清洁镜子和窗户。用苏打水或者玉米粉清除地毯上的污渍（用毛巾蘸苏打水浸湿、擦一下，或者用玉米粉吸掉污渍，然后用吸尘器吸掉）。将 1/4 杯白醋和 1 升水混合，用来拖地。用半杯小苏打混合 2 杯开水可以疏通下水道（堵塞严重的话，可多放小苏打再加半杯醋）。

你的宝宝创造绿色环境。

净化空气

为了确保你和宝宝呼吸的空气安全，要排除下列空气污染源。

香烟烟雾。二手烟（和附着在吸烟者衣服上的三手烟）对宝宝很不安全。经常暴露在烟雾中的宝宝容易患婴儿猝死综合征、扁桃体炎、呼吸道感染、耳朵感染以及细菌和病毒感染，严重的话可能还要入院治疗。父母吸烟的宝宝在推理能力以及词汇运用方面得分更低，患肺癌的风险也更高。经常看到亲人吸烟的宝宝以后更容易成为吸烟者，未来寿命可能减少。所以戒烟吧，也别让吸烟者进入你家。

一氧化碳。 这种气体无色无味，却非常危险，大量吸入可能致死。采取下列措施，防止室内产生这种物质。

- 确保取暖系统正常工作。
- 不要在室内使用炭炉或丙烷加热器。
- 确保煤气灶或其他燃气设备正常通风，可以装一个排风扇，将烟雾排到室外，如果火苗不是蓝色，要及时检查调整。
- 室内不要用煤气炉取暖。
- 如果车库与房屋相连，不要让车处于挂空挡状态，即使时间很短。发动汽车之前要先打开车库门。
- 等过热的车冷却下来，再关车库门。

最好安装一个一氧化碳检测仪（仔细阅读说明书，选好安装位置）。如果一氧化碳浓度上升，该装置能起到提醒作用，可以预防危险发生。

各种各样的气体。清洁剂、喷雾剂以及其他涂料产生的气体，都可能有毒性，所以要尽可能使用安全的产品。毒性不明的产品尽量在通风良好，并且远离宝宝的地方使用。记住，像其他家居产品一样，要将这些产品存放在安全

重新考虑室内装饰

一旦宝宝开始爬，他会在地板上和家里所有铺了地毯的地方待更长时间。即使宝宝还不能离开你的怀抱，地毯的质量也很重要。地毯中的挥发性化学成分可能会污染室内空气。铺地毯所用的材料和黏合剂也会刺激宝宝敏感的肌肤。如果可以，换成地板（更容易清洁）或者经常吸尘，定期深度清洁，减少或避免污染物在室内空气中的流通。如果要在家里铺地毯，要选择低 VOC（挥发性有机化合物）或环保型地毯。

要选择无甲醛家具，它们释放的有害气体较少。非必要不安装含甲醛的家具。加强室内空气流通（多开窗），用除湿机降低室内湿度，减少室内有毒烟雾残留，多摆放一些对宝宝安全无毒的室内植物（参见第 323 页）。

用植物净化空气

如果把自然搬进家，宝宝呼吸的空气就会更清新。植物不仅好看，而且能净化空气，去除氨（清洁剂成分）和甲醛（家具成分）。在 186 平方米的室内，15 ~ 20 棵绿色植物就可以达到净化空气的作用。不要将植物分散摆放，在房间内集中摆放能达到最佳效果。可以选择一些植物：吊兰、蔓绿绒和橡胶植物。将植物放到宝宝接触不到的地方，或者用门隔开，以防宝宝咬树叶或者打翻花盆。

不擅长园艺？从没养活过植物？一台空气净化器就可以去除室内污染物，对有过敏问题的家庭最合适。有多种高科技产品可供选择，高效空气过滤器（HEPA）长期被公认为空气净化的最高标准，但该产品耗能大，须经常更换（最好用不排臭氧的那种），还可以用紫外线灭菌灯和离子过滤器（利用相反电荷将尘埃颗粒吸附到面板上）。

的、好奇心强的宝宝够不到的地方。

氡。这是一种无色无味、透明的气体，只有通过检测才能发现它的存在。但这种气体具有放射性，可能会引发肺癌，并能从地板、墙壁的缝隙甚至水龙头进入家中。想了解家中是否有这种气体积累，唯一的办法就是检测。在购买或出售房屋之前，可以额外花一笔钱请专业人士检测。必要时可以安装减氡系统。

检测水质

什么样的水适合给宝宝饮用？不确定的话，就检测一下吧。

自来水。每个社区和每个家庭的水质不尽相同。如果不确定自己家水龙头流出的水是否安全，可以询问当地自来水供应部门、环保局等，或者消费者权益组织。即使宝宝还不能用水杯喝水，自来水中的污染物也会通过母乳进入他的身体，或出现在配方奶中（如果用自来水冲奶粉的话），宝宝还在发育，少量的污染物也有潜在的危害。对宝宝特别危险的一种物质是铅，它从铅管或黄铜水龙头处渗透进水中，会影响大脑发育。如何判断自家的水是否流经铅管，而且已经被污染？铅管通常比较软（用钥匙很容易刮出痕迹），颜色呈暗灰色。如果看不到水管、不能刮刮看，但你很肯定自来水中含铅，找有资质的实验室检测。另一种会伤害到宝宝的污染物是硝酸盐。一些实验室也可以检测自来水中是否有含该物质。

去除渗入水中有害物质的最佳办法是购买一个自来水过滤器（例如反渗透过滤器）来清除污染物——特别是铅和硝酸盐，按要求安装过滤器。也可以请专业公司来进行水处理，比

铅会带来麻烦

在美国，很多1978年前建成的房屋虽然外层是较新的涂料产品，但下层仍然是含高浓度铅的涂料。随着涂层的开裂或剥落，微小的含铅颗粒会脱落下来，变成室内的灰尘，落在宝宝的双手、玩具和衣服上——最终进入他们的嘴里。

如果你家墙壁用的可能是含铅涂料，登录美国环保署的铅信息中心网站（epa.gov/lead），了解如何测试。如果结果证明确实含铅，要么请专业人士彻底清除，要么用经过认证的密封剂遮盖。

但是铅不仅仅隐蔽在刷了涂料的墙上，一些玩具和家具都可能含有铅。可以到美国消费品安全委员会（cpsc.gov）或美国疾病控制与预防中心（cdc.gov/nceh）等相关网站上了解家具和玩具的召回信息。

铅的危害在于，大剂量的铅会导致儿童大脑严重受损。即使是低剂量的铅，也会降低智商，改变酶的功能，延迟生长，损伤肾脏，还会导致学习和行为问题，听力和注意力缺陷等。多数医生会给12个月的宝宝做毛细血管采血（手指或脚跟）检查，检测铅含量。如有下列情况，也可以预先筛查：住在高铅地区，或者房子建于20世纪60年代前；家中水质受到铅污染；有兄弟姐妹、住一起的人，或者玩伴诊断出血液含铅量高；你或者家中其他成年人的工作或爱好处在铅环境中；居住地附近的某个企业有可能向大气、土壤、水中排放铅。

如果检查结果表明宝宝血液中铅含量高，咨询专家来解决问题。运用螯合疗法，并多摄入钙和铁，有助于除铅并预防铅造成的伤害。

如调节水的酸碱度。打开水龙头放30秒，然后再取水饮用或做饭，也能减少铅含量。

如果家中用水不含氟，儿科医生会在宝宝6个月时开氟化钠滴剂，保护他的牙齿（参见第347页）。

瓶装水。出于对当地供水安全的顾虑（或为了方便，或追求口味），决定选择瓶装水？问题是，瓶子里的水不一定比水龙头里的水更安全（有些瓶装水也取自水龙头）。不过，美国食品药品监督管理局规定，瓶装水的水质要达到美国国家环保局规定的水平。要选择瓶身不含双酚A的瓶装水。多数品牌的瓶装水使用聚乙烯塑料瓶（底部的数字“1”为可循环代码），不含双酚A。

如果确定要给宝宝喝瓶装水，可

食品容器中的双酚 A（BPA）

双酚 A 是一种有毒物质，会严重影响人的脑部发育，许多聚碳酸酯塑料都含有这种成分。美国食品药品监督管理局规定，婴儿奶瓶和吸管杯中不能含有该物质，因为这种化学成分对婴幼儿的大脑、行为和前列腺有潜在的影响。另外，大多数塑料婴儿玩具和磨牙圈都不含 BPA。但是，针对儿童之外的人群销售的塑料容器和塑料杯仍可能含有 BPA。

儿童难以代谢残留在体内的人工化学物质，可他们在成长发育过程中经常使用塑料容器喝水、吃东西，所以最容易受到 BPA 的影响。最好不要用含有 BPA 的产品。如何判断一个塑料容器是否含有 BPA？很简单，看容器底部的数字即可。如果数字是“7”，就表明该产品含有 BPA，如果数字是“1”，表明这个瓶子由聚乙烯对苯二甲酸酯塑料制成，不含 BPA。

以选择含氟产品。普通瓶装水不含氟，但 6 个月大的宝宝开始需要含氟的水来保护牙齿（更多关于氟的内容，参见第 189 页）。

检查食物生产链

全谷物？要查。果蔬？要查。健康脂肪，如橄榄油、牛油果和杏仁奶油？要查。细菌、杀虫剂和其他各种化学添加？你可能都想检查一番。在给宝宝添加各种食物时，最好注意那些有害物质，因为它们会在宝宝吃第一口时乘虚而入。采取措施让宝宝远离食物生产链中潜在的各种有害物质，也是明智的预防手段，因为宝宝摄入的人工化学成分对于他们小小的身体来说太多了，而随着宝宝的发育，这些有害物质要过很多年才会体现出危害。在宝宝开始吃更多食物时，以下做法有助于保证食物安全。

- 购买绿色农产品。有机农产品不一定更有营养，但跟普通果蔬相比，附着在食物表面的化学残留更少。预算不支持全部买有机农产品？在你生活的地方买不到？购买农药残留可能更高的农产品（第 334 页专栏中的“危险果蔬”）时，选择有机产品；“放心

食品中化学添加的危害

虽然在可能的情况下，减少家庭饮食中的人工化学物质很有必要，但是，对添加剂和化学物质的恐惧会限制家庭饮食的种类，影响对营养物质的获取。均衡、营养的饮食，比如全谷物食品以及水果和蔬菜，不仅能为生长和健康提供必需的营养，还能抵抗环境中的有害物质。所以，在必要的情况下，可以限制人工化学物质的摄入，但在这个过程中不必太偏激。

果蔬”买普通果蔬即可。一般来说，有厚厚果皮的水果（香蕉、甜瓜、杧果和柑橘）和要去皮的蔬菜更安全。要买新鲜果蔬，本地种植的应季食品最安全，因为不需要在运输和储存过程中喷洒大量化学药剂保鲜。另外，有厚厚的外壳、叶子或果皮包裹的食物也比较安全，能把农药隔绝在外部。卖相不好看的农产品更安全，因为人们常添加化学物质来让农产品更美观。

危险果蔬和放心果蔬

有机农产品是否值得付出高价？如果为了宝宝，在某些情况下是值得的。有机食物的质量得到相关机构认证，不含杀虫剂、肥料、激素、抗生素、转基因成分。它们不一定更新鲜、更有营养，但食用这类农产品可以减少人工化学物质对宝宝造成的潜在风险——从这一点来看，绝对物有所值。

有机农产品的认证非常严格，这就意味着它们的供应有限。一些水果和蔬菜通常被认为更可能有农药残留，被称为危险果蔬，要尽量购买有机产品：苹果、柿子、芹菜、樱桃、葡萄、油桃、桃子、梨、土豆、覆盆子、菠菜和草莓。有机果蔬太贵？那就买放心果蔬，比如牛油果、香蕉、猕猴桃、杧果和菠萝，即使用传统方式种植，也只有极少量的农药残留。最不可能含有杀虫剂的蔬菜有：芦笋、西蓝花、卷心菜、玉米、茄子、洋葱和豌豆。

- 不论购买有机还是普通农产品，回家后都要彻底清洗，去除细菌。可以用果蔬清洗剂和清水一起洗（也可以只用干净的水冲洗）。

- 购买有机奶、蛋、肉。工厂化农场里饲养的牛、猪、鸡都会被注射抗生素和激素，目的是防止生病以及提高产量。如果预算允许，选择有机猪肉和禽肉（以及衍生的婴儿食品）、有机鸡蛋、有机酸奶及其他奶制品。如果宝宝还没开始大块吃肉，现在开始计划。购买用草料饲养的牛肉，而不是吃玉米等谷物饲料的牛肉。减少动物脂肪的摄入，因为脂肪是化学药剂堆积的地方。剔除肉中的脂肪，剔除禽类的脂肪和皮。

- 不要给宝宝食用未经高温灭菌的（生的）奶制品或果汁。它们可能含有危险的致病菌，给宝宝带来生命危险。

- 鱼类的选择。研究表明，常吃鱼可以提高智商。平时可以多吃一些健康鱼类，比如黑线鳕、无须鳕、青鳕、海鲈鱼、白鲑、野生鲑鱼、罗非鱼、比目鱼、鳟鱼、鳎鱼、虾和扇贝。不要吃含汞量高的鱼类，比如鲨鱼、旗鱼、鲭鱼和方头鱼，也不要食用新鲜金枪鱼。如果要吃，选择罐装的淡水金枪鱼，其含汞量要比长鳍金枪鱼少。

了解转基因食物（GMOs）

一个苹果切开后不会变色，这听上去很好。但是，种植者们使用特殊方式种出来的能保鲜的水果，你不会想多吃一口。基因工程生产的食物（食品界称为“转基因食物”）含有其他动植物的DNA，目的是为了让食物获得一些理想特征——可以保鲜更久，能抗住大量除草剂和杀虫剂的伤害。美国食品药品监督管理局对转基因食物是否要标注不作要求，所以很难判断你给宝宝买的食物是否为转基因产品。

不想冒风险给宝宝吃转基因食物？那就检查食品包装上是否有非转基因认证的标识，是否含有可疑的添加剂等化学物质。

一周的鱼肉摄入量与宝宝体重比例应为30克/千克。另外，避免食用污染水域养殖的鱼类，这意味着鲑鱼要选野生的（养殖场内的鲑鱼可能含有化学污染物多氯联苯），而鳟鱼要选养殖场的（有些野生鳟鱼来自污染水域）。如果你自己去垂钓，咨询当地的卫生部门，食用这片水域的鱼对孩子是否安全。不论何时，如果准备给宝宝吃鱼，烹饪前要去掉鱼鳞（污染物会黏附在上面），不要油炸，最好是烤或者水煮，这样可能让有害化学物质渗出来。

• 烟熏或腌制的肉类，如热狗肠、腊肠和培根——这些食物含有硝酸盐等有害化学物质，不应让宝宝食用。而且它们的钠和脂肪含量高，还有可能混入了动物的其他部位，这也是宝宝不能食用的另一个原因。同样不能吃的还有熏鱼。如果要买加工的肉产品，要买有机或者草饲的，这些肉品不含硝酸盐，钠含量低。

• 远离添加剂和加工食品。尽可能选择纯天然食品。看食品的配料是否含有不该给宝宝吃的化学添加剂（人工色素、香精、甜味剂等）。当宝宝到了一定年龄，要给他们吃“真正的食物”，比如真正的水果而不是果干，真正的果汁而不是果汁饮品，真正的奶酪而不是加工奶酪。

消灭害虫

蚂蚁、蟑螂、老鼠、白蚁……虽然化学杀虫剂能消灭这些小生物，但也会对在家里爬的宝宝造成危险。昆虫诱捕剂会刺激宝宝幼嫩的皮肤，如果被宝宝吃了就更糟糕。喷雾或凝胶杀虫剂会渗入地毯和其他织物，挥发出有毒气体。既不想用对宝宝有害的化学药剂，又希望能清除家中的害虫，可以尝试下面的方法。

封锁战术。使用纱窗和门帘，不要将门窗在毫无遮挡的情况下直接敞开，堵住害虫的入侵途径。

黏虫器或捕鼠器。与化学杀虫剂不同，这些陷阱会使到处爬的昆虫进入封闭的盒子（蟑螂屋）或容器中，是纯物理捕杀。用老式的捕蝇纸粘苍蝇，用黏黏的粘鼠板捉老鼠。因为人类的皮肤可能会被这些东西粘住，所以打开它们后，必须放到宝宝够不着的地方，或在晚上宝宝睡觉后再打开，早上他还没有醒来四处走动前拿走。单从人道的角度来看，这些陷阱的缺点就是不能立刻致死。

放诱饵的陷阱。这些陷阱里确实放置了一些毒药，但没有化学气味，而且被密封在陷阱中，宝宝不容易拿到。但最好还是将陷阱放到宝宝够不着的地方。

箱型捕鼠器。心软的人会用箱型捕鼠器捕捉啮齿动物，然后到远离住所的田地或树林中放生。但是，这样做并不容易，因为这些啮齿动物会咬人。捕鼠器应当放在宝宝够不着的地方。或宝宝不在附近时打开，并留意看管。

安全使用化学杀虫剂。事实上，包括硼酸在内的杀虫剂都具有很高的毒性。如果选用这些产品，不要将其喷洒（或储存）在宝宝能接触到的地方或摆放食物的地方。要选择低毒性、更环保的产品。如果使用杀虫喷雾，喷洒前要带宝宝离开，并且至少一天后再回来。最好是喷洒杀虫剂后就外出度假。回家后打开所有的窗户，通风几个小时，并彻底擦拭厨房台面和其他家具表面。

想了解更多关于安全控制虫害的信息，可以到以下网站查询：杀虫剂之外（beyondpesticides.org），美国国家农药信息中心（npic.orst.edu），美国环境保护署（epa.gov/pesticides）。

想知道如何控制室外花园的虫害，又保证宝宝的安全？可在以下网站获取室外害虫防治的信息：美国环境保护署(epa.gov/pesticides/lawncare)，美国国家环境健康科学研究所(niehs.nih.gov)，智慧种植与安全种植(growsmartgrow safe.org)。

户外接触动物时要注意

如果宝宝想和农场以及动物园的山羊和绵羊亲密接触，要格外小心。这些动物虽然惹人喜爱，但身上携带着危险的大肠杆菌，容易传染抚摸宠物的宝宝们。感染大肠杆菌会导致严重腹泻和腹痛，某些情况下甚至有生命危险。在宝宝抚摸动物后，一定要用香皂和清水洗手，用消毒湿巾或消毒洗手液清洁也可以。如果之前接触都没有做任何预防措施，宝宝也没有出现任何症状，就不用担心。但下次要提前做好预防措施。

第 11 章　第 6 个月

宝宝这些天已经表现出他独有的个性。与爸爸妈妈交流，仍然是他最热爱的活动。你还会发现，宝宝不断地咕咕哝哝、咯咯笑，越来越“谈笑自若”。玩躲猫猫时很开心，摇拨浪鼓（或其他能发出声响的东西）也让他很兴奋。

探索的热情仍然在延续，可能会扩展到你的脸上——宝宝可能会扯你的脸，就像对待他非常喜欢的玩具那样（对宝宝来说，你的头发、首饰和眼镜目前都不安全）。在这个月，宝宝就可以围上围嘴，坐在餐椅上，开始吃辅食了。

宝宝的饮食：开始吃辅食

期待已久的时刻终于来到了。在医生许可的情况下，4 ~ 6 个月时，你的宝宝将进入崭新的饮食领域——辅食。你也要做好准备，迎接宝宝的第一次辅食。在你准备勺子、碗、围嘴的过程中，记住，宝宝第一次尝试辅食固然让人兴奋，但他自己却未必准备好了离开妈妈的乳房或奶瓶。开始给宝宝喂辅食肯定有趣，也能为他今后一生的饮食打好基础，但这时喂辅食的主要目的是为了积累经验，而不是给宝宝增加营养。母乳或配方奶仍然是宝宝第一年营养的主要来源。

第一次喂辅食

各就各位……预备……啪嗒，掉了下来！给宝宝喂辅食，关键是把握好时机，还要放轻松。下面是添加辅食要遵循的原则。

选择正确时机。开始喂辅食最“完美”的时间，是对你和宝宝都合适的某个时间。如果是母乳喂养的宝宝，可以在奶量降到最少的时候（下午或傍晚）开始。或者，如果宝宝早上非

宝宝的基本情况：第 6 个月

睡眠：宝宝现在的睡眠时间和上个月没什么变化，平均每天 15 小时，夜晚 10 ～ 11 小时，白天 3 ～ 4 小时，小睡 2 ～ 3 次。

饮食：宝宝的食量和上个月差不多，部分宝宝可能从这个月开始添加辅食。

- 母乳。平均一天喂 5 ～ 6 次，有些宝宝吃奶的次数更多。宝宝现在每天摄入的母乳量为 720 ～ 1080 毫升。
- 配方奶。现在平均每天用奶瓶喂 4 ～ 5 次，每瓶 180 ～ 240 毫升，总共喝 720 ～ 960 毫升。
- 辅食。刚开始给宝宝添加辅食，每餐量要少：一天 2 次，每次 1 大勺婴儿米糊（米粉混合少量母乳或配方奶，要非常稀滑，呈浓汤状）。也可以用等量的水果泥或蔬菜泥代替（一开始也要量少、稀滑）。根据宝宝的胃口调整，食用量慢慢增加，等他习惯吃辅食并表现出想吃的渴望，增加到每餐 4 大勺。

玩耍：宝宝能坐了吗？坐起来让宝宝玩耍时打开了新的视野。这个月宝宝最爱玩的是互动玩具（例如可以亮灯或放音乐的玩具）、刺激爬行的玩具（汽车、火车或可以滚动的球）、纸板书、不倒翁、婴儿健身架，以及可以安全放入嘴巴的任何东西（磨牙圈或软积木）。

常饥饿，可以喂他一些辅食。尝试先给宝宝喂母乳或配方奶，刺激他的食欲，然后适时加入辅食。或者先给宝宝辅食，刺激他的食欲，然后引入“正餐”——吃奶。开始时一天喂一顿，添加辅食的第二个月前后可以喂两顿（早晚各一次）。

顺应宝宝情绪。第一次吃辅食，对你是尝试，对宝宝更是一个挑战。性格活泼、机敏的宝宝愿意张开嘴，接纳新的食物，而脾气不好或昏昏欲睡的宝宝则只想吃奶。如果宝宝拒绝，那这一次先放弃，下次再尝试。

不要着急。给宝宝喂辅食，不是一件很快就能完成的事——你会惊讶地发现，食物从小勺子送入宝宝小嘴巴的过程如此漫长。给你们双方足够的时间和耐心。

让宝宝坐好。把扭来扭去的宝宝放在你的腿上，还要将不熟悉的食物放进宝宝不愿意张开的小嘴里，这是典型“灾难”的开始。刚开始吃辅食的前几天,就要让宝宝练习坐在婴儿餐椅上，并将托盘和餐椅调到合适的高度。宝宝现在就像爱扭动的毛毛虫——永远牢记，要系紧安全带，包括胯部周围的卡扣。如果宝宝不愿坐这样的餐椅，最好推迟添加辅食的时间。

准备餐具。最好选择硅胶、塑料或者秸秆材料的勺子和小碗，这能让宝宝的牙龈更舒适。喂的时候多准备几个勺子（你一个，宝宝一个，还有一个备用），既能培养宝宝的独立感，又能避免宝宝和你抢。

长柄的勺子方便喂食（可以试试深口碗和浅口碗哪个更适合盛食物），但要选一个短柄且有些弧度的勺子给宝宝用，这能防止他在无意中戳到眼睛。

准备妥当后，别忘记戴上围嘴。尽早让宝宝养成用围嘴的习惯，不然以后很难养成。围嘴可以选择硅胶、棉质或纸质的——只要够大，能遮住宝宝的胸部和腹部就行。在家时，可以让宝宝脱光衣服，只穿着尿布，戴上围嘴。如果宝宝不喜欢不穿衣服，就不要这么做。

让宝宝认识食物。试着将勺子伸进宝宝的嘴巴之前，可以在桌上、餐椅的托盘上放一点食物，给宝宝机会去观察、揉搓，甚至放到嘴里尝一下。这样，等你真正开始用勺子喂辅食时，他就不会觉得食物的味道很陌生了。

放松。宝宝完全不知道还可以用勺子进食，也不知道除了奶之外其他食物的味道,辅食的出现会吓到宝宝，要让宝宝放松下来。开始时，盛1/4勺食物，轻轻放在宝宝的舌尖。如果他吞咽下去了，就再盛1/4勺，送到口腔更深的地方。最初几次尝试时，宝宝可能会把食物吐出来。慢慢地，小家伙会喜欢上勺子里的食物并张大嘴等着吃。

做好宝宝排斥辅食的准备。即使是平淡的味道，刚开始尝试辅食的宝宝也要慢慢适应。宝宝可能会排斥一种新的味道很多次，然后才慢慢接受并喜欢。所以，不要着急，如果宝宝拒绝吃勺子里的食物，改天再试。

引导宝宝模仿。宝宝看到什么，就会跟着去模仿。下面的方法虽然老套，但很管用：你把嘴巴张大，假装吃了一口勺子里的食物，别忘记咂咂嘴，装作津津有味。

知道宝宝什么时候吃饱了。既要清楚什么时候开始喂，也要知道什么时候该停下来,两个时间点都很重要。宝宝将头转向一旁，紧闭小嘴，表明他已经吃好了。这时强迫宝宝继续吃会引发今后吃饭的冲突。

安全喂养宝宝

喂养宝宝不仅要给他吃健康食物，购买、制作和喂食的整个过程都要尽可能确保安全。只要具备应有的常识，采取一些预防措施，在婴儿食品安全方面，你一定可以做好全面准备——不仅是现在，等宝宝能吃更多食物时，也是如此。

• 给宝宝喂饭之前，要洗净双手。如果吃饭时，手接触过生肉、生鱼或生鸡蛋，要再洗一次。不用说，打完喷嚏擦鼻子或者抹嘴之后，也得把手重洗一遍。

• 将婴儿米粉和未开封的婴儿罐装或袋装食品置于阴凉通风处，远离过热或过冷的地方。

• 打开婴儿罐装或袋装食品之前，要用一块布将开口处擦干净，或者在水龙头下冲洗灰尘。

• 第一次打开罐子之前，确认罐子上的旋钮指向“关闭”，当转开后，如果听到“砰”一声，就证明之前密封完好。如果密封盖有凸起，或者打开时没有“砰”的声音，扔掉或退货。在第一次打开袋装食品之前，也要确认袋口密封完好。

• 确保开罐器是干净的。开罐器生锈或无法清洗干净时，就扔掉。

• 吃罐装或袋装食物时，每次用干净勺子从罐子中取一份的量，或者从袋口挤出几勺（不要怕食物掉出来造成浪费。如果宝宝还想吃，再用干净勺子从罐子或袋子里取。另外，宝宝吃剩的食物不要留到下一餐，因为唾液中的酶和细菌会让食物很快变质。如果宝宝吃的是袋装食物，不要让袋子的开口接触用过的勺子。

• 从罐子或袋子里取出宝宝一餐要吃的食物后，要立刻封口，冷藏保存，下次用时再取出。如果罐子或袋子里剩下的水果泥 3 天没吃完，其他食物 2 天没吃完，就该扔掉。如果经常忘记什么时候打开过，就做个标记吧。

第一份辅食

美食时间到！每个人都认同宝宝最完美的液态食物是母乳，但最完美的辅食，大家却意见不一。应该吃全麦燕麦，还是糙米米粉？从蔬菜泥开始，还是从水果泥开始添加？有些人选择常见的食物（如红薯），有些人的选择不那么传统（如牛油果）。虽然没有正确答案，但有些辅食对宝宝更有益，所以最好先听听医生对辅食的建议。

不管你选什么辅食，宝宝第一次从勺子吃到的食物必须稀滑，能从勺子上滴下（过滤后的、熬成浓汤的，

• 每次吃婴儿米粉时，给宝宝舀出一次要吃的量。如果准备得太多，宝宝吃不完，还可以将多余的放入冰箱存放几个小时（不要放太长时间，否则米糊会变稠）。

• 加热辅食，只加热一餐的量。加热后没有吃完的食物要扔掉。可以用碗装好婴儿食品，放到蒸锅上加热，或者把袋装食物直接放进热水里加热。也可以用微波炉，但要记住下列警告。第一，必须是可微波加热的食物。第二，加热5秒后，取出搅拌，滴在手腕处测试温度。如果还很凉，再加热5秒，然后搅拌并测温——重复这些步骤，直到食物稍微温热了一点。记住：虽然容器可能还是冷的，但从微波炉中取出后，容器内的食物在余热的作用下还会继续加热，可能会烫伤宝宝的小嘴。

• 给宝宝准备新鲜食物时，要确保器皿和操作台干净卫生。该冷藏的食物要冷藏，该常温保存的食物要常温保存。不要将开封的食物在常温下放置超过1小时。了解如何储存自制的婴儿食物，参见第365页。

• 要将鸡蛋完全煮透再喂给宝宝。生鸡蛋或半熟的鸡蛋可能含有沙门氏菌。

• 确保给宝宝的果汁、牛奶、奶酪等都经过了灭菌处理（切忌用生奶，以免细菌感染）。

• 在给宝宝准备食物的过程中，如果要试吃，记得用干净的勺子。每次试吃后，都要清洗勺子。

• 如果怀疑食物不新鲜，干脆扔掉。

• 外出吃饭时，带一些密封罐或密封食品袋，装要冷藏的食物。如果要过一小时再喂宝宝，要将食物放在一个装有冰块的密封袋中。如果食物已经不凉了，就要扔掉。最好带上没开封也无须冷藏的食物（但要注意，不要把它放在极端环境中，例如温度很高的车内）。

或者捣成泥状的食物，可以用母乳或配方奶稀释）。等你的小美食家变得更有经验后，慢慢减少添加的液体，增加辅食的黏稠度，变得更成形。以下推荐的一些辅食是很好的选择。

谷物类食品。如果从谷物开始，选择单一的、富含铁的全谷物，比如全麦麦片和糙米米粉。不过糙米米粉要限量食用，因为糙米的砷含量较高。将少量谷物用配方奶、母乳或清水混合，搅拌成浓汤。不要加入捣碎的香蕉、苹果泥等——首先，一开始添加的辅食要选单一食材，其次，宝宝要是接受了甜味食品，就不愿吃口味清淡的食物了。

蔬菜。蔬菜营养价值高，也不易引发过敏。从淡黄色或橙色食物开始，例如红薯、南瓜和胡萝卜。然后再尝试绿色食物，如味道强烈一些的豌豆和青豆。如果宝宝不接受，第二天再试一试。有些宝宝接受新食物的时间要 4 ~ 5 天，关键在于坚持。

水果。味道好，容易消化。宝宝最初接触的水果可以是捣成泥状的香蕉、苹果、桃子或梨。

扩大宝宝的饮食范围

一旦宝宝欣然接受最初的辅食，就可以给菜单添加新品种了，牢记下面的建议。

从单一食物开始，逐渐引入。多数医生建议一次添加一种辅食。除非宝宝的医生有特别的建议，否则新食物要单独喂，或者和已经被接受的其他食物一起食用。一种“新菜品”吃 3 ~ 5 天后再引入别的。这样，一旦宝宝有过敏反应（胃胀、腹泻或大便中有黏液、呕吐、出皮疹、流鼻涕或流眼泪、与感冒无关的呼吸困难、不正常的夜间失眠或白天烦躁），就可以推断引起上述症状的是哪一种食物。如果没有不良反应，就可以增加一种新辅食，然后继续寻找新食物。

如果你观察到宝宝出现过敏反应，等一周左右再试（如果反应大，请医生检查）。相同的反应出现 2 ~ 3 次，就表明宝宝对这种食物很敏感。几个月之后经医生同意再尝试这种食物。如果宝宝对好几种食物都有反应，或者有家族过敏史，就要和医生讨论这个问题。

选择简单食物并逐一尝试。想给宝宝上食物拼盘？很好——但开始时要让宝宝分别尝试，这样才能尝到每种食物的独特味道。如果宝宝分别试吃过，就可以把食物混合在一起了。可以用宝宝喜欢的几种口味做混合食物、尝试罐装或袋装的组合餐，但首先要看说明，筛查宝宝现在还不能吃的成分（例如糖或盐）。

确定不能吃的食物。医生过去会建议等宝宝一岁后再吃某些食物，以减少过敏风险。但有证据表明，早点接触易过敏的食物实际上可以预防食物过敏。请医生告诉你可以吃和不可以吃的食物清单。多数医生同意宝宝

不要给宝宝吃蜂蜜

蜂蜜味道甜，但不适合小宝宝。宝宝一岁以内不能食用蜂蜜（或含蜂蜜的食品），因为蜂蜜含有肉毒杆菌的孢子，对成年人无害，但却能引起婴儿肉毒杆菌中毒。虽然不至于引起致命的疾病，但是会引起便秘、吮吸无力、食欲不振和嗜睡，甚至引起肺炎和脱水。

第一年能吃的有小麦、鸡蛋、巧克力、奶制品、柑橘类水果、西红柿、草莓，甚至还有杏仁或花生酱，但有些医生认为上述某些食物——甚至全部都不能吃。不在清单中的食物是不安全的，例如蜂蜜、有引发窒息风险的坚果和大块果仁，以及葡萄干（参见第 413 页专栏）和牛奶（参见第 415 页）。

你可能疑惑的问题

让宝宝整夜安睡

“如果我不喂奶，宝宝就无法入睡。他晚上会醒来两次，如果不喂奶或轻摇，就不会再入睡。我们会一直睡不好觉吗？”

每天晚上昏昏沉沉地在大床和婴儿床之间来回穿梭，会让你老得很快。但要明白，问题不是宝宝晚上会醒来，就连瞌睡虫宝宝夜间也会醒来几次；问题在于宝宝要想今后有优质睡眠，必须学会独自入睡。如果你不想再当他的“睡眠精灵”，而且宝宝也该断掉半夜的加餐，不再依靠别人帮助入睡，那么是时候教他睡觉了——这样，不用再担心宝宝半夜的哭闹，你也可以继续安睡（如果你想在晚上回应宝宝的呼唤，就没有必要停止夜间喂奶，更多内容参见第 335 页）。

在开始睡眠教学之前，需要仔细观察宝宝的睡前习惯，包括白天小睡时间（参见第 311 页）。还有一个重要的前提是，夜间喂奶要全部停掉（参见第 259 页）。如果宝宝在吃母乳或配方奶时睡着，要养成在洗澡和其他日常事项之前喂奶的习惯（参见第 340 页）。这样一来，将宝宝放入婴儿床时他还是醒着的，有助于他学习自己入睡，而不是吃奶时睡着。

睡眠教学中会经历很多泪水（宝宝和父母都会哭）和严厉的爱。然而，对于一些濒临崩溃的父母来说，想要早点睡个好觉，放任 5 ~ 6 个月大的宝宝大哭而不去管似乎很有效（社交媒体称之为“哭声免疫法”）。理由是：6 个月大的宝宝发现，只要大哭就会有人抱起他们、轻轻摇晃或给他们喂奶，幸运的话，他们能同时享受到上面的三种好处——这是他们继续大哭的理由。而一旦宝宝们发现这个方法

想要宝宝睡得香，重在坚持

昨天晚上，宝宝哭了 20 分钟，你熬过去了，今天凌晨 2 点，你还没有睡觉，而明晚还在等着你。你严重缺乏睡眠，不过，一旦放弃之前的睡眠训练，努力就白费了。所以在决定放弃之前，再给它一个机会，去验证它的作用。如果不再坚持一段时间看最后的效果，将无法知道是方法本身出了错，还是因为没有坚持。坚持两周后再决定是否放弃。

不奏效，大多就会停止大哭，通常只需要 3 ～ 4 个晚上。

如果你愿意在宝宝身上尝试哭声免疫法（有些父母觉得这个方法不适合自己和宝宝，就不要尝试了），有两件事情需要了解。

第一，这个方法没有你想象的那么困难，你可以调整宝宝哭泣的次数，达到你能接受的水平。有些父母能接受让宝宝哭上一段时间，而另一些父母无法等到预设的时间和次数，想早点回到宝宝身边，给他安抚。

第二，尝试哭声免疫法对父母要比对宝宝更艰难一些。要记住（特别是你坐在儿童房门外，觉得自己是世界上最糟糕的父母时）：让宝宝啜泣、吵闹甚至大哭，不管是在短期内还是长期来看，对他没有坏处，也绝不会给他今后的生活留下阴影。如果你能坚持，最终会帮助他学会独立入睡，这是让他受益终生的一项技能。

想开始睡眠教学？接下来告诉你该怎么做。

- 观察宝宝想睡觉的信号。例如揉眼睛，或到了某个时间点就烦躁，这提醒你宝宝有睡意了。记录宝宝自然入睡的情况（小睡时间和晚上的睡眠时间），让他在过度疲劳之前入睡。在这个过程中，注意宝宝要入睡的信号最关键，因为白天没有小睡，只是打了几个盹儿，或晚上没有睡够的宝宝很难按时入睡。另外，他们的睡眠总是断断续续的，会突然在凌晨醒来，这些情况会破坏你之前为睡眠教学付出的努力。

- 开始培养夜间睡眠和小睡的规律。每晚入睡前花 30 ～ 45 分钟，让周围环境安静下来，给宝宝洗热水澡、按摩、喂睡前最后一次奶，然后将他放到小床上（参见第 340 页）。白天小睡前不必花同样长的时间，一些用时更短的方法（例如读书、唱摇篮曲、拥抱或轻声说话）也能帮助宝宝明白小睡的时间到了。养成睡前规律最重要的是什么？坚持。

- 选择最合适的入睡环境。把宝宝放在婴儿床上或能睡得更久的环境中。婴儿床是晚上入睡最好的选择，让宝宝养成白天也在婴儿床里小睡的习惯。千万不要养成白天在婴儿车或

注意回应的时机

即使你反对哭声免疫法，也不要在宝宝刚开始哭时就立刻去看他。宝宝会发出各种声音——包括大哭，甚至在轻度睡眠时醒来几次，但最后都能独自入睡。有些宝宝在入睡前或夜间醒来时会哭一小会儿，这是一种自我安慰的方式。如果你很快跑到他身边，反而会让快睡着的宝宝彻底醒来，对你们都没什么好处。所以，除非宝宝哭得声嘶力竭，否则等几分钟，看看宝宝能否靠自己再次进入梦乡。

者秋千上小睡的习惯。

• 宝宝醒着的时候把他放到床上。记住：我们的目标是让宝宝学会独立入睡。如果借助轻摇或喂奶让宝宝睡着，再从你怀里放到婴儿床上，毫无意义。这样做，反而会让宝宝觉得入睡前就要被轻摇和吃奶，将来很难改变这些习惯。你现在运用的新方法是为了让宝宝形成新的入睡模式，让他可以在没有你帮忙的情况下，放松入睡。所以在他醒着的时候把他放到床上，给他一个温柔的拥抱，然后轻声道一句晚安，并离开房间。必须迅速离开，而不是等宝宝睡着后再离开。

• 应对宝宝的大哭。你可以预料宝宝会有些紧张不安，而且接下来必定是放声大哭。这时你要不理不睬，继续尝试让宝宝独立入睡。但如果宝宝哭泣时，你根本无法袖手旁观，说明睡眠教学不适合你。

• 回应或是不理不睬。宝宝开始大哭后，有几种回应方式。有些专家建议让宝宝继续哭，精疲力竭后便能自己入睡。也有些专家建议要限定哭泣的时间——例如 5 分钟后再进去。或者你根本没有按照规定的时间来，凭感觉进去。进去后，重复之前的程序——轻拍一下，轻声道晚安，告诉他睡觉时间到了。更换安抚奶嘴（如果宝宝用安抚奶嘴），然后离开。如果认为宝宝的哭泣与喂奶和安抚有关，就让爸爸去安抚宝宝。

这个理念还有一种变通方式，对大一点的宝宝更见效，也会让父母感觉更舒适。在婴儿床旁放一张椅子，坐在他身旁直到他入睡（不要将他抱起）。每晚都将椅子向外移动一点，直到移出门口——这时，你不在场，宝宝也能进入梦乡了。但是要记住，有些宝宝看不到父母就会大哭，在这种情况下，这个方法就不起作用了。

• 重复。只要宝宝大哭，就重复这个过程，延长宝宝独自一人的时间，每次增加 5 分钟（或按你的感觉来），直到他入睡。每晚让宝宝独处的时间

哭到呕吐

你认真执行睡眠教学，也做好了宝宝大哭的准备。但是，如果宝宝哭个不停，又呕吐了呢？有少数宝宝会因为大哭，情绪变得太激动，最后出现呕吐。很显然，哭泣引发的呕吐跟宝宝的健康状况无关。那该怎么办？你可以继续坚持 3 天或 4 天的睡眠计划，看呕吐是否能缓解。如果没有，那么就将睡眠训练暂停几周，然后再看呕吐现象是否还会出现。你可能也要反思，是不是喂奶的时间离睡眠时间太近导致了呕吐。不妨调整入睡前一些步骤的顺序，先喂奶（或吃睡前零食），而不是放到最后。当然，要排除疾病方面的原因。如果呕吐现象持续，要让医生检查。

都要延长几分钟。记住：假如宝宝要哭30分钟才肯小睡的话，白天睡眠教学的时间要相应调整。考虑设一个时限：例如，最多哭10～15分钟，之后要么放弃小睡，要么用其他办法让宝宝入睡。这样做的好处是，夜晚教宝宝独自入睡一周之后，白天的小睡会更容易，因为宝宝知道，只要被放入小床就该睡觉。

• 记住，付出会有收获。你会发现3个晚上之后，宝宝的哭泣开始减少，第4～8个晚上后便不再哭泣。现在，他只是发下脾气或大哭片刻，然后你就能听到轻轻的、让人愉悦的鼾声响起。当然，在开始教宝宝独自入睡的一段时间，会有很多夜晚，宝宝仍然会大发脾气或者哭得很大声，但是不要失去信心。一旦宝宝学会每晚哄自己入睡——比如吸着大拇指或安抚奶嘴，自己摇晃身体、转动头部、改变下姿势，甚至轻轻啜泣一会儿，他就能在每个晚上独自进入梦乡，午夜醒来也能再次安眠。至此，睡眠教学任务终于完成。

和宝宝一起整夜安睡

不想过早让宝宝独立入睡，不想放弃夜间喂奶？不想让宝宝哭泣，哪怕只是片刻？更愿意让宝宝睡在身边，方便起身照顾，而不用下床去安抚他？相信幸福就是让宝宝安心？另一种能整夜安睡的方法，也被认为是最容易的方法——当然也有争议，那就是：和宝宝一起睡。支持者认为，与父母一起睡的宝宝对睡觉的态度更积极。父母的触摸、气味和声音让宝宝得到一个安心的信息，即入睡或重新进入深度睡眠很安全。等宝宝将来回到自己的小床上时，他们不会害怕睡觉或再害怕黑暗，能够自己入睡。

和宝宝一起睡并不意味着完全放弃让他独立入睡（所有孩子都能学会独立入睡，有些宝宝3岁时就会主动提出要求），这只是缓兵之计，等你和宝宝准备好了再来应对。但是，和父母一起睡的宝宝会比其他宝宝更难离开晚上的陪伴。另外，父母两人最好一起陪伴宝宝睡在同一张床上——可是，当宝宝长大后，床就会显得拥挤。

和宝宝同睡有很多好处，但如果不遵循下列规则，也会存在一些风险：确保床垫结实；羽绒被和枕头远离宝宝；确保床垫、墙和床头柜之间没有缝隙，宝宝不会陷在里面；不要在床上（床边）吸烟；也不要让宝宝和饮酒后、服用安眠药物的父母一起睡（更多关于睡眠安全的内容，参见第264页）。

时机很重要

在宝宝的生命中，这一时期面临的重要改变或压力已经够多了。如果宝宝刚刚经历了一场“变革”，不论是出牙、妈妈上班、面对新保姆、还是鼻塞或耳朵发炎，等情况安定下来再开始整夜入睡的“战役”吧。如果近期计划家庭旅行，也要再等等。

要记住，即使能够整夜安睡的宝宝，在发生改变或有压力时，也会在半夜再度醒过来。当宝宝到达重要的发育里程碑后，也会在半夜醒来——例如学会爬行或走路。因为宝宝对于练习新技能很兴奋，这时，宝宝需要重温一下如何入睡。

这是否意味着你再也不会在某个夜晚被吵醒？也许不会，也许会。即使宝宝能整夜安眠，也会有很多个晚上烦躁不安，一直不睡。不管这是出现了睡眠倒退（当宝宝在学习一项新技能时妨碍睡眠的现象，参见第400页），还是因为出牙疼痛，千万不能再恢复当初的做法，去轻摇宝宝或喂奶，这样会让你和宝宝所有的努力付诸东流。相反，要坚持这种睡眠策略。

邻居会怎么想？

“我们住在单元楼里，宝宝的房间和邻居家就一墙之隔。我们想尝试教她入睡，但说实话，不知道邻居听了宝宝的大哭会怎么想？”

听到宝宝半夜大哭，你已经习惯了，但是邻居会做何感想呢？如果居住在单元楼中，或是邻居可以听到家里的动静，那么宝宝晚上大哭，显然不会招人喜欢。如何让宝宝学会入睡而不打扰邻居呢？

- 直接告知。提前让邻居知道会发生什么。告诉他们你的计划（让宝宝每天晚上都哭一会儿，练习自己入睡），以及预计持续的时间（希望不超过一周）。

- 提前道歉。如果不见效，那就送礼物请对方谅解。邻居们可不想在半夜经历断断续续的睡眠。有孩子的邻居可能会表示理解，他们可能会给你一些应对的建议。没有孩子的邻居可能会不太理解。如果带着一份小礼物，或送上一对耳塞，表示“打扰了，多多包涵”,他们会更温和地接受道歉。

- 关上窗户。确保宝宝的哭声不会传到窗外，响彻整条街道。

- 采取一些消音的方法。比如在宝宝房间的墙壁上挂毯子，或是将靠近邻居家的窗户关上。如果可以，将宝宝的婴儿床放在有地毯的房间，或者在婴儿床下垫一块地垫，达到更好的隔音效果。

- 不要感觉太糟糕。在单元楼中生活会有很多噪音——可能要容忍小狗的汪汪声、咚咚的敲门声、午夜的脚步声、刺耳的音乐声，以及打破拂晓的吸尘器声。好邻居会容忍大哭的宝宝。

睡前规律

“我们想让宝宝养成睡前规律，但不知道该怎么做。”

不论现在你和宝宝一起睡还是教他独自入睡，每晚的好睡眠都是从睡前规律开始的。快到晚上睡觉时间时，一些让人放松的活动可以帮宝宝做好准备，等身体被轻轻放下，很快就会进入梦乡。这样做，白天异常活跃的宝宝一会儿就能安静入睡，也没有太多哭闹。另外，睡前规律让你在辛苦一整天后可以和小宝宝培养感情。毕竟，和宝宝依偎在一起、唱摇篮曲、轻声读书是你们相处时最温馨、最平静的时光。

睡前要留足够的时间，让睡前规律见效并达到满意的效果。在让宝宝如你所愿睡觉之前，预留 30 ~ 45 分钟时间把该做的事情一件件做完。虽

写给父母：宝宝入睡了，你呢？

最令人哭笑不得的一种情况是：宝宝能整夜入睡了，你却开始整夜失眠。

你在教宝宝独自入睡后失眠看上去有些不公平，但从生理学的角度看，也不奇怪。在忙着给宝宝培养睡眠习惯时，你的习惯已经被破坏，体内生物钟紊乱，还因为照顾宝宝形成了浅睡的习惯。如今，你躺在床上，等待着宝宝发出啜泣或哭喊，但这些都没有出现——睡眠精灵也没有来到你身边。

庆幸的是，你可以运用之前帮助宝宝培养睡眠习惯的做法来解决问题。最重要的一点仍是培养睡前规律。不要直接躺到床上，而是慢慢放松下来再入睡。将灯光调暗，放点轻音乐，洗个热水澡，吃点零食，喝点助眠的牛奶，和爱人亲密拥抱——做任何让你放松的事情。补充一些镁片可以帮助肌肉放松，也可以让你更有睡意。上床前 30 ~ 60 分钟内尽量避免看电视、平板电脑和手机——任何可以连接网络的产品，以及发出强光的东西。研究表明，睡前处于强光的环境可能会打乱身体节奏，并抑制褪黑素的分泌。

要坚持培养睡前一小时的规律，并按先后顺序完成——就像你帮助孩子时那样，让身体慢慢适应规律，直到能自己入睡。再提醒一下，下午和晚上不要碰咖啡因，它会在体内停留 8 小时，加剧失眠。

然睡前规律要每晚执行，但可以根据你和宝宝的情况灵活处理，例如将下列事情全部做完或只做一部分，最重要的是让宝宝产生睡意。将灯光调暗，关掉电视和手机，这些都有助于放松，创造入睡的环境，然后进行下列步骤。

洗澡。在刚过去的一天里，宝宝在地上爬来爬去，把压碎的香蕉抹在头皮上，还在草地里翻滚过，现在该洗个澡了。晚上洗澡不仅可以把宝宝洗干净，还可以让他放松。温水洗澡有促进睡眠的魔力，所以不要提早洗澡。你还可以试试含有薰衣草或洋甘菊的婴儿沐浴露，这两种成分都有舒缓和放松的作用。

按摩。如果宝宝喜欢被抚摸，现在就是让他放松下来的绝好机会。研究表明，睡前按摩的宝宝会分泌出更多的褪黑素，使用舒缓芳香精油也有助眠效果。更多关于给宝宝按摩的内容，参见第241页。

喂奶。睡前吃饱可以让宝宝睡到天亮。别忘记喂奶后要给宝宝刷牙(如果已经出牙了)，或用纱布清洁。如果宝宝容易在吃奶过程中睡着，就把喂奶时间提前（例如洗澡前)，并提高音量或加大动作幅度。等宝宝快满一岁时，可以来点睡前点心。

讲故事。给宝宝换尿布、穿上睡衣之后，拿出一两本书，跟宝宝靠在一起，坐在舒适的椅子或沙发上。任何书都可以，一些经典睡前故事书，如《晚安，月亮》和《猜猜我有多爱你》是许多家庭的最爱。读书时的语调不用生动、惟妙惟肖，轻柔、舒缓即可。还可以跟宝宝一起看书上的图片。

唱歌、拥抱。抱着宝宝唱轻柔的歌或摇篮曲，但动作过于剧烈的活动最好在白天进行——毕竟，宝宝的“马达”一启动，就很难停止。

道晚安。让宝宝跟玩偶、兄弟姐妹、爸爸和妈妈依次道晚安。跟他们吻别，说“我爱你们”或者“晚安，睡个好觉”，然后将宝宝轻轻放下、摸一摸他的头和脸颊，再轻声说几句话，最后离开房间（如果要和宝宝一起睡，就不用离开)。

仍在使用安抚奶嘴

“我的宝宝已经6个月了，我是否该把安抚奶嘴拿掉，免得她产生依赖呢？”

不用在睡觉时间拿掉安抚奶嘴，把宝宝放到床上的时候，用安抚奶嘴是好事，因为研究表明，这样做可以减少婴儿猝死的风险。但最好限制使用安抚奶嘴，只允许他在午睡时或夜间使用。这样就不会干扰白天的社交活动和发声练习了。但是要提前计划好，虽然宝宝在一岁前没必要戒掉安抚奶嘴，但在2～3岁时候继续用可能会伤害牙齿，所以一岁左右是彻戒掉安抚奶嘴的好时机。因为宝宝对安抚奶嘴越依赖，就越难戒除。

早起

“起初，我们很高兴宝宝能睡整夜。但是，他每天早上都5点起床，相比之下，我们还是希望他在半夜醒来。”

宝宝半夜醒来，他再次睡着之后，你还能睡几个小时。但如果宝宝精力充沛地唤醒爸爸妈妈，在天还没亮的时候就急于开始新的一天，你就别想再睡几个小时了。我们把这种情况称为“粗鲁的唤醒”。

让宝宝睡到6～7点不太现实(一般要到青春期才能睡到这个时间)。但是，你还是可以通过下列做法让宝宝晚点吵醒你。

把黎明的曙光挡在外面。有些宝宝睡觉时对光线特别敏感。尤其是当白天变长时，保持房间的黑暗可以让每个人都多睡一会儿。买些深色或带遮光层的窗帘，可以防止黎明的曙光唤醒宝宝。

隔绝交通噪音。如果宝宝房间的窗口正对着早上车来车往的街道，那么噪音可能会过早吵醒宝宝。尽量关闭房间的窗户，在窗前挂上厚厚的毯子或窗帘，以减少噪音。如果可以，让宝宝睡在不临街的房间，也可以用电扇或白噪音设备来掩盖街上的噪音。

让宝宝晚点睡。早睡（例如傍晚6点）往往导致早起。所以，尝试每天晚上都让宝宝晚睡10分钟，直到睡觉时间推迟1个小时以上。为此，需要同步推迟宝宝午睡和吃饭的时间。另外，有些宝宝睡得太晚反而会早醒。如果你的宝宝属于这种情况，试着让他早一点睡。

白天让宝宝晚些睡。有些早起的宝宝可能会醒来一两个小时后又继续睡觉。过早午睡会提前晚上睡觉的时间，宝宝第二天会起得更早。为了打破这种恶性循环，每天都让宝宝午睡的时间推迟10分钟，直到推迟1个小时以上，最终延长晚上的睡眠时间。

减少白天的小睡。宝宝每天都需要一定的睡眠，目前平均为14.5小时，但不同宝宝会有很大差异。你的宝宝很可能会因为白天睡得太多，导致晚上睡得较少。限制宝宝白天的小睡，可以取消一次小睡或缩短每次小睡的时间。但不要都取消，否则宝宝会过度疲劳。如果宝宝看上去白天没睡够，那么可以试试白天睡得更久些，可能会延长晚上的睡眠时间。

让宝宝等一会儿。宝宝开始在床上大叫时，不要着急回应他，先等上5分钟，他可能会蜷缩起来又睡着，这样你还能多休息一会儿。

让宝宝玩一会儿。如果保持房间黑暗不起作用，那么给宝宝留点光线，让他在等你时玩一会儿。婴儿床上附带的安抚奶嘴、镜子和琴键够他玩上几分钟了。

让宝宝等着吃早餐。如果宝宝习惯在五点半吃早餐，饥饿感会准时唤醒他。把早餐时间逐步推迟几分钟，这样，他就不会为了早餐而早起了。

试过所有办法，但宝宝还是不能多睡一会儿？也许你的宝宝习惯早睡早起，尽管你自己不是。如果是这样，你别无选择，只能也早起了，直到他长大到能自己起来吃早餐。

晚上翻身

“我一直让宝宝仰睡。但是，现在她知道如何翻身了。她会翻过来趴着睡，我要一直把她翻过来吗？”

宝宝学会翻身后，如果喜欢趴着睡，没必要让他仰睡，而且也不需要担心。专家认为，能翻身的宝宝患婴儿猝死综合征的风险会大大降低。这有两个原因：一是在宝宝学会翻身后，就度过了婴儿猝死综合征的高风险期。二是宝宝会翻身后，他的力量和灵活程度可以在睡觉时察觉到危险。无论他采取哪种睡姿，都能更好地保护自己。

专家建议宝宝一周岁前应该仰睡。如果宝宝晚上改变睡姿，也不必担心。但要确保宝宝的婴儿床是安全的，继续遵守第270页预防婴儿猝死综合征的要点，比如用硬床垫，避免使用枕头、毛毯、床围和填充玩具。

在浴缸里给宝宝洗澡

“我的宝宝长大了，不能在浴盆里洗澡了。但在浴缸里我又很担心——宝宝似乎也很担心。有一次我试了一下，结果他尖叫得厉害，最后不得不把他抱出来。我该怎么给他洗澡呢？”

让宝宝在浴缸里洗澡，似乎是非常可怕的经历。毕竟宝宝太小，放进浴缸里就像一条泥鳅入了池塘。但是，如果采取了防止意外的措施（参见第344页专栏），就能缓解宝宝和你的恐惧，浴缸将成为水上乐园，洗澡将成为宝宝最喜欢的活动。为了确保宝宝在水中玩得开心，参见第153页的“给宝宝洗澡”，并尝试以下方法。

让宝宝在熟悉的浴盆中试水。在宝宝用浴缸之前的几个晚上，先在浴盆里给他洗澡，洗完之后再放到浴缸中。这样宝宝就不会那么害怕加满水的浴缸了。

让宝宝在没有水的浴缸里试试。如果宝宝能坐稳，也愿意玩，让他在没有水的浴缸里，再放一些玩具（坐在大块的浴巾或安全座椅上，以免滑倒）。这样宝宝会适应没有水的浴缸，还会发现其实浴缸非常有趣。如果房间很温暖，宝宝也喜欢光着身子，那就让他光着身子在浴缸里玩。否则要给宝宝穿上衣服。如果他不乐意，你可以到浴缸里陪他玩。他在浴缸里玩

安全地在浴缸里洗澡

为确保洗澡时间有趣又安全，请遵循下列要点。

等宝宝能坐好。如果宝宝可以独自坐着或只需要一点支撑就可以坐稳，那么在大浴缸里洗澡你们俩都会更舒适。

放一个洗澡安全座椅。在浴缸中宝宝会变得非常湿滑，即使是能坐稳的宝宝也会在浴缸中滑倒。虽然在水里摔倒不会造成身体伤害，但会使宝宝对浴缸产生长期的恐惧。如果他滑倒了而你又不在场，后果会更加严重。

尽管大多数专家不建议使用洗澡安全座椅，认为不安全，但一些父母认为用洗澡座椅可以将扶着宝宝的一只手腾出来。如果你决定用洗澡座椅，它必须达到消费品安全标准。要确保座椅的底座稳固，可以防止翻倒；双腿分开处的开口要紧，防止宝宝滑落；警告标识要醒目，告知父母和其他人洗澡座椅不是安全设施，不能将宝宝独自留在上面。

如果你没用洗澡座椅，确保在浴缸底部铺上橡胶垫或防滑贴——水里的宝宝容易坐不稳。

做好准备。将宝宝放入浴缸之前，应准备好毛巾、浴巾、洗发水、戏水玩具和其他洗澡所需的东西。如果忘了东西必须去拿，要先用毛巾把宝宝包起来，然后带着他一起去。还要将宝宝可以够得着、对他有危险的东西都移开，如大人用的香皂、剃须刀、沐浴露和洗发水，清洁浴缸用的海绵等。

待在那里。宝宝洗澡时，每时每刻都要有大人在身边——5 岁前都要这样。不要在没人看管的情况下将宝宝留在浴缸里或洗澡座椅上(他可能会爬出来)。在来电话、有人来敲门、煮东西时，或是有什么事情要将你的注意力从宝宝身上移开时，请记住：55% 的婴儿溺水事故都发生在浴缸里。

不要放太多水。宝宝坐在浴缸里时，水位到他的腰部最合适。

试试水温。你的双手比宝宝的皮肤更耐热。在给宝宝洗澡之前，用水温计、手肘或手腕内侧来测试水温。应该舒适温暖，不要太烫。关掉热水龙头，只用冷水龙头调节水温，将热水温度设定在 45℃以下，防止烫伤。带有保护套的水龙头可以保护宝宝不被烫伤或磕伤。

要时，一定要有人在旁边保护安全。

使用"替身"。其他人抱着宝宝时，把可以洗的洋娃娃放到浴缸中，示范着洗一下，每一个步骤都配上一句解说，让宝宝觉得在浴缸里洗澡的每个人都是快乐的。

检查水深和水温。不要放太多水。宝宝坐在浴缸里时，水的深度到他的腰部就可以了。要温水，但不能过热（用水温计可以很快检测出温度是否舒适安全）。

保持温暖，避免冷水。宝宝不喜欢冷冷的感觉，如果他们将冷与洗澡联系到一起，可能就不想洗澡了。所以要确保浴室温暖舒适。如果浴室没有充分预热，大人可以先洗个热水澡，让浴室温暖起来。不要立即脱掉宝宝的衣服，等浴缸放上合适的水并且准备好让宝宝进入浴缸时再脱。

将宝宝从浴缸里抱出来时，马上用大而柔软的连帽浴巾把他包裹起来。擦干水分，在拿掉浴巾前，给宝宝穿上衣服。

让宝宝玩玩具。让浴缸成为宝宝的"浮动游乐场"，这样在你给他洗澡时，他的注意力就转移到玩耍上了。特殊设计的浴缸玩具（例如橡皮鸭）和塑料书籍最好，不需要很贵，各种形状和尺寸的塑料玩具都可以给宝宝带来很多乐趣。为了避免浴缸玩具滋生霉菌，使用之后要擦干，并用网袋装好。将消毒剂和水以 1:15 的比例混合，每周至少清洗一次浴缸玩具，以减少细菌。

让宝宝泼水。泼水是大多数宝宝洗澡时很有乐趣的一部分。越是把你弄得湿漉漉的，他就越开心。虽然宝宝很喜欢泼水，但却不喜欢成为被泼的一方。宝宝们有着不同的个性，但很多都会因为被泼水而不想进入浴缸。

实行"伙伴"制。如果有个伙伴，宝宝可能更愿意洗澡。试着和他一起洗澡，注意浴室的温度要让他感到舒适。宝宝习惯一起洗澡后，你可以尝试让他自己洗。

不要在饭后洗澡。不要在饭后马上洗澡，身体来回活动可能导致宝宝呕吐。

宝宝出浴缸前不要拔塞子。排空浴缸时，宝宝不仅会感到全身发冷，而且心里也会冷飕飕的——排水的咕噜声可能会吓到他。大一些或者开始学走路的宝宝看到水流走后，会担心自己也被冲走。

要有耐心。最终，宝宝会适应浴缸。不给他压力、让他按照自己的节奏来，他可能会适应得更快。

吃母乳的宝宝拒绝奶瓶

"我想偶尔将母乳吸出来用奶瓶喂宝宝，这样我可以自由一点，但是他拒绝用奶瓶。我该怎么办呢？"

不同于新生儿，现在的宝宝已经

有想要、不想要以及如何用最好的方式来获得自己想要的东西的强烈意识。他想要柔软、温暖的乳房，不想要工厂里生产出来的替代品。如何才能用最好的方式来获得自己想要的东西呢？哭着要前者，并拒绝后者。

现在才让宝宝接触奶瓶有些困难，最好在出生6周内（参见第229页）就开始让他熟悉奶瓶。不过参考下列要点，仍然可以让宝宝适应奶瓶。

在宝宝饿的时候喂他。饿的时候，许多宝宝会更容意接受奶瓶里的食物。所以，当宝宝真的饿了时，尝试给他一个奶瓶。

在宝宝吃饱时喂他。在肚子饿时收到一个奶瓶，有些宝宝会发脾气。如果你的宝宝是这种情况，就不要在他非常饿的时候给他奶瓶。相反，在宝宝吃饱时给他奶瓶。这样他可能会有心情尝试一下，并将这作为零食。

假装毫不在意。不要表现得十分在意，无论他作何反应，你都假装毫不在意。

让宝宝吃之前玩一玩奶瓶。在让宝宝用奶瓶吃奶之前，先玩一会儿。如果宝宝有机会自己探索，他就更有可能接受奶瓶，也更愿意将奶瓶放进嘴里。或许他会直接把奶瓶放进嘴里——像把其他东西放进嘴里一样。

让宝宝接触不到乳房。在准备给宝宝用奶瓶后，不要让他接触到妈妈。母乳喂养的宝宝更愿意接受除妈妈之外的任何人给他的奶瓶。不要让宝宝闻到妈妈的气息。如果宝宝还没有习惯奶瓶喂养，即使听到妈妈的声音，也会破坏他用奶瓶喝奶的胃口。

尝试用宝宝喜欢的饮品。宝宝抵触的有可能不是奶瓶，而是奶瓶中的液体。如果奶瓶里装有熟悉的母乳，有些宝宝会更容易接受奶瓶，但有些宝宝可能会因为母乳的味道更想念乳房而拒绝奶瓶中的母乳，反而喜欢其他饮料。如果宝宝的医生同意他喝水，尝试让他用奶瓶喝水。

睡觉时悄悄用奶瓶。宝宝睡觉时，尝试给他用奶瓶。几周后，固执的宝宝可能会清醒时也能接受奶瓶。

知道什么时候暂时妥协。不要让奶瓶成为宝宝抵制的对象，否则你没有获胜机会。如果宝宝反感奶瓶，先把它拿走，改天再试。每隔几天就试一次，坚持几周，再判断是否要放弃。

如果宝宝到最后都不肯接受奶瓶，也不要放弃希望。还有一个代替乳房的方法就是：用杯子。许多宝宝在6个月左右都能握住杯子，并且乐于吃杯子中的食物（参见第393页），快一岁时，大多数宝宝都能非常熟练地使用杯子，可以从乳房过渡到杯子，跳过了由奶瓶离乳的步骤。

奶瓶龋齿

“我一个朋友的宝宝，由于奶瓶

龋齿而要拔掉门牙。怎样才能防止我儿子也出现这种情况呢？”

一年级的小朋友微笑时，前面两颗门牙的位置空空如也，显得非常可爱。但是由于奶瓶龋齿，宝宝太早失去门牙，就不那么可爱了。奶瓶龋齿不仅影响宝宝的笑容，还会引起疼痛，如果不加以治疗会出现感染，也会干扰饮食和语言能力的发展。

幸运的是，奶瓶龋齿完全可以预防。通常发生在宝宝出生后两年内，此时牙齿最脆弱。而且宝宝经常会含着奶嘴（或乳头）睡觉。混在配方奶、果汁或母乳中的糖分可能会与口腔中的细菌一起损坏牙釉质，腐蚀牙齿。宝宝睡觉时，吞咽大量减少，也是容易出现龋齿的原因，因为唾液能稀释食物和饮料，并促进吞咽反射。随着吞咽的减少，宝宝在睡觉之前喝的最后一口饮料可能会停留在牙齿表面数小时。

由于遗传因素，有些宝宝更容易出现奶瓶龋齿。如果你或伴侣有很多蛀牙，宝宝就有更大的风险。任何一个宝宝都有可能出现蛀牙。为了避免奶瓶龋齿，尽量要做到：

- 在宝宝长牙之后，不要让他在晚上或午睡时含着装有配方奶或母乳的奶瓶。睡觉之前给他喝奶，喝完后要刷牙。如果他必须要含着奶嘴睡，那么可以在瓶子里装上水，这样就不会伤害到牙齿。不要给宝宝喝果汁饮料。
- 奶瓶是用来喂奶的，而不是安抚物品。一整天含着奶瓶会伤害牙齿，和晚上含奶嘴一样。奶瓶是喂主食和一部分零食的，所以应该选择合适的时间和环境，有规律地使用。
- 即便是100%纯果汁，也至少要用水1:1稀释，用杯子代替奶瓶来喂宝宝（或者不给宝宝喝果汁），要避免含糖饮料。
- 美国儿科学会建议，宝宝12个月时应停止使用奶瓶。
- 使用奶瓶要注意的问题同样适用于训练杯。训练杯会让各种液体残留在宝宝嘴里，同样要限制使用。吸管杯和普通水杯更有助于预防龋齿。
- 吃母乳的宝宝出现奶瓶龋齿的情况很少，但宝宝出牙后，也不要让他整夜含着乳头睡觉。

给宝宝刷牙

“我女儿刚刚长出第一颗牙。医生说现在可以开始帮她刷牙了，但这似乎有点困难。”

宝宝的乳牙从牙龈中长出时，会给他们带来很多痛苦，但这些牙齿脱落时，会带来很多兴奋感。等到上小学时，恒牙会逐步取代乳牙。为什么现在要好好照顾乳牙呢？

有几个重要理由：首先，它们将为恒牙预留空间，乳牙上的蛀牙和牙齿缺口都会使口腔永久变形；其次，在未来好几年，宝宝都需要用这些乳牙来撕咬和咀嚼东西，所以要尽可能保持健康。另外，健康的牙齿对于语言能力的发展也非常重要。最后，如果很早就开始刷牙，会让宝宝在长出恒牙前就养成良好的护牙习惯。

可以用干净的湿纱布、一次性湿巾或者婴儿手指牙刷、婴儿专用牙刷来刷乳牙。婴儿牙刷的刷毛要少而柔软，如果边缘变得粗糙应立刻更换（如果宝宝喜欢在刷牙时咬牙刷，牙刷会坏得很快）。还可以选择有弹性的硅胶牙刷——更柔软耐用，在乳牙长出时可轻柔地摩擦牙龈。这种牙刷还可以放进洗碗机里洗，更容易保持清洁。有些牙刷配有宽手柄或硅胶防护罩，这样可以防止宝宝把牙刷塞入口腔太深。

饭后或睡前擦拭、刷牙，但是要轻柔，因为宝宝的牙齿和牙龈还比较软。轻轻地刷或擦拭舌头，因为那里会藏匿很多细菌（只能刷舌头前部，太深可能会引起不适）。

美国儿童牙科学会推荐可以一开始就给孩子使用防龋齿型含氟牙膏——而不用等到2岁大，但要记住用量。为避免使用太多氟化物，开始只需挤出米粒大小即可，到3岁时可以慢慢加到豌豆大小。医生认为，即使宝宝吞下这些剂量的牙膏，也不会造成牙菌斑。2岁后，你可以开始教宝宝如何漱口。

刷牙是抵挡蛀牙的第一道防线，你还可以采取其他预防措施来确保宝宝一生都能拥有健康牙齿。

- 减少宝宝饮食中的精制食物（面包、饼干、精制面粉做的磨牙饼干），因为这些食物会快速转化成糖分，附着在宝宝刚长出的牙齿上，像糖果一样容易引起蛀牙。全谷物食品不仅更有营养，也让牙齿更健康。
- 尽量少用奶瓶和训练杯（参见第346页“奶瓶龋齿”）。
- 检查宝宝的口腔和牙齿。医生可能会在每次婴儿体检时检查宝宝的口腔和牙齿——除非出现了蛀牙和其他问题，不然例行检查就可以。美国儿童牙科学会建议在宝宝1岁时带他去看儿科牙医——早看牙医能帮助宝宝适应牙齿检查。如果一切正常，又有儿科医生定期检查牙齿，那就等宝宝3岁时再去看牙医。
- 咨询关于氟的情况。多数超过6个月的宝宝从含氟的饮用水（还有少量含氟牙膏）中就能获得所需的氟。如果宝宝缺氟，向医生咨询是否需要补充。

不爱吃谷物

“我们的宝宝爱吃水果和蔬菜，但看上去并不喜欢吃米粉。他是否需要吃其他谷物呢？”

宝宝需要的不是谷物，而是大米等谷物中的铁。喝配方奶的宝宝不爱吃谷物不是问题，因为他们通过配方奶可以补充这种重要的矿物质。但是，母乳喂养的宝宝在4个月大时需要其他铁源。含铁婴儿米粉是一种非常受欢迎的补充食物，但并不是唯一的。母乳喂养的宝宝如果拒绝吃含铁米粉，用补铁剂可以轻松满足需要。

不过，在排除所有谷物之前，可以尝试给宝宝吃大麦或燕麦。宝宝可能更喜欢味道稍重一些的食物（大米绝对是味道最淡的一种）。不管选择哪种谷物，全谷物都是最营养美味的一种。或者可以将少量谷物与宝宝喜欢的水果混合在一起（对已经接受纯谷物的宝宝，没必要用水果让谷物增加甜味）。

素食主义者或素食膳食法

“我们都是素食主义者，希望女

铁：基础营养

如果吃含铁配方奶和婴儿谷物食品，或按照建议给母乳喂养的宝宝每天补铁，宝宝很少出现贫血（血红蛋白不足）——只有4% ~ 12%的宝宝在1岁内会出现贫血。诊断贫血的唯一方法就是进行血液测试，美国儿科学会建议婴儿在9 ~ 12个月时测试，早产儿在6 ~ 9个月时测试，因为后者更容易出现贫血（出生前没有足够时间储备血液）。

足月宝宝通常在妈妈怀孕的最后几个月储存足够的铁，以便在生命的最初几个月里使用。在此之后，宝宝还需要大量的矿物质来帮助他们扩充血液量，以满足快速生长的需要，所以他们需要在饮食中摄入铁，如含铁配方奶或含铁谷物。虽然在前4 ~ 6个月母乳被认为是最好的喂养方式，并且母乳中含有非常易吸收的铁，但只吃母乳不能保证在4个月后摄入足够的铁（这就是为什么建议宝宝要一直补铁，直到开始吃含铁丰富的辅食，参见第186页）。

宝宝会进行缺铁性贫血的测试，但还是要帮助宝宝预防（验血结果并不能说明一切），可以尝试下列方法。

- 如果宝宝是配方奶喂养，应确保宝宝喝的是含铁奶粉。
- 如果宝宝是母乳喂养，应确保在4个月之后添加一些补铁剂，直到后面引入富含铁的其他食物（而且要经常吃）。
- 随着宝宝添加了辅食，要确保食物中含有丰富的铁，最好同时富含维生素C，以促进铁的吸收（参见第431页）。

儿也成为素食主义者。我们的饮食是否可以为她提供足够的营养呢？”

你的宝宝也会和喝牛奶以及吃肉的孩子一样健康长大——只要选对了食物，宝宝甚至会更健康。

- 母乳喂养。如果可能，母乳喂养至少一年，这可以确保宝宝获得前6个月和一岁前所需的大部分营养物质——假设妈妈摄取了所需的营养（包括补充叶酸和维生素 B_{12}），并有高质量的母乳。如果不是母乳喂养，就选择医生推荐的大豆配方奶。

- 补充剂。向医生咨询，除基本乳品之外，是否要给宝宝提供其他维生素补充剂。

- 有选择性。宝宝开始吃全谷物之后，就只给他吃全谷物，比如全麦燕麦片、全麦面包、糙米米粉等。这些食物可以和动物性食品一样提供维生素、矿物质和蛋白质，而且含量比精制谷物更多。

- 吃豆腐。宝宝开始吃辅食后，可以选择豆腐等豆制品，以补充蛋白质。如果儿科医生同意，煮得很软的糙米、藜麦、捣碎的鹰嘴豆和其他豆类，以及高蛋白或全麦面食也可以作为蛋白质的来源。将毛豆煮到非常软，自己裂开，然后去壳、捣成泥。宝宝长大一些后，只需压碎即可。这些豆类可以为宝宝提供大量美味的蛋白质。

- 关注热量。长身体的宝宝需要大量热量，如果只吃植物性食品，将很难摄入足够的热量。注意宝宝的体重，确保他摄入了足够的热量。如果宝宝的生长速度有点慢，可以增加母乳的摄入量，并让他吃点高热量的植物性食品，比如牛油果。

- 不要忘了脂肪——好脂肪。一点动物性食品都不吃的素食者必须另外获取优质脂肪源，如富含Omega-3脂肪酸的食物——牛油果、菜籽油、亚麻籽油等，等添加辅食后，还可以吃坚果奶油。

便便的变化

“上周，我开始让宝宝吃辅食，他的便便变得没那么稀了，这是我希望的，但颜色更深了，还很臭。这正常吗？”

吃母乳的宝宝在一夜之间，柔软的便便变得又黑又臭，的确让人扫兴。尽管这种变化不令人愉快，但也是正常的。随着宝宝饮食的变化，他的便便将变得越来越像成年人的——虽然在离乳之前，母乳宝宝的便便可能会比配方奶喂养宝宝的更软一些。

“我刚开始给宝宝吃胡萝卜，他的便便就变成了亮橙色。”

吃下的食物最终会排泄出来。宝宝的消化系统还不成熟，有时无法消化吃下的食物。开始吃辅食后，每次排便似乎都会有所不同，往往会根据最近摄入食物的颜色或质地变化。另

排泄沟通

宝宝还很小的时候，就急着开始“如厕计划”？有这种想法的不止你一个。目前非常受欢迎的一种如厕训练叫作“排泄沟通”——其实就是针对婴儿的早期如厕训练。

如果决定开始训练，怎样将宝宝训练成便便神童呢？首先，要顺应宝宝大小便的时间规律。宝宝通常在饭后的某个时间小便，也可能会在几次吃饭之间的某些固定时间段小便。大便的时间也出现在白天的几个固定时间段，一般在吃饭之后。其次，你要仔细观察宝宝是否有要排泄的迹象（发出哼哼声、涨红了脸、双唇紧闭、眼睛盯着某处、身体静止不动可能还轻微颤抖）。大小便时间越有规律，越容易发现这些信号。一旦发现宝宝要便便后，把他放到马桶上，发出某种特别的声音（如“嘘嘘”），提示他该小便了。不久之后，宝宝就会把坐上马桶和要小便的“嘘嘘”声联系在一起。大便也一样，可以换一种声音（如“嗯嗯”声）。

并非所有专家都认为这个年龄的宝宝具备了真正“如厕训练”所必需的肌肉控制能力。有些专家甚至担心过早训练会让父母对孩子产生不切实际的期望，可能引发亲子间的矛盾。如果你准备好了，并且希望给宝宝训练，那就开始，但要做好为此花费大量时间的准备。记住：这件事工作量很大，需要极强的快速反应能力和非常灵活的时间安排。如果训练见效，那么“排泄沟通”可以让宝宝提早告别尿布，而不用等到大约 3 岁。

如果宝宝在进行“如厕训练”时感到紧张、有压力，就是提醒你该暂时放弃。以后有很多时间可以尝试。

外，宝宝没有彻底咀嚼的食物，可能会基本没有消化就被排泄出来。如果大便含有黏液或特别稀，说明宝宝的肠胃受到了刺激，在未来几周要停止让他吃这种食物，如果没有这些症状，就不用担心，可以继续让他尝试新的食物。

学步车和多功能游戏桌

“不能到处走动，让我女儿很有挫败感。她并不满足于躺在婴儿床里或坐在婴儿椅上，但我也不能整天都带着她。我能让她待在学步车里吗？”

当你兴致勃勃却无处可去时，也会有挫败感。从宝宝能够稳稳地坐着到能够四处走动（或爬行）期间，这种挫败感最强烈。最简单的解决方法就是学步车——带轮子的桌子结构，内置一张安全座椅，这样在宝宝还不能独立行走时，就可以在房间里快乐地移动了。

但是，每年学步车引起的需要治疗的伤害事件很多（从摔倒造成的头部损伤，到滑到开着的烤箱或宝宝自己拉开面包机导致的烫伤等），还有许多日常的小磕小碰。所以不建议使用学步车。事实上，美国儿科学会已经对所有移动式学步车的生产商和销售商发布了禁令。

比较安全的一种代替学步车的选择是多功能游戏桌，这样就可以让宝宝既有活动空间又没有学步车的风险。因为大多数游戏桌配备了可以旋转的座椅和可以玩耍的玩具——很多能发光和发出声音，所以还有娱乐功能。但是,这种游戏桌也有很多缺点。首先，宝宝不能在没有父母协助下，从一个地方移动到另一个地方，这种挫败感就像坐在了不能移动的学步车里，反而会加重宝宝的挫败感。因为他发现这种游戏桌只会转圈（“我在动，可是我哪儿也去不了！”）。

此外，有些研究表明，如果过度使用游戏桌（以及婴儿椅、婴儿秋千等），可能会引起发育迟缓：他们学习坐、爬和走路的时间都要比不使用的婴儿要晚。因为宝宝被困在这些设施中，控制这些技能的肌肉得不到锻炼。宝宝使用游戏桌时调用的肌肉，与站立走路调用的肌肉是不同的。此外，宝宝在固定装置中看不到他们的双脚，不知道自己的身体是如何进行空间移动的（学习走路的关键部分）。而且，宝宝也无法学会如何让自己保持平衡，以及失去平衡时自己如何摔倒并爬起来——这也是独立走路的重要步骤。

如果你选择用多功能游戏桌，遵守以下几点，会让宝宝快乐又安全。

购买前试用。想知道宝宝是否想用多功能游戏桌，最好的方法就是让他试一试。带宝宝去商店试用一下，如果他很高兴，并且没有摔倒，就可以用它来动一动了。

留意他的“活动”。多功能游戏桌并不能代替父母的照顾，婴儿秋千、跳跳椅、婴儿椅、摇椅都不能。只有在你能看到宝宝的时候，才能将他留在多功能游戏桌里——不要将宝宝放在不该触碰的物体附近（例如手机充电线或热咖啡）。

限制他的“活动”。大多数宝宝在游戏桌里待了 5 ～ 10 分钟后就想换一种活动，迫不及待要出来。有少数宝宝愿意在里面待更久，不停蹦跳和玩耍，但每次留在里面的时间不要超过 30 分钟。每个宝宝都需要地面活动，练习一下技能，例如将四肢撑在地上，抬起肚子，最终这些都会帮助

30 分钟原则

有些宝宝能快速地“限定”自己在多功能游戏桌、跳跳椅和秋千上玩耍的时间，对辛苦照顾宝宝、渴望休息一会儿的父母来说，他们结束得太快了。但也有些宝宝对荡秋千、跳跃和旋转乐此不疲，如果父母允许，他们能一直自娱自乐。但是这些有趣的游戏会让宝宝玩耍过度，虽然他们自己对此毫无察觉。为了确保宝宝能充分锻炼身体的不同肌群、拥有不同的观察视角，要限定他们在所有这些娱乐设备上花的时间：每次不超过 30 分钟，一天内不超过 1 小时。

他们学会爬行。宝宝需要机会扒住餐桌和厨房的椅子，为站立和以后的走路做准备。他还需要更多机会探索和接触环境中安全的事物，而不是被一个固定座位束缚。而且，宝宝需要和父母及其他人交流，自由自在地玩耍。

适时拿走多功能游戏桌。当宝宝开始练习爬行后，及时收走多功能游戏桌，让他练习地面活动，这些活动将会帮助他站立起来，迈出人生第一步，最终结束他因不能移动带来的挫败感。让宝宝留在游戏桌里，不仅对学走路没有帮助，持续使用还会引起混乱，因为在游戏桌里的站立和独立地站立和走路，需要调用的肌肉是不同的。

宝宝会走路前穿的鞋

“我的宝宝还不会走路，但是穿上鞋子后，整体着装更好看。我该给宝宝选什么样的鞋？”

虽然短袜子、毛线鞋或天气好的时候光脚丫最适合这个年龄段的宝宝，但是让他们在一些特殊的场合穿上小鞋也没什么不好——只要鞋合适。宝宝还无法行走，从实用性角度看，不需要买鞋。宝宝的鞋应该很轻，由透气材料制成（皮革、布、帆布的都可以，塑料的不行），鞋底要柔软到可以感觉到宝宝脚趾的程度（不要穿硬底鞋）。关于宝宝开始行走时如何选鞋，参见第 455 页。

父母一定要知道：激励渐渐长大的宝宝

宝宝已经不想玩躲猫猫和做蛋糕的游戏了？做鬼脸玩了很多次，腮帮子都疼？小家伙已经在一天的时间里喊了无数次“尿尿”？现在，有一个好消息：上面这些游戏，宝宝还会在接下来几个月继续玩，但是渐渐长大的宝宝即将学会更复杂的游戏——当然，玩的时间也更多。

陪宝宝玩耍的时候，宝宝不再需要躺着，不再是被动的观众，而是一个积极的参与者——被吸引、互动、探索，边做边学。之前单一的感官训练，现在全部被调动起来——观察触摸到的东西、找听到的东西、摸闻到的东西。宝宝做好了准备，也期待迎接更多挑战和精彩，并不断被激励。

粗大运动技能。宝宝的身体技能需要反复训练，这是被困在婴儿车或者跳跳椅里学不会的，所以要让宝宝从里面出来，并提供大量机会，帮助他锻炼粗大运动的力量和协调性，让他最终学会坐立、爬行、走动、扔球和骑车。经常改变宝宝的姿势——从仰着到趴着，从支撑到俯卧，从摇篮里到地板上，为他提供机会锻炼各种身体技能。宝宝趴着时，把一个物体放在他够不到的地方，鼓励他伸展身体去拿。宝宝躺着时，让他的小脚丫可以踢到游戏垫（每踢到一次就会发出音乐声，以增加趣味性）。还可以把宝宝放到一个健身球上，可以坐在上面，也可以趴在上面（要稳稳扶住），进行平衡训练。在宝宝已经做好准备时，完成下列活动：

- 拉着宝宝坐起来；
- 像青蛙一样坐着；
- 坐直，必要时用枕头支撑；
- 站在你腿上蹬跳；
- 让宝宝拉着你的手指站起来；
- 拉着宝宝站在婴儿床、游戏床或其他家具上。

精细运动技能。宝宝的指尖蕴含着一个奇妙的世界，里面充满各种技能（有些技能本身就很有趣）——比如自己吃饭、画画、写字、刷牙、扣扣子、穿袜子，给喜欢的玩具熊倒一杯魔力饮料。首先，开发宝宝手指和小手的灵巧性，最终会帮助他应对生活中大大小小的挑战。其次，锻炼的机会很重要。如果宝宝有足够的机会使用自己的双手（把燕麦弄到头发上也算），用十个手指努力地去操纵、触摸、探索各种物体（包括把任何摸到的东西放到嘴里），同时活动手部的小肌肉群，都将促进动作的灵活性。提供下列物品能帮助宝宝。

- 活动魔方、忙碌板、游戏桌：大部分宝宝仍需几个月才能完全掌握，但不同类型的活动可以给宝宝很多锻炼精细运动技能的机会。游戏垫也可以给宝宝提供精细运动的乐趣，从开始拍打悬挂在垫子上的玩具到打中，再到完全能用手抓住。
- 块状物品：简单的木块、塑料块和布块，或大或小的方块都非常适合这个年龄。宝宝能抓住它们并最终捡起来，学会碰撞方块发出声音。虽然这个月龄的宝宝还不会堆方块，但可以踢倒方块。
- 布娃娃和毛绒动物玩具：帮助锻炼灵巧的双手。等小可爱长大后，不同材质和细节的娃娃（纽扣、拉链和蕾丝）会让宝宝的感官兴奋起来，帮助提升精细运动技能。
- 手指食物：它们可以训练宝宝

的抓握技巧。燕麦圈、煮软的豌豆荚和胡萝卜，一些安全的小块食物都可以帮助宝宝运用拇指和食指，抓住合适分量的食物放入嘴巴。一旦成为宝宝的辅食，这些可以一手抓住的食物（全麦面包棒、奶酪块、小块的甜瓜）都可以帮助他们发展精细运动技能。

- 真实的家用物品或仿真玩具：宝宝通常喜欢真实的或玩具的电话（除去电话线）、搅拌匙、计量杯、过滤器、锅碗瓢盆、纸杯和空箱。

- 球：各种大小和材质的球，可以握住、揉捏或拍打，可以发亮或发出声音。等到宝宝可以坐起来后，这些球将变得更有趣，因为可以滚动它们。

- 堆叠盒子：首先，宝宝能拿起后放下，接着能试着将两个盒子放在一起，最后能真正地将一个盒子和另一个堆叠在一起（要花很长的时间才能掌握这个技能）。

- 手指游戏：你自己玩拍手、做蛋糕、边唱歌边做手指操等游戏，宝宝就会不知不觉跟着你一起玩。你可以做一两次示范，协助宝宝完成手指游戏（如果宝宝把你的手指放进他的嘴巴，也不必惊讶）。

社交技巧。大多数宝宝到了 6 个月就很乐于社交了。他们用咯咯笑、大笑、尖叫以及其他方式交流（例如兴奋时踢腾小腿），愿意和能说上话的人用眼神交流并对其微笑（不管是公园里的陌生人，还是镜子里的自己）。宝宝没有出现“陌生人焦虑”之前是鼓励他们社交的最佳时刻，让宝宝接触不同年龄的人，和他人互动，并从中学习。通过简单的问候语如“你好”，给宝宝示范一些基本的社交礼仪，如挥手再见、飞吻和谢谢。要记住，现在只是给宝宝做些准备工作，不用操之过急。对宝宝的社交技巧有期待？可以考虑加入一个游戏小组。宝宝们虽然还不懂集体活动是什么，但他们可以从互相观察中获得乐趣。如果你对宝宝没什么要求，这也是在为今后的社交生活做准备。

认知技巧。宝宝的理解能力开始显现，这个过程非常有趣。首先会认识各种名字（妈妈的、爸爸的、哥哥姐姐的），随后是基本的词语（例如：“不”“瓶子”“再见”），不久，就是常听到的简单句子（“你要吃奶吗”或“不要打狗狗”）。这些接受性的语言（理解他们听到的信息）会在口语之前出现，作用巨大——能让宝宝形成理解世界的角度（“现在我明白了！”）。其他智力发育这时候也开始起步。在宝宝第一次上数学课之前，他已经向着获得解决问题、观察和记忆能力的方向迈出了第一步。

- 玩可以激励智力发育的游戏（参见第 426 页），帮助宝宝观察因果（用水装满杯子，并让他把杯子翻过来），解释物体存续性（用布盖住宝宝喜欢的玩具，然后让他找找）。指着物体

现在怎么和宝宝说话呢？

宝宝正徘徊在学习语言的边缘，对他说的话也就有了新的意义。下列技巧可以帮助宝宝发展语言能力。

放慢语速。在宝宝开始尝试理解你说的话时，飞快的语速会减慢宝宝学习的速度。为了让宝宝辨认你的语言，尽量放慢语速，让发音更清晰、简单。

重点放在单个词语上。继续正常说话，但开始将重点放在宝宝日常使用的单个词语和简单词组上。喂饭时说："我要把麦片倒进碗里。"拿起麦片并说："麦片，这是麦片。"然后拿起碗说："碗。"不时地停下来，给宝宝足够的时间消化你说的话，再继续说。

淡化代词。代词仍然会让宝宝感到混乱，所以要坚持说："这是爸爸的鞋子""那是格雷的鞋子"等。

强调模仿。现在宝宝发出的声音越来越多，你们相互模仿将非常有趣。整个谈话可以只围绕着几个元音和辅音进行。宝宝说"叭叭叭叭"，你可以模仿着说"叭叭叭叭"。宝宝回答说"嗒嗒嗒嗒"，你也回答说"嗒嗒嗒嗒"。如果宝宝似乎接受，你可以尝试一些新的音节（如"嘎嘎嘎"），鼓励宝宝模仿。但如果宝宝没能模仿你，你就继续模仿他。用不了几个月，你就会发现，宝宝会开始模仿你说话，不需要任何指令。

常说话。每天和宝宝在一起时，和他说各种各样的事情。说话时保持自然，用宝宝接受并且你也觉得

告诉宝宝：这个泰迪熊是软的，那杯咖啡是烫的，汽车跑得快，你很困了，球在桌子下面。一边使用物体，一边解释它们的作用：扫把用来扫地，椅子用来坐，毛巾用来擦干身体，书用来阅读。一开始，你的语言对宝宝毫无意义，但经过大量重复后，宝宝最终能将这些概念内化。

• 帮助宝宝适应有各种声音的世界。在飞机飞过头顶或消防车呼啸而过时，指给宝宝看："那是飞机"或者"你听到消防车的声音了吗？"。强调和重复关键词（"飞机""消防车"）还能帮助宝宝识字。在打开浴池中的水龙头时，当水壶、门铃、电话响起时，也可以这么做。请不要忽视那些宝宝喜欢的噪音——亲他的肚子或手臂时发出的咂咂声、你用舌头发出的咔嚓声或口哨声，都能鼓励宝宝模仿，刺激语言的发育。

• 鼓励好奇心和创造力。给宝宝尝试和探索的机会——无论是把苹果

自在的音调。关于如何与宝宝交谈的更多内容，参见第 465 页。

和宝宝一起唱歌、感受韵律。你可能觉得每天重复许多遍《两只老虎》非常乏味。重复让你麻木，但宝宝不仅喜欢重复，还通过重复来学习。无论你选择《鹅妈妈童谣》《宝宝巴士》，还是自己创作的歌曲，重要的是韵律一致。

用书籍。哪怕是最简单的一本绘本，那些词汇都能组成一个世界，经常和宝宝一起翻开书，打开这个世界吧。阅读时，你可以指书中的物体、动物或人物，问他："狗在哪里？"最终宝宝会用胖乎乎的小手指向狗狗，这会让你惊喜万分。

等待回应。宝宝可能还不会说话，但他已经开始处理信息了，并且对你说的话有反应——即使只是一个兴奋的尖叫（当你提议带他出去散步）或撇撇嘴的呜咽（当你宣布停止在秋千上玩耍）。

指令。随着时间的推移，宝宝将学会如何遵循简单的指令，如"亲一下奶奶""挥手再见"或"把玩具给妈妈"（如果想让"请"字自然而然地映入他的脑海中，也可以现在加上）。但要记住，宝宝在未来几个月里可能都不会遵守你的要求。他开始遵守时，回应也不一定一致或迅速（可能会在朋友已经离开 5 分钟后才挥手再见）。如果宝宝没有执行，不要露出失望的表情。相反，应该帮助宝宝回应你的要求（自己挥手再见），等待他的回应，通常宝宝要快到 1 岁时才能听从指令。

酱抹在头上或 T 恤上，还是在浴缸里拧一拧小毛巾。通过经验而不是指令，宝宝可以学到更多东西，而且这种学习和探索的方式是完全自由的。你不妨抽身出来，让宝宝自己决定玩什么，以及怎么玩。

第12章　第7个月

小家伙喜欢社交，见到人会露出开心的笑容。与此同时，他开始注意到，除了一脸慈爱的父母之外，还有一个奇妙的世界等待他去探索。

一旦宝宝知道如何到达那个奇妙世界，他就会开始探索。这只是时间问题——把宝宝放在地板中央，他就会老实待在那里的日子已经屈指可数了——可能是几周，也可能是一两个月或更长时间，宝宝就会扭动、翻滚、爬行，从房间的一端爬到另一端（有些宝宝会跳过爬行阶段直接站立，尤其是在他们很少趴着的情况下）。

不久，宝宝就开始独立活动，可以到达他们想去但比较危险的地方，比如楼梯、洗碗机和玻璃茶几。现在，是时候给家里做一次彻底的安全防护了。

宝宝的饮食：买现成的还是自制婴儿食品？

当宝宝着急地张开小嘴，你准备喂他吃买来的食物还是家庭自制的食物？或者两者都有？给宝宝选择哪一种辅食，决定权在你（上面提到的食物都很好）。

现成的婴儿食品

现成的婴儿食品通常装在罐子、盒子、袋子或一次性的冰冻小盒里，很方便。它们和自制的婴儿食物一样有营养，如果你想先给宝宝尝试简单的水果泥或蔬菜泥，这是不错的选择。有时候，买来的婴儿食物甚至会更有营养一些——有些是市面上买不到的水果和蔬菜。所有一段食物标签上都会列出健康的、父母完全可以看懂的成分（比如买桃子果泥，配料表里只

宝宝的基本情况：第7个月

睡眠。宝宝现在每晚可以睡9～11个小时，白天睡3～4个小时，有时候会分别在上午和下午小睡一下。每天的睡眠总时间约为14小时。

饮食。宝宝或许已经开始吃辅食了，但所需的营养仍然主要是通过母乳或配方奶获得。

- 母乳：现在每天要给宝宝喂4～6次（越大的宝宝喂的次数越多）。宝宝平均每天摄入的母乳量为720～900毫升，随着开始添加更多的辅食，母乳量会逐渐减少。
- 配方奶：宝宝可能每天要喝4～5次，每次180～240毫升，每天共喝720～900毫升。随着添加辅食，需要的配方奶量将会减少。
- 辅食。宝宝每天要吃多少辅食才合适？刚添加辅食的宝宝可以考虑一天喂1次，每次吃米粉、蔬菜、水果各1～2大勺（或更少）。当宝宝习惯吃辅食之后，总量可以增加到每天米粉、蔬菜、水果各3～9大勺，分2～3次喂。只要记住：让宝宝自己决定吃多少，他的胃口说了算。

玩耍。宝宝现在喜欢玩锻炼速度和反应能力的玩具（比如按下按钮就会亮灯的玩具）、形状玩具（比如不同大小的圆环或颜色各异的方块），还有锻炼爬行的玩具（比如玩具汽车、玩具火车和可以滚动的各种球）、不倒翁以及其他帮助宝宝站立起来的玩具。也可以给宝宝一些颜色鲜艳的绘本，宝宝可以跟你一起或独自翻看。

有桃子）。对刚开始吃辅食的宝宝来说，最好坚持吃各种蔬果混合做成的糊糊，但单一食物有助于筛查宝宝会过敏的成分。自制的食物可能每一次的味道和食材都不同，而买来的成品每批次的味道和成分都是一样的。此外，它们都是在严格的卫生条件下生产出来的，从这点看，现成婴儿食品的安全性不可否认。现成食品最大的好处就是便捷——开封即食。担心添加剂和防腐剂？市面上有很多有机婴儿食品品牌可供选择，未获得有机认

正确食用袋装辅食

袋装辅食最便捷，而且有各种适合宝宝的食物可供选择——从单一品种的水果到含有谷物、蔬菜、水果、肉类的健康混合食物。为确保宝宝能从袋装辅食中获取新鲜健康的食物，要记住以下两点。

首先，不要将食物直接挤到勺子上，除非你确定宝宝能一次吃完整袋。如果一袋食物含两餐（或更多餐）的量，最好将适量的食物挤到一个碗里，再用勺子给宝宝。这样要清洗更多碗碟，但能保证袋内食品不受细菌污染。如果袋口接触到宝宝吃过的勺子，又把袋中剩下的食品放起来以后食用，就会造成细菌污染。

其次，宝宝直接从袋口吸食美味的辅食当然最方便，但这不是一个好习惯。宝宝的吮吸技能已经非常熟练，他也需要学习像大点的哥哥姐姐那样用勺子来吃辅食。而且，如果宝宝直接舔袋口，再把没吃完的部分保存起来，几个小时或几天后再打开食用，同样存在污染的风险。此外，袋装的食物也不是都能直接吃（块状食物就不能）。不过，假如举家出行或外出就餐，手头没有勺子时，偶尔让宝宝直接吃袋中挤出的食物也无妨。但不要养成习惯，相反，平时要多练习用勺子吃，让宝宝掌握正常的进餐方式。

证的食品通常也不含添加剂，经测试化学残留很少。

等宝宝再长大一些后，就需要特别注意婴儿食品的成分。面向大一点的孩子的食品可能添加糖分和精细谷物。仔细查看成分表，是否有宝宝不需要的成分（比如糖），是否添加了宝宝需要的成分（比如全谷物），确保选购最健康的食品给宝宝吃。

等宝宝开始咀嚼，能吃稍微大块或片状的食物，就不需要现成的食品了——早点让宝宝和家人吃同样的食物，更容易让他乖乖吃饭。即便如此，也不要完全放弃婴儿食品，当全家外出、拜访朋友或外出就餐，而外面的食物不适合宝宝时，带上一些即食婴儿食品非常方便。

自制婴儿食品

不用赶时间？喜欢自己做这些食品？尽管现成的婴儿食品有很多选择，但亲手为宝宝准备食物也不错，有时也更实惠。下面是注意事项。

工具。你需要把食物捣碎或打成泥，可以用电动或手持搅拌器，或用

有利于大脑发育的食物

能填饱肚子的食物也能促进大脑发育吗？这就是一些婴儿食品的理念，其中富含 DHA 和 ARA，它们是天然存在于母乳中、可以促进大脑发育的脂肪酸，有些奶粉中也添加了相关成分。

这类食物对宝宝大脑发育的影响还在研究中，但因为这些脂肪酸有益于心脏健康，还有不少潜在的好处，为宝宝挑选这样的食物肯定没有坏处。唯一的缺点是，就像特殊的强化奶粉一样，价格相对较高。还要记住：不够健康的食物哪怕添加了 DHA 也还是不健康食物，所以在没有检查其他成分之前，不能认为添加了 DHA 的食品就更健康。平时，尽可能通过给宝宝吃富含这些成分的天然食物来补充健康的脂肪酸。

专为准备辅食特制的器具：手摇食品粉碎器（装有各种刀片，可加工不同硬度的食物）、婴儿食品研磨机，或多功能辅食机（既可以蒸熟食物，也可以把食物打成泥）。当然，你也可以用简易的工具，比如一把勺子——特别是准备的食物容易碾碎的时候，如牛油果、香蕉、南瓜。还有更简单的工具：宝宝可以直接吮吸的咬咬袋（可以装宝宝能吃的水果或蔬菜泥）。

准备食物。先洗净果蔬，再用烘焙、水煮（尽量少加水）、蒸（适合较硬的果蔬，比如苹果、梅子）的方式使其熟软。如果需要，先去皮、去核，然后放入搅拌机中打成泥状，根据需要加入一些液体（水、母乳或配方奶），混合成宝宝能顺利吸食的浓稠度（宝宝越大，需要添加的液体越少）。谷物也按上述方法处理，肉类要去皮切碎，单独绞成糊状或跟已经列入宝宝食谱的食物（比如蔬菜）一起打成糊状，做熟后食用。自制婴儿米粉只需将有机糙米炒熟，放入搅拌器或干净的研磨机里磨成粉。食用前，用温水冲泡米粉，充分搅拌，直到浓稠丝滑。如果你喜欢，可以不用水，改用母乳或配方奶来冲泡，增加营养。宝宝长大一些，能吃更多的食物后，给他吃和大人一样的食物就可以——只是需要切得更碎一些。

农产品上的杀虫剂

如果担心宝宝现在吃的食物有杀虫剂残留，可以选择有机水果和蔬菜（它们的生长过程不使用杀虫剂，参见第 325 页），或用果蔬清洗剂洗去农产品表面的杀虫剂残留。

宝宝自主进食（BLW）

是否有更好的方式可以让宝宝直接开始吃整块的食物，而不用吃黏糊糊的婴儿食品？“宝宝自主进食”指的是6个月或更大一点的宝宝开始接触辅食时，跳过喂辅食泥的阶段，直接吃手指食物。之所以叫“宝宝自主”，是因为它的前提是让宝宝一开始就自主选择自己想吃的健康食物。另外，这也给宝宝机会去学习先咀嚼（实际上是用牙龈磨），再吞咽。不用把食物弄成糊状或做成浓汤，不用食品加工机，不需要用小勺将食物喂到宝宝嘴里，也不用担心宝宝把碗打翻。只需要煮熟食物，做好准备工作，其他就交给宝宝吧。这样做还可以避免父母强行喂食，因为现在是宝宝自己做主，自己决定把多少食物吃到肚子里去。

宝宝想吃你的烤面包？给他。想吃你正大口吃着的香蕉？给他一块让他慢慢抿。想要你正在咀嚼的鸡肉？给他来点。爸爸妈妈的晚餐是蒸菜花和鲑鱼？宝宝也可以来一口。把黄瓜切成片，把胡萝卜蒸软，把杧果、桃子切成小块，给宝宝一些小面包，什么都行。只要不是容易让宝宝噎住的食物（参见第413页），只要食物够软、容易咬碎、被切成宝宝可以拿住的大小，就可以出现在宝宝自主进食的菜单上。

记住，在宝宝的自主进食中，不需要将食物弄成糊状，但也会经常出现一团糟的状况——这些都没关系，重要的是宝宝体验了吃东西的感觉、探索了味道和质地，体会到自己把一块梨放入嘴巴、用手指捏碎红薯时的感受。

担心宝宝会噎住？确实有这种情况——特别是在宝宝自主进食的前几周，他难以掌控嘴巴里放入的陌生食物。但必须记住：噎住是对食物进入喉咙太深的一种安全反应——与窒息不同，窒息时不会发出声音。当宝宝噎住时，他们实际上是自己在处理问题，所以你要保持镇定（至少看上去要镇定），直到这个过程结束。当宝宝学会应对块状食物后，噎住的情况会逐渐改善。宝宝吃东西时，留心观察就可以（如果让宝宝自主进食，家长必须做到时刻看护），确保你给食物时，宝宝是坐在餐椅上的，而且万一发生窒息情况，你要知道如何应对（参见第567页）。另外，给宝宝食物时要少量多次，这样他就不会一次吞咽太多、太快。

不确定宝宝是否适合自主进

食？可以跟儿科医生讨论，听取医生的建议。也可以观察宝宝——有些宝宝愿意主动，有些则不愿意。记住：宝宝自主进食和其他很多育儿理念一样，并非一定要照本宣科。可以有时让宝宝自主进食，有时用勺子喂，或者让宝宝自己吃一些，你再喂一些（宝宝自己吃一片香蕉，你再用勺子喂一些酸奶）。

安全地使用婴儿餐椅

安全地喂养宝宝，不仅仅意味着要逐步添加新食物。事实上，早在宝宝开始吃辅食之前，当他第一次坐在婴儿餐椅上——安全喂养就开始了。

• 在无人看管的情况下，绝不能让宝宝独自坐在餐椅上；将食物、吸管杯、围嘴、纸巾、勺子和其他必需品准备好，这样就不会为了找东西而把宝宝独自留在餐椅里了。

• 即使宝宝还小，不会到处爬，也要经常检查餐椅的安全性或安全带的牢固性。很多座椅的胯部都有防护措施，防止宝宝从底部滑落，但一定要系紧腹股沟处的安全带，防止宝宝挣脱出来。

• 保持椅子和桌面的清洁（用清洁剂或香皂彻底擦洗干净）。如果桌面上留着上一餐剩下的变质食物，宝宝会毫不犹豫地从中拿起一块，大吃大嚼。

• 一定要确保插入式托盘牢牢地固定好，否则松动的托盘会导致向前俯身、没有系安全带的宝宝摔出去，头部先着地，就算没摔伤，也会把每个人都吓得够呛。

• 如果用的是可折叠的餐椅，要确保安全锁牢牢地锁定，否则可能突然折叠，卡住宝宝。

• 婴儿餐椅要远离桌子、墙壁或其他宝宝可以踢得到的表面，以防宝宝借力推开餐椅而翻倒。

• 为保护宝宝的手指，在插入和拿出托盘前，把他的手放在安全的地方。

• 挂钩型餐椅只能在木质或金属桌旁使用，绝不能在玻璃桌和不稳的桌边使用。桌腿在中间（宝宝的体重会将桌子压倒）、铝合金折叠桌、边缘可折叠的桌子，都不能使用这样的餐椅。如果宝宝能摇动桌子，就说明桌子不够稳固。让宝宝坐进餐椅之前，确保所有的锁扣、安全带或卡槽都牢牢固定好了；要先将安全带解开、松开卡槽，再将宝宝抱出来。

用健康的方式给食物添加风味。不要在辅食里加糖或盐，最好直接给宝宝吃原味食物。他们的味蕾还在发育中，还没有对不同味道的食物产生偏好，也不在乎食物是甜是咸——所以为什么急着换口味呢？但你可以用健康的草本香料（参见第411页）来调味。比如肉桂是吃辅食的宝宝的最爱，它可以给清甜的红薯、胡萝卜、水果等增添风味。

储存。自制辅食泥在冰箱里最多能冷藏保存4天，冷冻保存3个月。最好分成小份储存在独立的容器或冰格盘中，方便食用。吃之前，把辅食泥放入冷藏室解冻一夜，或用微波炉解冻。给宝宝前，要搅拌并测试食物的温度。

安全。一定要遵守婴儿食物安全准则，参见第332页。

不同阶段的婴儿食物

不知道宝宝的月龄该买哪种罐装或袋装食品？只需要看包装上的数字就可以。每种婴儿食品标签上都有“1”“2”或“3”，一看就知道它适合哪个阶段（有些标注得更详细，甚至标明了该阶段宝宝应该达到的运动水平）。按标签提示，挑选适合宝宝当前阶段的食物。

第一阶段（4～6个月及以上）：单一品种的水果或蔬菜泥（可能会添加少许香料，通常是肉桂）。

第二阶段（6～9个月及以上）：水果、蔬菜、谷物和蛋白的混合泥。

第三阶段（9个月及以上）：大块的水果、蔬菜、谷物和蛋白。

你可能疑惑的问题

抱起宝宝

“宝宝一哭，我就抱起他，为了不让他哭，我只能整天待在他身边。我是不是太纵容他了？”

你的双臂可能已经疲倦——但宝宝在独立行走之前，还要依靠你四处探索。当宝宝发脾气时，你的双臂可以给他安慰；当他无聊时，可以给他带来乐趣；宝宝孤单时，双臂又能陪伴他。你的双臂环绕成的天地，是宝宝在这世上最喜欢待的地方。

这样的拥抱不大可能会将宝宝宠坏（而且拒绝抱宝宝会让他更黏人），但你还是有很多理由不用急着抱起宝宝。宝宝举起小手，或者因为无聊而啜泣，都在示意你抱起他——这会让你在宝宝醒着时一直处于“值班”状态。但整天抱着宝宝，不仅妨碍你做事情，也妨碍他做事情。在你怀里，宝宝没有机会练习各种技巧，比如爬行——这些技巧能让宝宝不靠父母也可以四处活动。同样，这也无法为宝宝提供学习独立的机会，例如学习自己玩耍，如何和伙伴相处，尽管他一下子就能学会。

那么，当宝宝哭着要你抱的时候，该怎么做呢？

• 首先要确定，宝宝是需要你的拥抱，还是需要你的关注？你是不是因为忙于家务（或者忙着玩手机）而没有陪他玩耍？你的宝宝或许只想看到你，就像需要你的怀抱一样。

• 其次，检查宝宝是否不舒服。他是不是便便了？是不是该吃午饭了？是不是渴了？困了？你满足他的这些需要了吗？检查完，再进行下一步。

• 把他带到新的地方。如果原来在摇椅里，可以带到游戏床上；如果原来在游戏床上，可以带到游戏垫上；如果原来在游戏垫上，就让他坐在椅子里。改变场景，可以满足宝宝的探索欲。

• 提供可以转移注意力的东西。宝宝的注意力只有几分钟，你要经常给宝宝更换玩具或给他能吸引注意力的东西。记住：玩具不是越多越好，太多玩具只会让宝宝不知所措。要控制玩具数量，一次两三个就足够了。

• 尝试和宝宝一起玩一会儿。宝宝想让你把他抱起来？试试和宝宝一起玩一会儿。在宝宝身边坐下，给他演示如何搭积木，指认玩具狗的眼睛、鼻子、嘴巴，按下玩具的按钮。让他把玩耍的状态持续下去，哪怕只有几分钟。

• 让他继续等待。试过了所有方法，宝宝还是哭着想要抱抱？试着晚一两分钟再抱他，跟平常一样和宝宝唱歌、聊天、对他微笑。每次都让宝宝等上一小会儿，但不能太久，不要让他的啜泣变成哭喊。回到宝宝身边后，给他安慰、拥抱，必要的时候将他抱起来，然后重复上面的步骤。

只要在屋子里走远一点，小不点就会喊你？事实上，大多数宝宝自己玩不了几分钟，即使是独立性很强的宝宝，也需要经常换一换环境和玩具。虽然有更多有趣的东西，但妈妈的怀抱依然是宝宝的最爱。

使用婴儿背架

“我的宝宝长太大了，用前背式婴儿背带抱不住他了。用婴儿背架安全吗？”

只要宝宝能坐稳一小会儿，就说明他可以坐到后面了。有的前背式背带可以调成后背式背带，这样宝宝可以趴在妈妈的后背和肩膀上，有些背带则是带有框架的后背式背架，可以让宝宝坐得更高，看到更多外面的世界。假如你的后背能够承受这个重量，宝宝也准备好了要探索，没有理由不用后背式背架。有些父母觉得这种背架不舒服，会让自己肌肉紧张，但也有些父母觉得非常方便。有些宝宝坐在背架上，新的高度和广阔的视野都让他兴奋不已，而有些宝宝则对这样

有关前背式婴儿背带的谣言

宝宝依偎在你胸前，甜甜的味道让你心满意足，而且也很方便：把宝宝背在胸前，你就可以解放双手了。这种依靠，不论是身体上还是情感上，对宝宝来说都很重要。

某个时候，宝宝会开始给你发信号：他渴望更多自由活动的空间，能多看一点——至少要比贴在妈妈怀里可以看到的多一点。头朝内的姿势对小宝宝来说很完美，但 6 个月以后，就不能满足他的需求了。特别是到了好玩的地方，比如水族馆、动物园或公园（眼前可以看到狗！头上可以看到鸟！左边可以看到花！），这时就换成面朝前的姿势。如果你一直使用面朝里的背带，转成面朝前即可，如果你用的背带不能面朝外，就需要购买一个多功能婴儿背带。

你可能听过关于宝宝面朝外坐的一些让人不安的报道——如果是这样，你不愿给宝宝变换姿势可以理解。或许你听说宝宝在背带里朝外坐对他的髋关节和脊柱不好；或许看前方会对宝宝造成过度刺激；或者宝宝还没发育到这个阶段……

目前没有任何科学依据支持这些观点——至少当宝宝够大时（通常是 5 ~ 6 个月后）就可以欣赏前面的世界，并且他会告诉你面朝外的姿势让他感觉很好。以下是一些关于前向坐姿的谣言和真相。

谣言：前向坐姿会改变宝宝的重心，给他的胯部和脊柱下部带来很大压力。

事实：宝宝的身体和成人不同。事实上，因为宝宝的头部比身体显得略大一些，所以重心分布跟成人不同。成人不舒服的（或者危险的）坐姿婴儿不一定会觉得不舒服。宝宝的体重不是全部作用于座位上，而是分布在上半身、颈部和头部。目前没有研究表明，宝宝大腿和胯部分开的前向式坐姿会给脊椎施加额外压力。越来越多父母使用前向坐姿的背带，但婴儿脊椎和胯部受伤的情况并没有因此而增加。

谣言：前向坐姿会导致宝宝髋关节发育不良。

事实：髋关节发育不良，指的是髋关节的骨头排列不齐，是先天性问题，但一般直到幼儿时期才被诊断出来。婴儿背带会导致髋关节发育不良这种说法没有科学依据，而且大多数专家认为背带不会导致这种情况。同样，随着越来越多父母使用前向坐姿的背带，婴儿髋关节发育不良的情况并没有增加。事实上，只要正确使用背带，让髋关节自然打开，就能保证宝宝髋关节正常发育。

谣言：预防髋关节问题最好的方法是把宝宝放进背巾里。

事实：背巾的好处有很多，但是跟许多背带一样，如果没有正确使用，也可能造成伤害。研究表明，用背巾的方式（腿部合拢）抱孩子，或将宝宝双腿并拢伸直放入背巾里，或将宝宝双腿拉直后紧紧地裹入襁褓中，这些情况都会增加髋关节发育不良的风险。将风险最小化的方法就是调整坐姿。当你把宝宝放入背巾（或襁褓）里，确保留够空间让宝宝的髋关节和膝盖可以自由活动。另外，自由活动不仅让宝宝更舒服，还给他提供了锻炼不同部位骨头、肌肉、关节和韧带的机会。

谣言：前向坐姿会造成宝宝被外界过度刺激，不能立刻躲入你怀里来阻断刺激。另外，这样的坐姿，宝宝难过或不安时，父母观察不到。

事实：不论是带宝宝上街还是去超市散步，都会接触到一个喧闹的世界——有时候，这个世界对宝宝来说的确很吵闹，他尚未完全发育的大脑接收了过多的刺激。但是等到 5 ~ 6 个月后，许多宝宝不仅做好了准备，而且还非常渴望了解周边的世界。虽然贴着妈妈的胸口仍然很舒适、温馨，但可能无法满足宝宝想要获得的刺激。交替面朝里和面朝外两种坐姿，既能让宝宝获得舒适感，又能让他看到想看的景象，听到想听的声音。如果宝宝保持前向坐姿，要时刻留意他是否有感觉不适、受到过度刺激、疲惫或走神（哭闹、转头以及烦躁）的迹象，如果有，你就要将宝宝换成面朝里的坐姿。在宝宝能接受前向坐姿的时候，保持和他互动（给宝宝指一指有趣的景象、声音，陪他唱歌、聊天，摸摸他胖乎乎的腿，在他可爱的脑袋上亲吻几次），这样你们都会享受这段旅程，不用担心有任何影响发育的消极因素。

的高度感到不安。要尝试婴儿背架是否适合你和宝宝，就将三合一背带（集合前背式、坐式以及后背式）调成后背式，或者购买前用朋友家的背架或商店的样品试一下。如果用了婴儿背架，要确保将宝宝安全固定好。这样的坐姿可以让宝宝参与更多活动——除了看风景，还可以碰到超市货架上的物品、将公园里树木的叶子扯下来吃掉——所以要留意。另外还要记住，用这样的背架，你要从宝宝的角度来判断距离，比如走进拥挤的电梯或经

宝宝给父母的“定制化”行为

育儿保姆说宝宝乖得像个天使——吃饭动作熟练，睡觉也很沉，笑容灿烂。但当保姆离开家门的那一刻，宝宝马上大哭起来，这让你万分沮丧，暗自怀疑：“难道是我的问题？”

其实就是因为你——这可是件好事。大多数宝宝在父母面前会比在其他人面前更大声发脾气或哭闹得更严重，这是他们感到舒适和有安全感的表现。你的爱不会动摇，一直存在，是宝宝可以依赖的、即便在他展露真性情时也可以得到的慰藉。

时间点也可能是宝宝情绪崩溃的原因。傍晚时分你回到家，这是宝宝一天中最爱发脾气的时候，即使是最活泼的小天使，这时也会因为疲惫和饥饿而没了好脾气。而你，辛苦了一天加上通勤，到家时也疲惫不堪——宝宝敏锐的“情绪雷达”绝对可以感受到这一点。你的压力状态给他压迫感，他的情绪又加重了你的压力——很快，你们俩都开始发脾气。你进门时，关注的可能不仅仅是宝宝（还有换衣服或准备晚饭），加上一放下钥匙就听到宝宝哭，你难免会提高嗓门。你想喂奶？偏偏这个时刻也是一天中奶量最少的时候，对饥肠辘辘的宝宝来说绝对不够。折腾了一会儿后，宝宝不再相信情况会变好，特别是大一点的宝宝——也就是说，更换照顾人这件事本身就让人不安。

为了能在每晚回家时平稳交接，尝试以下方法。

• 回家的时候，确保宝宝不饿、不累。提前安排好喂奶时间，这样傍晚见面后你们都可以好好放松一下。如果你是母乳喂养，确保回家时奶水充足，不要让宝宝在此之前喝下整整一瓶奶，可以让照顾人先给他喂点零食缓解饥饿，但不至于饱。同样，确保回家的时候宝宝还不困。

下午晚点小睡可以让宝宝不哭闹，但也别让他睡得太久，否则到了晚上该睡的时候他又不肯睡。

• 到家前放松一下。如果路上堵车长达一小时，进家门之前不妨做一点放松运动。不要在公交车或地铁上一直工作到下车，而要利用这个时间清空脑海里的琐事，想些轻松的事情。

• 回家时保持放松状态。不要一放下包就急着去做晚饭。花点时间和宝宝一起放松一下，如果可以，给他拥抱和全部的注意力。如果宝宝还不喜欢这时候换照顾人，别急着让保姆离开。逐渐让自己进入宝宝的世界，他也会因此慢慢做好要换照顾人的准备。等宝宝适应了你们同时都在，再让保姆离开。

• 将宝宝的事情纳入待办事项。你们都放松下来后，你得处理其他要做的事情，但要把宝宝考虑进去：换衣服时，将宝宝放在床上；回信息时，把宝宝放在大腿上；开始做饭时，将宝宝放入高脚椅，再给他几个玩具。切菜的时候，也别忘记跟你的小可爱说说话。

• 放松，这是普遍情况。几乎所有外出工作的父母都会经历到家时的崩溃状态。将孩子放在日托的父母则可能在接孩子时、回家路上或到家时经历同样的情绪。

事实上，留在家中照看孩子的爸爸或妈妈也会在一天快结束时迎来同样的挑战，哪怕他们整天都在家陪伴孩子。

过狭窄的门廊时。

还不会坐起来

“我的宝宝还没开始坐，我很担心他是不是发育得有点慢。”

到了6个月的时候，还有很多宝宝不能坐起来，坐起来只是宝宝发育阶段中众多的里程碑之一，而坐起来的正常时间范围其实很广。宝宝平均在6个半月时可以不需要支撑坐起来，但有些宝宝可能在4个月时就能做到，而还有一些宝宝可能要到9个月时才可以。这意味着，你的宝宝在正常的范围内，所以不必担心他落后。

怎样可以帮宝宝尽快坐起来？没什么办法。决定宝宝什么时候能达到坐立及其他主要技能的是基因。但还是有很多方法可以避免宝宝发育过慢——例如，让宝宝在有支撑的情况下多多练习坐姿。很早就能在婴儿椅、婴儿车或高脚椅上撑起自己的宝宝，可以更快地学会坐。另一方面，总是喜欢仰躺在婴儿车里，且很少支撑起来的宝宝可能会很晚才学会坐。

在一些国家，很多妈妈习惯把宝宝用背带背着，这些宝宝在会坐之前就习惯了直立的姿势。超重的宝宝坐起来比较困难，因为他们很难控制身体的平衡——在尝试坐立时，胖乎乎的宝宝更容易翻倒。如果宝宝的头部比平均水平大得多，坐立时也很容易翻倒。

只要给宝宝足够的实践机会，他就能在未来两个月内坐起来。如果没有做到，或是你觉得他在其他方面发育缓慢，要咨询医生。

咬乳头

“我女儿有两颗牙了，吃奶时很喜欢咬我的乳头。我怎么才能让她放弃这种让人痛苦的习惯呢？”

这个行为很糟糕。宝宝经常咬妈妈的乳头，可能是他在第一颗牙齿还未萌出时就养成的习惯。或许是想缓解出牙痛，或许是无意行为——吃奶时分心了，嘴里还含着乳头，又猛地咬紧。还有可能是他在跟你玩：他咬妈妈的乳头，妈妈就叫一声，他觉得妈妈的反应很好玩，如果你忍不住也笑了，他会发现这是一项好玩的游戏。牙齿长出后再咬，可以让“游戏”更刺激——对他来说更有趣，因为可以看到更多反应。很明显的一点是：宝宝不可能一边吃奶一边咬，如果他在咬乳头，就没有吃奶（这就是为什么每次喂奶快结束时最容易出现咬乳头的情况）。

如何在宝宝沉迷咬乳头之前，或者在他长出更多牙齿、咬得更痛之前制止这一行为？首先，喂奶时要多关

和宝宝共享房间

想要让跟你一起睡的宝宝搬出卧室——这样你们可以多睡一会儿？在宝宝出生后前几个月，你跟他一起睡合情合理（为了预防婴儿猝死综合征，宝宝和父母一起睡更安全），但 6 个月以后到 1 岁之前，他的身体生长更快，三个人睡在一起就变得拥挤。另外，如果和大人睡在一起，宝宝入睡会变得更困难。

喜欢和宝宝一起睡，也不着急将他送进儿童房？在孩子到童年阶段之前，跟他睡在一个房间或同一张床上，对许多家庭来说既方便又欢乐。如果你不打算一家人长期住在一起，现在也许该考虑是否让宝宝住进自己的房间。

家里只有一个卧室，或者卧室不够孩子们住？那么你只能继续跟小宝宝共享一个房间。如果你希望在同一个房间，又能适当隔开，可以考虑用屏风，或挂上厚窗帘（也有很好的隔音效果）。还可以在客厅里专门给宝宝开辟一块角落，晚上大人在卧室里看电视或聊天。

如果宝宝不得不和另一个孩子共享房间，孩子们的睡眠安排取决于他们的睡眠质量。如果其中一个或两个都很容易惊醒，那么一个醒来另一个也睡不够。你们将度过艰难的适应阶段，直到即使一个孩子醒来，另一个也能安然沉睡，同样，屏风或帘子不仅可以为大一点的孩子提供隐私空间，也可以阻挡一部分声音。

写给父母：晚餐与宝宝

预订了餐厅，带宝宝准备去吃饭？如果你没有做好准备，餐厅可能会持保留意见。在预订餐厅和婴儿餐椅之前，来看看顺利就餐需要哪些技巧。

提前打电话。不仅是为了预订，还要看看餐厅是否可以提供宝宝需要的用品。例如，是否有婴儿餐椅？是挂钩型餐椅吗？要到宝宝快1岁时，才能用这种增高餐椅。你可能带了一些辅食，但也不妨询问一下餐厅是否可以准备一些宝宝的食物。包括是否可以给宝宝提供小份的食物而不收取全价；厨师是否愿意为小宝宝专门做一些食物（比如不含盐和辣椒的土豆泥，没有调味汁的鱼）。一些儿童餐听上去不错，但往往含有不利于宝宝健康的食物。

打电话时仔细听。不仅要听对方就你咨询问题的答复，还要听他们表现出来的态度。从中可以感受到你和宝宝是否会受到欢迎。

按照宝宝而不是你的时间来安排就餐，这意味着你们要早点出门。早点出发的另一个原因是：此时服务员还精力充沛，厨房还不是很忙碌，客人很少，宝宝的吵闹声不会影响到其他客人。

预订在角落里的安静座位。这样做显然不是为了浪漫，而是为了避免宝宝打扰其他客人或给忙碌的服务员添乱。如果就餐时需要喂奶，坐在角落里也可以让你有点隐私。

吃快餐。哪怕是去高档餐厅，只要有宝宝在场，都会和吃快餐差不多。因此，还不如去快餐店，把更多的时间用来吃东西，而不是等待。提前订好所有的饭菜，并询问是否可以尽快提供宝宝的食物。

做好准备。带上手机就可以外出就餐的日子已经过去了，你需要准备：

- 一个餐椅坐垫。不是必需品，

注宝宝，看他有没有表现出烦躁和注意力分散的迹象。任何一种迹象都有可能让他开始咬乳头，所以看到其中一种迹象出现时，提前制止可以避免被咬。另一个预防妙招：如果一开始喂奶时宝宝就爱咬乳头（这种情况较少，但宝宝出牙时可能出现），先给他一个磨牙玩具或一块冷毛巾咬，减轻他的疼痛，也能让他不再咬乳头。

如果宝宝咬乳头，最好的回应就是把他抱开，并且明确、坚决地告诉他不可以。要用严肃的语气跟他说，但不要因为疼痛而大吼大叫，绝对不可以咯咯笑，不然宝宝会觉得你的反但可以让宝宝坐得更舒服，更卫生。

• 保持清洁用的围嘴和一些湿巾。如果餐厅有地毯，那么还要在宝宝的椅子下铺一块餐垫，方便服务员在餐后尽快收拾干净。

• 玩具、书籍等。除非宝宝需要，否则不要将这些东西都拿出来(在头几分钟里，宝宝可能会满足于玩一个汤匙，或者跟餐厅工作人员互动)，每次只拿出一样即可。包里没有其他可以逗他的东西？可以尝试用餐巾纸和宝宝玩躲猫猫。

• 如果宝宝不喜欢桌子上的食物，或担心食物不适合宝宝，可以带上罐装或袋装辅食。

• 零食，尤其是手指食物能让宝宝的手忙起来，注意力更集中。在上菜较慢或宝宝不爱吃餐桌上的食物时，手指食物可以派上用场。但一定要等到需要时再拿出来。

可以请餐厅做菜单上没有的食物。不在菜单上，并不意味着厨房做不出来。根据宝宝目前能吃的辅食情况，可以选择：全麦面包、奶酪、煮蛋（捣碎）、牛肉（熟透且切成碎块）、鸡肉（剁碎）、鱼（煮熟切片并去刺）、土豆泥或红薯泥、豌豆或青豆（捣碎）、煮意大利面，煮熟的胡萝卜、菜花、西蓝花，或熟透的牛油果、香蕉和杧果。

让宝宝坐好。不要让宝宝在餐厅里爬行，即使人很少。地板很脏，而且很可能绊倒经过的人。另外宝宝会把他在地上发现的不安全的东西往嘴里放，或是扯桌布。

要注意周围的人。可能你的邻座非常喜欢宝宝可爱的举动；也可能旁边坐的是一对夫妇，他们付了育儿保姆不少工资想远离孩子们，在外安静地吃一顿饭。不管是哪种情况，一旦宝宝大声哭闹，发出刺耳的尖叫声，或有其他打扰别人就餐的行为，都应立刻把他带出餐厅。

知道何时结束就餐。当宝宝吃完东西，开始玩耍、制造混乱时，就应该结账离开了。

应很有趣，只会让他反复咬，或者被你突然的情绪吓坏（导致他哭泣或不想吃奶）。宝宝还不肯松嘴？将手指塞进他的牙龈之间，同时小心翼翼地将自己的身体移开。如果还不行，将宝宝靠近你胸部，咬人的小家伙就会不得不张开嘴巴，露出鼻子呼吸。一旦宝宝离开乳头，给他可以咬的东西，比如一个磨牙玩具、安抚奶嘴或某个凉凉的东西——并告诉他可以用小白牙咬这些东西。也可以尝试转移他的注意力：唱歌、玩玩具或者走到窗边看外面的汽车。坚持这样做，宝宝最后会明白：咬妈妈的乳头并不有趣。

看看是谁在说话

那些可爱的“啊啊哦哦”只是宝宝在胡言乱语吗？事实上，这是他们学习语言的开始，他们在尝试，想知道如何发出另一半音节。在第1～2个月时，这个过程就开始了，开始是元音。仔细聆听，看宝宝是如何从发出元音到后面能发出辅音。宝宝开始学习辅音后，通常一次能学会1～2个辅音，然后就一遍遍地重复相同的单音节（叭、嘎、嗒）。再过一周，他们可能又学习一个新辅音，似乎忘了之前学过的辅音——其实没有，只是他们注意力有限。宝宝通常一次只能专注于一件事。他们还喜欢重复——只有这样练习，宝宝掌握的才越来越多。

一般到6个月大时，宝宝就会发出音节了（有些早在4个半月就可以，有些要到8个月或更晚），其中一个是元音（啊嘎，啊吧，啊嗒），然后是唱歌一样的一串辅音（嗒嗒嗒嗒嗒嗒）。到8个月大时，很多宝宝可以说出两个相同音节（嗒嗒，嘛嘛，叭叭），但通常不具有任何含义，这种阶段会持续2～3个月。预告一下：宝宝通常先会叫爸爸，然后才会叫妈妈，不是因为宝宝更爱爸爸，而是自然发育的结果（“b”的音要比“m”更容易发）。掌握所有辅音还需要很长时间，通常要到4～5岁，甚至更大一些。

牙齿长歪

“宝宝的牙齿有点长歪了。这是否意味着他以后需要矫正呢？”

不要着急矫正。宝宝最早长出的牙齿一般都不怎么好看，经常会长歪，特别是门牙，会形成V字形牙缝。相比下门牙，上门牙的牙缝可能会更大。而且，有些宝宝会先长出上门牙，再长下门牙，这也没什么可担心的。

宝宝到两岁半时，通常就长出所有乳牙了，总共20颗。宝宝的牙齿本应整齐地长出，但因为他爱用舌头去舔新萌出的牙齿，导致牙齿长歪，没有在同一排。即使牙齿不整齐，也不要担心。乳牙长歪并不意味着将来恒牙也会歪。

牙渍

“我女儿有两颗牙似乎有点发灰。她是不是有蛀牙了？”

让宝宝洁白的牙齿变成灰色的，可能不是蛀牙，而是铁元素。服用含铁的液体维生素和矿物质补充剂的宝宝，牙齿可能会出现这种颜色。这不会伤害到牙齿，如果宝宝停止服用，污渍很快就会消失。同时，给宝宝服用补充剂之后，立即用牙刷或纱布帮他清洁牙齿，有助于减少污渍。

如果宝宝没有服用液体补充剂，而且在睡觉前经常喝大量的配方奶或果汁，那可能是蛀牙，或是创伤造成的,还有可能是牙釉质先天发育迟缓，应咨询宝宝的医生或牙医。

父母一定要知道：为宝宝创造安全的家庭环境

刚出生一天的宝宝和7个月大的宝宝哪个更容易受伤？答案是大宝宝，因为他刚学会或即将掌握的那些技能，包括：坐立、匍匐、爬行、翻滚、支撑身体、直立行走，更别说他们早就会伸出双手去够东西。相比新生儿，6个月后的宝宝已经有更协调的运动能力,但还缺乏良好的判断力。要再过许多年，这两种能力才能协调一致。因此，要特别注意大宝宝，以免出现意外受伤的情况。

刚开始独立行动的宝宝可能会发生意外，幸运的是有很多措施可以预防。而且，大多数意外都是可以预防的。只要掌握一些预防伤害的措施，再多一些警惕，就可以大幅减少宝宝小磕小碰或意外受伤。

室内安全防护

当你抱着宝宝时，他已经以你的视角看到了这个家的大部分。如今，宝宝要开始以四肢着地的姿势探索这个家，你也必须以这个视角再审视一遍。一个方法就是：趴在地上——双手、双膝着地——查看你的家是否有潜在的危险，必要的话进行调整。

窗户。为确保宝宝不会从窗台上翻出去，应在窗户两边安装金属防护栏，两栏之间的距离不能超过10厘米。或者在双悬窗上安装一个闭锁装置，使下面窗户打开的部分不超过10厘米宽。

纱窗也不够安全，不能保证宝宝不会翻出去。不管你给窗户安装什么样的安全防护，要确保出现紧急情况——例如火灾时,能将其快速打开。消防员建议，家里的每个房间至少要

防护栏和窗帘绳自动回收器让窗边更安全。

有一扇窗户安装可拆卸防护栏，这样既能保护孩子，又可以在发生火灾时逃出。

另外要提醒的是，不要在窗边放宝宝可以攀爬的家具。如果靠窗处有座椅，确保窗户锁好，或装有防护栏。

百叶窗的窗帘绳。最安全的做法是在每个房间，特别是在宝宝的卧室安装无绳的窗帘。如果是带绳子的百叶窗且无法更换，一定不能让宝宝接触到绳子（有被绳子勒到的隐患），这点非常重要。将绳子捆起来，挂在墙上的挂钩上，防止宝宝被缠住。绝不能用盘绕式拉绳。不要将宝宝可以爬上去的婴儿床、大床、家具或大玩具放在靠近窗帘处。

门。安装止门器或门吸（可以防止门关上），避免好奇宝宝的双手或手指被夹在门缝中或合页处。装上安全门，隔开不安全的区域。另外，要

安全门

有时，让宝宝远离危险的唯一方法就是让他接触不到，这就是安全门必不可少的原因。它可以让宝宝待在安全的空间内，远离危险。

安全门可以是可移动的（可以打开、移动，让别人通过），也可以是固定的（只有打开锁才可以通过）。这两种安全门的尺寸通常都是可调节的，以适应不同门框，高度为 60 ~ 80 厘米。如果要安装固定门（楼梯顶部必须要装），必须用螺丝将门固定在木柱上，或用石膏墙板锚栓固定，以防被宝宝用力推倒，造成跌倒（单独的螺丝无法牢固地固定在石膏墙板上）。安全门的材料可以是有机玻璃或者细网（如果网具有弹性，宝宝就更难将门拉开）。栏杆门也可以（栏杆之间的间隙不能超过 6 厘米）。不要用老旧的门，因为一些老款式（如风琴折叠门）并不安全。不管用什么安全门，确保坚固、表面无毒，没有锋利的或其他会划伤宝宝小手的凸起部分，也没有可以被扯下来塞进嘴里的小部件，并按照说明书正确安装。

时刻看住宝宝，确保他没有爬门。

楼梯。为防止宝宝从楼梯跌落，在楼梯顶部和底部分别安装上稳固的安全门。不要在楼梯顶部安装靠压力固定的安全门（宝宝能按住，然后移开，导致他从楼梯跌落）。还可以考虑将底部的安全门往上移3个台阶，这样宝宝就有一个小而安全的区域练习爬楼梯（有助于他今后安全爬楼）。

不要在楼梯上放玩具、鞋子等可能会绊倒宝宝（或其他人）的杂物。在楼梯上铺地毯可以帮助宝宝站得更稳，并在他摔倒时将伤害降到最低。绒毛垫和厚实的防滑小地毯也可以减少撞击和擦伤。

楼梯栏杆、围栏和阳台。确保楼梯和阳台栏杆之间的空隙不超过8厘米，且栏杆不可松动，以防宝宝被卡住或者钻过去。如果间隙过大，可以沿着护栏安装临时的塑料安全墙或网状栅栏。

婴儿床。以宝宝的身高和攀爬技能，一般还不能翻过床的围栏，但这并不意味着他们绝对做不到。所以，尽可能将床垫调整到最低位置，拿掉大的玩具、枕头、床围，以及任何可以让宝宝当作台阶爬出来的东西。另外，不要在婴儿床上方悬挂任何玩具，不要将婴儿床放在窗户、暖气管、散热器，以及落地灯等宝宝够得着的重家具旁边。

便携式婴儿床或游戏床。游戏床或便携式婴儿床应该装有细密的网面（网孔直径小于0.6厘米）或者间距不超过6厘米的栏板条。将宝宝放入前，游戏床应完全铺开，不能留缝隙——很可能会卡住宝宝。

玩具箱。一般来说，用开放的架子或箱子存放玩具更安全。如果你想用封闭式的，一定要找盖子很轻或者有安全合页的箱子——打开后不会“啪”地一下自动合上。合页可以使箱子打开成任意角度。如果你的旧玩

戒烟

不论你在婴儿用品店买了什么东西，给宝宝买了多么昂贵的玩具，或在他的账户上有多少储蓄，都比不上为宝宝提供一个健康的无烟环境。父母吸烟的宝宝在1岁前会更容易出现婴儿猝死综合征、呼吸道疾病（感冒、支气管炎和哮喘）以及耳部感染。父母吸烟的宝宝不仅比其他宝宝更容易生病，而且生病的时间会更长。二手烟会造成伤害，“三手烟”（残留在衣服上的烟味）也可能会影响孩子的健康，带来同样的伤害。

最糟糕的是，吸烟者的孩子更容易吸烟。戒烟不仅可以让孩子在幼儿时期更安全，也能让他今后更健康。如果这都不能说服你，记住：只有你戒烟，孩子今后才可能成为更健康的父母，这是你能送给他的珍贵礼物。

具箱不能满足上面的要求，要将盖子卸掉（很多旧箱子可能刷了含铅的油漆，存在严重安全隐患）。箱子周边要留有透气孔（如果没有，在每一面上打几个孔），如果孩子爬入后被困在里面，这些孔可以透气。孩子玩耍区周边的家具要么选带圆角的，要么安装防撞角，玩具箱也是。

不稳的家具。把家中很轻、摇摇晃晃、不稳固的家具移开；把孩子一倚靠就倒的家具搬走，直到孩子不用借助家具可以自己站稳。为了保护爬上爬下的宝宝，也不能让他们接近容易被拉倒的家具。

沉重的家具。将沉重的家具（如梳妆台、书架和各种置物架）固定，防止倒下来砸到宝宝。将一些很重的东西放到架子的底层而不是高处，这样架子的重心在底部，更稳定。将电视机固定到墙上，而不是放在电视柜上，否则可能会跌落，砸到宝宝。

梳妆台抽屉。打开的抽屉容易吸引正在学习站立的宝宝。一定要将梳妆台等柜子的抽屉关好，否则宝宝可能拉着它们站起来，将不稳的梳妆台弄倒。把沉重的物品放入底层抽屉里，确保梳妆台的重心在底部，不那么容易翻倒。

家具或橱柜松动的把手。将松动的把手拧紧。任何松动的把手旋钮等零件都可能被宝宝放进嘴里，卡在口中或引发窒息。

锋利的边缘或拐角。前几年很流行造型优美的玻璃咖啡桌，但如果宝宝在旁边爬来爬去，桌子就不时尚了，反而危险。给锋利的桌角和桌子边缘包上防撞条，缓冲宝宝碰撞时的压力。同样，家中所有边缘锋利的家具（如低矮的窗台）都要安装防撞条，起到保护作用。

电线。将它们藏到家具后面，这样孩子就不会想把它们放进嘴里咬（有触电风险），或者想去拉拽（会将电脑、灯具或其他家具拉倒）。如果可以，用绝缘胶布、专门设计的小工具或能隐藏电线的保护套，将电线固定在墙上、地板上。不要用普通钉子或 U 形钉固定，也不要将电线放在地毯下以防出现过热情况。不要将电器电源线一头插入插座，另一头却没有连接上电器——这样不仅会在电线潮湿时引发触电，还会在被宝宝放入嘴巴的那一刻严重地灼伤口腔。

电源插座。用保护套盖住插座，防止宝宝将某些物品或者自己的手指插进去。但不要用安全塞，它们比较小，反而容易被宝宝送进嘴里。可以用保护盖盖住插座，因为它比较大，所以不会造成窒息，或者换成带滑动保护盖的安全插座。还可以将插座放在家具后面。如果家里用多位插线板，必须购买有儿童防护功能或带有儿童防护套的产品。

台灯和吊灯。不要将灯放在宝宝

可以摸到的位置（尽量选择不烫手的灯泡）。也不要将没有灯泡的灯具放在宝宝够得着的地方——宝宝会忍不住将手伸进电源孔，非常危险。

加热器、灶具和散热器。罩上保护架或其他遮盖物，防止宝宝的手指触碰到滚烫的表面和火苗。记住：即使关了电源，或者将火熄灭一段时间后，这些物体表面仍然很热。

烟灰缸。在家里禁烟的理由太多了，再加一条：宝宝会将手伸进刚使用过的烟灰缸，要么摸到滚烫的烟蒂，要么把抓到的烟灰或烟蒂塞进嘴里。烟灰缸要放在宝宝够不到的地方。

垃圾桶。不要用敞开式垃圾桶，换成有盖子的，以免好奇的宝宝将小手伸进去。

健身器材。它们有助于妈妈恢复身材，但对宝宝是潜在的危险。不要让宝宝靠近自行车、椭圆机、划船机、跑步机和哑铃等举重器械。如果可以，别让宝宝进入有这些器械的房间。每一种器材都有安全风险，而且对好奇心重的宝宝都有极大的诱惑力。大人不用时要将设备电源关闭（确保孩子接触不到插头）。还要将器材上的安全带或其他带子收好，放到宝宝够不着的地方。跳绳或弹力带也一样，要放在宝宝拿不到的地方。

桌布。如果宝宝在家里光着脚到处爬，桌上最好什么也别放。也可以用短桌布，桌边没有垂下来的部分，或者垂下来的部分很短，这样宝宝就拉扯不到桌布（还有桌上的物品）了。如果用长桌布，可以用搭扣将其牢牢固定。刮风或室外就餐时，这种搭扣可以让桌布不被风吹跑。也可以用餐垫代替长桌布，但好奇的宝宝也可能会将餐垫拉下来。所以，如果桌上放了东西（如瓷器、热咖啡），要确保有人细心看护着宝宝，远离桌子。

室内植物。把植物放在宝宝够不到的地方，以防宝宝打翻，把叶子或

不要在看护宝宝时用手机

科技产品会影响你照顾宝宝吗？会！专家认为如果父母在照看宝宝的时候，因为手机、平板电脑或其他电子产品分心，会增加宝宝受伤的风险。

研究表明，父母们对手机的投入程度往往超出自己的想象——虽然他们称自己在发短信或邮件的时候会关注身边的情况，但事实上很难顾全。父母每天花在数字产品上的时间不仅将和宝宝互动的珍贵时光分成了碎片，还将宝宝置于可能意外受伤的危险中。

做一个明智且专注的父母吧，避免被电子设备干扰：照看宝宝的时候，要控制自己使用手机。记住：只要稍有分心，宝宝就可能陷入危险之中，不妨等宝宝小睡后再处理工作或回复社交软件上的消息。

危险的绿色植物

宝宝可能还没有开始吃绿色蔬菜，但这并不代表他不会把家里或公园里的植物放进嘴巴嚼一嚼。问题是，很多常见植物有毒性，误食后会引起肠胃不适，所以必须限制宝宝接近这些植物（要知道宝宝总是出乎预料，可以够到很远的东西），并将有潜在危险的植物寄养在没有小宝宝的朋友家，至少要等到你的宝宝能分辨他放入口中的东西为止。最好记住家中所有植物的名字，这样如果宝宝无意吃了一口某种植物，你就能给医生提供准确的信息。

以下列出的是比较常见的有毒植物。

朱顶红	海芋	槲寄生
合果芋	常春藤	香桃木
杜鹃	火鹤花	夹竹桃
五彩芋	毛地黄	酢浆草
君子兰	冬青	白鹤芋
绿萝	千年芋	一品红
黛粉芋	珊瑚樱	鹅掌柴

泥巴放进嘴里。有毒的植物要全部搬出室内。

危险物品。将家中所有有害物品放在有儿童锁的抽屉和柜子中，或宝宝够不到的架子上、打不开的紧闭的柜子里。使用这些危险物品时，确保宝宝够不到，并且用完立刻放回原处。可能有害的物品包括：

• 钢笔、铅笔以及其他尖头笔。涂色笔要选无毒、短粗的蜡笔或可洗彩笔。

• 各种小物品，包括顶针、纽扣、弹珠或小石子（常放在绿植或插花的盆里）、硬币、安全别针，以及其他可能被宝宝吞下或引起窒息的东西。

• 珠宝，特别是配有小珠子或珍珠的（可能会被宝宝扯下来吞下去）；小首饰，例如戒指、耳环和胸针。一些比较便宜的珠宝可能含有有毒物质，放入口中会有危险。

• 线绳、缎带、皮带、领带、围巾、卷尺，以及其他可能缠绕在宝宝颈部引起窒息的绳索。

• 锋利的物品，例如小刀、剪刀、钩针、缝衣针、金属衣架、剃须刀和刀片（不要将这些物品放在浴缸、水槽边，或宝宝可以乱翻的垃圾桶中）。

• 火柴、打火机和滚烫的烟蒂，

以及任何能点火的东西。

• 大孩子的玩具。将下列东西放到宝宝拿不到的地方：由小零件组成的玩具，有小装饰的玩具，三轮脚踏车、自行车和滑板车，玩具小汽车和卡车，以及有尖角、易碎的小部件，连接电源的物品。哨子也是危险物品——玩具小哨子或哨子里松脱的小球都会引起窒息。

• 纽扣式电池。这些在手表、计算器、助听器等物品中使用的扁圆形小电池，宝宝很容易吞下去。电池会释放有害化学物质，对宝宝的食道和胃部造成伤害。未开封的新电池要放在孩子接触不到的地方。记住：废弃的电池和新的一样有害，要及时、安全地处理好。如果宝宝误吞了电池，立刻带他去医院。同样，也不要让宝宝接触到家中其他电池。

• 灯泡，特别是小灯泡，例如小夜灯，会被宝宝放进口中咬坏。使用LED小夜灯（不会发烫），或为婴幼儿特制的小夜灯（孩子摸不到里面的灯泡）。

• 玻璃、瓷器或其他易碎品。

• 香水和所有化妆品（几乎都有潜在的毒性）。

• 维生素、药物，包括外用或口服的草本类药物。

• 轻薄的塑料袋，例如产品包装袋、干洗袋、新衣服、枕头等物品的包装袋，都可能引起宝宝窒息。到家后要立即把新买的东西从塑料袋里取出，然后将塑料袋安全地回收或丢掉。

• 清洁材料和其他日化产品，包括“绿色”环保产品。

• 鞋油（宝宝一旦接触到，不仅会把家里弄得乱糟糟，还可能误吞）。

• 樟脑球。可能会引起窒息，还有毒性，用雪松木块代替（不要用小的雪松球，好奇的宝宝会放进口中）。如果一定要用樟脑球，将它们放在宝宝够不到的地方。在柜子里放置很久的衣服和毯子拿出来后，彻底通风，直到樟脑球的味道消散。

• 职业或爱好工具：有毒的颜料和颜料稀释剂，缝纫和编织工具（包括细线和纱线），木工工具等。

• 仿真食物。由蜡、树脂、橡胶等材料制成的仿真食物，被宝宝放进口中都不安全（比如闻着像圣代冰激凌的蜡烛，造型像草莓的儿童橡皮）。

厨房的安全防护

许多父母都将大量时间花在厨房，孩子也一样。为确保厨房安全，要采取下列措施。

• 重新安放物品。尽量把婴幼儿禁用物品放到高处的橱柜和抽屉里，包括易碎的玻璃器皿和餐具、有锯齿边的食品包装盒、锋利的小刀、有细长手柄的厨房器皿、烤肉叉子、研磨器、削皮器、封口夹、以及容易夹手

快乐又安全的节假日

节假日在宝宝眼中总是充满乐趣，为了确保庆祝活动既充满节日气氛又安全无忧，要牢记下面这些安全措施：

• 安全第一。为节日准备的装饰物和其他物品都要仔细检查。看是否有易碎物品、太小的物品、有毒性和有引起窒息危险的物品（如假雪花）。将一些不安全的物品放到高处，确保宝宝拿不到。也不要使用形状像糖果和食物的装饰物，避免宝宝因好奇而误食。

• 安全使用灯具。要确保装饰用的灯具是经过产品质量检验部门认证的产品，并根据说明书安装。检查灯具的电线，有没有因为使用多年出现磨损。绝对不要让宝宝玩灯——哪怕是在断电的状态下。

• 安全使用装饰蜡烛。点亮蜡烛后，要将它们放到宝宝够不着的地方，还要远离窗帘和纸类等易燃装饰物。将附近的窗户关闭，防止风吹动火苗。不能把点燃的蜡烛放到宝宝可以拉扯到桌布的台面上。确保离开房间或即将入睡时吹灭蜡烛，将南瓜灯或纸灯笼熄灭，可以用荧光灯代替。

• 安全的礼物。不要将有潜在危险的礼物放到宝宝可以接触到的地方。确保宝宝接触不到包装礼物用的蝴蝶结和缎带。打开礼物后，也要及时将包装材料、袋子和其他装饰物清理掉。

• 不要燃放烟花，特别是宝宝在场时。建议等到有活动的时候带宝宝一起看专业人士放烟花（如果你要自己燃放，要去禁放区之外的地方，并且一定要给宝宝戴上儿童用的消音耳塞或耳机，保护好他的耳朵）。

的小工具（如打蛋器、胡桃夹子、开罐器），清洁产品、含酒精饮料、药品，以及有潜在危险的食物（坚果、辣椒、月桂叶、黏的或硬的糖果、罐装花生酱）。将一些不太危险的罐子、锅、木制和塑料器皿，未开封（开封后也没危险）的食物以及洗碗巾放在方便取用的橱柜下层或抽屉里。

• 给放有婴幼儿禁用物品的抽屉或橱柜装上儿童防护锁，哪怕你认为宝宝接触不到也要这么做。宝宝喜欢的东西，以及他能够到的距离都会随时间而变化（取决于宝宝的活动能力）。宝宝在成长，存放位置也要随之变化。定期或根据实际情况重新摆放——绝对不要低估宝宝的智慧、力量和技巧。

• 如果有条件的话，使用燃气灶

不擅长自己排查安全隐患？

如果你没时间、不愿意或不相信自己能做好室内安全防护（或在阅读了这部分内容后觉得任务很艰巨），可以考虑请专业人士来帮忙。装修机构的儿童房设计部门可以帮助你全方位做好——从防火防电到各种类型的防护锁。他们会彻查房屋并找出潜在危险，为你做好必要的防护措施：对家具、橱柜和门进行加固处理，安装窗户防护栏、报警器，排查有没有会引起宝宝窒息、中毒或灼伤的危险物品，检查家中布线的情况，等等。

当然，要得到这份安心，免不了要付高额费用。

的后灶眼，记得将炊具的把手转向后面。如果灶具的控制旋钮在前面，要将旋钮的保护盖扣紧。给微波炉装上儿童锁，宝宝就打不开了。有些微波炉（包括烤面包机、咖啡机和电高压锅等）在关掉后很长时间内表面仍然很烫，足以引起灼伤，一定要放到宝宝碰不到的地方。

• 洗碗机不用的时候要锁上，放进和取出东西的时候也要注意，别让宝宝拿到锋利、易碎的物品。别让宝宝拿到洗洁精（特别是颜色鲜艳、容易引起宝宝注意的）。

• 把海绵放到宝宝够不到的地方。咬一口海绵就有窒息的风险，而且用过的海绵含有大量细菌。

• 给冰箱加防护锁，不要让宝宝打开拿里面的东西。还要避免使用冰箱贴：虽然看上去很吸引人，但存在引发窒息的危险。磁性产品一旦被宝宝吞咽下去特别危险，一定不要让他接触到。

• 不要让宝宝坐在厨房工作台上。除了有跌落的危险，还要注意，好奇的宝宝会去摸台面上每一样不该碰的东西。

• 为避免烫伤宝宝，不要在抱宝宝时端着热饮或热菜。也不要把热饮或热菜放在桌子或台面边缘、高脚餐椅旁边或宝宝的小手可以碰到的地方。

• 将垃圾和可回收物品放在盖子很紧的容器中，以免宝宝打开翻找。

• 洒在地上的水渍要立刻擦干，否则地板会很滑。

• 厨房内的清洁剂或香皂块以及一些有潜在毒性的用品，都需要放在宝宝够不到的地方。

• 不要把食品和不可食用的物体（例如清洁类产品）放在一起。不然很容易用错。

• 不要将任何装满水的容器放在宝宝身边或可以接近的地方。哪怕水不深，宝宝也有可能溺水。

浴室的安全防护

浴室对充满好奇心的宝宝极具诱惑力，但也很危险，这意味着你要时刻留意宝宝。限制宝宝进入浴室的一个方法就是，在浴室门高一点的地方装上门闩，不用浴室时锁好。但也不能完全指望锁具——总会出现没有关门的情况。为了保证宝宝在浴室中的安全，可以采取下列措施。

• 如果浴缸不防滑，放一个防滑橡胶垫。

• 在浴室里放防滑地垫，以免跌倒。如果宝宝跌倒，地垫也可以起到缓冲作用。

• 将浴室里所有的抽屉和橱柜装上防护锁。一定要收好的浴室用品有：所有药品、漱口水、牙膏、美发产品、护肤品、化妆品、剃须刀、剪刀、镊子、夹子和浴室清洁用品（包括马桶刷和皮搋子）。

• 当宝宝在浴缸中洗澡或玩水时，不要用吹风机。吹风机、卷发器等小电器不用时，要拔出插头，放在安全的地方。要记住：电线本身就存在勒住孩子的风险，为了万无一失，用后要立刻将电器收好（也不能抱着宝宝使用电器，或把电器放在宝宝附近）。

• 为了避免更严重的电击，确保浴室里所有的插座都装有接地故障断开器（上面有重启键）。

• 将浴室水温控制在 50℃以下，避免意外烫伤。宝宝的皮肤很娇嫩，60℃的水温可以在 3 秒内造成 3 度烫伤——到了需要进行皮肤移植的程度。如果你无法设定安全温度，为了安全起见，浴缸里要先放冷水再放热水，先关掉热水，再关掉冷水。养成习惯，先把手或手肘放入水中测试水温，搅一搅，保持水温均衡，再把宝宝放入浴缸中。或者考虑购买一个水温计。如果打算安装新的水龙头，单控的比冷热分开的水龙头更安全。

• 在水龙头处安装保护套，防止宝宝摔倒后撞伤或烫伤。

• 宝宝 5 岁前，无人照看时不要让他单独待在浴缸里，即使他坐在特制的浴缸座椅上（不建议用这种座椅，因为宝宝可能会翻倒）。

• 不用浴缸时将水排空。小宝宝

看护职责，不可替代

你插上了门闩、上了锁、盖好了盖子、铺好了垫子，检查再检查——家里看上去已经做好了十足的防护工作。可以松口气休息了吗？还不行。想要保证宝宝安全，做好彻底的防护只是第一步，还有很多要工作要做。即使已经做好了里里外外的安全防护工作，成年人持续的看护（让宝宝一直处于自己的视线内）仍然很重要。

会翻入浴缸内玩耍，5 厘米深的水就足以造成溺水。

• 不用马桶时，将马桶盖盖好，扣上安全扣。对一个翻入里面的小宝宝来说，5 厘米深的水也存在溺水的危险。

洗衣区的安全防护

洗衣机、烘干机、洗衣剂、去污剂等洗衣用品对宝宝来说都有危险。

• 不让宝宝接近洗衣区。如果有单独的洗衣房，要将门关上、锁好。如果没有，最好安装一道安全门。

• 把衣服放进去或拿出后，要盖上洗衣机或烘干机的盖子。使用时机器温度高，要确保宝宝不会触摸到。

• 将漂白剂、洗涤剂、去污剂和干燥剂等洗衣用品放入柜子里锁好，每次使用后及时归位。当产品用完后，彻底清洗容器，放进宝宝够不到的废品回收箱或垃圾桶内。洗涤剂和去污剂的盒子在宝宝看来很有吸引力，也容易直接被他们放入口中——要确保他们拿不到这些东西。

车库的安全防护

大多数家庭的车库里都充满了有毒物质、锋利的物品和其他潜在危险。

• 如果车库和房屋相连，中间相通的门要时刻锁好。如果车库独立，也要将车库门锁好，当然还要锁好车。

• 如果你安装的是自动车库门，确保它在碰到障碍物（例如小宝宝）时会自动反弹。美国 1982 年以后生产的自动门都配有该保护功能。如果你家的车库门没有这个功能，要进行功能升级。在门的底部安装弹性橡胶条可以提供更多保护，起到缓冲作用。要定期检查车库门，在它下面放一个厚重的纸板箱，确定门的遇阻反弹功能仍然有效。如果失效，断开门的电源，直到修好，或者换新门。

• 将油漆、油漆稀释剂、松节油、杀虫剂、除草剂、化肥、防冻剂、挡风玻璃清洗剂和其他车辆养护用品都放入孩子够不到的柜子里。所有危险品都应放在原装容器内，这样不至于混淆。另外，容器上的使用说明和安全警示要保持清晰。如果你不确定容器内装了什么，就将其作为有害废品处理。

• 特别要提醒的是，不要让宝宝进入车库玩耍，片刻也不行。下车后一定要将宝宝带走。

外出安全

虽然宝宝受伤大多数发生在室内，但严重的事故也可能发生在你家或者别人家的后院，或是当地的广场、街道上。你可能无法给宝宝一个百分百安全的世界，但大多数室外的事故相

控制有毒物质

据统计，美国每年有大概 120 万儿童误食有毒物质。儿童——特别是幼儿——会通过嘴巴探索世界。他们可能把任何物品放进嘴里，却不会区分它们是否安全、是否有毒。和成年人不同，宝宝的味蕾和嗅觉还没有发育完全，还无法通过提醒他这个东西吃起来或闻起来糟透了，来让他认识到危险。

如果宝宝误食了你认为会造成伤害的东西，立即带他去医院或拨打急救电话。

为了保护宝宝不陷入危险之中，一定要遵守以下原则。

• 将所有可能有毒性的物品锁在宝宝够不到也看不到的地方——即使只会爬的宝宝，也可能爬到低矮的椅子、凳子或靠垫上，够到桌子或柜子上的东西。

• 服用药物时要遵守安全守则（参见第 525 页）。不要将药物称作“糖果”，或当着宝宝的面服药。

• 可以的话，尽量购买有儿童安全包装的商品。但别觉得这样宝宝就打不开了，还是要放在宝宝拿不到的地方。

• 养成习惯：将所有容器盖紧；每次用完含有危险成分的用品后，都要立刻放回安全的橱柜中。不要将清洁剂或去污剂随手放下，去回复邮件或开门，哪怕只是一小会儿。

• 将可食用和不可食用的物品分别存放，不要将不可食用的物品放在空食品容器中（比如将漂白剂倒

对容易预防。

• 绝不能让宝宝独自在外玩耍或在婴儿车、汽车安全座椅上睡觉。

• 先检查公共游乐区的情况，再让宝宝玩耍。看看有没有狗的粪便、碎玻璃、烟头或其他宝宝不能碰触的东西。

• 确保廊道和游乐设施上的栅栏坚固（要定期检查是否损坏），并有合理的间隔，这样小宝宝就不会将头部卡在空隙中，或者从旁边掉落下来。不要带宝宝去有陡坡的地方。

• 不要让宝宝在很深的草丛里爬，那里可能长着有毒植物，宝宝会把接触了有毒植物的零食吃到肚子里。另外，这些地方也可能出现咬人的小虫子（参见第 391 页）。不管宝宝是坐在婴儿车里，还是在花草树木边玩耍，都要时刻看护。他可能随手抓上一把树叶、花瓣塞到口中，或被松针刺到。

• 如果院子里有沙池，不用的时候要盖起来（阻隔动物大便、落叶、垃圾等）。如果沙子湿了，要晒干后再盖起来。灌沙子的时候，确保是可

入装苹果汁的瓶子里）。宝宝很早就学会辨认食物装在哪里，并觉得这些容器里的东西可以吃，而不会去思考为什么“果汁”不是金黄色的、“果冻”不是紫色的。

• 不要让宝宝接触含酒精饮料，将所有酒和酒瓶都放入上锁的柜子里（如果有一些要放到冰箱里，确保把它们放到最高的那层）。摄入一点点酒精就会对宝宝造成伤害。漱口水也含有酒精，也有害。

• 要挑选危害相对低的产品，而不是附有冗长警告的产品。即使是一些号称“环保”的产品也可能不安全，尽量不要让宝宝接触到。

• 在处理有潜在毒性的物品时，如果不会影响到化粪池系统或下水管道，可以将它们倒入马桶。如果不能随意倾倒，就按照标签上的说明来处理。在扔掉前要清洗容器（除非标签说明无须清洗），然后立刻将它们放入紧闭的废品回收箱或垃圾桶中。

• 为了提醒家庭成员看到某样有潜在毒性的产品联想到“危险”，可以在所有含有毒成分的产品上贴“有毒”的标签。

如果有些产品上没法贴，就在上面简单地用黑色胶带粘个“×”（但不要遮盖说明或警告）。告诉家人，这个标志表示“危险”。经常强化这个信息，最终宝宝也会懂得这些产品都是不安全的。

要小心反复中毒的情况。数据显示，曾经误食过有毒物质的孩子，很有可能一年内再次中毒。

玩耍的游戏沙或海滩沙。宝宝在沙池里玩时，要时刻留意，不要让他吃沙子或乱扔沙子。

• 在户外烧烤时，不要让宝宝靠近。火点着后要有人在旁边一直看守，直到最后火完全熄灭并冷却下来。用木炭烧烤时，要一直留意，让炭块（如果还有）冷却下来并处理掉（如果没有用水灭火，炭块熄灭后很长时间内仍然很烫）。如果用的是桌面烤架，要确保桌面平稳，不要让宝宝摸到或碰倒。如果用煤气烧烤炉，确保宝宝不会碰到开关、气管和煤气罐阀门。

• 天热的时候，要先检查婴儿车、汽车座椅和户外设施的金属部分温度，再让宝宝玩耍。特别是光照强烈时，金属会变得很烫，宝宝哪怕只是接触了几秒，就可能被严重烫伤。同样，炎热的天气，柏油路和沥青路面的温度也很高，所以不要让宝宝在上面爬或光着脚。

• 不要让宝宝接近家中的水槽以及一些有积水的地方（池塘、喷泉、小鸟戏水盆等），哪怕水深不到 5 厘米。如果这些地方不用，就要将水排空并遮盖住，这样就不会积满雨水。

• 将游泳池用至少 1.5 米高的栅栏围起来，这样可以隔断游泳池和房子。确保关闭通往游泳池的门，最好这扇门能自动关闭、自动上锁，而且确保宝宝无法开锁。给门装上报警装置可以起到更多保护作用。不要把宝宝的玩具遗留在泳池附近，容易吸引他进入泳池。

• 确保室外游戏设施的安全。这些设备应当结构稳定、安装正确、锚定牢固，并且距离栅栏或墙壁至少 2 米。将所有的螺钉和螺栓都戴上保护套，防止宝宝被粗糙或锋利的边缘划伤。定期检查松脱的地方，秋千不要用 S 形钩子（链条可能会滑脱），也不要用直径 10 ~ 25 厘米的圆环或其他有开口的部件，因为宝宝的头可能会卡在其中。秋千座位应当由柔软的材料做成，防止头部严重磕伤。在户外，玩耍时接触的表面最好是 30 厘米深的沙地、草地、木质地面，或铺了减震材料的场地，例如合成橡胶垫。

帮宝宝建立安全意识

宝宝比成年人更容易受到伤害，作为父母，我们的责任就是要尽可能减少出现伤害的可能性。

将宝宝所处环境的安全防护做到位，并时刻看护，这是良好的开始，但还不够。要让宝宝安全，还得让他自己有安全意识。怎么做？告诉宝宝哪些东西是安全的、哪些不安全（还要告诉他为什么），让他养成良好的安全习惯。

教宝宝一些警示性的词语（“疼”“烫”“扎”）和句子（“不能摸”“危险”“要小心”“摸那个会疼”），这样宝宝就会将这些词句与危险物品和情景联系起来。起初，你教他的“危险信号”跟你努力教他的其他事情一样，不会停留在宝宝的头脑里，但慢慢地，通过不断重复，他的大脑会开始储存并理解这个重要信息，有一天，宝宝会记住你的话。从现在开始，教宝宝吧。

锋利或带尖的工具。在宝宝面前使用小刀、剪刀、剃须刀或其他锋利工具的时候，一定要提醒他这些物品很锋利，不是玩具，只有爸爸妈妈或其他成年人才能用。更直观的方法就是假装碰到了工具边缘，然后发出“哎呀”的声音，边做出疼痛的样子边将手指快速移开。

滚烫的物品。如果你总是提醒宝宝，咖啡杯（或炉子、火柴、蜡烛……）很烫，不能碰，即使他只有七八个月大，也能明白你的意思。很快，“烫”这个词会自然而然成为“不能碰”的信号——当然，宝宝要更大一些才会控制自己不去碰。可以让宝宝碰一些热的物品来尝试，但不要太热，不要烫伤宝宝，例如温热的咖啡杯。要不断指给宝宝看，哪些物品很烫，不能碰。当家里出现新物品——例如烤面包机或烤箱时，要特别注意给宝宝发出“烫，不要碰”的警示。

台阶。为了保护会爬和刚会走路的宝宝，家中的楼梯处要安装安全挡板，这是重要的安全措施。同时，教会宝宝如何安全地上下楼也很重要。由于楼梯被拦住，宝宝从没爬过台阶，没有经验，所以当他第一次发现畅通无阻的楼梯时，最容易摔落。因此，家中超过三级的台阶顶部都要装一面挡板——宝宝下楼梯比上楼梯需要更多技巧，也更危险。而在楼梯底部向上三级台阶处装一面挡板，这样宝宝可以在安全的范围内练习上下楼梯。

触电的危险。电源插座、电线及电器对好奇的宝宝有着极大的吸引力。在宝宝想探索没有保护的插座时转移他的注意力，或是将家中所有可以看到的电线都藏起来——这些还不够，必须反复提醒宝宝潜在的危险。

浴缸、水槽和其他积水的地方。玩水既有乐趣又能学到很多东西，可以鼓励宝宝多接触水，同时教他一些安全玩水的常识，比如：在没有爸爸妈妈或其他成年人在场时，不能进入浴缸、水槽、池塘、喷泉或其他积水的地方。记住，即使宝宝学过游泳、戴上了救生圈，也不可能给他百分百的防水保护，所以绝不要将宝宝独自留在水中，片刻也不行，要始终陪伴在他身边。

窒息的危险。如果宝宝把不该吃

宝宝会恐高吗？

你可能会认为小宝宝生来就恐高——本能地远离可能威胁生命安全的边缘或窗台。但研究表明，宝宝要到 9 个月大才会有这种恐惧（或到他们已经积累了足够多经历的时候）。小一点的宝宝——刚会爬或坐在婴儿车里的宝宝——已经可以毫不费力地爬到床边、尿布台的边缘或楼梯的顶部。研究表明，当宝宝被放置在一个真实的“坠落场景”时，比如可以看到地板的玻璃桌台面，他们会被这样的场景吸引而不是害怕。只有他们多次且独自体验这种场景时，才会慢慢有害怕的感觉，并避免走到边缘或高处。这就意味着，你不能指望宝宝的生理本能保护他不从高处摔落。记住，尽管根据成长规律，9 个月大的宝宝能够避开边缘，但是他们的本能反应还不够快到可以保护自己。这也是有必要做好房屋安全防护的另一个原因。另外，要特别留意楼梯、尿布台和高一点的台面——不管宝宝是 9 个月大还是已经两岁了。

游泳课程

迫不及待想让宝宝成游泳小将？等宝宝至少满一岁再考虑吧。虽然一些证据表明，一岁左右的宝宝学习了一些游泳课程之后，溺水的可能性会减小，但美国儿科学会仍不建议未满一岁的宝宝学游泳。

可以参加那些声称让宝宝“防溺水”的课程吗？实际上不太建议——宝宝游泳课程会给家长一种错误的暗示，认为他们在水中不会有危险，但事实上恰好相反。跟大人相比，宝宝体内脂肪比例更高，所以很容易在水中浮起来，但在一些紧要关头，游泳课程上学的技巧没什么用。跟长大后再学习相比，婴儿阶段学的游泳课程并不能保证以后游得更好。另外，需要宝宝浸入水里的练习还伴随一些其他潜在危险：水中毒（吸入太多水，导致体内电解质失衡）；更容易患传染性疾病，如腹泻（吞入很多泳池中的病菌导致）；还有耳朵进水和长皮疹。虽然不主张现在让宝宝学习游泳，但可以放心带宝宝到泳池边，用手臂将他安全托出水面，让他习惯水的感觉并享受拍打水花的乐趣。

的东西放入嘴里（如硬币、铅笔、小块积木），要将它拿出来，并向他解释：“不能把它放进嘴里，你会很疼。”教宝宝坐着进食，吃东西的时候不要说话。

对宝宝有害的物品（包括饮料）。你已经把家用清洁剂、药物等小心翼翼地锁了起来，但是派对上，有位客人将他喝的蔓越莓味伏特加放在了桌子上；你去父母家时，你的父亲可能会在清理堵塞的水槽时，把清洁剂放在台面上。如果你还没有教宝宝相关的安全知识，那就麻烦了。要继续小心看护宝宝，但也要反复跟他强调下面这些重要的信息。

- 如果不是爸爸妈妈或其他认识的大人给的食物，不能食用或饮用。这对宝宝来说非常难懂，但不断重复总会让他记住，尽管，这往往需要好几年的时间。

- 药物和维生素片尝起来可能甜甜的，但它们不是糖果。如果不是爸爸妈妈或其他认识的大人给的，绝不可以随便吃。

- 如果不知道是什么东西，不能放进嘴里。

- 只有爸爸妈妈或其他大人才能使用清洁用品。每次擦浴缸、抹桌子、洗碗时都要重复说给宝宝听。

街道上的危险。现在就开始教宝宝学习过马路的技巧吧。每次和宝宝一起过马路时，要向他解释“停下来，看一看，听一听”，要在绿灯时过马路，红灯时要停下来等绿灯亮起再走。如果附近有机动车道，应当给宝宝解释，这里也必须“停下来，看一看，听一听”。还要告诉他，司机看不到小宝宝，所以过马路时一定要牵着大人的手。指着路沿石告诉宝宝，绝对不可以自己越过。

在人行道上最好大手牵小手，但刚学会走路的宝宝都想拥有自己走路的自由。如果你愿意让他试试，务必要跟上宝宝的脚步，密切关注着他。

一定要一开始就跟宝宝强调，如果没有爸爸妈妈或其他熟悉的大人带

小心蚊虫叮咬

大多数昆虫的叮咬都无害，但叮咬引起的瘙痒让宝宝很不舒服，因此要尽可能预防（蚊虫叮咬的处理，参见第 551 页）。

驱蚊虫剂。一旦宝宝超过两个月，就可以使用驱蚊虫剂（要选择儿童专用产品，回到室内要立刻冲洗干净）。

- 含有避蚊胺的驱蚊剂效果最好。美国儿科学会提醒：儿童驱蚊剂中的避蚊胺浓度不能超过 30%。最安全的做法就是使用低浓度（10%）避蚊胺驱蚊剂。涂抹防晒霜后使用为宜。
- 含有雪松油和香茅油的驱蚊剂也可以驱赶蚊虫，但效果不如含有避蚊胺的产品。有效时间不长，要反复使用。含有柠檬桉叶油的产品不宜给 3 岁以下宝宝使用。
- 氯菊酯是一种能杀死壁虱和跳蚤（对蚊子无效）的化学物质，可以预防莱姆病。使用时只能喷洒到衣服上，不要直接喷到皮肤上。清洗衣服几次后药效还在。
- 据称，派卡瑞丁（一种驱蚊剂）和 10% 浓度的避蚊胺驱蚊时效相同，但美国儿科学会不建议使用，认为还有待长期研究。

蜜蜂。不要让宝宝到蜜蜂聚集的地方玩，也不要给宝宝在户外吃甜味、有黏性的零食。如果宝宝吃了，要及时将他的手指和脸部擦干净，以免把蜜蜂吸引过来。

蚊子。蚊子叮咬处通常只是瘙痒，但偶尔也会传播疾病。黄昏时让宝宝待在室内，此时正是蚊子成群来袭的时候，确保门窗装有纱窗，必要的话在婴儿车上装蚊帐。

硬蜱。硬蜱会传播莱姆病和落基山斑疹热等疾病。在硬蜱出没的地方，要给宝宝穿上长袖长裤遮挡皮肤，并喷上驱虫剂。晚上可以检查宝宝身上有没有硬蜱，一旦发现应及时除掉（参见第 551 页）。

着，绝不能自己走出家门。

还有一点很重要：教宝宝不要碰路上的垃圾，尤其是碎玻璃、烟头、食品包装袋等。但也要允许宝宝适当碰触一些东西，比如小花小草、树叶、商店橱窗、电梯按钮等。

汽车安全。让宝宝习惯坐在汽车安全座椅上时要系好安全带，还要记住这样做的原因："如果不系安全带，可能会撞得很疼很疼。"还要解释其他安全规则，例如，不能在车里扔玩具，也不能玩车门锁或窗户开关。

游乐场安全。告诉宝宝玩秋千的安全守则：不要扭转秋千，不要推没人坐的秋千，或在荡着的秋千前后走动。还要告诉宝宝玩滑梯的安全守则：不要从滑梯底部往上爬，或者以头朝下的方式往下滑；必须等到前面的孩子离开滑梯，才能从滑梯上滑下去；滑到底之后要立刻离开滑梯（不要将宝宝放在家长的大腿上坐滑梯，很多宝宝因此受伤）。

宠物安全。教会宝宝如何安全地和家里的宠物互动——同时要远离其他动物。示范给宝宝看，你是如何先征求主人同意后才去抚摸他的狗或其他宠物的。还可以用一些毛绒玩具来练习安全抚摸。

第13章　第8个月

七八个月大的宝宝很忙碌。他们忙着练习已经掌握或即将掌握的技能(如爬行)，还要练习他们渴望掌握的技能（如站起来)，忙着玩（宝宝手指和手臂的灵活性大大增强，这将带来双倍的乐趣；他们的注意力更加集中，吸收的信息量飞快增加)，忙着探索、发现、学习，并且随着幽默感的萌发，宝宝的欢笑声也越来越多。在这个月，宝宝将继续练习发音，到月末，甚至可以像你期待的那样，开始会说“妈妈”或“爸爸”。他们的理解能力仍然非常有限，但开始了解几个词的含义了——“不”将成为宝宝第一个理解、也可能是最常用的词。

宝宝的饮食：用杯子

现阶段宝宝还是喜欢乳房或奶瓶，但现在也是让宝宝练习用杯子的大好时机。越早用杯子喝水越容易离乳(前提是你和宝宝都愿意，可以继续母乳喂养，但医生建议宝宝到一岁时，要摆脱对奶瓶的依赖)。另外，用杯子喝水有趣又方便（虽然一开始可能会脏乱不堪)。

以下方法能让宝宝更快会用杯子。

- 让宝宝坐好。如果坐直了，用杯子喝水会更容易一些。当宝宝可以自己坐好，或在有支撑的情况下坐着时，就不会出现被噎住的情况了。
- 戴上围嘴。教宝宝从杯子里喝水的过程会把周围弄得脏乱，漏出的水比喝进肚子里的还多。所以，在宝宝没有熟练掌握技巧之前，喝水时要给他戴上围嘴。
- 选择好时机。当宝宝心情不错，刚睡醒或没有因为肚子饿而发脾气时，他更愿意尝试新事物。还没有用乳房或奶瓶给宝宝喂奶的时候，先给他用杯子喝，比如在吃辅食的时候搭配着喝。

宝宝的基本情况：第 8 个月

睡眠。宝宝的睡眠模式和上个月相比没什么变化，每晚可以睡 9 ～ 11 小时，白天会小睡两次，共 3 ～ 4 小时。总体上，宝宝每天的睡眠时间约 14 小时。

饮食。宝宝开始吃更多的辅食，但他的主要营养来源还是母乳、配方奶。

• 母乳。每天要给宝宝喂奶 4 ～ 6 次（有些宝宝次数更多）。每天的奶量为 720 ～ 900 毫升。随着辅食慢慢增加，奶量会逐渐减少。

• 配方奶。宝宝每天可能要喝 3 ～ 4 瓶奶。每瓶 210 ～ 240 毫升，每天的奶量为 720 ～ 900 毫升(有些宝宝会少量多次喝奶)。随着辅食慢慢增加，奶量会逐渐减少。

• 辅食。当宝宝可以吃更多辅食后，每天可以喂他谷物、水果、蔬菜各 4 ～ 9 大勺，分 2 ～ 3 顿（有些宝宝吃不了这么多，也无须担心——根据他的胃口来定）。当辅食中加入含蛋白质的食物(如牛肉、鸡肉、鱼肉和豆腐）后，宝宝每天能吃 1 ～ 6 大勺这类食物。全脂酸奶和奶酪也能提供蛋白质，是宝宝们的最爱。

玩耍。宝宝开始活泼好动，可以选择让他动起来的玩具（带轮子的玩具，可以滚的球，让宝宝全身摇摆的音乐玩具)，能帮助宝宝站立的玩具（比如多功能游戏桌）也很受欢迎。宝宝还喜欢分类和搭建玩具，带有按钮、杠杆和表盘的玩具（如忙碌板、活动魔方和绕珠玩具)，当他拉、捏、摇或击打时能发出声音的玩具。家中的很多物品也可以代替玩具：塑料箱、木勺子和一些塑料杯都可以让宝宝玩得很起劲，有时候这些更受欢迎。

• 选择合适的杯子。杯子如果具备某些特性，能让宝宝初次喝水时获得更好的体验，也能减少脏乱的负担。合适的杯子要坚固且防溢水（从高脚椅上掉下来也不会摔碎）；重心应在底部（不会翻倒）；容易被宝宝抓紧（试试小号的杯子）。很多宝宝喜欢有把手的杯子，但要多次尝试，才能找到最适合的类型。如果要用塑料杯，要选择不含双酚 A 的。当然，如果宝宝在进餐时抓住你的水杯，让他喝上几口也可以（大人拿着杯子让宝宝喝)。宝宝越早尝试用不同的杯子练习，就能越快掌握喝水方法。

带有吸嘴的杯子（如训练杯）是从吮吸到喝水的最好过渡（使用奶瓶的宝宝比吮吸乳房的宝宝更容易适应这样的杯子)。和普通杯子相比，训练杯不用太担心溢洒的问题（有防溢洒的设计)。另外，将训练杯和普通水杯交替使用，最终替换为吸管杯，会很有好处（参见第 397 页)。

• 杯子里装上合适的饮品。在杯子里装上宝宝熟悉的饮品，如母乳或配方奶，宝宝会更容易接受。宝宝也可能拒绝用新杯子喝熟悉的饮品。如果出现这种情况，就把奶换成水。如果宝宝也不爱喝水，换成稀释的果汁试试。

• 慢慢来。对一个从出生起就一直吃母乳或配方奶的宝宝来说，用杯子喝水是全新的体验。要给宝宝时间去适应（触摸、观察，甚至把杯子当成玩具)。试着将杯子放到宝宝嘴边，稍微倾斜一点，让他抿进去几滴。宝宝喝下一口后要停下来等一等，不然刚开始尝试用水杯喝水的宝宝可能会呛着（宝宝刚开始喝水时可能会太惊讶而忘了吞咽，水会从嘴里流出来)。宝宝似乎还不会用？那就把杯子放在你嘴边，假装喝一口（“呀，味道好极了！”)。

• 鼓励宝宝参与。宝宝可能会从你的手里抢走杯子，让他去抓，你在一旁协助。如果宝宝想自己抓紧，那就让他抓，即使他此刻还不知道杯子该怎么用。

• 接受宝宝的拒绝。当宝宝将头转向一边，就表示这次的量已经够了(尽管他没喝多少)，但并不意味着让宝宝用杯子喝水这件事就失败了。如果宝宝表现出抵触，等下次吃饭的时候再把杯子给他，如果他坚决抵抗，就换一天再试。

你可能疑惑的问题

宝宝的第一句话

“宝宝经常叫‘妈妈’。我们都很兴奋，但后来发现他可能并不了解自己所说的词语是什么意思。真的是这样吗？”

还记得宝宝脸上出现的第一抹笑容吗？你以为这个笑容是为你绽放的，但理智告诉你这不可能。但这不重要，因为宝宝后面的人生会绽放无数次欢乐的笑容，现在的练习是为后来的“成绩”预交的第一笔学费，他嘴里发出的第一声“妈妈”和“爸爸”也是如此。我们很难判断宝宝是什么时候从毫无意义地模仿声音（叫“妈妈”，其实他只是在练习 m 这个音）转变成真正的表达。弄清楚这两者的区别或许并不重要，重要的是宝宝能发出声音，并模仿他听到的语言，这

正确使用训练杯

谁不爱训练杯？它可以防止溢洒且不易破碎，宝宝不会因为奶或果汁洒出而大哭，也能减少清洁的频率；可以在汽车、婴儿车里或玩游戏时使用。最重要的是，宝宝使用这种杯子时，无须大人监督。

但已经有研究指出，使用训练杯也有潜在的问题，特别是对大一点的宝宝。因为这种杯子更接近奶瓶，而非真正的杯子，吸吮时饮品会缓慢地充满口腔，容易引起蛀牙。如果在两餐之间及两次刷牙之间频繁地使用训练杯，确实会引起蛀牙，并且如果宝宝整天都把吸嘴含在嘴里，蛀牙的风险更大。一整天都带着这种杯子，它会成为细菌的滋生地（尤其是某天将杯子落在了玩具堆里，第二天接着用）。还有一个问题是：如果宝宝整天都用训练杯喝果汁，也会影响食欲，并且可能摄入过多的热量，或患上慢性腹泻。如果这些坏处都不算什么，一些专家还提醒，只使用训练杯的宝宝，语言发育较慢。理论认为，与用普通杯子或用吸管杯喝水不同，使用训练杯喝水时，嘴部的肌肉得不到必要的锻炼。

尽管如此，从母乳或用奶瓶过渡到普通杯子，训练杯能起到重要的作用，减少家中的脏乱，其便捷性也无可争议。基于这些优点，想尽可能减少潜在的危险，就要做到以下几点。

- 不要只用训练杯。确保宝宝有机会学习用无吸嘴的杯子喝水的技能，之后可以同时用两种杯子，但不要只用训练杯。宝宝大一点后（8～9个月时），可以用吸管杯。用吸管杯喝水要求嘴巴和下巴不仅能进行复杂运动，而且可以快速吸入液体，而不是先含在嘴里，对保护牙齿和促进语言发展都有好处。
- 吃饭和吃点心时，尽量不用训练杯喝水。不要让宝宝带着训练杯在地上到处爬；不要总是用它安抚坐在汽车或婴儿车里的宝宝。这样的限制有助于保护宝宝白白的牙齿，促进语言发展，还能防止饮用过多果汁和过度使用训练杯。
- 训练杯里装满清水。如果训练杯可以安抚宝宝（和奶瓶的作用差不多），不要拒绝这种功能，但是要在杯中装满清水，这样就不会伤害牙齿。
- 知道什么时候停止使用训练杯。当宝宝能够轻松地从普通杯子里喝水时，就不要再用训练杯了。

了解吸管杯

你的宝宝是不是很难用吸管杯喝水？这对大多数宝宝确实是一个难题。跟之前吮吸乳房或奶嘴不同，用吸管喝水调动的是不同的口腔肌肉，需要进行更复杂的运动——大多数宝宝至少要到 8 ～ 9 个月时才具备这种协调能力。即便如此，这种机械运动还是很难掌握。用吸管杯喝水好处多多，值得尝试，吸管杯比训练杯更能锻炼口腔、下巴，促进语言能力的发展，也能更好地保护宝宝的小牙齿。下列方法可以让宝宝用吸管喝水更容易。

首先，你要让宝宝明白吸管可以帮助他从杯子里吸出液体。可以给宝宝示范，更直观地展示。将一根吸管放入装满水的玻璃杯，用手指紧紧封住吸管顶端，把吸管全部取出，然后松开手指，让宝宝看到水从吸管里流出来。

宝宝观察到这个现象后，可以用一个自封袋装满水，里面留点空气。在袋子有空气的地方戳个洞，大小能让吸管插进去。将吸管放到宝宝嘴里，然后轻轻捏一下袋子，让少量水流到宝宝口中。成功！吸管——喝水两者间的联系构建完成。用袋装果汁也可以，但果汁有黏性，宝宝可能不容易吸出来。

接下来要为用吸管喝水做好准备。将一根普通的吸管剪短（吸水的时候不费力），然后放入一杯水（或奶）里。拿好吸管和杯子，把吸管放入宝宝嘴里，让他把液体吸出来。后面几天可以逐渐增加吸管的长度。

有些宝宝会很快掌握这个技巧，而有些宝宝需要多练习。如果你的宝宝属于后者，回到从杯子中取出吸管的环节。这一次，用另一根手指封住吸管的底部，让液体无法流出来。接着，将吸管的顶部松开，放进宝宝嘴里，鼓励他吮吸。宝宝应该可以吸到部分液体，然后就会明白一点其中的技巧。最后，将吸管的底部插入杯中，让宝宝直接通过吸管喝一口。

如果宝宝学习用吸管杯的过程比较慢（很多宝宝都是这样），就晚点再用防漏吸管杯，直到宝宝们通过普通杯子掌握了使用吸管的窍门。因为防漏吸管杯通常需要用力吮吸才能喝到水，这会让宝宝感到挫败，甚至因此放弃使用吸管杯。没有透气孔且吸管厚实有分量的吸管杯会让喝水更轻松。

意味着宝宝踏上了语言之路。

不同宝宝第一次说话的时间差别很大，这取决于父母怎么理解。专家表示，宝宝平均在 10 ～ 14 个月时可以按照自己的意思说话，并且明白自己在说什么。不要被这个时间浇灭了你的期待或自豪，要记住：少数宝宝可能早在 7 ～ 8 个月时就能说出有意义的语言，而有些宝宝可能要等到一岁半，甚至更晚才能说出一个可以让大家听懂的词。一些活跃的宝宝可能更专注于发展自己的运动技能，而不是练习语言。

当然，在宝宝吐出第一个字之前的很长时间里，他还要学习这些话的意思（也叫“接受性语言”）。从出生时听到你的第一句话起（甚至早在子宫里），宝宝的这种接受性语言能力就开始发展了。渐渐地，他开始从周围混乱的语言中整理出某个词语，然后在某一天，你叫他的名字时，他会将身子转过来，他已经理解这个词语了！不久，他开始了解每天看到的人物和物体的名称，比如妈妈、爸爸、瓶子、杯子、面包、饼干。接下来的几个月，他可能开始听懂一些简单的指令，如“给我咬一口”，或“挥挥手再见”“亲妈妈一下”。这种理解将以更快的速度发展，并成为发音之前的重要一环。你可以通过各种方式，每天促进宝宝的接受性语言能力和口语的发展。

婴儿手语

“我的一些朋友正在用婴儿手语与宝宝交流，似乎很管用。我也想试试，但不知道用手语会不会影响宝宝学说话的进度。”

宝宝似乎天生善于交流，但并不意味着你总是能明白他想说的话。特别是在出生后的头两年，宝宝和渴望了解宝宝的父母很难沟通，在理解上也会有很大分歧，这也是“婴儿手语”出现的原因。

为什么要学习婴儿手语？首先，手语可以让宝宝无须借助语言就能表达自己的需求。更好的交流可以让你们的互动更流畅，减少双方的沮丧。如果宝宝知道父母了解自己的意思，会受到鼓励，对表达更自信。这种信心将转化为更主动的交流：一开始是手语，然后是手语加上一些声音，到

手语让宝宝更聪明？

使用手语的宝宝以后会更聪明？不一定。用手语的宝宝在很小的时候和父母的交流更顺畅，但研究表明，这种优势不会持续很久。在宝宝会说话并且能表达自己的意思后，用手语的好处就会减少并最终消失。关于手语的基本原则是，使用手语是为了帮助宝宝和爸爸妈妈交流，而不是为了今后更聪明。

最后完全通过语言交流。

宝宝使用手语是否会减缓语言技能发展？研究表明不会——实际上，使用手语可以促进父母和宝宝的互动，反而能够加速宝宝口语的发展。用手语还意味着你会花更多的时间陪伴宝宝、和他交流。没有什么比跟宝宝多说话更能帮助他学说话了。如果你想用婴儿手语和宝宝交流，以下建议会对你有帮助。

- 尽早开始。在宝宝表现出与你交流的兴趣时就开始用手语，在 8 ～ 9 个月大时，但早点或晚点开始也无妨。大多数宝宝会在 10 ～ 14 个月开始用手语。

- 教宝宝他需要的手语。教宝宝能表达自己日常需求的手语，如饥饿、口渴、想睡觉。

- 顺其自然地使用。设计你和宝宝都能了解的自然手语。也可以使用一些能表达词语或短句的简单手势。例如，上下挥动双臂表示“鸟”，在手臂下挠挠表示“猴子”，合起双手并放在倾斜的头下就是“睡觉”，揉揉肚子表示“饿了”，抓起杯子放到嘴边就是“喝”，用手指摸摸鼻子就是“闻”，手心向上并弯曲手指就是“还要”，抬起手臂就是“起来”，手心向下、把手放低就是“下去”，诸如此类。

- 遵循宝宝的手语。很多宝宝都会创造自己的手语。如果你的宝宝也是这样，应该使用他设计的手语，对他来说，这些手语才有意义。

- 让宝宝正式学习。如果想正式学习，可以阅读婴儿手语相关的书籍或使用在线教学资源。

- 保持手语一致。宝宝反复看到同样的手语后才能明白手语的意思，并能快速模仿。

- 边说话边给宝宝打手语。为了确保宝宝能同时学习手语和口语，最好两者兼顾。

- 全家一起学习。会用婴儿手语的人越多，宝宝就越高兴。哥哥姐姐、爷爷奶奶、育儿保姆及经常和宝宝待在一起的人，至少应熟悉最重要的一些手语。

- 知道何时该停止。手语和所有交流方式一样，要按宝宝自己的速度发展，不应造成压力。如果你的宝宝似乎对手语不感兴趣，不要强迫他学习。使用手语的目的是为了减轻压力，而不是增加挫败感。

宝宝不会说话时，手语会使沟通变得容易一些，但无论是对于亲子关系还是宝宝的语言发展，它都不是必要的。如果觉得手语交流不是很舒服，或不太适合宝宝，也不要勉强使用它。可以让宝宝用任何你们觉得舒服的方式交流（宝宝会使用一些非语言的交流方式，不管是用手指物之类的肢体语言还是发出各种咕哝声，都很有效）。最终，宝宝的语言能力会自然发展，沟通的鸿沟将会弥合。

睡眠倒退

你的宝宝能整夜安睡、白天睡觉也很乖，你一直很得意。最近，情况发生了变化。突然，那个爱睡的宝宝变得很折腾人——晚上总是醒来，白天又迟迟不肯小睡。躺在婴儿床上的小人儿到底是谁？那个乖乖睡觉的宝贝去了哪里？

宝宝进入睡眠倒退阶段，是睡眠“雷达”上的一个正常信号，通常发生在 3 ~ 4 个月、8 ~ 10 个月、12 个月，其他时间也有可能。在宝宝的快速生长期或重要的发展阶段（例如正在学习翻身、坐着、爬行或站立），容易出现晚上醒来的情况。因为要练习一种新技能的冲动会让宝宝难以入睡，这种情况反过来也让你心神不安，渴望回到之前宝宝能整夜睡觉的时光。

幸运的是，睡眠倒退是暂时的。一旦宝宝掌握了新技能，睡眠模式就会恢复到之前的状态，至少可以持续到新的发育里程碑出现。在那之前，宝宝都可以保持规律的睡眠。你可以参考前几个月的做法来处理他夜醒的问题（参见第 335 页）。同时，确保宝宝白天有足够的睡眠，这样可以弥补他夜间睡眠的不足。不管多困难，都要时刻记住已经烂熟于心的育儿箴言：“这一切终将过去。”

爬行

“我的宝宝开始会趴着到处移动了，但还不能撑起四肢，这算会爬吗？”

爬行的方式各有不同，没有固定要求，所以宝宝怎样移动都没有关系。肚子贴在地上移动或匍匐，通常都是用手和膝盖配合移动（真正的爬行）的前兆。但有些宝宝会坚持匍匐，从不把四肢撑起来。

有些宝宝在 6 ~ 7 个月时就会匍匐了，但一般的宝宝快到 9 个月左右时才会爬，还有一些宝宝要更晚才能学会（因为趴着玩耍的时间少）。很晚才学会爬，或者根本没有学会爬也不用担心，只要宝宝能达到其他重要的发展里程碑就可以（比如坐着，这是宝宝在爬行之前必须掌握的一项技能）。

有些宝宝一开始会向后或向侧面爬，过了几周才会向前爬。走路之前，有些宝宝会用手配合膝盖或屁股爬行，有些则会用手和脚爬行。宝宝究竟选择哪种方式爬行并不重要，重要的是他开始努力独立行动了（如果他似乎无法平衡地使用四肢，要让医生检查）。

不同的爬行方式

移动的形式对渴望爬来爬去的宝宝并不重要，能达到目的才是最重要的。所以只要宝宝尝试用自己的方式移动，就没有问题。

宝宝还不会爬

“我儿子还没有表现出对爬行的兴趣，是不是有什么问题？”

宝宝没开始爬？没关系，爬只是一种可选技能，并不是衡量全面发育水平的重要技能。那些没有爬的宝宝只是暂时行动受限，不久他们就会明白如何爬来爬去，并最终学会行走。事实上，很多不会爬的宝宝可能比会爬的宝宝更早学会走路。

一些宝宝不会爬，是因为他们没有得到足够的练习机会。如果整天都待在婴儿车、背带、游戏床或跳跳椅里，或总是躺着，宝宝无法学会用四肢支撑起身体，用手和膝盖移动。要确保在大人的监督下，宝宝有大量的时间趴着。

为了鼓励宝宝向前爬，试着将他心爱的玩具、婴儿镜或有趣的物体(你自己或者一个球）放在他面前很近的地方。别忘了保护好宝宝的膝盖，因为跪在坚硬、光滑的地板或粗糙的地毯上可能会很不舒服，而且会影响他尝试爬行。把瑜伽垫或者健身垫铺在地板上让宝宝爬，或者给他戴上护膝，让爬行更安全、舒适。

不管怎样，未来几个月宝宝终将学会站起来，并带来很多麻烦。到那时，你又会有新的疑惑了：“当初为什么那么着急呢？”

杂乱的房间

“现在，我的女儿已经可以爬来爬去，拉拽各种东西了。她把整个房间弄得乱七八糟，都来不及收拾。我是该管管她，还是该放任不管呢？”

乱糟糟的环境可能被你视为大敌，却是爱探险的宝宝最好的朋友。清洁工作的确会让你腰酸背痛，但是不让宝宝弄乱房间却会抑制他的好奇心。让宝宝自由、安全地爬来爬去，可以锻炼他的智力、肌肉和刚刚形成的独立意识。房间像从前那样整洁是不可能的，也毫无意义。如果接受这个新局面和家里乱糟糟的事实，而不是试图去改变，你或许就没那么沮丧了。但这并不意味着你要彻底放弃，可以采取一些措施，寻找折中的做法。

从安全的房间开始。可以任宝宝把袜子胡乱扔在卧室地板上，也可以由着他用尿布在厨房搭个“房子”，但绝不允许他用力敲击两个酒瓶、看看会发生什么，也不允许他在你的包里翻找零钱。所以，让宝宝自由活动之前，应确保他和房间里其他东西的安全（参见第 375 页）。

控制混乱。如果尝试将混乱控制在一两个房间内，或家里某个角落，那么你和宝宝都会感到快乐。这意味着，宝宝可以在自己的房间、客厅，或任何你们一起待很久的某个地方自由活动。可以把门关好或安装婴儿安全门来隔出这些区域。当然，如果你居住在小公寓里，专门辟出一块让宝宝自由活动的空间，可能比较困难。

还可以将一些不易弄坏的书籍放在宝宝可以够到又方便取出的地方。用儿童安全锁将橱柜和抽屉锁上（尤其是装有易碎、贵重或危险品的抽屉）。不要将一些小玩意儿放在较矮的桌子上，只留下没有安全隐患的给宝宝玩。给宝宝留出专门的抽屉或柜子，他会认为那是自己的抽屉，可以装上塑料杯盘、木勺子、堆叠杯和空盒子等。

设置一些限制，不仅可以帮助你保持头脑清醒，还能帮助宝宝发育。只有为宝宝设限，他才能茁壮成长。还能教会宝宝一个重要的道理：其他人，哪怕是父母也拥有自己的财产和权利。

让宝宝安静地制造混乱。不要不停地抱怨宝宝造成的混乱，他只是出于好奇的天性（“如果我打翻这杯牛奶，会发生什么呢？”“如果我把这些衣服拿出抽屉，会找到什么呢？”）。

安全地游戏。如果混乱会威胁宝宝的安全，就不能放任不管了。如果宝宝弄洒了果汁，或倒空了狗狗的水碗，应立刻擦拭干净。当宝宝不再想看书时要及时收起来，还要保持宝宝经过的走廊（特别是楼梯）时刻畅通，没有玩具，特别是带轮子的玩具。

预留庇护区。你无法时刻保持家中整洁，但可以通过不让宝宝在某个空间玩耍，保留一块清净的地方，哪怕是一个小角落。这样在一天快结束时，你可以在这个庇护区躲一躲。

控制自己。在宝宝进行暴风骤雨般的破坏时，不要跟在他后面帮他收拾一切。这会让他感到沮丧，他会觉得自己所做的一切不仅不能被接受，而且是徒劳的。如果他又把你收好的东西翻出来，也会让你很沮丧。一天清理一次，最多两次。

教会宝宝保持清洁。不要在宝宝周围随时整理。但是，在每次游戏结束之后要和他一起收拾几件玩具，问问他（即使他还很小,不能理解）:“现在你可以和爸爸一起收拾这些玩具吗？”把一块积木拿给他，让他放回玩具篮，给他一个塑料盒，让他放到柜子上，或给他一些废纸，让他扔到垃圾桶里，并对宝宝的每一次努力都给予表扬。今后几年他会持续制造混乱,但这些早期锻炼可以帮助他懂得：从哪里拿来的东西,就要放回哪里去。

把地上的东西捡起来吃

“宝宝总是将饼干掉在地上，然后又捡起来吃。5秒定律是真的吗？”

世界是宝宝的，也是他的自助餐桌。显然，宝宝不会去思考从地上捡起来的饼干接触了什么细菌，而且毫不在意。其实你也不必在意，至少大多数情况下不必。无论你多么讲究卫生，地上都有细菌，但数量并不多，而且大多数情况下，它们都是宝宝以前接触过的细菌，尤其是在地板上玩耍时，他更容易接触到细菌。它们通常是无害的，实际上，每一次遇到病毒或细菌，宝宝都会产生免疫力，这会让他更强大。宝宝在邻居家的地板上或日托班那里接触到的细菌也会起到同样的作用。所以，当看到宝宝从地上捡起东西吃，保持冷静。不要试图通过洗洗刷刷开展抗菌大战，也不要在饼干掉在地上的时间超过5秒后,就急急忙忙地跑过去把饼干没收。

说到5秒定律，无论你以多快的速度将掉到地上的东西捡起，细菌的速度都会更快，在几毫秒之内就已经附着在食物上了。当然，食物在地面或其他有细菌附着表面的停留的时间越长，细菌转移得就越多。所以，现在的问题不是饼干在地上停留多久，而是细菌是否会使宝宝生病，这取决于地面的情况（表面是否潮湿，之前放了什么东西等)。

如果必须要“截获”宝宝从地板上捡起并准备放进嘴里的潮湿的东西，动作要快一些，这些东西可能是宝宝之前一直含在嘴里的饼干、泡在果汁里的安抚奶嘴、上周掉在餐椅下已经开始腐烂的一截香蕉——因为在潮湿的表面，细菌会快速繁殖。同样不卫生的还有在户外地上拾起的东西，因为有很多危险的细菌（比如狗狗的大小便）。在宝宝把掉落到户外地上的安抚奶嘴、奶瓶和磨牙圈放进嘴巴前，必须先用清洁剂和清水冲洗，并用奶嘴刷清洁。

即使地板很干净也不一定安全，只要家里用了含铅油漆，宝宝就有可能把它和从地板上捡起的东西一起吃进肚子。这种情况要请专业人士清除含铅油漆。同时，要在宝宝将地上捡起的饼干放进嘴巴前拦住他（关于含铅环境的相关内容，参见第 324 页）。

吃土或更脏的东西

“我儿子什么都往嘴里放。他经常在地上玩，我也不能总盯着他。这种情况是否应该担心？”

宝宝什么都会放进嘴里：泥土、沙子、狗粮、昆虫、毛球、腐烂的食物，甚至是脏尿布中的便便。最好能避免宝宝吃这些令人恶心的东西，但也很难一直盯着他。很少有宝宝会乖乖听父母的话，不吃这些东西。

但是，比起这些不卫生的东西，更应该担心清洁用品。满嘴泥土很少会产生实质性的伤害，但舔到一些清洁剂会引起严重的后果。你无法将什么都放到宝宝好奇的小手够不到的地方，所以应重点将成分有害的物品拿开，不用担心宝宝偶尔放入自己口中的虫子或狗毛。如果发现宝宝噎住了，可以捏住他的脸颊，让他张开嘴，然后用另一根手指钩出卡住的物体。

你也应该非常小心，不让宝宝吞下会卡喉咙的物品，如扣子、瓶盖、回形针、领针、宠物食品、硬币等（参见第 380 页）。把宝宝放到地上玩耍时，要检查地板上是否有直径小于 3.5 厘米的物品，如果有，把它们拿走。

弄脏自己

“如果我放任不管，女儿会在游乐场里爬来爬去。但地面很脏，我不确定是否该让她这样爬。”

不要阻止宝宝爬上爬下弄脏自己。如果宝宝确实想参加混战，而你却只让他在一旁看着，虽然能保持干净，但他也会不满。把宝宝洗干净不是难事。在游乐场或后院玩耍时，可以用湿巾来清除明显的泥土，然后在洗澡时洗掉身上的灰尘。要小心仔细地检查，确保宝宝爬行的路线上没有碎玻璃或狗狗的大便。在你的严密监督下，让宝宝在安全范围内爬行。如果宝宝沾上非常脏的东西，用纸擦干净后继续让他爬。当然，还可以在你的背包里多带一套衣服，以备不时之需。

“发现”生殖器

“最近，我女儿在不穿尿布时经常摸自己的生殖器，我是否要阻止？”

如果做某件事感觉很舒服，人们

就会去做，这是很自然的行为，所以没必要阻止。后期对其他男孩女孩产生兴趣也是宝宝发育过程中必然且健康的部分，和他迷恋嘴巴、手指和脚趾，以及耳朵和鼻子一样。有些宝宝在第一年过半时就会开始探索自己的身体，而其他宝宝会到快满一岁时才开始探索，那些没有表现出探索兴趣的宝宝也很正常。虽然阴道（阴茎）从专业角度来看是性器官，但宝宝触摸自己性器官的行为绝对与“性”无关，相反，它和孩子本身一样单纯。

如果宝宝在触摸了生殖器后又将手直接放入嘴里，是否该阻止？是否不卫生？不必担心。宝宝生殖器上的细菌都和他体内的一样，不会对宝宝构成威胁。但是宝宝接触了尿布后一定要阻止他把手直接放到嘴里。这种行为可能会造成严重感染。另外，要及时制止女宝宝用非常脏的手探索身体，手上的细菌会造成阴道感染，要勤洗手、保持卫生。男宝宝的生殖器不那么容易感染，但也应该勤洗手。

等宝宝长大一些，你可以和他解释，这一身体部位是私密的，可以触摸它，但不能在公共场合，也不能让其他人触摸。

勃起

“给宝宝换尿布时，他有时会勃起，不知道在他这个年龄是否正常？”

男性成长过程中，性器官勃起是必然现象——实际上，在子宫里男婴就会出现勃起现象。这不是跟“性”有关的行为，只是触碰敏感性器官后的正常反应——女孩阴蒂的勃起同样正常，虽然不太明显。在尿布摩擦到宝宝的阴茎、在他吃奶或在浴缸里洗澡时，都可能会勃起。所有男婴都会勃起，但有些宝宝可能比其他宝宝更频繁，无须特别注意。

游戏时间

“几个月前，我们给宝宝买了游戏床，当时他很喜欢在里面玩，都不愿意出来。可现在让他在里面玩几分钟，就开始尖叫了。”

随着宝宝长大，他从游戏床围栏里看外面世界的视角也会改变。几个月前，游戏床就是一个大大的世界，是他的个人游乐园，有无穷的乐趣。而现在，宝宝开始意识到在游戏床外，还有一个更大的世界——至少有客厅那么大，他希望在那里玩。曾经保护他的“天堂”现在变成了追求自由的障碍，让他只能待在里面向外看。

所以，不要把宝宝关在围栏里。注意宝宝的暗示，只在必要的时候使用游戏床，比如在你擦地板、烤东西、收拾玩具时，把宝宝围起来（不能让宝宝独自一人待在游戏床里，要能时刻看到他）。将时间限制在 10 ~ 20

分钟，7 ~ 8 个月较活跃的宝宝只能忍耐这么长时间。经常更换游戏床里的玩具，可以让宝宝不会过早厌倦，特别是当他已经长大到不再想玩游戏床上配套玩具的时候。小心宝宝爬出来，非常敏捷机智的宝宝也许能借助较大的玩具爬出围栏。所以游戏床里不要放大玩具，也不要在顶部挂玩具。

如果在你忙完之前，宝宝表现出抗拒，试着给他一些新奇的玩具——一个金属碗、一个木勺或一两个不带盖子的塑料瓶——任何之前没有给他玩过的东西都可以。如果都不管用，尽早把他从里面放出来。

“如果我不管，我儿子可以在游戏床里玩一整天，但我不知道该不该让他这样。”

有些随遇而安的宝宝似乎很乐意在游戏床里玩上很久，甚至到快满一岁时仍然可以。如果宝宝愿意只在一个地方玩也没关系。但需要让他从游戏床以外的一个新视角去看世界，锻炼自己的肌肉，然后慢慢爬行，最终站立起来，去探索这个世界。所以，即使宝宝并没有积极地争取自由，表现出想要出来，也可以让他在地板上自由活动。刚开始时，他可能对离开游戏床很犹豫，那就和他一起坐在地板上，和他玩一会儿，给他最喜欢的玩具，为他尝试爬行而欢呼，这些都可以让宝宝更容易过渡。慢慢地，减少他待在游戏床里的时间，增加在地板上玩的时间。

左撇子还是右撇子

“我注意到宝宝拿玩具时，很随机地使用两只手。我应当鼓励他用右手吗？”

宝宝最初的用手习惯是均等的，后来才会有所偏好。实际上，最早也要到一岁半，宝宝才会表现出对某只手的偏好，大多数宝宝等到两岁后才固定下来。即使过了这个阶段，有些父母还是不确定孩子的习惯。

从数据上来看，90% 的宝宝都会偏好右手，只有 5% ~ 10% 的宝宝习惯用左手。这主要和基因有关，如果父母都是左撇子，宝宝成为左撇子的可能性超过 50%；如果父母其中一人是左撇子，宝宝也是左撇子的可能性只有 17%；如果父母都不是，那么宝宝成为左撇子的概率仅为 2%。

你可能在想是否应该尝试让宝宝多用某只手而不是另外一只，不要这样做。这都是宝宝的天性使然，很难通过教育改变。研究表明，强迫孩子违背自己天生的用手习惯，会导致他今后在手眼协调和灵活性方面出现问题（你有没有尝试过用另一只手写字？想象一下，如果不停地用“错”的那只手写字会多么艰难）。时间会告诉你宝宝到底是用右手还是左手，父母只需要耐心等待，让宝宝的天性显现出来。

如果宝宝在一岁半以前就明显表现出使用某只手的偏好,要咨询医生。在个别案例中，宝宝早期表现出来的强烈用手偏好,可能隐藏着神经问题。

给宝宝读书

“我希望女儿跟我一样对阅读有兴趣。现在就开始给她读书是不是太早了？”

任何时候开始给宝宝读书都不早——也许一开始,宝宝没那么专心,更喜欢扭来扭去，或者喜欢咬书角，而不是看书。但不久，他将开始注意你读出的词语（此时，他关注的是节奏和发音，而不是意思）和书中的插图（一开始享受颜色和图案，之后会把认识的物体和图片关联起来）。很快，他会跟你一样期待阅读时光。下面的方法有助于让宝宝爱上阅读。

树立阅读的榜样。你自已爱阅读吗？显然，爱读书的父母培养出来的孩子更爱阅读（看电视也一样会影响孩子）。所以，尽可能多让宝宝注意到你在读书（或电子书）。在宝宝玩的时候读几页书——大声读出来，让他知道你在读书。在房间里多放点书，并要经常指着书,说“这是爸爸的书”或“妈妈爱看书”。

用宝宝的方式读书。给宝宝读书

大家都喜欢的故事时间

时，需要用特定的方式。节奏、语音和语调都比文字本身更重要。所以，用轻快的声音慢慢读，强调时用夸张的声音，每一页都要停下来，并解释图片中的内容（“看，小男孩坐在山坡上”），或是给宝宝指动物或人物（“那是一头牛，牛会哞哞叫”“有个宝宝在摇篮里，宝宝要睡觉了”）。

让阅读成为一种习惯。在宝宝的日程中加上阅读，每天至少两次，每次几分钟，最好是在宝宝安静清醒，并已经吃饱的时候。午饭后、午睡前、洗澡后、睡觉前,都是很好的阅读时间。但是，要在宝宝接受时安排阅读，不要在他想练习爬行或用瓶子制造“音乐”时强迫他读书。读书应该充满乐趣，不能勉强。

敞开“图书馆”的大门。将容易被破坏的书籍放到书架的上面，在有父母陪伴的时候阅读。给宝宝设置一个小的可以旋转（防止宝宝觉得没有

适合宝宝阅读的书籍

什么样的书籍最适合小宝宝？可以按照下列标准选择。

- 书的结构要坚固，不容易被宝宝弄坏。最坚固的是硬纸板书页、圆形边缘的书籍，这些书籍用嘴咬都不会散开，翻来翻去也不会被撕破，或选择用防水耐撕材料做成的书籍。软布书也不错，但可能不好翻页。塑料圈装订的书籍也很好，因为它们不仅可以平摊开，宝宝还可以玩有趣的塑料圈（确保不会卡住宝宝的小手）。用塑料做成的书籍适合在洗澡时用，也可以给太小的还坐不住的宝宝看。为了避免书籍发霉，每次洗澡后要彻底晾干，并将它们放在干燥的地方。
- 有大量图片。插图或照片应该简单、不杂乱、色彩明亮，并且是宝宝熟悉的主题或场景：小动物、汽车和卡车，其他小宝宝的照片。也可以给宝宝翻看家庭相册。
- 文字不要太复杂。给宝宝读书时，韵律最容易引起宝宝的注意。一页一个词的书也很好，因为你可以利用这个词造句：“香蕉——香蕉甜甜的很好吃。”
- 能互动的书籍。翻翻书和有特殊纹理的书广受喜爱，因为它们可以和宝宝玩躲猫猫游戏，让他了解材质，把阅读变得更生动有趣。不过，这种书籍比较容易损坏，宝宝翻阅时，要留心那些容易被撕扯下来的部分。

新鲜感）的“图书馆”，上面的书都撕不破，容易取出来阅读。有时候不愿意跟爸爸妈妈坐下来阅读的宝宝会很开心自己“读书”，按照自己的节奏翻页、看图片，看电子阅读器。在有父母监督的情况下，偶尔给宝宝看看电子书，很多电子书有互动模式。

父母一定要知道：关于“超级宝宝”

你一定听说过，那些光鲜亮丽的教育类玩具能促进宝宝智力的发展，还可以快速提高宝宝的精细运动技能。还有宣称能让 7 个月大的宝宝成为爱因斯坦或莫扎特的各种应用程序，以及保证能培养出神童的诸多课程。你会开始思考，我要购买这些“神童”产品吗？

购买前，你最好先读一读下面的内容。虽然在正式教育之前就教会宝宝各种技能是可能的，但大多数专家认为，从长期来看，还没有证据表明集中的早期教育比传统学习模式更具优势。事实上，所谓的宝宝阅读课程根本没有教宝宝们如何阅读。

有意思的是，那些宣称能促进宝宝智力发育的早期课程可能适得其反。研究显示，经常观看教学视频、电脑课程和教育类应用程序的宝宝们跟很少接触视频的宝宝相比，学到的词语反而更少，原因可能在于屏幕学习时间过多，占用了宝宝和爸爸妈妈在一起的亲密时光，而亲子时光对婴儿的语言学习最有帮助。

换句话说，宝宝在第一年应该做个真正的宝宝，而不是一个学生。婴儿期有许多需要学习的东西——不仅仅是知识，还包括情感、运动和社交。在这 12 个月中，宝宝必须学会和他人（妈妈、爸爸、兄弟姐妹等）建立联系与信任（有麻烦时可以依靠爸爸妈妈的帮助），掌握物体存续性的概念（爸爸躲在椅子背后时，即使没有看到他，他仍然在）。他们需要学习如何掌控自己的身体（坐、站、走，抬起、放下和控制手）以及如何思考（怎样从无法够到的架子上拿下小卡车）。他们要学习几百个词语，最终学会如何用喉部、嘴唇和舌头的复杂运动来重现它们。他们还需要学习情感——先了解自己的，然后了解他人的。要学习这么多东西，如果再加上理论知识，很可能会超过宝宝的承受范围，甚至会迫使他忽视一些非常重要的学习领域，比如情感和社交学习。

如何确保你能培养宝宝发展所需要的方方面面的能力，让他最大限度地发挥潜能？不一定要给宝宝报各种辅导班和在线课程，而要陪伴在宝宝身边，当他完成平常但不平凡的任务时不吝鼓励；要保护宝宝对周围世界天生的好奇心(无论是对地上的灰尘，还是天空中的云朵)；要带他去各种有趣的场所（商店、动物园、博物馆、加油站、公园等）；要和宝宝聊聊你看到的人物（“那个人在骑车”“那些孩子们要去上学”“那位女士是警察，她可以帮助我们”）；向他解释事物是如何运转的（“你看，我打开水龙头，水流了出来”），它们有什么用（“这是椅子，可以坐在上面”），以及它们的区别（“小猫的尾巴长，猪的尾巴短而且卷着”）。为宝宝提供语言环境(花很多时间说话、唱歌和读书)，可以大幅提高宝宝的语言能力——让宝宝知道狗的叫声，狗会咬东西、舔东西、有四条腿、全身长毛，这些比让宝宝会读写“狗”这个字更重要。

如果宝宝表现出对文字或数字的兴趣，可以通过各种方式来进一步培养。但不要完全剥夺让宝宝玩耍的机会，比如让他玩一堆认字卡。学习——无论是认字还是练习扔球，宝宝都可以在游乐场轻松完成，而且更有趣，不必非要上什么课。现阶段，学习应该融入日常生活中，这是宝宝学得最快的方式。

第14章　第9个月

满8个月的宝宝已经非常活跃，白天清醒的时间总是不够用。他会展露出幽默感，喜欢模仿（因为模仿你的各种声音而感到快乐），还是个天生的表演家(听到“再来一个”的呼声，可以再模仿一遍小狗的叫声，真是大家的开心果）。宝宝已经有能力理解之前完全不懂的概念，例如物体的存续性——被挡住的事物仍然存在，例如“妈妈跟我玩躲猫猫的时候，她没有离开，只是在跟我玩”，并能和他人进行更复杂的互动。

但这样的成熟是有代价的，宝宝会发展出陌生人焦虑。以前，一个舒适的怀抱就能让宝宝开心不已，但现在他会挑剔陪伴者，只需要爸爸、妈妈和他喜欢的成年人。

宝宝的饮食：手指食物

给宝宝喂米粉是不是已经没有新鲜感？不想用勺子的不只是你，宝宝也开始厌烦了。他会故意紧闭嘴唇，在你快把勺子放到嘴边时，用胖乎乎的小手拦住并打翻勺子，每天都要重复几次。

现在可以改变了，那就是使用一种新的喂食“工具”——宝宝的手指。一些比较活泼的宝宝在7～8个月时就能吃手指食物了。在宝宝发现他们可以将食物放入嘴里后，独立吃饭成了他们最重要的事。

但是，从用勺子过渡到用手吃

增添味道

想给宝宝的饮食加点料？可以考虑在他的饮食中加入草本香料（如肉桂皮、肉豆蔻、罗勒、薄荷和蒜）。如果你还在哺乳，由于你的饮食中包括含香料的食物，宝宝已经品尝到了它们的“味道”。

宝宝的基本情况：第 9 个月

睡眠。这个年龄的宝宝每晚可以睡 10 ~ 12 小时，白天会小睡两次，每次 1.5 ~ 2 小时。每天的睡眠总时间为 14 ~ 15 小时。

饮食。宝宝的主要营养来源还是液体食物：母乳或配方奶，但开始吃更多的辅食。

- 母乳。每天要给宝宝喂 4 ~ 5 次奶（有些宝宝次数更多），总奶量为 720 ~ 900 毫升。随着辅食慢慢增加，宝宝的奶量会减少。
- 配方奶。宝宝每天要喝 3 ~ 4 瓶奶，每瓶 210 ~ 240 毫升。每天的奶量为 720 ~ 900 毫升。辅食慢慢增加后，奶量会减少。
- 辅食。当宝宝可以吃更多辅食后，每天可以喂他们谷物、水果、蔬菜各 4 ~ 9 大勺，分为 2 ~ 3 顿。辅食中也可以加入富含蛋白质的食物，宝宝每天可以吃 1 ~ 6 大勺鸡肉、鱼肉和豆腐。其他谷物（如藜麦和糙米）和奶制品（奶酪和酸奶）也能为宝宝补充蛋白质。

玩耍。宝宝喜欢能让他站立起来的玩具（要选择结实的玩具，不能翻倒）；分类和搭建玩具（比如不同颜色的积木或不同尺寸的圆环），以及带有按钮、杠杆和表盘的玩具（如忙碌板、活动魔方和游戏桌）。另外还有按下按钮或拉下短绳就能发出声音的玩具，大小不一的球、积木、填充玩具和书。能够促进宝宝语言能力发展的玩具（会“说话”或能回应的玩具）在这个阶段也是不错的选择。

东西并不容易，这是一个漫长的过程一开始会带来混乱。尽管宝宝之前花了很多时间练习用嘴吃东西，但学会把食物送到嘴里仍然困难重重。

起初，大多数宝宝将食物握在手里，还没有学会如何协调各个手指来将东西放到嘴里。有些宝宝会把手掌打开，靠近嘴，有些则用另一只手将食物拨下来，再把掉落的食物捡起来——这种方法往往耗费大量时间，却吃不到什么。

大多数宝宝现在还无法用拇指和食指捏住食物，这项技能要 9 ~ 12 个月时才能学会。

宝宝掌握这个技能后，就可以捡起非常小的物体（如豌豆和小面团），大大丰富饮食。

最佳手指食物

入门级手指食物包括：宝宝可以一口吞掉的食物，或入口即化的食物（不管宝宝有没有长牙）。一开始可以吃泥状食物，之后可以把食物切成宝宝好抓取的丁或小块，稍硬食物的大小与豌豆相似，较软食物的大小与弹珠差不多。以下食物是不错的选择。

- 全谷物的面包、米饼，或其他入口即化的饼干；
- 薄饼丁；
- 燕麦谷物圈、婴儿泡芙；
- 小块奶酪；
- 小块豆腐；
- 切片的牛油果；
- 切片的香蕉、梨、桃、杏、甜瓜、哈密瓜、猕猴桃、杧果；
- 蓝莓（压扁，不要整个给宝宝）；

入口即化的薄饼干很适合作为宝宝最初的手指食物。

- 煮熟的小块胡萝卜、土豆、红薯、山药、西蓝花、菜花、豌豆（切成两半或压碎）；
- 烤或水煮的薄鱼片（要仔细剔除鱼刺）；
- 嫩肉丸（可以在汤里煮熟，这样外面不会太硬）；
- 煮熟的鸡肉；
- 各种尺寸和形状的面食（切成合适的大小）；
- 炒熟或水煮的鸡蛋。

可以将食物分装到几个不易碎的餐盘或直接放到宝宝的小碗中，按他的需求添加。刚学会吃东西的宝宝看到太多的食物，往往会一股脑儿塞进

这些食物不能作为手指食物

为了防止窒息，不要给宝宝吃不能在口中融化、无法用小牙咬碎或很容易吸进气管中的食物。不要让宝宝吃葡萄干、整颗的豌豆、较硬的生蔬菜（如胡萝卜）、水果（如苹果、梨）或大块的肉类。

在第一年进入尾声，宝宝长出磨牙，就可以增加真正需要咀嚼的食物了，如水果（切碎）和蔬菜，小片的肉，以及无籽葡萄(去皮切半)。但是，为了避免窒息的风险，要到 4 ～ 5 岁才能吃生的胡萝卜、爆米花、坚果和热狗。只有宝宝可以很好地咀嚼后，才能引入这些食物。

嘴里，或将食物弄得满地都是，所以要慢慢给。一定要让宝宝坐下来吃东西，不能让他边吃边四处爬或行走。

有些美味又绵软的手指食物（如杧果、牛油果和豆腐），宝宝很难捏住，经常滑落，怎么办？将燕麦圈或其他全谷物、全麦饼干磨成粉状，然后裹在较软的食物表面，这样便于宝宝用手拿住送入嘴里（还可以让食物更健康）。

变换菜单

给宝宝吃的新美味不应只限于手指食物。在之前用勺子喂给他的食物基础上，种类和质地都可以更加丰富。可以添加三段辅食，或者把家人吃的食物切碎，作为宝宝的辅食：把苹果泥换成切块的苹果，用烤红薯碎块代替土豆泥，米糊可以调得更浓稠一些。还可以考虑切成小块的奶酪和削皮水果，以及煮烂的蔬菜（胡萝卜、土豆、红薯、菜花、青笋）。要小心一些水果（如香蕉和杧果）、蔬菜（如西蓝花、青豆、甘蓝）中的膳食纤维和肉类中的筋、软骨部分。处理鱼的时候要非常小心，因为捣碎后的鱼肉里还可能有鱼刺。

你可能疑惑的问题

对吃奶没兴趣

“每当我坐下来给儿子喂奶，他似乎总想做别的事情——玩我的扣子、拉我的头发、看电视，总之就是不想吃奶。”

最初几个月里，宝宝的整个世界都围着妈妈的乳房。为了尝到一口母乳，他的小嘴不停地吮吸。没什么比被抱在怀里、贴着妈妈的乳房，满足地吃着香甜美味的母乳更美妙。但这个阶段已经过去，现在情况开始改变。很多宝宝直到离乳时依然对母乳热情很高，但少数宝宝在大约 9 个月时，对母乳的兴趣就减弱了。有些宝宝开始完全拒绝乳房；有些宝宝在认真吮吸 1 ～ 2 分钟后，会把乳房推开，他们的注意力被其他事情吸引了：可能是身边有人走过，或有猫咪溜过，也可能是突然想练习一下新开发的身体技能（扯着妈妈头发想站起来），又或是意识到一直缩在妈妈的怀抱里就无法玩积木、扯沙发垫、做其他事情。

有时，这种拒绝只是暂时的。可能宝宝正处于重新调整营养需求的阶段（特别是当他开始吃更多辅食的时候），或是由于你的经期激素变化，前一晚吃了大蒜，乳汁味道发生了变化，让宝宝拒绝吮吸。也可能宝宝因为生病或长牙而暂时没胃口。

更有可能是因为忙碌起来的宝宝总是顾不上吃奶——吸引他注意力的东西太多，喂奶要面对的竞争可不少。但除非你准备给孩子离乳，否则不要放弃哺乳。尽管宝宝认为他已经准备

不愿坐着用奶瓶吃奶？

用奶瓶的宝宝还不愿意坐着吃奶？那么，给母乳喂养的妈妈的小建议同样适合你：尽可能减少吸引宝宝注意力的东西，在安静、昏暗的房间，在宝宝最想睡觉的时候给他奶瓶。如果还不管用，就白天换成杯子，只在早上（宝宝还没有完全清醒）或睡前（宝宝开始困了）用奶瓶。

也可以通过转移注意力的方式更好地喂奶。喂奶时给宝宝读书，或试着让宝宝拿着奶瓶（或你们一起扶着）。让宝宝掌控，他会更愿意配合。

最后，确认你给长大的宝宝选用了尺寸合适的奶嘴。如果奶嘴不合适，流速太慢，宝宝会感到沮丧，可能造成他放弃使用奶瓶。

好迈入下一个阶段——至少能在白天做一些有趣的活动，但一岁前，宝宝的饮食最好还是以母乳为主，可以加一些辅食，直到一岁以后他可以开始喝牛奶。即使一岁后，很多开始学习走路的宝宝仍然会在繁忙的日常活动中抽出时间吃奶。

所以，不要主动放弃哺乳——而要对哺乳更用心，可以采用下面这些技巧应对宝宝不愿吃奶的情况。

• 试着让宝宝平静下来。八九个月大的宝宝对什么都好奇，很容易被其他事物吸引——电视、手机提示音、汽车鸣笛声、路过的小狗，甚至任何一个发光的物体。为了最大限度地让宝宝专心吃奶，最好选择光线昏暗、安静的房间，将手机等通讯设备关机。喂奶时，怀抱着宝宝，轻轻安抚他，让他放松下来。

• 在宝宝打瞌睡时喂奶。宝宝早上醒来第一件事就是吃奶，之后再开始忙碌的一天。也可以在晚上洗澡或舒适放松的按摩后再喂奶，或小睡之前喂。

• 忙碌时喂奶。有些宝宝希望他们也可以成为你日常活动的一部分，这样他们就能确定自己没有错过什么。如果你的小家伙属于这种类型，

喝牛奶？还不行

宝宝正以惊人的速度成长发育着，但即便是发育最快的宝宝，目前仍无法到达这个里程碑——从母乳换成牛奶。这种转换还需要时间，美国儿科学会建议宝宝一岁以后再喝牛奶。到那时，宝宝可以就着一杯牛奶吃生日蛋糕。大多数医生同意宝宝在8个月左右（甚至更小一点）开始吃全脂酸奶和奶酪，有些医生甚至允许宝宝在一岁前偶尔喝一口全脂牛奶，或在麦片中混入牛奶（一定要先问医生）。确保一岁后再让宝宝喝牛奶，除非医生建议宝宝喝低脂牛奶，否则两岁前都要喝。

在家中走动时给他喂奶——将宝宝放在背带里，你的胳膊会更舒适。

宝宝对吃奶还是没什么兴趣？可以把宝宝放到乳房边，但无法强迫他吮吸乳汁，特别是他情绪不好的时候。如果你已经累了，不想再费劲按着宝宝，就尝试用吸奶器吸出宝宝一天需要的乳汁，用奶瓶喂。虽然这意味着多出一些工作，但也多了自由——这比宝宝在你怀里扭来扭去自由多了。等到他自己愿意或者很困的时候再来吃奶吧。宝宝从来没用过奶瓶？现在也没必要尝试——毕竟美国儿科学会建议在一周岁后停止用奶瓶。可以用杯子喂母乳，确保宝宝可以吃饱。

如果你确定要离乳、改喂配方奶，也要循序渐进，这样宝宝在完全脱离母乳前有时间适应配方奶的逐渐增加（开始时可以将母乳和配方奶混合在一起），这还可以让乳房慢慢减少泌乳，以免突然离乳造成涨奶。（关于离乳，参见第 471 页；如果宝宝完全拒绝吃母乳，参见第 476 页，帮妈妈适应突然断奶。）

难以应对的饮食习惯

“我第一次让女儿吃辅食时，每样食物她都爱吃。但最近，除了泡芙她什么都不吃，偶尔吃一点香蕉。”

宝宝已经从“张大嘴巴”变成“紧闭嘴巴”——用勺子吃东西的新鲜感过去之后，宝宝就可能会这样。不过，就算宝宝突然变得挑食也不用很担心。第一，健康的宝宝一般能按照自己的胃口摄入营养，能吃够他们茁壮成长所需要的量；第二，在爸爸妈妈还没反应过来的时候，之前吃得少的宝宝就会迅速增加饭量；第三，宝宝仍会从母乳或配方奶中获取足够的营养。虽然各种辅食有助于满足宝宝的营养需求，新口味和新食材也提供了宝贵的饮食体验，但母乳和配方奶还是能够补充营养。

从 9 个月后到一岁前，宝宝对母乳和配方奶的需求会逐渐减少，辅食成为日常的主食。只要宝宝能顺利成长，就不必担心他要吃哪些辅食、吃得多还是少。可以尝试以下方法，补充挑食宝宝的营养，或许还能让他们接受更多样化的食物。

让宝宝吃面包等谷物类食品、香蕉，以及任何他喜欢的食物。很多宝宝似乎自己制订了一周的饮食安排，他们在这期间拒绝任何其他食物，只接受一种选择。尊重宝宝的饮食喜好，即使有些极端，例如早、中、晚三餐都吃米粉。可以给宝宝提供多样化的选择，最终他们会打开自己的胃口。

不要吃蛋糕之类的不健康食物。宝宝肚子能装的食物就这么多，如果让宝宝选择吃饼干还是蒸胡萝卜，没几个宝宝会去拿胡萝卜。多给宝宝吃健康的食物，当他长大一点后也要这样，即使每天重复吃同样的健康食物。

趁机增加食材。如果不能强迫宝宝吃某样东西，就用一些方式“偷偷”让他吃一点。如果宝宝喜欢吃米粉，就在米糊中放入香蕉片、苹果酱或桃子丁。如果宝宝喜欢吃面包，可以在面包上抹一层香蕉泥或融化的奶酪。也可以尝试自己烘烤或购买添加其他营养食材的面包，例如加了南瓜、胡萝卜、奶酪或水果的。

给他吃大人的食物。在宝宝吃的米糊里加一点大人吃的菜花？当然可以。宝宝总是对爸爸妈妈吃的食物充满渴望，从你的盘子里分一些他已经能吃的食物，但不要强迫他吃。

变换菜单。宝宝开始挑剔，表明他不想吃原来的那些糊状食物了，可以换成块状食物或手指食物：质地要软，这样宝宝可以捏起来；口味和食材要新鲜有趣，能满足他的味蕾，这样宝宝就能从挑剔食物变成享受美食。丰富食物种类能激起宝宝的食欲(参见第 434 页)。

扭转形势。可能宝宝近期突然固执地要自立，所以你喂饭时他闭紧嘴巴。如果你将吃饭的任务交给他自己，他可能就会张大嘴巴，热情地品尝各种美食(关于适合宝宝自己吃的食物，参见第 413 页)。

不要影响宝宝的食欲。很多宝宝吃的东西少，是因为他们喝了太多果汁、配方奶或母乳。宝宝每天摄入的果汁不应超过 120 ~ 180 毫升，配方奶不应超过 720 ~ 900 毫升。如果吃母乳，无法准确知道宝宝摄入了多少，但可以确定的是，每天吃奶的次数超过 3 ~ 4 次就会影响宝宝的食欲，让他不爱吃辅食。

零食的影响。零食也是宝宝饮食重要的一部分。但零食容易破坏宝宝的胃口，并让父母陷入喂零食循环，一旦养成了这样的习惯，就很难改掉。例如，如果宝宝拒绝吃早饭，父母能做什么？整个早上都用零食吸引他，午餐时宝宝不会有任何胃口。午餐吃得少会有什么后果呢？他会在午后感到饥饿，继续吃零食，之后就不想吃晚饭了。

不论宝宝正餐的饭量是多少，都将早晨和午后的零食减少到一小份(睡前也可以吃，作为睡前仪式的一部分但不是非吃不可)，这样才能避免没有胃口吃正餐的恶性循环。为了安全起见，可以让宝宝坐着吃点零食，但不能让他吃个不停。

放轻松。如果宝宝在吃饭时表现出不想吃，你是否会强迫、批评、恳求或哄骗？不要跟他玩小把戏，让宝宝自己决定什么时候张嘴吃，什么时候不吃。要培养宝宝对食物的健康观念：吃饭是因为肚子饿了，而不是因为你想让他吃饭；停下来是因为吃饱了。换句话说，吃饭要由宝宝决定，哪怕他只吃了几口就停下来。

坚持吃米粉

宝宝是否已经不吃清淡无味的食物，对新口味的食材感兴趣了？这对你的“小美食家”当然很有好处，但是，在你兴奋地鼓励宝宝尝试各种食物时，别忘了在宝宝每天的饮食中加一些富含铁元素的米粉，可能没什么味道，但这是摄入足够铁最简单的方法（除非宝宝还吃配方奶）。吃水果、蔬菜、酸奶和米粉都能补充铁。宝宝不爱吃米粉？不必强迫他，只要确保他每天都能吃一些富含铁的食物或补充剂就可以（参见第 432 页）。

自己吃饭

“每次勺子靠近宝宝时，他就会去抓勺子。如果碗离他很近，他会把手指伸进碗里，搞得一团糟。他想自己吃饭，却什么也吃不到，而我很有挫败感。”

宝宝把黏糊糊的手伸进装着蔬菜泥的碗，表达了他不想再依靠大人吃饭的愿望。当然，他会把地板弄得一团糟。随他去吧，现在是教他自己吃饭的好时机，至少可以让他试一试。

开始时，给宝宝一把勺子，同时继续喂他。最初，宝宝只会挥舞勺子，然后他会用勺子盛好食物，准备放进嘴里，他很可能会将勺子翻过来，或者把食物靠近鼻子，而不是嘴巴。在这个阶段，宝宝造成的脏乱不是重点，重点是他能自己参与吃饭的过程。

宝宝有了自己的勺子，也许就不会抢你的了——他一心想完成自己的挑战（用勺子装食物，然后把食物放进张大的嘴巴里），这也让你给他喂饭变得轻松了一些。

宝宝还是吃不到？喂饭的同时，试试给他手指食物，或者用果蔬咬咬袋，让他可以安全地吃一些水果和蔬菜泥。现在，宝宝有勺子在手，有几个可以啃咬的手指食物，有咬咬袋可以吸，还有水杯可以喝水，这个跟你争夺吃饭自由的宝宝吃饭会更顺利。如果宝宝仍然坚持自己吃饭，就让他自己吃吧。最初，吃饭会用很长时间、弄得乱糟糟的，把这个过程当成一种学习体验吧（可以在每顿饭之前，在宝宝的餐椅下铺上塑料布）。还要记住，宝宝吃饭不仅能品尝食物的味道和补充营养，还能体验摸一摸、闻一闻、捏一捏的感觉。

如果宝宝自己吃饭最后变成只玩不吃（玩耍也是自己吃饭这个“游戏”的一部分），就拿走宝宝的勺子，由你来喂饭。如果宝宝不想让你拿走勺子，擦干净他的嘴和手，停止进餐。

奇怪的便便

“今天给宝宝换尿布时，发现他的便便中似乎都是沙粒，但他从来没

有在沙坑里玩过。”

就在你对换尿布不耐烦时，让你吃惊的事情一件接一件。有时你很容易就明白，宝宝吃了什么东西让大便发生了变化。鲜艳的橙色？可能是吃了胡萝卜。骇人的红色？可能是吃了火龙果或甜菜。黑点或黑线？应该是吃香蕉引起的。很小的深色异物？通常是吃了捣碎的蓝莓或切碎的葡萄干。浅绿色的颗粒？可能是吃了豌豆。黄色的便便？那是吃了玉米。有植物种子？很可能来自西红柿、黄瓜或哈密瓜，这些果蔬的种子没有去除干净。

因为宝宝还不能充分咀嚼食物，甚至不咬就直接吞到肚子里，加上他们的消化系统尚未完全成熟，吃下的食物排泄出来时，颜色和质地通常没什么变化。宝宝尿布上的沙粒状便便非常正常，不是因为宝宝吃下了沙粒（但如果有机会去沙坑里玩，真有可能出现这种情况），某些食物比如梨，经过消化道后，就会形成沙粒状便便。

所以，看到宝宝尿布上的便便后，先别震惊，想想他吃过什么食物。如果还是很困惑，拍照给医生看看。

不长头发

“我女儿还是像出生时那样没有头发，只有一些绒毛。她什么时候才能长头发呢？”

这个月龄的宝宝头发不会很多，特别是发色浅和天生头发少的宝宝。有些宝宝一岁甚至两岁前，头上一直光秃秃的。但是，和不长牙一样，不长头发并不是永久的，也并不代表未来会发量稀少。等你的小宝宝长出一些头发——至少能用一根皮筋扎起来的时候，想想头发长得慢的好处：能节约洗发水，而且不必为头发打结而苦恼。

不出牙

“我的宝宝快 9 个月了，还没有出牙。是什么限制了他出牙呢？”

很多 9 个月大的宝宝都没有出牙，甚至少数宝宝到一岁时都没出牙，但是每个宝宝最终都会萌出牙齿。一般情况下，宝宝会在 7 个月时萌出第一颗牙，但出牙的时间范围是从 2 个月（较早）到 12 个月（较晚）。较晚出牙通常是由于遗传，并不能反映宝宝的发育情况。最终，牙仙女会拜访每一位宝宝。所以，好好珍惜宝宝只露出牙龈的无齿笑容吧。

顺便说一下，不长牙并不妨碍宝宝食用块状食物。刚长出的牙齿是为了咬住东西，不能用于咀嚼。直到宝宝一岁半长出磨牙前，他们都要用牙龈咀嚼，不论出牙还是没出牙。

当第一对门牙（通常是下门牙，偶尔是上门牙）萌出后，其他的牙齿

头发护理

不管宝宝的头发是多是少，是长是短，都是他们身体的一部分，而且宝宝们非常讨厌护理头发。洗头发？不用了。梳头发？下次吧。做发型？你不是在开玩笑吧！

宝宝的头发护理要尽量精简。用以下技巧可以得到更好的结果。

- 根据需要洗头。什么时候需要？每周 2 ~ 3 次已经很多了，除非宝宝把一整碗米糊浇在了自己头上，可以给他多洗一次。许多宝宝可以一周洗一次，特别是自来卷和发质较干的宝宝。中间不洗头的时候，如果宝宝的头发粘了食物黏成一团，只在局部抹一点免洗护发素，再用宽齿梳小心梳理干净即可。

- 保护宝宝的眼睛。即使是无泪配方的洗发水，弄到眼睛里也会刺激宝宝流泪。洗头发的时候，在宝宝前额放一块毛巾可以起到保护眼睛的作用。也可以给大点的宝宝用洗发帽，以免眼睛沾到水。冲洗时用手持的喷头更方便。如果没有，可以用塑料喷壶或水杯代替。

- 正确使用梳子。宝宝的头发容易打结吗？那么，洗头前要梳开打结的头发，防止打湿后头发打结更严重。洗完后，不要用毛巾揉搓头发，而是轻轻吸干水分。梳头时，用一只手按住发根，从发梢开始梳，这样可以减少对头皮的拉扯。

- 少用洗发产品。给扭来扭去的宝宝洗头时要少用洗发产品。为了快点洗好，可以跳过护发素步骤。打结很厉害的头发，用洗护二合一的洗发水，或免洗护发素。

- 选择正确的工具。选梳子时要仔细考虑。宝宝的头发浓密吗？梳理湿发用宽齿梳更轻松（宽齿梳是浓密小卷发宝宝的必备）。宝宝的头发是自来卷，还紧贴着头皮？那么一把稀疏的长鬃毛刷是不错的选择。宝宝头发少？细齿梳可以将不多的头发梳平整。婴儿软毛刷、婴儿硅胶洗头刷也可以梳理湿发。

- 打理头发。让宝宝的头发自然风干，不要用吹风机吹敏感的头皮和娇嫩的头发。现在还不要给宝宝编头发，即使宝宝的头发很长，也不要梳成马尾辫或羊角辫，这样会伤害头发，甚至造成小范围脱发。各种发饰可能包含小部件，有窒息的风险，都不能用。如果白天给宝宝戴上，睡觉前一定要拿下来。

- 发挥镜子的作用。大多数宝宝都对镜子里的那个宝宝非常着迷，尽管还不知道那是谁。梳头时对着镜子，可以分散宝宝的注意力。

可能会很快长出来（几周之内），也可能几个月没动静，这都是正常的，并不能反映宝宝的发育情况。

出牙痛和夜间哭泣

“宝宝原来晚上睡得很好，但现在他在出牙，晚上会疼醒。我们不想让他哭着醒来，但也不想提前叫醒他。该怎么办呢？”

确实，我们不能让宝宝养成晚上醒来的习惯。如果宝宝几个晚上都醒来，想要整夜安睡就会变成遥不可及的梦。出牙痛导致宝宝晚上醒来，常会出现的情况：疼痛消失了，人却睡不着。

一旦宝宝养成这个习惯，你将无法入睡。如何打破这个循环？尽你所能，给宝宝一些安慰，但不要养成难以摆脱的安抚习惯（比如给宝宝喂奶，和他一起睡）。相反，要让安慰的时间更短、更有效，但不要太频繁：轻拍他，轻柔地唱摇篮曲，给他一个安抚的磨牙圈，轻轻地说“没事，不疼了”，直到他渐渐入睡。不久，他就能重新学会醒来后再次入睡，家中其他人也能安睡。

如果宝宝每晚因为牙疼哭得很厉害，要询问医生，是否需要在入睡前服用婴儿布洛芬（关于出牙止疼内容，参见第 310 页）。同样，要和医生确认宝宝晚上不睡觉是否是其他疾病造成的，例如耳部感染——这种疼痛通常会在晚上加重。

如果宝宝晚上醒来可能不是因为出牙疼痛，你也想知道宝宝为什么突然睡不好，参见第 400 页。

站立

“我们的宝宝刚学会站。他似乎只喜欢站几分钟，随后就开始大哭。站着会腿疼吗？”

宝宝已经学会了如何站起来，开始他只会一条腿用力，然后是两条腿，最后他可以靠两只脚挪动了。一开始，宝宝会很兴奋，但过了几分钟，他突然意识到不知道该去哪里，也没办法坐下。换句话说，宝宝站起来后就被困住了，这让他很沮丧。和大多数刚学会站立的宝宝一样，他得失去平衡摔倒或需要别人帮助才能坐下。注意到宝宝不知所措时，你就要轻柔地、慢慢地帮助他坐下。这样，几天或几周后，宝宝就能学会如何自己坐下。在此期间，你还要花很多时间来“解救”被困的宝宝。宝宝求救的声音可能半夜传来，因为直到睡觉，他都在充满干劲地练习站立，然后站在婴儿床上不知道该怎么办。和白天一样，你需要轻柔地帮助他躺下来。但愿他很快就能学会自己“扑通”一声坐下来。

一种很有趣的方法就是利用你的

大腿帮助宝宝练习站着和坐下——如果把练习变成一种游戏，宝宝会玩得特别开心。

其他宝宝都学会站了，但你的宝宝还不会？不用担心，也许宝宝此刻正在完善其他技能。很快他也可以达到这个里程碑。

“我的宝宝想扶着家里每样东西站起来，一旦成功他会很兴奋，我却很紧张。我需要担心他的安全吗？”

首先，宝宝从你安全的怀抱离开，接触到了外面的世界；然后他会待在一些相对安全的地方——婴儿椅、秋千、健身架。接下来，他会趴在地上。最后，他会站起来。这一切令宝宝无比兴奋，却给你带来无尽的担心。站起来后，宝宝很快就会开始行走，进入一个全新的世界。同时伴随着许多的风险，小一点的如跌倒，严重一些的则可能造成家具翻倒。

作为一个充满好奇心的学步者，他的任务是去探索这个全新的世界，你的工作就是确保他的安全。随着宝宝的行动能力越来越强，为了确保安全，可以参考第375页关于儿童防护的相关信息。但是别忘记，最好的防护就是你的看护——确保宝宝一直在你的视线范围内。宝宝到底可以做什么不能做什么，不要低估风险，做好预防措施。

为了防止宝宝摔倒或被绊倒，要确保地上没有随意丢下的纸、打开的书籍或封面光滑的杂志，洒在地板上的水要及时擦干。让宝宝光着脚，或穿上防滑袜、防滑鞋。

扁平足

“宝宝站着时，他的足弓看起来完全是平的。他是扁平足吗？”

宝宝的扁平足是正常情况，并不特殊。首先，因为宝宝走路不多，脚部的肌肉还没有经过足够的练习，尚未完全发育成足弓；其次，宝宝的足弓处有一块脂肪垫，很难看出足弓的形状，特别是胖嘟嘟的宝宝。宝宝刚开始走路时，他会双脚分开站立，以保持平衡、将更多力量分配到足弓处，因此双脚看上去更平了。

随着时间的失衡，宝宝的足底会慢慢变化，长大后形成良好的足弓。大约20% ~ 30%的宝宝长大后还是平足，但现在还无法预知，那是以后才需要考虑的问题。

太早学步了？

“孩子一直想抓着我们的手，试着走路。在他还没有准备好时就走路，对他的双腿会有影响吗？”

宝宝抓着你的手走路，更可能伤害到你的背部，而不是他的双腿。如果宝宝还没有准备好进行这样的活动，他会让你知道（比如一屁股坐下来）。如果他乐意走，双腿就没有问题。另外，在有人协助的情况下学步，能锻炼独立走路时需要用到的一些肌肉，如果宝宝光脚，还能帮助锻炼双脚肌肉。提前学步不会造成O形腿，所以，只要你的背部能够坚持，就让宝宝尽情地“走路”吧，也可以让他试试推着玩具练习走路。

当然，如果宝宝不想走路，也不要强迫他。因为其他方面也在发育，按宝宝的节奏来就可以了。

发育迟缓

“我的宝宝最近才能自己坐着，还没开始试着走路。他是发育迟缓吗？”

记住这句话：每个孩子都与众不同，他会按照自己的节奏来发展各项技能。

每个宝宝的发育时间点都是由基因提前设定好的，基因决定他什么时候能掌握什么技能。各方面的发育速度都均衡的宝宝是极少数，大多数宝宝都是在某些方面发育较快，其他方面较慢。例如，有的宝宝可能很快掌握社交和语言能力（会微笑和说话），但粗大运动技能比较落后（比如还不会站立）。有的宝宝9个月就能走路（粗大运动技能），但第一个生日之后也没有表现出抓取的能力（精细运动技能）。还要记住，运动技能的发育速度与智商无关。同样聪明的宝宝，有些很早就会自己坐，有些则比较晚。

宝宝的各项技能由先天基因决定，但父母的养育方式有时也有影响，例如宝宝学会坐起来这件事。如果宝宝花很多时间躺着、待在婴儿椅或婴儿床、背带中，他就没有多少机会练习如何自己坐起来，于是他比别的宝宝更晚掌握这个技能。体重也会影响掌握技能——胖胖的宝宝跟瘦弱的宝宝相比，不大善于翻身，但能更快掌握站立。

只要发育处于正常范围，并且能从一个阶段进步到下一个阶段，即便很多技能比别的宝宝学得晚，通常也不是问题。但是，如果宝宝的发育过

如果有疑问，查个明白

医生会告诉你，宝宝的发育虽然比较慢，但仍然正常，可这无法消除你的疑虑。如果你还是不放心，可以去咨询发育方面的专家。有时候，儿科医生仅是对宝宝的能力进行简单的评估，可能会错失发育不良的信号，专家也需要长时间研究才能发现问题，而父母一定会及时发现。咨询有两个目的：首先，如果检查结果都很好，那么父母就不必担忧；其次，如果真的存在问题，那么尽早干预一般都能让宝宝的发育回到正常速度。如果有疑问，那就查个明白吧。

程一贯比别的孩子晚,要向医生咨询。

害怕陌生人

“我们的小女儿过去很喜欢被人抱，现在只要有人表现出友好，她就很生气，甚至不让爷爷奶奶靠近。这是怎么回事？”

一向很听话的宝宝突然拒绝被人抱来抱去？一向爱和家人亲近的宝宝却不乐意跟陌生人打交道似乎有点奇怪，但这种行为并不是宝宝摆架子，相反，这是成熟的表现，也是这个阶段非常正常的情况。在更小的时候，宝宝不会在意带他出去玩的人是谁，但长大一点、更聪明一些的时候，他意识到爸爸妈妈是他生命中最重要的人，其他人——包括他以前非常喜欢的爷爷奶奶——都要往后排，而且离他越远越好。

这种现象叫“陌生人焦虑”，可能始于 6 个月或更小的时候，通常到 9 个月表现得最明显。现在表现出来的害羞和对父母的依恋终将过去，到时候，宝宝会意识到他不必纠结选择谁。在这之前，不要强迫他对谁都微笑。如果让他按照自己的节奏和方式去和人交流，效果会更好。

与此同时，要提前告知家人和朋友们目前宝宝的状态，这样也能取得他们的理解。告诉他们，宝宝这样做不是针对某个人，而是在经历一个不安的阶段，需要时间。告诉他们该怎么做才能让宝宝喜欢。例如，不要直接抱起宝宝，而要轻轻说话，慢慢接近。或者当你让宝宝坐在让他感觉最安全的腿上时，可以邀请亲友跟孩子玩躲猫猫游戏，或者用玩具逗他玩。

如果这样不能让孩子放下心防，就耐心等待。强迫他直面陌生人，只会让他更焦虑。不妨让突然变得退缩的宝宝自己决定，什么时候、在哪里再次敞开怀抱，这一天迟早会来。

安抚物品

“过去几个月，我们的宝宝越来越爱黏着他的小猴子毛毯，即使在爬行时也要拖着毯子。这是否意味着他没有安全感？”

宝宝是有点不安全的感觉，这是有原因的。开始独立行动（不管是爬行、匍匐，还是直立行走）后，宝宝意识到，他脱离了你的怀抱，爸爸妈妈也不是时刻陪伴在他身边，他是独立的一分子，可以在任何时候和你分开。像宝宝其他的新发现一样，这种认识让他觉得兴奋，也让他不安。如何才能在自己爬行的时候又能拥有在你怀抱里的那种安全感？做法很简单，带上一位“朋友”。安抚物品可以成为父母的替代品，需要的时候发挥作用（比如他想和你玩而你很忙的时候）。一般来说，充当安抚物品的

当宝宝的脚被婴儿床栏卡住

宝宝现在手脚灵活，但如果四肢被卡在婴儿床栏之间，就不那么有趣了。这种情况通常发生在一些特别好动的宝宝身上，也更容易出现在已经长大、越来越活跃和好奇的宝宝身上。很多宝宝一般能自己解决，抽出被卡住的胳膊或腿，但有时他们会哭着求助大人——总会有那么几次，宝宝的膝盖、大腿、胳膊或手肘卡得太紧了，很难拔出来。如果发生这种情况，可以用润肤乳或润滑油帮助宝宝从卡得很紧的位置解脱出来。

考虑用婴儿床围预防宝宝被床栏卡住？不建议这样做。第一，床围并不能真正有效地防止宝宝的腿被夹住，有些好动的宝宝会把床围踢掉，或被床围上方露出的栏板夹住；第二，美国儿科学会建议不要在婴儿床上使用床围（即使宝宝长大一点后），因为床围和柔软的枕头一样，会增加睡眠时死亡的风险，包括婴儿猝死综合征、压迫和窒息。

所以，将床围从婴儿床上拿掉吧，记住，宝宝或许会将胳膊或腿卡在婴儿床栏里，但不至于因此骨折。也就是说，这种经历最多只是让宝宝不舒服，但绝不会危及生命。

东西都比较小，但温暖舒适（比如容易抓住的毯子或者玩偶）。有些宝宝则会选择一些不起眼的东西，如毛巾、T恤，甚至不怎么可爱的玩具。有些安抚物品是经常更换的，但有些会跟随宝宝好几年。一般情况下，宝宝到2～5岁时会离开这些物品，有些宝宝则在学龄期间都还黏着它们——极个别甚至会带着已经破旧不堪的“朋友”上大学。不管宝宝是自愿的，还是迫不得已（比如玩偶已经解体成一缕缕棉花），和安抚物品说再见通常很难，但也有些宝宝几乎注意不到失去了“老朋友”。

现在，让宝宝得到他渴望的安全感吧——除非出现下面两种情况，否则不用限制他使用安抚物品：要保护宝宝安全（毛毯和毛绒玩具不能放在婴儿床里）和实用性考虑（毛毯和毛绒玩具不适合放入澡盆）。同样，为了大家的舒适，安抚物品要做到以下几点。

保持干净。在宝宝对安抚物品产生依恋的早期做到这点容易一些。在宝宝还没有对物品的气味产生依恋，只是习惯看到和触摸这个物品时，要经常清洗。如果宝宝一醒来就要伸手摸他心爱的猴子，就等他睡着了再洗。

准备一个备用品。如果安抚物品是个玩具，可以再买一两个一模一样的留着备用，也可以换着清洗，交替给宝宝玩，以防两个玩具都变得很脏。另外，当宝宝心爱的玩具不小心被弄丢时，还有一个备用。

给孩子更多关爱。尽可能多拥抱宝宝，让他从你这里获得安抚和关注。但也不用担心，他喜欢自己的安抚物品不代表在你这里没有得到足够的爱，他只是需要某样东西陪伴在身边而已。

有些宝宝从不喜欢用安抚物品，甚至没有寻求安抚的习惯，同样正常。

父母一定要知道：宝宝玩的游戏

宝宝爱玩游戏，特别是你也参与其中的时候。躲猫猫和小蜜蜂这些游戏不仅能让孩子发出欢乐的笑声，还可以提高社交技巧，教给宝宝一些重要的概念，例如物体的存续性（躲猫猫），语言和动作的协调性（拍拍手儿歌），数字（你拍一，我拍一），以及语言（小兔子，白又白）。

即使近几年幼儿园中的游戏你都没听说过，但父母和你玩过的很多游戏，现在也可以和宝宝玩。重温记忆，让父母再来演示一遍（他们从不会忘记），或者在网上搜索一下。

宝宝可能会喜欢下面几个游戏。

躲猫猫。经典中的经典，用双手、毯子挡住自己的脸、衣服或躲在窗帘后，说："爸爸在哪里？"然后露出你的脸，说："在这里！"或是挡住脸时说"躲猫猫"，露出脸时说"看见你了"。不论哪种方式，要做好重复这个游戏直到崩溃的准备，大多数宝宝非常迷恋这个游戏。

拍手歌（或其他儿歌）。这种拍手游戏有很多花样，每个宝宝都爱玩。抓着宝宝的双手，向他演示如何拍手。最初，宝宝的双手可能不会伸直（爱吃手的宝宝可能会把手伸进嘴里），可能要到快一岁时，才能完全伸直。到那个时候，可以跟宝宝一起边拍手边唱歌，可以在唱歌、拍手时加入躲猫猫游戏："一二三，跟我一起拍拍手。现在小手不见了，找找它们在哪里。"或变换一下节奏，也可以试着跺跺脚。也别忘记每唱完一遍，跟宝宝一起喊："哇！"

小小蜘蛛。用手指模仿蜘蛛，在看不到的"蜘蛛网"上爬行，唱着："织呀织呀小蜘蛛，爬呀爬到水管上。"然后用手指模仿下雨，继续唱："哗啦啦，雨来啦，蜘蛛蜘蛛冲走啦。"抬起双臂向外翻，唱道："红红太阳升上来，雨水雨水蒸干了。"然后回到第一句，用手指模仿"蜘蛛"在网上爬，唱道："织呀织呀小蜘蛛，爬呀爬到水管上。"玩的时候也可以握住宝宝的双手一起"爬"。

五只小猪。握住宝宝的拇指或大脚趾，开始唱"这只小猪去超市"，然后换成下一根手指或脚趾，唱“这只小猪待在家”，继续唱“这只小猪吃烤肉”；换第四根手指时唱“这只小猪什么都没有”；换到最后一根时唱“这只小猪哭啊哭，一路哭着回到家”。用你的手指在宝宝的胳膊或大腿上“走路”，一直到腋下或脖子，轻轻地挠他的痒痒肉（如果宝宝不喜欢被挠痒痒，就用轻抚来代替）。宝宝玩这个游戏时会乐得尖叫个不停。

这么大。问:“宝宝有多大？”帮助宝宝尽可能伸展胳膊，并且大声回答:“这么大！”

眼睛、鼻子、嘴。握住宝宝的双手,触摸你的眼睛,然后是鼻子、嘴唇,结束时亲亲宝宝，在移动过程中说出它们的名称:“眼睛、鼻子、嘴，亲亲。”这样教宝宝认识身体部位效率最高。

玫瑰花环（婴儿版）。让宝宝站在你的大腿上,唱“用一口袋的花朵，做成玫瑰花环，飘啊，飘啊，我们都将落下”，然后你扶着他轻轻坐下来。可以用“跳一跳”来代替“飘啊,飘啊”，唱到这里时，踮一踮脚，把坐在腿上的宝宝也一起抬起来。也可以抱起宝宝玩这个游戏——站起来，转圈，然后一起坐在地上。

砰！追逐老鼠。如果你站着，可以和宝宝手拉手站成一个圈，如果坐着,可以前后轻摇宝宝,唱着“转啊转，猴子追赶着老鼠,它觉得这样很有趣。砰！老鼠来了！”随着“砰”的声音，带着宝宝轻轻跳起。当宝宝熟悉了这首歌，在“砰”之前停一停，让他自己跳起来（宝宝的反应可能要延迟几拍，让他有个适应的过程）。

第15章 第10个月

本月宝宝的成长中，唯一出现“减速”的就是他的胃口——因为宝宝不愿意在餐椅上坐太久。大多数宝宝更愿意探索客厅、厨房和过道里的壁橱，而不是餐椅上的托盘。和其他探险家一样，宝宝决定去以前去不了的地方——这意味着，他会经常爬来爬去。不幸的是，宝宝学会了向前爬，却不会爬回来，常常让自己陷入困境。宝宝懂得“不”的意思，但可能只想通过反抗来试探父母的底线，或者他只是喜欢说“不”。随着认知能力和智力的发展，宝宝的记忆力增强，恐惧感也开始增强。例如，他会害怕吸尘器和搅拌机。

宝宝的饮食：初始阶段要吃得营养丰富

在宝宝人生的前几个月，他所有的营养需求都能通过母乳或配方奶得到充分满足。之后开始添加辅食，吃辅食主要是为了让他体验吃东西的过程，而不是为了补充营养（液体食物已经提供了宝宝所需的营养）。现在，情况即将改变。即使宝宝一岁后继续

把宝宝带到餐桌边

宝宝的吃饭时间和你们还不同步？还是会弄混宝宝的酸奶和自己的酸奶拌沙拉？在宝宝能自己吃东西之前，还是要单独喂他，但这并不意味着父母吃饭时不能让宝宝坐在旁边，哪怕只是想让他参与到社交中。所以，如果可以的话，在你吃饭的时候把宝宝的餐椅移到餐桌旁边，准备一个吸管杯或训练杯、一个摔不破的碗、一把勺子、几样手指食物。吃饭时也和宝宝聊聊天，偶尔用餐巾跟宝宝玩几次躲猫猫，但不要刻意去玩游戏，现在是进餐时间。

宝宝的基本情况：第 10 个月

睡眠。宝宝每晚可以睡 10 ～ 12 小时，白天会小睡 2 次，每次 1.5 ～ 2 小时。每天的睡眠时间大致为 14 小时。好消息是，这个阶段大约 75% 的宝宝可以睡一整夜了。如果你的宝宝属于另外 25%，参见第 335 页。

饮食。宝宝的营养来源主要还是母乳或配方奶，但辅食更加重要了。

- 母乳。每天给宝宝喂奶 4 次（有些宝宝次数更多），总奶量为 700 ～ 900 毫升。随着辅食慢慢增加，奶量会逐渐减少。
- 配方奶。宝宝每天可能需要 3 ～ 4 瓶奶，每瓶 210 ～ 240 毫升，每天的奶量为 720 ～ 900 毫升（有些宝宝喝不了这么多）。随着辅食慢慢增加，奶量会减少，每天大约 720 毫升。
- 辅食。宝宝每天能吃全谷物、水果、蔬菜各 60 ～ 120 克（如果胃口好，每天可以吃两顿），60 ～ 120 毫升奶制品，60 ～ 120 克富含蛋白质的食物，以及 90 ～ 120 毫升果汁（不是必须喝）。如果宝宝摄入的食物没有按上面的来，也不用担心，只要宝宝体重正常增加，开心健康就可以。

玩耍。现在可以给宝宝玩小推车等推拉玩具（要结实，不会翻倒）和摇摇马等骑乘玩具（要宽，高度接近地面），以及其他可以促进身体发育的玩具（可以钻过去的隧道、可以滚动的球）。有助于开发宝宝创造力的音乐玩具（玩具钢琴、木琴、手鼓、铃铛、沙锤）和艺术创作工具（试试给宝宝一支短粗的蜡笔和一大张纸，看看小画家会做什么）也可以尝试。因为宝宝的大脑更加复杂了，他看到玩具带来的惊喜后（球滚到哪里去了呢）会开心尖叫。积木、活动魔方、游戏桌和填充玩具依然是宝宝的最爱，而且玩的方式也更加多样。宝宝也喜欢玩堆叠和分类玩具——但是，如果没有你的帮助和陪伴，别指望他能好好玩。

吃奶，大多数的营养需求也要通过食物来补充。

幸运的是，这时候喂宝宝吃东西还很容易，比他以后爱吃零食的时候容易多了。接下来的几个月，还是不用给宝宝吃太多东西，不用太担心食物的大小和数量。不要强迫或催促宝宝进食，而要营造一种有趣而轻松的进餐氛围，给宝宝提供多样化的健康食物。父母只需坐在一旁，看着宝宝吃健康的食物——往后的人生中，他也会养成健康的饮食习惯。

宝宝的健康饮食

在这个阶段，宝宝吃东西更多是为了体验和乐趣，而非补充营养。有些宝宝吃得很多，有些宝宝吃得很少，还有些宝宝前一天吃得少，第二天吃很多，有些宝宝口味多变又勇于尝试（喜欢吃肉，也爱吃蔬菜），有些则特别挑剔（只吃燕麦片和香蕉，但绝对不能将它们混在一起）。如果能提供各种各样营养丰富的食物，让宝宝随心所欲地吃（不管是多是少），所有健康的宝宝都能吃下发育所需的食物。所以，不用计较多少，或者把该吃的几种食物硬塞给宝宝。这样做不仅会让宝宝崩溃，也可能导致他以后不爱吃饭。所以，渐渐引入更多新食物到宝宝的菜单中，一定不要强迫、测量和计算他该吃多少，相反，应该根据所需的营养成分，选取对宝宝有益的食物来搭配。

蛋白质。宝宝必需的蛋白质，大部分还是从母乳或配方奶中获得。但宝宝一岁后，情况就会发生改变，现在是让宝宝尝试其他富含蛋白质的食物的好时机。富含蛋白质的食物包括鸡蛋、肉类和豆腐。含钙的食物（特别是全脂奶酪）以及一些谷物也是理想的优质蛋白质来源。

含钙的食物。宝宝获取钙的最佳来源也是母乳或配方奶。对宝宝有益的含钙食物还有全脂奶酪，另外，普通的全脂酸奶也很美味，同样能提供蛋白质。

全谷物及其他复合碳水化合物。这些宝宝喜欢的食物中含有每日必需的维生素、矿物质及一些蛋白质。比较好的选择是全麦面包、全麦麦片、全麦面条、糙米或藜麦、豆类。

绿叶菜和黄色蔬菜，以及黄色水果。有几十种绿色和黄色的果蔬中富含维生素 A，可以让宝宝挑自己喜欢的。比如笋瓜、红薯、胡萝卜、黄桃、杏、哈密瓜、杧果、西蓝花等。

富含维生素 C 的食物。柑橘类水果含有非常丰富的维生素 C，大多数医生认为宝宝 8 个月之后可以食用。宝宝还可以通过杧果、哈密瓜、猕猴桃、西蓝花、菜花、红薯和其他食物摄入维生素 C。要记住，很多婴儿食品和果汁中都富含维生素 C。

其他水果和蔬菜。 宝宝的小肚子还能装下其他食物吗？可以给他吃不加糖的苹果汁、香蕉泥、煮青豆、土豆泥。

高热量食物。母乳或配方奶中含有脂肪和胆固醇，宝宝可以从中获取所需的大部分热量。但是，随着摄入食物种类的增加，宝宝奶量减少，确保摄入足够的脂肪和胆固醇就很重要了。这就是给宝宝吃的大部分奶制品应当是全脂的原因。还可以通过牛油果，或用菜籽油、橄榄油烹饪食物来补充健康的脂肪。但是，不健康的脂肪(存在于油炸食品和精加工食品中)又是另一回事。让宝宝摄入过多这些难以消化的脂肪，会导致饮食不均衡、体重超标和肠胃问题。还会养成不健康的饮食习惯，今后很难改掉。

富含铁的食物。宝宝可以从富含铁的配方奶中获取铁，4 个月后，母乳宝宝需要其他含铁食物。婴儿强化铁米粉可以轻松满足这个需求。也可以将以下含铁食物引入辅食，以补充铁，比如肉类、蛋黄、麦芽、全麦面包和麦片，以及煮熟的豆类。将这些含铁食物和含维生素 C 的食物一起食用，可以促进铁的吸收。

Omega-3 脂肪酸。在人体必需脂肪酸家族中，Omega-3(含 DHA) 对宝宝的生长、视力和早期大脑智力发展非常重要。一旦宝宝能吃的食物种类增加，可以引入富含 Omega-3 脂肪酸的食物，如鱼、有机肉类、豆腐、亚麻籽油和菜籽油，以及含 DHA 的酸奶、米粉和鸡蛋。

水分。在最初的 5 ~ 6 个月中，宝宝摄入的所有水分都来自配方奶或母乳，一般不需要额外补充。现在，水分有了其他来源，例如果汁、水果和蔬菜。随着配方奶或母乳摄入的减少，要确保水分的总摄入量没有减少。在炎热的环境下应当增加摄入量，所以，当气温开始上升时，要给宝宝多喝水。

维生素补充剂。一些医生建议给宝宝补充维生素。如果觉得额外补充一下营养会更好，就选择能够满足宝宝需要的补充剂。更多内容参见第 186 页。

现在就要养成良好的饮食习惯

宝宝吃辅食的时间只有几个月，这个阶段的饮食习惯仍然掌握在父母手里，但正在开始形成。今后的几个月甚至几年内，宝宝的口味会不断变化，但研究表明，婴儿时期养成的饮食习惯会持续终生。这意味着父母有机会帮助宝宝培养健康的饮食习惯，能给宝宝一个更健康的未来。

现在就培养宝宝健康的饮食习惯吧，从吃健康的食物开始。

大多数时候，不吃精制面粉。从营养的角度，碳水化合物之间天生就不平等。复合碳水化合物之间提供了大量的天然营养物质，这些营养物质能促进宝宝的成长发育，但在精制的过程中（全麦面粉变成了精制面粉）会造成营养流失。复合碳水化合物还富含天然纤维，有助于血糖稳定，所以要尽量选择全谷物食品。同样，在家烘焙时选择全麦面粉，而不是白面粉。早期养成的饮食习惯很可能长久保持下去，帮助宝宝今后挑选食物时做出健康的选择。

不要再吃甜食了。即使不另外吃糖，宝宝的饮食中也已经有足够的糖分了。但这不是让宝宝现在或甚至更晚之前不吃糖果的唯一理由，像糖果这样的甜食热量高，却缺乏营养，宝宝在未来的成长过程中，也应该少吃甚至不吃这些甜食。虽然宝宝的味蕾天生喜欢甜味（毕竟母乳也是甜的），但如果还没有依赖很多含糖的食物，他们会更愿意尝试其他口味（辣的、咸的、酸的、苦的）。不过也没必要禁止宝宝吃香蕉、桃子或者其他天然带有甜味的食物，毕竟它们不仅好吃，还能提供多种营养。但在培养宝宝基本口味的时候，不要每次吃东西时都添加水果。这样你就会吃惊地发现，原来宝宝可以吃掉浓郁的希腊原味酸奶或者吞掉不加苹果酱的糙米米糊。想起自己小时候每餐结束时都要吃甜食，每次都用糖果作为奖励？放弃这个习惯吧，至少要有所限制——在每次奖励和庆祝时不能只想到甜点。

少盐，但可以尝试其他风味。除了食物本身的咸味之外，宝宝的食物不需要添加盐分——现在少吃盐是为了预防以后他口味过重，吃盐过多会增加中风和患心脏病的风险。所以在准备宝宝的食物时不要放盐，一些宝宝可能会尝试的大人的食物要尽量少

食物熟了吗？

未熟的食物中残存的细菌可能会让宝宝生病，如何确保给宝宝吃的食物已经熟透了？可以测量食物的温度（温度足够高时，不会再有存活的细菌）。下面是一些食物要达到煮熟并能安全食用的程度时，必须要达到的温度：

牛肉、烤羊肉、羊排、牛排：中等熟——71℃，全熟——77℃

猪肉：63℃

整鸡：82℃

鸡肉：74℃

肉馅：74℃

鱼肉：63℃

蛋类：71℃

手头没有食品温度计？在外就餐时没有办法确认？如果烹制时，肉的颜色变成了灰色或褐色，就可以安全食用。家禽肉应看不到粉红色，汤汁干净。鱼肉要发白，不再是半透明的颜色（三文鱼要变成淡粉色）。

放盐。挑选给婴幼儿的熟食时，也要选不加盐的。虽然要控制盐分，但不用控制食物的其他味道——要想锻炼宝宝的味蕾，可以尝试肉桂、肉豆蔻、姜、蒜、罗勒、茴香、牛至、香葱、辣椒和咖喱。

变换食物的花样。谁说宝宝的食物就应该一成不变，味道也要保持清淡？如果在吃饭时变一些花样，你和宝宝都会更开心。所以，可以大胆尝试，选择一些现成婴儿食品之外的品种（在儿科医生规定的饮食范围内），比如不同类型的奶制品——酸奶和各种奶酪。除了胡萝卜、豌豆和香蕉，还有很多蔬菜和水果可以选择，比如牛油果、蒸得熟软的菜花、芦笋、红薯块和茄子碎、哈密瓜、杧果、番木瓜、西瓜、猕猴桃、切成两半的新鲜蓝莓、切碎的梨、各种谷物。在宝宝的燕麦粥里放入碾碎的亚麻籽，尝试菰米（以及黑米、红米和糙米）、藜麦、大麦、小麦、全麦玉米粥。面食要选用全麦、糙米、荞麦等全谷物做的。可以给宝宝吃豆腐、鹰嘴豆泥、青豆等豆类食品。给宝宝的菜单增添一些花样，并不意味着他会成为一个挑食的人，反而会帮助他今后接受更多的营养食物。

以身作则。想让宝宝以后多吃西蓝花，还是快餐？宝宝以后少吃甜食，还是常吃甜甜圈？有其父必有其子，你爱吃和不吃的东西，宝宝也在留意，还有可能模仿你的饮食习惯，不管是好习惯还是坏习惯。

你可能疑惑的问题

邋遢的吃饭习惯

“我的宝宝会先把食物压碎，抹在头发上，然后才开始吃饭。我们应该教她一些餐桌礼仪吗？”

宝宝吃饭是在玩食物，吃完时食物在他的身上、衣服上、地板上，而没有被吃到肚子里。对他来说，吃饭不仅是为了摄入营养，更是为了探索和发现。就像宝宝在沙坑和浴缸中发现事物的因果关系，体会到不同的触感和温度的差异。宝宝用小拳头去抓酸奶，将红薯放在桌上碾碎，从托盘里扔出一团麦片，将香蕉抹在自己的T恤上，将杯子里的果汁吹出泡泡来，用手指将饼干捏碎——对你来说是一团糟，对宝宝来说却是学习的过程。

现在已经长大了一点的宝宝是否准备好了遵守礼仪？也许没有——他至少还要一年时间才知道如何在吃饭时保持整洁，餐巾不是用来躲猫猫的，要闭上嘴巴咀嚼食物。在此期间，最好的方法就是以身作则，给孩子示范将来他要掌握的餐桌礼仪，最终，他也能学会。

宝宝还没有学会餐桌礼仪时，父母的一种冲动就是要掌控局面——喂饭。这可能让进餐变得整洁，但也让宝宝感觉受挫——他无法练习自己吃饭。其实有很多方法，在不破坏宝宝学习乐趣的同时，尽可能减少吃饭时出现的脏乱。

使用防护物。一层防护物抵得过千层卫生纸，也更环保。可以在桌子下面及周围铺上一个大餐垫，吃完即可撤掉。给宝宝用能遮住前胸和肩膀的可擦洗围嘴。将宝宝的袖子卷到肘部以上，这样可以保证袖子不湿，并相对干净一些。室温允许的话，可以在宝宝吃东西时，只让他穿尿布和戴围嘴。

定量。每次只在宝宝面前放几口食物。面对一大份食物时，他不仅会不知所措，还会吃一半扔一半。当他吃完这部分后，再添加一些食物。

主动出击。你可能不想阻碍宝宝的“食物实验”，但也不想让宝宝轻易搞破坏。所以，把食物放在碗中，而不是平盘里，因为宝宝很容易从盘中拿出食物，如果用能固定在餐椅托盘上的碗更好（宝宝就不会把碗扔出去）。还可以直接把食物放在餐椅的托盘或餐桌上。为了防止水洒出来，可以用训练杯，如果用的是普通杯子，每次在杯中只倒一点水（30毫升）。

占位置。在宝宝手里放一个勺子，他很可能拿勺子来敲桌子，然后用另一只手拿食物。最终他会明白，勺子是用来吃东西的——到那时，他就不会再执着于打翻饭碗。给他的勺子盛满香蕉或牛油果，也可以在你喂饭的时候，让他的双手忙碌起来。

保持中立。宝宝天生就是演员，如果他在餐椅上做滑稽的动作，你回以笑容，就会鼓励他做出更多动作。有时，批评也具有同样的效果。责骂和警告宝宝“不许这样”，不仅不能制止这样的行为，反而让宝宝变本加厉。最好的对策就是，不要对他没有餐桌礼仪发表看法。但当宝宝干净利落地吃了几小口食物时，要毫不吝啬地表扬他。

适时叫停。如果吃饭时玩的时间远远超过吃的时间，是时候停下来了。

撞头、摇头和点头

“每次我们把儿子放在床上让他睡觉时，他的头总是来回撞到墙上或婴儿床边。他似乎一点也不疼，但是我们很心疼。”

还记得你整天都轻摇宝宝的日子吗？这种有节奏的晃动以前能让宝宝平静下来，现在也是。他不仅延续了你的做法，并且自己进行了改编——加入了有节奏的撞头。撞头（在这个年龄出现摇头和点头等动作都是正常的，男孩比女孩更常见）这种律动会让父母担心，却可以帮助宝宝缓解压力。有些宝宝只在入睡前撞头，而有些宝宝撞头是因为厌烦、过度兴奋、疼痛（例如出牙或耳朵发炎）、吸引他人的注意力（撞头比语言更能引起关注）。

撞头一般不会对宝宝造成危害。首先，他还没有完全闭合的头骨可以承受这个动作；其次，宝宝的力度在自己的承受范围内。跟其他有节奏的安抚一样，在没有父母干预的情况下，撞头行为会自动停止（几周或几个月后，有些宝宝发现新的安抚方式就会停止撞头，但有些会持续到幼儿时期）。

在宝宝还没有准备好之前，不能强迫他放弃这个习惯。实际上，你越是关注他撞头的行为，他越不想停下来。以下技巧可以让你和宝宝更放松。

• 回应宝宝的需求。给予宝宝更多的关注和拥抱，睡前轻摇他，这样可以满足宝宝对安抚的需求，尽可能减少他通过撞头来自我安抚的情况。记住，撞头不一定表明你没有满足宝宝的安抚需求，即便是被照顾得很好的宝宝也会有些新的尝试。

• 一起摇摆。白天，跟宝宝一起摇摆起来，这样在晚上他可能就不会继续撞头了。下面是一些有趣的、有韵律感的活动：和宝宝一起在摇椅中摇晃，或让他自己在婴儿摇椅中摇晃；让宝宝敲键盘、手鼓或勺子、锅；带宝宝玩秋千；跟随活泼的音乐跳舞，玩拍手游戏或其他有节奏感的游戏，有音乐伴奏更好。

• 对症下药。宝宝撞头是不是因为过度疲劳？确保宝宝晚上的睡眠和白天的小睡保持规律，时间充足。宝宝撞头是不是因为沮丧或过度兴奋？调整节奏，让宝宝转移注意力，参与一些压力更小、更平和的活动。白天换个活动地点，可能会让宝宝不再想撞头，特别是换到一个有软垫的地方，例如地板上的游戏垫。

• 留出时间平静一下。宝宝白天小睡和晚上睡觉前，要提前做好准备。在把充满活力的宝宝放进婴儿床之前，给他足够时间去平静和放松。还有其他能放松下来的方式，如热水澡、柔和的灯光、轻音乐、安静的拥抱、按摩、轻哼的摇篮曲，当然还有在你怀抱里来回轻摇。

• 避免伤害。如果宝宝在婴儿床里撞头，尽可能减少其他家具和墙壁带来的危害，可以将婴儿床放到厚地毯上，并将轮子卸掉，这样婴儿床就不会在地板上滑动。尽可能让婴儿床远离墙壁和其他家具。如果宝宝总是撞头，要记得定期检查婴儿床的螺丝是否松动。

• 避免谈论撞头。对于宝宝撞头的行为，越是不去关注，这种行为就会越少，也会更早停止。可以适当干预，但尽量不要评论此事。

如果宝宝撞头和扭动身体过于频繁，似乎要伤害到自己，或影响到日常生活，要告诉医生。

卷头发和拉头发

“我女儿很困或烦躁时，总会拉扯自己的头发。这是为什么？”

抚摸头发或拉扯头发，是宝宝用双手释放压力的一种方式，能让他们在过度疲劳、压力大，或者难以控制脾气时舒缓紧张的情绪。这种行为经常伴随着吮吸拇指，这很正常，无须过分担心——实际上，跟宝宝的其他安抚习惯一样，你关注越多，相应的行为就会越频繁。如果宝宝总是拉扯头发，没有去参与其他更有创造力的活动（如玩玩具），应该尝试温和地干预。给宝宝别的东西拉扯，例如有头发的玩偶，或让他的双手忙着玩拍手等游戏，或直接将他抱入你温暖的怀里。还可以用前面问答中提到的很多办法，都可以帮他找到放松的途径。

咬人

“宝宝开始爱咬我们——肩膀上、脸颊上，任何柔软的、容易咬的地方。最初我们觉得这很可爱，现在我们开始担心他会养成坏习惯。另外，他咬人很疼！”

感觉自己被宝宝当成了磨牙圈？这是宝宝的天性，想要在任何表面上试试自己的咀嚼能力，包括父母。但你也不想被宝宝咬，咬人是个坏习惯，要控制在萌芽阶段，它可能导致没有小朋友愿意和宝宝一起玩。在游乐场或日托中心，也不会受其他家长欢迎。

最初，咬人是一种游戏——不会带来伤害，也不是故意的。实际上，宝宝咬人通常都不是恶意行为。要等到宝宝发育到一定程度，有了同理心后，才会明白咬人会伤害到别人。毕竟，宝宝咬过很多磨牙圈、玩偶，啃过很多次婴儿床栏，它们并没有什么抱怨。但人类有很多有趣的反应，通常会鼓励他更爱咬人，以此寻求更多的反应。宝宝发现，当他在妈妈的肩膀上咬一口，妈妈脸上的表情很有趣；爸爸受到惊吓，慌张大叫“疼”时很滑稽；奶奶会说“他咬我——太可爱了吧”。他认为这些都是对他的认可，这些反应会强化宝宝的这个习惯——他会觉得很有趣，或是将它们看作对他正在形成的独立意识的刺激。

应对咬人的宝宝，什么办法最有效？就是快速、冷静地将他推开，用坚定、严肃的语气对他说“不能咬人”，还可以加上“咬人很疼”，但是不要继续讲道理。然后，迅速用一首歌、一个玩具或其他东西转移他的注意力。每次他咬人的时候都要这样做，最终宝宝会明白你的用意。

宝宝如果在疲惫、兴奋、沮丧、想寻求关注时或只是因为很饿而咬人，那就避免这些诱发因素，可以让宝宝小睡一下，让他平静下来，换个活动，给他一些拥抱、安慰、零食，这样可以减少一些咬人的情况。

戴太阳镜

又是大晴天？你可以把宝宝带到阴凉处，但也不能总躲着太阳。为了避免阳光晒伤宝宝娇嫩的肌肤，你或许已经采取了一些防护措施：给宝宝穿上长袖衣服、涂上防晒霜，但是别忘了保护宝宝的眼睛。帽檐宽大的帽子可以保护宝宝好奇的双眼，晴天还可以给宝宝多戴一副太阳镜。挑选太阳镜时，要选择防紫外线的眼镜，这种太阳镜能阻挡 99% 的 UVA 和 UVB 这两种波段的光。没有防紫外线标志或设计新奇的太阳镜可能更便宜，但是比不戴还要糟糕，它们会让人误以为得到了防护。为了防止太阳镜滑落，可以用专门的儿童太阳镜绑带，把太阳镜固定住。

眨眼

“从几周前开始，我女儿就很频繁地眨眼。她看起来没有不适，也没有视力问题，但我还是忍不住担心，她的眼睛是不是出了问题。”

这很可能是因为宝宝的好奇心。他知道眼睛睁开时世界的样子，但如果闭一点眼睛，或快速地睁开再闭上，世界又是什么样子呢？他不停试验，直到好奇心退去，频繁眨眼的行为才会消失。斜视是一些宝宝可能会出现的另一种暂时的习惯，同样也是为了换一种视野观察世界。除非宝宝在频繁眨眼或斜视的时候，还伴随其他症状（比如对正常的阳光——并不强烈的光线都敏感，眼睛发红或者经常流泪），否则不用担心。眨眼的习惯会自行消退，而且他会很快出现另一个神奇的新习惯。当然，如果宝宝在户外因为阳光频繁眨眼——这是个很好的提醒，说明这时候应该给宝宝戴上太阳镜。

如果你对宝宝频繁眨眼的问题仍然担心，可以咨询医生。

憋气

“最近，宝宝大哭时会屏住呼吸。今天他憋气的时间太长，真的昏过去了。这是不是太危险了？”

需要经常查看宝宝呼吸是否顺畅的夜晚已经过去，你可能觉得现在该松口气了。实际上也不必担心，即使宝宝屏住呼吸，身体发青并昏厥过去，也会很快恢复。

憋气的情况通常都是由大哭引起的，哭泣又由许多因素导致，如生气、沮丧或疼痛，不会造成什么危害。但如果持续的大哭没有减弱，反而变得歇斯底里，就会开始出现过度呼吸，最后会停止呼吸。有时候，宝宝的嘴唇会发青——这很吓人，但还是轻微的情况。严重的情况下，宝宝全身都会发青，随后失去意识，身体僵硬，

写给养父母：向宝宝坦白

不知道应该在什么时候、以什么方式告诉宝宝他是收养的孩子？专家认为在婴儿时期就该渐渐让他知道这个事实，这样，宝宝长大后能顺其自然地接受，并且舒适自在地成为家庭的一员，就像在亲生家庭一样。可以现在就开始告诉宝宝这件事，即使他还很小，听不懂你说的话。就像亲生父母谈论宝宝出生一样，你可以谈论宝宝来到家中的事情："那是我生命中最美好的一天！"你可以对宝宝轻声说："我们收养你之后，这个家才完整了！"或："我很高兴收养了你，你让我们有了完整的家！"虽然宝宝并不理解，但到他 3 ~ 4 岁时就会知道"收养"的意思。较早地接触到这个概念，会让他觉得很自然，最终更容易接受。但是不要对"收养"做更多说明，尽量让宝宝自在、舒适。

帮助宝宝知道真相的另一个办法是，做一个庆祝收养他时的剪贴簿或相册。可以收藏宝宝第一天来到家里时的照片和纪念品，以及收养过程的详细记录，还有第一次拥抱宝宝或第一次将他带回家时你的感受。不论你保留了什么，在宝宝的成长过程中，和他一起看过去的记录会成为很受欢迎的活动，这也是你们成为一家人的特殊纪念。

甚至抽搐。幸运的是，一分钟以内宝宝的自主呼吸机制会起作用，呼吸继续，意识恢复——过程很快，不会对宝宝造成伤害。还可以通过轻轻拍打宝宝脸部或洒水到他脸上，这两种方法都可以触发自动呼吸，终止憋气的情况。

大约每 5 个宝宝中就有 1 个会在哭泣时憋气。有些宝宝只是偶尔出现这种状况，有些可能 1 天就会出现 1 ~ 2 次，甚至更多。憋气可能有遗传因素（可以问一下你的父母，小时候自己是否出现过这种情况），6 个月到 4 岁的宝宝最常见，少数情况下出现的时间会更早，或延续时间更长。

以下方法可以减少宝宝的大哭，降低憋气发生的概率。

- 避免诱因出现。与休息良好的宝宝相比，过度疲劳或过度刺激的宝宝在愤怒、沮丧和疼痛时更不知所措，也更容易憋气。让宝宝保持状态平静，可以避免由情绪崩溃引发的憋气。
- 作息规律。规律的小睡时间、进餐时间、吃零食时间及睡前放松活动，都有助于防止宝宝发脾气哭闹。
- 要谨慎表达。说太多"不可以"会让宝宝很有挫败感。如果要阻止，换一种宝宝能接受的方式。

• 让宝宝平静下来。在宝宝情绪激动之前，试着让他平静下来，可以用音乐、玩具或其他吸引注意力的方法。安静地安抚宝宝——拥抱、轻摇，或轻声安抚。

• 尽可能保持冷静。如果你很担心宝宝的哭闹会严重到憋气的程度，当宝宝开始大叫时，你的第一反应可能是惊慌。如果这时能保持冷静，宝宝能更快恢复平静。即使宝宝憋气，你在他情绪失控时也要保持冷静，这个阶段才能更快结束，而且不容易反复。如果宝宝想通过憋气控制父母的情绪，不去关注他，他的小计谋就不会得逞。

• 不要向宝宝屈服。如果宝宝知道通过憋气可以得到想要的东西，他会频繁地重复这种行为。

一些研究表明，宝宝憋气也可能是因为缺铁，可以让医生检查，看宝宝的铁含量是否偏低，特别是当憋气跟心情无关的时候。实际上，即使在不缺铁的情况下，补充铁也能起到舒缓憋气的作用。

对宝宝大哭导致憋气而昏厥，不必过于担心，但与医生讨论一下可能会让你更放心。当然，如果不是因为大哭而昏迷，更应该让医生检查。

恐惧

“以前，宝宝喜欢看我用吸尘器，现在他突然很害怕吸尘器以及其他任何会发出噪音的东西。”

因为宝宝的认知水平提高了。当他还很小时，大分贝噪音并没有让他觉得恐惧——尽管有时候的确会受到惊吓，他还不知道声音大和危险有关，而危险会让人感到害怕。随着宝宝对世界的了解，不断发育的大脑更能意识到危险，他的恐惧感也会增加。换句话说，宝宝害怕吸尘器反映了他开始思考。不同性情的宝宝对恐惧的反应也不同，敏感的宝宝更容易受到噪音的惊吓，特别是突如其来的声音。

在宝宝的日常生活中，有很多事物会让他产生恐惧，但常常会被你忽略：声音，如吸尘器的轰鸣、搅拌器的声音、犬吠声、汽笛声、马桶的冲水声、水流声；头部被衣服盖住；被高高地悬到空中（特别是当宝宝对高度有所感知的时候）；洗澡时突然滑落；突然刮起的一阵风或机械玩具。

可能所有宝宝都会在某些时候体验到恐惧感，但有些宝宝很快就会克服，他们的父母都没有注意到。生活在活跃、热闹环境中的宝宝，特别是有哥哥姐姐的，不容易感到恐惧，他们能更早体验到这种恐惧感，同样也可以更快克服，宝宝的性格也有影响。

不久，宝宝就会摆脱恐惧感，或者对吸尘器的恐惧被另外一种更复杂的恐惧代替，比如害怕魔鬼。在那之前，可以尝试以下方法帮助宝宝应对恐惧。

不要强迫他。让宝宝靠近吸尘器的吸尘口不仅没有帮助，还会加剧他的恐惧。虽然宝宝对安全使用多年的家用电器感到恐惧让你觉得莫名其妙，但对人生经历有限的宝宝来说合情合理。让宝宝在他感到安全时，按自己的方式和节奏，渐渐克服对噪音的恐惧。

不要笑他。没错，宝宝的一举一动都非常可爱，哪怕是他被吸尘器的轰鸣声吓到的模样也是。但是，不要用宝宝的恐惧感开玩笑,不要嘲笑他。记住：宝宝的这些恐惧感并不愚蠢，是真实存在的。

接受他，安慰他。接受并尊重宝宝的恐惧感，并在他需要的时候给予安慰，这样能帮助他尽快克服恐惧。如果你打开吸尘器时宝宝大哭，快抱起他，给他一个大大的拥抱。但是不要过度安慰和同情他，否则会让宝宝认为这个东西的确可怕。

建立自信，教授技巧。我们应当尊重宝宝的恐惧感，但最终目的是帮助他克服。可以给宝宝“安全”的机会去逐渐熟悉恐惧的事物，懂得它们的作用及如何工作，然后知道怎样控制这些事物。当吸尘器关闭或没有插入电源时，让宝宝触摸它，甚至把它当成玩具，他可能会对自己害怕的机器变得感兴趣。

可以分几步帮助宝宝慢慢战胜对吸尘器的恐惧。如果吸尘器关闭时，宝宝能很自在地和这个吸尘的“怪兽”玩，那就用一只手牢牢地抱住他，同时另一只手握住吸尘器（如果宝宝觉得不自在，以后再试），然后给他演示如何使用。如果宝宝害怕马桶的水声，就让他扔几张卫生纸，在他准备好时和你一起按下冲水按钮，开心地跟卫生纸说再见，让冲水看上去没那么可怕。如果宝宝害怕浴缸，可以让他穿着衣服在浴缸外，抱着他看浴缸的水排干。如果宝宝怕狗，可以和小狗玩耍，让宝宝在安全的地方看着，当宝宝愿意接近狗时，再鼓励他摸摸那只温和的、不会突然大叫的狗。

开始上课

“我听说有很多为婴儿开设的课程。我不知道给宝宝报名参加是否对他的成长发育有帮助。”

音乐、艺术、感官、游泳……针对还不会走路的宝宝开设的婴儿课程花样繁多，不过真的没有必要着急报名——宝宝成长和学习的最快方法就是实践，而不是指令。他会投入时间和精力，用自己的方式探索世界，只要从大人那里获得一点帮助即可。换句话说，他们都是通过亲身体验去成长和学习的。事实上，期待宝宝以特定方式，在特定时间、特定地点，或以特定的节奏学习，会降低宝宝天生

宝宝的社交

目前，你还是宝宝最爱的玩伴，但这并不意味着你要当他唯一的玩伴——你可能会松一口气。但是，当宝宝开始渴望一些新的刺激时，让他开心变得越来越难。可以参加游戏小组，9 ~ 10 个月的宝宝至少要等一年以后才能和组里的其他宝宝一起玩，但加入游戏小组后，你的收获可能比宝宝还要多。

大人的交流。宝宝喋喋不休的话语可能是你听到最悦耳的声音，但如果你像大多数父母一样一直待在家中，可能也会渴望大人之间的交流。定期见见其他父母，你会有更多机会与外界交流。

宝宝的娱乐。现在就让宝宝开启社交生涯，期待他在群体中合作、游戏，还为时过早。但一岁左右时，大多数宝宝能与同龄宝宝进行一些有意义的互动——通常是以平行游戏的形式（并肩玩耍）。对宝宝来说，看着其他孩子玩游戏也非常有意思。如果游戏小组的活动在别人家里，也可以试玩别人的玩具。

建立友谊。你和宝宝都适用。如果游戏小组的活动成功，宝宝可能有机会和其他宝宝交朋友。在游戏小组中建立的友谊会以玩伴的形式一直延续到上学后。如果小组的成员住在同一个社区，其中很多孩子都会成为未来的同学——彼此已经认识，上学的第一天会轻松很多。而你会希望与想法相同的朋友建立全新的关系网，特别是当你原来的社交圈还没进入养娃阶段时。

资源和参考。不论是想找一位新的儿科医生，还是想知道何时、如何离乳，游戏小组的家长可能都会给予建议。

过来人的支持。经常见到其他父母，你会知道自己并不孤单：宝宝不睡觉；没时间和爱人共度浪漫时光；职场失意；客厅一团糟……这些情况别人也都经历过。

加入游戏小组有很多种途径。比如四处询问，通过各种网上论坛、社交平台，等等。

找不到想要的信息，或者想自己建立一个游戏小组？可以从上面的渠道招收成员，邀请跟你的宝宝年龄相仿的孩子加入。虽然你希望能灵活安排跟孩子有关的活动，但在游戏小组的第一次活动前要考虑以下问题。

- 孩子的年龄范围。宝宝们的月龄不必完全一样，但相差几个月比一年或更长时间要好。这能保证宝宝们可以玩同样的玩具，并处于相近的发育水平。

• 游戏小组的活动多长时间举办一次？一周两次，每周一次，隔一周一次？

• 什么时间对你和其他父母来说最方便？一旦确定了日程，就要尽可能坚持。持续是游戏小组成功的重要因素。最好避开小睡时间和宝宝容易哭闹的时间（例如傍晚）。

• 游戏小组在哪里活动？在某个孩子的家里，还是几家轮换？在当地公园或社区中心？轮换地点会让游戏小组的宝宝保持兴奋，也可以让参与活动的大人共同承担责任，宝宝们还有机会玩不同的玩具。

• 有多少参与者？参加小组的家长和宝宝有人数限制吗？太多家长和宝宝（例如 15 个宝宝）会让游戏小组的活动嘈杂混乱；但如果太少了（仅有 2 ～ 3 个宝宝）又不够。记住：因为感冒、要去看医生或其他时间上的冲突，不是所有成员都能出席每次的小组活动。

• 需要点心吗？点心由谁提供？如果小组中有宝宝对食物过敏，是否要提前考虑到？要限制垃圾食品吗？大人的零食和饮料怎么安排？

• 游戏小组是否有亲子活动，或是否有宝宝的自由活动时间和大人的交流时间？要记住，家长必须花大量时间充当裁判与和平守护者，直到宝宝长大（至少到 3 ～ 4 岁），能够自始至终友好地做游戏。

• 活动后的清洁工作需要大家一起完成吗？宝宝们长大一点后会很乐意帮忙收拾玩具，但大人也要承担相应的职责。

• 有纪律和行为守则吗？可能要说明一下，父母要注意自己孩子的行为。

• 有关于孩子生病的规定吗？最好约定“孩子生病时要待在家中”，实际上很多宝宝经常流鼻涕或连续几个月轻微咳嗽，但不存在任何传染性。同样要记住：当宝宝们一起玩时，会出现感冒或其他状况，但这不一定就是坏事，宝宝小时候经常感冒，免疫力会更强，以后会更少感冒。游戏小组中要制定的最重要的一条规定就是：确保所有的宝宝和家长都及时接种疫苗。

参加游戏小组要做太多工作？跟其他宝宝社交，在最初几年不是必需的——特别是还不满一岁的宝宝，不是一定要参加游戏小组。如果已经报了名，却有点后悔，不要勉强一直参与。与其只是为了参加游戏小组，还不如让自己和宝宝通过一些即兴的游戏，或和游乐场偶遇的宝宝一起玩，达到社交的目的。

的好奇心和探索的动力。

这些婴儿课程不是成长过程中必须要做的事情，但也可以尝试。不参加这些课程没有坏处，但参加一项或一些游戏小组活动对你和宝宝有很多好处。毕竟，在其他孩子旁边玩耍，对宝宝也很好——宝宝有机会跟同龄人一起玩，你也有机会和其他成年人在一起，分享一些理念和经验。只是要谨慎选择，可以选择一些单纯以娱乐为目的的课程，在这种课程里，宝宝可以做自己的事情，比如跟随节奏摇摆或在游戏垫上翻来翻去，也可以只是看着其他孩子玩儿。避免有正式日程安排或全套课程的班级，选择比较随意、时间灵活，没有压力的班级。报名之前，最好确认是否可以上试听课。想知道居住地附近是否有这样的课程，可以通过网络、社区中心了解信息。

父母一定要知道：开始管教

你也许会疯狂夸赞宝宝第一次成功站立，当他从趴着到学会爬行，你会在一旁骄傲地欢呼。随着宝宝学会新的技能，他制造麻烦的本事也同样让人惊讶。宝宝不会熟练地删除你的平板电脑上的各种应用软件，却会点击“确认下单”按钮，完成你没有提交的订单；他还没有学会熟练地铺桌布，却会高高兴兴地散开整卷卫生纸，或者不辞辛苦地将抽屉、橱柜和书架上的物品全部拿出来。以前，为了不让宝宝陷于危险之中，你会将他放在安全的地方——现在，已经不存在这样的地方了。

或许，宝宝最近出现的一些行为让你开始思考：是不是到了开始管教的时候？说不行就不行，即使宝宝不听的时候也要坚持管教？没错。管教的重点是“教”（而不是你认为的“惩罚”），现在正是教宝宝“对”和“错”的好时机（或者什么该做，什么不该做）。一两个月前，你反复对宝宝说“不可以！”“烫！”“别摸！”“停下来！”，他会很快忘记，但现在宝宝的记忆力和理解能力都在增强，能慢慢听懂你的话，明白你的动作和说话的语气，即使过了一段时间也能记起来。这不是说他可以遵守规则了，或者已经理解了规则的含义——还要过好几年，宝宝才会理解服从、控制冲动、道德准则这些概念——但现在就帮助宝宝做好准备，以后他才会更容易接受这些概念。

以爱为前提。管教最有效的基础，就是父母无条件的爱——即使宝宝的行为没有达到父母的预期，父母和宝宝仍然存在不可分割的情感纽带。这种爱每时每刻都在，无论宝宝表现得像个乖巧的天使，还是像个发脾气的小恶魔——但相比当他用积木扔小猫或把训练杯扔到沙坑里，宝宝心满意足窝在怀里时显然更能让你表达爱。父母的爱是牢固的根基，是孩子良好言行的来源。

因人而异。每个宝宝、每个家庭、每种环境都是不同的。虽然有些适用于任何人、任何时间的基本规则（不打人、不咬人），但是在管教方面，并没有通用的方法。在弄清楚最适合宝宝的管教方式的过程中，考虑以下要素：性格（你和孩子的）、场合（在超市和家中的管教方式不同，宝宝生病和不生病的时候管教方式也不同），以及家庭的要求（每个家庭制定的规则不同，执行这些规则的方法也会有差异）。

限制。没错，宝宝会抵抗你制定的规则，也会测试你的底线。但是，不管你是否相信，他们也喜欢你给予限制。知道什么可以做，也知道应该做什么才能符合大人的期望（只要大人对孩子的期望合理、有持续性，并且符合当前的阶段），宝宝会感到踏实、有安全感、被关爱，从而做得更好。即便如此，给孩子定规则也有一定的不足，所以要对最关键的行为进行约束，比如宝宝不可以扔沙子、不可以用玩具车砸人、不能在争抢玩具时扯别人的头发、不能拿你的热咖啡。

长期坚持。跟制定关键的规则同等重要的事情就是坚持执行。如果昨天不允许玩手机，今天却允许，或上周不允许撕碎纸，这周却不管了，那么宝宝唯一学到的就是这个世界很混乱，规则毫无意义。因此，让管教贯彻始终，家长才能树立威信，孩子才会遵从。如果星期一规定不能打人，那么星期二、星期三、星期四都不可以，不论是谁带孩子，打人的行为都不被允许。如果你的规则适用于所有情况，那么宝宝在任何情况下都会遵守。当然，这并不意味着有时候不能改变一些非原则性的规则，或者偶尔打破一些规定——但是经常不遵守规则的管教方法注定会失败。

避免经常说“不可以”。不停地对孩子说“不可以！”会很快让这个词失去应有的力量，更别说还会给宝宝带来消极影响。所以，不能因小失大，事关安全和健康的事情要优先考虑,但要避免小题大做。为了少说“不可以”，不妨在家中创造一个安全防护环境，在保证宝宝安全的条件下鼓励他大胆探索。

把不可以做的事情变成可以做的事情。把“别扯猫尾巴”变成“可以这样摸猫咪”。每次制止宝宝的行为时，给出一个正确的选择，如“不能玩爸爸的书,但可以看这一本”,或“不能把大米倒出来，但可以倒出箱子里的玩具”。不要说“不行，不能动妈妈桌上的纸”，要试着说“这些纸应该放在妈妈的抽屉里。看看我们能不能把它们放回抽屉”。这种方法会让宝宝懂得你的意思，而不会让他觉得自己做什么都不对。

要区分年龄。同样的行为规范不可能既适用于5岁的宝宝（已经有自控力并能讲道理），又适用于不到1岁的宝宝（很明显没有这样的能力）。例如，婴幼儿不能“罚坐”，因为他们的注意力、记忆力和认知能力还不够，无法“坐在那里，反思一下你干

绝对不能体罚

当父母不容易，总有一些特别艰难的时刻，宝宝总是在挑战父母的自控力，让你耗尽精力，身心俱疲，接近崩溃的边缘。你感觉自己快要爆发了，也许产生了体罚他的冲动。有这样的冲动很正常，也很自然，特别是在你的成长过程中父母就是用这种方法管教的情况下。体罚作为一种传统的管教方法，在许多家庭中代代相传。

专家们一致认为，应该彻底取消体罚。研究表明，打孩子（打屁股、打耳光，或者打其他身体部位）并不是管教儿童的有效方法。大量调查显示：被体罚的孩子更容易对同龄人进行身体攻击，还会体罚自己的孩子。另外，体罚代表着一个大而有力的施暴人群（恃强凌弱者）对一个小而较弱的群体滥用权力，这绝对不是以后你希望看到孩子模仿的行为。最后，被体罚的孩子会克制自己不再犯错，但他们的顺从只是因为害怕被再次体罚，而不是自律能力的进步，但自律才是管教的终极目的。除非你打算一辈子陪在孩子身边，不然他必须学会如何区分对与错，而不仅仅是区分会让他受惩罚的行为和不受惩罚的行为。

不能体罚的最重要的原因是会伤害孩子。身体上，你很容易跨越体罚的尺度，做出对孩子伤害更大的行为；心理上，会造成长期的负面影响，动摇孩子的安全感，影响亲子关系。孩子在有过几次体罚的经历后能健康、快乐地长大并很好地调整自己吗？可能可以——但是既然体罚的坏处这么明显，为什么要走到这一步？

最好的对策就是在家中规定不许体罚，哪怕是在孩子很难管教的时刻。为了达到最佳效果，使用其他更有效且风险更小的管教策略。

同样要规定的，或者要特别强调的，是不许摇晃孩子。许多不会动手打孩子的父母动不动就摇晃孩子，特别是在气头上的时候。摇晃宝宝非常危险，可能造成宝宝眼部和脑部的严重伤害。所以，千万记住，不能摇晃宝宝。

的事情”。制定规则同样要考虑年龄的限制。5 岁左右的宝宝不会在你打电话的时候来打扰你，他可以在睡觉前把玩具收拾好，但指望 1 岁的宝宝做到这两件事情就很不现实。因此，根据年龄设定规则，这样宝宝才有可能服从。如果对宝宝的行为期待过高，最终管教也会失败。

不断重复。宝宝的记忆力有限，注意力不集中，几乎没有自控力。对宝宝的管教需要一个过程——一个长期且不断重复的过程。你告诉过他不能动遥控器？那就做好还要告诉他 100 次的准备，并且他每次想去拿的时候，都要把遥控器拿开。你说过牙齿是用来咬食物的，不能咬人？但你还是需要无数次地把他的嘴巴从你肩膀移开。要有耐心、恒心，准备好每天要反复强调相同的信息，持续几周甚至几个月，直到宝宝记住。即使他记住了，再次面对诱惑时，他仍然可能控制不住自己。不要放弃，只是需要更多时间。

平息怒火。你也是人，所以也一定会发脾气。但一定要尽最大努力控制情绪，因为对孩子生气不会有任何帮助。在暴怒的时候，你会失去耐心和判断力，展现出来的行为正是平时不想在孩子身上看到的（发脾气），完全不是你希望孩子拥有的（自控力）。你还可能让孩子受到惊吓，甚至大发雷霆的时候，严重损害宝宝刚刚萌发的自我意识。

愤怒不是管教的有效方法，还有另一个重要原因：它不能帮助宝宝区分对错。气头上怒吼或动手能发泄情绪，也会吓到宝宝，让他暂时听话，但是对于培养宝宝良好行为的长远目标没有帮助，甚至会起到反作用。爱怒吼和动手的人培养出的孩子也会和他们一样——在游乐场上观察一下就知道了。

所以，尽量在暴风雨般的怒火里保持平静。如果宝宝做了让你生气的事，花一点时间让自己平静下来，再尝试用平和的语气管教。简单解释宝宝做错了什么，以及会出现的后果。（“你扔了玩具卡车。卡车不是拿来扔的，所以我要把它拿走。”）你做了好的示范，利用了一个教育的机会，起到了良好的效果——重要的是，进行了一次有效管教，哪怕是一点点。另外，你展现了一个大人应有的言行。

你也是人，所以难免有时无法控制自己的情绪。但是，只要这种情绪崩溃的情况出现得不多，或者持续时间不长——而且针对的是孩子的行为，而非孩子本人——那么，就不会影响到育儿方法的有效性，也不会影响整体的管教策略。如果你没有控制住自己，一定要道歉：“对不起，我对你吼了，但那时我很生气。”当然，还要说：“我爱你。”并且抱抱他，这不仅能安抚宝宝，还能让他知道，有时我们会向所爱的人发火，这样的情感在合理范围内是被允许的。

有效的管教

在选择管教策略的时候，你是否无从下手？因为宝宝还小，无法听懂规则，更别说去遵守了。那就让管教方法直接、简单，便于遵守。

发现孩子的优点。多注意宝宝良好的行为，你就能得到更多正向的反馈。可以表扬宝宝翻书的方式正确（没有把书撕破）；宝宝递给你玩具，要说“谢谢”；你清洗衣物的时候，宝宝安静地玩玩具，要给予表扬；他把食物全部放进嘴巴，而不是撒到地板上的时候，要鼓掌表扬。

针对具体情况管教。当宝宝把书架上的书都扯下来后，让他一本本递给你，帮你放回原处；如果他到处乱扔积木，暂时把积木拿走；如果他咬了你的胳膊，立刻把他放下来，并坚定地说：“不可以咬人。你咬我的时候，我就不能抱你。”

转移注意力。对大多数宝宝来说，分散注意力是特别奏效的管教策略，特别是对小宝宝。他在去公园的路上大发脾气？用树上的两只鸟来转移注意力；他在用积木敲击刚涂好油漆的餐椅？拿出一个不会掉漆的玩具，比如毛绒狗狗。用好这招，大家都开心。

保持严肃语气。告诉宝宝“不可以”时，语气很关键。意思要明确，但语气不要很凶。把之前一贯活泼的、欢快的、开玩笑的语调降低一两个八度，让宝宝注意到你，让他明白你是认真的——家里的大人都是认真的。语气坚定，但不要大吼，这会让宝宝受到惊吓，最终可能尖叫个不停。

有时用笑容解决。在一些情况下，幽默能起到让人吃惊的作用——作为一种管教策略，它能化解不少一触即发的情况。在即将失控的情况下，运用这种策略，例如，宝宝不愿穿上厚

失控

再有爱心的父母也有被气昏头的时候。但是，如果你觉得无法控制自己，如果你在情绪失控后会打孩子或者摇晃孩子，如果你打了一下又一下，打得孩子的脸上留下了巴掌印，或者你还想继续打他的头或在酒精的刺激下动了手，那么，你要跟医生或者可以帮忙的专业人士讨论一下自己的情绪和行为。即使还没有严重伤害孩子，也会对他造成身体和心灵的伤害。现在，该寻求专业的援助，否则你的怒火将导致更严重的局面出现——包括身体和语言上的虐待。

如果你的配偶表现出愤怒和暴力问题，或感觉他（她）可能会对宝宝造成身体或心理上的伤害，那么，他（她）也需要专业人士的帮助。

外套时，不要强硬地给他穿上，不妨用一些让宝宝意想不到的搞怪行为来化解。例如，你假装要将厚外套穿在狗或者自己身上。这样的行为显然不合适，但会让宝宝的注意力从衣服上转移，这样就能争取到足够多时间给他穿上衣服。宝宝脸上黏糊糊的，需要清洗，但直接用洗脸巾去擦洗他很抗拒，不妨用有趣的歌曲让宝宝配合或边唱滑稽的歌曲，边开玩笑地解说（“现在走来的是清洁怪兽！”，然后用毛巾猛盖住小脸，把沾满果酱的脸蛋“吃”掉），或在偷偷擦完宝宝的脸以后，在镜子前做鬼脸。但要记住，如果当前的场合需要你严肃对待，一定不能笑。

第 16 章　第 11 个月

这个月，宝宝可能会专注于不应专注的事物，回避不应回避的事物。再高的书架、再严实的橱柜门，也不能阻止这个月龄的宝宝去寻找和破坏。宝宝现在会试图摆脱尿布、婴儿车、餐椅的束缚——换句话说，他想逃离任何约束自己的安全环境。随着身体的快速发育，有些宝宝在第 11 个月时可以走几步。另外，宝宝的语言能力也明显提高——不是说的词语有多少（最多也就几个），而是懂的词语大大增加（10 ~ 50 个）。随着宝宝开始认识甚至指出熟悉的图片，看书变得更有趣、更充实。用手指来指去会成为宝宝最喜欢的活动，这是唯一不用语言就可以交流的方法。

宝宝的饮食：脱离奶瓶

大多数医生建议宝宝在 1 岁后不再使用奶瓶，尽量不要超过 18 个月；而多数父母认为可以更晚一些。父母们用奶瓶的时间比医生建议要长，原因是奶瓶既方便，又能安抚宝宝，让照顾宝宝的人不至于太忙乱。不论是习惯抱着奶瓶入睡、早上醒来要吃奶的宝宝，还是想要整夜安眠、晚点起床的父母，都不着急脱离奶瓶，更别提让父母恐惧的脱离奶瓶的过程了（很少有宝宝能乖乖地脱离奶瓶）。因此，有许多 2 岁，甚至 3 岁的孩子还改不掉用奶瓶的习惯。

但是，大多数专家希望父母了解一些关于奶瓶的信息，最好在 1 岁左右尽快脱离奶瓶。首先，跟宝宝喜欢的很多安抚物品和习惯一样，用奶瓶的习惯也很难改掉。习惯维持的时间越长（宝宝年龄越大），就越难改掉。让 1 岁宝宝不用奶瓶显然要比和固执的 2 岁宝宝争夺奶瓶容易。

其次，大一点的宝宝用奶瓶有蛀牙的风险。通常婴儿都是在父母臂弯

宝宝的基本情况：第 11 个月

睡眠。跟上个月一样，你的宝宝每晚平均要睡 10 ～ 12 个小时，白天会小睡两次，每次 1.5 ～ 2 小时，每天平均睡眠时间为 14 小时。有些宝宝从这个月开始不想在上午小睡。如果你的宝宝也是这种情况，要确保他总体的睡眠时间。

饮食。随着宝宝的饮食中加入了更多辅食，母乳和配方奶会逐渐减少。快满一岁时，宝宝每天最多吃 3 ～ 4 次奶，总量为 720 毫升。如果吃的奶太多，宝宝就没有胃口吃辅食了。宝宝每天吃母乳超过 4 次？只要还吃得下辅食就没关系。

宝宝每天差不多能吃全谷物、水果、蔬菜各 60 ～ 120 克（如果胃口好，还可以吃更多），60 ～ 120 毫升或更多奶制品，60 ～ 120 克或更多富含蛋白质的食物，以及 90 ～ 120 毫升果汁（不是必须喝）。如果宝宝的摄食量和建议的量有差距，只要他的体重正常增加，开心健康，就不用担心。

玩耍。积木、堆叠玩具、拼图、钉板玩具、绕珠玩具、活动魔方等促进手眼协调能力的玩具对这个月的宝宝来说最合适。婴儿篮球等球类在锻炼手眼协调能力及身体素质开发方面更是起到了双重作用。说到身体素质开发，把推拉玩具和骑乘玩具放到宝宝能接触到的地方，能帮助他站起来。11 个月的宝宝会觉得角色扮演玩具——特别是可以模仿妈妈和爸爸的玩具（如玩具电话、玩具钥匙），特别有趣。玩具键盘、木琴、手鼓、铃铛和节奏棒等音乐玩具也一样有趣。而且，别忘记了给家里的小艺术家准备一些水彩笔、可洗水彩笔、短粗的蜡笔让宝宝涂鸦，要确保是无毒的，因为这些笔有可能被宝宝放进嘴里。

中吃奶，结束后奶瓶会被拿走——而学步期宝宝经常走到哪里，就把奶瓶带到哪里，不停地吮吸。整天含着奶嘴，会让牙齿长期浸泡在牛奶或果汁的糖分中，有长蛀牙的风险。还有含着奶嘴入睡、晚上咬着奶嘴、一大早手里拿着奶瓶再次睡着等情况也是如此。一岁多的宝宝如果睡觉时吃奶，或者躺着喝奶，会带来另一个健康风险，更容易引起耳部感染。

第三，用奶瓶喝东西的宝宝，会喝下更多的果汁或乳汁，最终导致摄入的液体食物过多，而辅食过少。这不仅让宝宝变得挑食（这也难怪，因为肚子经常饱饱的），还会让他们错过重要的营养物质。如果奶瓶中装的是果汁，特别是苹果汁，他们可能会腹泻。

如果你还没有决定在1～2个月后把奶瓶换成杯子，就想想发育过程中潜在的缺点吧，总是拿着奶瓶吮吸的宝宝,只能用一只手玩游戏和探索，总是叼着奶嘴，不能说话。

如果宝宝还没开始用杯子，参见第396页的相关内容。让宝宝学习用杯子相对简单,而让他彻底放弃奶瓶，喝什么都用杯子，就充满挑战了。以下建议能让宝宝顺利脱离奶瓶，改用杯子。

合适的时机。宝宝不可能在快到一岁时突然脱离奶瓶，从现在开始练习吧，但要选择合适的时机。如果宝宝生病、出牙或身体不适，不要让他脱离奶瓶。要等到搬家、换新的育儿保姆等让他产生压力的事情结束后，在他平静下来时再尝试脱离奶瓶。即使宝宝还没有学会用杯子，也要脱离奶瓶。在脱离奶瓶之前就把杯子用起来——不然宝宝没有饮用的容器。

慢慢来。快刀斩乱麻更适用于大一点的孩子,因为他能配合你的计划。小宝宝从奶瓶到杯子的最好过渡方法就是逐渐减少用奶瓶的次数，增加杯子的使用频率。

- 一天中有一次喂奶时，把奶瓶换成杯子。持续几天或一周后，再增加一次这样的替换。先改变中午的喂奶用具比较容易。早上起床和晚上睡觉时，还有小睡之前的吃奶习惯不易改变，特别是当宝宝养成了带着奶瓶入睡的习惯（换句话说，奶瓶和睡觉已经形成联系），就更难了。

- 奶瓶中的奶量（一岁以下的宝宝喝配方奶或母乳，超过一岁的宝宝可以喝全脂牛奶）要少于宝宝平时的摄入量，直到用杯子彻底代替奶瓶。逐渐减少奶瓶中配方奶或母乳的量，同时增加杯子中的量。

- 奶瓶只装水，用杯子装母乳、配方奶或果汁。宝宝很快就会发现，奶瓶不再值得留恋——如果宝宝确实留恋装满水的奶瓶，至少它对宝宝的牙齿没什么坏处。如果要给宝宝喝果汁，就只用杯子喝。但是，要确保宝宝摄入足够的配方奶、母乳或其他含钙食品（比如奶酪和酸奶）。

眼不见为净。为了让过渡更容易，可以把奶瓶放在宝宝看不见的橱柜中。如果已经做好完全不用奶瓶的准备了，就把奶瓶打包扔掉。确保宝宝在家里能经常看到杯子——冰箱里、厨房里、餐桌上。

新奇的杯子。杯子的外观和设计要让宝宝着迷。要么色彩鲜艳，要么设计可爱，或是透明的，这样他就能看到液体在杯中流动。鸭嘴杯、带把手或不带把手的杯子、不易打翻的厚底杯……有些水杯做成了沙漏的形状，易于抓握，有橡胶保护套的水杯更容易拿稳，有些水杯小到宝宝可以一手拿住。可选择的杯子非常多，可以多试用一些，看宝宝最爱哪一款。

让宝宝掌控水杯。用杯子喝水要比用奶瓶花更多时间，但是多练习之后，宝宝喝水就会更快。尽量不要干预宝宝的练习（比如反复纠正宝宝的动作），哪怕宝宝弄得乱糟糟的，或喝不到什么，也不要干预。记住：宝宝能学会用奶瓶，也能学会用杯子。

做好奶量减少的准备。在脱离奶瓶的过程中，宝宝的配方奶摄入量会大幅减少，但是当宝宝习惯了从杯子里喝奶时，他的摄入量又会恢复。记住，快一岁的宝宝比小宝宝需要的奶量更少（仅需 480 ~ 720 毫升），所以宝宝 12 个月时最适合脱离奶瓶。

给宝宝树立榜样。这个年龄的宝宝喜欢模仿成年人（特别是他们所爱的人）。所以，和他在一起时父母也应该用杯子喝水。

积极的态度。每次宝宝用杯子时，要积极地鼓励他——鼓掌、表扬，或者编一句有关杯子的顺口溜保持宝宝的积极性。还可以一起“干杯”，向宝宝演示如何用你的杯子和他的杯子碰撞，发出叮当声，并一起说“干杯”，这会成为宝宝吃饭时喜爱的仪式。另外，不要因为宝宝学习用杯子的速度慢而催促他，或者因为宝宝依恋奶瓶而批评他（这只会让宝宝对奶瓶的依赖更深）。

要有耐心。一年或更长时间养成的习惯不是一个晚上就能改变的。脱离奶瓶需要几周，甚至 1 ~ 2 个月。要帮助宝宝坚持下去，不要中途放弃。一旦开始减少用奶瓶，就继续下去，一定会有成效。如果因为宝宝留恋奶瓶，使这个过程变得很长，一岁后也没有完全脱离奶瓶，也没关系，只要有进步就可以。

给宝宝更多的爱。对很多宝宝来说，奶瓶不仅能提供营养，还是安抚物品。如果要限制宝宝使用奶瓶的时间，就要多拥抱他，与他玩游戏，增加睡前讲故事的时间，让宝宝在出现变化的时候仍有安全感。一个新的安抚物品——毛毯或毛绒玩具，也能帮助宝宝放松。

你可能疑惑的问题

膝内翻

“我的宝宝刚开始走路，她好像是 O 型腿。”

宝宝两岁前都是膝内翻（O 型腿），

4 岁前是膝外翻（X 型腿），小宝宝不会拥有像超模一样的笔直双腿。即使是顶级模特，在他们迈出人生第一步时，也是膝内翻。最初两年，几乎所有的宝宝都是膝内翻（站立时双腿膝盖碰不到一起），特别是站起来后。当他们学会走路后，双腿又会变成膝外翻（膝盖可以碰到一起，但脚跟碰不到）。要等到 10 岁左右，孩子的膝盖和踝关节呈一条直线，双腿才会比较直。放心欣赏宝宝膝内翻的可爱模样吧。

如果对宝宝的膝内翻仍有担心，就咨询儿科医生。

摔跤

“自从我的儿子学会走路，我就觉得他好像生活在危险中，他会绊倒自己，头撞在桌角上，弄倒椅子。他什么都不怕，可我却提心吊胆。”

刚学会走路的宝宝肯定会摔跤，难免出现一些意外：滑倒、磕出大包、淤青……以及即将出现的更多麻烦。这意味着无数的危险和磕碰，让神经紧张、心跳加速。做好准备，走路后遇到的小困难不会阻止勇敢的冒险家们，这其实是件好事，否则他永远学不会自己走路。学会走路（包括以后学会攀爬、奔跑、踢球、蹦跳）需要大量的练习，伴随着不停地站起来和倒下去。所以，在他完善自己迈步动作的时候，不要妨碍他。除了做个骄傲又紧张的旁观者，你的任务就是尽可能确保宝宝摔跤时也是安全的。当宝宝在卧室的地毯上摔倒时，可能会影响他的自尊心，但在楼梯上摔跤会受到更严重的伤害。撞在沙发的圆角上，他会大哭，但碰到玻璃桌锋利的尖角他会流血。为了避免严重的受伤，要确保宝宝在房间里是安全的（参见第 375 页）。不仅要将危险物品拿走，还要记住，家中最重要的安全保护就是大人密切、持续的看护。

父母的反应通常会影响宝宝对意外的反应。如果每次摔倒你都惊慌失措，那宝宝也会。如果每次碰撞，你都担心个不停，他也会觉得确实需要担心。如果你紧张地惊呼“你还好吗？”，或者夸张地喘息、发抖，宝宝肯定会大哭，哪怕这次跌倒并没有伤到他。要保护，但不能过度保护（这会让他过于小心）。不如冷静回应：“哦，摔倒了！没事的。站起来吧。”这样会帮助宝宝在摔跤后从容面对，在不过度紧张的情况下学会走路。

学步期穿的鞋子

“我们的宝宝刚会走几步路。她现在需要什么样的鞋呢？”

刚会走路的宝宝最好赤脚。赤脚走路不受束缚，能充分调动足部肌肉群，有助于形成足弓、强健脚踝，所以宝宝的小脚在光着时发育得最好。但是，为了避免踩到碎玻璃、宠物大便，或被别人踩到，宝宝外出时还是要穿鞋。

合脚。宝宝的鞋，“刚好”是最好的。太大，宝宝穿着会滑倒，甚至绊倒；太小又会夹脚。宝宝穿上鞋后，要检查鞋的宽度，在最宽的地方向内捏一捏，如果可以捏一点，宽度就合适；如果能捏进去很多，就太宽了；如果一点也捏不进去，就太窄了。检查长度时，用拇指按压宝宝脚趾和鞋前端的空隙。如果空隙有一个拇指宽（约 1.5 厘米），那么长度刚好。检查后跟是否合适，将小拇指伸进脚后跟和鞋之间，要贴合得比较好才行。脱掉鞋后，如果宝宝脚趾或脚面发红，就是鞋子不合适。

轻便。刚学走路的宝宝迈步本来就困难，鞋子太重就更难了。最好考虑软皮、帆布等质地的鞋面。

柔软、防滑的鞋底。宝宝的脚是柔软的，鞋子也应该是，鞋底要能轻易地弯曲（大概折到 40 度）。鞋底摩擦力要大，能帮助宝宝站稳。当宝宝能走得更快后，要选择有纹路的防滑皮革或橡胶底的鞋子，这样可以防止滑倒，摩擦力也不会太强。

带衬垫。在后跟和脚踝处应当有衬垫，这样可以减少摩擦，也更舒适。

鞋带。魔术贴、纽扣、鞋带，不管宝宝的鞋子以什么方式系紧，确保你能轻松地用这种方式把鞋子穿好，但宝宝自己没那么容易脱下来。不系鞋带的鞋子可能容易穿，但也很容易脱下来。

合理的价格。宝宝的鞋子是用来穿的，但不需要很耐用，毕竟穿 3 个月左右就要换。

还要记住：只有穿上一双好袜子，才能实现一双好鞋的作用。袜子就像鞋一样，应当合脚，并且是透气的材质（例如棉质）。袜子太紧会勒脚，太松褶皱会堆在一起。如果宝宝的脚上留下了袜子的印记，说明该换大一号的袜子了。

还不会站立

“已经尝试了几次，但宝宝还是不会站立。这么大的孩子不是应该会站了吗？”

宝宝的生活就是不间断的身体（还有感情和智力）挑战。大人认为理所当然的技巧——翻滚、坐下、站立，却是宝宝要面对和征服的重重困难：每当战胜了一个挑战，新的挑战又出现了。宝宝的下一个挑战就是站立——对宝宝来说，这是伟大的成就。

跟其他技能一样，不同宝宝到达站立这个发育里程碑的时间差异很大，但都是正常的。有些好动的宝宝在 6 个月时就能站起来，有些宝宝要到一岁或更晚一些才可以，但平均 9

个月左右，大多数宝宝都能站起来。宝宝的体重会影响他第一次站立的时间——较重的宝宝承受更多的重量，需要付出的努力也更多。而体重较轻的宝宝缺乏站起来的肌肉力量，特别是腿细的宝宝。一天大多数时候待在婴儿车、背带、摇椅内的宝宝，没有机会练习站立。如果宝宝周围的家具不牢固，不能支撑他尝试站立，他也无法练习。鞋底光滑的鞋也会妨碍宝宝站立，赤脚练习最好。

和宝宝成长发育中的其他里程碑一样，强迫他站立只会适得其反——宝宝需要按自己的节奏来。可以把宝宝最喜欢的玩具放在站起来才能够到的地方，以此来鼓励他站立。经常让宝宝站在你的大腿上，能锻炼他的双腿肌肉，还能增强他的自信。父母能做的就是不妨碍宝宝，耐心等他在自己的最佳时间站起来。

婴儿的牙齿损伤

“我儿子摔倒了，牙上磕了个缺口。我需要带他去看牙医吗？”

将来这些珍珠似的可爱牙齿会脱落，为恒牙让出空间，所以，宝宝牙齿上的小缺口通常不用担心——也很正常，因为一天中稚嫩的宝宝会摔很多跤。当然，除了关注宝宝的外表是否受到伤害以外，还有其他事情要做。首先，快速检查一下牙齿。如果存在锋利的边缘，就要咨询牙医，医生可能会将边缘磨平。如果宝宝出现疼痛（即使是几天之后），萌出的牙齿位置移动或感染（牙龈肿胀就是感染的信号），或在缺损的牙齿中间看到粉色的点，都要立刻去看牙医。如果牙神经受到损伤，又没有及时治疗，就会影响宝宝口腔中未来形成的恒牙。不论如何，都要微笑面对——在宝宝成长的道路上，还会有更多磕磕碰碰。

生长曲线的波动

“儿科医生刚才告诉我，我儿子身高的百分位从 90% 降到了 50%。她说不用担心，但是，这个比例降低了很多。”

了解宝宝的生长情况需要看长远，而不止是表格上的百分比——医生评估的时候，考察的也不仅是数字。

磕磕碰碰

即使家中做了最全面的防护，宝宝也受到细心的看护，磕磕碰碰的情况（小的磕碰、膝盖擦伤、嘴唇肿胀）还是会发生。这时，给宝宝一些安慰就可以，但有些情况需要一些应急处理，必要时，需要去医院治疗。参见第 20 章，了解更多关于受伤及治疗的细节。

身高和体重是同步增长的吗？宝宝在恰当的时间达到了发育里程碑（如坐着、站立）吗？宝宝活泼机灵吗？饮食和睡眠情况都正常吗？高兴吗？宝宝对父母友好吗？他的头发和皮肤看起来健康吗？只要医生对宝宝的生长和发育情况感到满意，生长曲线图上的百分比有明显降低也没关系。

大多数时候，出现明显的生长波动可能是测量误差造成的——可能是上一次或上上次出现了误差。如果让宝宝躺着测量身高，而他不停扭动身体，测量结果可能不准确。当宝宝站着测量身高时，可能会降低 1 ～ 2 厘米，因为站立时骨骼会受到挤压（另外，让一个刚会走的宝宝站直不动等待测量，可不是容易的事）。

数值波动的另一个常见原因是，宝宝要么出生时体形比较大，要么属于开始长得快，但在接近基因决定的高度后慢下来。如果父母双方都不是很高，应该能够预见到宝宝身高的百分位也不会一直保持 90%（也可能他后天会长很高）。身高并不会仅遗传单方面的基因。如果爸爸身高 180 厘米，妈妈 150 厘米，宝宝成年后有可能会和父母其中一人一样高（也可能高一点或矮一点），但他的身高更可能介于两人之间。一般来说，下一代都比父辈高一点。

如果你对宝宝的生长发育比较焦虑，请医生检查，提供更多依据。如果还是担心，找医生咨询。

吃零食

“我的宝宝似乎一直都在吃东西。要吃多少零食呢？”

宝宝零食一口接一口吃个没完？没关系。适量零食实际上是一日三餐的重要补充。

吃零食也是一种学习体验。宝宝平时怎么吃饭？通常是用勺子从碗里舀东西吃。宝宝怎么吃零食？用胖胖的手指拿起一块香蕉、饼干或泡芙，把它放入嘴里——看看宝宝小小的嘴以及他笨拙的动作，你就知道这是多么伟大的成就。

零食可以填补空缺。宝宝的胃很小，很快就会吃饱，也很快会饿，如果两餐之间不吃点零食，很难忍住饿。零食可以填饱肚子，维持血糖水平，随着辅食成为宝宝的主食，丰富健康的零食能补充满足宝宝的营养需求。

零食可以让宝宝休息一下。宝宝的工作就是玩。就像成年人需要在工作的间隙休息一样，零食给宝宝提供了这样一个机会——在继续“工作”前吃些奶酪、饼干放松一下。

零食有助于睡眠。随着睡眠时间变长，血糖水平会降低，宝宝容易饿醒。睡前适当吃一些零食，可以帮助宝宝更快安静下来，睡更久。小睡前也是如此，零食可以让宝宝在醒来的

聪明地吃零食

说到零食，容易让人联想起窝在沙发里一天到晚看电视，以及不经意吃下去的高热量食品（还有关于零食如何影响食欲的唠叨）。总之，零食备受指责，没有什么理由可以让人理直气壮地拿起一大包薯片享用。但宝宝在合适的时间吃一些合适的零食是很明智的做法。

按时吃零食。妈妈说的没错：吃零食的时间接近用餐时间，可能会影响宝宝的食欲。安排在两餐之间可以避免这个问题。

不要吃个不停。小宝宝一天到晚吃零食没问题，但快一岁的宝宝就不合适了。

- 长蛀牙。嘴里整天含着零食，食物残渣会滋生细菌腐蚀牙齿。它们特别喜欢零食留在牙齿上的糖分（哪怕是健康零食也会有）。
- 增加体重。宝宝还不用担心腰围问题（圆滚滚的肚子是学步宝宝的标配），但整天吃零食的宝宝无法养成规律的饮食习惯（饿了才吃，饱了就停）。经常让他吃零食，日后肥胖的概率很高。
- 影响语言发展。满嘴都是食物的宝宝能说话吗？这样既不礼貌也不美观，而且很难让人听清他在说什么。宝宝几乎每天醒来就练习说话，满嘴都是食物会减少宝贵的锻炼机会。
- 干扰宝宝玩游戏。手里总是拿着饼干，和一直拿着训练杯或奶瓶一样，会限制宝宝玩游戏和探索，特别是当他两手都拿着食物时。拿着饼干爬来爬去，可没那么容易。

正确地给宝宝提供零食。给宝宝吃零食既有正面理由，也有反面理由。如果宝宝感到无聊，最好用玩具而不是泡芙分散他的注意力；心情不佳，最好用拥抱或歌曲而不是训练杯来抚慰；如果宝宝完成了应该得到奖励的任务，口头表扬或给他一个拥抱，而不是给他一些饼干。

安全地吃零食。吃零食和吃正餐一样，最好是坐在餐椅上进行。这首先是为了安全（躺着吃、边爬边吃或边走边吃，很容易呛着），其次是为了培养良好的餐桌礼仪，并减少你的清洁工作（沙发里没有饼干屑，地板上没有洒出来的液体）。当然，如果出门在外，可以在婴儿车或汽车安全座椅上给宝宝零食。但不要让宝宝觉得，吃零食是他受到这些约束的补偿——坐在婴儿车或汽车安全座椅上，并不是得到饼干或训练杯的条件。

时候精力充沛，不容易发脾气。

零食满足嘴巴。宝宝时刻以嘴巴为中心，他会把任何捡起来的东西都放入嘴巴里，这是他的本能。宝宝可以理直气壮地把零食放入嘴巴，而不用担心它像其他东西一样被拿走。

零食可以为离乳铺平道路。不论是一岁左右准备戒奶瓶，还是一岁后要离乳，现在吃点零食能减少宝宝对奶的渴望，帮助他以后迈出成长阶段的一大步（现在睡前喝奶后补充一次零食，今后可以用零食取代喂奶）。

最好上下午各安排一次零食，如果宝宝需要，睡前再加一次。还可以把一天最后一次零食和睡前安排合在一起，只要在刷牙之前就可以。

分离焦虑加重

“之前我们将宝宝留给保姆照顾，他没什么感觉。但是现在，每次我们离开家，他又哭又闹。”

不仅你的宝宝有这样的情绪，大多数宝宝都会受到分离焦虑的影响。这意味着当宝宝和父母分离时，不仅依恋更深了，哭声也更大了。

虽然分离焦虑看起来似乎是宝宝在退步——以前，你回来或离开都对他没影响。但实际上，这是他成熟的表现。首先，他正变得更加独立，但还是要黏着你。在他迈开自己的双腿（或用手和膝盖）去探索世界时，他知道只要自己需要你，你就会出现，这让他感到安慰。当他和你分开时(比如去另一间屋子)，他是想单独行动。但当你离开他时（比如外出看电影和吃饭），他不想和你分开——你是离开的那个人，而他是被留下的那个，这会让他焦虑。

其次，他现在可以理解物体存续性的概念了——在看不到某人或某物时，它仍在那里。宝宝还很小时你离开，他不会想念你，因为他看不到你，根本不会想起你。而现在，即使他看不到你，他知道你仍然在某处，他可能会想念你。他还不了解更复杂的时间概念，所以他不知道你何时会回来，这会让他更加焦虑。

记忆力的增强（另一个成熟的标志）也起到了重要的作用。在你穿上外衣并向他说“再见”时，他会回忆起这是什么意思。当你走出门去，他可以预见到你会离开一段时间。如果宝宝不经常被留给保姆照顾，很少看到父母出去又回来，他可能会担心你是否还会回来。这也会使宝宝焦虑。

有些宝宝在 7 个月大时就会出现分离焦虑的迹象，但是大多数宝宝会在 8 ～ 18 个月时表现出明显的分离焦虑。和宝宝其他方面的发育一样，每个宝宝出现分离焦虑的时间也不同。有些宝宝不会出现焦虑，而有些宝宝会在大约三四岁时出现严重的焦虑。有些宝宝的分离焦虑只持续几个月，有些则会持续很多年，有时分离焦虑是连续的，有时则是断断续续的。某些生活压力，比如搬家、有了弟弟妹妹、换了新保姆、家人关系紧张等，都会引发或加重宝宝的分离焦虑。

引发分离焦虑最常见的情况是你将宝宝留给其他看护者——你去上班、晚上外出，或把他放在日托中心。晚上你让宝宝自己睡觉时他也可能会出现分离焦虑 。无论引发焦虑的原因是什么，宝宝的表现都一样。他会拼命地抱着你（宝宝会表现出惊人的力量，你很难拿开他的手臂）、大哭、抵制任何让他平静下来的尝试。总之，他会尝试所有花样，阻止你走出家门。这会让你感到内疚和不安，或许还会考虑是否要离开。

分离焦虑让人不安（对你和宝宝都是），但它是宝宝发育中正常的一部分（也难以避免）——就像学走路、学说话一样。现在帮助他面对分离，可以让宝宝学会以后如何面对这些问题（特别是当分离变得更困难，比如第一次去幼儿园时）。

为了尽量减少你和宝宝的焦虑，请做好以下准备。

• 选择能胜任的看护人。确保照看宝宝的人合格、值得信任、经验丰富，不管宝宝在你走后哭得多么歇斯底里，仍有耐心，能理解宝宝。一开始把宝宝交给新看护人时，预估一下宝宝愿意和看护人一起待多久而不发脾气，再决定自己外出的时间。

• 让育儿保姆在你离开之前到达。至少提前 15 分钟到达，这样他们可以一起玩（玩拼图、搭积木、玩泰迪熊）。但要记住，你还在家时，宝宝可能会拒绝任何其他人（即使她是孩子的奶奶）。毕竟，同意和看护人玩意味着同意和看护人留下来。别担心，你离开后，宝宝肯定会愿意和看护人待在一起。

• 避免诱因出现。你或许已经注意到，累了或饿了时，再可爱的宝宝也会突然崩溃，所以尽量安排在小睡和进餐后离开。在宝宝冷了或因出牙而疼痛时，分离会让所有人更痛苦。可以在离开前和回来后给宝宝更多抚慰，并且让看护人在你离开期间多安抚他。

• 不要从后门偷偷溜走。如果你在宝宝睡着后，或在他不注意时偷偷离开家（确实更容易些），一定会适得其反。在他发现你已经离开后，或醒来时发现你不在家，会很恐慌，号啕大哭，甚至影响将来对你的信任。他可能还会担心以后你会没有任何信号就随时离开，导致他非常黏你。除非不得不在他睡觉时离开，否则一定要提前告诉他。

• 认真对待宝宝的焦虑，但也不要太紧张。分离焦虑在宝宝这个年龄很正常，这种焦虑是真实存在的，不要嘲笑、忽略、为此发脾气。肯定宝宝的情绪——告诉他你知道他很不安，然后要冷静并充满爱意地告诉他你会很快回来。在肯定宝宝的情绪时不要用力过度，比如和他一起眼泪汪汪或忧心忡忡。毕竟，你不想让宝宝在你走后有更多担忧。

• 让宝宝知道你什么时候会回来。虽然宝宝还不会看表（时间的流逝对他还没有任何意义），但是可以让宝宝开始了解时间的概念，最终他会理解“在你小睡之后我会回来”“到你吃饭时我会回来”或“你醒来时，我会回来”。

• 快乐告别。挥手跟宝宝说再见，让他明白你要离开并且会回来。保持笑容，给宝宝一个拥抱和亲吻。如果有窗户，在你离开时，让宝宝和保姆一起在窗前跟你挥手告别。

• 离开后不要再回头。让告别的过程短暂而甜蜜，还要果断。反复出现在门口（要提前检查是否拿好了钱包和钥匙，不要再回去取），会让你们很难分离——特别是宝宝，他要确定你已经彻底离开才能平静下来。

记住，分离焦虑不会一直持续下去——尽管宝宝可能需要一年甚至更长时间才不那么黏你。但很快，宝宝将学会轻松地离开你。有一天，宝宝会敷衍地跟你说一句“再见”，随便抱你一下（还得你要求）就上学去，那时候你可能会怀念宝宝用小手抱紧你的腿不让离开的日子。

睡前分离焦虑

“我们的宝宝过去很容易入睡，可以睡一整夜。但现在，当我们把他放到床上时，他总黏着我们，哭泣，还会在半夜醒来哭闹。”

分离焦虑不仅会在白天出现，也会在夜里出现，一些宝宝晚上的分离焦虑更严重。这意味着他要单独面对黑暗（宝宝睡在自己的房间，自己的小床上）。跟白天的分离焦虑一样，睡前的分离焦虑也很正常，属于这个年龄的宝宝特有的情况，大多数宝宝都有这样的问题。因为宝宝记忆力提升，更独立，活动能力更强，有了自我和他人意识，比小宝宝时聪明了很多。同时，他们又不够成熟，仍在努力认识周围的世界和自己的位置。

如果你和宝宝一起睡，这种情况就不存在，不分开就没有分离焦虑，也不会产生什么问题（除非你希望宝宝晚上可以自己早点睡）。但如果你坚持分开睡，就必须想办法解决睡前的分离焦虑，让大家都能好好休息。可以尝试下列方法来帮助宝宝克服分离焦虑。

• 睡前让宝宝安静下来。睡前一两个小时，父母应该保持心情平静，有耐心，特别是你刚下班回来，或者在家一直忙个不停的状态下。尽量多给予宝宝关注，把其他事情放到宝宝睡觉之后再做（比如加班工作）。这

加入男孩组、女孩组，还是中性组？

架子上放了各种玩具，从娃娃到挖掘机，还有各种不分性别的玩具。但是，为什么你的女儿总是去拿娃娃，而你的儿子总是去拿挖掘机？

可以理解，父母不希望孩子被性别的刻板印象限制，但有时宝宝们表现出来的两性差异，在出生那天就决定了。虽然孩子之间个性差异很大，但也有很多共性，有些宝宝从一出生就加入了男孩组或女孩组。总的来说，因为子宫中的激素水平不同，男女宝宝早在婴儿时期就会表现出发育的差异。从出生开始，女宝宝比男宝宝对人和人脸更感兴趣，这可能是为什么女宝宝更爱玩娃娃的原因之一。

而男宝宝的肌肉更结实，这就是为什么男宝宝总体上更好动，比女宝宝行动更快速。长大后，男宝宝更擅长，也更喜欢需要利用机械技能和空间技能的活动，比如搭积木、转动开关、按动按钮。男宝宝也会像女宝宝那样展露微笑，但更关注物体而不是人脸。

无疑，天性在男女宝宝的玩耍方式方面发挥了不同作用，但后天的养育同样起到巨大的作用——即使想要摆脱，某些社会“规范”也依然存在。虽然父母在照顾孩子时，有意识地想要保持性别中立，却会基于传统性别观念不经意做出很多选择，比如婴儿服的颜色等。爸爸妈妈跟女宝宝说的话要比跟男宝宝说的多，这会强化女宝宝专注于发展社交能力的生理倾向。他们还可能会不经意地给女宝宝更多安慰，在女宝宝身上花的心思也更多。男宝宝得到的安抚相对要少，但在家里能享受更多打打闹闹的乐趣。

这绝对不是说你的宝宝一出生就被性别固化了，注定了在男孩组就更活跃，或在女孩组就爱交际。有些宝宝在一开始就想打破性别的刻板印象——大人应该鼓励他们按照自己的喜好装点自己的世界（粉色、蓝色，或者一些独一无二的颜色）。同样，你也可以尝试打破传统的两性定位。将宝宝的玩具箱装满娃娃和卡车、球和婴儿车、积木和蜡笔。同样，要给予男宝宝语言和情感方面的关注，给予女宝宝行动力方面的关注。

样，宝宝的睡前压力可以保持在较低水平，还获得了父母的安慰，接下来面对困难时就有了一定的精神力量。

• 利用习惯。睡前习惯不仅有助于睡眠，而且能给予宝宝安全感。每个晚上以同样的顺序进行同样的活动，会消除宝宝的不安，保持规律，意味着焦虑更少。睡前规律让夜晚有个好开始，能让宝宝心情愉悦地面对要发生的事情，而不是心怀恐惧。参见第 340 页，了解关于睡前规律的更多内容。

• 用安抚物。安抚物有助于宝宝平稳度过这个时期。可以是宝宝最喜欢的毛绒玩具或可以抓住的小毯子（这个年龄仍不建议用大毯子）。不是所有宝宝都会从这样的物品中获得安慰，但大多数宝宝会。如果你的宝宝有安抚物，那就用起来。如果宝宝害怕一个人待在黑暗中，小夜灯可以带给他安慰。

• 安慰他。在宝宝睡觉前给他一个拥抱和亲吻，和他说声晚安。你的声音应充满爱意，语调轻柔，如果宝宝感到你对离开很焦虑，他也会焦虑。

如果宝宝哭闹，父母要继续保持平静，如果宝宝站起来了，轻轻让他躺下。如果宝宝在夜里醒来，也可以采用这种方法。安慰的方法要保持一致——用相同的技巧，相同的言语，但是逐步减少每晚的安慰（开始在床边，然后隔几米给他安慰，最后在门口即可）。可以说“妈妈（爸爸）在这里，睡吧，明天早上见”以强化夜晚过去就是白天的信息，或者直接用你习惯用的安慰话语。

• 保持一致。这时如何处理分离焦虑至关重要。不一致会让宝宝感到困惑，产生不必要的压力。没有一致性，任何育儿技巧的效果都会大打折扣。所以，即使一开始新方法没能缓解分离焦虑，也要坚持下去。保持一致会让宝宝学会如何处理夜间分离焦虑，睡前不再哭闹。

• 不要感到内疚。和宝宝一起睡是个办法，和宝宝分开睡则可以解决问题。一旦做出决定，放轻松，不必感到内疚。整夜都陪伴着宝宝不能帮助他克服夜间分离焦虑（同样，在宝宝醒着的时候不把他交给看护人照顾，也没有任何帮助），但精心安排的固定习惯可以帮助宝宝缓解焦虑。

减少一次小睡

“突然间，我儿子上午不想小睡了。他每天少睡一次可以吗？”

一天一次小睡对筋疲力尽的父母是不够的，但快一岁时，一次小睡对很多宝宝来说足够了。大部分宝宝可以取消上午的小睡，有些宝宝取消的是午后的小睡。极少数宝宝甚至想取消两次小睡。有些父母很幸运，他们的宝宝一直到两岁都会一天小睡两次，这也非常正常，只要不影响晚上入睡就可以。

但是，当你为宝宝不愿在上午小睡而惋惜时，要记住，宝宝的睡眠质量比睡眠时间更重要。如果取消小睡没有让他不高兴，而且不会因为体力消耗过多而影响午后的小睡和晚上整夜的睡眠，就可以跟宝宝每天小睡两次的日子告别了。

如果宝宝上午不想小睡，但接下来一天中却因此过度疲劳，也许是因为他不想在睡觉上浪费宝贵的时间。他觉得，与其花时间睡觉，还不如把书从架子上扯下来。小睡不足会让宝宝白天兴致不高，晚上却过度兴奋而无法入睡。

为了帮助宝宝获得足够的睡眠，可以按照他晚上的睡前安排，在午后小睡前来一个简化版的仪式。给他喂奶、换尿布、营造一个放松的环境（如昏暗的房间、轻柔的摇篮曲）。如果宝宝不愿入睡，不要立刻放弃，有些宝宝白天需要更多时间才能让自己安静下来。如果不见效，尝试引导宝宝入睡的方法（参见第 335 页），但是不用像晚上哄睡那么长时间（如果哭闹超过 20 分钟，小睡就泡汤了）。

如果宝宝上午坚决不肯小睡，但在平常午后小睡之前就开始揉眼睛，就把白天唯一的一次小睡时间提前，防止宝宝和你情绪不佳。如果有必要，适当提前晚上的入睡时间，以适应提前的午后小睡。

“遗忘”的技能

“上个月我女儿就会挥手再见了，但现在她似乎忘记了。我觉得她应该持续进步，而不是退步。”

宝宝的确在进步，但体现在其他技能上。宝宝会在一段时间内练习一项技能，一旦掌握就会将它放在一边，去迎接新的挑战。宝宝还可能厌烦了被要求表演挥手再见。你的宝宝非常聪明，但如果你让她一直重复一个动作，她会觉得自己像个表演节目的大猩猩。虽然宝宝对已经掌握的技能感到厌倦，但她可能会对新的事物很感兴趣，比如看到动物时她会哇哇叫，喜欢玩躲猫猫和拍手游戏。当这些事情失去吸引力了，宝宝会将它们暂时放一边。不要担心宝宝会忘记，而要调整方向，鼓励她多尝试正在学习的新技能。你只需要关注，宝宝是不是突然无法完成很多之前可以完成的事情，以及她是不是无法学会新技能。如果是这样，就请医生检查一下。

父母一定要知道：帮助宝宝说话

宝宝已经经历了很多。从开始呼吸，到发出第一声啼哭，宣布了自己的到来；从只会用哭交流、除了自己的基本需求什么都不懂的新生儿，到能够微笑、发出咕哝声的 3 个月宝宝；又到开始用声音表达自己（学会了一些发音，能呜呜啊啊说个不停），能理解词汇并表达各种情感的 6 个月宝宝；再到可以用简单的声音和手势传

写给父母：考虑再生一个宝宝

有些妈妈或爸爸可能想再生一个宝宝——等几个月还是几年再怀孕，是夫妻两人决定的。不同的人对这件事有不同的想法，有些人很喜欢一群孩子围着自己，生了一个后马上再怀一个。有些则希望隔几年或更长时间，让自己喘口气。在有孩子之前，夫妻对孩子年龄间隔的看法（“相差一岁不是很好吗？”）到宝宝出生后可能会改变，因为他们面对的现实是需要不停地给孩子换尿布，还有很多无眠的夜晚。

目前还没有可靠的依据来帮助父母们做决定。大多数专家认为，最好将怀孕计划推迟到孩子一岁以后，这样能让妈妈的身体从怀孕和分娩中恢复过来。但是抛开健康问题不谈，没有证据表明两次生育之间理想的间隔是多久。研究人员还没有发现生育间隔对儿童智力或情感发育，以及孩子们之间的关系会产生什么影响。

你和爱人准备好的时候，就是为家庭带来新成员的最佳时间。还是没有头绪？先问自己几个问题。

我可以同时照顾两个宝宝吗？一方面，三岁之前，孩子需要不间断的关注和照顾。如果孩子二岁时，第二个孩子出生了，就要换两个宝宝的尿布，经历无穷无尽的不眠之夜。如果两个孩子的年龄很接近，你还要应对更困难的局面（成倍的易怒和消极情绪）。另一方面，虽然照顾年龄相近的宝宝会让你一开始筋疲力尽，但最初几年过去后，这些挑战就跑到九霄云外了（除非你决定要第三个孩子）。孩子年龄相近还意味着你能更容易回忆起照顾上一个孩子的一些基本技巧。另一个好处是，孩子们年龄相仿，会喜欢相同的玩具、电影、游戏，可以同时享受假期。

我们想再来一次吗？当你处于“育儿模式”时，有时候更容易维持那种状态，并根据之前照顾婴儿的经验，可以将照顾宝宝的时间压缩得更短。婴儿床已经有了，湿巾放在固定的地方，婴儿车也可以重新利用，安全门还没拆掉，你也不用再想可以睡个好觉或者有性生活，因为接下来还是无法拥有，所以也不会因再次失去而怀念。如果两次生育间隔时间过长，就需要再次适应养育宝宝的需求，这时第一个孩子已经可以自己上学，而你又要再经历之前的生活模式。当然，过几年再生孩子让你有足够的时间和第一个孩子在一起。而且，因为大孩子不会总在家，你可以给予小一点的宝宝更多关注。

我的身体能承受再次怀孕吗？这个问题只有做过妈妈的人才能回答。也许你还没有准备好这么快再怀孕，特别是第一次生育困难的妈妈。也许你并不期待早上一边追着刚会走路的一岁宝宝跑，一边冲进洗手间呕吐，或挺着大肚子背着小宝宝。或许你希望再有一个宝宝，但在再次怀孕、哺乳前想让身体好好休养一下。

另一方面，有些妈妈在第一次怀孕和哺乳时没有什么负担，只有快乐，没有理由让自己延期享受这种快乐。而有些父母相信“生育时钟”，想在某个年龄段生育孩子，更倾向于早点再次生育。

年龄相差多少能让孩子更亲密？可以确定的是，这个问题没有固定的答案，而且回答大相径庭，这取决于孩子的性格、解决兄弟姐妹冲突的方法、家庭氛围，以及其他很多因素。例如，如果孩子之间的年龄差距很大，他们长大后可能完全不像兄弟姐妹。但年龄相差很大的兄弟姐妹经历的争吵更少，哥哥或姐姐已经有了家庭以外的生活（学校、运动、朋友），所以他会真正喜欢弟弟或妹妹，并愿意照顾他。如果兄弟姐妹不在同一个发育水平，更没有必要争抢。但大点的孩子可能会厌烦帮助照顾小宝宝的任务，或无法适应生活状态的改变。

尽管年龄差距小并不能保证孩子之间产生亲密感，但因为他们的成长过程相似，更容易成为彼此的玩伴；也因为相似的成长过程，更可能会相互争夺。他们可能会喜欢相同的玩具，这既便捷（少买些玩具），又有潜在的问题（引起更多的争夺战）。年龄差距小，可以让较大的孩子更容易接受弟弟妹妹，毕竟，他作为独生子女的时间并不长，也不会有什么失落感。不过，较大的宝宝可能会因为坐在父母大腿上的时间突然减少而生气。

你们商量好了吗？什么时候将三口之家扩大成四口之家（或者更多），夫妻双方的想法很重要，你们要一起做这个决定，慎重考虑，工作、照顾孩子、夫妻共处的时光、浪漫时刻等都要考虑一下。

你和兄弟姐妹相差几岁？如果你觉得与小很多或大很多的兄弟姐妹一起成长的经历很棒，会希望孩子也有相同的经历。如果你总是和年纪相仿的妹妹争抢，或觉得与成年的哥哥比较疏远，可能会为自己的孩子选择另一种环境。

递信息的8个月宝宝；现在，10个月的宝宝已经可以（或即将可以）张口说出真正的词语了。当宝宝学会这些沟通技能后，会表现出让人吃惊的语言能力。在未来几个月里，宝宝的理解力会明显增强——一开始，表达性语言（说出来的话）要少于接受性语言(能听懂的话),但接下来的一年，表达性语言会迅速增加。

如何帮助宝宝发展语言，可参考以下建议。

说、说、说。在宝宝的世界里，每样事物都有名字。没有比经常说出这些名字更好的识物方法了。说出宝宝生活环境中物品(浴缸、水槽、炉子、婴儿床、凳子、椅子、沙发等）的名字，包括你和宝宝吃的食物。玩“眼睛，鼻子，嘴”的游戏（握着宝宝的小手，摸你的眼睛、鼻子和嘴巴，最后亲吻宝宝的小手)。说出胳膊、腿、手和脚，还有衬衫、裤子、裙子、鞋、靴子和外套的名称。指指小鸟、小狗、大树、树叶、花朵、汽车、卡车和消防车，说出它们的名字。不要忽略了人物——妈妈、爸爸、宝宝、阿姨、叔叔、小姐姐和小哥哥。别忘记让宝宝经常说自己的名字，这有助于形成自我认同感。

听、听、听。持续不断地说话可以增加宝宝的词汇量，每个人都需要表达自己,特别是刚开始说话的宝宝。当宝宝咕咕哝哝的时候,你要停下来，看着他的脸，认真倾听，表现出听懂了的样子。尽管你没听懂任何一个词，但要积极回应:“真的吗？那真是太棒了！”可是沟通障碍太大，你根本没有理解宝宝要说什么还是要问什么。宝宝没有理会你的回应，表情也愈发沮丧起来。你可以试着说出其他可能的答案（“你想要球吗？奶瓶？还是拼图？”)，让宝宝告诉你是否猜对了（不是说话，而是用身体语言)。起初你们无法沟通，都会有挫败感，但是宝宝会知道，你在关注他——这样做会鼓励宝宝更努力说话。

问、问、问。问宝宝很多问题(“我们是去公园还是去游乐园？”“你觉得奶奶喜欢花卉图案的生日卡片，还是小鸟图案的？”)，然后自己给出一个回答（“对，我觉得奶奶会喜欢这些可爱的小鸟”)。没错，你是在自言自语，但也在展示对话的形式。

详细解说。不知道选什么话题？不妨告诉宝宝你在做什么。“妈妈在给宝宝拉上拉链——拉好了！你现在好看又暖和。接下来戴上你的手套吧——一只，两只——再戴上帽子。这顶有蓝色点点的帽子怎么样？”如果听到了什么声音，给宝宝讲出来：“听，小狗在叫！”“我听到小汽车轰隆隆地开过了街道。”也要跟宝宝解释身边发生的一切:“今天天气晴朗”“苹果在冰箱里”“爸爸用小牙刷给你刷牙，用小梳子梳头发”“球球弹起来了，又掉下去了”“用香皂把手洗干净”等。

专注于概念。语言学习不仅要学习词语，还要学习概念。可以在生活中教宝宝一些概念。

• 热和冷：让宝宝摸摸咖啡杯温热的外壁，然后摸摸冰块、冷水、热水；摸摸热乎乎的米糊，然后摸摸冰牛奶。向宝宝指明，冰箱里拿出来的酸奶凉凉的，冷冻层拿出来的豌豆冰冰的……

• 上和下：轻轻地将宝宝抱起来，再放到地面上；将食物放在橱柜上，再拿下来放到地板上；带宝宝一起上楼梯（坐扶梯或电梯），再下来。

• 内和外：将积木放到一个桶里，然后倒出来；把杯子装满水，然后倒出来；往购物车里装满物品，然后结账时全部拿出来。

• 空和满：给宝宝演示一个装满水的杯子，然后给他一个空杯子；一个装满沙土的桶，一个空的桶。

• 站和坐：拉着宝宝的手，一起站着，再一起坐下。如果宝宝还不会站立,你站立和坐下的时候要抱着他。

• 湿和干：比较湿毛巾和干毛巾；宝宝刚洗过的湿头发和你的干头发；湿衣服和干衣服；干米粉和加了牛奶的米糊。

• 大和小：将大球放在小球旁边；把大泰迪熊放在小泰迪熊旁边；在镜子前给宝宝比画“爸爸大，宝宝小”。

培养色彩意识。色彩无处不在，要适时地开始教宝宝辨认色彩。“看，那个气球是红色的，就像你的 T 恤一样”“那辆卡车是绿色的，你的小车也是绿色的”“看那些漂亮的黄色花朵”。但要记住，大多数宝宝要到三岁时，才能学会识别色彩，小宝宝会注意到色彩不同,但通常无法识别。

用两种说法。先用大人的表达方式，然后转换成婴儿的表达方式：“刚才摔倒的时候伤到自己了吗？宝宝摔跤了吗？”“哦，你吃完了。宝宝吃光光了。”说两遍，就能帮助宝宝理解两遍。

不要总像宝宝那样说话。用成年人的简短方式说话，有助于宝宝更快学会正确说话。“宝宝想要奶瓶？”比“宝宝想要小瓶瓶吗？”更好。但是，可以跟宝宝用“狗狗”等词语，这样更有吸引力。

教宝宝用代词。宝宝可能还要一年才能明白“你”“我”“他”的区别，但可以从现在开始教。通过同时用名词和代词,让孩子对代词更熟悉。“爸爸打算给宝宝买点早饭——我想给你买点东西吃。”“这本书是妈妈的——我的。那本书是宝宝的——你的。”

鼓励宝宝接话。用你能想到的办法，引导宝宝做出回应，可以用词语，也可以用手势。问宝宝“你想吃面包还是饼干？”“你想穿怪兽睡衣还是小火车睡衣”“你困吗？”，然后给宝宝机会回答。任何回应都可以——摇头、用手指、比手势、咕哝或任何非语言的回应方式。让宝宝帮你找东西："你能找到小球吗？"给宝宝足够的时间去找物品，并鼓励他。找到了正确的方向，应当鼓励："对，球在那边！"不要吝啬你对宝宝的肯定，尽管他现在还没有足够的语言能力去说出想要的东西的名称、发音还不够完美或语法还不太正确。

简洁的指令。一般一岁之前，大多数宝宝都能跟随简单的指令，但仅是简单的，可以一步完成的指令。不要说"请捡起勺子，然后递给我"，可以试试"请捡起勺子"，等宝宝捡起来了，再说"现在把勺子递给爸爸"。

仔细地纠正。很少有宝宝可以准确地说出一些新词。在未来一两年，你的宝宝可能都无法说出很多复杂的词，也无法完整地说明白一句话（"多多"可能意味着"多倒一些牛奶"，"走走"可能是"下楼走一走"）。在宝宝发错音时，不要像苛刻的老师一样纠正他——太多的批评可能会让宝宝放弃尝试。如果宝宝抬头望着天空说："月酿，晶晶。"你可以说："是啊，有月亮和星星。"宝宝发错音很可爱，但要忍住不去模仿，不然他会很混乱，应该让宝宝学会正确的发音。

扩展阅读的书籍。书籍是宝宝学习新词最好的方式，要多给宝宝读故事。宝宝注意力持续的时间仍然很短，不能读完整本书，但可以采取互动式阅读，让阅读更有乐趣。停下来讨论一下图片（"看，那只猫戴了顶帽子"），让宝宝指出熟悉的物体（以后才能说出它们的名字），然后说出他没看过或不记得的物体的名称。语言要简洁，便于宝宝理解，并找出一些押韵的词。不久后，听你讲故事的宝宝就能用自己熟悉的语言说一些话了。

用数字来思考。宝宝可能还需要很长时间才会数数，但这并不意味着现在数字不重要。"这里有一块饼干""看，那棵树上有几只鸟""你有两只小猫"，这些都可以帮他理解基本的数学概念。将计数融入宝宝的生活，在你做仰卧起坐时，用 1 ~ 10 大声地数出来；将面粉加到面团中时，一杯一杯地数；往宝宝的盘子中夹香蕉片时，数一数夹了几片。

用手势。用身体和手势解释词语的意思，这样宝宝在会说话前就可以和你沟通，能减少你们交流的障碍。用手势并不妨碍宝宝语言的发展，事实上，大多数专家认为手势可以促进语言发展。在教手势的过程中，同样要运用语言——跟宝宝说话是让宝宝学说话的最佳方法。更多关于婴儿手语的内容，参见第 398 页。

第 17 章　第 12 个月

对这个月龄的宝宝来说，生活就是一场游戏，他们的注意力只能持续很短的时间，会很快切换多个不同的游戏。宝宝即将沉迷的一个游戏是：扔出东西（宝宝终于学会了如何松开手让东西掉落），看着它们落下，等爸爸妈妈去捡起来，然后不断重复这个过程——直到父母腰酸背痛，不再有耐心陪他们玩为止。推拉玩具可能会成为宝宝的最爱，这些玩具可以为刚学会迈步的宝宝提供安全保障，帮他们走得更稳。如果推拉玩具上能放东西就更好了——比如，宝宝最爱的动物玩偶、一堆积木、妈妈的包、爸爸的钥匙，以及任何在推拉过程中能掉落和捡起的东西。

这个月，你可能会注意到宝宝长大的迹象，很快，他就不是一个小宝宝了。慢慢地，随着宝宝能独立行走，你会注意到他表现出更多情绪（否定的态度、发脾气、我行我素等），这意味着未来一年的主题是：我是宝宝，看我闹！

宝宝的饮食：离乳

宝宝可能马上就要离乳了，但也可能还要再等几个月甚至几年。无论怎样，离乳都是宝宝独立道路上的重要一步——这意味着宝宝不再那么依靠妈妈来获取食物。这一步对父母也很重要，需要为此做好身体和精神上的准备。

什么时候离乳

刚开始哺乳时，每次喂奶都手忙脚乱，好不容易喂好了宝宝，还要呵护疼痛的乳头，经常因为母乳不够而沮丧……这一切，你都快忘记了。现在，喂奶对你和宝宝已经成了一种习惯，甚至可以在睡觉的时候完成。你

宝宝的基本情况：第 12 个月

睡眠。随着第一个生日的临近，快学会走路的宝宝每晚要睡 10 ~ 12 小时，白天会有两次较短的小睡或一次长时间的小睡，每天总的睡眠时间为 12 ~ 14 小时。

饮食。随着辅食成为宝宝饮食中重要的一部分，宝宝需要的母乳量和配方奶量减少，每天最多摄入 720 毫升，快满一岁时，每天最好不超过 480 毫升。有些宝宝辅食吃得多，有些吃得少，所以摄入量会有差异。宝宝每天能吃全谷物、水果、蔬菜各 60 ~ 120 克，分为两次；另外摄入 60 ~ 120 毫升（或更多）奶制品，60 ~ 120 克（或更多）富含蛋白质的食物，以及 90 ~ 120 毫升果汁（不是必须喝）。第二年生长速度放慢时，有些宝宝会吃得少一些。

玩耍。宝宝正在学走路，所以，推拉玩具成了宝宝的最爱。可以拿出玩具婴儿车、玩具购物车或可移动游戏桌让宝宝在屋子里推着玩。骑乘玩具可以帮助宝宝自由移动，也很受欢迎。但不要忘记之前的最爱：积木、堆叠玩具、拼图、分类玩具、木偶、活动魔方、音乐玩具、蜡笔和水彩笔，当然，还有很多书籍。角色扮演玩具（娃娃、玩具厨房、食物和餐具模型、玩具电话、工作台，还有医生工具包）也开始发挥作用，因为宝宝变得更有想象力，成了一位模仿大师。

觉得自己好像一直在喂奶——某种程度上，希望能一直喂下去。但同时，你可能也在考虑是否该离乳了。

什么时候离乳，要考虑多种现实问题和各种情绪，但决定权在妈妈。下面是可能要考虑的因素。

现实。你可能听过，少吃母乳总比不吃好，美国儿科学会也建议最好能哺乳到宝宝一岁，如果妈妈和宝宝都愿意，还可以持续更长时间。等到宝宝一岁才离乳意味着没有吃过配方奶的宝宝可以直接从吃母乳转换到用杯子喝牛奶，不需要用配方奶过渡，这是这时候离乳的一大好处。

如果你和宝宝都不着急离乳，就可以继续哺乳，直到宝宝二岁、三岁的时候，甚至更大。但要记住，宝宝开始学走路后，运动量增加，需要更多蛋白质、维生素，以及母乳不能提供的其他营养物质，所以他们也需要自己吃东西（还有喝牛奶）。

宝宝和你一起睡，一晚上都要吃母乳？给你一个提醒，美国儿童牙科学会认为，总的来说，虽然吃母乳的宝宝比吃配方奶的宝宝不容易长蛀牙，但是整晚都吃奶容易引起龋齿，特别是当宝宝开始摄入碳水化合物之后。尽管和整晚叼着奶嘴吃配方奶的宝宝相比，吃母乳的宝宝患龋齿的风险低不少，但还是应当只在睡前喂奶，而不是整晚喂奶，这样才可以避免龋齿问题。

妈妈的感受。你是否依然享受喂奶的过程，不急于放弃跟宝宝的这种特殊联系？如果你和宝宝都愿意，那就继续。

也许你厌烦了穿哺乳文胸？也许你渴望一些自由和灵活的时间，但给宝宝喂奶让你的美梦泡汤？或者，给一个快走路的宝宝喂奶让你觉得不适？如果与这些情况都吻合，也许要考虑一下在宝宝一岁生日之后尽快离乳。

宝宝的感受。宝宝靠着乳房时变得焦躁不安？你准备喂奶他也毫无反应？只吃了一分钟就扭动着要下来？宝宝可能在告诉你一些信息——不是通过语言，而是通过具体行为——告诉你他已经准备好进入新的发展阶段，在这个阶段，他要从别的渠道获取所需的营养。自然离乳最有可能发生在宝宝 9 ～ 12 个月时，如果宝宝似乎想要跟母乳说再见，是时候放手了。记住，宝宝开始想自然离乳并不是抗拒你，他只是在拒绝你提供的喂奶服务。

当然，宝宝发出的信号很有可能被误解。5 个月时，宝宝对吃奶兴趣不大，可能是因为他对周围的世界更有兴趣，看到周围有那么多鲜艳、亮眼的东西，谁还有时间吃奶呢？ 7 个月的时候，宝宝不想吃奶可能暗示了他更渴望起来转一转，而不是躺着吃奶。9 个月或更大一点后，这个信号表示宝宝逐渐显露独立意识——更愿意喝杯子里的液体。

除了月龄的问题，还可能是因为宝宝受到了外界干扰（在昏暗、安静的房间哺乳可以减少干扰），或者鼻子被堵住了（当宝宝嘴里含着乳头，鼻子不通气会造成呼吸困难），又或是因为出牙疼痛。

如果宝宝还跟往常一样依恋乳房，甚至更依恋，他不可能主动离乳。这种情况也很正常。这种情况下，什么时候离乳取决于妈妈。

妈妈的情况。撇开专家建议不谈，有时候，如果选择继续哺乳，还要统筹安排哺乳、孩子和生活（工作或学习）。要在忙碌的事务中安排哺乳很棘手，特别是涉及到吸奶和储存问题时。另外，继续哺乳意味着继续输出营养，可能会给一些妈妈造成身体负担。如果哺乳已经不再适合现在的生活，就需要考虑离乳了——可以彻底离乳，也可以不完全离乳。

宝宝的情况。给宝宝离乳的最佳时间是家庭生活非常平稳时。宝宝生病了？正在出牙？你们要搬家？在外度假？妈妈要回去上班？换了新的看护人？爸爸因为工作要常驻外地？如果出现这些情况，最好延迟离乳，等到宝宝生活中的变动和压力减小的时候再开始。

宝宝用奶瓶或杯子的技能。如果一直用奶瓶给宝宝补充营养或吸奶给宝宝喝，他能熟练使用奶瓶。同样，如果宝宝很早就开始用杯子喝东西，离乳后会顺利地直接换成用杯子喝奶，完全不用奶瓶过渡。但是，如果宝宝抗拒从乳房之外的其他途径吸取营养，那么离乳就要等宝宝完全掌握了奶瓶或杯子的使用技巧再开始（宝宝快满一岁时最好学会用杯子）。

不论打算什么时候、以什么方式离乳，妈妈的情绪都会很复杂。一方面，你会因为不用喂奶而松口气——甚至会充满喜悦，因为今后你将拥有更多自由（出门很晚才回来，或出差一周），上班不用吸奶，也不用再穿哺乳文胸。但同时，你可能也会因为哺乳结束而伤感。

不论来得早一些还是晚一些，离乳是孩子生长发育过程中一个必经的里程碑，没人上大学了还在吃奶。你的宝宝对母乳的怀念很快就会结束，并更快进入到人生的下一个阶段。而在你心里，总会记得和宝宝的这段特殊时光（几个月或几年）。

如何离乳

准备好开始离乳了吗？随着时间的临近，任务已经摆在面前。你可能很欣慰，因为这个过程已经开始了：在第一次让宝宝从杯子里喝水、用奶瓶喝果汁、用勺子吃辅食的时候，你已经向离乳迈出了第一步。不管你是否意识到，其实你已经在按部就班地离乳。

离乳分两个阶段，其中一个阶段可能已经开始了，甚至已经顺利结束。

第一阶段：让宝宝习惯从乳房以外的途径获取营养。宝宝可能已经开始吃辅食，但是，宝宝会用杯子了吗？每个宝宝最终都要用杯子来获取富含营养的液体，比如牛奶。在宝宝熟练地用杯子之前，还需要大量练习，所以在他还能接受改变的时候（如果再大几个月，他就不一定愿意跟你合作），尽可能早点开始练习。不论你选择何时离乳，养成用杯子的习惯都是明智的，特别是对进入离乳的第二阶段非常重要。

如果宝宝坚决不用杯子，怎么办？

• 让宝宝“挨饿”。饥饿有时能让宝宝放弃抵抗——试着减少一次哺乳，并用杯子喂宝宝吃母乳。如果宝宝饿的时候不配合，甚至发脾气，那就等哺乳后宝宝心情愉快时给他杯子，或用杯子喂正餐、零食。

• 妈妈不出现。宝宝可能更愿意接另一个人递过来的杯子，而不是妈妈。毕竟，乳房会分散吃母乳的宝宝的注意力。

• 更换杯子里的饮品。有些宝宝更容易接受装着母乳的杯子，而有些宝宝更愿意接受装其他液体的杯子——免得想起乳房。可以用配方奶（一岁之前）或果汁代替母乳。一岁之后可以直接换为牛奶。

• 更换杯子。如果你试过训练杯，可以尝试一下吸管杯或普通的杯子，让他可以跟你一样喝水（要有防漏或控制流速的设计）。

• 放轻松。你可能迫切希望宝宝学会用杯子，特别是想快点离乳的时候，但不要让宝宝感受到。装作不介意，表现得你一点都不在意他用还是不用，保持耐心，再等一段时间。

第二阶段：减少喂奶次数。想用快刀斩乱麻的方式离乳（比如离开宝宝，外出一周）？通常，这不是离乳的最佳方式，宝宝会变得不安。而妈妈不仅有情感上的问题（尤其当激素突然变化的时候），还有生理上的问题（突然离乳可能造成溢奶、乳房胀痛、输乳管堵塞和感染）。所以，除非生病、突然想来一次不带宝宝的旅行，或生活中其他事情让你不得不匆匆离乳，否则要慢慢离乳。在你希望完全离乳之前的几周或几个月，开始逐步离乳。等到只需要喂一次奶的时候，可以考虑消失一两天，把宝宝交给爸爸、(外）祖父母，或宝宝喜欢的看护人。妈妈不在家有时对宝宝完全适应离乳更有帮助。

常用的逐步离乳的方法有两种。

• 减少喂奶次数。这种方法更简单，减少一次哺乳，然后持续几天，最好是一周，直到你的乳房和宝宝都适应之后，再减少一次。先减少的一次哺乳是宝宝最不依恋的——很有可能是中午那次。过几周后，只留下宝宝最喜欢的两次（一般是舒适度最高的两次，早晨和睡前），然后，再减少到只剩最后一次。睡前喂奶一般都是最后才断——即使宝宝可以完全离乳了，你可能还想继续在睡前喂一次奶，直到几周甚至几个月后。确保用足够的配方奶（如果医生同意，也可以用牛奶）、零食、正餐来代替减少的母乳。同时，别忘记给宝宝更多的爱和关注。

• 每次减少一点奶量。除了逐渐减少喂奶次数，也可以减少一点奶量。首先，喂奶之前给宝宝喝一杯配方奶（如果宝宝已经满一岁，也可以喝牛奶）、吃一点零食，这样可以让宝宝没那么饿，接下来再喂奶。几周内，宝宝就能从杯子或奶瓶中喝更多配方

写给父母：离乳后的调整

宝宝很快会适应离乳后的新生活——多一些安慰、几个分散注意力的活动，他就能摇摇摆摆地迎接没有母乳的新生活了。而离乳对你的乳房或许没那么轻松。当然，逐步离乳，能让你有个适应的过程——泌乳量逐渐减少，乳房也能慢慢轻松起来。但是，这无法保证你能顺利地调整好自己。如果在很短的时间内离乳，妈妈可能会非常不适，乳房极度肿胀——谢天谢地，这种感觉通常没有一开始涨奶那么难受。热水淋浴、热敷、根据需要服用止痛药都可以缓解疼痛。挤出适量的母乳可以缓解肿胀，但不要太多，以免刺激乳腺产生更多乳汁。

离乳之后几周，乳房可能就不会生产乳汁了。如果在几个月甚至一年之后，你仍能挤出少量乳汁，也不必惊讶，这是正常的。乳房需要时间来恢复到原来的大小，最后你的乳房可能会比原来稍微大一些或小一些，还有可能不对称。离乳的一个出人意料的副作用就是孕期养好的头发会开始掉落——有时候，这种正常的产后掉发会在哺乳期结束后才出现。

离乳还会让你的心情很糟糕。激素也需要适应离乳后的变化——并非一夜之间就能调整好（没有一个“停止键”能让乳汁立刻停止分泌）。你会烦躁、情绪波动、沮丧，甚至轻微抑郁。而终止这种与宝宝最特别的关系所带来的失落和悲伤，往往会加剧你的抑郁，而且你可能感觉到宝宝也在沮丧。这完全可以理解，也很正常（如果你感觉不止是轻微的抑郁，要咨询医生——有些妈妈的产后抑郁会在离乳后才出现）。

奶、牛奶，减少母乳的摄入。最后，宝宝的离乳也就完成了。

宝宝会怎么对待离乳？每个宝宝都是独一无二的，对待离乳的反应也会不同——所有反应都是正常的。有的宝宝会在离乳期间转向其他安抚物品，比如自己的拇指或毯子。有些宝宝会更加黏人（用手抓乳房、用鼻子闻乳房，或者想拉起、打开妈妈的衬衫）。但即使是最爱吃母乳的宝宝也不会一直想念母乳。有些宝宝很快就会忘记，快得连妈妈都很吃惊。接下来，你要适应并接受新的喂养常态，母乳喂养不再是联系你们的纽带，只是你和宝宝关系的一部分。现在离乳，不会削弱或减少你们之间牢固的爱。实际上，离乳意味着妈妈将在更多方面跟宝宝产生联系。

你可能疑惑的问题

还不会走

“下周我儿子就一岁了，但他还没有尝试迈出第一步。现在不是应该会走路了吗？”

第一个生日时迈出第一步，似乎很合适，但很多宝宝在一岁后才会走路。虽然有些宝宝在几周前甚至几个月前就开始走路了，但很多宝宝要大一些才能到达这一重要里程碑。宝宝迈出第一步的时间无论是 9 个月、15 个月，还是更晚，都不能反映他们将来的运动能力。

宝宝的行走时间——无论早走或晚走——都与家族遗传有关。或是与他的体重和体格有关——结实、强健的宝宝很可能会比胖乎乎的宝宝更早学会走路。也可能与个性有关——爱冒险的宝宝可能比谨慎小心的宝宝更早学会走路。这还与宝宝何时学会爬行及爬行水平有关——不爱爬或不会爬的宝宝有时会比擅长爬行的宝宝更早学会走路。

挫败的经验（第一次尝试放开父母的手就摔倒了）可能会推迟宝宝迈出第一步的时间。如果是这种情况，宝宝可能会等到站得很稳时才尝试，这时他可以熟练地站起来，而不会像之前那样笨拙。如果宝宝情绪不佳，因出牙、感冒或耳部感染而没有精神和活力，也会耽搁他的行走计划。

总是将宝宝圈在游戏床、婴儿车、汽车安全座椅内，或是很少让宝宝通过站立和爬行锻炼自己的肌肉、培养信心，宝宝可能要晚一些才会走路。给宝宝足够的时间和空间来练习扶着东西起身、爬行、站立、迈步。宝宝赤着脚可能会做得更好，因为在迈出第一步时，他需要用脚趾抓住地面——穿袜子会很滑，而鞋子又硬又重。同时，要不断鼓励宝宝，有些爱坐的宝宝需要哄哄才愿意动起来。还可以通过游戏的方式激励他跟在你后面（“宝宝来抓我！”）。

记住，宝宝准备好了，他就会稳稳地站好。在这之前，不要在意到达这一里程碑的时间——享受这个过程

和宝宝玩游戏要小心

现在宝宝可以走路或差不多会走路了，你可能想尝试一些经典的童年活动：父母各站一边拉住宝宝的手甩向空中，说着“一、二、三……飞啊！”。但是要小心，因为宝宝的关节还不是很结实，突然扭转或拉动手臂可能会使宝宝的手肘或肩膀脱臼。虽然脱臼很容易治疗（医生会将滑脱部位快速复位），但会很疼。为了避免脱臼，不要直接用力拉宝宝的手臂，从腋窝抱起宝宝即可。

（宝宝会经历磕磕碰碰，从不会站到能迈出很多步），胜利就在前方。

害羞

“妻子和我都非常开朗，但是儿子很害羞，这让我们很惊讶。每当有人跟他说话，他都会躲起来挡住脸。”

现在就认定宝宝没有遗传你们性格开朗的基因，或没有继承你们的性格特质，未免太早了。毕竟，他跟他人的互动还有限。他表现出来的害羞，其实是这个年龄段的宝宝对社会的试探。有的宝宝看到陌生人，特别是高大又不熟悉的人，会把自己的脸藏起来（婴儿车后面、你的肩膀上），这是正常且合乎情理的反应。未来，宝宝也许会成为一名活跃分子，但现在他面对的情况可能是：

• 陌生人焦虑。有些宝宝在 7 个月时，就会不想面对爸爸妈妈以外的人，而有些宝宝快到一周岁时，才开始回避陌生人（还可能包括宝宝认识，甚至非常熟悉的人，参见第 424 页）。

• 分离焦虑。一些社交场合往往需要宝宝与爸爸妈妈分开，在游戏小组或家人朋友想抱起宝宝时，他会黏在你身上，这并不是害羞的信号——宝宝只是担心要离开你去冒险或者和他人接触。

•“陌生”焦虑。对刚会移动的宝宝来说，世界是一个要去探索、令人兴奋的地方，但也是一个可怕的地方。面对环境的变化，大一点的宝宝常常会畏惧陌生的事物，并通过连续性和一致性获得安慰（爸爸妈妈一直在身边）。

• 社交焦虑。害羞其实就是缺乏社交经验。你这么多年一直在说话，而宝宝还不会开口。你去过的地方不计其数，可宝宝还没有去过游乐场。还有他的身高——跟宝宝接触的都是比宝宝高得多的人。所以，宝宝在社交场合感到焦虑不足为奇。

当然，有些宝宝（和有些大人一样）天性比较害羞，有些宝宝后天的性格是慢热型，也有些天生更外向一些。现在说宝宝会在社交方面落后他人还为时过早，给宝宝贴上“害羞”的标签会阻碍他发挥社交潜能（贴标签也会让他以为自己就是个“害羞的孩子”或“捣乱分子”，所以在任何年龄，都要避免给孩子贴标签）。在社交场合，要温和地支持和鼓励宝宝，而不是强迫他面对自己的恐惧——当他把脸埋在你怀里的时候，不要让他面对陌生人。生日聚会时，你和宝宝一起坐在地板上玩，会让他觉得更舒适，而不是催促宝宝微笑，和其他人问好，甚至坐到别人的腿上。让宝宝按自己的节奏和方式慢慢学会回应，也要让他知道，如果他需要你的腿或肩膀藏起自己的脸，你一直都在。最终，宝宝会破茧成蝶，在人群中起舞。

第一次生日聚会

关于生日聚会，一岁的宝宝知道多少呢？真的不多。所以父母要控制给宝宝举办一个盛大生日聚会的冲动——寿星宝宝在这样的压力下（太多人、太兴奋、太多的娱乐方式）会吃不消，可能会在庆祝的过程中一直哭个不停。所以，在计划宝宝的第一次生日聚会时，考虑办个小规模的。要想设计一个值得纪念而不是让人轻易忘记的生日聚会，参考以下几点。

只邀请少数人。人太多，哪怕都是熟悉的面孔，也会让宝宝无所适从。除非宝宝可以应对很多人，否则就只邀请一些关系亲密的人——少数家庭成员和好友。如果宝宝喜欢和其他宝宝玩耍，可以邀请两三个同龄的宝宝和他们的父母（可以承担照看自己孩子的职责）。如果他不喜欢，最好不要在第一次生日聚会时开始他的社交生涯。

适当地装饰。网上可以买到各种装饰，一些装饰你可能很喜欢，宝宝却不喜欢。太多气球、彩带、横幅、面具、帽子，和太多的人一样，会让宝宝难以应对，所以装饰要简单。如果气球塞满了场地，记住在聚会结束后处理掉它们——宝宝可能会误食气球爆炸后的橡胶碎片，造成窒息。聚酯薄膜的气球更好一些，但气球上的细绳也存在安全隐患。简单、安全的小礼物，例如色彩鲜艳的大橡皮球、纸板书、沐浴玩具很适合这个阶段的宝宝，可以送给小客人。

提供安全的零食。聚会时受欢迎的一些零食会有让宝宝窒息的风险，比如巧克力豆、彩虹糖、软糖，还有橄榄、爆米花和坚果。选定聚会菜单要谨慎。

选好时间。聚会的时间安排很重要。尽量按照平时的日程安排好一整天的活动，以保证宝宝良好的作息和饮食（不要以为他会在聚会上吃东西，就省略正餐）。不要把聚会安排在午饭后（容易疲劳），让疲劳的宝宝参加聚会往往会变成一场灾难。聚会要短，最多一个半到两个小时，否则在聚会结束甚至还没结束的时候，宝宝就已经疲惫不堪了。

不要请人来表演。小丑和魔术师或其他表演可能会吓到宝宝和他的玩伴，一岁的宝宝往往非常敏感。这一刻可能还给宝宝带来快乐，下一刻可能就会吓到他。也不要尝试组织宝宝们参加正式的聚会游戏，他们现在还不适合。但如果有几个小客人，可以拿一些玩具出来，让他们随意玩耍，同一类玩具要够多，以免争抢。还可以安排适龄的手工活动，宝宝和父母可以一起参与（准备一堆纸和可洗水彩笔、蜡笔）。

不要强迫宝宝表演。如果宝宝能在相机前笑一笑，和其他宝宝玩，好奇地打开每个礼物，并且发出欢呼，那当然最好——但不要强迫宝宝。如果你在聚会前一个月给宝宝很多机会练习，那么他能学会吹灭蜡烛，但不要期望他配合，也不要施加压力。相反，让他做自己，不论是在聚会拍照时害羞，还是在展示走路本领的时候不愿意自己站着，或者在拆礼物时他情愿玩盒子，也不要盒子里昂贵的礼物，随他去。

吃蛋糕、砸蛋糕。要是不玩砸蛋糕、把蛋糕糊在脸上，生日聚会怎么算完整？不论是什么蛋糕，在拿出来之前，最好让宝宝只穿尿布（防止粘得满衣服都是）——为了安全起见，一定要去除蛋糕上的蜡烛和其他可能导致窒息的装饰物（包括糖果）。

记录、留念。聚会很快就会结束，所以非常值得用很多照片或视频记录下这些瞬间（最好让别人来做这件事，你可以好好享受这个过程的每一刻）。说到享受——确保你是真的享受此刻。小型、随意一些的聚会另一个好处就是玩得更开心，不会觉得太累——你开心了，周围的人也会更开心。

社交技巧

“过去几周，我们一直参加一个游戏小组，我发现宝宝不和其他孩子一起玩。怎样才能让他开始社交呢？”

放松，再等等，这需要一段时间。宝宝至少要到 18 个月后，才真正具有社交能力——就像你在游戏小组看到的那样。虽然游戏小组的宝宝可能会有互动（通常仅限于抢夺另一个宝宝的铲子，或是把别的宝宝从自己看上的玩具旁推开），但大多数宝宝的游戏都是平行的——他们可以并肩玩游戏，但不能一起玩；可能非常喜欢看其他宝宝玩耍，但不一定会和他们一起玩。当然，宝宝通常都是以自我为中心的，他们还无法认识到其他宝宝是最好的玩伴。事实上，他们仍将其他宝宝视为移动的、有趣的物体。

在这个年龄，这一切都是正常的。虽然经常参加游戏小组（或日托）的一岁宝宝可能会在社交方面发展得更快，但每个宝宝最终都会发展出社交能力。如果你的宝宝喜欢自己玩（或者像往常一样喜欢抱着你的腿），却被强迫与游戏小组的其他宝宝玩耍，不仅不会促进他的社交能力的发展，反而会让他变得更加敏感。为了获得最佳效果，你可以为宝宝提供社交机会，让他按照自己的节奏参加活动——不必在意这个节奏是快是慢。

当然，有更多的社交机会也意味着更多的争吵、抢玩具、不愿分享及不愿轮流玩——这都是这个阶段宝宝的正常行为。

让离乳的宝宝睡觉

"女儿醒着时，我根本无法让她按时睡觉——她总是要吃奶才能睡着。我怎么才能让她晚上喝一杯牛奶就睡着呢？"

宝宝以自己的方式吮吸，可以轻松地进入梦乡。给宝宝喂奶也会让你轻松地获得一个宁静的夜晚。但如果要让宝宝离乳，从现在开始，就需要为他的睡眠多做一些努力了。为了实现这个目标，按照以下方法，可以更好地离乳（实际上，即使你打算保留睡前那次奶，不依赖乳房就能睡觉也是宝宝需要养成的习惯）。

保留之前的睡前规律。每个晚上都按计划进行各项睡前活动，无论对宝宝还是成年人都有用。如果你还没有为宝宝制订睡前(包括白天的小睡)程序，就从现在开始。可以设置一个一起做游戏的计划，让宝宝释放旺盛的精力，睡前不吃最爱的母乳也很困。想了解更多相关内容，参见第 340 页。

增加新的变化。离乳之前，让宝宝在睡前吃些小零食（如果还没列入计划中的话）。可以在宝宝换好睡衣后，给他讲故事时吃。零食要少，但要满足宝宝的需要。宝宝一周岁之后，可以吃一块全麦小松饼，喝半杯牛奶(如果可以喝牛奶的话)，或者一块奶酪、一块饼干、几片香蕉。零食可以代替母乳，牛奶还有安神催眠的作用。如果你之前早早就给宝宝刷牙，现在应该等吃完零食再刷牙。如果宝宝刷牙之后渴了，可以让他喝些水。

改掉旧习惯，但不要用新习惯代替。离乳后，摇晃、唱歌或其他睡眠辅助措施可以帮助宝宝入睡。但如果想让宝宝形成自主睡眠习惯，需要让他知道如何自己入睡。可以在睡前活动中给宝宝很多拥抱，然后在他打瞌睡但还醒着的时候，把他放在床上。如果你想多待一会儿，可以拍拍宝宝，哄哄他。更多关于帮助宝宝自己入睡的内容，参见第 335 页。

可能会有一些哭闹。刚开始时，宝宝会抗拒这种新尝试，可能会大声哭闹。很少有宝宝会愉快地接受转变，如果不是妈妈哄睡，有些宝宝可能会更容易接受（妈妈的乳房会一直提醒宝宝还没有吃奶）。但也可能宝宝已经做好了离乳的准备，那么不需要喂奶，他也会很快睡着。同时，要准备多种哄睡方式。

换张床

“我们想在6个月内再要个宝宝，需要将儿子从婴儿床换到大床上吗？”

宝宝的最佳睡眠地点是他的婴儿床，即使他很快就有个弟弟或妹妹。专家建议将宝宝从婴儿床换到大床的年龄一般是两岁半到三岁，或者宝宝有90厘米高。在那之前，你的宝宝在婴儿床内是安全的——特别是宝宝还没有想爬出来的时候（大多数一岁的宝宝还不会试图爬出来）。毕竟，如果晚上宝宝从婴儿床里爬出来活动，存在很多风险。

多一个小婴儿也用不着让还没学会走路的大宝宝换到大床。最好给第二个宝宝买或借一个婴儿床，也可以等大宝宝做好准备时，给他换一个可以转换为儿童床的婴儿床。还可以将小婴儿放到摇篮里，然后将摇篮放到便携式婴儿床上。

用枕头和毛毯

“我不敢给宝宝用枕头或毛毯，因为有婴儿猝死综合征的风险。但现在他快一岁了，让他用枕头或毛毯是否安全？”

成年人觉得，如果没有一个枕头可以枕着或软软地抱着，床就不能称之为床了。但是对出生开始就睡在平坦的床上的宝宝来说，枕头和毯子都不是必要的——因为不知道需要这些，所以他们不会受影响，也不会睡不着。虽然最有可能出现窒息和婴儿猝死综合征的阶段已经过去，但大多数专家认为，没必要在婴儿床里放枕头。另外，因为宝宝睡觉时会翻来翻去、转动身体，还移动位置，所以他们的头不会一直枕在枕头上。可以等到宝宝换床之后再给他用枕头。

至于毛毯，也是同样的建议——晚用比早用好。虽然有些家长会在12个月时给宝宝用毛毯，但专家对宝宝一岁半之前用持观望态度。毛毯可能会缠住一个活泼的宝宝，如果他可以从床上站起来，还容易被绊倒、撞伤，然后情绪低落。许多家长会选择夹棉的连体睡衣，这样在寒冷的夜晚也能让宝宝保持温暖。

给宝宝挑选枕头和毛毯时，不要按自己的偏好选择蓬松的，要选择小而平坦的枕头和轻便的毛毯。

不知道宝宝喜欢什么？从安全角度考虑，可以将宝宝爱不释手的小而舒适的安抚物品放在床上。从卫生角度(特别是当宝宝整天不离手时)……这是另一个话题了。参见第424页，了解更多关于安抚物品的内容。

食欲下降

“宝宝之前胃口很好，最近突然就没胃口了，只吃很少的东西，而且总是迫不及待地想离开餐椅。他是不是病了？”

更多情况下，妈妈希望让宝宝多吃点。但如果他继续按小时候的饭量吃，继续以同样的速度长身体，那么很快就不再是小宝宝，而要长成小胖墩了。第一年，大多数宝宝的体重会增加 3 倍，但在第二年，宝宝的体重只会增加 1/3。因此，现在食欲下降是宝宝身体的正常调整，以确保体重增长率正常下降。

还有其他因素会影响宝宝的饮食。在第一年的大部分时间里，进餐是宝宝最喜欢的时刻，不论是躺在妈妈怀里还是坐在餐椅上。现在，吃饭意味着要打断“一天的日程”。他更愿意

如果宝宝不能喝牛奶

一岁的宝宝可以不再喝配方奶，开始喝牛奶。如果他对纯牛奶过敏，儿科医生会建议改用植物奶代替。但你可能会担心宝宝无法从中获得足够的脂肪，因为植物奶的脂肪仅是全脂牛奶的一半。不用担心，虽然单独食用其他奶类无法为二岁以下的宝宝提供大脑发育所需的脂肪，但在宝宝的饮食中，牛奶不是脂肪的唯一来源。可以询问医生，宝宝如何才能通过其他食物满足身体对脂肪的需求——从均衡的饮食中，他还是可以获得足够的脂肪，比如牛油果、坚果（如果宝宝不过敏）、肉类和食用油。二岁后，宝宝对脂肪的需求会大大减少，基本与成年人相同。但是牛奶中的钙和其他营养成分又该如何补充呢？有些牛奶替代品中，这些成分特别丰富，跟宝宝的儿科医生商量，他会帮你选出最适合一岁宝宝的（不管是哪一种，都要选择不含糖的）。

• 豆奶：蛋白质和钙的含量（如果选的是强化配方）可以和牛奶媲美。另外，豆奶中的脂肪和低脂牛奶的脂肪含量接近。

• 杏仁奶：含有一些脂肪（有益的单不饱和脂肪），富含维生素 E 和钙。最好选择添加了钙和维生素 D 的强化奶（大多数都是）。缺点是蛋白质含量低，而且，宝宝如果对坚果过敏就不能喝。

• 椰奶：富含脂肪，但蛋白质和钙含量低（有些强化奶添加了钙和维生素 D）。

• 米浆：脂肪和蛋白质含量低，热量超过很多牛奶替代品，最不容易过敏。有些米浆特别添加了钙和维生素 D。

• 亚麻籽奶：富含 Omega–3 和 Omega–6 脂肪酸，蛋白质含量适中。很多添加了增稠剂，不好闻。

爬来爬去，而不是坐着吃米糊（有很多事情要做、很多地方要看、很多东西要玩——时间根本不够！）。

独立意识增强也会影响宝宝对吃饭的态度。随着成长，宝宝希望在餐桌上拥有自主权，而不是听你安排。最好接受宝宝的菜单，不再用勺子喂，慢慢引导宝宝吃手指食物（也可以让他练习用勺子）。或许你给他准备的食物太多，而他根本吃不完——宝宝的饭量很小。减少分量，宝宝就不会那么抵触食物（吃完了还可以再加）。也许，宝宝喝了太多饮品，没有胃口了（减少用奶瓶和训练杯喝东西，特别是果汁）。

宝宝不爱吃饭，可能是因为他不喜欢坐在餐椅上，而更想和家人一起坐在餐桌边——增高餐椅可以减少宝宝被孤立的感觉，让他重新享受吃饭的乐趣。如果宝宝在餐椅上坐不住，没必要让他继续坐着。宝宝还可能因为出牙而暂时没有胃口。感冒也可能让宝宝胃口不佳。

尊重宝宝的胃口。只要宝宝仍然健康成长，没有出现严重疾病的症状，就不用在意他的饮食摄入量减少。另外，强迫、哄骗、催促要收碗、要求他再吃一口都会让宝宝抗拒进餐。事实上，按照自己胃口进食的健康宝宝，吃下的量完全可以让他们茁壮成长。你要做的是，继续提供营养食物。他要做的是，想吃多少就吃多少。

食欲增加

“我以为一岁时宝宝的食欲会下降，但我女儿的食欲却似乎在不断增加。她不胖，但我担心她一直保持这样的食欲会发胖。”

有些宝宝会因为喝的东西少了，而增加吃的东西。已经离乳或将要离乳的宝宝，或正在从奶瓶过渡到杯子的宝宝，从牛奶和其他饮品中获得的热量可能不足以满足他们的需求，于是他们会通过摄入更多食物来补充。虽然你的宝宝似乎吃得更多了，但她只是通过不同方式来摄入同等热量。

也许，她吃得更多是因为她处在一个生长发育期；也可能是因为她变得越来越活跃了——她经常走动，身体需要更多热量。

无论丰盛与否，健康的宝宝只要按胃口进餐，就会继续以正常的速度生长。只要宝宝的体重和身高的比例没有突然变化，就不需要担心。更应该关注食物的质量而不是数量（如果宝宝想吃两碗水果，没问题，但如果想吃两碗冰激凌，不可以）。

还应注意一点，宝宝和大人一样，会因为其他原因吃东西，也就是说，并不是由于饥饿才吃。

你购物的时候会给宝宝吃零食让她满足吗？或者当她渴望拥抱、觉得无聊、摔倒或受伤时，都用零食来解决？如果一直以来你没有意识到她正在养成这样一个坏习惯，现在，该采取一种更明智的做法，只在宝宝饿时才给她吃东西。

拒绝自己吃东西

“我儿子可以自己吃东西了，已经自己吃过好几次了。但现在他却拒绝自己吃东西，我不喂就不吃。”

即使宝宝现在掌握了越来越多的技能，也越来越接近一直渴望的独立，但他内心还想做个宝宝，不愿意太早独立、什么都自己做。所以，他开始在继续做一个宝宝和快快长大中寻找平衡。也许，他会放开你的手，稳稳地自己站住，却希望你喂他吃饭。至少现在，他愿意坐在那儿，等着你帮他拿起奶瓶或装满食物的勺子，享受婴儿阶段最后的轻松惬意。

最终，宝宝会继续长大。在他还想要人喂时，就喂他吧，不用紧张。用奶瓶、杯子、勺子喂他，但不要强迫他吃东西。在正餐或零食时间，多给他手指食物——如果经常锻炼这5根手指头，他就能更熟练自如地开始自己吃东西(宝宝现在还不会用勺子)。还要记住，不要为了保持整洁而不自觉地阻碍这些尝试（未来的一年里，

可以吃坚果吗？

很多宝宝和家长都是花生酱爱好者，它便宜又美味，而且富含蛋白质、膳食纤维、维生素E和多种矿物质，即使挑食的人也爱吃。

还有一个理由让人想将它加入宝宝的饮食：早点吃花生酱，能降低宝宝日后患花生过敏的风险。可以向儿科医生咨询，了解什么时候、怎样将它引入辅食比较好，因为每个宝宝的情况都不一样。通常，只要皮肤点刺试验结果呈阴性，花生过敏风险高的婴儿（患有严重湿疹或鸡蛋过敏）应在4～6个月内尽早摄入花生制品，患有轻度湿疹的婴儿应在6个月时开始食用，没有湿疹或任何食物过敏的婴儿可在6个月后的任何时候开始食用。

由于花生酱很浓稠，为最大程度地降低噎住的风险，只在食物上薄薄地涂一层（必要时用水稀释），绝不能让宝宝用手指或勺子舀着吃，要等到4岁后才可以这样大块地吃。可以给宝宝吃含有花生的玉米泡芙，也可以将少量奶油花生酱充分混合到苹果酱或其他水果泥中。

这些方法通常也适用于坚果(杏仁、核桃、腰果）和坚果黄油。坚果一定要切碎或捣碎才能给宝宝吃。整颗坚果（比如花生）有造成窒息的风险，4～5岁前不应食用。

宝宝的餐桌都不会太干净）。

在宝宝自己吃东西时，可以对他的主动和努力给予赞美，还要继续关注让他知道，爸爸妈妈不喂他，并不意味着就不爱他了。

越来越强的独立性

“我的小女儿似乎无法下定决心要做什么。上一分钟她还缠着我，我去哪儿她都跟着，我工作时，她也要抱着我的腿。下一分钟，我坐下来抱她时，她却想离开。”

你的宝宝做好独立的准备了吗？或许，这取决于具体情况，取决于今天发生了什么（学会了走路，还是又跌倒了），取决于她现在的心情（换好了尿布、吃饱了，还是又饿又累、精神疲惫），甚至取决于周边的环境（家里气氛紧张，她会更黏人）。

但最主要的是，取决于她表现独立的方式。如果她发现了某个明亮耀眼的东西，想走近看一看，她就会立刻去看个究竟——毫不犹豫地离开你，这是她独立的表现。你跟她玩的时候，你起身去看手机上的消息，这是你独立的表现，不是她的——在她看来，这可不好——她会反对你离开，需要你的陪伴。

跟大多数大宝宝一样，你的女儿正徘徊在渴望独立和面对恐惧之间。如果你在忙别的事情，尤其是如果你走得很快，宝宝跟不上时，她会担心失去你的拥抱及你给予的爱、归属感、舒适感和安全感，所以她会缠着你。等到她觉得完全拥有了你，她才会充满信心地放手，继续尝试自己的独立探索。

当她对自己的独立探索感到更舒适，并且意识到无论她长到多大，你们依然是她的爸爸妈妈时，就不会那么矛盾了。但是，她内心的这种依赖和独立之间的纠结会在童年时期反复出现，青少年时期，甚至成年以后也会出现。

你可以通过给她更多安全感来帮助她独立。如果你在厨房做菜，而她待在客厅的游戏床里，那么可以和她说说话，不时出来看看她，或让她“帮”你，例如在洗菜时将她放在水槽边的餐椅上，给她一根西葫芦和一个柔软的蔬菜刷，让她自己忙活。支持和表扬宝宝表现出的独立，当她跌倒回来向你寻求安慰时，要耐心安抚。更重要的是，对宝宝的期望要实际一点——她只能自己玩几分钟。

同时，你也要清楚自己有多少时间来回应宝宝的需求。当你收拾背包时，只能让宝宝抱着你的大腿哭闹；当你忙于处理工作时，只能时不时地抽空关注一下宝宝。让宝宝知道你一直爱她、会满足她的需求很重要，但同样重要的是，要让宝宝知道其他人也有自己的需要。

叛逆

“我儿子自从学会摇头和说‘不’之后，对什么都摇头，即使有些东西是他想要的。”

恭喜，你的宝宝发育正常。而且随着宝宝的这种转变，你将在未来一年看到越来越多这样的行为，这就是叛逆。

虽然接受它很难，但叛逆是宝宝发育中正常且健康的一部分。这是他第一次做自己的主人，不再依靠父母——他可以（或即将可以）依靠自己的双脚站立，做独立的自己。他决定掌控自己的命运、定义自己的个性、宣布自己的主张，挑战自己和你的极限。虽然还没到很任性的程度，但他已经发现可以选择自己的方法，并且只要坚持，就有可能让别人听他的。他有自己的意见，也不害怕表达出来，尽管他自我表达的方式很有限。他会发现最有影响力的意见就是“不”，即使他只是摇摇头，也有用。

幸运的是，在这个阶段，宝宝所说的“不”并不像他表示的那样激烈。他可能对刚刚还喊着要吃的香蕉说“不”，或在你问他想不想玩秋千时摇头——有时他不是真的反对。就像学习站立和走路一样，学习如何说“不”和如何摇头也是一项技能——他需要不断练习，即使用得很不恰当。在宝宝学会点头肯定之前，他会不停地摇头，这并不是因为他想否定，而是因为这个动作不复杂、很容易完成、不需要太多的协调能力。

有时可以通过运用语言技巧避免宝宝的叛逆。如果你不希望听到“不”，那么不要提出可以用“不”来回答的问题。不要问“你要苹果吗”，而是问“你想要苹果还是香蕉”，让宝宝指出喜欢的那一个。不要问“你想玩滑梯吗”，而是问“你想玩滑梯还是秋千”，但是要有准备，有些宝宝可能还会用“不”来回答你的选择题。

至少在未来一两年，你会经常遭遇宝宝叛逆，而且这种情况会加剧。应对叛逆的最佳办法就是保持积极乐观。对宝宝的“不”反应越强烈，你

一岁后继续……

你是否觉得自己已经了解了宝宝的叛逆？相信你已经瞥见宝宝的任性，也许宝宝已经发过一两次脾气，这只是未来几年生活的预演——这些以自我为中心的行为会越来越多，他们会让你着迷也会让你生气，会让你喜悦，也会让你沮丧，在测试你作为父母的机智和耐心。从小吃货到充满仪式感的人，宝宝总是以自己独特的方式生活——需要父母不断地猜测，不断寻求建议，来养育这古怪又独立的孩子。快满一岁时，一些宝宝会开始出现很多典型的幼儿行为。

听到的“不”就越多，尽量忽视宝宝的否定，同时强化宝宝的各种积极行为。正确地看待这个问题，并在宝宝否定的时候保持幽默感，虽然不能减少宝宝说“不”，但可以帮助你轻松应对。

看电视

“准备晚饭时，我会让宝宝看一会儿电视，这样是不是很不好？可只有这个办法才能长时间吸引她的注意力，让我能腾出空做一些事情。”

电视是一个随叫随到、可靠、能取悦宝宝的免费“育儿保姆”。但专家们认为应该拒绝这个“保姆”，至少大部分时间要拒绝。虽然有很多为婴幼儿设计的电视节目，但美国儿科学会和相关儿童发展研究机构都建议不要给 18 个月以下的宝宝看电视。美国儿科学会认为，一岁以下的婴儿跟不上连续的画面和节目中的对话，所以看电视毫无意义。

而且，18 个月以内看太多电视对宝宝的发育有潜在的负面影响。研究表明，宝宝看的电视画面越多，接收到的口语就越少——即使是打着所谓开发脑力旗号的节目。人际交往可以促进大脑的快速发育，与之相比，看电视只会让感官接收到混乱的信息。宝宝无法消化电视屏幕上一闪而过的画面，电视节目中接二连三的信息轰炸会让宝宝的大脑超负荷，刺激他们的感官神经。电视节目对大脑的帮助还比不上简单的口语交流，甚至会妨碍宝宝语言能力的发展。

看电视不仅阻碍了语言发展，还有其他坏处。在电视机前的时间越多，运动、玩耍、发挥想象力、因为好奇而去探索和创造，还有阅读的时间就会越少。看电视还会增加肥胖的风险，引发专注力问题及攻击性行为。

看电视有没有好的一面？对许多父母来说,的确有。宝宝有电视“照顾”了，你就可以在没日没夜的育儿日常中让自己休息片刻，还可以抽空洗衣服或做饭；宝宝安静了，你可以在下班后和家人聚一聚。

听上去熟悉吗？很多父母都跟你一样——有 90% 两岁以下的宝宝会观看一些媒体内容（电视、平板电脑或一些应用软件）——这意味着大部分父母面临着和你一样的现实。不管研究、调查的结果如何，专家如何建议，家长还是会让宝宝看电视，而且经常看。

最好不要给宝宝看电视，如果让他看，采取一些措施，确保宝宝受到的负面影响最小。

- 定好时间。可以想象，说好的“我把碗洗好，你看 5 分钟”，很容易变成 20 分钟甚至更长。所以将时间限制在每天 10 ~ 15 分钟。如果有必要，可以定一个闹钟，一定要遵守时间。给宝宝选择每集时间很短的节目。

• 一起观看。专家认为如果宝宝要看电视，最好和父母一起看。通过问问题、用手指着画面，还有讨论节目主题，都能让看电视变得具有教育意义，并增加亲子互动，而这些是宝宝独自看电视得不到的收获。这并不是说你必须和宝宝一起坐在电视机前(可能没有时间)，但是在准备晚饭的过程中，可以每隔一两分钟，讨论一下节目里的内容："那个男孩和别人分享他的玩具，真棒！"或者跟宝宝一起唱节目里的歌曲。

• 精心挑选。即使你已经限制了宝宝看电视的时间，也要让这时间发挥作用。挑选为宝宝设计的节目，语言要简单，时长要短。宝宝看的节目速度要慢，有音乐，能吸引宝宝，有互动性，并具有一定的教育意义。

在让宝宝观看前，你可以先了解一下，确保节目有教育性，倡导正确的价值观，而且不含暴力内容（有些动画片的暴力内容让人震惊)。另外，给宝宝看的节目不能像大多数公共频道那样含有商业广告或广告植入。

你的宝宝开始大声喊着要遥控器？宝宝养成看电视习惯的速度比你想象的要快，如果现在不限制看电视，以后就很难限制了。可以用更有趣的活动来转移宝宝的注意力，以后限制宝宝看电视时，就会少一些痛苦。

为幼儿设计的电子产品

"宝宝总是抢我的手机和平板电脑，对屏幕操作很感兴趣。我是不是该给他下载一些软件？"

你的宝宝是不是已经开始在屏幕上点一点、滑一滑、敲一敲了？毫无疑问，宝宝未来的生活中高科技无处不在，但宝宝不需要这么小的时候就接触高科技。实际上，绝大多数专家认为一定要限制 18 个月以下宝宝的屏幕时间——不论是电视、电脑的屏幕，还是平板电脑、智能手机的屏幕，而且最好不要让宝宝接触电子游戏。

过早让宝宝玩电子游戏有哪些缺点？一方面，不同于其他游戏，电子游戏并不能很好地提升智力。宝宝在地板上玩拼图时，他会想该如何拼，然后将手里的拼图与图片对比一下，最后将它拼上。宝宝在平板电脑上玩拼图游戏时，他可能会随机移动屏幕上的图片，这种方式无法培养创造力。玩电子游戏时，宝宝的想象力仅限于软件提供的范围，但宝宝与泰迪熊或各类汽车玩具玩角色扮演游戏时，他的想象力是无限的。另外，玩电子游戏的时间太长，会减少宝宝学习重要的生活技能的时间，比如自控力和社交能力，这些技能无法从网络中学会。

幼儿最快的学习方式是通过探索周边的环境，而不是通过滑动屏幕。这就是为什么他们应该按传统方式玩游戏——应该玩看得见摸得着的玩具，比如积木、娃娃、卡车和分类玩具，翻看书籍，在公园看鸟儿从一棵树飞到另一棵树，学习如何把沙子装进桶里，闻一闻花的香味，用蜡笔涂鸦，哄一个泰迪熊入睡，拍打水花。

宝宝不是完全不能接触电子产品，生活中也难以做到（你的手机就放在身边，宝宝可以拿到），但在这个阶段，让宝宝尽可能少接触科技产品，有非常充分的理由。研究表明，玩太多电子游戏、过度使用电子产品，会抑制宝宝的创造力和社交能力，造成眼睛疲劳、过度刺激，以及体育运动减少（敲屏幕可不是锻炼）。此外，宝宝还小的时候，他周围的世界（从超市里友好的女士到人行道上的松树，从呼啸而过的消防车到骑车的小女孩）就是最好的“端口”——在这里，宝宝的生活和学习交织在一起，对他日益累积的智力有着重大的影响。

如何允许宝宝使用一些科技产品又不会带来负面影响？牢记以下原则。

• 每次使用的时间不要太长。将时间限制在每天 10 ～ 15 分钟。玩太多电子游戏可能会导致宝宝在社交、情感、身体和智力发育上投入的时间减少。玩电脑会妨碍宝宝通过传统的方式学习，还可能导致他受到过度刺激。如果过度依赖这些刺激，宝宝今后就无法专注于一些更安静的娱乐方式（如阅读和画画），也无法集中注意力听老师讲课。

• 让宝宝玩电脑要有正当理由。电脑软件和游戏（即使是学习类游戏）的主要目的是提供娱乐、刺激，很少有教育作用。在餐厅或医院排长队时，电子产品可以转移他的注意力，避免发脾气。它们或许还可以让宝宝变成电脑高手，但并不能提高智商让宝宝有出色的学习力。如果你经常依赖电子产品来解决一些特殊情况下的问题（如宝宝觉得无聊），那么宝宝也会依赖这些东西填充自己的娱乐时间——而不是一些需要想象力和聪明才智的事情。

• 跟宝宝一起玩。不要把宝宝单独放在电脑前，或递给他一个平板电脑让他自己玩。可以在他玩的时候和他互动，就像给他读书时那样。根据屏幕上的图片问问题（“小猫在哪里？”），如果有宝宝不懂的地方，用手指着说出来（“看那朵花，它是红色的，叫作玫瑰花，一朵红玫瑰”）。

• 选对内容。电子游戏的画面和歌曲都要简单。查看应用软件的评论，或者去相关网站看测评。让宝宝玩之前，自己要先了解。如果是让宝宝自己看的课程，要注意几点：确保电脑上的内容适合宝宝观看（没有暴力、恐怖图片，或刺耳的噪音），并且与你希望宝宝学习的内容相吻合，还提供了学习办法。

• 选择适龄游戏。不论大孩子们

玩的电子游戏和软件看上去多么有诱惑力，它们都可能让正在认识现实世界的小宝宝受到过度刺激而不知所措。所以，要避免选择大孩子的游戏——认真阅读介绍和网上的测评，尽量选择适合小宝宝的游戏，以及专为他们设计的软件。

• 不要强迫。如果你决定不让宝宝使用电子产品，想让他坐在你腿上，一起唱《晚安，月亮》，不用担心自己耽误了宝宝进入网络世界。今后，他会有大把的时间上网。

父母一定要知道：激励一岁的宝宝

说第一句话，迈出第一步，交第一个朋友，第一次发脾气……宝宝在第一年的成长中收获满满，经历了许多了不起的里程碑事件——很多是你在一开始无法想象的事情。随着宝宝（爬着或走着）进入第二年，又会迎来更多精彩的成就。宝宝正飞速成长着，要征服的世界也在扩大。帮助宝宝开启征程吧——迎接新挑战、磨炼新技能，收获更多的第一次。可以通过下列方法给予帮助。

提供安全的环境。总是担心这个年龄的宝宝练习走路（或爬行）时遇到危险？确实值得特别注意，但不要过度保护。要成功度过这个时期，宝宝需要机会去冒险——一些可控的风险：停下来闻一闻花的香味，躲在树后瞧一瞧路的尽头在哪里、石头下面有什么，爬到滑梯上，把靠垫堆起来，或在楼梯处爬上爬下。当然，你要设置限制（从床上爬下来可以，但跳下来不行），你还要一直保持警惕（不要低估宝宝闯祸的能力），还得在家里做好防护工作（包括在楼梯的顶部和底部安装安全门）。但把宝宝限制在一定范围内（不管是在游戏床、婴儿车，还是婴儿背带里）会妨碍他进行重要的探索，包括对世界、对自己的探索。

变换环境。除了自己家、私家车和超市以外，宝宝看过的世界非常有限，真是无趣。你对门外的世界习以为常，宝宝却觉得一切都是新鲜的。宝宝应该走出去——即使天气不好，也是一种学习。带宝宝畅游游乐场、公园、博物馆、美术馆、科技馆、玩

宝宝已经能看到……

所有家长都希望宝宝能够看向他们所看的方向。一些有趣的研究显示，宝宝确实会看向父母（或其他成人）所看的方向，而且这个时间比以前认为的要早很多。科学家发现，如果成人先看一个物体，那么 12 个月大的宝宝也会看这个方向的物体。研究人员认为，这说明宝宝已经了解眼睛的重要性，并且开始用它们来寻找线索。

具商店（可以告诉他这里是玩具博物馆）、餐厅、农贸市场、宠物商店、商场，以及有很多橱窗、可以看到很多人的繁华商业区。

提供大量玩具。我们身处的世界有时候本身就是一个大玩具，但为了给宝宝提供更多的体验，要给宝宝提供一些玩具，去锻炼各种能力（包括创造力、想象力、智力和社交能力）。

• 推拉玩具。推拉玩具可以为刚学会走路的宝宝提供练习的机会，增强自信（还可以支撑住身体）。如果这些玩具还可以用来“采购”日用品，或者运输一个“宝宝”那就更好了，它们自带想象空间。宝宝可以两腿分开坐在骑乘玩具上，通过双腿轮流蹬地实现独立行动。

• 美术用品。每个宝宝都可能成为莫奈，你要做的就是释放宝宝的艺术天赋。为宝宝提供蜡笔、可洗水彩笔和短粗的粉笔，让他在各种平面上涂鸦——粘贴在地板或茶几上的纸张、一张大白板、一个小画架、一块可擦的板面——比如黑板。担心宝宝在墙上画？如果宝宝不恰当地使用蜡笔和水彩笔，或是把它们放进嘴里（或鼻子、耳朵里），应立即没收。钢笔、中性笔和铅笔的笔尖锋利，宝宝用的时候要严密监督，或干脆不要给宝宝用。手掌画很有趣，但有些宝宝可能不喜欢把手掌弄得脏兮兮的（如果出现这种情况，不要强迫宝宝）。

• 音乐玩具。让宝宝敲击玩具键盘、木琴、手鼓、摇铃鼓或节奏棒。鼓励宝宝即兴创作音乐（尽管会吵得人头疼）——把两块板子放在一起敲。当然，还可以更简单——播放歌曲，让宝宝随着音乐摆动。

• 取放玩具。宝宝喜欢将东西放入盒子，再从中取出，他们会先学会拿出来，再学会放进去。你可以专门购买塞塞乐玩具，也可以用家里的一些安全物品，比如空箱子、篮子、木勺、杯子、盘子、餐巾纸，等等。在大扫除的时候，也可以玩取放游戏（宝宝更擅长拿出来，放进去还不熟练，可以多练习）。如果你在家里，可以让宝宝倒入、倒出沙子、大米或水（可以让宝宝仅在浴缸或高脚餐椅的托盘里进行），这些是大多数宝宝喜欢的材料，但需要大人在一旁监督。

• 形状分类玩具。宝宝在会说出圆形、方形或三角形之前，就已经学会识别这些形状了，并且可以正确地将它们放入形状配对玩具中。一旦发现窍门（看起来很简单，但需要宝宝手部的灵活性和空间感知能力），他们会玩得不亦乐乎。和宝宝一起玩，在宝宝有点沮丧时，给他帮助。

• 灵巧度玩具。可以旋转、扭动、推、拉和按的玩具能激励宝宝用各种方式锻炼自己的手。宝宝达到一定的敏捷度要很长时间，但要给他机会锻炼精细运动技能。可选的玩具有：钉

保护学步期宝宝：加强预防

宝宝正变得越来越聪明，动作越来越协调，但他的判断力还需要很长时间才能赶上智力和运动技能的发育。宝宝现在会想出新的方式来“惹麻烦”，而他的智力和运动技能会使他处于更危险的境地。

随着宝宝进入人生的第二年，父母应该保持警惕并且采取各种安全预防措施，还要提高安全等级。因为宝宝已经或即将学会走路，而且他将成为一位熟练的攀登者。这意味着家里什么东西都要上锁，以保证宝宝的安全。检查时，不仅要看宝宝在地上够得到的地方，还要看他通过攀爬可以够到的地方。最好将可能危害宝宝安全的东西移开或封起来。还要考虑到，宝宝非常聪明，他会想尽办法够到自己想要的东西——把书堆起来够到架子高处的东西、踩着椅子够到窗户，站在板凳上够到灶具。另外，要确保宝宝可能会攀爬的东西（桌子、椅子、书架）都能支撑他的重量。要继续设置限制（“你不能在这儿爬！”），但是不要奢望他明天能记住今天的限制。

板玩具、橡皮泥（别让宝宝误吞）、绕珠玩具、木偶和活动魔方。

• 在水里玩的洗浴玩具。玩水真的很快乐。除了水花四溅之外，宝宝还可以用杯子一直玩装满水再倒空的游戏。可以用不同尺寸的杯子教宝宝“大”和“小”的概念；也可以用杯子教“满”和“空”的概念（先装满水，再倒出来，杯子就空了）。动物形状的沐浴玩具（例如橡皮鸭、鼻子可以喷水的橡皮大象）可以让宝宝认识动物（一座浮在水面的动物园！）。浴缸也是吹泡泡的好地方，但是你可能需要自己吹泡泡，让宝宝戳破。

• 书籍。你无法在客厅里养马、大象和狮子，但宝宝可以在书籍或杂志中看到这些动物。白天和宝宝多看几次书，让他可以接触到书架。每次的时间可以很短，几分钟就够了，因为宝宝的注意力有限，即便这样也可以为未来的阅读打下坚实的基础。

• 过家家用的玩具。玩具餐具、游戏屋或厨房、食物模型、玩具电话和医生工具包、扫把、卡车和轿车、娃娃和婴儿车、玩偶、帽子、大人的鞋子、购物纸袋、空的手提包、沙发靠垫……几乎任何东西都可以神奇地变为宝宝虚构世界中的一部分。这种游戏不仅可以培养宝宝的想象力和创造力，还可以开发社交技能和协调能力。

鼓励、欣赏和耐心。在宝宝掌握新的技能时，要为他喝彩。取得成就让开始显露自我意识的宝宝感到骄傲，如果能收获父母的肯定，他会格外喜悦。但不要过于频繁地喝彩，因为你的目的是让他实现更多成就，而不是迷恋喝彩。(如果每迈出一步都有掌声，还需要学习别的吗？)

你可能会想，什么时候宝宝对一项活动的注意力可以更久一些？虽然宝宝在学步期掌握的技能突飞猛进，但他们的注意力还没有跟上——特别是需要坐着的活动（例如听故事、搭积木）。如果宝宝注意力持续的时间短，要给以理解，不要强迫一岁的宝宝去超越自己，也不用担心——随着宝宝长大，他们注意力持续的时间也会增加。

第 18 章　带上宝宝去旅行

在还没有成为父母之前，任何季节都适合旅行。在湖边小屋避暑，在温暖的海滨过冬，周末滑雪，在葡萄酒小镇悠闲漫步，或在落叶纷飞的秋日去旅行，住温馨的家庭旅馆，说走就走。你要做的，就是打包行李，订好飞机票和酒店，然后……出发。

现在呢？考虑到收拾行李的难度，以及要带着宝宝穿过大街小巷去买东西，要准备一个为期两周的度假（或仅仅是去孩子奶奶家过两天）似乎压力太大了。没什么事情像旅行一样需要花费大量的心力。

不过，你仍然可以带上宝宝去旅行。虽然不像之前一样无忧无虑、轻松自在，但同样可以成行，体验不一样的乐趣。

带着宝宝出发

还记得以前那些说走就走的周末吗？你精力充沛，把几件衣服和化妆品装入小旅行箱，去自己想去的地方旅行。但宝宝出生后，这样的生活戛然而止。现在，计划旅行的时间比旅行的时间还长。带着宝宝旅行，要做以下准备。

减少行程安排。忘记那些 5 天穿梭 6 个城市的行程，要适当放慢速度，留出一些机动时间——可能会在路上多花 1 天时间（别说 4 小时的车程了，3 小时对宝宝就已经很长了），在海滨多玩一下午，或早上去游泳。总而言之，安排要灵活。

不能只带你的护照。不能用你的护照带宝宝出国。任何人都要用自己的护照——要预留足够的时间办理。

让医生检查。如果打算出国旅行，提前让医生检查，确保宝宝身体健康，并准备可能用到的药物，包括处方药和非处方药，以防在当地临时买不到。做好宝宝可能会意外生病的准备，带上儿童止痛药（可以咨询医生万一宝宝生病，可能用到什么药物）。

另外，确保宝宝已进行过免疫接种，特别是在要出国旅行的情况下。有些国家需要进行特殊的免疫或预防性治疗。旅行之前，可以从宝宝的医生那里了解相关的信息。

睡眠安排。不论住在酒店还是奶奶家，确保每个晚上宝宝都有安全的地方睡觉。一些酒店或民宿会提供婴儿床，有的会收费。提前预订，并确保婴儿床的安全（参见第40页，了解婴儿床的安全原则）。当然，你也可以带一个便携式婴儿床。但在旅行中(特别是你打算轻装旅行的话)，最方便的办法就是租赁婴儿装备，包括婴儿床（还有婴儿车）。寻找一家资质合格、信誉良好的网上或本地租赁机构。如果需要，可以让他们送货、安装，旅行结束后，他们会来取走（当然，这都要收费）。

如果宝宝只会爬，考虑带上插座保护盖、马桶锁，或者任何你觉得在你们住的地方用得到的安全防护用品。到达目的地后，不要让宝宝靠近打开的窗户、百叶窗或窗帘绳、电线、小冰箱或其他有风险的地方。

寻找育儿保姆服务。一些酒店和度假村可能会提供育儿保姆服务，但区别很大。可能只是给你当地家政公司的一串号码(你得自己打电话雇人)，一些大型度假村可能为家庭游客提供托管方案。如果你希望在旅途中有独处或过二人世界的时刻，那就打电话咨询。一旦到达后，要像对自己家的保姆那样仔细询问各种事宜，如果可以，面试保姆，确保你要雇的保姆通过了审查、获取了执照、上好了保险、持有急救资格证，并已进行过免疫接种。提前和保姆见面，以确定找到的保姆合适。

外出装备。如果你独自带宝宝旅行，或带了不止一个宝宝，以下装备会让出行更容易一些。

- 婴儿背带或背巾。这样可以空出双手拿行李——登机或取行李时很必要。从地上拿起旅行箱时记得要弯曲双腿，弯腰幅度过大宝宝会掉下来。
- 大一点的宝宝要用轻便、带防护罩的婴儿车。
- 便携式婴儿椅——布制的，几乎不会增加行李的重量。
- 汽车安全座椅。
- 宝宝的玩具。软包边的婴儿镜、一两个拨浪鼓，还有一个可以吸引注意力的毛绒玩具。给大一点的宝宝带上一个忙碌板和几本绘本，再带两个可以动手操作的益智玩具，如绕珠玩具、按键玩具、活动魔方。不要带有很多零件的玩具，以防丢失。体积太大不好打包、噪音大的玩具都不要带。如果宝宝正在出牙，带几个可以让他咬的物品。
- 一块换尿布时用的隔尿垫。

在出发前保持现状，避免不必要的改变。例如，出发之前不要让宝宝离乳——陌生的环境、生活规律的改变都很难应对，不要再增加额外压力。而且，旅行中母乳喂养最方便，宝宝也舒适。也不要引入辅食，在家用勺子喂宝宝吃饭已经很有挑战性了。但如果宝宝已经准备好吃手指食物，可以在出发前引入一些。方便一口咬的零食能让宝宝在旅途中忙起来，并保持心情愉快。

如果宝宝晚上不愿睡觉，旅行前也不要尝试睡眠教学——旅行期间，宝宝可能再次夜醒、哭闹，这样既让你筋疲力尽，也会影响其他人。

开车旅行

开车长途旅行，要牢记下列几点。

确保宝宝坐婴儿汽车安全座椅。不论是长途还是短途旅行，也不论坐什么车（私家车、出租车），这点都很关键。如果你经常自驾游，或经常打车，必须知道如何在不使用基座的情况下，利用汽车安全带安装婴儿安全座椅（出发前可以在家中练习）。如果要租车，询问租车公司是否能提供安全、性能完备的婴儿汽车安全座椅（要收费），以及座椅的型号。不过，能带上自己用的最好。

遮挡阳光。怕刺眼的阳光伤害宝宝的眼睛？如果汽车后座车窗还没有安装遮光帘，那就在出发前装好。

旅途中的节目。宝宝闷在车里可能会不开心。如果车里没有婴儿镜，就装一个，让他有点娱乐，并在安全座椅上系一些安全的玩具。下载宝宝爱听的音乐，重温一下自己会的童谣和歌曲，到时候说或唱给宝宝听。

要经常休息。带着宝宝旅行，没你预想的一半有趣（可能毫无乐趣可言），而且比你预想的要漫长一倍。最好在宝宝睡着时开车，宝宝醒着时要经常休息。停车后，让宝宝出来呼吸新鲜空气，给他换尿布，吃点零食，让他活动一下。对宝宝来说，短暂的休息也能补充活力。

计划好时间。尽量在清晨或晚上出发，这样宝宝一路上大部分时间会睡着——取决于他的睡眠规律。郑重提醒：确保司机是清醒的——出发前要休息好，最好能轮流开车，只要司机累了，就一定要停车休息。

带上清洁用品。带宝宝旅行很难保持整洁。确保带上了足够的湿巾、洗手液、装尿布的一次性袋子（还可以接晕车的呕吐物），以及足够的纸巾，用来擦拭洒出的液体。给宝宝和照顾宝宝的人多准备一套衣服（放在随手可以拿到的地方）。

确保安全。

- 大家都系好安全带；
- 禁止疲劳驾驶（疲惫时容易出现事故）；

• 禁止酒后驾驶；

• 禁止一边开车一边打电话；

• 禁止开车回信息或邮件；

• 把沉重的行李或可能飞起来的物体放在后备厢或固定好；

• 禁止在车内吸烟。

坐飞机旅行

打算和宝宝坐飞机旅行？记住下列建议。

提前预订机票。许多（并不是所有）航班可以选座。如果可以，在去机场前将登机牌打印出来，或者到达机场后在自助值机设备处打印。

错峰出行。去目的地的乘客少，安检的队伍就短。飞机上人少，乘坐体验会更舒适，空乘的服务更周到，宝宝也不会打扰到太多人。所以预订机票前先了解航班的乘坐情况。同样，尽量选择在宝宝睡觉时间飞行的航班（晚上的航班适合长途旅行，白天宝宝小睡时间的航班适合短途旅行）。也许宝宝会按照生物钟在飞行时睡觉。做好心理准备：一旦航班延误，再好的出行方案也会受到影响。

直飞航班和转机。大多数情况下，路上时间短，对大家都好。有时白天的直飞航班时间太长，让人很疲劳（对宝宝、对你，还有坐在身边的旅客们）。如果你觉得跨国飞行太久，那就考虑将直飞分解成两段更短的旅途（这样做还可能节省机票费用）。中间的转机时间要够长，不用太赶，也有足够的时间吃点东西、清洁、给宝宝换尿布（在机场的卫生间里给动来动去的宝宝换尿布比在飞机上容易得多）。如果有合适的地方，让宝宝爬一爬，释放下精力，看看飞机起飞和降落，还可以去机场的儿童乐园玩（如果有的话）。但在一个地方待太久，也会让宝宝觉得无聊。

多买一张机票。虽然两岁以下的宝宝乘坐飞机只需要支付成人票价的10%（宝宝坐在你的腿上，不单独占用座位），还是可以考虑另外买一张成人票。看上去浪费钱，但这会让你们乘坐、玩耍、吃东西都更方便。另外，也安全得多——给宝宝系上安全带，或让他坐在婴儿安全座椅里，在飞机受到强气流影响时不容易受伤。

如果和另一个成年人结伴出行，在飞机乘客不多的情况下，可以预订同排的两个座位，一个靠近过道，一个靠窗，中间隔着一个空座位。如果你特别说明有一个婴儿，有些航班不会同意出售成人机票。如果这个座位没有被预订，就可以有一个免费座位给宝宝用。如果有人坐，要问问坐在中间座位的人是否愿意和你们当中的一位交换座位，否则，只能在整个飞行过程中越过中间的人反复传递宝宝。

选择靠过道的座位。选择靠过道的座位——不然每次起身去给坐立不安的宝宝换尿布，或出去走一下，都在考验邻座的人的耐心（如果带了婴儿安全座椅，乘务员出于安全考虑，不会同意把它安放在过道边）。父母们都喜欢坐在最前排座位，因为有多余空间让宝宝玩耍，还有些飞机将这个空间用来放置婴儿摇篮。这样做的问题是：打开小桌板时会挡住腿，宝宝就没有地方坐，扶手通常也不能抬起来（这意味着宝宝无法在两个座位之间躺平小睡），最糟糕的是，座位下方没有储存空间（所有行李，包括尿布包，都必须放在行李架上）。

检查行李。为避免取行李耽误时间，提前检查一下贵重物品或必带物品（尿布包和随身包包）。可以用轻便的伞车带宝宝出门，出门时检查好行李，也可以把行李放到婴儿车袋子里，更安全一点。

提前计划安检。要尽早计划。如果是多次飞行，为了让安检更轻松，可以申请走快速通道。不论走什么通道，过安检时轻便的伞车都是最实用的工具。而且可以三两下折叠起来，放到传送带上。你还可以带着伞车直接到达登机口，上飞机前将它放到舱门口，着陆后直接在舱门口取了用。

安检时，第二实用的工具是方便穿脱的鞋子，这样在被要求脱鞋检查时就不会手忙脚乱——一定要穿袜子，以防光脚站在脏地面上。你可以抱着宝宝过安检（不能用背带或背巾），但安检员如果要给你单独检查，你们都得抬起手臂——因为你抱着宝宝，在安检时无法完成全身扫描。

可能要同时过安检的还有你携带的配方奶、母乳、婴儿食品、果汁（以满足宝宝在飞机上的需要），要提前了解有关规定。

慎重考虑是否要提前登机。如果你乘坐的航班为带孩子的家庭提供提前登机的服务，考虑一下是否利用这个便利。没错，提前登机可以让你有更多时间带着宝宝和婴儿用品穿过拥挤的过道，提前放好行李，提前入座。但也意味着宝宝会提前厌烦，因为要在飞机上多待半个小时——宝宝会在你怀里动来动去，想玩游戏，这并非你期望的事情。

向乘务员求助。如果独自带宝宝坐飞机，不要羞于向乘务员求助（但要有礼貌）。毕竟，手里抱着宝宝不可能把旅行箱举起来放到行李架上。可以请乘务员（或其他乘客）帮忙。

做好没有飞机餐的准备。一些航班的经济舱不提供食物，最多有一点零食。提前打电话问清楚飞机上提供什么，是否可以买到婴儿食物。飞机上的零食通常无非是一瓶饮料和一小袋混合零食，因为有引起窒息的风险，不能给宝宝吃。不管航空公司承诺有什么食物，登机时一定要带上宝宝现在能吃的零食。有时候飞机延误会导致错过正餐时间，餐饮车送餐速度非常慢，宣称的“特别美食”并没有出现（也没有那么特别）。

多带备用物品。随身包里尽可能多装点玩具，带上双倍的尿布，足够多的湿巾和洗手液，至少一套宝宝的备用衣服、一件你的备用 T 恤（宝宝的口水、呕吐物可能溅到你身上）。别忘记给宝宝多带一件外套——飞机上温度可能比较低，再带上一块毛毯。

安全第一。如果宝宝有座位，就把航空公司许可的婴儿安全座椅带上飞机，确保自己知道如何在不使用基座的情况下安装。不满一岁的宝宝要采用面朝后的坐姿。如果没有给宝宝买有座位的机票，将安全座椅带到舱门口，如果邻座有空位可以用。如果旁边没有空位，乘务员会帮你安置好。这样可以避免在常规行李检查时被搬来搬去（可以为婴儿安全座椅购置专门的保护袋）。

如果宝宝坐在你腿上，不要用安全带将你们系在一起——轻微的撞击也会造成严重伤害。将自己的安全带系紧，抱住宝宝，靠近你的腰部，飞机起飞和降落时可以扣紧手腕，把宝宝抱紧一些。不要让宝宝独自在过道上爬，或在座位前的地面上睡觉或玩耍，否则在飞机突然遇到气流时有受伤的风险。

还要仔细了解关于氧气面罩的信息，询问在宝宝没有自己座位（没有面罩）的情况下，飞机上是否有多余的可以用。一般每排（或每片区域）会额外提供一个。记住：按照安全须知，要先给自己戴上氧气面罩，再给宝宝戴。万一在低氧的紧急状况下佩戴顺序出错，你可能因缺氧失去意识，导致一个面罩也没来得及戴上。

起飞前做好清洁。用消毒湿巾清洁宝宝的手或嘴巴可能接触的地方，还有其他乘客经常触碰的地方——椅子靠背、扶手、桌板和遮光板。

注意保护耳朵。海拔和气压的变化会让宝宝耳朵不适。可以在起飞和降落时喝东西，通过吞咽平衡鼓膜内外的压力（飞机在跑道上加速时或飞行员通知准备降落时开始喝）。可以让宝宝用奶瓶、训练杯或吸管杯喝。如果没有东西喝，就用安抚奶嘴或咬咬袋来代替。宝宝会不停吮吸，分泌唾液吞咽下去——万不得已，可以用医用注射筒将水注射到宝宝嘴里。哺乳会让宝宝舒适，但出于安全考虑，飞机起飞和降落时不应给宝宝哺乳。

如果这些都不管用，宝宝一直大哭，那就忽视其他乘客投来的眼光。至少哭闹会帮助平衡宝宝鼓膜内外的压力，并缓解疼痛。

如果出发前宝宝出现鼻塞，最好先看医生，请医生帮忙清洁，因为鼻塞会造成咽鼓管不通，飞行时耳朵会因为压力差更疼。还可以在起飞和降落之前给宝宝鼻子里滴几滴生理盐水缓解鼻塞。

乘火车旅行

如果不赶时间，可以带宝宝乘火车旅行，避免自己开车的疲惫，也免去要记住机场各种注意事项的烦恼。另外，旅途中宝宝有了更多活动的自由，有更多东西可以吸引他的注意力（不用开车，大家都处于放松状态），还可以享受窗外变换的风景。注意以下几点，可以让旅行更轻松。

提前订票。提前订好票，就不用在车站排长队购票了。如果可以选择车厢和座位，尽量选择相连的座位。

选好时间。旅游旺季游客很多，所以尽可能避免假期出行。夜间出发的火车是个不错的选择，宝宝在旅途中可能一直在睡觉。

正确打包。如果只坐一晚火车，你的随身包只需装晚上要用的东西：备用衣服、尿布，还有其他婴儿护理用品。这样就不需要打开行李箱去找东西。还有一个好处，放好大件行李后，随身行李减少，座位旁的空间会更宽敞。

提早到站。尽量在火车到站之前到达车站，预留充足的安检和排队时间，而不要在火车快出发时才赶到。

请志愿者帮忙。如果车站有统一着装的志愿者服务，可以找他们帮忙。志愿者会帮你把行李送到火车上，你只要带着宝宝，不用自己搬运行李。

打发坐车的无聊。宝宝欣赏不了太久车窗外的风景，要多带一些玩具、书和纸笔等。

利用较长的停靠时间。哪怕停靠站台的时间只有 5 分钟，你和宝宝也可以下车活动一下（确保有人可以照看行李，留意及时上车）。

自己带零食。火车上有餐车，也售卖零食，但宝宝不一定愿意或能吃这些食物。和自驾、坐飞机旅行一样，带上零食和饮品。

第 19 章　呵护宝宝的健康

宝宝一旦生病，即使只是小病，父母也会比宝宝更难受，特别是第一个宝宝第一次生病时。如果宝宝体温升高——哪怕只比正常体温略微高一点,父母也会很焦虑。出现一点症状，父母都会惊慌失措，考虑是否要去医院，什么时候去（宝宝通常在午夜或周末生病），到医院前是否要给宝宝吃退烧药。

幸运的是，婴儿疾病通常都很轻微——多给宝宝一些拥抱，他们很快就能回归正常。但有要做好预防——通过健康的饮食、规律的生活习惯、及时进行常规体检和打疫苗等方式确保宝宝健康。当然，即使最好的预防工作有时也抵挡不住来势汹汹的病毒和细菌。所以，当宝宝生病时，知道如何应对很重要：如何评估症状、如何测量和读取宝宝的体温、给生病的宝宝吃什么、常见的婴儿疾病有哪些，以及如何处理。

宝宝的健康检查

大多数父母期待经常给宝宝进行健康检查。不仅仅是了解宝宝长大了多少，也希望医生能解答上次体检之后自己想到的无数个问题。记得把所有问题列下来，就诊时带上，向医生询问。

宝宝一般在出生一周后进行第一次检查。后期的检查时间取决于医院和宝宝自己（视宝宝健康需要而定），多数医生推荐在第 1、2、4、6、9、12 个月时进行婴儿健康检查。

每次健康检查内容会有所不同，但都会查看宝宝的生长、总体健康和发育情况。每次体检会包括下面的大部分项目。医生检查的过程很快，有些项目你可能都没有注意到。

- 询问医生宝宝上次体检后出现的问题。
- 医生询问你和宝宝目前的情况，

写给父母：如果有产后抑郁症状，请儿科医生筛查

没错，儿科医生是宝宝的医生，但妈妈的健康很大程度上会影响宝宝的健康。产后抑郁症（PPD）会让妈妈无法正常哺育自己的宝宝，造成宝宝发育迟缓（妈妈患了抑郁症，宝宝会不爱发声、不够活泼、面部表情少，更容易紧张，性格被动、沉默）。因为儿科医生比产科医生有更多机会和新妈妈接触（产后抑郁症一般在产后6周内发生），他们被认为是产后抑郁保卫战的第一道防线。这就是美国儿科学会建议在宝宝第1、2、4、6个月体检时，儿科医生要筛查新妈妈产后抑郁症的原因。

具体做法是让妈妈填写一份产后抑郁量表的问卷，来了解妈妈是否受到产后抑郁的困扰。如果你认为自己或爱人出现了产后抑郁的症状，主动请儿科医生筛查（不要等到症状严重，已经影响正常生活才预约检查）。及时诊断和正确治疗可以帮助新妈妈享受和宝宝在一起的新生活。

包括宝宝的饮食、睡眠和发育情况

• 测量宝宝的体重、身高、头围（并标注在生长曲线图上，以了解宝宝的发育水平）

• 评估视力和听力

• 全面体检（包括以下全部或者大部分项目）：

＊ 用听诊器听宝宝的心跳和呼吸

＊ 轻轻按压腹部，检查有无异常

＊ 检查宝宝的臀部，看有无髋关节脱位（一般会转动宝宝的双腿）

＊ 检查宝宝的胳膊、双腿、后背和脊椎，确保生长发育正常

＊ 用眼底镜或小电筒检查宝宝的眼睛，看能否正常反应和聚焦，并查看泪腺功能

＊ 用耳镜检查耳朵

＊ 检查鼻子，确保鼻黏膜健康

＊ 用压舌板快速检查口腔和喉腔，查看颜色是否正常、有没有发炎和肿块

＊ 触摸脖子和腋下，检查淋巴结

＊ 检查囟门（头顶上那块柔软的地方）

＊ 检查生殖器，看有没有出现疝气或隐睾（医生也会在宝宝的腹股沟处检查股动脉，看搏动是否强有力且稳定）

＊ 查看肛门，看有没有出现裂伤

＊ 查看脐带残端脱落和包皮环切术术后（如果有做手术）的情况

＊ 检查宝宝全身的肤色，另外看有没有皮疹和胎记

＊ 快速检查宝宝的反应能力

做好每次体检

健康的宝宝也需要定期看医生，第一年的健康检查可以让医生记录宝宝的成长和发育情况，确保一切正常。同时，这也是你带着问题向医生咨询的最佳时机，然后带着医生给的大量建议回家，继续努力呵护宝宝的健康。确保最大限度地利用每一次健康检查。

选好时间。预约时要避开宝宝小睡的时间以及任何容易哭闹的时间。另外要避开医生接诊的高峰，不然排队时间很长。如果你感觉需要多问一些问题，询问是否可以延长检查时间，这样不至于太仓促。

给宝宝吃点东西。如果宝宝肚子饿，看医生时就会哭闹、不配合。提前给宝宝吃点东西再做检查，或在等待时吃点东西（可以带上零食在等候时吃）。记住：别在检查之前给宝宝喝太多母乳或配方奶，否则检查时很容易呕吐。

选择容易穿脱的衣服。宝宝去做健康检查时，最好穿容易穿脱的衣服。带纽扣的衣服扣上和解开都要花时间，紧身的衣服很难脱下，不要穿这些衣服。如果宝宝不喜欢光着身体，不要太早把他的衣服脱下来，可以等到开始检查时再脱。

让宝宝舒适。没几个宝宝喜欢被医生拨弄身体——尤其还要躺在诊疗台上。如果宝宝抗拒，问医生做检查时可否让宝宝坐在你腿上。有些大点的宝宝会抓诊疗台上的纸，这样能转移他的注意力也可以。

做记录。还记得来之前想问的一大串问题吗？在候诊室等了 20 分钟，又在检查室待了同样长的时间让宝宝配合并冷静下来后，你可能什么都想不起来了。不要依赖记忆，最好带上问题清单（记在纸上或手机里）。还要快速记下医生的答复、建议和指导，以及宝宝的身高、体重、接种的疫苗等信息。

相信直觉。医生可能一个月给宝宝检查一次，而你每天都能看到宝宝。这意味着你能发现医生注意不到的细节。如果你觉得宝宝不对劲，即使不知道具体可能是什么病症，也要告诉医生。记住，父母是除医生外呵护宝宝健康最重要的人，直觉也是敏锐的诊断工具。

必要时换医生。不喜欢宝宝的医生？有时难免有意见分歧，如果你觉察到医生的治疗不恰当，当机立断换医生。但不要让宝宝的健康陷于被动，找到新医生前先维持原来的关系。确定新医生后，要将宝宝之前的医疗档案转过去。

* 随着宝宝成长，全面评估他的总体运动能力、行为能力和与人相处的能力

• 听取医生关于宝宝饮食、睡眠、发育和安全的建议

• 在没有身体不适的状况下，按约定时间接种疫苗。疫苗接种一般都安排在体检最后，这样宝宝哭闹也不会影响体检

回家后，在可以永久保存的电子文档、婴儿保健手册或应用软件上记录当天的检查结果（宝宝的体重、身高、头围、血型、胎记等）。

免疫接种

你或许听说过麻疹、腮腺炎和小儿麻痹症（脊髓灰质炎）这些婴儿疾病，但可能并不了解，也不知道谁得过这些病，病因是什么。免疫接种是人类历史上对公共卫生安全最伟大、最成功的干预。得益于免疫接种，一些大面积的流行病，如水痘、小儿麻痹症、白喉、麻疹、风疹和腮腺炎——曾经严重威胁儿童健康的一些致命性疾病——绝大多数都成了历史。

但只是大部分，并不是全部。世界各地仍有儿童疾病爆发，即便在今天的美国，这些疾病还是会发生在没有完全接种疫苗和未接种疫苗的孩子身上。为了得到疫苗的保护，所有儿童都应该进行免疫接种。虽然父母不忍心看针头刺进宝宝的幼嫩肌肤，但是按时接种疫苗是目前为止保护宝宝健康最有效的方法。阅读以下内容，能帮助你了解更多。（也可以直接阅览美国和中国的儿童疫苗接种时间表，参见第 514 ～ 515 页。）

关于疫苗的基本知识

在美国，宝宝在成长过程中，要接受以下免疫接种。

白喉、破伤风、无细胞百日咳疫苗（百白破，DTaP）。宝宝需要注射 5 次百白破疫苗（通常会和其他疫苗一起注射，以减少打针次数）。建议百白破疫苗注射时间为宝宝出生后第 2、4、6 个月，15 ～ 18 个月以及 4 ～ 6 岁之间接种。这种联合疫苗可以对白喉、破伤风和百日咳三种严重疾病进行免疫。

白喉通过呼吸道飞沫传播，如咳嗽、打喷嚏等。开始时会咽痛、发热、畏寒、声音嘶哑，然后在喉咙后部出现一层厚厚的白膜，阻塞呼吸道，进而呼吸困难。如果不及时治疗，毒素会在体内扩散，可能导致心力衰竭或瘫痪。10 个感染者中会有 1 个死亡。

破伤风不是传染病，但也是一种严重疾病，有时甚至致命。一般是由土壤中的破伤风梭菌经由皮肤上的创口进入人体。症状包括头痛、易怒，伴有疼痛的肌肉痉挛。

百日咳是急性呼吸道传染病，可能导致婴儿停止呼吸。它会引发剧烈的阵发性咳嗽，发出鸡鸣样吸气性吼声，但有些患儿可能完全不咳嗽。患儿中有 1/4 会发展成肺炎。百日咳还可能导致抽搐、脑损伤甚至死亡。

一些宝宝注射百白破疫苗后，注射区域会出现轻微的不良反应，例如触痛、肿胀或发红，通常在注射后 1 ～ 3 天内出现。有些宝宝在几个小时或一两天内会哭闹或食欲不振，低烧也是常见的反应。这些反应更容易在注射第 4 针后出现。偶尔也会有宝宝高烧超过 40℃。

脊髓灰质炎疫苗（IPV）。儿童应当接种 4 次脊髓灰质炎疫苗——

接种疫苗的注意事项

疫苗很安全，如果父母了解相关注意事项，就更安全了。

• 接种之前要给宝宝进行健康检查。如果宝宝生病了要告知医生。如果出现普通感冒或其他小问题，没必要将约定的接种时间延期，但如果宝宝发烧，就不能接种。如果医生建议延期接种，宝宝身体恢复后要尽快接种。

• 咨询接种会出现的不良反应。免疫接种的不良反应通常比较轻微（宝宝哭闹、接种部位有点红肿），不必过于担心。但也可以询问医生可能会出现的不良反应，并在注射疫苗后观察 72 小时（在注射麻腮风联合疫苗后要观察 1 ～ 2 周）。以防万一，出现下列任何一种症状（通常不会很严重），要通知医生。记住：有些症状看上去和最近的免疫注射相关，但它们可能由并不相关的疾病引发——这也是要通知医生的另一个理由。

* 发烧超过 40℃；

* 痉挛或抽搐（短时间内身体抽搐并失去意识和反应能力，持续大概 20 秒，通常由发烧引起，并不严重）；

* 注射一周内意识状态出现明显改变；

* 精神萎靡、反应慢、嗜睡；

* 过敏（嘴巴、面部和喉咙肿胀，呼吸困难，长皮疹）。注射部位轻微红肿是正常的，不必过于担心（冷敷可以缓解）。

记录宝宝免疫注射后出现的不良反应和健康情况。

• 将疫苗厂商的名字和疫苗批次、伴随的任何反应都记录在宝宝的健康手册里。每次健康检查时带上疫苗接种记录，及时更新。

• 如果出现严重不良反应，要及时通知医生。

分别在出生后2、4、6～18个月和4～6岁时注射，特殊情况除外（到小儿麻痹症高发的国家旅行时应当加快免疫）。

脊髓灰质炎在美国曾是每年导致近名儿童死亡的可怕疾病，通过免疫接种，如今在美国基本消失了。该病毒通过接触感染者的粪便（例如换尿布时）或飞沫传播，会导致严重的肌肉疼痛，还可能造成瘫痪，也有些患儿只出现轻微症状或毫无症状。

脊髓灰质炎疫苗一般不会产生副作用，注射处可能出现些许肿胀或发红，过敏反应也极少见。如果首次接种后出现严重的过敏反应，之后通常不再接种。

麻疹、腮腺炎和风疹联合疫苗（麻腮风，MMR）。儿童要至少注射两剂麻腮风疫苗，第1剂在12～15个月注射,第2剂在4～6岁注射(只要在首次注射28天后，就可以注射第2剂）。如果宝宝要出国旅行，建议早点注射麻腮风疫苗（6～12个月大时）。这种疫苗可以很好地预防麻疹、腮腺炎和风疹。

麻疹是严重的疾病，会引起并发症，甚至导致胎儿致命。风疹症状通常很轻微，难以察觉。但如果孕妇被感染，可能会导致胎儿先天缺陷，所以建议在早期进行免疫接种，一方面可以保护女婴长大后孕育的胎儿，另一方面能降低胎儿在妈妈怀孕时被感染的风险。儿童期很少因腮腺炎出现严重问题，但成年后感染腮腺炎可能造成严重的后果（例如不孕或耳聋），因此建议尽早进行免疫接种。

麻腮风疫苗的不良反应非常轻微,通常注射后1～2周才出现症状。有些孩子会轻微发烧或出现皮疹（不具传染性）。研究尚未发现麻腮风疫苗和孤独症或其他发育障碍有联系。

宝宝还小，可能没有接种疫苗，但如果暴露于麻疹，也可以接种麻腮风疫苗（超过6个月大，暴露后72小时内）或免疫球蛋白疫苗（IG）。

水痘疫苗（Var）。建议宝宝在12～15个月时注射一次水痘疫苗，另一次在4～6岁时注射。出过水痘的儿童无须注射疫苗（他们不会再出水痘）。数据显示，70%～90%接种过一针疫苗的儿童不会出水痘，接种两针保护率接近100%。注射了单针疫苗后，少数人仍会感染水痘，但通常比未接种的人症状轻微。

水痘一直是最常见的儿童急性传染病之一，通过飞沫传播。会导致发烧、嗜睡,出现周身性疱疹,瘙痒明显。通常无大碍，但偶尔也会导致严重问题，如脑炎、肺炎和继发性细菌感染。一些年龄大的人感染后还可能出现并发症。对患有白血病或免疫缺陷疾病的儿童、服用类固醇等抑制免疫系统药物的儿童、未接种疫苗的母亲所分娩的新生儿来说，患水痘是致命的。

写给父母：大人也要接种疫苗

小时候，你按时去接种疫苗，打加强针，听大人说“疼一下就好了”，现在那些日子早已远去，你已经为人父母，还需要再接种疫苗吗？当然需要——为了保证自己的健康，尽一切可能减少患重疾的风险。接种了疫苗，得相应疾病的概率会大大降低，就不大可能传染给你的宝宝。美国疾病控制与预防中心建议照顾宝宝的人接种下列疫苗，也要参考你之前的就诊经历和身体情况。

流感疫苗。如果有哪种疫苗成年后还要接种，首先就是流感疫苗。医生建议每年秋冬注射流感疫苗（或用喷雾式疫苗）。感染流感病毒会让成年人非常不适，对婴幼儿、老年人、患慢性病及免疫系统受损的患者（包括孕妇）来说则更危险（甚至致命）。如果你要照顾宝宝（或目前已怀孕），建议接种流感疫苗，确保 6 个月以上的宝宝也接种。每年秋天你和宝宝身边的人都需要接种流感疫苗——流感疫苗的持续保护作用不像其他疫苗那么持久，因为病毒每年都在变化。

破伤风、白喉、百日咳疫苗（Tdap）。适合青少年和成人接种。如果你在过去 10 年没打加强针（或小时候没有接种过），现在就需要注射疫苗，以保护自己和宝宝——百日咳通常是由未接种疫苗或未完整接种疫苗的父母传给宝宝的。应选择 Tdap 疫苗，而不是 Td 疫苗，后者不能预防百日咳。准妈妈每次怀孕期间都要打一剂加强针，不管之前有没有接种过——美国疾病控制与预防中心建议在妊娠末期（第 27 ~ 36 周）打加强针。

麻疹、腮腺炎和风疹疫苗。即使你已经接种过，但有时疫苗的免疫力会减弱，你（特别是如果你计划再次怀孕）和未被保护的宝宝都有感染的风险。今天这些疾病仍然存在，随着越来越多的人出国旅行，这些疾病也在世界范围内传播。

水痘疫苗。如果你小时候没有出过水痘，也没有接种过疫苗，现在出水痘就可能变成很严重的疾病（成人发病症状要比儿童严重得多）。如果在孕期或刚生下宝宝时患病，你和宝宝都极其危险。

推荐有特定风险因素的成年人接种甲肝疫苗（如果工作或旅行中会接触到甲肝病毒、生活在甲肝高发区或使用了血液制品帮助凝血）和乙肝疫苗（针对医护人员、透析患者及去乙肝高发区旅行的人）。

水痘疫苗非常安全。极少数情况下，注射处会发红或肿痛。少数儿童在接种几周后，会出现轻微皮疹。

b 型流感嗜血杆菌疫苗（Hib）。一般建议宝宝在第 2、4、6 个月时各注射一剂疫苗，第 12 ~ 15 个月注射第 4 剂加强疫苗（有些疫苗只需要注射 3 剂，分别在第 2、4、12 ~ 15 个月时）。

这种疫苗旨在预防具有致命性的 b 型流感嗜血杆菌（其实与流感无关），这种细菌能在婴幼儿中引起大范围、非常严重的感染。它通过飞沫传播，在没有出现该疫苗之前，美国每年有数千儿童因这种细菌患上血液、肺部、关节、脑部感染（如脑膜炎）。脑膜炎会导致永久性脑损伤，甚至死亡。

b 型流感嗜血杆菌疫苗的副作用很小。极少数儿童会发烧，注射处发红或触痛。

乙型肝炎疫苗（hep B）。需要注射 3 剂。建议在出生后 24 小时内注射第 1 针，1 ~ 2 个月时注射第 2 针，6 ~ 18 个月时注射第 3 针。如果产前检查表明你是乙肝病毒携带者，宝宝出生时除了要接种第一针乙肝疫苗外，还要立即注射一剂乙肝免疫球蛋白，防止被感染。

乙型肝炎（有慢性也有急性）通过感染者的血液和其他体液传播。感染病毒可能后果严重，比如在未来引发肝硬化和肝癌。美国每年约有 5000 人死于慢性乙肝的并发症。注射了乙肝疫苗，宝宝基本无须担忧将来患上这种可怕的疾病。

乙肝疫苗的副作用包括轻微肿痛、易怒，但并不常见，且持续时间短。

甲型肝炎疫苗（hep A）。甲肝灭活疫苗需要注射两针，宝宝 12 个月时注射第 1 针，2 岁时或至少间隔 6 个月后打一次加强针。如果所在地区流行甲肝，年龄较的儿童之前没有注射疫苗，也可以接种。

甲肝也是肝脏疾病，在美国每年有 12.5 万 ~ 20 万人被感染，其中 30% 是 15 岁以下的儿童。病毒通过患者的粪便、被污染的食物和水传播。6 岁以上孩子出现的症状包括发热、食欲不振、腹痛、呕吐、黄疸（皮肤和眼睛变黄）。甲型肝炎很少像乙型肝炎那样会造成终生的影响，但仍然是一种严重的传染病。通过免疫接种，可以在儿童早期轻松预防。

甲肝疫苗的副作用很小，注射处触痛或低烧都很罕见。

肺炎球菌疫苗（PCV）。宝宝应当在第 2、4、6 个月时各注射一针，在 12 ~ 15 个月时加强接种一针。肺炎球菌疫苗可以防治肺炎球菌，这种病菌容易引发严重的疾病，通过飞沫传播，冬天和初春多发。大量研究和临床试验表明，PCV 疫苗对某些类型的脑膜炎、肺炎、血液感染，以及其他相关的威胁生命的感染，都有非常显

有关疫苗的谣言

对疫苗的大多数担忧都没有根据。不要因为这些谣言而拒绝给宝宝接种疫苗。

谣言：同时注射多种疫苗——不论是一次注射多种还是注射联合疫苗——都不安全。

事实：不论是同时注射多种接苗，还是多次注射单独的疫苗，都既安全又有效。医生已经采用多种联合疫苗，比如一种百白破、乙肝、脊髓灰质炎联合疫苗，还有另一种麻腮风、水痘联合疫苗。联合疫苗可以减少宝宝打针的次数——这点你和宝宝一定喜欢。一次注射多种疫苗在安全和有效性方面通常不存在问题，但不能同时接种麻疹疫苗和乙肝疫苗，会影响效果。

谣言：其他宝宝进行了免疫接种，我的宝宝就不会得病了。

事实：有些家长认为，如果其他宝宝进行了免疫接种，自己的孩子就无须接种了——因为这些疾病不存在了。然而，并非如此。首先，如果其他父母也认同这个观点，即他们认为自己的孩子也无须接种，这会使疾病有爆发的可能性。其次，未免疫的儿童会使免疫的儿童（和其他未免疫及没有完成全部免疫的儿童）处于疾病风险中。因为疫苗的有效性是 90% 左右，群体接种比例高虽然能抑制疾病的扩散，但不能消除疾病。所以这么做不仅会让你的宝宝暴露在危险中，还会危害到其他宝宝。还要记住，有些疾病，如破伤风，并非是传染性疾病，没有进行免疫接种的儿童如果被生锈的物体割伤，或者有泥土渗进擦伤处，都有可能感染——群体免疫并不能保护孩子。

谣言：疫苗已经清除了儿童疾病，所以我的宝宝不会生病了。

事实：真相是许多疾病仍然存在，可能会给未免疫的儿童带来伤害。1989—1991 年，因为美国学龄前儿童接种麻腮风疫苗的比例降低，导致患麻疹人数剧增——5.5 万人患病，123 人死亡。2006 年，在美国中西部几个州，腮腺炎爆发，感染了 4000 多人。专家认为，这场近 20 年来第一次大规模的疾病爆发始于一位来美国旅行的感染者。感染者来自英国（免疫接种比例更低），因为美国当地接种疫苗的人群比例不够高，导致疾病传播开来。2010 年，腮腺炎在纽约爆发，感染了 2000 多名儿童和青少年，其中不少人出现了严重的并发症。而百日咳每年都会导致严重疾病和多起死亡病例，有时会以流行病的发展速度扩散。另外，美国疾病控制与预防中心数据显示，2019年是1992年以来麻疹感染人数最多的年份——主要发生在未接种疫苗的人群中。

谣言：一种疫苗接种一次，就能给宝宝足够的保护。

事实：不接受完整的免疫接种会增加宝宝感染疾病的风险，特别是麻疹和百日咳。如果是需要分4次接种疫苗，要确保宝宝注射了所有的疫苗，获得足够的保护。

谣言：给娇小的宝宝注射多重疫苗，会增加感染其他疾病的风险。

事实：没有证据显示多重免疫会增加患糖尿病、传染病或其他疾病的风险。迄今也没有任何证据表明，多重免疫和哮喘等过敏性疾病之间存在联系。

谣言：宝宝打针非常疼。

事实：注射疫苗的疼痛只是暂时的，与患病的痛苦相比，为预防疾病而注射疫苗的疼痛微不足道。有一些方法可以减轻宝宝的疼痛。研究表明，注射疫苗时父母抱着宝宝并转移他们的注意力，会减少大哭的情况，在打针前或打针时给宝宝喂奶，也会减少痛感。也可以咨询医生，注射前给宝宝喂糖溶液，或提前20分钟使用麻醉乳膏。

谣言：疫苗中的水银有毒。

事实：大部分推荐接种的疫苗（麻腮风、脊髓灰质炎、水痘、肺炎球菌疫苗）根本不含水银（硫柳汞）。美国2001年后推荐使用的疫苗大多不含水银（中国2015年后也要求尽量避免在疫苗中添加含汞防腐剂），或含有极少量的水银（如流感疫苗）。大量研究表明，这种极少量的硫柳汞不会造成危害，而且流感疫苗中的水银从儿童体内排出的速度比吃鱼摄入的水银排出的速度更快，不会在体内累积。也有不含硫柳汞的流感疫苗，如果仍有顾虑，可以咨询医生。

谣言：疫苗会导致孤独症和其他发育障碍。

事实：尽管许多大规模的研究已经充分证明，疫苗和孤独症之间毫无关联，但相关的争议仍未停止——只要有人误导舆论，谣言就一直存在。美国一家联邦法院裁定常规儿童疫苗（包括受舆论关注的麻腮风疫苗）和孤独症之间不存在关联，目前也没有任何证据证明两者存在关联。这种疫苗—孤独症恐慌始于1998年，当时一位英国医生发表了一篇论文（研究对象仅为12名儿童），文章认为麻腮风疫苗和孤独症可能存在关联。发表了该研究的期刊在2004年撤回了论文，2010年这篇论文被发现存在数据造假，人为捏造研究结果，谎报结论，随后这位医生被吊销了行医执照。2011年《英国医学杂志》称这项有缺陷的研究就是“精心策划的欺骗”。总之，疫苗会导致孤独症的言论没有任何可信度。疫苗不会导致孤独症，过去不会，现在也不会。

著的预防作用，在预防类似的细菌感染方面也有一定效果。

这种疫苗的副作用包括低烧、注射处触痛，都很罕见。

流感疫苗（flu）。建议在流感季到来前（通常在10月和1月），给6个月以上的宝宝注射。9岁以下的儿童接种疫苗时需要分两次注射，至少间隔1个月。如果在流感季节宝宝还没到6个月，那么宝宝身边的每个人都应注射流感疫苗，这点非常重要。美国疾病控制与预防中心不建议采用鼻内喷雾法接种疫苗，因为这种方法防护效果不佳。

流行性感冒（简称流感）主要通过飞沫传播，经鼻腔、口腔、触摸（宝宝会用嘴接触）被病毒感染的表面等途径感染。

流感病毒会引起发烧、咽痛、咳嗽、头痛、畏寒、肌肉酸痛，还会引发耳部发炎、鼻窦炎等并发症，甚至出现肺炎等严重并发症而导致死亡。流感与其他疾病的不同之处在于流感病毒经常变化，这一年获得的免疫力无法预防以后出现的病毒。这就是为什么建议每年都要接种疫苗，它可以将流感季节感染流感的概率降低80%。关于流感的更多内容，参见第535页。

轮状病毒疫苗（Rota）。口服轮状病毒疫苗可以预防轮状病毒性肠炎。轮状病毒性肠炎的症状包括呕吐、水样腹泻和脱水，传染性很强，很容易通过接触被污染的衣服、物品甚至空气传播。

在疫苗出现之前，几乎所有5岁以下儿童都会感染。口服疫苗的时间分别是宝宝2、4、6个月时，或2个月和4个月时各服一次，根据疫苗的品牌而不同。研究表明，轮状病毒疫苗可以预防75%的轮状病毒，重症保护率达98%。

看医生

如果觉得宝宝真的生病了，大多数医生都希望父母能及时带宝宝去医院，不论白天还是晚上。但哪种情况才需要去医院？宝宝发烧到多少摄氏度才要去？流鼻涕或咳嗽是否要去？

美国儿童免疫接种时间表

这张儿童免疫接种时间表由美国疾病控制与预防中心制定，美国儿科学会推荐。同一种疫苗，不同品牌接种的时间会有差别，另外，一些疫苗可以通过联合疫苗的方式接种（减少宝宝扎针的次数）。如果宝宝的免疫接种时间延后，儿科医生要相应调整，以赶上进度。

年（月）龄	百白破	脊髓灰质炎	麻腮风	b型流感	甲肝	乙肝	水痘	肺炎球菌	轮状病毒	流感
出生						√				
1～2个月						√				
2个月	√	√		√				√	√	
4个月	√	√		√				√	√	
6个月	√			√				√	√	
6个月以上										√
6～18个月		√				√				
12～15个月			√	√			√	√		
12～18个月										
12～24个月					√					
15～18个月	√									
4～6岁	√	√	√				√			

什么时候带宝宝看医生

观察宝宝的症状，区分哪种情况需要立刻去看医生，哪种可以等等再去或观察一下再去。这并不是一件容易的事情，特别是对新手父母来说。

向宝宝的医生了解什么时候应该去医院，最好在宝宝出现症状前就问清楚。如果儿科医生会通过邮件、电话来回复问题，要问医生哪种沟通方

附表：中国免疫规划疫苗儿童免疫程序表

（中国国家卫生健康委员会 2021 年发布）

年（月）龄	百白破疫苗	白破疫苗	脊髓灰质炎灭活疫苗	脊髓灰质炎减毒活疫苗	麻腮风疫苗	甲肝减毒活疫苗	甲肝灭活疫苗	乙肝疫苗	卡介苗	乙脑减毒活疫苗	乙脑灭活疫苗	A群流脑多糖疫苗	A群C群流脑多糖疫苗
出生								1	1				
1个月								2					
2个月			1										
3个月	1		2										
4个月	2			3									
5个月	3												
6个月								3				1	
8个月					1					1	1 2		
9个月												2	
18个月	4				2	1	1						
2岁							2			2	3		
3岁													3
4岁				4									
6岁		5									4		4

式更合适。（如果情况紧急，例如宝宝发高烧，带他去医院是否比发邮件更稳妥？）

不论你之前听了哪些指导建议，一旦你觉得宝宝情况很严重，就要立刻去医院。作为父母，即便是新手父母，你也是最了解宝宝的情况、最敏感的人。

宝宝出现下列任何一种症状，都需要带他看医生。如果症状较轻，又恰逢周末，可以等医生上班时再去。

发烧（除特别说明，体温均指直肠温度）

- 2个月以下的宝宝发烧超过38℃——立刻看医生；
- 2个月以上的宝宝发烧超过40℃——立刻看医生，特别是当宝宝看上去精神不好时；
- 2～6个月大的宝宝发烧超过37.8℃——24小时内看医生；
- 6个月以上的宝宝发烧超过38℃，伴有感冒或流感的症状超过3天——医生上班时去医院；
- 服用退烧药后一小时还没有退烧——24小时内看医生；
- 退烧几天后再次发烧超过38℃，或得了感冒或流感的宝宝突然发烧超过38℃（很有可能出现了继发性感染，如耳部发炎）——24小时内看医生；如果宝宝看上去病情加重或呼吸急促、困难，立刻看医生；
- 因较长时间暴露在外部热源下而发热，例如天气炎热时，被太阳直晒、处于密闭的汽车内——立刻请求急救（关于中暑，参见第561页）；
- 出现中度发热的宝宝因为穿衣过多或被毛毯捂得太紧，体温突然升高，应按照中暑来处理——立刻请求急救。

伴有发烧

- 宝宝疲倦、反应迟钝——立刻看医生；
- 身体抽搐（身体僵硬，翻白眼、四肢抽搐）——立刻看医生；如果宝宝之前就出现过抽搐，应该在24小时内去看医生，除非医生提供了其他建议（参见第524页）；
- 身体抽搐超过5分钟——立刻请求急救；
- 不明原因的大哭（不是肠痉挛），持续2～3小时——立刻看医生；
- 哭闹，一触碰或移动就疼得大哭——立刻看医生；
- 皮肤各处出现紫色斑点——立刻看医生；
- 呼吸困难——立刻看医生；
- 一直流口水，无法吞咽液体——立刻看医生；
- 脖颈僵硬（宝宝抗拒低头靠近胸口）——立刻看医生；
- 轻度皮疹——医生上班时去医院；
- 反复呕吐（宝宝吃不下任何东西）——6～12小时内看医生；反复且喷射性呕吐——立刻看医生；
- 轻度脱水（参见第541页，了解典型症状）——12小时内看医生；
- 严重脱水（参见第541页，了解脱水的迹象）——立刻看医生；
- 反常行为——不停发脾气或哭闹、嗜睡、不睡觉、畏光、没有胃口，比平常更喜欢拉耳朵或抓耳朵——24小时内看医生。

咳嗽

• 轻度咳嗽（没有犬吠样咳嗽或鸡鸣样咳嗽）超过两周——医生上班时去医院；

• 影响夜间睡眠——医生上班时去医院；

• 咳嗽时痰里带血丝——立刻看医生；

• 出现犬吠样咳嗽或痰音重——医生上班时去医院，如果同时伴有呼吸困难，尽早看医生。

伴有咳嗽

• 呼吸困难——立刻看医生；

• 呼吸时发出刺耳的声音——医生上班时去医院；如果呼吸似乎变得更困难，立刻看医生；

• 呼吸时肋骨处皮肤凹陷——立刻看医生；

• 呼吸急促(参见第 518 页)——在医生上班时去医院；一直呼吸急促，或伴有发烧——立刻去医院。

出血

如果宝宝出现以下任何一种症状，要立刻看医生。

• 小便带血；

• 大便带血；如果是细小的血痕，可以等医生上班时去医院；

• 咳出的黏液中带血；

• 耳朵流血。

行为

如果宝宝出现以下任何一种症状，要立刻看医生。

• 明显嗜睡，不管有没有发烧；处于半睡半醒状态，无法完全清醒；反应迟钝；

• 被移动或触碰时，会痛苦地哭闹或呻吟；

• 持续大哭超过 3 小时，不是由肠痉挛引起，可能是尖叫着哭泣，也可能是微弱的啜泣或呻吟；

• 超过正常进餐时间几个小时仍然拒绝吃东西。

其他

• 腺体红肿，发热，触摸时疼痛——24 小时内看医生；

• 身上某处特别疼（不会说话的宝宝可能会拉扯、拍打发炎部位）——立刻看医生；

• 眼白或皮肤变黄——医生上班时去医院。

父母的直觉

有时，你无法直接说出具体的症状，参考本书的内容，你观察到的症状似乎并不严重，但就是觉得宝宝不对劲，这时也应该去看医生。大多数时候这种疑虑都无关紧要，但父母的直觉也可能发现那些容易被忽略的细微情况。

去看医生前

一旦觉得有必要，就去看医生(哪怕你只是怀疑——跟着直觉走)。跟医生沟通时，要详细描述宝宝的症状，回答医生提出的问题。

*关于宝宝症状的信息。*多数情况下，医生只要观察一下宝宝，就知道他有没有问题。但是医生和护士需要更多信息来评估病情。所以在向医生说明病情之前，仔细查看宝宝是否出现了下面的症状。

- **体温。**用手背或嘴唇测试宝宝的前额温度，如果比较凉，可以确定他没有发烧。如果感觉有些热，用体温计测出准确数值（参见第 520 页）。
- **呼吸。**新生儿的正常呼吸频率是每分钟 40 ~ 60 次，大一点的宝宝是每分钟 25 ~ 40 次。活动后（包括大哭）比睡觉时呼吸更快，生病的时候可能会更快。如果宝宝咳嗽或呼吸急促、不规律，可以通过数呼吸次数来检查呼吸情况。如果呼吸比平常更快或更慢，超出正常范围，胸部没有起伏，呼吸时很吃力，或发出刺耳的声音（不是因为鼻塞），也要告诉医生。
- **呼吸道症状。**宝宝是否流鼻涕、鼻塞？鼻腔分泌物是水状还是黏稠状？是透明、白色、黄色还是绿色的？是否咳嗽？是干咳、连续性性咳嗽、重重的咳嗽、尖声咳嗽，还是犬吠样咳嗽？剧烈咳嗽时有痰吗？
- **行为。**宝宝的行为与平时有什么不同？宝宝是否疲劳、嗜睡、暴躁易怒、情绪低落、反应迟钝？ 你能逗宝宝（2 个月以上）笑吗？
- **睡觉。**宝宝比平时睡眠更多，或总是昏昏欲睡、难以醒来吗？比平时更难以入睡吗？
- **大哭。**宝宝比平时更爱哭吗？大哭的声音或强度与平日不同吗——例如，音调高了或低了？
- **食欲。**宝宝有没有突然改变食欲？是否拒绝母乳、配方奶或辅食？还是饮食正常？
- **皮肤。**宝宝的皮肤有什么异样吗？是否发红、发白、发蓝或灰暗？皮肤是温暖湿润（出汗）、冰冷潮湿（黏湿）还是非常干燥？ 嘴唇、鼻孔或脸颊是否特别干燥甚至开裂？宝宝的腋下、耳后、腿上或躯干等地方有斑点或损伤吗？它们的颜色、形状、大小、质地是怎样的？ 宝宝想去抓挠吗？
- **口腔。**牙龈上、脸颊内侧、上腭或舌头上是否可以看到红色或白色的斑点、斑块？是否出血？
- **囟门。**宝宝头顶是否有块柔软的地方凹下或凸出？
- **眼睛。**宝宝的眼睛与往常不同吗？目光呆滞、空洞、无光，眼窝下陷，眼睛含泪、发红吗？眼白变黄了吗？双眼有黑眼圈，或睁不开吗？如果有分泌物，颜色、黏稠度、分泌量是怎样的？眼皮下面是否有小脓疱？宝宝是否畏光，或不愿在灯光下睁开眼睛？

• **耳朵**。宝宝是否会拉扯或用手指戳耳朵？耳朵是否有分泌物？什么样的分泌物？

• **上消化道**。宝宝呕吐吗（像往常一样从嘴里吐出还是喷射出来）？多久吐一次？会吐出很多东西，或吐出的东西大部分都是干的吗？呕吐物是什么样的——像凝乳，有黏液，呈绿色（含有胆汁）或红色，有血丝，像咖啡渣一样？吐得很厉害吗？能喷出很远吗？是什么使宝宝呕吐——例如进食、喝水或咳嗽？是否怀疑宝宝摄入了有毒物质？宝宝的唾液增加还是减少了？一直流口水？有明显的吞咽困难吗？

• **下消化道**。宝宝的排便有什么变化？腹泻时，排泄物呈松散状、黏液状还是带血？颜色和气味和平时有什么不同？排便更频繁（最近一天多少次？）、更突然、声音更响吗？或宝宝有些便秘？

• **泌尿系统**。宝宝排尿比以前少还是多？尿布比平时更干爽吗？气味或颜色有明显不同吗——例如呈深黄色、粉色或有异味？

• **腹部**。宝宝的腹部有什么不同吗——更平、更圆，还是更凸出？当你轻轻按压腹部或将宝宝的膝盖靠近腹部时，他看起来疼吗？哪里疼——右边还是左边，上腹还是下腹，抑或全身？

• **肌肉运动**。宝宝是否出现发冷、发抖、僵硬或抽搐的症状？颈部僵硬、难以活动吗？下巴可以向前伸触碰到胸部吗？有身体难以活动的情况吗？

• **其他异常症状**。宝宝的口腔、耳朵、阴道、直肠有没有异常气味？这些部位有没有出血情况？

病情目前的进展。不管是哪一种疾病，症状只能说明一部分问题。还应该准备以下信息，告诉医生：

• 症状最早在出现什么时候？

• 是什么引发的？

• 症状是否受时间影响？（晚上更严重吗？）

• 已经尝试过哪些非处方药或家庭疗法？

• 宝宝有没有接触病毒或感染源——比如其他拉肚子的兄弟姐妹，在日托得流感的宝宝，游乐场患急性结膜炎的宝宝？

• 宝宝最近有没有受过伤——比如摔倒，而受伤部位没被发现？

• 宝宝最近有没有吃新食物、喝特别的饮料，或吃了可能已经变质的食物？

• 最近有没有带宝宝出国？

宝宝的健康史。如果医生手头没

有宝宝的生长曲线图，你必须提供一些相关细节。如果医生要开药，这些信息特别重要。

- 宝宝的月龄和体重；
- 宝宝是否有慢性疾病、是否在服用药物；
- 家族是否有药物反应或过敏史；
- 宝宝是否出现过药物不良反应，有哪些药物过敏史；
- 宝宝服用过哪些处方药。

*你的问题。*除了要告诉医生宝宝的症状，准备好一些护理方面的问题也同样有帮助（比如如何给宝宝调整饮食），还要记录下医生的回答。做好宝宝疾病记录（作为宝宝健康记录的一部分），以后在回忆宝宝有哪些禁忌药物、有过多少次感染时会派上用场。

发烧

宝宝生病，父母担心。宝宝发烧时，即使最有经验的父母也会心神不安(特别是新生儿发烧,急需处理时)，但有些发烧无须惊慌。

实际上，发烧是免疫系统在工作的表现，是身体提醒你病毒入侵，出现感染的信号，体内的免疫系统在和病毒激烈作战。当然，也要对发烧进行正确评估。

测量宝宝的体温

判断宝宝是否在发烧，最快、最简单的办法就是用嘴唇或手背测试宝宝的额头、颈后或躯干。只要练习几次，你就能很快发现正常体温和低、高烧的区别（如果宝宝刚起床，刚从寒冷或炎热的室外来到室内，或刚洗好温水澡，抑或你刚喝了一杯热饮或冷饮，这种测试方法就不适合）。但是，这种接触无法测出精确的体温度数——因此，你需要一个体温计。

应该选择什么样的体温计？绝对不要使用玻璃体温计（不含水银的也不安全，使用时容易摔碎）。有些不能直接读数、不含水银的塑料材质的体温计很安全，但大多数父母会选择数字体温计，因为容易买到、价格便宜，使用方便，可在 20 ～ 60 秒内读出体温——对于扭来扭去的宝宝，这是个优势。测量体温的方式有很多种（有一些需要使用专门的体温计）。

直肠。在给宝宝测量体温时，大多数专家建议测量直肠温度。因为从身体内部测得的体温最准确，这是测量幼儿体温常用的方法——特别是一岁以内的宝宝，体温的细微变化都很重要。先用香皂水或消毒酒精擦拭体温计末端，再用冷水冲洗。打开体温计，清除之前的读数。（每种体温计都不一样，先阅读使用说明，再把宝宝的衣服脱掉，放在你的腿上。）如果你用的不是数字体温计，用之前要甩一甩。给体温计的传感器末端涂抹润滑剂（说明书上会推荐用凡士林或其他人体润滑剂）。

你坐下，然后让宝宝趴在你的大腿上，将一个枕头放在宝宝腹下，让他更舒适些（参见本页下图）。用一只手压住宝宝臀部，防止他扭动。如果宝宝觉得不舒服，让他趴在一个平面上，或者仰躺着，腿部朝胸部弯曲，呈换尿布的姿势（参见本页下图）。为了让大一点的宝宝放松下来，动作要轻柔，说些安抚的话，唱几首宝宝最喜欢的歌曲，或用玩具来分散注意力。

用一只手扒开小屁股，让肛门露出来（打开直肠）。用另一只手将体温计的末端插入直肠中，大约1.5～2.5厘米的深度（如果宝宝在动，不要强行用力）。使用末端柔软的体温计宝宝会更舒服，但不是必须的。保持体温计不动，等待它发出哔哔声或显示读数（通常在20～60秒内）。如果

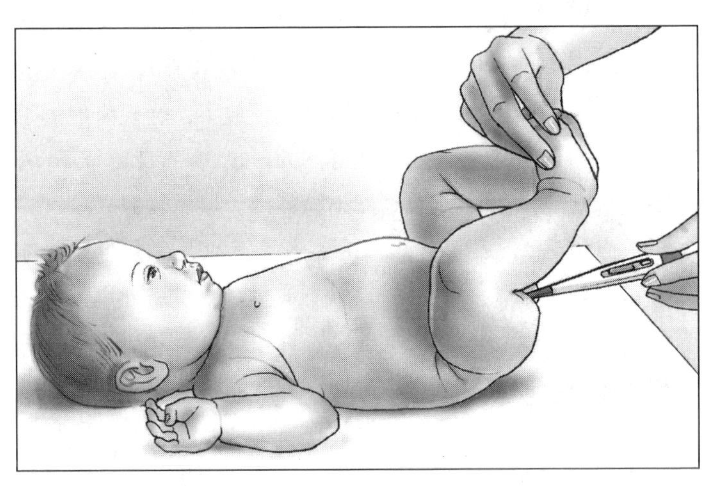

◀将宝宝按照换尿布的姿势放好，这样更方便测量直肠温度。

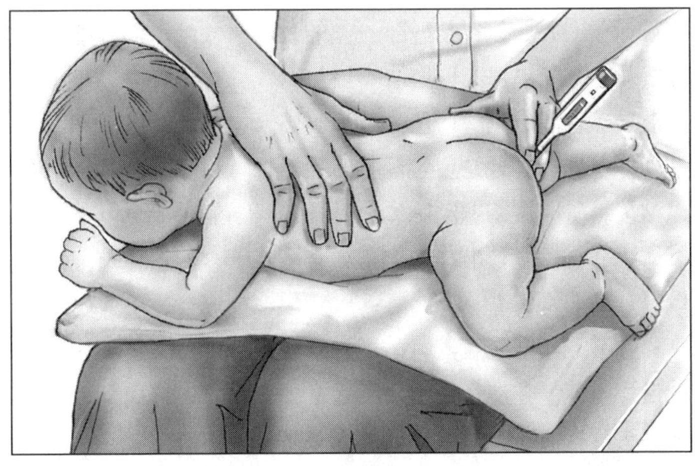

▶让宝宝趴在你的大腿上，这样可以防止宝宝测温时扭动。

宝宝在测量体温之后立刻大便，不用担心，这是体温计刺激了排便的肌肉群——偶尔会发生这种情况。

颞动脉。这种操作简便、非插入式的体温计可以通过测量宝宝前额颞动脉散发的热量判断体温。将特制的颞动脉温度传感器放在宝宝的额头中央（眉毛和发际线的中间位置），按下开关，一直按住，同时将体温计从额头滑到耳朵上方，确保体温计与皮肤

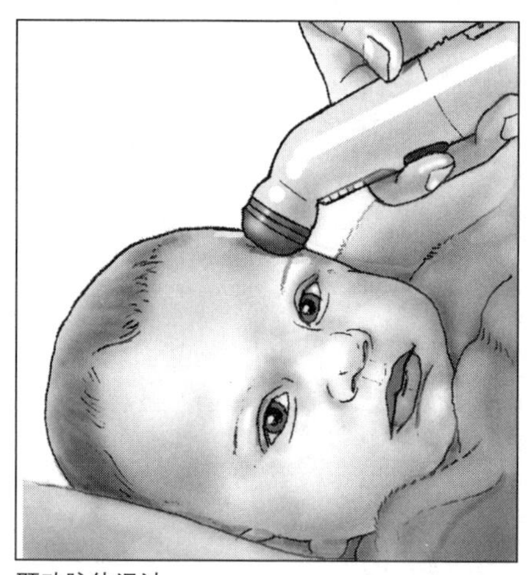

颞动脉体温计

保持接触（如果宝宝一直扭动就很难测量）。当接触到宝宝头部一侧的发际线就停止扫描，松开按钮。几秒后，体温计就会发出哔哔声并显示读数。这种体温计的好处是宝宝睡觉时也可以测量。研究表明颞动脉体温计比腋下体温计或耳温计准确，但不如直肠体温计精准。

腋下。当宝宝腹泻时，通过直肠测量体温不仅脏乱还会引发不适，如果手头没有颞动脉体温计，那么腋下

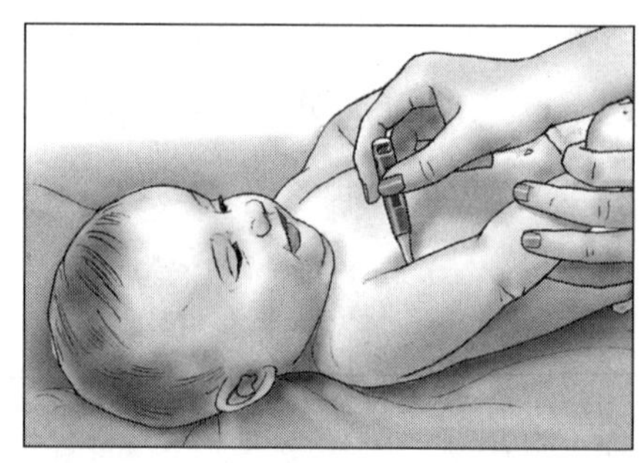

腋下体温计

体温计很有用，虽然准确度没那么高。用香皂水或消毒酒精将体温计擦拭干净，再用冷水冲洗。将体温计的末端放在宝宝的腋窝处（体温计直接接触皮肤，而不是隔着衣服），让宝宝的手臂夹紧体温计放下，轻轻将他的手肘贴在身体的一侧。保持体温计不动，直到发出哔哔声，显示读数。

口腔。给宝宝使用常规的口腔体温计显然不适合，可以用外形像安抚奶嘴的体温计，它的优点是价格便宜，操作简便。但使用前要三思，因为这种体温计存在很多问题。首先，它测出的数值没有直肠温度、颞动脉温度或腋下温度那么准确。其次，这样的体温计需要至少一分半钟才能得到准确数值。如果宝宝不愿配合这么久，得到的度数也不会非常可靠。因为体温计上的奶嘴要比一般安抚奶嘴长，容易噎住宝宝。如果一定要用这种体温计，确保奶嘴部分要在宝宝口腔内停留 2 ~ 3 分钟。

耳道。耳温计不适合给 6 个月以下的宝宝使用，因为小宝宝耳道狭小，

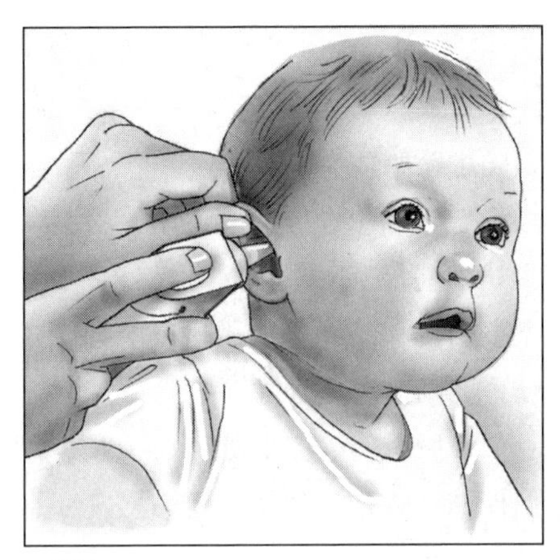

耳温计

很难将传感器部分伸入。尽管耳温计很安全，几秒内就能显示数值，但给6个月以上的宝宝使用同样困难——如果没有将传感器准确插入耳道，就很难得到正确且稳定的数值。耳朵中的耳垢也会妨碍读数。通常，在耳道中读取的体温数值不如腋下处准确，更没有直肠准确（直肠读数被认为是“黄金标准”）。如果你想用耳温计来测量体温，确保使用标准的专业耳温计，并向医生或护士咨询如何使用（或按照包装上的说明操作），多练习，直到能获得稳定数值。

使用完毕后，要用香皂水擦拭、冷水冲洗或用消毒用酒精擦拭传感器。小心不要弄湿数字屏、开关按钮、电池盒。

评估体温

体温读数能反映什么问题？首先要看获取体温的途径。如果医生询问宝宝体温，要告知你是用哪种方式测量的。

- 直肠。直肠的标准温度是37℃，波动范围在36.9℃～37.5℃。超过37.8℃就是发烧。
- 颞动脉体温计读数和直肠体温计差不多准确，超过38℃就是发烧（如果宝宝未满3个月，要再确认直肠温度）。
- 腋下。腋下部位的标准温度是36.4℃，波动范围在36.0℃～37.2℃（比直肠温度要低）。超过37.2℃就是发烧（如果宝宝未满3个月，要再确认直肠温度）。
- 口腔。奶嘴体温计得出的结果会偏低，应在读数基础上再加0.5℃。超过37.8℃就是发烧（如果宝宝未满3个月，要再确认直肠温度）。
- 耳温计测温不够准确、稳定。可以用来和直肠温度适当对比，但不适合6个月以下的宝宝。耳温超过38℃就是发烧。

应对发烧

不同的发烧需要不同的处理方式——有些情况根本不需要处理。由病毒感染引起的发烧（多达90%的儿童发烧都由病毒引起）一般可以自行恢复。医生可能建议服用对乙酰氨基酚（2个月以上的宝宝）或婴儿布

热性惊厥

据估计，每100个6个月～5岁的儿童中，就有2～5个出现过热性惊厥（翻白眼、身体僵硬、四肢抽搐），通常发生在发烧初期。虽然热性惊厥会让父母担心，但研究表明，这并不危险，也不会造成神经损伤。这种惊厥更多可能是家族遗传性的，但大多数情况下出现热性惊厥都是因为宝宝的大脑还没有发育成熟。大脑发育成熟后，热性惊厥就不会再发生。

如果宝宝出现热性惊厥，保持冷静（这种惊厥并不危险），并采取以下措施。

- 计时，掌握惊厥持续的时间。
- 轻轻把宝宝抱在怀里，或将他放在床上或其他柔软的表面上，侧躺着，尽量让头部略低于身体。
- 不要采取任何方式强制性地控制宝宝。
- 将紧身的衣服松开。
- 不要将任何物品放入宝宝的口腔中，如食物、饮品、安抚奶嘴。如果宝宝嘴里含着物品，用一根手指快速将宝宝嘴里的食物扫出来，不要用两只手指捏取，这可能会让嘴里的物体深入喉咙。

惊厥时，宝宝通常会失去意识，但他们不需帮助很快就能恢复。惊厥可能仅持续1～2分钟（尽管对你来说非常漫长）。

惊厥结束后，应当联系医生（除非之前出现过这种情况，医生已经告诉你无须通知他）。如果不能立刻联系上医生，你可以在等待时给宝宝服下对乙酰氨基酚，尝试降温。但是，不要将宝宝放在浴缸中降温——因为可能会引发另一次惊厥，宝宝可能会呛水。

如果宝宝在惊厥后不能正常呼吸，或惊厥持续5分钟甚至更长时间，要立刻拨打急救电话。有必要带宝宝去急救室，弄清引起这种比较复杂的惊厥的原因。

洛芬（6个月以上的宝宝）缓解不适（特别是当发烧影响到宝宝的睡眠或食欲时），但退烧药并不能让宝宝好得更快。

由细菌引起的发烧通常要用抗生素治疗，但根据病情，也可以不用。抗生素通过消除感染直接达到降温效果（一般24小时内见效）。根据感染的类型、抗生素的类型、宝宝的精神状态、发烧温度，医生可能会同时开抗生素和退烧药。

需要及时处理的发烧，一般都是过热的环境引发的中暑（外部环境温度高或穿着过厚引起），参见第561页。

通常，宝宝发烧时可采取以下应对方法（除非医生推荐了其他方法）。

让宝宝降降温。在保持室温合适的情况下，让宝宝穿得轻薄一些，将身体的热量散出去。必要时，可以用空调或电扇保持凉爽，但不要让宝宝直吹冷风。如果宝宝发冷或起鸡皮疙瘩，说明室温太低。这种情况下，热量被留在体内，宝宝的体温会进一步升高。

增加水分的摄入。发烧会使水分通过皮肤流失，确保发烧的宝宝摄入足够的水分很重要。让宝宝频繁地摄入母乳或配方奶，大一点的宝宝要经常喝水或稀释的果汁。鼓励宝宝频繁啜饮，但不要强迫他。如果除了正餐宝宝连续几个小时不愿以任何形式摄入水分，就要通知医生。

服用退烧药。在没有医生建议时，也可以给2个月以上的宝宝服用对乙酰氨基酚，同样也可以给6个月以上的宝宝服用婴儿布洛芬。如果宝宝月龄太小，要咨询医生退烧的具体建议。

每次给宝宝服药时，要阅读说明书，注意不要超过推荐用量。没有医生的建议，不能给宝宝服用对乙酰氨基酚和布洛芬以外的退烧药。如果怀疑宝宝中暑，不要给他服用任何药物。

让宝宝安静下来。不管有没有发烧，宝宝不舒服时自然会安静下来，让身体得到休息。宝宝发烧还围着你跑来跑去（爬来爬去）？这也是正常情况。可以观察宝宝的活动——如果宝宝渴望玩耍，那就让他适当玩耍；但如果宝宝运动太剧烈，要让他及时停下，改为安静一点的活动，因为运动量过大会让体温上升。

发烧宝宝的饮食。宝宝发烧时对热量的需求增加了，这意味着生病的宝宝需要更多的热量，而不是更少。但是，不要强迫宝宝吃东西。

父母一定要知道：关于安全用药

有时候，能帮助生病的宝宝好起来的办法就是多给他拥抱、安慰，让他休息。有时候，除了这些还要给宝宝服药。给宝宝用药前——不论是处方药还是非处方药——都要确保给宝宝对症下药。下面是父母需要了解的有关安全用药的内容。

了解药物信息

不论医生推荐你购买止痛药等非处方药，还是开抗生素等处方药，你都需要充分了解。你必须熟悉药物名称、疗效、剂量，服用和存放方式、副作用等。幸运的是，医生会提供你需要的大部分信息（如果医生没说，记得询问）。要在买药之前做好功课。宝宝服用的药物要格外注意。

药剂师在开药时会给予相关信息，可以解答上述大部分（未必全部）问题。处方药和非处方药都有厂家提供的药品说明。带回家前要认真阅读，如果还有疑问，询问药剂师或医生。下面是在给宝宝用药前你可能想了解的问题(有些可能不适用于你的情况)。

• 这种药物有同类（更便宜的）产品吗？是否和这个品牌的药物一样有效？

• 药物的疗效是什么？

• 如何存放？

• 有没有适合宝宝的口味？有些宝宝不论药物是什么口味都能吃掉，而有些宝宝基本上什么药都闭口不吃——如果宝宝抗拒吃药，尝试不同口味或许有用。

• 服用的剂量是多少？

• 多长时间服用一次？晚上入睡后，是否要唤醒宝宝服药？

• 应在饭前吃、饭后吃，还是随餐服用？

• 能和配方奶、果汁，或其他液体同时服用吗？会出现不良反应吗？

• 如果处方药需要一天吃 3 次或以上，有没有只需一天吃 1 次或 2 次的同等疗效药物？

• 如果宝宝把药吐出来了，需要再吃一次吗？

• 如果中间漏吃了一次，需要另外再吃一次，或是将下一次的剂量翻倍吗？如果不小心让孩子多吃了一次该怎么办？

• 服药后多久病情能好转？如果没有好转，应该什么时候去医院？

• 什么时候停止服药？宝宝需要吃完医生开的全部药物吗？

• 常见的副作用有哪些？

• 会有哪些不良反应？什么情况下要通知医生？

• 如果宝宝患有慢性疾病，药物是否会有不良影响？

• 如果宝宝正在服用其他药物，这些药物之间会有反应吗？

• 这次开的处方以后可以用吗？

• 药物开封后能存放多久？如果这次没吃完，以后医生建议服用同样的药物时还可以吃吗？

安全用药

为了确保药物在治疗宝宝的疾病时发挥最大疗效，尽可能减少伤害，要反复阅读以下规则。

• 不要给不满 2 个月的宝宝服用非医生开的任何药物(包括非处方药)。

• 没有医生许可，不要给宝宝服用任何药物（非处方药、上次开的处方药、别人的处方药）。这意味着每次宝宝生病时，用药都要经过医生同意。例如，宝宝发烧超过 38.9℃时，可以服用对乙酰氨基酚；哮喘发作时，服用哮喘药。

• 按照药品标签或产品说明书给

对乙酰氨基酚还是婴儿布洛芬？

市面上有很多种止痛药和退烧药，但只有两种可以考虑让幼儿服用：2 个月以上的宝宝可以服用的对乙酰氨基酚（泰诺林、百服宁、必理通）和 6 个月以上的宝宝可以服用的婴儿布洛芬。在没有咨询医生之前，不能给 2 个月以下的宝宝服用任何药物，包括非处方的止痛药和退烧药。

儿科医生通常建议交替服用乙酰氨基酚和布洛芬来止痛和退烧，尽管它们在体内的作用方式不同，副作用也不同。对乙酰氨基酚只能退烧和止疼，不能消炎（炎症可能会引发疼痛）。按医生推荐的剂量使用对乙酰氨基酚很安全（每隔 4 ~ 6 个小时服用一次）——但连续服用超过 1 周（约 15 次剂量）很危险，会对肝脏造成严重伤害。这也是药品需要小心存放、不能让宝宝接触到的原因。如果宝宝拒绝口服液体药物，向医生咨询，是否可以给 6 个月以上的宝宝使用对乙酰氨基酚栓剂。

布洛芬除了止痛和退烧，还有抗炎效果，对治疗出牙痛等非常有效。另外，布洛芬药效更强一些，并且持续的时间更长(6 ~ 8 小时)。总的来说布洛芬很安全，最大的缺点就是可能会刺激胃部。为避免这个副作用，不要空腹吃药或用布洛芬来治疗胃部不适。

绝不能给宝宝服用年龄更大的儿童和成年人使用的止痛药（减少剂量也不行），确保宝宝吃的是婴幼儿药物。

宝宝服药，除非医生有特别说明。

• 不要一次给宝宝服用两种或以上药物，除非医生或药剂师确认这几种药物可以同时服用。

• 检查药物的保质期。过期的药物不仅药效会减弱，长时间保存中发生的化学变化还会对身体产生不利影响（宝宝上次生病时没吃完的处方药也会出现这种情况）。拿处方药或在药房买药时都要检查有效期。还要定期检查——否则会出现需要临时去药房买药的情况。

• 根据药物标签或药物说明书存放。如果药物要低温存放，就放入冰箱，或在需要外出喂药时放入有冰袋的袋子里。

• 根据宝宝医生（或药剂师）的说明，或按非处方药物标签上的指示给宝宝用药。如果标签或药物说明书上的指示和医生或药剂师的说明有冲突（或未对这个年龄的宝宝做详细说明），在宝宝服药前，要向医生或药

不能给宝宝吃这些药

有时候你习惯服用的药物或以为可以给宝宝服用的儿童药物，可能对宝宝并不安全。

止咳药和感冒药。研究表明，儿童非处方止咳药不能解决宝宝的咳嗽，儿童感冒药也不能解决宝宝的鼻塞，相反，还可能给婴儿带来严重的副作用，例如心率加快、抽搐等。这就是美国儿科学会建议不能给 2 岁以下的宝宝服用这类药物的原因，也是止咳药和感冒药的说明书上禁止 4 岁以下宝宝服用此类药物的原因。

阿司匹林（或其他含水杨酸盐的药物）。医生多年来一直警告父母不要给幼儿服用阿司匹林，这个警告仍然需要不断强调：不要给 18 岁以下的少年儿童服用阿司匹林（即使是儿童专用的阿司匹林）或含有阿司匹林成分的药物。除非医生特意开了处方药。阿司匹林容易引发瑞氏综合征，这是一种有致死风险的儿童疾病。尽管关于阿司匹林的研究进展艰难，但美国国家瑞氏综合征基金会的建议是不要给孩子服用任何含有水杨酸盐成分的药物。查看药物标签上关于成分的信息时，要特别仔细。

剂师询问清楚。记住医生规定的服药时间，喝药前是否要摇匀，是否可以在吃饭时服药等建议。

• 每次喂药前再次阅读标签，既能确认用对了药，也能提醒自己剂量、时间和其他相关信息。

• 认真度量药物的用量。确认剂量后，要确保精准的度量。根据药物使用带刻度的勺子、滴管、注射器、杯子、医用奶嘴（有些宝宝可能不会吸）。除非得到医生同意，否则不能增加或减少剂量。

• 如果宝宝吐出部分止痛药或维生素，最好不要冒险再喂一次——过量服用比剂量不足更危险。如果宝宝服用抗生素，一次或多次出现服用后吐出少量或全部药物的情况，要询问医生该如何处理。

• 为避免窒息，喂药时不要捏紧宝宝的脸颊、捏住他的鼻子、强迫他保持头部后仰。如果宝宝可以坐着，就让他坐着服药。如果宝宝还不会坐，找东西支撑他稍微坐直，然后将滴剂滴进他的嘴里，这样可以防止窒息。不要将滴管深入口腔，避免宝宝作呕。

• 不要将药物放入装有母乳、配方奶和果汁的奶瓶、杯子中，除非医生建议。宝宝如果喝不完整瓶，就不能按照剂量服用药物。如果宝宝开始吃辅食了，咨询医生是否可以将药物

草药疗法

千百年来，人们用草药来缓解数百种疾病带来的痛苦。草药很容易买到，成分也天然。但是，如果给宝宝用草药，是否有效又安全?

没人能给出确切回答。但可以肯定的是，有些草药的确具有医学疗效（有些疗效很强的处方药就含有草药成分），能产生疗效的就应归为药物。这意味着在服用草药时，也应像服用其他药物一样谨慎。

除此之外，人们对草药的顾虑还有：草药的疗效和安全性没有明确说明。所以，如果选择草药治疗，可能无法获得预期的效果，还可能会把你不了解的成分吃进身体。因此，正如没有获得医生允许不能随意给宝宝吃药一样，没有获得医生允许也不能给宝宝吃草药（不能信保健品销售人员的说法）。出现肠痉挛、胀气和出牙痛时，也不能用这类方法治疗。给孩子服用草药前，一定要咨询医生。

和食物混合——当然，前提是宝宝可以吃完掺了药的食物。

• 记录每次喂药的时间，这样可以避免漏服或重复服药。服药时间和规定的相差一点也没关系，下一次按时服用即可。

• 即使宝宝看起来已经完全康复了，也要遵医嘱，按照疗程服用完抗生素，除非医生明确告知可以停药。

• 不要在超出医嘱的时间后继续给宝宝服药。

• 如果宝宝服药后有不良反应，要暂停服药，立刻咨询医生是否需要继续用药。

• 不要假装药物很好吃。虽然这会让宝宝乖乖吃药，但也会导致过量服药的危险，因为宝宝将来可能会自己找到并设法打开药物，想多品尝一些“好吃的东西”。

让宝宝顺利服药

如果你足够幸运，你的宝宝可能是少数会乖乖吃药的孩子之一（至少没有强烈抵抗），喜欢吃甜甜的糖浆，看到装着药物的滴管时会张大嘴。如果不够幸运，宝宝会非常抗拒，一看到药就紧闭嘴巴。想要宝宝张开嘴吃药，可以考虑以下几点。

选择时间。除非有说明要随餐或饭后服药，否则可以在饭前或吃零食前服用。因为饥饿时宝宝更容易接受药物。万一宝宝吃药后呕吐，浪费的食物会少一些。

喂药方式。如果宝宝拒绝用滴管吃药，就用可以喷射药物的塑料注射器或药勺（不要用普通勺子），或用奶瓶、医用安抚奶嘴，这样宝宝就能将药物吮吸进去。把母乳或配方奶（大一点的宝宝可以用水）和药物装在同一个奶瓶中，这样药物也能进入宝宝的嘴巴。如果宝宝表现出抵抗，就改进一下喂药方式——来一点新变化，转移宝宝的注意力就能成功喂药。如果有液体从宝宝的嘴角流出，用手指将液体抹入他的嘴巴。宝宝会将手指上的药吮吸掉。

位置。味蕾集中在舌头的前部和中间，所以要尽可能避开这些地方，将药送到宝宝的后牙龈和脸颊之间，这样药物几乎不会接触味蕾就能轻松滑下喉咙。

温度。询问药剂师冷藏药物是否会降低药效。如果不会，就将药物冰镇后给宝宝服用——口感没有那么差。如果药物不能冷藏，先给宝宝喝一点凉的东西(或给他一个加了碎冰、冷冻水果的咬咬袋)，这样宝宝的舌头就会凉下来。

口味。询问药剂师，是否可以在难吃的药物中添加调味剂。美国食品药品监督管理局许可的药物调味剂种类繁多，专为缓解液体药物糟糕的气味和口味设计。

合适的剂量

宝宝在服用非处方药（如对乙酰氨基酚或婴儿布洛芬）时，药物的用量要依据宝宝的体重而非年龄。在给宝宝用药前咨询医生或药剂师，了解合适的剂量。

常见的婴儿疾病

幸运的是，宝宝在第一年里一般都很健康。即使生病了，也不会持续很久。另外,这些常见疾病也容易治疗。作为父母，你需要了解以下疾病。

普通感冒

普通感冒在小宝宝中更加频发。因为婴幼儿还没有建立起免疫系统，以抵抗各种病毒性感冒。所以，在最初的几年要做好准备，宝宝至少会遇到几次感冒。如果宝宝上日托或有哥哥姐姐，感冒的次数会更多。

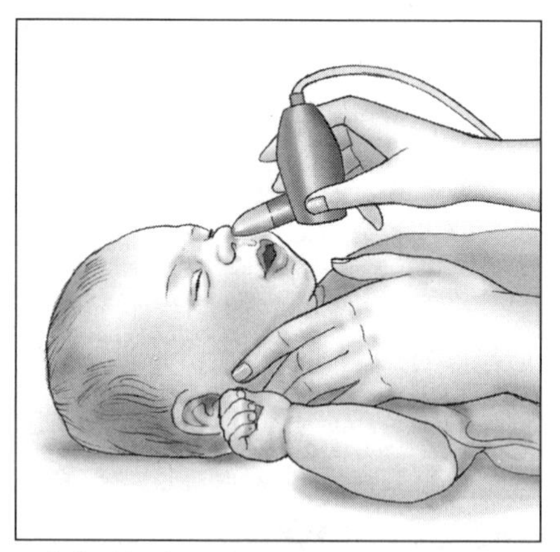

因鼻塞引起呼吸不畅的宝宝，可以用含生理盐水的滴鼻液软化鼻腔内干硬的黏液，然后用吸鼻器吸出，帮助宝宝恢复通畅的呼吸。

症状。多数感冒症状都比较轻。

- 流鼻涕（最初是水状分泌物，随后会更加黏稠，变成黄绿色）；
- 鼻塞；
- 打喷嚏；
- 有时低烧；
- 有时喉咙干痒（小宝宝出现这种情况时不易被察觉）；
- 干咳（夜晚或感冒快结束时可能更严重）；
- 容易疲倦，爱发脾气；
- 食欲不振。

病因。感冒不是着凉引起的，比如冬天没有戴帽子，双脚弄湿了，对着冷风吹等（但着凉会降低宝宝的免疫力）。感冒也被称为上呼吸道感染，由病毒引起，通常通过手—手接触传播（感冒的宝宝用手擦过鼻涕后去摸另一个宝宝的手，就会传播病毒），还会通过打喷嚏和咳嗽产生的飞沫传播，甚至通过接触患者污染的物体传播——比如一个健康宝宝的嘴接触生病宝宝嘴巴接触过的玩具。感冒病毒的类型超过 200 种，这就很好地解释了感冒很常见的原因。

感冒的潜伏期通常为 1 ～ 4 天。感冒症状出现前的 1 ～ 2 天传染性最强，出现感冒症状后，传染性依然存在。直到宝宝的症状消失，感冒的传染性才降低。

持续时间。普通感冒持续时间为 7 ～ 10 天（通常第 3 天最严重）。如果在感冒后期出现夜间干咳的情况，会持续更久。

治疗方法。普通感冒没有治疗方法。必要时可以用下列方法缓解症状。

- 可以用含生理盐水的滴鼻液软化堵塞鼻子的干硬黏液，然后用吸鼻器吸出黏液（参见第 530 页），帮助宝宝恢复用鼻子呼吸。
- 湿润的空气有助于缓解鼻塞。晚上可以在宝宝的房间用冷雾加湿器（比热雾加湿器安全）。
- 在宝宝的鼻孔边缘和鼻子下方轻轻涂抹保湿霜，防止皮肤皲裂疼痛。
- 垫高宝宝头部下方的床垫，使呼吸更加顺畅。
- 根据需要，给 2 个月以上的宝宝服用对乙酰氨基酚或给 6 个月以上的宝宝服用婴儿布洛芬退烧（只是着凉就不需要），要听取医生的建议。
- 保证摄入充足的水分，温水更好（如果宝宝可以接受的话，鸡汤更

频繁感冒

你的宝宝是不是掉入了频繁感冒的怪圈里——每个兄弟姐妹都会把感冒传染给他，或是他每隔一周就会在日托被传染感冒？不论你是否相信，这种情况可能还有些益处：频繁感冒（以及其他由病毒引起的疾病）可以增强宝宝的免疫力，让他以后不易被感染。

有效，可以用训练杯喝过滤后的温热鸡汤），并提供营养丰富的食物。如果宝宝还没有开始吃辅食，要多喝母乳或配方奶。如果开始吃辅食，就尽量多吃富含维C的食物。少食多餐比一日三餐更好。

预防。预防感冒最有效的方法就是给宝宝勤洗手。如果附近没有洗手池，也可以用消毒洗手液或消毒湿巾，但不如用香皂和水洗手更有效。如果可以，不要让宝宝接触已经感冒的人。另外，还要用消毒液清洁可能被感冒病毒污染过的台面。母乳可以降低宝宝感冒的概率，但不能完全预防。没有办法能让宝宝完全不接触感冒病毒，儿童平均每年感冒6～8次，只要生长发育情况正常，就不用担心。

什么时候去医院。如果只是普通感冒，不用去医院。但如果宝宝是第一次感冒，或还不到3个月，就要带宝宝去看儿科医生，至少会安心一些。

如果宝宝出现下列任何一种症状，就要去医院：

• 严重嗜睡；

• 拒绝吃东西；

• 难以入睡，晚上也不睡，或者疼醒（在小宝宝身上很难察觉）；

• 鼻子流出或咳嗽后吐出难闻的黄绿色分泌物；

• 哮喘；

• 呼吸明显比平时急促；

• 其他症状消失后咳嗽加重，或一直没有好转；

• 颈部腺体肿大；

• 拉扯耳朵；

• 发烧超过38.9℃，或低烧超过4天；

• 感冒症状持续10天以上。

如果感冒一直不好，持续流鼻涕，感冒时间长或经常反复（特别是伴有黑眼圈），咨询医生，这些症状是否是过敏所致（虽然小宝宝过敏的可能性很小）。

宝宝过敏了？

一岁以内的宝宝很少对吸入物质（花粉、动物的皮屑、尘螨和霉菌）过敏。一岁以内出现的多为食物过敏（参见第314页）和湿疹（参见第313页）——这两种过敏反应在有食物过敏、哮喘、花粉症、湿疹等家族史的婴儿中经常出现。

耳部感染

症状。一般是急性中耳炎发作，中耳充满脓液，感染并发炎。医生检查时会发现（肉眼看不到），鼓膜在感染初期呈粉红色，然后会发红、肿胀，可以观察到以下症状：

• 耳朵疼痛，通常夜间会加重，因为躺下后耳压会改变，宝宝会哼唧、拉扯、揉搓、抓发炎的耳朵，如果宝宝在吮吸乳房或奶瓶时大哭，表明耳朵疼痛可能蔓延到了下颌；

- 发烧；
- 疲倦；
- 易怒。

如果感染持续或加重，鼓膜可能会穿孔（出现一个小孔，一般一周内愈合）。鼓膜破裂后，带着血丝的脓液会流进耳道（可以看到）。鼓膜穿孔会释放压力，减轻疼痛，但必须及时治疗才能预防进一步的伤害——一旦发现鼓膜破裂（通常耳朵内或周围出现硬皮），要及时告知医生。

治疗后，如果中耳里仍有液体，就是分泌性中耳炎。症状包括轻微的听力下降（宝宝对各种声音没有以往那么敏感）等。虽然是暂时情况（通常持续 4 ～ 6 周），但如果不予治疗、反复感染，可能造成永久性听力损失。

病因。通常是由感冒或其他上呼吸道感染（也可能是过敏，但小宝宝中很少见）引起的继发性感染，会造成咽鼓管（连接中耳和鼻咽腔的管道）肿胀、充血、积液，为引发感染的细菌提供了繁殖场所。在发炎的鼓膜后部，堆积了一些脓液，这是身体在应对感染，不过这些脓液会导致耳朵疼痛。婴幼儿最容易出现耳部感染，因为他们的咽鼓管比成年人的要短，细菌可以更快进入并造成堵塞；而且婴儿的咽鼓管是水平而非倾斜的，排液功能差。另外，他们比大一点的儿童和成年人更容易患感冒和其他呼吸道疾病。

持续时间。开始治疗后，疼痛、发烧等症状通常会很快减轻或消失，但要治愈急性中耳炎，需要用抗生素治疗 10 天或更长时间。脓液在耳道中残留的时间可能会更长一些。

治疗方法。怀疑宝宝的耳部出现感染，要去医院进行耳部检查。如果确实感染了，医生可能会建议观察一下，再视情况给小宝宝开一个疗程的抗生素。还可能会让宝宝再去复查，但大多数情况下不需要——特别是宝宝的情况出现好转时。

医生可能建议服用对乙酰氨基酚（2 个月以上的宝宝）或婴儿布洛芬（6 个月以上的宝宝），用于止痛及退烧。对耳部热敷（可以在热水袋里装上温水）或冷敷（用湿毛巾包住冰块）都可以止痛。宝宝睡觉时抬高头部（把枕头放在婴儿头部的床垫下面）也有帮助。

预防。以下办法可以将耳部感染的风险降到最低。

- 母乳喂养至少 6 个月，最好持续一年或更长时间都采用母乳喂养。
- 尽可能减少宝宝暴露在病毒中，因为普通感冒有可能导致耳部感染。这意味着要远离生病的儿童，还要勤洗手。
- 及时给宝宝打疫苗。可以预防肺炎和脑膜炎的肺炎球菌疫苗也有助

了解益生菌和抗生素

无论你给宝宝洗多少次手，用多少消毒液来清洁，宝宝难免被感染而生病——如耳部感染——这种情况需要使用抗生素。抗生素能够消除细菌感染，但广谱抗生素却经常“好坏不分”——它们无法分辨体内引起感染的细菌和有益细菌。这意味着，抗生素会消灭有害细菌，同时也破坏了一些非常重要的有益细菌——特别是消化道内的细菌。因此会出现一种糟糕情况：腹泻。

处理抗生素引起的腹泻问题，一种办法（除了买更多吸水性强的尿布之外）就是给宝宝吃益生菌。益生菌（定殖在体内、对人体有益的活性微生物的总称，如乳酸杆菌、双歧杆菌）能调节抗生素带来的副作用。研究表明，儿童补充益生菌后能减少 75% 由抗生素引起的腹泻问题。因此，儿科医生经常建议儿童在吃抗生素时补充益生菌。补充益生菌还可以抑制服用抗生素引发的酵母菌（念珠菌尿布疹的元凶就是其中一种）过度繁殖。

益生菌还能治疗常见的腹泻、便秘和呼吸道感染，甚至对治疗哮喘也有效果，一些研究显示益生菌还有助于治疗鼻窦炎和湿疹。另外，益生菌被认为可以提高人体免疫力，成为预防宝宝生病的第一道防线。它们好比身体派出的预备队，能不断增加有益细菌的数量，减少会导致疾病的有害细菌。这些小战士还在肠道内筑起屏障，不让有害细菌进入血液。益生菌还可以改善肠道环境，通过酸化肠道减少有害细菌的滋生。

如何给宝宝补充益生菌？一些配方奶会添加益生菌。如果宝宝开始吃辅食了，最好的补充方式就是喝酸奶。记住，要选择含活性菌的产品——标签上会有说明。或者让儿科医生推荐益生菌补充剂（药店有适合宝宝的粉状或滴剂益生菌）。询问医生服用补充剂的频率、与其他药物的服药间隔（益生菌和抗生素不能同时服用），以及存放方法（有时候需要存放在冰箱内）。

于减少耳部感染。耳部感染也是流感引起的一种常见并发症，确保宝宝 6 个月以后每年都接种流感疫苗。

- 尽量让宝宝用直立的姿势喝奶，特别是呼吸道感染时。
- 仅在宝宝睡觉前用安抚奶嘴。
- 宝宝满 12 个月后再离乳。
- 不要让宝宝暴露在二手烟环境中，二手烟会让宝宝更容易出现耳部感染。

什么时候去医院。怀疑宝宝耳部感染时（还没有那么紧急），可以在医生上班时间带宝宝就医。如果 3 天内症状没有消除（不管有没有用抗生素），或症状恶化（可能是慢性中耳炎的信号），抑或宝宝的听力突然不如从前，要及时去看医生。

流感

症状。流感（“流行性感冒”的简称）是一种具有传染性的病毒感染，一般出现在每年 10 月至次年 4 月（也叫“流感季节”）。患了流感会出现以下症状：

- 发烧；
- 干咳；
- 咽喉肿痛（宝宝抗拒饮食，或吞咽时疼痛）；
- 鼻塞或流鼻涕；
- 肌肉酸痛；
- 头痛；
- 极度疲倦，嗜睡；
- 畏寒；
- 食欲不振；
- 小宝宝有时会呕吐和腹泻。

病因。流感由流感病毒引起，而且每年都会出现新的流感病毒（如甲型 H1N1 流感病毒）。宝宝接触感染者（特别是患者对着宝宝打喷嚏或咳嗽），或用手或嘴接触到感染者碰过的东西（玩具、电话、购物车扶手等）都可能被传染流感。流感的潜伏期为 2 ～ 5 天。宝宝患流感后，症状通常持续 1 周，有些宝宝可能持续 2 周。

治疗方法。增加水分摄入，多休息。为缓解流感症状，可以增加宝宝房间的湿度，必要时给宝宝服用对乙酰氨基酚或婴儿布洛芬止痛、退烧（不要服用阿司匹林，或任何含有阿司匹林、水杨酸盐的药物）。症状很严重或有并发症风险的儿童（甚至新生儿）需要服用抗病毒药物，但要在症状出现后的 48 个小时内服用才有效果。

预防。流感引起的并发症在 5 岁以下的儿童中更严重，所以要尽可能防止宝宝患流感，给大一点的宝宝接种流感疫苗（参见第 513 页）。同时，确保全家人和所有照顾宝宝的人都接受了免疫接种，避免接触患病人群。

什么时候去医院。如果你怀疑宝宝患了流感（如果不确定，对照上面的症状观察一下），就要去医院。

呼吸道合胞病毒（RSV）感染

症状。在大多数婴儿中，病毒引起的症状和普通感冒的症状很相似：

- 流鼻涕；
- 低烧；
- 食欲减退；
- 易怒。

有些宝宝会出现下呼吸道症状（毛细支气管炎）：

写给父母：不要把细菌传染给宝宝

爸爸妈妈感冒了？细菌的特性就是会在家庭中传播，孩子上学后，他也会通过这种方式将很多细菌带回来。现在的情况是，你或其他家庭成员更可能会将细菌传染给宝宝。为了尽可能降低宝宝被你和其他家人传染的风险，在抱宝宝或喂宝宝吃东西时要彻底清洗双手（包括宝宝的双手、奶瓶、奶嘴，还有你的乳头），并且不要和宝宝共用一个杯子喝水。当你出现感染症状时，不要让宝宝接触到任何疱疹或其他具有传染性的皮疹，并且不要亲吻宝宝。确保你及时接种了疫苗（参见第514～515页表格）。保证其他家人也遵守以上原则。顺便提一下，你生病时也可以继续给宝宝喂奶，而且母乳会强化宝宝的免疫系统。总的来说，必须让自己面对这样的事实：大多数宝宝在第一年都会患上感冒。即使采取了上述所有措施，宝宝也会在某个时刻开始打喷嚏——因为你和宝宝有很多亲密时间，宝宝被感染的可能性和你一样大（宝宝只能从你身上获得你已有免疫力），实际上，相比路上遇到的打喷嚏的人，你更可能会将疾病传染给宝宝。

- 呼吸急促；
- 连续性咳嗽；
- 呼吸时有哮鸣音；
- 咕噜声；
- 每次呼吸时，肋骨之间的皮肤可见凹陷；
- 无精打采、嗜睡、脱水；
- 嘴巴周围皮肤颜色明显发青。

病因。呼吸道合胞病毒是一种常见病毒，几乎所有成人和儿童都会感染。普通感冒病毒或轻微的RSV感染仅影响鼻腔和上呼吸道。但有些宝宝的症状会快速恶化，病毒感染肺部，导致下呼吸道和气道内细小的支气管发炎，造成呼吸困难（这种症状被称为毛细支气管炎）。大多数宝宝的病情都比较轻微。但有些宝宝更容易出现严重的支气管炎，需要入院治疗——比如早产儿，他们的肺部尚未发育完全，还没有从母亲体内获得足够的抗体，一旦暴露在呼吸道合胞病毒中，很难抵御。

传播途径。这种病毒极具传染性，手接触到感染的患者就会被传染，咳嗽和打喷嚏也会使病毒在空气中传播。感染后的第2～4天传染性最强。呼吸道合胞病毒感染多发于冬季和早春时节。

持续时间。轻微的感染会持续3～5天。如果是早产儿，或出现并发

防止细菌和病毒在家中传播

细菌和病毒会在人群中传播，特别是有孩子的家庭。下列方法可以预防细菌和病毒在家庭中传播。

- 全家人都要勤洗手。洗手是阻止细菌和病毒传播最有效的方式，不论是在健康还是生病的情况下，全家都要养成勤洗手的习惯。触摸嘴、鼻子或眼睛之前要洗手；吃东西和处理食物前要洗手；擦鼻涕、咳嗽、上厕所、接触病人后都要洗手。如果附近没有洗手池，或在户外不能经常洗手，可以随身携带消毒湿巾或消毒洗手液。

- 将病人隔离。尽可能（虽然很难做到这点）将生病的家庭成员隔离，至少在出现症状的几天内要和大家分开。

- 处理用过的纸巾。生病的家人是否习惯将用过的脏纸巾随手丢弃（或放在身边）？这会留下很多细菌和病毒。确保及时处理用过的纸巾，扔在有盖的垃圾桶内。给宝宝擦过鼻涕的纸巾也要以同样的方式处理。

- 咳嗽时挡住口鼻。如果咳嗽或打喷嚏时没有纸巾，家人和育儿保姆要学会用手肘内侧而不是直接用手遮挡。不要让宝宝在有人咳嗽或打喷嚏的地方逗留。

- 不要共用杯子。浴室里的每样东西（漱口杯、牙刷、毛巾）、餐桌上的每样东西（杯子、勺子、筷子、碗）都不要共用。

- 小心各种物体表面。要用消毒剂清洁可能被细菌和病毒污染的重点区域表面，如浴室水龙头、电话、遥控器、玩具、键盘、门把手等。

症时，症状会持续更久。

治疗方法。轻微感染可按照感冒来应对（参见第530页）。如果引发了更严重的毛细支气管炎，需要采取以下措施：

- 使用雾化器，帮助呼吸道保持畅通；
- 情况严重时，住院吸氧、静脉输液。

预防。以下方法有助于预防感染：

- 最好母乳喂养；
- 在家勤洗手；
- 如果较大的孩子出现流鼻涕、感冒、发烧等症状，要让他们尽可能远离宝宝；
- 在呼吸道合胞病毒高发期，不要带易患病的宝宝去人群拥挤的地方，例如购物中心；
- 不要在宝宝身边吸烟；
- 在呼吸道合胞病毒高发的季节

里，每月给易患病的宝宝注射一剂帕利珠单抗（一种免疫药物）预防。

什么时候去医院。

• 宝宝呼吸困难或呼吸方式改变（快速呼吸、哮鸣、每次呼吸时两肋之间皮肤可见凹陷）；

• 发烧超过 4 ～ 5 天，服用了对乙酰氨基酚后体温仍然上升。

急性喉气管支气管炎

症状。急性喉气管支气管炎是一种多发于深秋和冬季的传染病，会导致喉咙和气管发炎，声带下面的气道肿胀、变狭窄，主要有以下症状：

• 呼吸困难——宝宝吸气时可听到喘鸣；

• 刺耳、犬吠样咳嗽，听上去像海豹的叫声，通常在夜晚出现；

• 每次呼吸时，肋骨之间的皮肤可见凹陷；

• 有时发烧；

• 声音嘶哑；

• 鼻塞（类似感冒的症状）；

• 吞咽困难；

• 易怒。

病因。急性喉气管支气管炎常见于婴幼儿，通常由副流感病毒（和流感病毒无关的呼吸道病毒）引起，但也会由其他呼吸道病毒，比如流感病毒引起。它的传播方式和其他传染性病菌的传播方式相同：接触已感染病毒的儿童（哥哥姐姐，或日托中心的宝宝）——特别是通过咳嗽和喷嚏，也可能接触了被感染儿童触摸过的物品(病毒和细菌可能在一些物体表面，比如玩具表面存活)。

持续时间。急性喉气管支气管炎会持续几天至一周,之后可能会复发。

治疗方法。虽然咳嗽的声音听上去很吓人，但只要采取简单的措施就可以缓解宝宝的不适。

• 呼吸蒸汽。带宝宝进浴室，放一些热水，关好浴室门。陪在宝宝身边，直到犬吠样的咳嗽声慢慢平息。

• 呼吸湿冷的空气。在凉爽的夜晚，带孩子到室外呼吸 15 分钟新鲜空气。或打开冰箱，让宝宝呼吸几分钟冰凉的空气。

• 增加湿度。在宝宝的房间使用冷雾加湿器。

• 直立。让宝宝保持一会儿直立的姿势，这样有助于呼吸顺畅。在靠近宝宝头部的床垫下面放个枕头，这样可以安全地抬高宝宝的身体。不要在婴儿床上放枕头。

• 安慰和拥抱。尽量不让宝宝哭泣，否则症状会加重。

什么时候去医院。如果你怀疑宝宝患上了急性喉气管支气管炎，要通知医生，特别是宝宝第一次出现这种情况时。如果是复发，可以按照之前的医嘱操作。如果出现下列情况，要去看医生：

• 蒸汽或冷空气不能缓解咳嗽；

• 宝宝看起来脸色不好(嘴周围、鼻子、指甲发青或变蓝)；

• 宝宝呼吸困难（尤其在白天），或每一次呼吸时肋骨之间的皮肤可见凹陷；

• 白天听到宝宝呼吸时发出喘鸣声，或晚上呼吸蒸汽、冷空气后；喘鸣依然没有缓解。

针对急性喉气管支气管炎，儿科医生经常会开类固醇药物，帮助气道消肿，改善呼吸。

便秘

母乳喂养的宝宝很少便秘，他们排便并不困难（吃母乳的宝宝排便次数少可能是没吃饱的信号，参见第174页)。但吃配方奶的宝宝和添加辅食的母乳喂养宝宝会有便秘的困扰。

症状。排便次数并不是判断是否便秘的指标——关键要看大便质量。大一点的宝宝几天没有排便，不一定是便秘（一天排便4次也不一定是腹泻)。如果宝宝排便很轻松，大便看上去很正常(只吃奶的宝宝大便很软，吃辅食后大便虽然成形但也是软的)，那就一切正常。但是，如果吃配方奶的新生儿大便次数少，或大一点的宝宝大便呈硬颗粒状，而且难以排出，就很可能是便秘。

病因。有些宝宝比其他人更容易便秘。但多数情况下，便秘的原因是宝宝的饮食中膳食纤维不足、饮水不足，宝宝活动量不够。结果就是，干硬的大便堆积在肠道末端。有时，宝宝生病后会便秘（生病期间，宝宝的饮食和运动量都会减少)，一些药物也可能导致便秘。

治疗方法。为帮助大一点的宝宝缓解和预防便秘，可采取以下措施。

• 补充膳食纤维。宝宝添加辅食后，多吃富含膳食纤维的食物，如新鲜水果（成熟的梨和猕猴桃对便秘特别有效)、煮软并剁碎的果干（尤其是葡萄干、西梅干、杏干、无花果干)、蔬菜和全谷物食品。不要给宝宝吃精细谷物，容易引起便秘。

• 补充益生菌。这些有益细菌可以帮助肠道蠕动。可以给宝宝喝富含活性菌的全脂酸奶，并咨询医生是否需要额外给宝宝补充益生菌。

• 补充水分。确保宝宝摄入充足的水分（每天至少1升左右)，特别是刚离乳的宝宝（许多宝宝在用杯子喝水后水分摄入减少)。一些果汁(如酸梅汁和梨汁)对缓解便秘尤其有效，白开水也很有效。

• 增加运动量。虽然没有必要给宝宝报名健身，但不要让他整天坐在婴儿椅或婴儿车里。让宝宝动起来，就能让他的消化系统动起来。宝宝还不会走路？让他像骑自行车那样活动双腿，也能帮助肠胃蠕动。

• 润滑。在肛门处涂抹一点凡士林可以帮助宝宝顺畅排便。如果大便太干，可以在肛门处塞入已经涂抹了润滑油的直肠温度计，刺激排便处的肌肉运动。

没有医生的指导，不要让宝宝服用通便剂或其他药物。

什么时候去医院。出现下列情况，要看医生：

• 吃配方奶的宝宝排便少，大便硬；大一点的宝宝有 4 ～ 5 天没有排便，或排出的大便是小而圆的硬颗粒，且难以排出；

• 便秘且伴有腹痛或呕吐；

• 大便带血；

• 长期便秘，用了上述方法后仍然不见效。

长期便秘会让宝宝非常痛苦，影响饮食和睡眠。有些长期便秘的宝宝会肛裂、出血，排出的大便带血丝。便秘消失后肛裂处会愈合。

腹泻

吃母乳的宝宝很少腹泻，因为母乳可以防止腹泻。

症状。如果宝宝的大便不受控制，呈水状，一天中大便次数多，这种情况就是腹泻。腹泻的症状还包括：大便的颜色和气味跟往常不同，大便中有黏液，肛门处红肿、发炎。如果腹泻持续几天到一周，宝宝会出现脱水和体重降低的情况。但要记住：有些宝宝生来就比其他人排便次数多，但只要大便看上去正常，就不是腹泻。

病因。腹泻大多由病毒引起，或是食用了刺激消化系统的食物，摄入了过多水果、果汁（特别是苹果汁）。过敏或食物（如牛奶）不耐受也可能导致腹泻。一些药物（如抗生素）也是导致腹泻的原因。超过 6 周的腹泻（以上病因都不会引起持续腹泻）被称为顽固性腹泻，可能与甲亢、囊性纤维化、乳糜泻、酶缺乏症等有关。

传播方式。微生物引起的腹泻可经粪—手—口的途径传播。受到污染的食物也会传播病菌。

持续时间。偶尔出现大便比平时稀（持续数小时到几天）不用担心。顽固性稀便必须探明病因并及时治疗。病情严重的宝宝需要入院输液来补充流失的水分和电解质。

治疗方法。

• 继续母乳喂养或配方奶喂养。持续腹泻的宝宝可能对乳糖暂时不耐受，如果保持正常饮食，腹泻没有好转，建议改吃无乳糖奶粉。

• 补充水分。如果宝宝平时吃母乳或配方奶，就继续下去（至少要跟平时摄入的量一样）。腹泻不严重的情况下，可以给大点的宝宝喝水或稀释的白葡萄汁（腹泻好转前不要喝苹果汁）。如果水分大量流失，特别是出现呕吐时，要咨询医生是否可以给

脱水的迹象

腹泻或呕吐的宝宝可能出现脱水。如果宝宝呕吐、腹泻、发烧或生病时出现下列情况，要告知医生。

- 皮肤干燥（嘴唇干裂）。
- 哭闹时眼泪减少。
- 排尿减少。24小时内排尿次数少于6次，或2～3小时尿布保持干爽，都应引起警惕。另外，注意尿液颜色是否呈暗黄色并且量很少。
- 囟门凹陷——头顶的“软点”不是平坦的，而是凹陷状。
- 无精打采。

随着脱水变得严重，会出现更多症状，必须尽快治疗。如果宝宝出现下列症状，要立刻去医院看急诊。

- 手脚冰凉或皮肤出现斑点。
- 皮肤干裂、起皮（口干、眼睛干涩、嘴唇干裂）。
- 超过6小时没有排尿（尿布仍然干爽）。
- 特别易怒或嗜睡。

宝宝口服电解质溶液，弥补因为腹泻而损失的钠和钾，并预防脱水。

- 合理饮食。如果宝宝已经开始吃辅食，可以继续吃，这样可以快速改善轻微腹泻的情况。如果腹泻严重，开始需要在医生建议下服用电解质溶液，后面几天再慢慢恢复正常饮食。
- 服用益生菌。一些研究表明，益生菌可以帮助预防或治疗宝宝的腹泻。如果宝宝吃配方奶，就选择含益生菌的奶粉。大一点的宝宝开始吃辅食后，可以服用含有活性菌的酸奶或益生菌补充剂（滴剂或粉末）——特别是在用抗生素治疗的情况下。

预防。

- 在医生的指导下服用益生菌；
- 注意饮食健康(参见第432页)；
- 换完尿布和大小便后，要认真洗手。

什么时候去医院。出现下列情况，要去看医生。

- 出现脱水症状；
- 大便稀软、呈水状达24小时；
- 频繁呕吐超过24小时；
- 拒绝摄入水分；
- 大便带血；呕吐物呈绿色、带血或看起来像咖啡渣；
- 腹部肿胀或凸出，或腹部明显不适。

尿路感染（UTI）

症状。尿路感染的症状包括尿频且尿痛、尿液带血、下腹疼痛、嗜睡、尿液恶臭或发烧（在婴幼儿中，尿路感染的症状很难辨识）。

生病宝宝的饮品

如果腹部不适让大一点的宝宝状态不佳，可能要更换些果汁了。研究人员发现，与苹果汁和梨汁相比，白葡萄汁可以让腹泻的宝宝恢复得更快，并降低腹痛复发的概率。显然，白葡萄汁中的糖分和碳水化合物更适合消化系统（与紫葡萄汁相比，滴在衣服上的白葡萄汁也更容易清洗）。苹果汁和梨汁含有天然山梨醇（不易消化的碳水化合物，会引起放屁、腹胀和胃部不适），并且果糖含量高于葡萄糖，而白葡萄汁中不含山梨醇，并且果糖和葡萄糖的比例平衡。记住，不论是哪种果汁，都要用水稀释后再喝。或者不给宝宝喝果汁，只喝水、母乳和配方奶。

病因。出现尿路感染是因为有细菌进入尿道（尿液从膀胱排出的通道）。女婴的尿道更短，细菌更容易侵入，所以女婴比男婴更容易出现尿路感染（如果男婴出现尿路感染，原因多为尿道畸形）。水分摄入不够会加剧尿路感染。

治疗方法。使用抗生素可有效治疗尿路感染。同时要确保增加水分的摄入量。

预防。为了预防尿路感染，换尿布时应特别小心，从前向后擦拭，换尿布前后要洗手。另外，给宝宝补充足够的水分，勤换尿布，不要用有刺激性的沐浴露和香皂。

什么时候去医院。如果出现任何一种尿路感染的症状，要去看医生。

常见慢性疾病

哮喘

什么是哮喘？哮喘是微小的呼吸管道（支气管）偶尔发炎、肿胀、黏液分泌增加的情况，通常是对呼吸道刺激的反应，由感冒或某种过敏原(在大宝宝中更常见)引起。哮喘发作时，症状有呼吸短促、胸闷、咳嗽或哮鸣——宝宝出现这种情况时，父母肯定会被吓到。一些幼儿唯一的症状就是反复出现犬吠样咳嗽，通常在活动时和夜晚会加重，甚至出现呕吐。也可能会呼吸急促或呼吸有杂音，每次呼吸两肋之间皮肤凹陷、胸闷。

哮喘是儿童最常见的一种慢性病，70% 的患儿在 3 岁之前出现哮喘。一些遗传和环境因素也会诱发儿童哮喘，包括有哮喘或过敏的家族史，有湿疹等过敏情况，和吸烟者生活在一起，在子宫里时就暴露在吸烟环境中，生活在受污染地区，出生低体重或超重等。

诊断婴儿是否患上了哮喘并不容易，因为很难将病毒引发的哮喘和病毒性呼吸感染（如呼吸道合胞病毒）

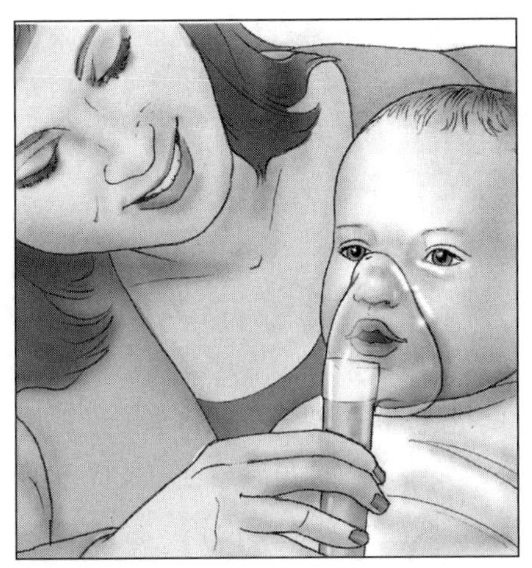

哮喘雾化器

区分开来，两者症状非常相似。这意味着，医生会主要根据你对宝宝症状的描述进行判断。详细记录宝宝的症状有哪些、出现的频率，目前的情况，去看医生时带上这些笔记。医生还会询问家庭病史（孩子的爸爸妈妈有哮喘或其他过敏史吗？）以判断宝宝是否有哮喘的倾向。

治疗方法。医生会根据宝宝哮喘的情况，开具下列一种或两种药物。

- 支气管扩张剂——一种速效急救药（短时起作用），哮喘发作时吞服，可以立刻让呼吸道通畅。
- 预防哮喘的药物（长效），比如有抗炎作用的皮质类固醇，宝宝每天服用，可以第一时间消除呼吸道内的炎症。

和宝宝服用的其他口服液体药物不同，大多数哮喘药需要吸入体内，直接作用于呼吸道。医生会开一个定量吸入气雾器，这种吸入器自带一个可拆卸的、带垫片的储雾罐，方便使用，也更加有效（药物可以进入呼吸道深处）。用吸入器自带的面罩盖住宝宝的嘴巴和鼻子，按压储雾罐启动吸入器，合适剂量的药物就会通过垫片喷出，宝宝正常呼吸几次，就能将药物自然吸入呼吸道。

另一个选择就是雾化器，它能将液体药物转化成雾状，宝宝可以通过面罩吸入（参见本页图）。这种雾化

是哮喘，还是反应性气道疾病？

宝宝感冒后会出现气喘，每次生病也会出现气喘，你以为宝宝患上了哮喘，但医生告诉你这实际上是反应性气道疾病（RAD）。这两者区别不大，症状相同，治疗方法通常也一样。感冒后，残存病毒引起的炎症和宝宝小气道内过多的黏液会导致咳嗽和气喘。由于幼儿哮喘诊断的不确定性，医生通常称其为反应性气道疾病。如果气喘经常复发，咳嗽也很频繁，或有家族哮喘史、过敏史，医生会正式确诊为哮喘。实际上，50% 的宝宝在 3 岁前可能出现反应性气道疾病，但其中只有 1/3 的宝宝会在 6 岁左右发展成哮喘。

器是电动的。

不论医生是否给宝宝开了药，要尽量不让宝宝患上感冒、流感等会加剧哮喘症状的感染（6个月以上有哮喘的宝宝每年都必须注射流感疫苗）。服用益生菌可以在控制哮喘的同时增强免疫力。

预后。许多患有哮喘的儿童在进入青少年阶段后症状会趋于缓和，但气道过敏会伴随终生。成年后，一些哮喘症状会再次出现，但并不严重，只是间歇性的。即使哮喘持续到成年，只要正确服药，采取医疗护理和自我护理，大多数哮喘都可以得到控制。

乳糜泻

乳糜泻是什么？乳糜泻又叫麦胶性肠病，是患者对麦胶不耐受的肠源性吸收不良综合征。麦胶也就是麸质，主要存在于小麦、黑麦和大麦中。当患有乳糜泻的儿童食入含有麸质的食物时，小肠不能将其分解吸收，就会受到损害。当宝宝引入含有麸质的辅食后，可能会出现乳糜泻。乳糜泻也可能出现在儿童或成人阶段的任何一个时期。

乳糜泻的症状很多（有时没有明显症状），大多数婴幼儿的症状包括腹痛、持续几周的腹泻（少数病例会出现便秘）、腹胀，生长缓慢。极少数情况下，只有生长缓慢这一症状。

一些专家估计，每200人就有1人患乳糜泻，但很多病例都未被列入统计。乳糜泻是遗传性疾病，如果父母一方或其他兄弟姐妹患乳糜泻，宝宝患乳糜泻的概率就会增加。

如果你怀疑宝宝有乳糜泻的症状，可以让医生检查。通过验血可以确定和乳糜泻相关的某些抗体水平是否升高。如果验血结果呈阳性（或尚不确定），医生就会使用内镜，经过口腔和胃部对小肠进行活组织检查，查看小肠黏膜上绒毛的受损情况。

治疗方法。一旦确诊乳糜泻，要确保宝宝的饮食中不含麸质。含麸质的食物包括大部分谷物、面食和麦片，以及许多加工食物。可以用大米、玉米、大豆、土豆等不含麸质的食材做出的食物代替传统谷物。幸运的是，大部分超市都能买到不含麸质的产品（购买时查看标签，选择无麸质的全谷物食品）。另外，还有很多常规食物可以补充无麸质的饮食，如水果、蔬菜、奶制品、鸡蛋、鱼类、畜肉、禽肉。一些初步研究显示，补充益生菌对治疗乳糜泻也有帮助。

预后。通常不食用麸质就可以正常生活。

胃食管反流症（GERD）

胃食管反流症是什么？首先，胃食管反流症不是胃食管反流。胃食管反流只是一种生理性呕吐现象，很多宝宝第一年都有，只要没有出现影响体重增加、疼痛或其他胃食管反流症的症状，就无须担心。

而胃食管反流症，成年人的症状与烧心很相似（胃酸逆流）。正常的吞咽过程是食管经过一系列挤压将食物或液体进入胃中。当食物进入胃部后，就会和胃酸混合，开始消化。混合开始时，食管下部的环状肌肉会收缩，防止食物倒流。婴儿胃部和食管的连接处尚未发育完全，有时会在应当收紧时放松，使得胃部的液体和食物向上反流。这些酸性物质会反流到食管，甚至喉部下方，引发下列症状：

- 频繁吐奶或呕吐（有时很强烈）；
- 口水过多；
- 吃奶时，喉咙发出咯咯声，像被堵住或气喘的声音；
- 突然难以安抚的大哭（由于疼痛），比平时易怒；
- 吃奶时蜷缩起身体（同样由于疼痛）；
- 捉摸不定的饮食模式（比如拒绝食物，或不停地进食、饮水）；
- 体重增长缓慢。

胃食管反流通常在婴儿 2 ～ 4 周大时出现，有时会持续到 1 ～ 2 岁。高发期是 4 个月，到 7 个月时开始好转，那时宝宝学会了站立，也能摄入更多辅食了。吃母乳的宝宝胃食管反流通常不会严重，因为母乳容易消化。

喷射性呕吐

新生儿吐奶很常见。通常，这是婴儿正常的消化过程。大多数情况下，吐奶的情况会自行消失。但如果宝宝频繁吐奶，而且很用力，呕吐物能喷射很远，就不是消化系统的原因了——有可能是因为幽门狭窄：胃部出口处肌肉先天肥厚或过度生长，从而引起堵塞，导致呕吐越来越强烈，变成喷射性呕吐（呕吐物喷射 30 厘米或更远）。幽门狭窄在男婴中更常见（每 200 个男婴中就会有 1 例；每 1000 个女婴中会有 1 例），通常出生后 2 ～ 3 周出现症状。

如果宝宝剧烈呕吐，要去看医生。一旦确诊是幽门狭窄（医生可能触摸到肿块、观察到肌肉抽搐，或借助超声检查），可能需要手术治疗。幸运的是，手术很安全、有效，一周后宝宝的消化系统就能恢复正常。

治疗方法。治疗可以让宝宝感觉好一些，直到自行痊愈。

- 不要摄入过多食物。少量多次地摄入母乳、配方奶或辅食。
- 如果宝宝吃配方奶，咨询医生换一种配方奶是否会有帮助。
- 给宝宝补充益生菌。可以用滴剂，或者将益生菌粉末倒入装满母乳的杯子里给宝宝饮用。如果宝宝吃配方奶，就选择含益生菌的奶粉或将益

有特殊需要的宝宝

过去的9个月，你一直希望能产下一个健康的宝宝；生下一个有缺陷或有特殊需要的宝宝，可能令人心碎。如果在出生前没有检查出宝宝所患的疾病，震惊之下，会倍感痛苦和失望。但医疗技术的发展已经大大改善了这些宝宝的预后。相比过去，现在一些最初看起来很可怕的先天缺陷，通过手术、药物、理疗或其他治疗，很多都得以治愈。其他病症经过治疗，宝宝的状况也会大大改善。一开始你无法接受这种局面，但之后你会发现，一个特殊的宝宝也会为你们的生活增添另一种意义——始于挑战，终于充实。虽然照顾这样的宝宝需要加倍努力，但也能带来成倍的回报。随着时间的推移，父母往往会发现，除了挑战，宝宝也会给他们带来很多爱和温暖。

生菌和平常吃的奶粉混合。

• 经常给宝宝拍嗝。

• 吃奶时及吃奶后1～2小时，让宝宝的身体保持直立。但不要将婴儿床床垫支撑抬高，以免宝宝斜躺着睡着。不管是在床垫下垫枕头，还是用所谓的专为胃食管反流设计的楔形枕，或保持睡眠姿势的定位器具，都不安全，可能导致婴儿猝死综合征。

• 避免喂奶后立刻摇晃宝宝。

• 喂奶后给宝宝一个安抚奶嘴，吮吸安抚奶嘴通常能缓解反流。

咨询医生，是否可以给宝宝服用减少胃酸、平衡胃酸、促进消化的药物，比如兰索拉唑、雷尼替丁。服用这些药物是安全的，上述常规治疗没有作用的情况下，用药效果更明显。但要记住：有些药物偶尔会出现一些副作用，只能用于已经确诊的胃食管反流症而不适用于普通的吐奶。

预后。好消息是，随着宝宝长大，胃食管反流症会慢慢痊愈。愈后一般不会复发。但个别情况下，症状会一直持续到成年阶段。

听力损失（听觉障碍）

听力损失是什么？听力损失分为不同的程度，不能认为出现听力损失的儿童就是失聪。真正的失聪是指听力损失非常严重，只通过倾听无法理解别人的言语，有助听器也不行。

宝宝的听力损失有两种类型。

• 传导性听力损失。可能是由于耳道结构异常或中耳出现积液，导致耳道或中耳无法有效传导声音，使声音很微弱，甚至听不见。

• 感觉神经性听力损失。这种情

况通常是由于耳朵内部或从耳朵内部到大脑的听神经受损引起的。出生时就会表现出来，一般为遗传。也可能是在宝宝出生前，母体感染或准妈妈服用了某些药物导致的。

每年 1000 个新生儿中就有 2 ～ 4 个听力损失的宝宝。有些宝宝有一只耳朵有听力损失，有些宝宝双耳都有。大多数新生儿出生后就要进行听力筛查。如果宝宝出生时没有筛查，但现在你怀疑他听力有问题（即使孩子在婴儿时期“顺利通过”了测试，以后也可能出现听力损失），要请儿科医生做听力测试（参见第 116 页）。因为听力损失在早产儿中比较常见，所以对早产儿的筛查会更仔细。

治疗方法。早点诊断、确定损失属于轻微到严重的具体程度，确诊后趁早治疗，这对宝宝的听力和语言发展都至关重要。

根据病因，有以下治疗方法。

- 佩戴助听器。如果听力损失是由中耳或内耳先天畸形所致，助听器可以帮助扩大声音，使听力达到正常或接近正常的水平。助听器还可以用于某些类型的感觉神经性听力损失。助听器种类繁多，选择哪种取决于宝宝的年龄和听力损失的类型。
- 手术。人工耳蜗是一种通过手术可以植入到耳后骨中的电子设备，如果再配合助听器，可以帮助恢复听力，极大地提升失聪儿童学习口语的能力。越早植入人工耳蜗越好（最好在 1 ～ 3 岁）。
- 教育。一旦孩子确诊听力损失，应尽快开启一套教育方案。内容包括：教宝宝使用能辅助听说的设备；手语及读唇语学习；还有一整套交流方案（结合读唇语、手语和手指拼音，培养听力技巧和口语输出）。在教育过程中父母还要学习言语—语言治疗（包括一些针对父母的培训）。儿科医生和听力专家也会参与进来，帮助你找到适合宝宝的最佳方案。

预后。只要积极治疗，用对症的治疗方法，听力损失的儿童都可以拥有完整的生活。有些孩子最终能够达到听说的水平，另一些听力损失更严重的孩子也能学会用手语交流。但是听力损失的儿童是否能进入主流学校，和没有听力障碍的儿童一起参加常规课程的学习，取决于儿童个体的情况。

耳朵积液造成的听力损失

非先天原因造成的暂时性听力损失，有时候可能是耳内持续存在积液所致。这种听力损失的一线治疗方法是持续观察一段时间，偶尔试用抗生素。如果宝宝一岁后积液仍然存在，医生会建议置管引流，可以解决暂时性的听力损失和语言发展缓慢问题。

第 20 章　宝宝受伤时的应对与急救

即使已经尽职尽责、小心翼翼，即使已经采取了所有措施，宝宝还是会受伤——不是每一次意外都能预防。但是，可以做好准备。所幸，宝宝受的伤通常不算严重。但也要知道如何应对严重的事故和伤害（例如割伤、淤伤、烫伤、骨折）。接下来将介绍宝宝受伤后的处理方法，指导你如何进行心肺复苏术，以及宝宝窒息时的应对方法。

做好急救准备

受伤后的快速反应至关重要，不要等到宝宝把手指伸进滚烫的咖啡，或喝了一大口洗衣液时，才去学急救措施。在这些意外发生之前，就要熟悉常见伤害的处理方法，并在适当的时候（比如去野营时）重温不常发生的伤害的处理方法（比如被蛇咬伤）。

但你要做的准备不止于此。了解处理方法是一回事，在突发情况发生时如何应对是另一回事。看完这一章，你还需要通过急救课程来巩固你学到的心肺复苏术和基本急救方法等。可以上网查找或请宝宝的医生提供帮助。要及时更新急救知识，定期学习课程，同时要确保照顾宝宝的其他人都接受了培训，并具备处理各种突发情况的能力。

为了进一步做好应对突发情况的准备，需要做到以下几点。

• 向医生咨询如果宝宝受伤（包括轻伤和重伤）应采取哪些措施：什么时候看门诊，什么情况需要去急诊室，什么情况要准备其他医疗方案。如果只是小外伤，鉴于急诊室排队人多、有大量细菌，并会优先救助危重病人，不推荐前往。

• 将急救用品放在宝宝不会接触到且方便取放的小包或小箱子里，以便在需要时带到事故现场。确保随身带着手机并有足够的电量，宝宝受伤时可以第一时间拨打急救电话。

• 做好以下准备。

* 存好紧急联系电话。包括医生，最近医院的急诊室，急救服务 120、999，以及家人、好友或邻居的电话号码，以便在紧急情况下拨打。经常照顾宝宝的人也应该将这些号码存好，以便及时呼叫。

* 存好宝宝的个人信息（要及时更新）。包括宝宝的年龄、体重、免疫记录、曾用药物、过敏情况、慢性病等。紧急情况下，要提供给急救人员或带到医院去。

* 清楚的住址信息。家庭住址(必要时标明附近地标)、楼栋号、电话号码——以便保姆或其他照顾宝宝的人打急救电话时用。

* 备好纸和笔。便于记录医生、急救人员的处理建议。

• 确保楼宇外面有清晰可见的楼栋号（房子外面有门牌号），楼梯间有灯，以便在夜晚看清数字。

• 了解从家到最近的急诊中心和医生推荐的其他紧急医疗机构的最短路线。

• 如果住在城市，紧急情况下，你需要打车去医院，在易取放的地方备一个婴儿汽车安全座椅。（如果你很紧张，或忙着照顾受伤的宝宝，最好不要自己开车。）在城市居住还有一个便利：发个定位，司机就可以确定你的位置，通常几分钟后就能到达。

• 如果你在紧张或紧急情况下容易反应过度，应学会冷静地处理宝宝遇到的轻微事故。在日常的磕磕碰碰中积累经验，当出现比较严重的伤害时，就能更好地应对。深吸几口气可以帮助你放松，无论发生什么，都要专注于处理眼前的情况。记住，你的表情、语调、行为都会影响宝宝对受伤的反应。你的恐慌只会让宝宝更不安、更难和你配合，也就更难处理紧急情况。

• 无论宝宝受伤程度如何，都要让自己和宝宝冷静下来，并试着通过调动三种感官转移宝宝的注意力：站在宝宝可以看见你的地方，平静地和他说话，让他听到你的声音，并抚摸他没有受伤的部位。

第一年要掌握的急救常识

以下是一些常见的受伤情况，你要知道该如何处理，以及什么时候该寻求医疗救治。每一种伤害都有独立编号，便于查找。

腹部受伤

1. 内出血。宝宝的腹部受重击会出现内伤。这种伤害的表现包括：腹部淤青；呕吐或咳出深红或鲜红的血，或咖啡渣状黏稠物（这也是宝宝吃了腐败食物的表现）；大便或小便带血（深红或鲜红色）；休克（发冷、出汗、皮肤苍白；虚弱、心跳加快；打寒战；意识不清；恶心、呕吐、浅呼吸）。如果出现上述症状，需要立刻拨打 120 急救。如果宝宝休克（参考第 48 条），要立刻治疗。不要给宝宝吃东西或喝水。

2. 腹部割伤。处理方法与其他割伤一样（参考第 51、52 条）。割伤严重时，肠子会流出，不要试图把肠子塞回腹中。要用干净、湿润的毛巾或尿布盖住，立刻拨打 120 寻求紧急医疗救助。

咬伤或蜇伤

3. 动物咬伤。不要试图移动被咬伤部位，立刻通知医生。用香皂和清水轻柔、彻底地清洗伤口。不要使用任何杀菌剂或其他药物。视情况按压止血（参考第 51、52、53 条）后缠上无菌纱布。

蝙蝠、臭鼬、浣熊攻击人类可能是因为患有狂犬病，特别是在无缘无故的情况下，狗和猫也是如此。尽管多数宠物都接种了狂犬疫苗，但不能保证所有宠物都是安全的。要咨询医生，确定是否需要在宝宝被咬后采取保护措施。人类感染狂犬病的情况极少，但万一感染了而不治疗，会致命。

如果宝宝被猫狗咬破了皮肤，即使它们没有狂犬病，也要询问医生的意见。医生可能会开可以预防感染的抗生素。如果咬伤的部位发红、肿胀且有触痛感，要立刻通知医生——这些都是感染的信号，必须用抗生素治疗。猫咬伤出现感染比狗咬伤出现感染的情况更常见。

4. 人咬伤。如果其他孩子咬伤了宝宝，一般无须担心，除非咬破了皮肤。这时，要用温和型香皂和冷水彻底清洗被咬伤的部位。避免摩擦伤口或使用喷雾和药膏（无论是否含有抗生素）。用无菌敷料简单盖住伤口，然后联系医生。必要时按压止血（参考第 52 条）。可以请医生开些抗生素，防止感染。

5. 蚊虫叮咬或蜇伤。将炉甘石洗剂或其他止痒药物涂在瘙痒部位，比如被蚊子叮咬过的地方。

• 用纸巾或橡皮手套保护好手指，或用钝头的镊子，迅速取出虫子：夹住虫子最靠近宝宝皮肤的部位，向外拔出，稳定、均匀用力。不要旋转、猛拉、挤压、碾碎或刺破虫子。如果不确定是不是蜱虫，可以留下虫子并和蜱虫的图片比对（或拍照发给医生看）。其他虫子不用保留——医生不需要鉴别。

• 如果被蜜蜂之类有螫针的虫子蜇了，立刻沿水平方向刮出螫针，可以用小刀的刀背、信用卡或指甲，或用镊子、手指轻轻地将刺拨出。不要捏住螫针，这样会使更多毒素注入身体。然后按以下方法处理。

• 被小蜜蜂、黄蜂、蚂蚁、蜘蛛或蜱虫蜇咬后，用香皂和清水清洗伤口。如果伤口肿胀或疼痛，可以冷敷。

• 如果被蜘蛛叮咬后特别疼，要冰敷，并寻求急救。还需要向医生描述蜘蛛的样子，来判断是否有毒。如果你知道宝宝被有毒的动物咬了——例如黑寡妇、隐士蜘蛛、狼蛛或蝎子——即使还没有症状，也要立刻紧急处理。

• 被蜜蜂、黄蜂或胡蜂蜇了，要注意宝宝有没有过敏的迹象，例如严重疼痛、伤处肿胀或呼吸急促。90%的儿童被蚊虫叮咬后，被咬部位直径5厘米的范围内会在24小时内出现发红、肿胀和疼痛。而其他10%的儿童则会出现更严重的局部反应：被咬3～7天后，被咬部位直径10厘米的范围内出现大面积肿胀，并有触痛。第一次被叮咬的人出现这样的症状，通常会演变成对毒液超敏感，再次被蜇后，如果没有及时处理，会有致命的危险。一些危及生命的过敏反应（很少见）通常在被叮咬后5～10分钟后就出现，包括脸部浮肿、舌头肿胀；喉部肿胀、发痒，表现为干呕、吞咽困难、声音嘶哑；支气管痉挛(胸闷、咳嗽、气喘、呼吸困难)；血压降低，导致头晕、晕倒、心血管性虚脱。儿童一般不会出现致命反应，一旦发现宝宝出现全身性反应（影响到叮咬部位以外的其他身体部位），要立刻寻求医疗救助。如果出现危及生命的全身性反应，立刻拨打120。

出现全身性反应后，宝宝要进行一些测试，来确定对蚊虫病毒的敏感性。如果诊断结果是宝宝在蚊虫叮咬后会出现致命性过敏反应，那么在蚊虫活跃的季节外出时，必须携带肾上腺素自动注射器。

6. 毒蛇咬伤。被毒蛇咬伤的情况极少见，但咬伤后非常危险。常见的毒蛇大多有尖牙，咬伤后会留下痕迹。婴儿由于体形小，即使微量的毒素也会致命。被毒蛇咬伤后，尽可能保持宝宝的身体和受伤部位不动，这很重要。如果被咬伤的是四肢，必要的情况下需要用夹板固定，并低于心脏的高度。如果可以，用冷敷的方法缓解疼痛，但不要用冰块，在没有医生建议的情况下，不要使用任何药物。立刻寻求医疗救助，如果认识蛇的种类，立刻告知医生。如果在1小时内得不到医疗救助，用绷带（或腰带、领带、发带）松松地绑住（可轻松插入一根手指）伤口5厘米以上的地方，减缓血液循环。不要将这样的止血带绑在手指或脚趾上，或脖颈、头部以及躯干上。要频繁检查止血带下方的脉搏，确保血液循环没有中断，如果宝宝的四肢开始肿胀，要放松止血带，记录绑止血带的时间。立即用嘴巴吸出毒液（然后吐掉）也会有帮助。但不要划开伤口，除非还需 4 ～ 5 个小时才能得到救助，并且出现了严重的症状。如果宝宝停止了呼吸或心跳，立刻通过心肺复苏术急救（参见第 570 页）。如果有必要，参考休克的处理方法（参考第 48 条）处理毒蛇咬伤。

参考处理刺伤的方法（参见第 54 条）处理无毒的蛇的咬伤，并通知医生。

7. 海洋生物蜇伤。这样的蜇伤通常不严重，但少数婴幼儿会有严重的反应。一旦被蜇，要尽快寻求医疗救助。海洋生物不同，急救措施也不同，但通常可以用尿布或布片（为了保护你的手指）小心地擦掉蜇伤处的小刺。如果大量出血（参考第 52 条）、休克（参考第 48 条）、停止呼吸（参见第 570 页），应立即实施救助，并拨打 120。轻微出血的情况不用担心，这有助于排出毒素。被魟鱼、蓑鲉、鲶鱼、毒鲉、海胆蜇伤的部位，应在温水中浸泡 30 分钟（分解毒素），或在接受医疗救助前一直用热水浸泡伤处。如果被水母或僧帽水母蜇伤，可以用白醋或消毒酒精擦试被叮咬处，中和释放的毒素。（去海边旅行时带上酒精棉片，以防万一）。小苏打、氨水、柠檬汁也有助于减轻疼痛。

出血和内出血

出血参考第 51、52、53 条；内出血参考第 1 条。

骨折或骨裂

8. 手臂、腿部或手指疑似骨折。宝宝骨折很难判断。大多数婴儿的骨伤，骨头通常只是弯曲了，并没有折断，因此从肉眼很难看出是否骨折了。骨折的表现包括：局部不能移动或无法承重；非常疼（宝宝可能会持续哭闹，或者一触碰就会异常疼痛）；麻木或刺痛（宝宝无法表达出来）；皮肤肿胀、变色，或肢体变形（也可能是脱臼引起的，参考第 17 条）。如果怀疑是骨折，不要试图把肢体摆直。先尝试用尺子、杂志、书籍或其他坚固的物品将受伤部位固定好，然后在伤处下垫上软布，保护皮肤。也可以用紧实的小枕头作为夹板。用绷带、布条、丝巾或领带牢牢地固定夹板，但不要系太紧，否则影响血液循环。如果手边没有可用的夹板，尝试用你的手臂固定住宝宝受伤的肢体。同样要确保夹板没有阻碍血液循环。可以用冰袋消肿。即使只是怀疑宝宝骨折了，也应该带他去看医生。

9. 开放性骨折。如果骨头穿出了皮肤，不要碰骨头。可能的话，用无菌纱布或干净的尿布盖住伤口，如有必要，按压止血（参考第 52 条），并寻求紧急医疗救助（拨打 120）。

10. 颈部或背部疑似受伤。如果怀疑宝宝的颈部或背部受伤，不要挪动宝宝。拨打120呼叫紧急医疗救助。(如果一定要将宝宝从危及到生命的险情中移出，如火灾或交通事故现场，要用木板、椅垫等物体或你的手臂固定。移动的时候不要让宝宝的头部、颈部或背部弯曲、转动。)等待救助时，盖好背部并让宝宝保持舒适，如果可能的话，放一些重物——如书籍在宝宝头部周围帮助固定，尽量减少活动幅度。不要给宝宝食物或饮料。如果出血严重（参考第53条），出现休克(参考第48条)，或窒息、脉搏停止(参见第570页)，应立即治疗。

烧伤和烫伤

如果宝宝的衣服着火了，用大衣、毛毯、床单，甚至你的身体扑灭火焰。

11. 局部烧伤（一度烧伤）。应将烧伤的手、脚、手臂或腿部浸在冷水中（10℃ ~ 15℃）。如果宝宝配合，可以用流动的冷水冲洗受伤部位。如果烧伤部位是宝宝的脸或躯干，应该冷敷，直到宝宝不那么痛苦，通常需15 ~ 30分钟。不要用冰袋、黄油或烧伤药膏(这些都可能加剧皮肤损伤)，也不要挑破水疱。浸泡后，用柔软的毛巾轻轻蘸干受伤部位，再用纱布或无黏性绷带盖住。如果烧伤部位发红、疼痛持续几小时，要通知医生。

如果烧伤部位皮肤破损，起水疱（二度烧伤），或呈白色或烧焦状（三度烧伤），脸部、整只手、脚或生殖器烧伤，或者烧伤面积和宝宝的手差不多大甚至更大，都应立即联系医生。

12. 大面积烧伤。立即呼叫急救（拨打120）。让宝宝平躺，脱掉受伤范围内没有黏附在伤口上的衣服（必要时将衣服剪开，但不要去扯）。可以用湿凉的毛巾冷敷受伤部位（受伤面积不超过身体面积的25%）。让宝宝保持温暖舒适，将烧伤的四肢放在比心脏更高的地方。不要给伤口施加压力，也不要用药膏、其他药粉或硼酸水涂抹伤口。如果宝宝还有意识，嘴部也没有严重烧伤，可以喂他一些母乳、水或其他饮品，防止脱水。

13. 化学品烧伤。腐蚀性物质(如碱、管道清洁剂或其他酸性物质）可能会造成严重的烧伤。用干净柔软的布轻轻扫掉宝宝皮肤上干燥的化学物质（戴上橡胶手套保护自己的手），并脱掉受污染的衣服，立即用大量的水冲洗皮肤。带宝宝去急诊室，寻求进一步的建议。如果宝宝呼吸困难或呼吸时很痛苦，应立刻呼叫急救（拨打120)，这可能是吸入了腐蚀性烟雾造成了肺损伤（如果吞咽了腐蚀性化学品，参考第44条)。

14. 电烧伤。如果可以，立即切断电源，或用干燥的非金属物品，如木扫帚、木梯、绳子、坐垫、椅子或大本书籍将宝宝与电源分开——但不要用你的双手。如果宝宝没有呼吸或心跳，立即实施心肺复苏术（参见第570页）。所有电烧伤都应由医生来救治，应立即拨打急救电话。

15. **晒伤**。如果宝宝被晒伤了，每天冷敷3～4次，每次10～15分钟，直到红肿消退——水分蒸发可以帮助皮肤降温。在两次冷敷之间，可以用配方安全的婴儿防晒喷雾或温和的保湿霜。不要将凡士林或润肤油涂抹在晒伤处，它会将伤口愈合所需的空气隔离在外。对乙酰氨基酚可以减轻宝宝的不适感。如果伤处出现肿胀，且宝宝月龄超过6个月，用婴儿布洛芬（有消炎作用）更好。不要用抗组胺药物，除非医生开了药方。如果晒伤严重，出现水疱、疼痛、恶心、打寒战等症状，应立即带宝宝去医院。

窒息

参见第567页。

惊厥

16. **癫痫或惊厥的症状**：瘫倒、翻白眼、口吐白沫、身体僵硬，随后出现无法控制的抽搐，严重时会呼吸困难。短暂的抽搐通常不伴随高烧（参见第524页，了解如何处理热性惊厥）。非热性惊厥可以这样应对：清理宝宝周围的空间，或把宝宝移到床或地毯中间，以防受伤；松开宝宝颈部和腹部的衣服，让他侧躺，保持头部比臀部低（用枕头抬高臀部）；不要让宝宝嘴里含有任何物品，包括食物、饮料、乳房或奶瓶；应立即寻求医疗救助（拨打120）。

如果宝宝呼吸或心跳停止，应立即用心肺复苏术急救（参见第570页）。如果身边有其他人，让他们拨打120；如果没有其他人，等宝宝恢复呼吸后再打，或急救几分钟后，宝宝仍没有恢复呼吸时打电话。如果抽搐时间超过2～3分钟，变得更严重，或反复抽搐，也要拨打120。

宝宝出现抽搐也可能是因为吞入了处方药或毒性物质，立即检查四周，看有没有线索。如果宝宝确实吞咽了危险物品，参考第44条。

割伤

参考第51、52条。

脱臼

17. **肘关节脱位（牵拉肘）**。婴儿不像大一些的宝宝那样，可能会经常出现肘关节脱位，因为大一些的宝宝常常会被大人拉着手臂玩“飞飞”。由于疼痛，手臂脱臼或无法活动时，宝宝通常会持续哭闹，这是典型表现。这时应立即前往医院，有经验的医生可以轻松恢复脱臼部位，马上就可以缓解疼痛。如果宝宝看上去很疼，应在离家之前用冰袋冷敷，并用夹板固定住。

溺水

18. 宝宝溺水失去意识，即使被救出后很快就清醒过来，也要接受医学评估。对仍然昏迷不醒的宝宝，应在进行心肺复苏术（参见第 570 页）的同时，让其他人拨打急救电话。如果没有人可以帮忙，应立即用心肺复苏术急救，稍后再打电话。不要停止心肺复苏术，直到宝宝恢复意识或得到援助。如果出现呕吐，让宝宝侧过身体，以免窒息。如果怀疑宝宝头部或颈部受伤，应将这些部位固定好（参考第 10 条）。让宝宝保持温暖、干爽。

耳朵受伤

19. **耳朵中有异物**。尝试用下列方法来清除异物。

• 如果是昆虫，可以用手电筒将其引诱出来。

• 如果是金属物体，尝试用磁铁吸出来（但不要将磁铁插入耳中）。

• 如果是塑料或木质物体，并且可以看见，没有进入耳朵深处，那么将回形针拉直，在末端滴上一滴快干胶，用它去粘耳朵里的物体（不能碰到耳朵），不要深入到内耳。等到胶水变干，将回形针拉出来。如果没有人在旁边帮忙抱着宝宝，不要尝试这种做法。

如果你不敢尝试上面的方法，或没有合适的工具，或上述方法都失败了，不要尝试用手指或其他工具将物体取出，应立即带宝宝去医院。

20. **耳朵损伤**。如果有尖锐的物体进入耳中，或宝宝的耳朵有受伤的迹象（耳道出血、突然听不清、耳垂肿胀出血），要联系医生。

电击

21. 关闭电源，切断与电源的接触，或用干燥的非金属物体，如木扫帚、木棍、衣服、垫子、橡胶雨靴、大本书籍将宝宝与带电的物体隔开。如果宝宝接触到水，你不要去碰水。切断宝宝与电源的接触后，拨打急救电话。如果宝宝没有呼吸或心跳，立刻实施心肺复苏术（参见第 570 页）急救。关于电烧伤，参考第 14 条。

眼睛受伤

请注意：不要对受伤的眼睛施加压力，也不要用手触摸眼睛，更不要在没有医生建议的情况下滴眼药水。用干燥的小杯子或玻璃杯罩住宝宝的眼睛，必要时限制他的双手，防止他

揉眼睛。

22. **眼中有异物。**如果可以看到眼中的异物(如睫毛或沙粒),先洗手,让别人抱住宝宝,然后尝试用湿棉球轻轻地将异物从宝宝眼里清除(仅在眼角、下眼睑或眼白部分可以尝试这样做,要远离瞳孔)。或尝试将上眼睑拉下,盖住下眼睑几秒钟,帮助排出异物。如果这些方法不起作用,宝宝仍然非常不舒服,可以让其他人抱住宝宝不让他乱动,试着用温水(接近体温)冲掉异物。如果宝宝哭也不用担心——眼泪也有助于冲出异物。

如果尝试这些方法后,仍然看到异物在眼中,或宝宝似乎还是不舒服,说明异物可能已经嵌入或划伤了眼睛。不要尝试自己清除嵌入的异物,立即就医。用小杯子、无菌纱布、干净的纸巾或布片松松地盖住眼睛以减轻不适。不要对眼部施加压力。

23. **腐蚀性物质进入眼中。**用手指将宝宝的眼睛撑开,立即用温水彻底冲洗眼睛 15 分钟。如果只冲洗一只眼睛,那么将宝宝的头转过来,让未受伤的眼睛高于受伤的眼睛,这样被冲洗掉的化学物质就不会流入另一只眼睛。不要用眼药水或眼药膏,也不要让宝宝揉眼睛。到医院寻求进一步的指导,让眼科医生检查。

24. **尖锐物体造成的眼睛受伤。**等待救助时,让宝宝保持半卧姿势。如果异物仍在眼睛里,不要尝试将其清除。如果异物不在眼睛里,就用一个小杯子、纱布、干净的毛巾或纸巾盖住眼睛,但不要施加压力。不管是哪种情况,都应立即寻求紧急医疗援助,这种伤害常常很严重,最好请眼科医生检查眼睛是否被划伤或刺破。

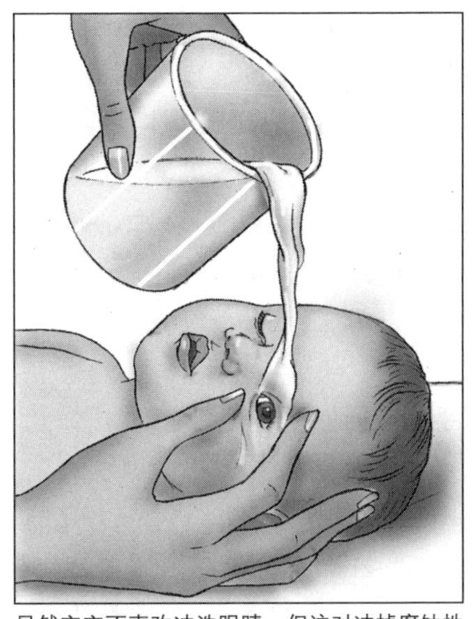

虽然宝宝不喜欢冲洗眼睛,但这对冲掉腐蚀性物质非常重要。

25. **钝器造成的眼睛受伤。**让宝宝脸朝上平躺。用冰袋盖住受伤的眼睛,或冷敷 15 分钟。根据需要每隔 1 小时冷敷一次,以减少疼痛并消肿。如果宝宝眼睛出血,眼睑变黑,看东西似乎很困难,总是揉眼睛,或是被物品以很快的速度碰撞了眼睛,或是眼部持续疼痛,都要去看医生。

晕倒 / 丧失意识

26. **检查呼吸和脉搏。**如果宝宝没有呼吸或心跳，应立即实施心肺复苏术（参见第 598 页）。如果有呼吸，让宝宝平躺，头部比身体稍低一些，如果有必要，给宝宝一些遮盖，保持温暖。松开脖子周围的衣服，将宝宝的头偏向一侧，清除他口中的食物或异物，立即呼叫急救。

手指或脚趾受伤

27. 淤伤。宝宝永远都是好奇的，特别容易被抽屉或门夹住手指，造成淤伤。这种伤只需将手指浸泡到冷水中即可（加几个冰块保持水的温度）。建议浸泡 1 小时左右，每隔 10 分钟休息一下（让手指恢复常温），以免冻伤。很少有宝宝能坐那么久，你需要转移宝宝的注意力或紧紧抱着他。

浸泡法对脚趾淤伤同样有效，但让宝宝一直配合也不现实。如果能抬高受伤的手指或脚趾，就不会肿胀得那么厉害。

如果受伤的手指或脚趾迅速肿了起来、变形或宝宝无法自行伸直，要立刻看医生，很可能是骨折了（参考第 8 条）。如果是拧绞造成的淤伤，或被滚动的车轮辐条缠打手或脚而造成的淤伤，应立即联系医生。在这些情况下,实际伤害比表面状况更严重。

28. 指甲下出血。如果手指或脚

应对小病人

宝宝基本上都是不配合的。不论疾病的症状让他们多么不适，或受到的伤多么疼痛，他们都会认为治疗是很糟糕的事。告诉他们按压伤口会更快止血，冰袋会让淤伤的手指不再肿胀，也毫无帮助，因为他们既不理解，也不在意。尝试给宝宝治疗时，最好的方法就是转移他的注意力。

在治疗之前（最好在宝宝知道要开始治疗之前）给宝宝一些娱乐，可以放他喜欢的音乐；让他玩会儿汪汪叫、摇尾巴的玩具狗，或能够从桌下穿过的小火车；或是和兄弟姐妹一起玩，大家唱歌跳舞——这会让治疗过程完全不同。

治疗时，你需要花多少力气让宝宝配合，取决于受伤的严重程度。如果淤伤不严重，宝宝拒绝冰敷也没关系，但如果是严重的烧伤，就一定要冷浸，即使在整个治疗过程中，宝宝不停尖叫、挣扎。大多数情况下，要尽可能治疗，哪怕撞头后只冷敷了几分钟，也能大大减轻皮下出血的情况。而如果受伤程度不算严重，且宝宝的不适感超过了治疗效果时，就要停止治疗。

趾严重挫伤，那么指甲下可能会有淤血，受压时会很疼。如果指甲下有血渗出，可以通过按压促进淤血排出，减轻疼痛。如果宝宝配合，可以将受伤部位浸入冷水中。如果疼痛持续，医生可能会在指甲上打一个小孔来排出淤血，缓解疼痛。

29. **指（趾）甲裂开**。小一些的裂口可以用胶带或创可贴固定住，直到指甲长出来，这样就可以重新修剪好。完全撕裂的指甲要用剪刀或指甲刀沿着撕裂线小心剪掉，并贴上创可贴保护，直到指甲长好。

30. **指（趾）甲脱落**。如果宝宝指甲受伤到已经脱落或快要脱落的程度，没有必要将它扯下来，让它自己脱落即可。不建议浸泡手指或脚趾，因为在没有指甲保护的情况下，水分会增加真菌感染的风险。但一定要让受伤区域保持清洁。可以用抗生素药膏，但并不是每次都有必要（具体情况咨询儿科医生）。可以用干净的创可贴盖住甲床，但指甲开始生长之后就不需要了。通常需要 4 ～ 6 个月指甲才能长好。如果出现发红、发热、肿胀和感染的情况，立即去看医生。

异物

耳朵内有异物，参考第 19 条；眼睛里有异物，参考第 22 条；嘴巴或喉咙里有异物，参考第 40 条；鼻子里有异物，参考第 42 条。

冻伤和亚冻伤

31. 宝宝很容易被冻伤，特别是手指、脚趾、耳朵、鼻子和脸颊。冻伤后，受伤的部位冰凉，呈白色或黄灰色。如果冻伤严重，皮肤会冰冷、呈蜡状、苍白、僵硬。如果注意到宝宝身上有这样的迹象，要立刻用你的身体温暖宝宝冻伤的地方——解开外套和衬衫，靠近宝宝，还可以对着宝宝的皮肤吹热气，尽快就医。如果不能立刻得到救援，要让宝宝待在室内，逐渐提高体温。不要按摩冻伤部位，也不能让这些部位立刻靠近散热器、炉子、明火、加热灯等热源，否则会灼伤冻伤的皮肤；不要将冻伤部位放入热水中迅速升温——这样会加剧皮肤损伤。正确的做法是把受伤的手指或脚趾直接浸泡在温水中（大约 39℃——比体温稍高一些，触感温热）。不能浸泡的部位，例如鼻子、耳朵和脸颊，可以用同样温度的毛巾温敷，但不要按压。继续浸泡，直到肤色恢复，通常需要 30 ～ 60 分钟（适时加温水保持温度），并根据需要，用奶瓶或杯子给宝宝喂奶或温水（不是热水）。冻伤的皮肤再次受热后会变红且稍微肿胀，还可能起水疱。如果还没有让医生检查宝宝的受伤情况，那么现在该去看医生了。

一旦受伤部位重新温暖起来，要立刻带宝宝出门看医生，这时候要特别注意保暖（裹上毛毯），因为已经缓和的皮肤组织如果再被冻伤，会导致更严重的伤害。

相比冻伤，亚冻伤更常见，后果也没那么严重。受伤部位很凉，呈灰白色，但是重新温暖起来需要的时间短，疼痛感和肿胀也会轻一些。伤处也要避免干热及再次冻伤。

长时间暴露在寒冷的环境中，宝宝的体温低于正常水平，这就是体温过低（参考第 35 条）。如果宝宝的身体摸起来异常冰冷，要立刻把他送到最近的急诊室，途中要让宝宝贴在你身上保持温暖。

头部受伤

请注意：如果宝宝从与他身高差不多或略高的地方摔下来，撞到了硬物上，头部的损伤通常会比看上去更严重。与撞到头的前部或后部相比，头部侧面受到撞击的伤害更大。

32. **头皮割伤或淤伤。**头皮上集中了大量血管，割伤头皮后，即使是很小的伤口也会造成大量出血，而淤伤很快就会肿胀成鸡蛋大小。要按照割伤（参考第 51、52 条）或淤伤（参考第 49 条）的方法处理。除了非常小的伤口，其他情况都要咨询医生。

33. **严重的头部外伤。**大多数宝宝在第一年都会轻微碰撞头部几次。通常只需要妈妈或爸爸亲吻几下就好了，但头部受到严重碰撞后，应密切观察 6 小时。症状可能会立即出现，也可能几天都不出现。即使一开始宝宝看上去没事，也要持续观察。如果宝宝头部受伤后，表现出以下任何迹象，立刻去医院，或拨打急救电话。

- 失去意识（短时间昏迷，不超过 2 ～ 3 小时——很常见，通常不需要担心）。
- 很难唤醒。受伤后，白天小睡时每隔 1 ～ 2 小时检查一次，晚上睡觉时每隔 2 ～ 3 小时检查一次，确保宝宝有回应。如果不能唤醒入睡的宝宝，要检查他的呼吸（参见第 572 ～ 573 页）。
- 呕吐；
- 眼周或耳后出现乌青；
- 颅骨凹陷；
- 受伤部位肿胀严重，难以判断颅骨是否凹陷；
- 从耳朵或鼻子流出血或水样液体（不是黏液）；
- 胳膊或腿不能活动；
- 受伤后失去了平衡感，持续超过 1 小时（头晕的标志）；
- 双眼瞳孔大小不等，或被手电筒照射时瞳孔不会收缩，移开光线后，瞳孔不会放大；
- 受伤后立即脸色苍白，且持续几分钟；

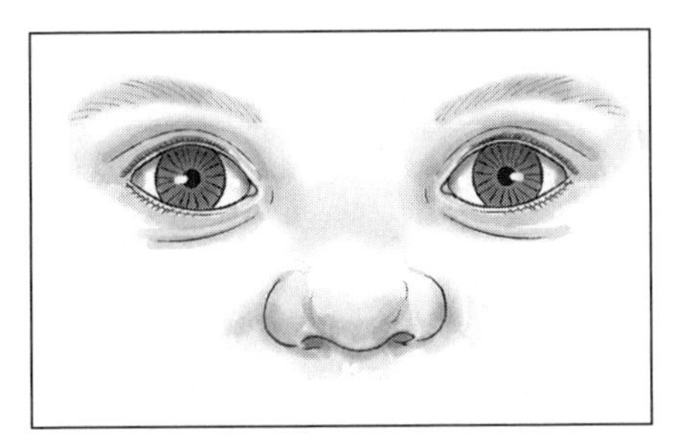

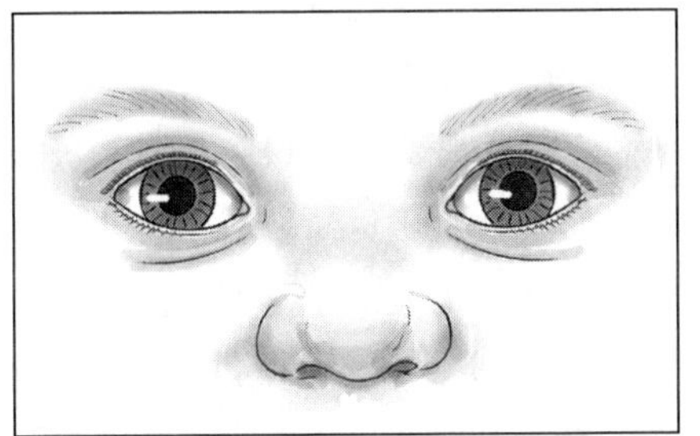

被光线照射时，瞳孔会收缩变小（上图），光线移开后瞳孔会扩张放大（下图）。

- 抽搐（参考第16条）；
- 行为异常——看起来很茫然、困惑，认不出父母，异常笨拙，或有其他异于平常、令人担忧的行为。

等待救助时，让宝宝平静地躺下来，并将他的头部转向一边。如果怀疑宝宝的脖子受伤，不要移动他，除非情况危急。出现休克要及时治疗(参考第48条)。如果宝宝的呼吸或心跳停止，应立即实施心肺复苏术（参见第570页）。除非得到医生的许可，否则不要给宝宝吃东西或喝水。

热损伤或体温过高

34. **中暑或轻度高热**（体温高）是常见的一种热损伤形式。症状可能包括大量出汗，口渴，肌肉痉挛，头晕或轻度头痛，恶心（宝宝可能哭闹、拒绝进食、呕吐）。体温可能会升高到38.3℃～40.6℃。治疗方法是将宝宝带到凉爽的环境里（比如去有空调的房间），并补充水分，冷敷或吹电扇也有帮助。如果宝宝体温不能恢复正常，喝水后呕吐，或者发高烧，应立即带他去医院。

热射病或严重高热较为少见，但更严重。通常会在过热环境中突然发病，例如在炎热天气下将宝宝留在密闭的汽车内。需要注意是否有皮肤又热又干（偶尔会异常潮湿）、发高烧(有时体温超过41℃)、腹泻、焦虑或嗜睡、意识模糊、抽搐甚至失去意识的迹象。如果怀疑宝宝中暑了，可以用冷水浸泡过的大毛巾将宝宝包裹起来，并立刻拨打急救电话，或带宝宝去最近的医院。如果毛巾变温了，换一条冷毛巾。

体温过低

35. 长时间暴露在寒冷环境下，身体损失的热量超过产生的热量，这时宝宝的体温会比正常水平低很多。体温过低的宝宝表现出的症状有异常冰冷、打寒战、嗜睡、动作僵硬。严重时，宝宝的身体不再颤抖，肌肉失去控制，并慢慢丧失意识。发现宝宝体温过低时，应立即将他送到最近的急诊室（或立刻拨打120)。解开宝宝的湿衣服，用毯子包裹住他，去医院的途中打开汽车暖风。如果在家中等待紧急救助，把宝宝放在电热毯上、温水里（水温不能过高，以防烫伤宝宝），或将他贴近你的身体，并盖上毛毯。

嘴巴受伤

36. **嘴唇开裂**。大多数宝宝都会经历嘴唇开裂。幸运的是，这些伤口只是看起来严重，愈合速度很快。可以用冰袋缓解疼痛，抑制出血，或让大一点的宝宝吮吸装满碎冰的咬咬袋。如果伤口裂开，或 10 ～ 15 分钟后伤口仍流血不止，就要联系医生。少数情况下，宝宝唇部受伤是因为咬了电线，如果怀疑是这种情况，要联系医生。

37. **嘴巴内部割伤**。这样的伤口在幼儿中也很常见。给大一点的宝宝装满碎冰的咬咬袋，能缓解嘴唇或脸颊内侧的疼痛，并抑制出血。如果舌头不能自然止血，可以用纱布或干净的布按压伤口处。如果伤口位于咽喉深处或软腭上（口腔上方后侧），或是锋利的物品（例如铅笔或小棍）造成的刺伤，抑或 10 ～ 15 分钟内不能止血，都要通知医生。

38. **牙齿脱落**。如果宝宝的牙齿磕掉了一颗，牙医可能不会把脱落的牙齿给宝宝重新植入（这样植入的牙齿很少能够保留下来）。但是，牙医会想看看牙齿是否完整，因为残留在牙龈中的牙齿碎片会脱落，可能被宝宝吸入，引起窒息，或引起牙齿脱落部位的感染。所以，要带着脱落的牙齿去看牙医（之后可以把脱落的牙齿丢掉，或放入纪念盒）。

39. **牙齿断裂**。用温水、纱布或干净的布，仔细清理口腔中的脏东西和牙齿碎片。确保断裂的牙齿没有残留在宝宝的口腔中，以防引起窒息。在牙齿受伤位置对应的脸颊外侧冷敷，减轻肿胀。尽快去看牙医，以便进行后续处理。

40. **嘴巴或喉咙内有异物**。如果宝宝嘴巴里的异物不易捏取，要清除有些困难。除非极为小心，否则容易让异物进得更深。如果是软的物体（例如小块的餐巾纸或面包），可以捏住宝宝脸颊，让他张开嘴，用镊子取出异物。其他物体可以尝试用手指取出来——弯曲食指或小指，将异物快速地朝横向拨出，但如果看不见异物，不要尝试这种办法。如果异物卡在喉咙处，参见第 567 页，了解窒息的急救方法。

鼻子受伤

41. **流鼻血**。让宝宝的身体保持直立或稍微向前倾斜，用拇指和食指轻轻捏住宝宝的两个鼻孔，保持 10

分钟（这样宝宝就会自然地用嘴巴呼吸）。试着让宝宝平静下来，大哭会促进血液流动。如果仍然出血，再捏10分钟，并用包着冰块的湿毛巾靠近宝宝的鼻子，使血管收缩。如果仍不见效，血止不住，要带宝宝去医院。得到治疗前，要让宝宝保持直立姿势，以减少吞咽血液和窒息的风险。如果宝宝频繁流鼻血，即使很容易止住，也应当告诉医生。有时，用加湿器增加室内湿度也可以减少流鼻血。

42. **鼻腔中有异物**。宝宝难以用鼻子呼吸，鼻腔散发异味，有血丝、分泌物，都表明鼻中有异物。让宝宝保持平静，引导他用嘴巴呼吸。如果很容易够到异物，就用手指钩出来，但不要深入，也不要用镊子等器具夹取，因为如果宝宝突然动弹，这样容易弄伤他的鼻子，或让异物更深入。如果手指不易取出异物，就带宝宝去看医生。

43. **鼻子受到撞击**。如果鼻子出血，让宝宝身体保持直立并向前倾，这样能减少吞咽血液和窒息的风险。用冰袋或冷敷来缓解肿胀。如果肿胀一直未缓解，或鼻子有明显的变形，要去看医生。

中毒

44. **吞入有毒物质**。任何非食品物品都具有潜在毒性。常见的中毒症状包括：嗜睡、烦躁及其他反常行为；心跳加速、心率紊乱、呼吸急促；呼吸困难；腹泻或呕吐；流泪过多、多汗或流涎；皮肤和口腔干热；瞳孔异常大或异常小；眼球颤动，横向眼动；发抖或抽搐。

如果宝宝出现以上几种症状，而且没有找到其他原因，或是有证据表明宝宝误吞了可疑物品（你亲眼看见），或可能误吞了可疑物质（你发现宝宝拿着空药瓶或装危险液体的罐子，发现不明液体溅到了他的衣服上，有药丸散落在地板上，宝宝的口腔中有药味），要立刻带宝宝去看医生。没有症状也要去医院——症状可能会在几小时内出现。要尽可能向医生说明宝宝吞入了什么物体，如果可以，要说明物品成分（如果宝宝吞入了绿叶植物，告知医生植物的名字，或植物的某种特征）；尽量确定宝宝中毒的时间，摄入的量（如果不确定可以估计），告知医生已经出现的症状和尝试过的治疗方法，还要记录医生的指导建议。

如果宝宝在吞入有毒物质后（或疑似吞入）不断流口水、呼吸困难、抽搐、嗜睡，要拨打急救电话。如果宝宝失去意识，立刻实施心肺复苏术急救（参见第570页）。

在没有医生指导的情况下，不要独自应对宝宝中毒的情况，也不能依赖产品包装上的说明。给宝宝服用任何东西（包括食物、饮料或催吐的东西）之前，都要得到医生的明确建议。错误的治疗会给宝宝造成更大的伤害。

45. 有毒气体或烟雾。汽油、汽车尾气及一些有毒化学物质产生的烟雾，还有火灾的浓烟，都是有毒的。一氧化碳中毒的症状包括：头痛、头晕、咳嗽、恶心、嗜睡、呼吸不匀、失去意识。要让身处有害烟雾中的宝宝立刻呼吸新鲜空气（打开窗户或带宝宝去室外）。如果宝宝的呼吸或脉搏停止，立刻用心肺复苏术急救（参见第 570 页），让其他人拨打 120。

如果周围没有其他人，进行 2 分钟心肺复苏术后，再打电话求助，并继续心肺复苏术，直到宝宝恢复脉搏和呼吸，或救护车到达。救护车抵达后，马上将宝宝放在医疗设备上。如果你必须继续心肺复苏术，或者有毒烟雾导致你的判断力和反应能力下降，让其他人开车带你们去医院。即使成功让宝宝恢复呼吸，也必须立刻就医。

毒藤、毒漆树

46. 大多数接触过毒藤和毒漆树的宝宝都会在 12 ～ 48 小时内出现过敏反应（通常会起发痒的红疹子，可能伴有红肿、起水疱、渗出脓液）并可能持续 10 ～ 28 天。如果你知道宝宝接触过类似的植物，脱掉他的衣服，但一定要用手套、纸巾或干净的布保护你的手免受汁液和树脂的伤害（其中含有引发过敏反应的漆酚）。如果树脂粘在皮肤上，应用香皂和冷水清洗至少 10 分钟，彻底冲洗干净，必要时用纸巾擦一下。

皮疹本身不具有传染性，不会在人与人之间传播，只要洗干净汁液或树脂，也不会从身体的一个部位传染到另一个部位。还要清洗所有接触过植物的东西（包括衣服、婴儿车等），因为漆酚在这些东西上能保持活性达一年之久。如果鞋子不能洗，也要彻底擦干净。

如果出现过敏反应，炉甘石洗剂或含有普莫卡因的止痒剂可以缓解瘙痒，但是要避免使用含有抗组胺成分的药剂。局部使用氢化可的松乳膏可以减少发炎。冷敷或胶体燕麦浴都可以起到缓解作用。剪短宝宝的指甲，以防他抓伤自己。如果皮疹很严重，或起在眼周、生殖器周围，宝宝极度不适，应与医生联系。

断肢或断指

47. 这种严重的伤害非常罕见，但了解发生这种情况时应做些什么，可以尽量避免失去手臂、腿部、手指、脚趾。

- 止血。用力将几块无菌纱布垫、

干净的卫生巾、尿布或毛巾按压在伤口上。如果持续出血，就增加压力，不用担心太用力。不要用止血带。

• 如果出现休克，立刻治疗（参考第48条）。

• 检查宝宝的呼吸和脉搏，必要时用心肺复苏术急救(参见第570页)。

• 保存断肢或断指。尽快将它包裹在湿润、干净的布或海绵中，放入塑料袋里。将袋子系紧，放入另一个装满冰块的袋子中（不要使用干冰）。不要将断肢或断指直接放到冰上，也不要将它浸入水或防腐剂中。

• 寻求帮助，拨打急救电话，或立即赶往急救室，提前给医院打电话，以便他们做好准备。带上装在冰块中的断肢，外科医生可能会重新将它接上。在前往医院的途中，持续按压住伤口，如果有必要，继续采取其他急救措施。

休克

48. 严重的伤害或疾病可能会导致休克。休克是因为没有足够的含氧血液到达脑部或其他身体组织，无法满足身体需求。休克的症状包括皮肤湿冷、面色苍白；脉搏急促、微弱；打寒战；恶心、呕吐；极度口渴；浅呼吸。如果出现相应症状，立即拨打120。在救护人员到达之前，让宝宝一直平躺着。松开他的衣服，用枕头或折叠的衣服垫起双腿和臀部，让血液流向大脑。给宝宝盖上衣服，防止热量损失。如果宝宝的呼吸似乎很吃力，稍微抬高他的头部和肩膀。不要给他吃东西或喝水。

皮肤创伤

请注意：皮肤受损，可能会导致破伤风。如果宝宝的皮肤有开放性伤口，应检查他是否接种了破伤风疫苗（百白破疫苗的一部分）。还要注意是否有其他感染的症状（肿胀、发热、触痛、伤口周围发红、伤口渗出脓液），如果出现感染，要去看医生。

49. 淤伤或乌青的伤痕。用冰袋、包裹着冰块的布冷敷（不要将冰块直接放到皮肤上），以缓解淤伤和肿胀。如果能在水中浸泡半小时，效果更理想，但宝宝可能不配合，情况不严重，可以不浸泡。如果破皮了，参照擦伤（参考第50条）或划伤的方法（参考第51、52条）处理。如果是由于绞伤造成的伤痕，比如被滚动的车轮辐条缠住手或脚，应立即联系医生，不论伤痕有多小。不明原因的淤伤，或伴有发热的淤伤，也要看医生。

50. 擦伤。擦伤（通常发生在膝盖和肘部）可能会刮掉最外层（或几层）皮肤，露出脆弱的真皮。较深的擦伤通常会渗出血液。用无菌纱布、无菌棉或干净毛巾，蘸香皂水后轻轻擦掉伤口上的污垢和其他异物。如果宝宝奋力反抗，试着把伤处浸在浴缸里清洗。如果无法自行止血，可以用力按住伤口。如果医生建议在受伤部位使用消毒喷剂、抗菌药膏，那就用药后贴上无菌创可贴，但不要太紧，以便让伤口透气。没有出血的话，可以不用创可贴。大多数擦伤都能很快愈合。

51. **小伤口**。用香皂水清洗伤口，然后用清水冲掉污垢和异物。有些医生建议先对伤口消毒再贴上无菌创可贴。在伤口愈合过程中，可以用异形创可贴来包扎小伤口。24 小时后取下创可贴，以便伤口透气，需要保持伤口干净且干爽时再贴上。如果伤口感染（红肿、发热、流脓），要让医生检查一下。

52. **大伤口**。用无菌纱布垫、干净的布、卫生巾、毛巾或你的手指按住伤口，抑制流血，同时将受伤的部位举高到心脏以上。如果按压 15 分钟以后仍未止血，加垫纱布垫并增加压力（不用担心太用力而造成伤害）。如果伤口裂开、很深，血液大量喷涌而出，或无法在 30 分钟内止血，要立刻联系医生或带去宝宝急诊室。如果还有其他小伤，试着在大伤口处系上绷带或其他加压敷料，这样可以腾出手来处理其他伤口。大伤口止血后，在伤口处包扎无黏性绷带，不要太紧，以免血液循环不畅。在没有医生建议的情况下，不要在伤口上涂抹任何药物，包括消毒剂。如果伤口很深、面积大，或者伤口在脸上或手掌上，可能需要缝合。一些情况下，医生可能会使用皮肤黏合剂。如果伤口在脸上，需要根据情况考虑外科手术。

53. **大出血**。如果身体受到了严重伤害（参考第 47 条），血流如注，应立即拨打 120 寻求紧急医疗救治，或带宝宝赶往最近的急诊室。同时，用无菌纱布垫、干净尿布、卫生巾、干净的衣服、毛巾压住伤口。如果无法止血，增加加压敷料的厚度和压力。在没有医生建议的情况下，不要使用止血带，因为有时它弊大于利。一直按住伤口，直到救护人员赶到。

54. **刺伤**。将伤口（图钉、针头、钢笔、铅笔或其他钉子造成的刺伤）浸泡在舒适温暖的香皂水中 15 分钟。咨询医生如何处理。对于伤口深、面积大的刺伤——如被小刀或木棍刺伤，要立刻带宝宝前往急诊室（如果大量出血，参考第 53 条）不要拔出插入伤口的物体，因为这会导致流血更严重。如果有必要，在去急诊室的途中将它包裹起来，以防晃动。让宝宝保持冷静，动作幅度要小，以免加重伤情。

55. **扎入碎片或毛刺**。用干净的香皂水清洗伤口，然后用冰袋或用毛巾包住冰块冰敷。如果碎片完全嵌入伤口，尝试用针挑出来，但应该先用酒精或火焰消毒。如果碎片末端露在伤口外面,尝试用镊子把它夹出来(也需要先用火焰或酒精消毒)。不要尝试用手指或牙齿取碎片。去除碎片后还要清洗一次伤口。如果碎片很难取出，宝宝配合的话可以尝试用温香皂水浸泡 15 分钟，每天浸泡 3 次，几天后碎片可能会自然脱落，再将它清理掉。如果无法取出碎片或伤口感染了（红肿、发热），应联系医生。碎片扎得很深，或伤口很大，并且宝宝还没有接种最新的破伤风疫苗，抑或碎片是金属、玻璃，就要去看医生。有些木屑最后会被皮肤吸收，这也没关系，试图取出反而可能弊大于利。

吞入异物

56. 硬币、弹珠之类的微小物体。如果宝宝吞下了这样的物体，并且似乎没有痛苦的表现，应联系医生。但是，如果宝宝吞咽困难，或出现喘息、流口水、呕吐的情况，那么异物可能卡在食道中了,应立即带宝宝去医院。如果宝宝咳嗽或呼吸困难，可能是吸入而不是吞入了异物，这种情况应按照窒息处理（参见第 567 页）。

57. 纽扣电池。不论宝宝吞入哪种类型的纽扣电池，都要立即联系医生，并将宝宝送往急诊室。电池可能会卡在消化道的任一处——从食管到肠道,破裂后开始灼伤身体内部器官,导致严重伤害，甚至死亡。必须在吞咽后的数小时内急救。

58. 尖锐的物体。如果吞入的物体比较尖锐（如针、鱼刺、带有锋利边缘的玩具），应立即就医。这些物品需要在急诊室中用特殊设备取出。

宝宝窒息和呼吸紧急情况的处理

以下方法只能用来强化你在急救和心肺复苏课程中学到的知识。参加婴儿心肺复苏术的正规课程，才能正确实施下列辅助操作，保住宝宝的生命。每隔一段时间，复习一下你的课程笔记以及下列指南。

宝宝窒息时

为了使气道畅通，人会自然而然地咳嗽。被呛住的宝宝只要可以呼吸、哭闹，并且能够有力地咳嗽，就不要干扰他。但是，如果宝宝持续咳嗽 2 ~ 3 分钟以上不见好转，立刻呼叫急救。如果宝宝努力咳嗽，但不能发出声音，或呼吸困难，发出尖鸣，不能哭，脸色发青（通常从嘴唇周围开始），按以下步骤急救。

请注意：气道阻塞也可能是由传染病造成的，如喉炎或咽炎（覆盖气管的会厌软骨发炎）。如果宝宝呼吸困难，像是生病了——伴随发烧，可

能伴有喉咙充血、声音嘶哑、流涎、嗜睡、疲惫——应立即送往急诊室。不要浪费时间试图解决这个问题，这不仅危险，而且是徒劳的。

1. 寻求帮助。如果有人在身旁，请他们拨打急救电话。如果你是独自一人，即使熟悉急救方法，也应拨打急救电话（最好进行 2 分钟的急救后立即拨打）。这样即使情况恶化，也能得到救助。如果你不熟悉急救方法，或惊慌失措忘记了，要在宝宝身边打电话，在等待紧急医疗救助人员到达的过程中，调度员可以指导你该怎么做（电话设置成免提模式）。

如果宝宝陷入昏迷，直接看第 5 步。如果宝宝还有意识，继续往下看。

2. 放好宝宝。将宝宝脸朝上放在你的前臂上，手托住他的头部，把另一只手放在宝宝身上，用拇指和其余四指撑住宝宝的下巴，将他夹在你的手臂中间。再把宝宝翻过来，这样他会脸朝下趴在你的前臂上。将你的前臂降低，放在大腿上，这样宝宝头部会比胸部低（参见第 569 页图）。

心肺复苏术：最重要的急救技能（希望派不上用场）

你很有可能永远用不上在急救课上学到的任何技巧——但“以防万一”是很有说服力的理由。比起从婴儿护理书、网络、医生那里学到的安全知识，急救课程的知识更全面、丰富、直观，一旦意想不到的事情真的发生了，它能帮助你用所学的技能去挽救宝宝的生命。

在婴儿心肺复苏术课程中，专业人员会提供宝贵的实践教学，告诉你在紧急情况下该采取哪些具体措施。最好的学习方法就是“在实践中学习”——在课程中会用一个跟宝宝一样大小的人体模型来练习：按压时双手的位置，取出宝宝气管里的东西时，拍打背部的位置和力度大小，人工呼吸时宝宝头部后倾的角度，等等。

有些课程专注于 0 ~ 1 岁婴儿的急救技巧，有些课程专注于 1 ~ 12 岁儿童的救援技巧，还有许多数课程涵盖这两个阶段——你可能会考虑选择这样的课程，因为宝宝很快就会告别婴儿阶段，而且大一点的宝宝比婴儿更容易受到危及生命的伤害。

急救课程的费用通常都不高，取决于你的居住地、提供课程的机构（有些机构提供免费急救课程）等。也可以去红十字会网站（中国网站：redcross.org.cn）了解，或者联系当地医院、社区卫生服务中心，咨询是否开设急救课程。

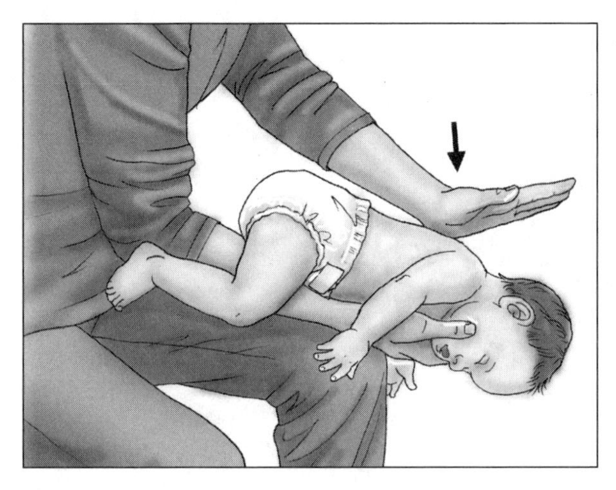

◀ 拍后背，将你的手臂放在大腿上，让宝宝的头部低于胸部，在他的背部用力拍打5下，帮宝宝排出引起窒息的东西。

如果宝宝太大了，你无法用前臂支撑，可以坐在椅子上或跪坐在地上，将宝宝面朝下放在你的大腿上，同样使头部低于胸部。只要大腿支撑住宝宝，就可以拍到他的后背。

3. 拍宝宝的后背。用一只手臂托住宝宝，放在大腿上，用另外一只手的掌根连续拍打 5 次宝宝肩胛骨之间的部位（参见本页图）。每次拍打的力度要足够使气道中的异物排出。然后，继续第 4 步。

4. 按压宝宝的胸口。用双手和前臂夹住宝宝，将他翻转过来，从脸朝下变成脸朝上的姿势，用上面那只手的拇指和其余四指撑住宝宝的下巴，下面那只手托住他的头部（参见第 570 页上图）。将托住宝宝背部的手臂放低，放到大腿上。宝宝的头部仍然要低于胸部，这样有助于清除异物。

如果宝宝太大，你无法保持这个姿势，可以让他仰躺在你的腿上或结实的表面上。

假想宝宝的乳头之间有条水平线，将两或三根手指的指尖放在这条水平线正中间下方一横指处，这就是要按压的位置。用指尖向下按压，将胸骨压下 4 厘米左右（胸腔三分之一的厚度），然后让胸腔恢复到正常位置。手指不要移开，这样按压 5 次。

如果宝宝有意识，重复拍他的后背和按压胸部，直到气道被清理干净，宝宝可以用力咳嗽、大哭、使劲呼吸。如果宝宝失去意识，立刻拨打 120，并继续以下措施。

5. 检查是否有异物。查看宝宝的口腔中是否有异物。如果你可以看到异物并确认它很容易清除，用手指快速清除（参见第 570 页下图）。

6. 进行两次人工呼吸。抬起宝宝下巴，同时将宝宝的头向后仰，打开宝宝的气道（参见第 572 页左下图），用你的嘴覆盖住宝宝的鼻子和嘴巴，

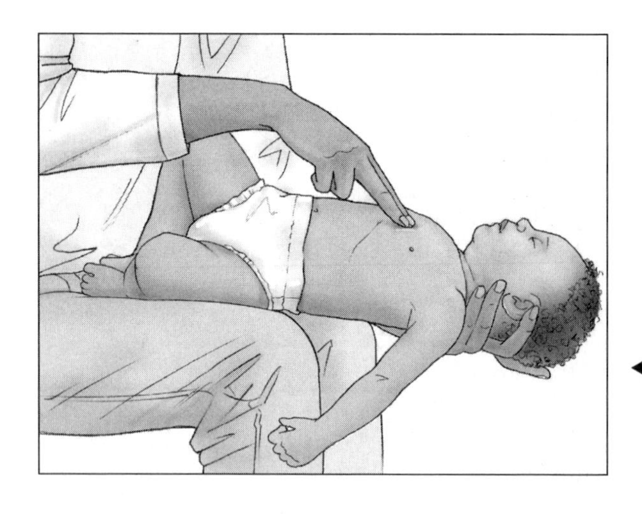

◀ 按压胸部，让宝宝处于脸朝上的姿势，头部低于胸部，用你的手指指尖按压宝宝的胸部 5 次。

进行 2 次人工呼吸（参见第 572 页右下图）。如果在人工呼吸时宝宝的胸部没有出现上下起伏，重新将宝宝的头后仰，打开气道后再进行 2 次人工呼吸。如果还是不见效，将手放在按压区进行按压（假想两乳头之间有一条水平线，两根手指放在这条线中间下方一横指处）。在 18 秒内按压胸部 30 次（速度为每分钟 100 次）。每次按压的深度约 4 厘米，或胸部三分之一的厚度（参见第 572 页上图）。

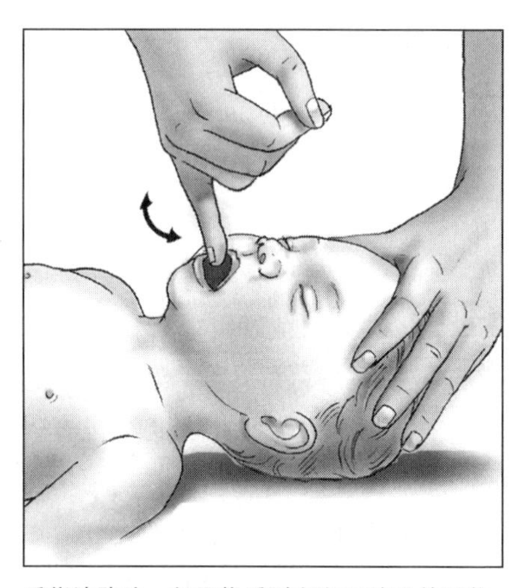

手指清除法。如果能看到宝宝口腔里的异物，确认它能轻松清除，就弯曲一根手指，将其快速扫出。如果看不到口腔里的异物，不要盲目清除，否则可能会使异物深入气道，引起更严重的窒息。

7. 重复上述操作。如果气道仍然受阻，则不断重复胸部按压、人工呼吸、异物检查的操作，直到气道畅通，宝宝恢复意识且呼吸正常，或获得紧急救助。

请注意：即使宝宝很快从窒息中恢复过来，也要立即联系医生或前往急诊室。

呼吸和心肺紧急情况的处理

只有在宝宝呼吸停止或呼吸困难、脸色发青（嘴唇周围和指尖）时，才需要采取以下步骤。

如何判断需要实施心肺复苏术？可以用美国红十字会推荐的 3C 法

（Check——检查、Call——呼叫救护车、Care——护理）来评估宝宝的情况。

第 1 步：先检查现场，再检查宝宝

检查所在位置是否安全，是否可以停留。检查宝宝是否有意识，轻拍宝宝的脚底，大声呼叫他的名字，尝试唤醒看上去失去了意识的宝宝。

第 2 步：寻求帮助

如果宝宝没有反应，在进行第 3 步的同时，让人拨打急救电话。如果只有你和宝宝，先进行 2 分钟急救，再拨打 120，也可以不断大声呼救。但是，如果你不熟悉心肺复苏术或非常恐慌，要在宝宝身边拨打急救电话（如果身边没有手机，宝宝头部、颈部或背部没有受伤，带上他去找最近的电话）。调度员将会指导你实施急救措施（可以开免提模式）。

请注意：拨打急救电话时，一定要给调度员提供完整的信息：宝宝的姓名、年龄、体重；过敏、慢性病以及服用药物的情况；目前的位置（街区、门牌号）；宝宝的情况（是否还有意识？是否还有呼吸？是否出血？是否出现了休克？是否还有生命体征？）；受伤的原因（跌倒、中毒、溺水）以及你的电话号码。拨打电话的人要听完调度员的询问再挂断，并及时转述给你。

第 3 步：护理

如果有必要，将宝宝移到一个稳固、平坦的表面。移动过程中，小心地撑住宝宝的头部、颈部和背部。快速将宝宝脸朝上放好，头部与心脏齐平，并进行下面的 C—A—B 步骤。

如果怀疑宝宝的头部、颈部或背部受伤了，先进行 B 步骤，移动宝宝之前，看一看、听一听并感觉一下宝宝的呼吸。如果有呼吸，不要移动宝宝，除非现场随时有可能发生危险（比如在行车道上，火灾或爆炸现场）。如果没有呼吸，并且宝宝的姿势无法进行人工呼吸，那么将宝宝整体翻转过来，使他脸朝上，以便移动时他的头部、颈部和身体可以相对固定而不会扭转。

C—A—B

C：胸外按压（COMPRESSIONS）

1. **按压位置。**空出一只手，将中间三根手指放在宝宝的胸口上。宝宝的乳头连线中点下方一横指处，即为按压区域（参见第 572 页上图）。

2. **开始按压。**用两根或三根手指，按压大约 4 厘米深（肘部要保持弯曲），共 30 次。每次按压结束时，无须将手指从胸骨上移开，只需释放压力，让它恢复到正常位置即可。每次按压的时间不应超过 1 秒。

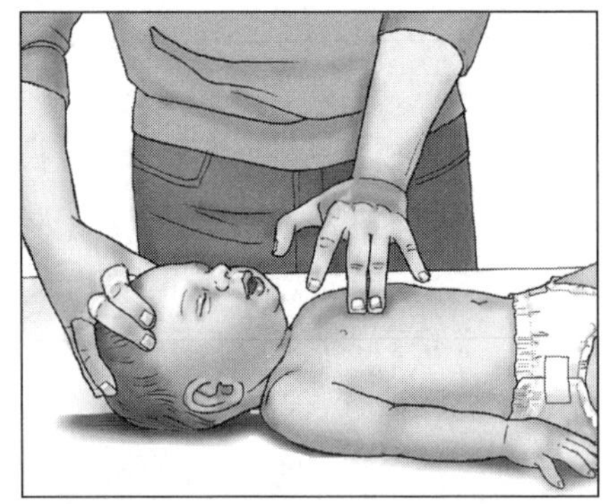

胸外按压

A：打开气道（AIRWAY）

用一只手轻轻下压宝宝的额头，另一只手用两至三根手指拉动下腭骨，提起宝宝的下巴，将宝宝的头部轻轻向后仰（参见本页左下图）。如果怀疑宝宝的头部、颈部或背部受伤，在打开气道时，要尽可能减少他头部和颈部的移动。

请注意：宝宝失去意识时，气道可能会被放松的舌头或异物阻塞。在宝宝恢复呼吸之前，必须将气道清理干净（参见第597页）。

B：呼吸（BREATHING）

保持宝宝头部位置不动，气道打开后，吸一口气，然后用你的嘴巴严密封住宝宝的嘴巴和鼻子（参见本页右下图）。将空气吹入宝宝的嘴巴里，持续1秒。暂停一下，再来第二次人工呼吸（抬起你的头再吸一口气，也让宝宝嘴里的空气散出）。每次吹气时观察宝宝的胸部是否有起伏，如果胸部上升，就等到下降后再吹第二口气。成功人工呼吸两次后（宝宝胸部有明显上升），重复C—A—B急救程序，包括30次胸外按压和两次人工呼吸。

请注意：如果每次人工呼吸后，宝宝的胸部没有出现起伏，可能是因为你的呼吸太弱或宝宝的气道被堵塞。调整宝宝的头部（将下巴稍微抬

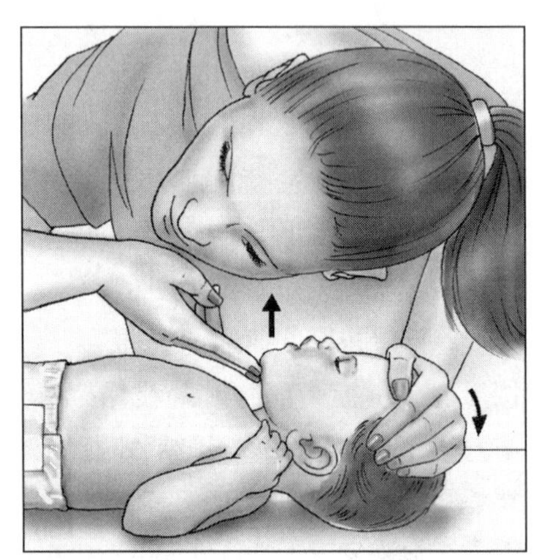

打开气道：抬起宝宝的下巴时，将他的头轻轻向后仰。

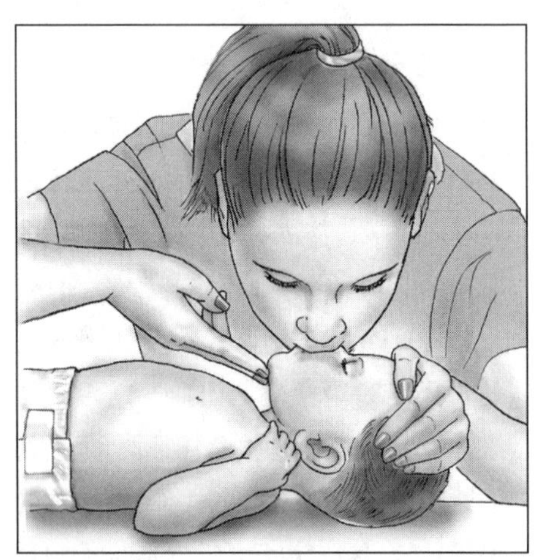

开始人工呼吸：一定要用你的嘴巴严密地封住宝宝的口鼻。

恢复呼吸之后

实施心肺复苏术后，如果宝宝恢复了自主呼吸，仍然要使气道保持打开，查看有没有其他威胁生命的情况，并立刻拨打 120 寻求紧急救助。

如果宝宝恢复了意识，身上也没有明显外伤，可以让他侧过身来。如果宝宝恢复呼吸后开始咳嗽，这是他要清除异物的信号，不要阻止他咳嗽。

如果这时宝宝开始呕吐，让他侧躺，用手指将口腔中的呕吐物清理干净（将手指弯曲扫出异物，参见 570 页）。随后将宝宝的身体恢复到之前打开气道的姿势，继续实施心肺复苏术。如果宝宝头部、背部可能受伤了，要小心地翻转宝宝，使他脸朝上，确保他的头部、颈部和身体可以整体移动而不会扭转或倾斜。

高），重新尝试打开气道，再人工呼吸两次。如果胸部仍未出现起伏，那么可能是食物或异物堵塞了气道，应尽快按照宝宝窒息时的处理方法取出异物（参见第 567 页）。

立刻启动急救医疗服务体系

如果你是独自一人，在进行 2 分钟的急救后马上拨打 120。如果附近有电话，在宝宝身边拨打电话。如果没有，宝宝头部和颈部有受伤的迹象，那么将宝宝抱到电话旁，移动过程中要托住宝宝的头部、颈部和躯干，继续进行人工呼吸。打电话时简单快速地向调度员说明："我的宝宝没有呼吸了。"然后提供相关信息。在调度员挂断之前，不要挂断电话；如果可以，在调度员说话时持续按压宝宝的胸部。挂断电话后立刻继续心肺复苏术。

请注意：在拿到自动体外除颤器（AED）或急救人员到达之前，不要停止实施心肺复苏术。

第 21 章　出生体重低的宝宝

大多数父母都希望自己的宝宝能够在预产期出生，前后差个两天或两周。大多数宝宝也的确会按时降生，这让他们有足够的时间来为子宫外的生活做准备，也让父母有足够时间为宝宝到来后的生活做准备。

但在美国，每年的新生儿大约有 12% 是早产儿或低出生体重儿，由于出生提前，他们的准备时间意外缩短，有时甚至会面临危险。有些出生体重低（低于 2.5 千克）的宝宝很快就能赶上足月的宝宝。但有些宝宝在子宫内发育的时间少了几周，出生时非常小，成年人的一个手掌就能托住他们。他们往往需要几个月的强化医疗护理，才能完成本应在子宫内完成的发育。

虽然出生体重低的宝宝（无论是否早产）与正常体重的宝宝相比，面临的风险较高，但医疗的快速发展还是可以帮助大多数这样的宝宝成长为健康的宝宝。在将他们从医院带回家之前，甚至把他们带回家之后，这些宝宝和他们的父母还有很长的路要走。

如果你的宝宝出生太早，很娇小，那么以下内容或许可以帮助你。

宝宝的饮食：早产儿、低体重儿的营养

即使是足月宝宝，学会吃东西也不是一件简单的事，宝宝必须掌握从乳房或奶瓶吃奶的方法。对于早产或低体重儿，挑战可能会加倍。提前 3 ～ 4 周出生的宝宝通常在出生后，就可以吃母乳或用奶瓶喂养了，接近足月出生的低体重儿也可以。但是在妊娠 34 ～ 36 周之前出生的宝宝有特殊的营养需求，这是普通喂养无法满足的——这不仅是因为他们出生时太小，还因为他们生长的速度远远高于足月儿，但可能还无法有效吮吸，消

化系统还不成熟。这些宝宝的食物应该像在子宫中吸收的营养物，这样的食物有助于他们的体重快速增加。另外，要尽可能以浓缩的形式为宝宝提供这些重要营养物，因为早产儿和低体重儿每次只能吃少量食物——他们的肠胃还很小，而且消化系统尚不成熟，消化十分缓慢。加上还不能很好地吮吸，甚至根本不会吮吸，所以他们无法通过奶瓶或乳房吃奶——至少不能马上这样。幸运的是，母乳、强化母乳或专门设计的奶粉可以为早产儿提供茁壮成长所需的营养。

在医院喂养

如果你是早产儿或低体重儿的父母，会发现喂养和监测宝宝体重增加的情况，是在医院照顾宝宝时最消耗时间和精力的事情。新生儿专家和护士会竭尽全力确保宝宝得到增加体重所需的营养。宝宝获取营养的方式取决于提早出生的时间。

静脉营养（TPN）。非常小的新生儿会被推入重症监护病房，通过静脉注射含有水、糖和电解质的溶液，来防止脱水和补充电解质。非常虚弱的宝宝（通常是妊娠 28 周之前出生的宝宝）将通过静脉营养来吸收养分，静脉营养也叫全胃肠外营养，它可以为宝宝提供包含蛋白质、脂肪、糖、维生素、矿物质和静脉注射液的混合物，直到宝宝能够接受母乳喂养。通过胃管喂养的方法开始给宝宝喂奶之后，可以减少全胃肠外营养。

胃管喂养。妊娠 28 ～ 34 周出生的宝宝，以及不需要静脉营养的宝宝（或开始时需要静脉营养，但已达到可以接受母乳喂养的阶段），可以采取胃管喂养的方法——这种方法不依靠吮吸，因为这么小的宝宝吸吮反射尚未发育。胃管喂养需要将一根小软管（饲管，参见本页下图）插入宝宝的嘴或鼻子里，一直延伸到胃部。每

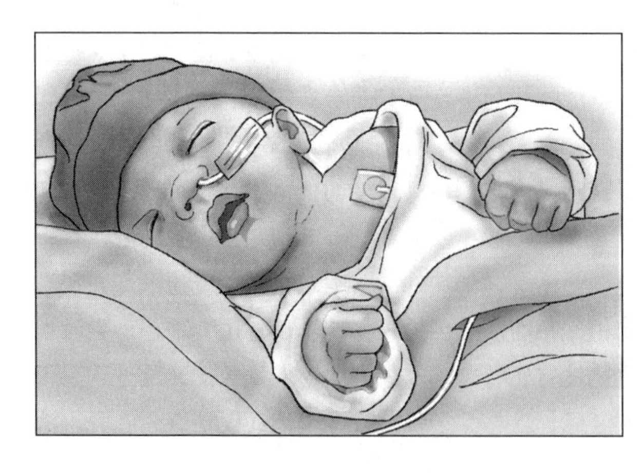

还不能吃奶的宝宝可以采用胃管喂养。将小软管插入宝宝的嘴或鼻子里，延伸到胃部。

隔几小时，通过饲管将母乳、强化母乳或配方奶送入宝宝的胃里。两次喂奶之间，可以保留饲管，也可以每次喂奶结束后都移掉，下次再重新插入（饲管不会影响早产儿，因为要到大约 35 周胎龄才能形成呕吐反射）。

可能还需要很长时间，你才可以随心所欲地用乳房或奶瓶喂养宝宝。在那之前，仍需要通过胃管来喂奶，并且还要确定宝宝的摄入量；胃管喂养时可以抱着宝宝，或让宝宝用你的手指来练习吸吮（这能帮助强化吮吸反射，也能帮助宝宝将吮吸与填饱肚子联系起来）。

乳房喂养。早产儿住院时最重要的里程碑之一，就是从胃管喂养过渡到乳房喂养。在这一过程中，不同的小宝宝之间可能会有很大差距。有些宝宝在 30 ~ 32 周胎龄时，就做好了通过妈妈的乳房或奶瓶吃奶的准备。而另一些宝宝可能要到 34 周胎龄时才能做好准备，还有一些宝宝则要等到 36 周胎龄时才准备好。

开始用乳房或奶瓶喂养之前，新生儿专家通常会考虑几个因素：宝宝的情况是否稳定？能适应在妈妈怀里吃奶吗？其他身体机能也达到要求了吗？比如宝宝是否可以有节奏地吮吸奶嘴或喂食管，同时协调呼吸和吮吸？宝宝清醒的时间变长了吗？是否有活跃的肠鸣音，并且没有腹胀或感染的迹象？是否排出了胎便？

乳房喂养对于小宝宝来说是一件非常辛苦的事情，开始时可以慢一些——每天 1 ~ 2 次，与胃管喂养交替进行。有呼吸系统问题的婴儿可能更艰难一些，因为在吃奶的同时，他们需要额外的氧气，或在吮吸的过程中经历短暂的呼吸暂停（宝宝可能会过于专注吮吸而忘记呼吸）。还不会吮吸的宝宝，在通过乳房或奶瓶吃奶之前，可以用专门设计的安抚奶嘴来帮助他们练习吮吸。

早产儿和低体重儿通过什么获取营养呢？无论是胃管喂养还是乳房喂养，小宝宝都可以吃母乳、强化母乳或配方奶。

- 母乳。不管是足月儿还是早产儿，母乳都是最好的食物。首先，它非常适合早产儿特殊的营养需求。早产母亲的母乳不同于足月母亲的母乳，它通常含有更多的蛋白质、钠、钙和其他营养物质，也更容易消化，可以防止早产宝宝失去过多水分，帮助他们保持稳定的体温，更快地成长。

其次，母乳中含有配方奶没有的重要物质。初乳含有丰富的抗体和细胞，有助于抵抗感染。在宝宝生病或早产，感染风险较高时，尤其重要。

另外，已有研究表明，母乳喂养的早产儿出现坏死性小肠结肠炎的风险较低，这是一种多发于早产儿的肠道感染（参见第 601 页）。而且，他们具有更好的食物耐受性、更不容易

出生后体重减轻

如果宝宝是早产儿或低体重儿，父母会特别渴望看到他的体重快速增加。但是，如果开始时宝宝的体重没有增加，反而减轻了，也不要气馁。和足月儿一样，早产儿体重减少几十克非常正常，尤其在他的体重开始增加之前。正常的减少幅度是他出生体重的 5% ~ 15%。和足月儿一样，早产儿减少的大部分也是水分。早产儿的体重通常在两周内不会恢复到出生时的水平，之后，他们的体重会逐渐增加，超过出生体重。

过敏，也能从母乳中获得和足月宝宝一样的各种益处（参见第 1 页）。

即使你不打算长期母乳喂养，住院时仍要为宝宝提供母乳，这样能给宝宝一个最好的开始——无论是亲喂、吸出母乳后再喂或两者兼有。无法分泌母乳（或无法分泌足够的母乳）的母亲也能通过医院或正规的母乳库获得捐献的母乳，为早产儿提供最好的食物。

为保障宝宝在早期母乳喂养阶段获得足够的营养，在宝宝吸吮能力还没有发育完全或妈妈还无法提供足够的母乳时，可以在不干扰哺乳的情况下，向医生咨询下列补充营养的方法。

如果你母乳喂养，可以：

* 喂奶时仍保留胃管；
* 使用辅助哺乳系统（参见第 175 页）。

如果是吸出母乳喂宝宝，可以：

* 用奶瓶时仍保留胃管；
* 使用固定在手指上的喂食系统，给宝宝喂奶；
* 用注射器喂奶；
* 用流速慢的奶瓶和奶嘴喂奶。

更多关于喂养早产儿的内容，参见第 591 页。

- 强化母乳。有时，早产妈妈的母乳难以满足宝宝的需求。因为有些宝宝，尤其是非常小的宝宝，需要更浓缩的营养——包括更多的脂肪、蛋白质、糖、钙和磷，还有其他营养，比如锌、镁、铜和维生素 B_6。胃管或奶瓶可以将经母乳强化剂（HMF）强化的母乳喂给宝宝。母乳强化剂有粉末状的，可以与乳汁混合，也有液体的，适合在母乳分泌不足时，与少量母乳混合。
- 配方奶。也可以给宝宝吃专门为早产儿设计的配方奶。即使你正在母乳喂养，也可以通过配方奶或辅助哺乳系统为宝宝补充营养。
- 可以用带有立方厘米（cc）或毫升（ml）标记的小奶瓶来喂宝宝，并用专门设计的、只需要较小吮吸力的奶嘴。让护士演示用奶瓶喂养宝宝的正确姿势——可能与喂养足月儿的姿势有所不同。

用吸奶的方式喂养早产儿

用母乳喂养早产儿不是一个轻松的决定，即使你一直都计划母乳喂养。母乳喂养主要的优势在于让母子间的联系密切起来，而早产儿通常不存在这种关系，至少最初没有。在早产儿可以接受乳房喂养之前，都是由没有感情的吸奶器来代替亲密接触的。所有女性都会觉得用吸奶器吸奶是件费时费力的事情，但大多数坚持下来的人都觉得这样的努力值得，因为这种方式有助于她们的小宝宝健康成长。

以下是充分利用各种条件吸出母乳，喂养早产儿的方法。

• 了解周围资源。大多数医院都有专设的房间（配有舒适的座椅和电动吸奶器），在早产儿待在医院的新生儿重症监护病房时供母亲使用，你需要熟悉吸奶器的操作方法（参见第 165 页）。可以租用医院的吸奶器，或购买吸奶器，这样在家也可以用。参见第 171 页，了解关于安全存储及运输母乳的信息。

• 即使宝宝还没有准备好吃母乳，分娩后也要尽快开始吸奶。如果宝宝可以吃母乳，每隔 2 ~ 3 小时吸一次奶（与普通新生儿吃奶频率一致），如果要将母乳冷藏起来备用，可以每隔 4 小时吸一次。有时半夜起来吸一次奶，可以提高泌乳量——但是你可能更需要整晚的睡眠，适合你的方式就是最好的。

• 你吸出来的母乳很有可能会超出小宝宝需要的量。但不要因此减少吸奶量。现在定期定量吸奶有助于建立充足的母乳供应，以满足宝宝在离开辅助营养设备之后的需求，所以这完全不是浪费。同时，可以把多余的乳汁装在袋子里，标注上日期，冷冻起来以后用。

• 不要因为每天或每次泌乳量的变化而气馁，这都是正常的。如果直接用乳房喂奶，你可能根本不会发现。吸奶几周后，奶量下降也正常。宝宝会比最高效的吸奶器更能刺激你泌乳。当他开始通过乳房吃奶时，你的奶量会快速增加。

• 如果宝宝做好了用小嘴巴吃奶的准备，在用奶瓶喂奶之前，先尝试乳房喂养（即使你打算混合喂养）。研究表明，比起奶瓶，出生时体重低的宝宝更容易接受乳房。但如果宝宝更适应奶瓶，也不用担心——可以在他掌握从乳房吃奶的技巧后再用奶瓶吃奶，或使用辅助哺乳系统（参见第 175 页）。最终用什么方式喂养宝宝并不重要，重要的是喂养时你给予了他足够的关爱。

喂养挑战

喂养新生儿总会面临很多挑战。喂养早产儿或低体重儿则面临更多挑战。

困倦的宝宝。大部分早产儿很容易困，他们对睡觉的渴望有时要强于对饮食的渴望。但是，小宝宝需要频繁吃奶，才能满足生长的需求——所以让他们在吃奶过程中保持清醒非常重要。有关如何唤醒沉睡宝宝的技巧，参见第 132 页。

屏住呼吸。有些早产儿，尤其是出生时吮吸—呼吸协调较差的早产儿，吃奶时可能会忘记呼吸。宝宝屏住呼吸很累，妈妈则很容易焦虑。如果发现宝宝吮吸了几口之后没有呼吸，吃奶时脸色苍白，把你的乳头从宝宝的嘴里拿出来，让他呼吸。如果宝宝吃奶时似乎一直屏住呼吸，那么每当他吮吸三四口之后，就有规律地拿开乳头。

对放入口中的一切感到反感。在新生儿童症监护病房待了很长时间的宝宝，常常会将口腔与胃管、呼吸管、吸痰等不愉快的经历联系起来。所以，有些早产儿总会对放入口或放在嘴周围的东西非常排斥。为了解决这个问题，试着用让宝宝愉快的经历来替换不愉快的回忆。可以轻轻地触摸宝宝的嘴部，让他吮吸奶嘴或手指，或鼓励宝宝触碰自己的嘴唇，吮吸自己的拇指或小拳头。

反流。许多早产儿，因为他们的消化系统还不够成熟，容易患上胃食管反流症，关于吐奶和胃食管反流症，参见第 189 页和第 544 页。

在家喂养

当你和早产宝宝出院回家时，如果宝宝已经能接受纯母乳喂养了，就无须担心——你的泌乳量会随着宝宝的需求而增加。如果选择配方奶喂养（或混合喂养），在宝宝出院回到家后，可能仍然需要给宝宝喂早产儿配方奶。这取决于宝宝的生长情况，医生也会指导你选择适合的奶粉。你可能会继续用宝宝住院时用的小奶瓶，因为与足月儿相比，早产儿每次的食量不大，需要喂奶的次数更多。但要记住，宝宝回到家后，住院时的喂奶方式不一定适合现在的情况，宝宝在不断发育，体重也在不断增加。

宝宝什么时候可以开始吃辅食？和足月儿一样，到 6 个月时，早产儿也应该开始吃辅食。但对于早产儿来说，这个时间是矫正月龄，而不是出生月龄（这意味着早产 2 个月的宝宝要在出生后 8 个月才能开始添加辅食）。有些早产儿可能发育缓慢一些，即使矫正月龄已经达到 6 个月，也应在宝宝做好准备之后，再开始引入辅食（参见第 305 页）。有些早产儿在吃辅食时会更困难一些——尤其在吃较大块的食物时——通常是因为早期有不愉快的口腔经历。可以咨询专业治疗师，帮助宝宝克服口腔反感。

你可能疑惑的问题

亲密关系

“如果我的女儿出生后的前几个月一直待在 NICU，我该怎么跟她建立亲密关系呢？”

宝宝一出生就被抱走了，你还没来得及好好看看他，他是那么柔弱，无法用母乳喂养，他被医护人员照顾的时间比被你抱在怀里的时间还要多。你觉得和他保持亲密关系好像是个无法实现的目标——这对足月儿的父母是轻而易举的事。别担心，保持亲密关系的真相是，在未来几个月甚至几年里，都可以慢慢培养父母与宝宝之间的爱和依恋，这些情感会延续一生一世，而不是在生命的最初时刻一下爆发。你如果无法像想象的那样和宝宝建立亲密关系，也没有失去机会——事实上，你根本没有失去任何东西。而且，即使宝宝还在住院，你也有很多方式可以和他建立亲密关系。

要宝宝的照片，多了解他的情况。宝宝没有和你在一起？有时候，宝宝必须从分娩的医院转到其他医院接受更细致的护理，而你还不能出院。如果你和宝宝属于这种情况，可以让你的伴侣（或医院工作人员）拍下宝宝的照片或视频发给你，这样，见到宝宝之前可以先看看他的照片。即使只能看到一些管子和医疗仪器，也会觉得没有想象的可怕，会更放心。除了照片，你还会想了解宝宝的情况，可以让爸爸或医务人员描述宝宝的模样及状态——越详细越好。

用手抚摸。你可能害怕去触摸这么娇小脆弱的宝宝，甚至觉得最好不要去摸他。但研究表明，在重症护理过程中轻轻地抚摸、按摩早产儿，可以让他们发育得更好、更机敏、更活跃，行为上也更成熟。所以，在新生儿专家同意的情况下（触摸可能会给一些特别小的早产儿带来压力），用你的双手触摸宝宝。可以从他的胳膊和双腿开始，因为起初四肢没有躯干那么敏感。每天尝试轻柔地抚摸宝宝至少 20 分钟。

袋鼠式育儿。肌肤接触不仅可以亲近宝宝，还可以帮助他成长得更快、更好。事实上，已经有研究表明，接受袋鼠式育儿的宝宝能更快离开 NICU。袋鼠式育儿是指像袋鼠一样将宝宝抱在怀里，妈妈需要解开衣服，将宝宝放在胸口，直接接触皮肤（宝宝很可能只穿着尿布，戴着帽子，戴帽子是为了防止头部散失热量过多）。用解开的衣服或毛毯轻轻盖住他，给他保暖。

交谈。当然，开始时你们之间

袋鼠式育儿

袋鼠不仅非常可爱，研究表明，它们在照顾宝宝方面也很聪明。与宝宝肌肤接触（尤其是早产儿）是受有袋动物启发的照顾模式，从宝宝刚出生、住进新生儿重症监护病房，到宝宝出院后，都有很多好处。袋鼠式育儿不仅对宝宝大有好处，对妈妈也是如此。

只要新生儿医生允许——即使宝宝非常虚弱或很小，还连接着监测器，你也可以开始和他肌肤接触，这种接触就是袋鼠式育儿。抱着宝宝不仅不会伤害到他，还能带来很多好处。宝宝会因为你的心跳、味道、声音和呼吸而得到安抚。袋鼠式育儿有助于宝宝保持体温，调节心跳和呼吸，促进体重增长和发育。还可以让宝宝睡得更香，并能缓解醒来后的压力，减少哭闹，让他醒来后保持更长时间的安静和清醒——这些都有助于宝宝的生长发育。

袋鼠式育儿对父母也有好处。即使没有喂奶，与宝宝亲密接触也有助于增加泌乳量，提高母乳喂养的成功率。毫无疑问，它也会增强你为人父母的信心，帮助你和宝宝建立亲密关系（这也是宝宝在 NICU，主要由陌生人护理时，你能为宝宝做的事情）。

而且，即使每天和宝宝肌肤接触的时间很短，你们也都能获益。有时间、有条件并且医生允许的话，袋鼠式育儿的时间越多越好，理想情况下，每次至少 1 小时。

妈妈和爸爸都可以袋鼠式育儿——不需要特别的装备（爸爸毛茸茸的胸膛也没什么不可以）。只需要抱着宝宝，让他趴在你的胸口上，肚子贴着肚子，用一块毯子或你的衣服盖在宝宝的后背上。然后闻着宝宝的香味，闭上眼睛，放松。这一切对小宝宝有大有益处，对你也是。

肯定是单向谈话——宝宝在 NICU 时还不会说话，甚至不会哭。可能看起来他也没有听你说话。但是他会认出妈妈和爸爸的声音，这是他在子宫里听到过的声音——熟悉的声音会给他安全感，也有助于大脑听觉中枢的发育。无法经常和宝宝待在一起？录下你说话、唱歌、阅读的声音，甚至你的心跳声，不在宝宝身边时让护士放给他听，有助于他的大脑发育。当你靠近宝宝时，说话声音一定要低，因为此时他的耳朵对声音十分敏感。事实上，任何突然的声音都会让早产儿不安。让医生判断一下，多大的声音适合宝宝。

视线接触。如果宝宝患有黄疸，要接受光疗，他的眼睛需要被遮盖，你去看宝宝时，申请关灯几分钟，并摘掉宝宝眼睛上的护具。这样，当你像袋鼠一样把宝宝抱在怀里，或透过育婴箱看着他时，就能与他视线接触了。

接替护士照顾宝宝。一旦宝宝脱离了危险，NICU 的护士会很乐意告诉你如何给他换尿布、喂奶、洗澡。你甚至可以为他做一些简单的医疗护理。通过照顾宝宝，你会自然地承担起父母的责任，体会为人父母的感觉，同时积累一些宝贵的经验，这些经验将在未来几个月非常有帮助。如果护士没有教你这些基本的护理方法，或没有给你动手学习的机会，可以主动提出来。

新生儿重症监护病房（NICU）

“我的宝宝在 NICU，看到他身上接着那些管子和线，真是太可怕了。”

第一次看到 NICU 里的宝宝，通常很令人担忧。提前了解将要看到的场景，有助于你做好心理准备。以下是父母在大多数 NICU 中可能看到的情况。

主护理区包含一个大房间或一系列房间。可能还有几个单独的房间，与主护理区是隔开的。主护理区隔壁可能有几间小型家属接待室，妈妈可以在这里吸奶（通常配有吸奶器），宝宝强壮一些后，家人还可以在这里和宝宝亲密接触。

忙碌的氛围。根据 NICU 规模和使用情况，可能会有护士和医生在这里忙碌，他们要给宝宝治疗并随时监测，也可能有其他父母在照顾宝宝。

相对安静。这里虽然是医院中最忙碌的地方之一，但通常也是最安静的地方之一。因为噪音会使小宝宝紧张，甚至会伤害他们的耳朵。为保持安静，说话的声音要尽量轻一些，关闭房门和保温箱的舷窗时也要放慢动作，还要注意不要把东西摔在保温箱顶部，或将东西重重地放在上面（唯一对早产儿非常重要的声音，就是妈妈的声音，参见第 581 页）。

昏暗的灯光。宝宝敏感的眼睛也需要保护（毕竟他们在子宫里根本看不到光），所以 NICU 的医护人员会尽量控制护理区的光线。虽然有时医生和护士需要较强的光线开展工作（为了看清动作）、帮助宝宝健康发育，但大多数时候 NICU 都保持昏暗的灯

NICU 中的常用词

在 NICU，你可能会听到很多陌生的术语。越早了解这些术语，听到医护人员谈论宝宝的护理时，越不会慌乱。以下是一些 NICU 中的常用术语。

窒息。指没有足够氧气进入人体器官。大脑和肾是缺氧时最敏感的器官。一些早产儿即将出生时可能会出现窒息，为了防止或尽量减少器官损伤，需要尽快将他们分娩出来。

误吸。呼吸时将液体（如配方奶、胃液）吸入肺部，可能会导致肺炎和其他肺部问题。

气囊。通过挤压连接气管插管（参见第 587 页图）或呼吸面罩的气囊，帮助婴儿呼吸，为肺部注入空气。将空气注入肺部，帮助宝宝呼吸。

蓝光。也叫光照疗法，用蓝色荧光灯照射治疗黄疸。

血气分析。一种血液测试，用来检查血液中的氧气和二氧化碳水平。血液中的气体保持适当的平衡，婴儿才能正常生长。血气分析是使用呼吸机的早产儿常做的检查。

全血细胞计数（血常规）。一种血液测试，用来检测血液中的红细胞（携带氧气）、白细胞（抵抗感染）和血小板（抑制出血）数量。

中心静脉导管。一种又小又细的塑料管，通过它可以给身体输送液体，或者将液体从体内排出。中心静脉导管通常经颈内静脉、锁骨下静脉或股静脉置入上腔静脉（身体中心的大血管）。PICC 管（经皮肤置入中心静脉导管）通常从手臂上的静脉置入。婴儿出生后，也可以将脐导管置入脐带残端的动脉或静脉。

胸管。一根小塑料管。这根管子穿过胸壁，进入肺部和胸壁之间的空间，排出里面的空气或积液。

发绀。当血液中没有足够氧气时，对皮肤颜色变化的一种描述。

光，模拟宝宝在子宫中的环境。当光线较强时，可以在保温箱上盖一块毯子，但还是要征求护士的同意，因为有时需要让宝宝接触较强的光线。研究表明，持续处于昏暗的环境中会扰乱生物钟，减缓正常睡眠周期的发育。与只待在明亮或黑暗中的宝宝相比，早产儿如果生活在模拟昼夜交替的环境中，体重增加的速度会更快。

严格的卫生标准。NICU 要优先保障护理区中没有可能会传播的病毒和细菌（这会使患病宝宝的病情更严重）。每次探访都需要用抗菌香皂或消毒洗手液洗手（护理区外面通常有婴儿发绀时，皮肤呈现青紫色。

超声心动图。心脏的超声波检查。

气管导管（ET 管）。一种塑料管，它可以穿过婴儿的鼻子或嘴巴进入气管，然后与呼吸机相连，帮助婴儿呼吸。

插管。插入气管导管。

拔管。移除气管导管。

红细胞比容。一种血液测试，以确定红细胞的数量。

静脉注射。将一根小塑料管置入婴儿的静脉中，是一种输送液体、营养和药物的方式。

腰椎穿刺（脊椎穿刺）。一种检测，通过扎在背部下方的小针头吸出脊髓液。通过脊髓液可以检测出感染情况及抗生素疗效。

胎粪吸入。胎粪（婴儿的第一次粪便）被吸入肺部，会导致一些问题。

鼻管。环绕在婴儿的头部和鼻子下方的塑料软管，上面有开口，可以输送氧气和食物。

氧气面罩。一个戴在婴儿头上的透明塑料罩，用来提供氧气。

气胸。即婴儿肺中的空气泄漏到肺部和胸壁之间的空间，可能会导致肺衰竭，需要插胸管治疗。

新生儿呼吸窘迫综合征（RKS）。参见第 599 页。

脓毒症。血液感染的一种。感染可能从体内其他部位开始，扩散到血液中，也可能从血液开始，传播到体内任何器官。

肺表面活性物质。一种防止肺泡萎陷的物质。早产儿缺乏天然肺表面活性物质，这就是为什么在 NICU 中常给早产儿使用人工肺表面活性物质。

输血。当婴儿贫血（红细胞太少）或失血过多时，输入捐献血。

脐导管。插在肚脐血管中的一根细管，用来抽血、输液、给药、输送营养。

呼吸机。机械式呼吸机。

洗手池），可能还需要穿上医院的衣服。如果宝宝被隔离，你还需要戴上手套和口罩。

小宝宝们。你可以看到他们躺在透明的保温箱中（四周完全封闭，只留舷窗式的门让医护人员可以照顾宝宝）或敞开的摇篮里。还能看到有些宝宝躺在温暖的台子上，上面挂着加热灯。有些很小的宝宝，尤其是刚出生几小时的宝宝，可能会被包裹在保鲜膜里，以减少体液和体温的损失。这些都可以帮助宝宝保暖——尤其是那些体重不到 1.8 千克的宝宝，他们的身体通常缺乏可以维持体温的脂肪，甚至需要再用毯子包裹住。

很多设备。你可能会注意到每张床的附近都有很多设备。一些记录宝宝生命体征的监测器会通过贴在宝宝皮肤上的铅片，或插入皮肤的针头与宝宝连接（宝宝的生命体征异常时会发出警报）。除了监测器，宝宝身上还连接着喂食管、静脉注射器（在胳膊、腿、手、脚或头部）、插入脐带残端的导管、感温探头（用贴片粘在宝宝的皮肤上）、脉搏血氧仪（可以通过连接在手部或脚部的小灯来测量血液中的含氧水平）。还有呼吸机，如果胎龄小于 30 ~ 33 周，它可以用来帮助宝宝正常呼吸。否则需要用氧气面罩为宝宝输送氧气，或用插入鼻子的软管提供氧气。还有一些抽吸装置，用于清除多余的呼吸分泌物。还有用来治疗黄疸的蓝灯（接受光疗的宝宝除了戴眼罩保护眼睛之外，须全身裸露）。

让父母和宝宝亲密接触的地方。除了这些高科技设备外，这里还会放一把摇椅，方便父母和宝宝亲密接触。

训练有素的医疗人员。负责在 NICU 中照顾宝宝的医护人员有新生儿专家（经过新生儿护理特殊训练的儿科医生）、儿科医生和新生儿研究实习生（正在接受培训的医生），执业助理医师或护士、临床护理专家、责任护士（日常护理宝宝，教父母如何照顾宝宝的人），营养师，呼吸治疗师，其他医生（根据宝宝的特殊需要），护工、职业理疗师，X 射线和实验室技术人员，哺乳专家。

你也是宝宝护理团中的一员

请记住，你是宝宝护理团队中最重要的人员之一。尽可能多了解一些 NICU 的设备和流程，熟悉宝宝的情况和治疗进展。可以向医护人员询问呼吸机等设备是如何改善宝宝情况的。向工作人员索要医疗术语的书面资料（参见第 584 页）。尽可能了解 NICU 的日常安排：探视的时间、探视人员的限制、护士换班的时间、医生查病房的时间等。知道谁是了解宝宝最新治疗进展的医护人员，明确什么时候可以知道宝宝的最新情况。把你的手机号码留给医护人员，方便他们随时能联系上你。

长期住院

“医生说我的宝宝要住院几周。大概要住多久？在他住院期间，我能做什么呢？”

你很可能要等到宝宝足月出生的时间才能带他回家，大约相当于妊娠 37 ~ 40 周。但如果宝宝除了个头小之外，还面临其他医疗问题，可能需要等待更长时间。无论宝宝要住院多久，你都会觉得非常漫长。充分利用

早产儿肖像

足月宝宝的父母第一次看到自己的宝宝时，几乎都会非常惊喜，而早产儿的父母则往往会感到震惊。早产儿出生时平均体重只有1600 ~ 1900克，有些宝宝还会更轻。最小的宝宝甚至可以躺在成年人的手掌中，他们的手腕非常细，甚至戴上结婚戒指都会滑下来。早产儿的皮肤是半透明的，静脉和动脉清晰可见。他们的皮肤看起来很松，因为皮肤下缺少脂肪层（这使宝宝无法调节自己的体温），往往还覆盖有一层细密的胎毛，而足月宝宝通常已经蜕掉了这些胎毛。由于早产儿的循环系统还不成熟，所以在抱起他们或给他们喂奶时，他们的皮肤颜色会改变。早产儿由于软骨还没有发育成形，耳朵可能是扁平的、折叠起来的或松弛下垂的。早产儿的胳膊和腿往往都是直着的，而不像普通新生儿那样是弯曲着的。这不仅是因为他们的肌肉缺乏力量，还因为他们从来没有像足月婴儿那样为了适应狭窄的子宫而把自己折叠起来。

早产儿的性别特征通常尚未完全发育——他们的睾丸可能未降到阴囊中，男孩的包皮和女孩的阴唇褶皱还不成熟，乳头周围还没有出现乳晕。由于肌肉和神经发育不完全，他们的很多反射可能还没有形成（如抓握、吮吸、惊跳、觅食反射）。与足月宝宝不同，早产儿很少或根本不会哭泣。他们可能会经历呼吸暂停的时期，即早产儿呼吸暂停。

但是，早产儿的这些身体特征只是暂时的。在达到矫正胎龄——即他们本应该出生的时间——妈妈妊娠40周时，他们就能赶上一般新生儿的大小和发育程度。

这段时间，哪怕只是为了消磨时间，你可以尝试做以下事情。

建立合作关系。早产儿的父母常常觉得，宝宝不属于自己，而更多地属于医生和护士，他们看上去很能干，而且为宝宝做了很多事情。不要担心自己做不到像他们一样好，要尝试与他们合作。去结识那些护士（如果你的宝宝由一个责任护士负责会更容易）、新生儿专家等。让他们知道你很乐意尽可能多地照顾宝宝——换尿布、包襁褓、洗澡，你来做这些事情既可以节省他们的时间，也可以让时间过得快一些，你不是一个旁观者，而是一个照顾宝宝的参与者。

学习医疗知识。学习一些在NICU中使用的术语。请护士教你如何看宝宝的检查结果。向新生儿专家询问宝宝的情况，不明白时，请他给你详细解释。早产儿的父母往往很快就能成为新生儿医学方面的专家，会像真正的新生儿专家一样不时蹦出“RDS”和“插管”这样的专业术语。参见第584页，了解一些常见术语。

坚持陪在宝宝身边。有些医院可能会让你进入病房，即使一些医院不允许进入，也应该尽量向医院申请多陪在宝宝身边，妈妈和爸爸轮流陪护。这样，不仅能了解宝宝的病情，也能了解宝宝。（如果家中还有其他孩子，他们现在也需要你。参见第621页，了解如何应对这种情况。）

让宝宝觉得像在家里。即使保温箱只是宝宝暂时的住处，也要尽量让他有在家的感觉。向医生申请，将一些可爱的毛绒玩具放在宝宝身边，将照片（包括能刺激宝宝视觉的爸爸妈妈的黑白照片）放在保温箱两侧他可以看到的位置。录下你的声音，问问医生是否可以在你不在时放给宝宝听，或是否可以放些轻音乐。但请记住，放入保温箱的任何物品都要消毒，而且不能干扰那些维持生命的设备。

准备好母乳。母乳是早产儿的最佳食物。在正式开始哺乳前，你可以吸出母乳喂给宝宝，这样也有助于保持泌乳。吸奶也会给你一种被需要的感觉，因为你在为宝宝“做些什么”。

大采购。由于宝宝提前降生，你可能还没来得及购买适合他的家具、衣服和其他必需品。如果是这样，就该上网看看或去购物了。如果觉得在宝宝出院之前，没必要在家里摆满婴儿用品，那就加满购物车，等到宝宝要回家了再提交订单（尤其当你不知道宝宝要穿多大尺码的纸尿裤和衣服时）。你要挨过宝宝住院的这段时光，至少告诉自己有信心带宝宝回家。

情绪过山车

“我儿子在NICU住院时，我试着让自己坚强起来，但是我很害怕、不知所措，觉得自己要失控了。”

大多数宝宝在 NICU 的父母都会经历情绪不断变化的过程，从震惊、愤怒到沮丧，从焦虑、恐惧到麻木，从失望到困惑，从悲痛到强烈的希望——所有这些都可以理解，都很正常。在看到宝宝身上连着各种医疗设备，医护人员在一旁忙忙碌碌的时候，自然会感到不知所措。

父母可能会对宝宝正在经受的一切感到害怕，也可能会对自己的无能为力感到挫败。你会因为宝宝不像期待中那样是一个脸上露出可爱酒窝的足月宝宝而感到失望，也可能会因为无法带他回家一起生活而沮丧，并对自己的这些情绪产生负罪感。你可能还会因为没有对宝宝的降生感到很开心，或没能让妊娠期更长一些而无比内疚（对宝宝的早产你也无能无力，这是无法避免的）。你可能会因宝宝未来的不确定性而焦虑不安，尤其是他非常娇小或非常虚弱时。由于担心自己变得太依恋宝宝或觉得很难通过保温箱的舷窗与宝宝建立亲密关系，你甚至可能会不自觉地疏远他。或者，因为你和宝宝都在经受考验，你会意外地发现自己对宝宝的爱和依恋更加强烈了，而不是受到了挑战。

你可能会因为很多事情感到愤怒：自己的反应；伴侣没有和你产生一样的反应；家人朋友不能理解你，或表现得好像事情没有发生；产科医生没能预防早产等。这些情绪常常相互冲突，并且大起大落，你的感觉很可能会更加混乱——例如，上一分钟还充满希望，下一分钟就感到绝望；今天你还深深地爱着宝宝，明天也许就害怕爱他了。不分昼夜地守护着宝宝带来的身体疲惫，会让这些情绪更加复杂。尤其当你尚未从分娩中恢复，正忍受着吸奶引起的乳头皲裂的痛苦时，会更加脆弱。

要处理这些情绪可能非常困难，但记住以下几点会有所帮助。

• 你的感觉、话语和行为完全正常。早产儿的父母几乎都会经历这些极端又矛盾的情绪（尽管你认为别人不会有这样的感受）。

• 情绪没有对错。你的感觉可能不同于你的伴侣、旁边保温箱里宝宝的父母，或和你聊过天的其他早产儿父母。对待早产，每个人的反应不同——这也很正常。在你和其他早产儿的父母聊天时（你应该多聊聊），他们的内心可能也像你一样不安，只是没有表现出来。内心深处的情感往往被人们埋在了心底。

• 情绪需要表达。把情绪藏在心里只会让它们更糟，让你感到更加孤立无援。让 NICU 的医护人员了解你的情绪和担忧。他们会理解你正在经历的事情（帮助患儿的父母和帮助患儿一样重要，这也是他们的工作），也会给予一些建议，有助于应对这种情绪。

早产儿的类型

早产宝宝的护理、待在 NICU 病房的时长、出现并发症的概率，都取决于他属于哪种早产儿。一般来说，宝宝出生时间越早，情况就越复杂，在 NICU 的治疗时间就会越长。

晚期早产儿（妊娠 33 ～ 37 周出生）。晚期早产儿出现严重呼吸疾病的可能性较小（这要归功于宝宝在子宫内发育出了成熟的肺表面活性物质），但可能会有血糖问题，并有较高的感染风险。与足月儿相比，他们的黄疸水平可能更高，至少需要光疗一段时间。这些早产儿可能会有一定的喂养困难，但绝大多数临近预产期的早产儿在 NICU 停留的时间不长，很少出现并发症。

中期早产儿（妊娠 28 ～ 32 周出生）。许多妊娠 31 周前出生的早产儿会有氧气困难，可能需要戴一段时间氧气面罩。这时出生的早产儿还没有从母亲那里获得免疫保护，更容易感染，也更容易出现低血糖和体温过低的症状（他们很难保持体温）。中期早产儿通常无法立刻开始母乳喂养或奶瓶喂养，在他们准备好吮吸乳房时，也可能会遇到进食问题。

极早早产儿（妊娠未满 28 周出生）。这些非常小的婴儿出现呼吸困难的风险最高，因为他们的肺部非常不成熟，还没有做好独立运作的准备。极早早产儿出现早产并发症、感染、低血糖和体温过低的风险也最大(更多信息参见第 598 页)。

除了胎龄，早产儿的健康情况、在 NICU 的治疗过程也和他们出生时的体重有很大关系——出生体重低于 2500 克即为低体重儿，通常婴儿体重越轻，住院的时间可能越长，出现一些并发症的风险也越大。

- 极低体重儿是指出生时体重小于 1500 克的婴儿。
- 超低体重儿是指出生时体重小于 1000 克的婴儿。
- 微型早产儿是体重最轻、胎龄最小的早产儿——出生时体重不到 800 克或胎龄未满 26 周。

幸运的是，医疗的进步改善了早产儿的预后，即使是非常小的婴儿存活的机会也大大增加了。根据一些研究，妊娠 23 周出生的婴儿，存活率超过 50%；妊娠 25 周出生的婴儿，存活率超过 75%；妊娠 26 周出生的婴儿，存活率超过 90%。

• 你和伴侣需要彼此。相互依靠才能有勇气面对，作为一个团队，也会比一个人处理问题更有效。坦诚交流还有助于防止养育早产儿（或一个生病的宝宝）固有的压力影响你们之间的关系。

• 最好的支持往往来自了解情况的人，尝试与 NICU 中的其他父母谈谈。你会发现其实他们也感到孤独、缺乏信心和害怕。在 NICU 中很容易建立友谊，因为其他家长也需要你，就像你需要他们一样。也可以通过网络获得宝宝已经离开 NICU 的家庭的支持。没有人比他们更了解你正经历的事情，传递更多的经验和理解。在 NICU 等待的漫长日夜里，随时可以获得的支持对你来说非常宝贵。

• 这需要时间。你可能会经历很多情绪波动，直到宝宝健康起来。在那之前，会经历美好的时光，也会度过糟糕的时光（通常会随宝宝状况的起伏而变化）。如果你第一次分娩就经历早产，身体恢复情况和正常的激素波动也会加剧你的情绪波动。提醒自己，你的感受是正常的——所有早产儿的父母都会经历这样的情绪过山车阶段，直到他们的宝宝可以恢复健康、安全回家(有时需要的时间更久)。这种提醒不会让你的情绪消失，但可以帮助你从正确的角度面对它们。当然，如果你（或伴侣）感觉伤心、绝望、焦虑或无能为力，而且非常强烈，无法用正常早产儿父母的压力来解释，那么你很可能患上了产后抑郁，参见第 504 页和《海蒂怀孕大百科》，判断产后抑郁的症状，并寻求帮助，以便尽快恢复。记住，照顾好宝宝，需要尽可能照顾好自己。

让自己休息一下

你当然希望能在 NICU 每时每刻陪在宝宝身边，像袋鼠妈妈一样抱着宝宝，帮忙喂奶，哼唱摇篮曲，透过保温箱的舷窗握住宝宝的小手，还可以吸出母乳来喂养早产宝宝。

但是每个父母都需要休息——没有人比早产儿的父母更需要、也更应该休息。所以，让自己休息一下，不要为此感到愧疚。无论是和你的伴侣一起去看电影、和朋友共进晚餐、去湖边慢跑，还是花几个小时挑选宝宝的衣服，休息后你都会觉得压力得到了缓解、精神重新振作起来，更有能力应对接下来的日子。另外，你也学会了为人父母很重要的一点：照顾好宝宝，也照顾好自己。

母乳喂养

“我一直坚定地要采用母乳喂养，但是宝宝在妊娠 28 周时就出生了，我不得不吸出母乳，再通过管子喂给他。这是否会让之后的哺乳变得很困难呢？”

目前来看不会。从出生开始，你的宝宝就得到了最适合早产儿的食物——妈妈的母乳——但只能通过管子。所以，你可能会担心，在他学会吮吸后，是否能够继续获得这种完美的食物。

不必担心——研究表明，体重1300克、妊娠30周出生的早产儿，不仅可以吮吸乳房，而且吮吸乳房比用奶瓶更顺利。

当把宝宝抱在胸前时，你一定希望可以创造条件，引导宝宝成功衔乳，以下是可以尝试的方法。

• 开始哺乳前，阅读第60页关于母乳喂养的内容，还可以寻求哺乳顾问的帮助。

• 如果新生儿专家或护士想在宝宝吃奶时监测他的体温或含氧变化，要配合。这并不妨碍你喂奶，如果吃奶后宝宝有不良反应，这些仪器还能发出警报，及时保护宝宝。

• 确保自己是放松的，宝宝是清醒的。

• 询问医护人员是否有早产妈妈的特别哺乳区，或放有扶手椅的隐蔽角落、可以遮蔽的屏风——这是当你抱着宝宝哺乳、与他肌肤接触时最需要的。

• 找到合适的姿势，可以将宝宝放在枕头上，支撑住他的头部。许多妈妈发现用交叉式抱姿更舒服（参见第60页），而且宝宝衔乳更容易。

• 如果宝宝还没有形成觅食反射，可以将乳头放进他嘴里，帮助他建立反射。用手指轻轻挤压乳房，让宝宝更容易含住乳头（参见第61页），不断尝试，直到他能成功吮吸。

• 观察，确保宝宝可以吸入乳汁。你的乳房习惯了吸奶器，需要一段时间来适应宝宝用嘴巴吮吸。刚开始吃奶时，宝宝的吮吸可能会非常迅速——这是一种刺激乳汁分泌的动作。接着，在你泌乳后，他的吮吸会慢下来，开始吮吸—吞咽模式。

• 如果宝宝似乎对乳房不感兴趣，尝试将几滴乳汁滴入他的嘴里，让他尝尝味道。

• 只要宝宝愿意待在你的胸前，就尽可能多喂他一段时间。让宝宝靠在乳房上，直到他停止吮吸超过2分钟。较小的早产儿可能要吃奶将近1小时才会感到满足。

• 如果第一次或前几次尝试都失败了，也不要气馁。因为即使是足月宝宝也需要一段时间，至少也要给早产儿同样的机会。还是觉得有问题？向专业人士寻求帮助。

• 在你无法母乳喂养时，问问医生是否可以不通过奶瓶，而通过喂食管喂奶。如果需要，给宝宝服用母乳强化剂以补充母乳，也可以问问，是否可以尝试采用胃管喂养或辅助哺乳系统（参见第175页）。

每天给宝宝称重，可以掌握宝宝的吸收情况。如果宝宝的体重每天都增加 1% ~ 2%，或每周增重 100 ~ 200 克，说明宝宝吸收得很好。等宝宝达到矫正胎龄时，他就能够达到足月儿的体重了——2.7 ~ 3.6 千克。还要记住，母乳喂养的早产儿体重增加的速度比配方奶喂养的早产儿要慢一些（和足月儿一样）。

带宝宝回家

在 NICU 待了几周后，那里就像宝宝的第二个家——医护人员也像家人一样。尽管如此，你还是很渴望宝宝出院——期待了很久的重要时刻。这一天很可能是在宝宝已经达到足月的 40 周时，但有些宝宝可以提前 2 ~ 4 周出院，有些则要待到超过 40 周。大多数医院没有严格的出院体重要求。只要符合下列条件，就可以带宝宝回家：

- 宝宝可以在开放的婴儿床中维持正常的体温；
- 可以母乳喂养或用奶瓶喂养；
- 母乳喂养或奶瓶喂养后，体重不断增加；
- 可以呼吸；
- 没有呼吸暂停的迹象。

护理小宝宝

“目前为止，我只通过舷窗抱过我们的宝宝。我担心回家后，能否真正地抱好他。他实在太小、太脆弱了。”

经过漫长的等待，宝宝终于可以回家了，他可能不再娇小又脆弱，而已经很结实了。毕竟，他的体重相比刚出生时，可能增加了一倍，达到 1.8 ~ 2.3 千克——早产儿的平均出院体重。照顾早产宝宝遇到的困难不一定比足月宝宝父母遇到的困难多。事实上，如果你有机会在医院照顾宝宝几周（鼓励父母这么做，尤其是宝宝需要特殊护理时），可以提前做好准备。大多数新手父母无论带回家的是早产儿还是足月儿，照顾好宝宝都不容易。

如果你担心在没有护士或新生儿专家指导的情况下，照顾宝宝是否会一切顺利，那么可以放心，医院不会让需要专业护理的宝宝出院。宝宝在家需要的护理，医护人员都会教你。如果他们没有给出指导，你可以主动问。带宝宝回家前，还可以向他们询问哪里可以接受婴儿心肺复苏术的训练（参见第 570 页），这是一项重要技能，早产儿父母更需要掌握。

在宝宝出院前，为了增强父母的信心，大多数 NICU 都会给他们机会陪宝宝过夜，没有任何医护人员的帮助——只靠自己，但有紧急情况可以呼叫医生。

如果你还是一想到宝宝出院后独

写给哥哥姐姐：迎接最小的弟弟妹妹

不知道该怎么告诉大孩子早产宝宝的情况？你的第一反应可能是要保护大一点的孩子，不告诉他们太多小宝宝的情况。但即使是很小的孩子，也可以理解很多事情——没有父母的安慰，这些压力信号只会让他们焦虑不安。为什么每个人都心不在焉？为什么规律的生活被打乱了？为什么爸爸妈妈总是很焦虑？宝宝没有在妈妈的肚子里，那会在哪儿？对一个孩子来说，想象比现实更可怕，未知的事情更容易伤害他。

应该告诉大孩子一些小宝宝的基本情况。向他解释，宝宝还没有成熟就从妈妈肚子里出生了，需要待在医院里特制的婴儿床上，直到长得足够大才能回家。如果医院同意，可以带哥哥姐姐去看望小宝宝，如果一切顺利，并且大孩子也很想去，可以经常带他去看看。大一点的哥哥姐姐看到小宝宝身上的线和管子时会感到好奇，而不是害怕，尤其当父母情绪正常——自信乐观，而不是紧张忧郁时。让哥哥或姐姐带礼物给小宝宝，放在保温箱旁边，这可以让他们感觉自己也是照顾弟弟妹妹团队的一员。如果获得医护人员的许可，可以让他擦干净小手，通过舷窗摸摸宝宝。鼓励他对着小宝宝唱歌、说话，进行眼神交流。即使是隔着保温箱的触摸，这种早期的接触也会让大孩子在小宝宝回到家后，感到更加亲切。大孩子好像不想亲近这个小小的、需要照顾的家庭新成员？那也没关系，遵从孩子的心意，未来还有很多慢慢相处的机会。

同时，尽可能保持往日的生活规律，确保照顾大孩子的人熟悉他最喜欢的食物、书、音乐、玩具和游戏，当然，还要遵循平时的睡眠习惯。当早产儿待在 NICU 时，生活难免发生变化，多少会感受到压力——保持熟悉的生活规律能让哥哥姐姐有种特别的安心。

自照顾他就手足无措（尤其是那些需要将其他仪器，比如呼吸监测器和氧气面罩带回家的宝宝），在经济情况允许的条件下，可以考虑刚出院的一两周聘请有照顾早产儿经验的护理人员协助照顾宝宝。

永久性后遗症

“医生说我们的宝宝发育得很好，但是我依然担心他会留下一些永久性后遗症。”

现代医学最伟大的奇迹之一，就

是大大提高了早产儿的存活率。在此之前，体重未达到 1000 克的宝宝几乎没有存活的可能。

现在，由于新生儿学的发展，许多体重不到 1000 克的宝宝都能存活下来（参见第 590 页）。这意味着宝宝从医院回家后，健康长大的可能性很高。

超过 2/3 的早产儿会恢复得完全正常，其他早产儿大部分会有轻到中度缺陷。大多数宝宝的智商都是正常的，但早产儿出现学习困难的可能性的确较高。23 ~ 25 周出生或体重不到 700 克的宝宝永久残疾的风险较高，但这些宝宝仍有 40% 的存活率，其中超过一半的宝宝表现良好。

随着宝宝的成长，在达到矫正月龄之前，仍需要在很多方面追赶其他宝宝。他的发育程度可能会很接近足月出生的宝宝。但如果他很小，或在新生儿期有严重的并发症，那么他很可能落后于其他宝宝，尤其在运动发育方面。

早产儿在神经肌肉方面也可能发育缓慢。即使到了矫正月龄，有些早产儿仍然会没有新生儿的基本反射，如惊跳反射、防御反射、抓握反射（参见第 138 页）。他们的肌肉张力可能会出现异常，在某些情况下，这会造成头部过度下垂，另一些情况下会造成双腿僵硬、脚趾相对。如果是足月宝宝，出现这种症状可能是有其他问题，但早产儿就没什么可担心的（应由医生评估）。

不必担心早产儿发育缓慢，这都是预料之中的事。

但是，如果宝宝似乎几周或几个月都没有发育迹象，或是他似乎对什么都没有反应（没有生病时），应告知医生。如果发现问题，尽早诊断可以尽早治疗，这会在很大程度上影响宝宝未来的生活质量。

早产儿疫苗

早产儿在头两年，大部分情况下都需要依照矫正月龄来安排各项事宜，但有一个领域除外：免疫接种。宝宝的大多数疫苗接种计划不会因早产而延后，所以不要根据胎龄接种疫苗，而要根据出生月龄接种。换句话说，如果你的宝宝早产 2 个月，那么他应该在出生后第 2 个月接种第 1 支疫苗，而不是到第 4 个月才接种。即使是通常在出生时接种的乙肝疫苗，也不会因为是早产儿就延迟接种。美国儿科学会建议，所有婴儿，甚至是早产儿，都应在出生时或出院回家前接种疫苗。

不要担心小宝宝的免疫系统还不够成熟，无法产生疫苗抗体。研究人员发现，到 7 岁时，即使是出生时体重极轻的儿童，抗体水平也会很接近同龄儿童的水平。

早产儿的家庭护理

达到出生月龄之后，早产儿仍需要一些特殊的照顾。

• 阅读本书中相关的各月龄章节，这些内容不仅适用于足月儿，也适用于早产儿。但要记住，参考的月龄是宝宝的矫正月龄。

• 在宝宝刚刚回家的几周里，室内的温度要调得比平常稍高一些（但不要过热），约22℃。早产儿出院时，他们的体温调节机制通常已经能够发挥作用了，但他们个头太小，皮下脂肪少，体表面积相对较大，容易散热，所以他们在没有其他帮助时很难保持舒适的体温。如果宝宝消耗大量热量来保持体温，会影响体重的增加。如果宝宝似乎异常紧张不安，检查一下室内温度，看看是否足够温暖。摸一摸宝宝的胳膊、腿或颈背，确保他不会着凉。不要给宝宝穿太多，宝宝睡觉时穿太多会发生危险。同样，摸一摸宝宝的胳膊、腿或颈背，确保温度合适——不冷也不热。

• 购买早产儿纸尿裤，还可以购买一些适合早产儿的衣服。但不要买太多——也许还没来得及穿，宝宝就已经长大了。

• 如果用奶瓶喂奶，问问医生是否需要给奶瓶消毒。每次使用后，可以用沸水浸泡奶瓶消毒，或用洗碗机加热清洗。这对足月儿不是一项必要的措施，但医生可能会建议给早产儿的奶瓶消毒，因为他们更容易受到感染。最好坚持几个月，或等宝宝的医生告诉你不必再消毒为止。吸奶器每次使用后最好

赶上其他宝宝

“我们的儿子早出生了近两个月，他似乎远远落后于其他4个月大的宝宝，他能赶上吗？”

他可能并不“落后”。事实上，他可能处于正常的发育阶段。传统观念中，宝宝的月龄是从出生那天算起的。但是，在评估早产儿的生长和发育状况时，这种方法就不适用了，因为没有考虑宝宝出生时并未足月。例如，你的宝宝的月龄应从出生之后2个月算起。在他出生2个月之后，他的月龄（根据原预产期计算）才相当于普通新生儿。到他4个月时，只是和2个月的宝宝一样大。与其他同龄的宝宝比较，或与平均发育时间表比较时，要记住这一点。例如，虽然宝宝们平均在7个月时能坐起来，但宝宝要到9个月时才能坐起来，这时他刚刚达到7个月的矫正月龄。如果在新生儿期，宝宝的个头很小或经常生

也消毒，可以一并咨询医生。用专为宝宝餐具消毒而设计的微波袋更方便。

• 频繁、耐心地喂奶。早产儿越小，胃就越小——这意味着每隔2小时（从一次喂奶开始到下一次开始）就要喂一次。喂奶要慢一点，尤其是母乳喂养的早产儿——他们可能还不能像足月儿那样有效地吮吸。他们可能需要更长时间才能吃饱，有些宝宝甚至需要1小时。让你的小宝宝慢慢来，想吃多久就吃多久。

• 按照医生的建议增加喂奶量。有些早产儿需要额外的热量，医生可能会建议你额外添加少量配方奶，或在一定月龄后，添加少量全谷物。要注意，除非宝宝是通过奶瓶喂养的，并得到了医生的特别建议，否则不要擅自添加。

• 询问医生是否需要给宝宝补充多种维生素和铁剂。与足月儿相比，早产儿更容易缺乏维生素，可能需要额外补充。

• 除非医生同意，否则不要给宝宝添加辅食。通常，在宝宝体重达到5.9 ~ 6.8千克，每天至少吃掉900毫升以上配方奶时，或在宝宝的矫正月龄达到6个月时，才能添加辅食。如果宝宝仅靠配方奶或母乳无法吃饱，发育正常，可以在矫正月龄4个月时，开始添加辅食。

• 放松。毫无疑问，宝宝已经经历了很多——你也是。但是宝宝回家之后，就要把这些抛到脑后。按捺住想一直守护在宝宝身边或过度保护的冲动，只要将他当作正常、健康的宝宝对待就好。

病，他可能还要更晚才会坐。父母会发现，通常宝宝动作的发育要远远落后于感官的发育（例如视觉和听觉）。

直到宝宝两岁或两岁半，医生都会用胎龄或矫正月龄来评估早产儿的发育进度。在这之后，2个月左右的差别往往没那么明显，毕竟4岁的宝宝和4岁零2个月宝宝的发育差异非常小。随着宝宝的成长，矫正月龄和出生月龄之间的行为差距会继续缩小并最终消失。在此期间，如果你觉得对陌生人说矫正月龄更合适，那就说矫正月龄，在评估宝宝的发育进展时也要这么做。

你可以通过让宝宝练习趴着来刺激运动能力的发育，可以让他面向房间中央而不是面向墙壁爬行，只要宝宝可以承受，应该经常做这样的练习（在他爬行时，大人应在身边陪伴）。由于早产儿和低出生体重儿需要在保温箱里待几星期甚至几个月，他们往往会抗拒这种趴着玩的游戏，但为了锻炼手臂和颈部的力量，这又是必须的。你可以和宝宝一起趴着，增加乐趣。另外，采用袋鼠式育儿法，增加肌肤接触，也会让你们受益很多。

婴儿汽车安全座椅

“我的宝宝似乎太小了，不适合汽车安全座椅。让他待在我的怀里是不是更安全呢？”

宝宝(不管是早产儿还是足月儿)待在你的怀里不安全，必须让他坐在婴儿汽车安全座椅里。无论宝宝多小，每次乘车时，都必须系紧安全带。但是，低体重儿的父母往往会发现自己的宝宝太小了，无法坐在标准的面朝后的婴儿汽车安全座椅中。为早产儿选择汽车安全座椅时，美国儿科学会有以下几点建议。

• 选择适合宝宝的婴儿汽车安全座椅，而不是敞开式的汽车安全座椅。安全带交叉点距椅背不要超过 14 厘米，这可以防止宝宝滑落。此外，安全带最低位置距座椅底部不能超过 25 厘米，这样安全带就不会压到宝宝的耳朵。

• 让安全座椅更适合宝宝。使用座椅自带的新生儿适用的插垫（大多数婴儿汽车安全座椅都有）来保护宝宝。如果宝宝太小了，将一条毛巾或小毛毯卷好，垫在宝宝的头部两侧。如果宝宝的身体和安全带之间有很大空隙，可以用折叠起来的毛巾或毯子来填满（但不要将毛毯垫在宝宝的臀部下面）。

还可以考虑请一位有资质的婴儿汽车安全座椅安装技术员检查一下，看看宝宝待在座椅中是否安全，同时请他教你如何进行必要的调整。

有些座椅会将宝宝半撑起来，可能会令早产儿呼吸困难。一项研究表明，坐在这种汽车安全座椅中的宝宝氧气供应会减少，而且可能会持续 30 分钟以上。还有些宝宝会在汽车安全座椅中出现较短的呼吸暂停。从医院回家之前，可以请医护人员观察和监督宝宝在汽车安全座椅中的情况，如果确实出现了呼吸问题，尤其宝宝之前出现过呼吸暂停的症状，在他回家后的一两个月，最好减少带他乘车出行的次数（或使用合格的婴儿汽车安全床）。可以询问医生宝宝在普通的婴儿汽车安全座椅中时如何监测他的呼吸，至少观察一会儿，看看是否有问题。

另外，如果日常使用婴儿秋千、婴儿座椅，早产儿可能也会出现类似的呼吸问题，所以，在没有得到医生允许之前不要使用。

父母一定要知道：低体重儿常见的健康问题

早产是危险的。宝宝幼小的身体

还没有完全发育成熟，许多系统（如体温调节、呼吸和消化系统）还不能正常运行，所以新生儿患病风险较高也在情理之中。随着新生儿保护技术的发展，人们越来越关注早产儿的常见健康问题和恢复情况，现在完全治愈的宝宝正变得越来越多（治疗方法日新月异，一定要询问新生儿专家或儿科医生相关的最新进展）。早产儿常见的复杂医疗问题有以下几种。

新生儿呼吸窘迫综合征。由于发育不成熟，早产儿的肺部往往缺乏肺表面活性物质，这是一种由肺泡细胞分泌的脂蛋白，有助于防止肺泡萎陷。没有肺表面活性物质，宝宝每次呼气时，微小的肺泡就会像泄了气的气球一样瘪下去，让宝宝呼吸和活动都更困难，这就是新生儿呼吸窘迫综合征。有趣的是，在分娩过程中经受过巨大压力的宝宝，会因受压而加速肺部的发育，更有可能产生肺表面活性物质。

新生儿呼吸窘迫综合征是早产儿最常见的肺部疾病，过去非常致命，现在超过 80% 的患病宝宝都能存活下来，医学界对这种综合征的认识提高了，并研究出了新的治疗方法。氧气面罩或持续气道正压通气（CPAP）系统通过放入鼻孔或嘴巴的管子提供额外的氧气，稳定的压力可以防止肺泡萎陷，通常在 3 ~ 5 天内，宝宝的身体就会开始生产充足的活性物质。病情严重的宝宝口中可以放一根呼吸管，并连接上呼吸机，然后通过呼吸管直接将表面活性物质输送到肺部。有时，如果宝宝在子宫内时就检测到肺部发育不成熟，可以通过调控妈妈产前的激素，加速宝宝肺部的发育和表面活性物质的生成，预防呼吸窘迫综合征。

病情比较轻微的话，症状通常会持续一周，但如果宝宝戴上了呼吸机，那么恢复可能会慢得多。在两岁前，患有严重呼吸窘迫综合征的宝宝患感冒和呼吸系统疾病的风险也会增加，还更容易患上儿童哮喘或类似哮喘的疾病，住院的概率也更大。

支气管肺发育不良（BPD）。那些出生时很小，长期吸氧并借助机械通气治疗呼吸窘迫综合征的宝宝更容易出现肺部发育不良，进而引起支气管肺发育不良或慢性肺病。达到 36 周胎龄之后，宝宝仍需要补充氧气，通常可以诊断是肺损伤，通过 X 射线可以看到肺部的具体变化（如瘢痕）。与其他宝宝相比，患有支气管肺发育不良的宝宝呼吸更费力，母乳喂养或奶瓶喂养时尤其困难。这样的宝宝因为呼吸时需要消耗大量热量，而且吃东西时更费力，经常会出现营养不良和体重增加缓慢的情况。

支气管肺发育不良是一种慢性疾病，唯一的治疗方法就是时间。经过一段时间，新的健康的肺部组织就会生长出来，症状就会得到缓解。这就是为什么在宝宝肺部生长和成熟的过程中，支气管肺发育不良的治疗只能缓解症状。这些治疗包括额外补充氧气、持续机械通气，以及使用药物——如支气管扩张剂（帮助打开呼吸道）和类固醇药物（减少炎症），还有预防呼吸道合胞病毒的药物（参见第535页）。有些宝宝回家后仍需要吸氧。所有患有支气管肺发育不良的宝宝都需要摄入高热量食物以加快成长。幸运的是，大多数患病宝宝在肺部发育完全时情况会好转起来，恢复健康生活。

早产儿呼吸暂停。新生儿都会出现呼吸暂停的情况，但这个问题在早产儿中更常见。早产儿的呼吸系统和神经系统不成熟，很容易造成呼吸暂停。当宝宝呼吸暂停持续超过20秒，或时间较短但伴有心动过缓的症状时，即可诊断为呼吸暂停。如果呼吸中断时还伴随皮肤苍白、发紫或发青，也可以视为呼吸暂停。几乎所有妊娠未满30周出生的宝宝都会出现呼吸暂停。

通过摩擦、轻拍宝宝的皮肤刺激他重新开始呼吸，用一些药物（如咖啡因或茶碱）或持续气道正压通气可以治疗呼吸暂停。早产儿呼吸暂停通常与婴儿猝死综合征无关。许多宝宝在达到36周胎龄后即可摆脱呼吸暂停。如果宝宝在呼吸暂停的症状消失之后还出现呼吸中断，这可能不是早产引起的呼吸暂停，可能与其他问题有关。

动脉导管未闭。宝宝还在子宫里时，有一个连接主动脉（将血液从心脏输送到身体其他部位的动脉）和主肺动脉（心脏连接肺部的动脉）的管道，这就是所谓的动脉导管。这条血管将血液从没有功能的肺部分流出来，并在孕期血液中含有较高水平前列腺素E（一种脂肪酸）的情况下保持开放。通常，前列腺素E的水平会在分娩时下降，使这条血管在几小时内闭合。但大约一半的早产儿（体重低于1500克的宝宝）以及一些稍大的宝宝，前列腺素E的水平不会下降，这条血管仍然保持开放。大多情况下，宝宝除了心脏杂音、呼吸短促费力和嘴唇发青之外，没有明显症状，并且这条血管在宝宝出生后很快就会闭合。但是，动脉导管未闭有时会引发现严重的并发症。使用抗前列腺素药物，通常可以让动脉导管闭合。如果药物不见效，往往需要手术治疗。

早产儿视网膜病变（ROP）。宝宝眼睛中的血管要到妊娠34周时才能发育完全。如果宝宝早产，视网膜中不成熟的血管有时会生长过快，对视网膜造成伤害。早产儿视网膜病变指的就是视网膜中的血管异常生长。大多数早产儿视网膜中血管的生长会自然变慢，视力会正常发育。早产儿出生时体重越轻，患早产儿视网膜病变的概率越大。出生体重低于1250

克的早产儿有超过一半患有早产儿视网膜病变，但大多是轻症。妊娠 28 周前出生的宝宝患重度早产儿视网膜病变的可能性较大。

大多数患有早产儿视网膜病变的宝宝可以自愈，无须治疗，也不会带来后续的视力问题。但由于早产儿视网膜病变可能会造成视网膜瘢痕和变形，增加近视、弱视、眼球非自主的节律运动，甚至失明的风险，所以患有早产儿视网膜病变的新生儿需要让小儿眼科医生检查一下。情况严重的宝宝可能需要一些治疗（激光疗法、冷冻疗法或外科手术治疗），防止异常血管不断增加。

脑室内出血（IVH）。体重低于 1500 克的早产儿常出现脑室内出血，通常在出生后 72 小时内出现症状。最严重的出血（只有 5% ~ 10% 的早产儿会出现）需要密切观察，防止情况恶化——比如出现脑积水（脑脊液阻塞）。这种出血通常需要定期超声随访检查，直到症状消失。不幸的是，脑室内出血一旦发生，就无法阻止。轻度的脑室内出血（也是大多数情况），身体可以吸收渗出的血液。中度的脑室内出血，治疗针对的是出血引起的症状，而不是出血本身。幸运的是，如果头部超声随访正常，那么早产宝宝的发育通常也是正常的。

坏死性小肠结肠炎（NEC）。这是肠道感染并开始坏死的一种疾病。如果没有得到及时治疗，肠壁会形成穿孔，肠内物体会进入腹腔。坏死性小肠结肠炎原因不明，但由于婴儿越早产，患该病的风险就越高，所以医生们推测，这是因为早产儿的肠道发育还不够完善，无法彻底完成消化任务。推迟喂养时间并不能预防这种疾病，但吃母乳的宝宝比吃配方奶的宝宝更不容易患坏死性小肠结肠炎（母乳中的保护因子可以促进肠道发育，减少肠道中有害细菌的数量）。

这种严重肠道疾病的症状包括腹胀、呕吐、呼吸暂停、便血。患病的宝宝通常要通过静脉喂养（让肠道休息），并使用抗生素（治疗感染）。如果肠道恶化严重，通常需要手术切除坏死的部分。不幸的是，通过药物或手术治疗的早产儿可能会出现生长缓慢、营养物质吸收困难，以及肝脏和胆囊问题。

贫血。许多早产儿都会得贫血

学会心肺复苏术再回家

宝宝出生得太早，没有来得及在他出生前参加心肺复苏术课程？在把小宝宝带回家之前，一定要学会。没有父母希望用上这个技能，但它却是每个父母都应该掌握的，尤其是早产儿父母。即使宝宝所在的 NICU 没有要求你在宝宝出院前学会这项技能，也要请医生教你。

（红细胞太少），因为早产宝宝的红细胞（和所有宝宝一样）比成年人的红细胞存活时间短，在出生后的几周里，早产宝宝（和所有宝宝一样）只能生成少量新的红细胞，而频繁抽血进行必要的检查，让宝宝很难补充红细胞。贫血在早产儿中更常见，还因为他们没能在孕期最后几周从妈妈那里获得转移铁，以及他们生成红细胞的骨髓还没有发育成熟。

如果红细胞的数量足以携带足够的氧气满足宝宝的需求，那么轻度贫血不需要治疗。严重贫血通常需要给宝宝输血，服用补铁剂，并减少抽血量。早产儿出生时铁含量很低，所以无论贫血与否，都要给他们补充铁，帮助他们建立必要的储备，从而生成红细胞。

感染。早产儿最容易受到各种感染，因为在妈妈的抗体传给宝宝之前，他们就出生了，这种传递通常发生在妊娠快要结束时。早产儿的免疫系统还不够成熟，难以抵抗无意中通过喂食管、静脉注射、抽血化验等引入的细菌。发生感染的早产儿更容易出现肺炎、尿路感染、败血症（身体或血液感染）和脑膜炎。宝宝的血液、尿液或脊髓液培养结果呈感染阳性时，就需要接受完整疗程的抗生素治疗，以消除感染，帮助宝宝恢复健康。

黄疸。早产儿比足月儿更容易患黄疸。而且，他们的胆红素水平（用

再次住院

大多数早产儿从医院回家后可以一直待在家，这确实令人高兴。但是，有些早产儿会在第一年回到医院，通常是为了治疗呼吸系统疾病或脱水。遇到这种情况，父母非常艰难，他们正在努力把曾经待在NICU的记忆抛到脑后，带着宝宝开始正常的生活。如果宝宝再次住院，很多似曾相识的回忆和情绪都会涌上心头，让他们从内疚（“我做错了什么？”）到恐慌（“要是宝宝的病更严重了怎么办？”）。在终于将宝宝带回家照顾之后，你可能会再次感到失控。

要记住，再次住院并不说明你在家对宝宝的照顾或养育有问题。一般来说，早产儿的健康状况不如足月儿，这也意味着即使是很小的问题，也可能需要额外的治疗和预防措施，而这些只有医院能提供。

还有，再次住院通常不会持续很长时间，而且就像宝宝曾经从NICU出院一样，这次住院后也会顺利出院——到那时，你就可以将更健康的宝宝带回家，而这一次，希望一切都好。

来衡量黄疸的指标）可能会更高，黄疸持续的时间更长。参见第 144 页，了解相关信息。

低血糖。早产儿和低体重儿通常都会患低血糖。由于大脑主要依靠血糖提供热量，因此必须尽快帮助宝宝调节血糖，这样才不会导致严重的并发症（很少见），比如脑损伤。问题是，宝宝低血糖的症状不明显，甚至没有症状，往往无法识别和处理。幸好，简单的血液测试就能诊断出低血糖，直接治疗就有良好的效果。治疗药物包括快速起效的葡萄糖、可静脉注射的葡萄糖溶液。如果宝宝能够进食，可以提前喂他吃配方奶或母乳。母乳和配方奶对治疗低血糖很有效。治疗后应密切关注宝宝的血糖水平，看是否再次出现低血糖，如果再次出现，再次治疗即可解决，不会产生长期的副作用。

图书在版编目（CIP）数据

海蒂育儿大百科．0～1岁 /（美）海蒂·麦考夫著；胡宝莲译．-- 2版．-- 海口：南海出版公司，2023.5
书名原文：WHAT TO EXPECT THE FIRST YEAR (THIRD EDITION)
ISBN 978-7-5735-0306-0

Ⅰ．①海… Ⅱ．①海… ②胡… Ⅲ．①婴幼儿－哺育－基本知识 Ⅳ．①TS976.31

中国版本图书馆CIP数据核字（2022）第169588号

著作权合同登记号 图字：30-2020-029

海蒂育儿大百科（0～1岁）
〔美〕海蒂·麦考夫 著
胡宝莲 译

出　　版　南海出版公司　(0898)66568511
　　　　　海口市海秀中路51号星华大厦五楼　邮编 570206
发　　行　新经典发行有限公司
　　　　　电话 (010)68423599　邮箱 editor@readinglife.com
经　　销　新华书店

责任编辑　崔莲花　郭　婷
特邀编辑　徐彩虹
装帧设计　徐　蕊
内文制作　王春雪
责任印制　史广宜

印　　刷　河北鹏润印刷有限公司
开　　本　700毫米×980毫米　1/16
印　　张　39
字　　数　660千
版　　次　2014年2月第1版　2023年5月第2版
印　　次　2025年2月第2次印刷
书　　号　ISBN 978-7-5735-0306-0
定　　价　88.00元